本书第一版荣获

北京市第四届哲学社会科学优秀成果一等奖

国家精品课程发展心理学教材
普通高等教育国家级规划教材

发展心理学

第三版

主编　林崇德

人民教育出版社
·北京·

图书在版编目（CIP）数据

发展心理学 / 林崇德主编．—3版．—北京：人民教育出版社，2018.5（2022.1重印）
普通高等教育国家级规划教材
ISBN 978-7-107-32340-9

Ⅰ.①发…　Ⅱ.①林…　Ⅲ.①发展心理学－高等学校－教材　Ⅳ.①B844

中国版本图书馆CIP数据核字(2018)第113062号

发展心理学（第三版）

出版发行　人民教育出版社
（北京市海淀区中关村南大街17号院1号楼　邮编：100081）
网　址　http://www.pep.com.cn
经　销　全国新华书店
印　刷　保定市中画美凯印刷有限公司
版　次　2018年5月第3版
印　次　2022年1月第12次印刷
开　本　890毫米×1 240毫米 1/16
印　张　35
字　数　534千字
印　数　255 001～285 000册
定　价　49.80元

第三版前言

《发展心理学》自1995年初版、2009年再版以来，受到心理学界内外的广泛认同，逐渐成为发展心理学领域经典的学术著作和高校教材。这得益于全国同行专家和青年学生对于此书始终如一的信任和关注。

自2009年再版至今，发展心理学的相关理论、研究范式和研究方法不断变革，这使得发展心理学家们开展研究的思维方式也发生了根本性转变，研究过程的新模式和新样态层出不穷，研究结果呈现出丰富性和多样性。

本次第三版修订依旧延续第二版修订的惯例，即由原作者各自修订自己撰写的章节。修订的基本原则是维持之前全书体例的稳定性，保证所修订内容的科学性、准确性和时代性。修订的主要工作聚焦在替换某些陈旧的理论、研究方法和研究结论，或者对其进行重新阐释。例如：为了深入揭示先天与后天对个体心理发展的影响，整合了基因—环境—脑—行为几个方面的研究，增加了关于行为遗传学及表观遗传等内容的介绍；增加了近年来新兴的研究方法和技术手段的介绍，如多层次和多学科研究的相互整合、新的数据收集手段、基因研究设计、近红外成像等相关内容；增补了近年来发展心理学对热点问题的研究结论和观点，如影响胎儿发育的父源因素、儿童早期的数量表征能力的发生、青少年可能性推理能力的发展、儿童和青少年创造性想象的表现以及对生命终结等的理解水平。

最后，感谢陈英和教授，这次她仍如上一版修订时的角色一样，协助我全面负责和主持完成了这次修订工作，感谢人民教育出版社曾红梅同志为此次修订所做的大量细致的工作，也衷心感谢所有参与此次修订工作的作者们。

林崇德

2018年3月于北京师范大学

第二版前言

《发展心理学》自1995年出版以来，承蒙全国心理学界同行的关爱，一直被当作高校心理学系（或专业）发展心理学的教材。这对我们是莫大的鼓舞。

然而，在心理学界尤其是国际心理学界，发展心理学进展很快，研究成果极大丰富。这就要求我们更新资料，与国际接轨。

在这次修订的过程中，原先的作者各自修订自己撰写的章节。同时，我们坚持三条：一是坚持我国心理学大师朱智贤教授所提出的心理发展的基本规律的思想；二是在大量吸收国际上最新研究成果的同时，坚持洋为中用的原则，尤其是在由我领衔翻译八百多万言的 *Handbook of Child Psychology* 最新版（2006）的时候，我们更不忘“摄取—选择—中国化”的途径；三是坚持理论联系实际的学风，积极引用我国心理学界自己的研究成果。

最后，感谢人民教育出版社魏运华和曾红梅同志为我们这本书的编辑及出版所做的大量工作，也感谢其他所有在我们撰写和修订此书过程中给予帮助的朋友们。

林崇德

2008年9月于北京师范大学

第一版前言

发展心理学的研究有一个发展的过程。在个体心理发展的研究中，儿童期（包括青少年期）是被研究较多且较早的部分，这个部分构成了儿童心理学的主要内容。毕生心理发展观提出得较晚，有关发展心理学的著作于20世纪20年代才问世。近二十余年来，在西方，特别是在美国，关于个体从出生到衰老整个发展时期的心理发展的研究报告和著作越来越多，发展心理学的发展十分迅速。我国亦是，对儿童期研究较多，朱智贤教授所著的《儿童心理学》(1962年版，1979年版，1993年修订版）就是其中杰出的代表作。他从先天与后天、内因与外因、教育与发展、年龄特征与个性差异四个方面，全面分析了儿童心理发展的规律，为我国儿童心理的教学与研究奠定了坚实的基础，对培养我国儿童心理学的专业人才有着重要的意义。然而，在我国关于毕生心理发展的研究还很少，在高校的有关教学中这部分也属薄弱环节，这给学生全面、系统地掌握该领域的知识带来许多困难。鉴于这种情况，我们怀着急切的心情，不揣谫陋，撰写了这部著作，希望能从生命全程的角度阐述个体心理发生发展的规律及毕生心理发展的年龄特征，以便使学生能更全面、深入地理解关于个体心理发展的遗传与环境、普遍性与特殊性等基本理论问题，使其了解个体毕生各种心理能力均不同程度地呈现适应性发展的趋势，从而树立起关于生命全程的辩证发展观，全面了解个体毕生发展的纵向图景。总之，我们希望此书能成为由朱智贤教授所著的《儿童心理学》的延续和补充，并与之一起作为高等院校心理学系（或专业）、教育系本科生及研究生选修“儿童心理学”“发展心理学”课程时所用的配套教材，也可供相关专业研究人员及广大中小学教师阅读参考。

另外，随着社会竞争的不断激烈及物质文明的提高，中年危机及老龄化趋势已成为我国面临的问题，搞好成年期或老年期的心理卫生保健已是刻不容缓的任务。因此，也希望此书能为这方面的有关研究及工作人员提供些许帮助。

本书由林崇德主编，集体撰写完成。各章撰写人分别为：林崇德（第一、二章）、董奇（第三章）、李虹（第四章）、庞丽娟（第五章）、邹泓（第六章）、王耘（第七章）、陈英和（第八章）、张日昇（第九章）、申继亮（第十章）、程学超（第十一章）。最后由林崇德及陈英和负责统稿。

由于作者水平有限，书中难免会有各种缺点和错误，真诚希望专家、同行及广大读者批评指正。

最后，感谢人民教育出版社魏运华等同志为这本书的编写及出版所做的大量工作，也感谢其他所有在我们撰写此书过程中给予帮助的朋友们。

林崇德

1994年12月28日于北京师范大学

目　录

第一章

绪论

内容提要

发展心理学研究个体从受精卵开始到出生、成熟、衰老的生命全程中心理发生发展的特点和规律。本章首先介绍发展心理学的基本概念，说明种系心理发展和个体心理发展的内容及关系，简要论述心理发展的基本原理和年龄特征等问题。其次，从儿童心理学的诞生、发展到发展心理学的问世以及发展心理学研究的中国化角度，阐述发展心理学的历史。最后，从发展心理学的研究体制、研究方法、理论三个方面，探讨发展心理学的新进展。

学习目标

1. 理解发展心理学的界定及发展心理学与心理学的关系，了解种系心理发展和个体心理发展及二者的关系，掌握心理发展的基本原理和年龄特征的划分。
2. 了解发展心理学的历史演变过程中的主要学者、流派及其思想，了解发展心理学研究中国化的重要性及基本途径。
3. 了解发展心理学研究体制、研究方法和理论的进展。

关键词

心理学　发展心理学　儿童心理学　心理发展　年龄特征

第一节 发展心理学的界说

所谓发展（development），有多种含义，一般人们理解为泛指某种事物的增长、变化和进步。在此含义上，发展与生长（growth）为同义语。人的发展指的是人类身心的生长和变化，不同年龄阶段的人有不同的生理和心理特点。人的心理发展是人类发展的一个重要部分，包括种系心理发展和个体心理发展。

一、心理学与发展心理学

发展心理学是心理学的一个分支。

（一）心理学

心理学是研究心理活动和行为表现的一门学科。

人在实践活动和生活活动中和周围的环境发生交互作用，必然会产生这样或那样的主观活动和行为表现。这就是人的心理活动，或称为心理。具体地讲，外界事物或体内的变化作用于人的机体或感官，经过神经系统的信息加工（information processing），引起人们对周围事物的感觉和知觉，注意环境的变化，记忆发生的事情，思考各类不同的问题，想象未来的情景，这种感觉、知觉、注意、记忆、思维（思考）和想象等心理活动，就是人的认知（cognition）或认识（knowing）过程。人有喜、怒、哀、乐、爱、恶、惧等对周围环境的态度体验，这是人的情感过程。人根据既定目的，克服困难，做出努力，并通过行为去处理和变革客观的现实，这就是意志过程。这三个过程简称知、情、意，是人的心理过程。同时，对待某个事件，不同的人在能力、气质、性格、兴趣、动机和价值观等方面会表现出差异，这种差异既与个人的先天素质有关，也与后天的经验和学习有关。这就是人格（personality，又译作个性）。人的心理现象，就是针对人的心理过程和人格（或个性）而言的。

与物理现象不同，心理现象不具形体，不能直接观察到，这就构成了心理科学的特殊性。在进行心理学研究时，人们把注意力集中于人的外部行为（behavior）。心理活动来源于现实，来源于实践活动，又通过人的外部行为，主要是动作和言语表现出来。首先，人的行为很明显会受到心理活动的支配和调节。外部行为乃是人的心理活动的直接表现，认知、情感、意志等心理过程及整个人格对行为有很大的影响。其次，人是有意识的高等动物，人的心理非常复杂，人们可以有意识地掩盖自己的某些心理活动，甚至表现出一些与内心不符的外部假象，说出一些与心理事实不符的话语。因此，当我们根据直接观察到的行为去分析某种心理活动时，必须非常谨慎。最后，人的心理的复杂性、外部行为的多变性并不能使心理活动成为神秘莫测、不可捉摸、无法研究的东西。心理现象由外界事物和体内变化引起，总会在行为上有所表现，即使直接表现受到掩蔽，也会间接地在某些方面有所流露。因此，在比较长的时间内，通过全面系统的观察或借助于仪器分析，我们仍然可以对一个人的心理有所了解。

（二）发展心理学

心理现象的复杂性，使无数心理学家纷争激烈，形成了许多派别。由于他们趋于求同存异，保留各家的合理思想，因此心理学在一百余年内获得迅速的发展。

心理现象的复杂性，也引起心理学家们对其开展跨学科的探讨。心理学既与生物科学、技术科学相结合，又与社会科学、人文科学相结合，心理学因此成为具有自然科学和社会科学两种属性的边缘科学、中间科学、模糊科学，即超科学的科学。心理现象的复杂性，又使大多数心理学家往往从一个侧面去深入研究，因此心理学研究范围广阔，分支众多。

尽管心理学分支繁杂，但我们可以从基础心理学和应用心理学的角度进行大致的区分。基础心理学的分支有实验心理学、生理心理学、发展心理学、认知心理学、人格心理学、社会心理学、理论心理学等。应用心理学的分支有教育心理学、临床心理学、工业心理学、商业心理学、医学心理学、法律心理学、军事心理学等。由此可见，发展心理学是心理学的一个分支。

发展心理学研究个体从受精卵开始到出生、成熟直至衰老的生命全程（lifespan）中心理发生发展的特点和规律，简言之，研究毕生心理发展的特点和规律。人的心身在生命进程中表现出量和质两方面的变化，且与年龄有密切的联系，既表现出连续性，又表现出发展的阶段性，形成年龄特征。发展心理学研究各种心理活动的年龄特征。具体地说，发展心理学研究心理发展的年龄特征，包括两个主要部分和四个有关方面。

两个主要部分：一是人的认知发展的年龄特征，认知包括感觉、知觉、记忆、思维、想象等，思维的年龄特征的研究是其中最主要的一环；二是社会性发展的年龄特征，社会性包括兴趣、动机、情感、价值观、自我意识、能力、性格等，性格的年龄特征的研究是其中最主要的一环。

研究生命全程或个体毕生心理发展年龄特征的这两个主要部分，还必须结合研究如下四个方面的问题：一是心理发展的社会生活条件和教育条件；二是生理因素的发展；三是动作（act）和活动（activity）的发展；四是言语的发展。

人的个体发展离不开种系的发展。种系心理发展是指从动物到人类的心理演变过程，包括两部分：动物心理的进化过程和人类心理的进化过程。前者所研究的是动物心理学的内容，即研究动物心理与行为的实质。后者所研究的是民族心理学（主要是原始人类心理学）和个体发展心理学的内容，意指随着人类社会的演进、人类生活和文化水平的不断提高，人的心理水平也日趋发展。现代儿童的心理发展水平远非原始社会成人所能比拟的，这说明社会条件对人类心理发展的作用。因此，从广义上来说，发展心理学是研究种系和个体心理发生发展的科学。狭义的发展心理学就是个体发展心理学。

二、种系心理发展和个体心理发展

种系心理发展和个体心理发展既有联系，又有区别。

（一）种系心理发展

1. 种系心理的进化过程

心理现象主要为人类所特有，但它是在动物界长期进化的基础上产生的。动物在进化过程中逐步出现了一些心理现象，为人类心理的发生发展准备了前提条件。

对动物心理进化的研究，是动物心理学或比较心理学（comparative psychology）的主要课题。动物进化的标志之一是其结构的分化，其中最主要的是神经系统的出现。在此基础上，原始的心理逐步产生了。

（1）刺激感应性阶段。原生动物是动物进化阶梯中最低等的一种，如变形虫等一类单细胞动物，它们具有刺激感应性的各类特点，能在一定范围内按照环境中的变化因素与自身的生存关系来调整自己的动作。

动物界的进化是由单细胞动物发展为多细胞动物，如腔肠动物的水螅。多细胞动物有一种散漫、无意向、无中枢的网状神经系统。尽管反应形式处于刺激感应性阶段，但是多细胞动物有感觉细胞，专门负担反应的传导职能。

（2）感觉阶段。网状神经系统进一步发展，进化到梯形神经系统。环节动物蚯蚓就是代表。环节动物不但产生了头神经节，而且出现了有彼此独立的原生质的神经元。神经元之间的联结处叫突触，突触式的联系使神经系统形成新的功能。于是动物进入了心理发展最初形式的感觉阶段。这时，动物能够对那些起信息作用并指导动物行为的个别刺激或物体的个别属性进行反应。

在无脊椎动物中，节肢动物如昆虫，是进入较高级发展水平的动物。昆虫有较庞大的脑神经节，形成了相当发达和专门的受纳器官，而且具有各种本能，如蚂蚁的觅食和存食本能及蜜蜂的交际本能。

（3）知觉阶段。动物进化为脊椎动物，其神经系统有了很大的发展。各类脊椎动物的神经系统都是空心管状，管的后端是脊髓，管的前端膨大部分叫作脑泡。在发展过程中，脑泡由三个变为五个，即前脑、间脑、中脑、后脑和末脑。

低等脊椎动物，从鱼类发展到两栖类，再到爬行类、鸟类，其神经系统，特别是脑的变化是比较大的。例如：爬行类，其大脑半球的背外侧面出现了一层新的结构——大脑皮质；鱼类则发展了大脑半球的腹内侧面，即纹状体。于是，这些脊椎动物产生了较高的分析综合能力，使种系心理发展进入知觉阶段。

随着大脑的进化，低等脊椎动物的行为逐渐脱离感觉冲动的直接控制，而由综合各种感觉冲动的大脑半球新皮质的复杂过程来控制。动物不再是对事物的个别属性做出反应，而是在其行为中形成了不可缺少的个体经验，对事物的整体属性做出反应。

（4）思维萌芽阶段。哺乳动物属于高级脊椎动物，由爬行动物进化而来。哺乳动物种类繁多，分布极广，在生态方面的差别也极大，所以它们的心理发展水平也存在着很大的差距。在种系心理发展的研究中，最有代表意义的是对类人猿的研究。类人猿的出现意味着思维的萌芽。

类人猿有发达的大脑，从外形看，与人脑相差不多，各种感官也接近人的构造。动物心理学家通过实验研究发现，猩猩的行为出现了新的特点：① 利用简单的工具解决问题；② 模仿人的动作；③ 学会手势语。

由此可见，哺乳动物尤其是灵长目哺乳动物，不仅对周围环境有粗浅的感觉和完整的知觉，产生清晰的表象，而且能对事物与事物之间的关系做出反应，初步解决一些问题。这种初级思维或动物思维为人类思维的发展做好了生物学的准备。

2. 人类心理的进化过程

（1）人类的进化。人类是由动物进化而来的。人类的动物祖先是高度发展、现已灭绝的猿类。它们和现代类人猿相似，有高度灵活的运动能力、高度发展的定向探索反射和初级思维。在远古的时候，由于地球表面的变化，森林减少，人类的动物祖先被迫由树上生活改变为地面生活。生活条件和生活方式的改变导致人类动物祖先的活动进一步发展。

人类动物祖先演变到人类有三个前提条件：一是直立行走和手的发展；二是使用工具和制造工具；三是因交往需要产生语言。这些条件与人脑的发展、经验传递、劳动共同促使人类动物祖先进化为原始人。

动物的进化受生物原理或生物规律的支配，而人类的发展则受社会原理或规律的支配。所谓社会，主要是指人类相互交往的产物，是各种社会关系的总和。也就是说，社会无疑是一群人组成的，人类群体生活建立在物质资料生产基础上，并产生共同的习惯、心理、情操、民俗。随着社会的发展，人才由原始人发展为远古时代的人、古代社会的人、中世纪的人、近代社会的人，直到现代社会的人。

（2）人类心理的特点。人类心理具有以下三个特点。

一是有意识的心理。人类的心理是有意识的。意识包括意识客体和意识自我两种类型。意识的作用包括：能够清醒地觉察周围事物的本质特征和内在联系；明确思考过程和方向，使认识活动具有目的性、组织性、计划性和预计性；调节自身的行为，具备主观见之于客观的自觉能动性。当然，意识是人的心理的高级形式，但不是唯一的形式，因为人的心理存在着意识和无意识两种形式。

二是社会性的心理。人类心理受社会历史的制约，不同的社会、不同的时代、不同的民族有不同的心理特点。民族心理学就是研究原始人和现代人的心理差异的心理学分支。社会心理学家研究社会及文化背景下的人类心理与行为表现，如研究社会境遇如何影响社会知觉，社会因素如何作用于人类的态度和信仰等。离开了人类社会和人类实践，就谈不上人类的心理。

三是有语言功能的心理。语言有两个主要的功能：概括功能和调节功能。人类借助于语言来认识周围的事物，使感知、概念、记忆概括化和理性化，使情感、意志更具有调节功能。人类借助于语言来积累在世世代代的社会实践中所形成的知识，再一代一代地传递下去，促进社会的文明和发展。人的有意识的心理，正是以语言为基础的个体经验和社会经验的总和。

（二）个体心理发展

1. 个体心理的发展过程

一个人出生的时候是否有心理？他的心理是怎样产生的？在人的各个年龄阶段（儿童、少年、青年、中年、老年），心理又是怎样发展变化的？它是按照什么样的原理或规律发展变化的？这些发展变化在人的生活、教育和工作上具有怎样的意义？凡此种种，都是研究个体心理发展过程必须阐明的问题。

发展心理学主要是研究个体一生心理发展的趋势。

个体心理发展的过程也是一个社会化（socialization）的过程。社会化是个体掌握和积极再现社会经验、社会联系和社会关系的过程。通过社会化，个体获得在社会中进行正常活动所必需的品质、价值观、信念以及社会所赞许的行为方式。在社会化的过程中，个体在生理和心理两方面发展而形成适应社会的人格，并掌握社会认可的行为方式。社会化过程包括学习、适应、交流等人类个体借以发展自己的社会属性、参与社会生活的一切过程。在社会化的过程中，人类学会基本的生活技能，掌握社会规范、生活目标，形成社会职能，培养社会角色。社会化的过程是人类学会共同生活和彼此有效交互作用的过程，也是个体与社会环境交互作用的过程。

2. 个体心理发展和种系心理发展的关系

关于个体心理发展和种系心理发展关系的理论，最有代表性的是20世纪初霍尔（G. S. Hall）的复演说（recapitulation theory）。19世纪末20世纪初，生物进化论的影响很广，当时在生物学中已经发现人类的胚胎发展史是动物进化过程的复演。霍尔接受了这种进化论和复演说的思想，并将其运用到个体心理发展的学说上来。他提出了把个体心理发展看作一系列或多或少复演种系进化历史过程的理论。他认为，从种系进化史的角度看，在个体生活的早期所表现出来的遗传特征比以后表现出来的遗传特征古老，因此前者不如后者稳定和强大。人类进化史上最早出现的活动，在个体发展上最早表现出来且比较高级、基于意志的活动，要到年龄较大时才有。他指出：凡是我们远祖所遗传的此种特征，富有伟大的动力；我们常可能把这种特征和后来发现的遗传特征显然地区分开来。在这种意义上说，“儿童乃是成人之父”①。

霍尔复演说的提出，引起了心理学界很大的争议。批评者有之，赞誉者有之。我们认为，复演说的主要错误在于把个体发展史和种系发展史完全等同起来，从而引向生物决定论（预成论）。但是，我们也不能因此就从根本上否认个体心理发展在一定程度上重复着动物和人类心理发展史，因为个体发展史和种系发展史存在着一定的联系。恩格斯曾指出：“正如母体内的人的胚胎发展史，仅仅是我们的动物祖先以蠕虫为开端的几百万年的躯体发展史的一个缩影一样，孩童的精神发展则是我们的动物祖先、至少是比较晚些时候的动物祖先的智力发展的一个缩影，只不过更加压缩了。但是一切动物的一切有计划的行动，都不能在地球上打下自己的意志的印记。这一点只有人才能做到。”② 由此可见，那种将个体发展史和种系发展史完全等同的观点是错误的，但是从根本上否定这两个发展史有一定的重复性也是不对的。个体心理发展和种系心理发展既有联系，又有本质的区别。

三、发展心理学的研究内容

发展心理学的研究主要涉及两个问题：一个是有关心理发展原理或规律的理论问题；另一个是个体发展各年龄阶段的心理特征问题。

（一）心理发展的基本原理

在人类发展基本原理或规律这个问题上，各种心理学派别之间的争论可以

① [美] 霍尔著，李浩吾译:《青年期的心理与教育》，世界书局 1929 年版，第 2 页。

②《马克思恩格斯选集》第 3 卷，人民出版社 2012 年版，第 997 页。

归为五点：第一，人类心理与行为是先天的还是后天的；第二，人类对于环境是主动的还是被动的；第三，人类心理发展是分阶段的还是连续的，是量变还是量变和质变的统一；第四，人类心理发展是普遍的还是特殊的，是多样的还是固定的；第五，发展的终点是开放的（发展变化能持续下去）还是有最终目标的。

本书第二章将详细讨论国内外名家的心理发展理论，故这里不赘述。

（二）生命全程心理发展的年龄特征

发展心理学不仅要研究心理发展的一般原理或基本规律，而且要研究心理发展在人生不同阶段的具体原理或规律，这些原理或规律体现在生命全程各个年龄阶段的心理特征，即各阶段所表现出来的质的特征上。

1. 年龄阶段的划分标准

正确而科学地划分心理发展的年龄阶段，迄今还是一个远未得到适当解决的问题，然而，它是发展心理学研究的重要内容。古代教育家和哲学家曾提出这个问题，现代发展心理学家正在深入研究这个问题。

目前，划分人生阶段所依据的典型资料可归为如下几类：（1）以生理发展为划分标准，如柏曼（L. Berman）以内分泌腺为分期标准；（2）以智力发展为划分标准，如皮亚杰（J. Piaget）以思维发展为分期标准；（3）以个性发展特征为划分标准，如埃里克森（E. H. Erikson）对人格发展阶段的划分；（4）以活动特点为划分标准，如艾利康宁（Д. Б. Эльконин）和达维多夫（В. В. Давыдов）对心理发展阶段的划分；（5）以生活事件为划分标准，如成年期（18 岁以后）分为成年早期（18 岁至 35 岁）、成年中期（35 岁至 55 或 60 岁）、成年晚期（55 或 60 岁以后）。

我们主张在划分人类心理发展年龄阶段时既要看到重点，又要顾及全面，根据身心发展趋势，综合地进行阶段划分。

第一，人类在生理、智力、个性、教育、生活诸方面的发展各有其特点，因此以身心发展的各种指标来划分各自的年龄阶段是允许的，但我们要看到其中的一致性。为什么上述各家的分期在年龄上趋于一致（出生至 2 或 3 岁，2 或 3 岁至 7 岁，7 岁至 12 岁，12 岁至 15 岁，15 岁至 18 岁，18 岁至 25 岁，25 岁至 35 岁，35 岁至 60 岁，60 岁以上）？这不是一种巧合，而是说明身心发展的年龄阶段确实有一些一致性。

第二，心理发展的年龄特征既然是各个阶段所表现出来的质的特征，那么这个质的特征涉及上述两个主要部分和四个有关方面，也就是说，它表现在主导的生活事件中和主导活动形式上，表现在智力发展水平和人格发展特点上，表现在生理发育水平和语言发展水平等方面。

本书对心理发展的年龄阶段的划分，正是从这个基本观点出发的。

2. 年龄特征的研究

发展心理学的实验研究，主要是围绕着心理发展的年龄特征展开的。

（1）个体心理的年龄特征是心理发展的各个阶段中形成的一般特征（带有普遍性）、典型特征（具有代表性）或本质特征（表示有一定的性质）。它是和年龄有联系的，因为年龄是时间的标志，代表一定的时期和阶段，一切发展都是和时间相联系的。当然，它又不是完全由时间决定的。发展心理学要通过实验研究，从大量的个别的心理特征中概括出某一年龄阶段心理发展的一般趋势、典型趋势、本质趋势，尽管这个趋势不能揭示这一年龄阶段人们的一切个别特点，但是它代表该年龄阶段心理发展的整体特征。

（2）在一定的条件下，心理发展的年龄特征既是相对稳定的，同时又可以随着社会生活和教育条件等文化背景的改变而有一定程度的改变。

（3）心理现象是复杂的，所以心理发展既指心理整体的综合发展，又指各种心理现象的发展。尽管生理、言语、活动、认知和人格的发展存在着内在一致性，但也存在着各自发展的不平衡性。所以，发展心理学一般以横向联系为主要线索加以研究，研究每个年龄阶段心理发展的特征，也允许以某一心理现象的发展为线索加以研究，如研究认知、人格的发展等，甚至将认知分为感觉、记忆、思维进行研究等，从纵向角度探索某种心理现象在生命全程中的发展趋向。此外，人类心理现象的复杂性决定了发展心理学研究的多学科性，其中包括心理学、社会学、人类学、生物学、遗传学、家庭科学、教育学、历史学、哲学和医学等。①②

① Papalia, D. E., Olds, S. W., & Feldman, R. D.（2004）. *Human development*（9th ed.）. New York: McGraw-Hill.

② Newman, B. M., & Newman, P. R.（2006）. *Developmental through life: A psychosocial approach.* Massachusetts: Thomas Wadsworth.

第二节　发展心理学的变迁

发展心理学的研究有一个发展的过程。[①]

如前所述，发展心理学研究个体的心理发展，而在个体心理发展的研究中，儿童期（包括青少年）又是被研究较多的部分，这个部分构成了儿童心理学的主要内容。毕生心理发展的提出较晚。20 世纪 70 年代以来，在西方特别是在美国，关于个体从出生到衰老整个发展时期的心理发展的研究报告和著作越来越多，发展心理学的发展十分迅速。

一、科学儿童心理学的诞生和演变

在西方，儿童心理学研究可以追溯到文艺复兴以后的一些人文主义教育家，如夸美纽斯（J. A. Comenius）、卢梭（J.-J. Rousseau）、裴斯泰洛齐（J. H. Pestalozzi）、福禄培尔（F. Froebel）等人。他们提出尊重儿童、了解儿童的教育思想，为儿童心理学的诞生奠定了最初的思想基础。而达尔文（C. Darwin）的进化论思想则直接推动了儿童发展的研究。达尔文根据长期观察自己的孩子的心理发展的记录而写成的《一个婴儿的传略》（1876）一书，是儿童心理学早期专题研究成果之一，它对推动儿童发展的传记法（或日记法）的研究有重要影响。

（一）科学儿童心理学的诞生

科学儿童心理学诞生于 19 世纪后半期。德国生理学家和实验心理学家普莱尔（W. T. Preyer）是儿童心理学的创始人。他对自己的孩子从出生到 3 岁每天进行系统观察，有时也进行一些实验性的观察，最后把这些观察记录整理成一部有名的著作《儿童心理》，于 1882 年出版。这本书被公认是第一部科学的、系统的儿童心理学著作，包括三部分：儿童感知的发展，儿童意志（或动作）的发展，儿童理智（或言语）的发展。在《儿童心理》一书中，普莱尔肯定了儿童心理研

---

① McCluskey, K. A., & Reese, H. W.（1984）. *Life-span developmental psychology: Historical and generational effects.* New York: Academic Press.

究的可能性，并系统地研究了儿童的心理发展；他比较正确地阐述了遗传、环境与教育在儿童心理发展上的作用，旗帜鲜明地反对当时盛行的“白板说”；他运用系统观察和传记的方法，开展了比较研究，对比了儿童与动物的异同点，对比了儿童与成人特别是有缺陷的成人在智力上的异同点，为比较心理学乃至发展心理学做出了不可磨灭的贡献。

为什么说普莱尔是科学儿童心理学的奠基人？这是由他的《儿童心理》的问世时间、写作目的和内容，他所采用的研究方法和手段，以及《儿童心理》的影响这几个方面共同决定的。

从时间上看，《儿童心理》一书于 1882 年出第一版，1884 年出第二版，是儿童心理研究一类著作中较早出版的一本。

从写作目的和内容上看，普莱尔之前的学者不完全是以儿童心理发展为科学研究的课题，即使像达尔文那样的科学家，其研究目的主要是为进化论提供依据，其著作内容主要也是从进化论角度来加以论述的。而普莱尔则不同，他写书的目的是研究儿童心理的特点，即对儿童的体质发育和心理发展分别加以专门的研究，他也正是从这一角度来展开他的研究内容的。因此，从一开始他的《儿童心理》就是以儿童心理学的完整体系出现的。

从研究方法和手段上看，普莱尔对其孩子从出生起直到 3 岁不仅每天进行系统的观察，而且也进行心理实验，即科学心理学的实验研究。普莱尔把他所有的观察、实验记录整理出来，撰写了《儿童心理》。

从影响上看，《儿童心理》一问世，就受到国际心理学界的重视，各国心理学家都把它看成是儿童心理学的经典著作，并先后译成十几种文字出版，向全世界推广，儿童心理学研究也随之蓬勃地开展起来。因此，《儿童心理》的价值是可贵的，影响是深远的。

普莱尔的研究工作，对当前国际心理学界所开展的儿童早期心理的研究也仍然起着作用。普莱尔的研究对象主要是 3 岁前的儿童，在他之后发展起来的儿童心理学，研究对象逐渐扩大，在年龄上主要注意幼儿或小学儿童，有的则是年龄更大的被试。近百年来，在儿童心理发展的各个阶段的研究文献中，婴儿时期（0~3 岁）的个体由于语言还不够发展，加上研究方法和技术问题，这方面的

研究材料无论在数量上或质量上都很不够。但是近年来，由于妇女就业率的不断增长，早期智力、早期经验和早期教育问题的提出，心理或意识起源的研究等原因，加上研究技术上的进步，婴儿或早期研究进展很快，特别是对婴儿认知能力问题（如注视时间、动作表现、物体辨认、心率及其他生理变化等）的研究的进展更为迅速。这些研究在内容上与普莱尔当年的观察课题极为吻合。从普莱尔重视婴儿心理的研究，到忽视这方面的研究，再到积极开展这方面的工作，正好形成“否定之否定”的状态。

由此可见，普莱尔的《儿童心理》的问世，给科学的儿童心理学奠定了最初的基石。

（二）儿童心理学的演变

西方儿童心理学的产生、形成、演变和发展，大致可分为四个阶段。

19 世纪后期之前为准备时期。在近代社会发展、近代自然科学发展、近代教育发展的推动下，经过许多科学家对儿童研究的促进，科学的儿童心理学终于在 19 世纪后期诞生了。

从 1882 年至第一次世界大战是西方儿童心理学形成时期，即在欧洲和美国出现一批心理学家，开始用观察和实验方法来研究儿童心理发展。普莱尔是最杰出的奠基人。此外，有一些先驱者和开创者，如美国的霍尔、鲍德温（J. M. Baldwin）、杜威（J. Dewey）、卡特尔（J. M. Cattell），法国的比奈（A. Binet），德国的施太伦（W. Stern，又译斯腾或斯特恩）等，都以各自各种出色的成就，为这门学科的建立和发展做出了贡献。

两次世界大战之间是西方儿童心理学的分化和发展时期。由于整个心理学的发展，儿童心理学研究工作和著作不论在数量上或是质量上都有了飞速发展。特别是各种心理学学派，如精神分析学派、行为主义学派、格式塔学派等的影响，不同观点、不同风格的儿童心理学著作的大量出版，专门的儿童心理学刊物的大量发行，大学里儿童心理学课程的开设，各种儿童心理学研究组织的建立，以及不同学派心理学家的出现，如瑞士的皮亚杰、美国的格塞尔（A. Gesell）、奥地利的彪勒夫妇（K. Bühler & C. Bühler）和法国的瓦龙（H. Wallon）等，说明儿童心理学已达到比较成熟的阶段。

第二次世界大战之后是西方儿童心理学的演变和增新时期，主要表现在两个方面。一是理论观点的演变。原先的学派有的影响逐渐减少了，如霍尔的复演学派、施太伦的人格主义学派以及格式塔学派等；有的虽然还有影响，但不是坚持旧时的观点，而是以新的姿态出现，如测量学派，尽管争议很多，但在今天的西方仍然非常流行，量表越来越多，涉及的内容、范围也越来越广；有的学派则公开举着革新的旗帜，直到现在还有很大的势力，如新精神分析学派和新行为主义学派。二是在具体研究工作上的演变。特别是从 20 世纪 70 年代前后到最近一个时期，许多儿童心理学的课题有所进展，有所增新，研究者不仅深入开展早期儿童心理发展的研究，而且广泛地探讨个体一生全程的发展。

二、从儿童发展到个体毕生全程发展的研究

从儿童心理学（child psychology）到发展心理学（developmental psychology）有一个演变过程。

（一）霍尔将儿童心理学研究的年龄范围扩大到青春期

1904 年，霍尔出版了《青少年：它的心理学及其与生理学、人类学、社会学、性、犯罪、宗教和教育的关系》①，从此确定了儿童心理学研究的年龄范围，即儿童心理学研究儿童从出生到成熟各个阶段心理发展的特征。尽管普莱尔是儿童心理学的奠基人，但是他的《儿童心理》主要是研究学龄前儿童，特别是婴儿期儿童的心理特点，对较大年龄儿童、少年或青年的研究几乎是个空白。霍尔则不同。霍尔先是研究儿童，后来又发展到研究青少年，他的上述一书的问世，意味着现代儿童心理学研究的年龄范围的确定。

当然，霍尔也是最早正式研究老年心理的心理学家，他于 1922 年出版了《衰老：人的后半生》一书，但他没有明确提出心理学要研究个体一生全程的发展。

（二）精神分析学派对个体一生全程的发展率先做了研究

精神分析学派心理学家荣格（C. G. Jung）是最早对成年期心理发展进行研究

① 一般译为《青少年心理学》。其缩写本《青年期的心理与教育》由李浩吾译为中文，于 1929 年由世界书局出版。

的心理学家。荣格认为，人的发展主要是心灵的发展。观念变化的停滞意味着人生之惶惑或死亡，他重视无意识，重视发展心灵的平衡力量，重视精神整体。荣格对个体全程发展，特别是对成年期心理发展的研究开始于20世纪20年代，形成一定的理论是在30年代。他的发展观主要涉及三个方面。一是提出前半生和后半生分期的观点。在生命周期的前半生和后半生，人格沿着不同的路线发展，25～40岁是分界的年限，前半生比后半生的人格要显得更向外展开，致力于外部世界。二是重视"中年危机"。大约40岁，个体曾经认为永远不变的目标和雄心壮志已经失去意义，于是，个体开始产生压抑感、呆滞感和紧迫感。中年的标志是从关注外部世界到关注自己的内心。内心促使人们去听从意识，去开发自己的潜力。三是论述老年心理，特别是临终前的心理，老年人面临死亡时如何理解生命的性质。①

埃里克森正是在荣格研究的基础上，才将精神分析创始人弗洛伊德（S. Freud）所划分的年龄阶段从青春期扩充到老年期。我们将在下一章来讨论这些问题。

（三）发展心理学的问世及研究

美国心理学家霍林沃思（H. L. Hollingworth）最先提出要追求人的心理发展全貌，而不是满足于孤立地研究儿童心理，并于1927年出版了《发展心理学概论》（*Mental Growth and Decline: A Survey of Development Psychology*）② 一书，这是世界上第一部发展心理学著作。

另一位美国心理学家古迪纳夫（F. L. Goodenough）也提出了同样的观点，写出了在科学性和系统性上超过霍林沃思著作的《发展心理学》（*Developmental Psychology*）。该书于1935年出版，1945年再版，曾畅销欧美。

古迪纳夫认为，要了解人的心理，必须全面研究影响心理产生的各种条件和因素，要把心理看作持续不断发展变化的过程。不仅要研究表露于外的行为，还要研究内在的心理状态；不仅要研究儿童和青少年，还要研究中年和老年；不仅

---

① Jung, C. G.（1933）. *Modern man in search of a soul.* New York: Harvest Book.

② 商务印书馆于1935年出版了该书的中译本（赵演译）。

要研究正常人的心理发展，还要研究罪犯和低能人的心理发展。所以，古迪纳夫主张对人的心理研究要注意人的整个一生，甚至还要考虑到下一代。①

从 1957 年开始，美国《心理学年鉴》用“发展心理学”作章名，代替了惯用的“儿童心理学”。自发展心理学问世以来，研究者对发展心理学开展了较深入的研究，特别是对成人心理发展做了有创新意义的研究。

在研究的基础上，西方发达国家发表和出版了大量的毕生发展或生命全程发展心理学的论文和著作。有影响的心理学家是巴尔特斯（P. B. Baltes），他分别于 1969 年和 1972 年在西弗吉尼亚大学组织了三次毕生发展心理学学术会议，会后有三部论文集出版，分别是《毕生发展心理学：理论与研究》（1970）、《毕生发展心理学：方法学问题》（1973）和《毕生发展心理学：人格社会化》（1973）。1978 年以来，他担任《毕生发展与行为》一书的主编。1980 年，巴尔特斯等人在美国《心理学年鉴》上发表一篇评价毕生发展心理学的文章，提出了一生全程研究及相关理论发展的原因：一是在第二次世界大战前开始追踪研究的被试进入了成年期；二是对老年心理的研究推动了成年期心理的研究；三是许多大学开设了毕生发展心理学的课程，推动了毕生发展心理学的研究。20 世纪 80 年代以来，毕生发展心理学著作有三种命名的方式：一种叫生命全程或毕生发展心理学（如 lifespan developmental psychology），另一种叫人类发展（如 human development: a lifespan approach），还有一种叫人类毕生发展（如 lifespan human development，又译个体生命全程发展）。20 世纪 90 年代后，我们把西方毕生发展心理学著作归为 12 类：（1）发展心理学或毕生发展心理学的概论；（2）发展心理学的历史和理论研究；（3）发展心理学方法论的研究；（4）认知毕生发展的心理学研究；（5）人格、道德或社会性毕生发展的心理学研究；（6）关于干预（intervention）问题的毕生发展心理学；（7）关于心理咨询与治疗问题的毕生发展心理学；（8）关于毕生发展的病理学探讨；（9）人类发展与文化（或社会）；（10）人类发展与终身教育；（11）非常规环境的毕生发展心理学；（12）代与代之间关系的毕生发展心理

① [美] 古德伊洛弗（即古迪纳夫）著，符仁方译：《发展心理学》，贵州人民出版社 1980 年版。

学。此外，还有大量的分阶段，如成年早期、成年中期、成年晚期的心理发展研究的著作。

巴尔特斯（Baltes，1987，1998）等人提出毕生发展研究的六条基本原则：（1）发展与人的毕生相伴；（2）发展的过程是一个有得有失的过程；（3）生物学与文化的影响在毕生发展中会有所变化；（4）发展涉及资源配置的变化；（5）发展具有可塑性；（6）发展会受历史—文化环境的影响。

三、发展心理学研究的中国化

中国的心理学、发展心理学是由西方传入的，但在西方心理学传入中国之前，我国早就有了心理学、发展心理学的思想。

关于先天与后天在心理发展上的作用，有孟子（约公元前372—前289年）的性善论，有荀子（约公元前298—前238年）的性恶论，有韩愈（768—824）的性与情的三品说，有王廷相（1474—1544）在孔子（公元前551—前479）“性相近也，习相远也”学说的基础上提出的“天性之知”“凡人之性成为习”的观点。

关于毕生发展的年龄特征的提法也有不少，最有名的还是孔子的思想：“吾十有五而志于学，三十而立，四十而不惑，五十而知天命，六十而耳顺，七十而从心所欲，不逾矩。”这是孔子的生命全程的发展观，初步阐述了人的心理发展的趋势。这些划分虽然比较简单，但体现了人类心理发展的一般原理，并一直影响着我国两千多年来对人生发展阶段划分的认识。

我国古代的发展心理学思想是丰富的。这些思想虽然是朴素的，有些甚至带有猜测性，但直到现在仍然闪耀着人类智慧的光辉。1879年，科学心理学诞生后，很快被引进中国，逐步发展到今天而成为现代的心理学、现代的发展心理学。

现代的心理学、发展心理学在中国诞生和发展已有百余年的历史，但中国心理学、发展心理学在20世纪90年代之前大都停留在学习与模仿的阶段。我们不妨先做个对比：当我们翻开西方的发展心理学书籍，里面大部分是西方人自己的实验材料；当我们打开苏俄的年龄心理学（即发展心理学）书籍，几乎每本书都体现了一种强烈的俄罗斯民族自豪感。然而，当我们看一下我国自己的发展心理学书籍，有点儿惭愧：时而西方热，时而苏俄热，许多研究报告从设计到结果，基本上是模仿外国的。这说明我国的研究大都还停留在学习阶段，对外国心理学依赖太多，缺乏创新超越的精神。这引起了我们相当多的心理学家的担忧，如此下去，哪一天才能建立起我们自己的心理学、发展心理学？于是从 1978 年以来，朱智贤、林崇德两位教授一直提倡：我们既不能全盘西化，又不能照抄苏俄，正确的途径应该做到摄取、选择、中国化。近年来，我们高兴地看到，我国台湾不少心理学家也持同样的观点。20 世纪 90 年代以后，中国心理学、发展心理学既强调与国际接轨，又注重自主创新。

（一）发展心理学研究中国化在四个层次上的突破

杨国枢教授从四个层次讨论了心理学研究中国化的方向和尝试：（1）重新验证国外的研究发现；（2）研究国人的重要与特有现象；（3）修改或创立概念与理论；（4）改变旧方法，设计新方法。他提出："科学的心理学在中国已有半个多世纪的历史，但中国心理学者大都停留在学习与模仿的阶段，而未能在上述四个层次上有所突破。凡我国同仁当深自觉醒，及早在研究工作上努力中国化，以缔造更有价值的研究成果。"①

这段话包含许多意义，使我们在感情上有很大的共鸣。严格地说，我国心理学工作者在心理学中国化上尽管也做出了很大的努力，但停留在向西方学习与模仿的阶段的有之，缺乏中国化的反省与自觉的有之，创新、超越与行动不足的有之。然而，对心理学的中国化工作，我们毕竟下了一些功夫。1983—1988 年，朱智贤教授主持国家社会科学基金重点科研项目"中国儿童青少年心理发展特点与教育"。2006—2010 年，董奇和林崇德两位教授主持科技部重点科研项目"中国儿童青少年心理发育特征调查"。他们先后组织心理学界数百多名专家学者有计划地开展研究，在理论探索和实验研究方面取得了可喜的成果，后者还建立了中国儿童和青少年心理发育数据库。从一定意义上可以说，这两个课题组正是在上述四个层次上开展研究。20 世纪 90 年代以来，我国心理学工作者在心理学或

---

① 杨国枢：《心理学研究的中国化：层次与方向》，见张人骏选编《台湾心理学》，知识出版社 1988 年版。

发展心理学的研究上已突破这四个层次。2004 年，中国心理学会成功地举办了第二十八届国际心理学大会。我国心理学或发展心理学研究的创新成果不仅在国际大会上展示，而且每年有一大批创新的论文与研究报告发表在国际上最有影响的，即被 SCI（《科学引文索引》）、SSCI（《社会科学引文索引》）和 EI（《工程索引》）收录的杂志上，受到国际同行的好评。

发展心理学研究中国化在这四个层次上的突破主要表现在两个方面。一是在建构和谐中国的大背景下开展发展心理学各项内容的研究。心理和谐促进发展心理学研究聚焦于中国和谐社会建构所必需的六大关系（人与自我的关系，人与他人的关系，人与社会的关系，人与自然的关系，人与机器的关系，中国与外国的关系），促进发展心理学工作者从人文关怀的角度关注中国社会面临的现实问题（留守儿童和青少年，流动儿童和青少年，离异家庭儿童和青少年，贫困儿童和青少年，艾滋病致孤孤儿）；心理和谐对中国发展心理学家提出了开展心理健康教育的更高要求（健全心理健康教育网络，塑造自尊的健康人格，关注职业倦怠），促进人们重构关于中国经济社会和谐发展的指标体系（人类发展指数，幸福指数，儿童和青少年发展指数，教育发展指数）。二是在发展心理学与教育心理学的研究上，必须逐步处理好十大关系：自然面与社会面的关系，国际化与民族化的关系，基础研究与应用研究的关系，继承与创新的关系，整体研究与局部研究的关系，个人研究与合作研究的关系，现代化手段与常规研究的关系，实验研究与史论研究的关系，定性与定量的关系，普及与提高的关系。

（二）发展心理学研究中国化的基本途径

发展心理学乃至整个心理学中国化的途径是什么？我们根据上面的论述，想用七个字来概括，这就是：摄取—选择—中国化。

对待外国的发展心理学资料，我们必须重视，应当摄取其中的营养，用以发展自身。我们要承认，我国发展心理学的研究与外国相比是存在差距的，主要表现在研究课题、研究方法学、具体研究方法和研究手段、工具四个方面。这些差距的存在，原因是十分复杂的。首先，科学心理学诞生在西方，后经德、法、英、美、俄等国的心理学家努力，在一百多年里发展较快，这些国家的科学心理学基础好。其次，发达国家重视心理学的研究，如在美国、德国的大学里，心理学系是大系，是普遍设立的系，那里人才济济。再次，先进的科学技术设备是发达国家的心理学，包括发展心理学进展快的物质基础。最后，在应用中做出成绩，使心理学有了群众基础。例如，与儿童心理学、教育心理学有关的学校心理学（school psychology），是以学习有困难的学生或问题儿童为对象的，由于它在实际应用中做出了成绩，因此它的发展相当快。有差距就得学习，就得引进，就得摄取其中的营养。但是，任何一个国家的心理学都带有一种地区性的文化特色，都含有它的特殊因素。因此，外国的发展心理学资料，绝非都是我们摄取的对象。

在摄取外国的要素时，我们绝不能全盘照搬，而要适当地加以选择。所谓选择，意指批判地吸收。批判地吸取各国心理学或心理学派思想是心理学发展中的常事。霍尔对普莱尔，皮亚杰对鲍德温，乃至现代认知心理学对行为主义和格式塔学派等，都是采取选择的态度，即批判地吸收的态度。我们在摄取外国发展心理学的要素时也应该持这种分析、批判和选择的态度。中国人，既有与外国人共同的心理特点，即存在着普遍性，又有与外国人不同的特点，即有特殊性。例如，我们自己经过测查所发现的思维发展的一些特征，与外国资料所列的特征就有所出入。又如，我们所获得的小学儿童和中学青少年的道德观念及其特点，与外国的研究结果就存在着明显的差异。如果我们照搬外国儿童和青少年心理发展的年龄特征，势必失去客观性、真实性，也会影响我国发展心理学的科学性。

中国的发展心理学既然有本民族的特点，这就导致外国的发展心理学资料被摄取之后，要经过一个中国化的过程，与中国的特殊性相融合。不管我们学习美国还是学习苏俄，最终目的还是搞中国化的心理学研究。无论是美国还是苏俄，它们的心理学或发展心理学所研究的问题、所建立的理论、所采用的方法，都有其特殊的社会文化、经济和政治背景。在社会背景不同、条件相异甚至不具备、语言表达方式特别的情况下，套用同样的理论、采用同样的方法，往往会事倍功半。应该看到，在外国心理学界，基础好、底子厚、设备先进固然是其进展快的重要原因，但它们也有不足之处。例如，一般来说，西方发展心理学的特点是百家争鸣，思想活跃，注意定量分析和定性分析相结合，但往往众说纷纭，莫衷一是；苏俄发展心理学的特点是有一定的认识论和方法论作指导，同时又能有系统、有计划地联系本国的教育实际，但常常失之思想不够活跃，比较呆板、僵化。这就要求我们做到扬长避短，也就是说，我们首先应当从方法论的角度来分析它们各自的特点，以便在学习和研究时能取其所长，去其所短。在这个基础上，我们在研究中国发展心理学的时候，应加入中国式的想法和看法，使中国的国情不知不觉地融入自己的研究，并且在理论和实践上推陈出新、有所突破。这样，便是发展心理学研究的中国化。我们更要看到，我国心理学家从中国实际出发，积极地创造条件，不断地采用现代化的研究手段，通过多年的努力，使我国发展心理学逐步进入国际发展心理学先进水平的行列。总之，我们要注意咀嚼、消化、摄取外国的要素，使之与中国发展的实际相融合，不断形成中国当代发展心理学的模式和各类学派。

当然，发展心理学研究中国化的目的，并不是要建立“中国发展心理学”。即使我们有时也提出要建设中国特色的发展心理学，也绝非要开创一种“本土发展心理学”。发展心理学是一门科学，要为世界心理科学做贡献。然而，这和提出发展心理学中国化的设想并不矛盾。因为心理学研究的本土化，主要是指各国的心理学工作者在研究工作中做到从研究者本位出发，准确地发现国人心理活动的特点及规律。只有这样，才能彻底揭示不同文化背景下人类心理的相同点和相异点，为世界心理学的发展做出贡献。今天，心理学或发展心理学研究的中国化不是太多了，而是太少了，我们要大力提倡中国化。中国心理学家应该对世界心理学做出创新和贡献。

第三节　发展心理学的进展与展望

从20世纪30年代起，在美国，《儿童心理学手册》(*Handbook of Child Psychology*）每隔9~16年就修订并出版。该手册的第四版出版于1983年，第五版出版于1998年，而第六版是2006年3月出版的。把最新的那几个版本同1970年的版本比较一下，我们就会发现一个急剧的扩展与变化时期。最明显的一个变化是，20世纪80年代中期，已经处于支配地位达半个世纪之久的行为主义学派的学习理论、精神分析学派的人格发展理论以及皮亚杰的认知发展理论等重大理论正在被质疑。在它们所占据的学术主流的位置上，出现了各种各样的观点，其中包括习性学、信息加工、社会认知和行为遗传学的观点。这些观点都没有局限于一个单一的功能领域（如社会行为、人格或认知），也没有过分强调生物因素或者环境因素。发展心理学家的研究兴趣也有很大的扩展，他们把游戏、同伴关系、自我系统、攻击、发展心理病理学和学校等因素纳入研究的范围。除此之外，发展心理学的研究范式逐渐转向如何描述、解释并完善来自不同环境的不同个体的生命发展过程。

当前发展心理学最大的特点在于，强调本学科与心理学的其他分支学科以及其他学科的联系。具体地说，神经心理学、社会心理学、教育心理学、健康心理学、临床心理学、生物学、儿科学、社会学、人类学以及其他学科，既推动发展心理学向前发展，也给发展心理学提供了重要的思路。

一、发展心理学的进展

（一）发展心理学研究体制的进展

在考察发展心理学研究体制的进展时，我们可以从横向和纵向两个角度加以分析。

1. 发展心理学研究体制的横向整体化变化

所谓发展心理学研究体制的横向整体化，主要涉及发展心理学研究的广度与范围问题。近年来，发展心理学研究体制的横向整体化变化主要表现出两个特点。

（1）新的交叉学科不断出现。近年来，由于多种学科的相互作用，在发展心理学研究领域，许多新的交叉学科纷纷出现。

发展心理语言学（developmental psycholinguistics）就是近年来在发展心理学领域中出现的一个新的交叉学科。它是由美国心理学家麦克尼尔（McNeill）提出的。这个学科的产生源于乔姆斯基（N. Chomsky）的心理语言学，但对乔氏的理论在两个方面进行了重大的修改：① 把以句法为核心转变为以语义为核心，认为语义是儿童语言的中心成分；② 改语言的先天获得性为社会制约性，认为儿童的语言发展是受社会背景制约的。由此，发展心理语言学逐渐独立于心理语言学而成为独立的交叉学科。也正因如此，发展心理语言学主要研究两方面的问题：其一为儿童早期言语的内容及其背景；其二为个体早期言语的社会化问题，并形成了一些颇富新意的理论。

发展心理生物学（developmental psychobiology）是发展心理学与心理生物学的结合，其研究内容主要包括四个方面：第一，乳儿的能力；第二，智力的遗传性问题；第三，气质的生物学基础；第四，非人类种系的智力水平问题。这类研究有四个主要特点：① 与进化论和遗传学密切相关；② 深受现代心理生物学对亲子关系研究的影响；③ 神经科学的一些研究方法促进了发展心理生物学的发展，如对大脑神经系统的理化分析等；④ 重视对早期经验的研究。

除了上面提到的发展心理语言学和发展心理生物学之外，近年来，发展心理学领域还出现了其他一些交叉学科，如发展心理学与心理病理学相结合而产生的发展心理病理学、发展心理学与社会心理学相结合而产生的发展心理社会学等。这些新的交叉学科的出现，使发展心理学的研究呈现出非常繁荣的景象。

（2）发展心理学的研究范围向人生的两极延伸。在 20 世纪 60 年代之前，人们更习惯地称发展心理学为儿童心理学，那时，发展心理学的研究重点在儿童、青少年期。然而，近年来，发展心理学家以个体生命的全过程为研究对象，对个体从胎儿期直到衰老、死亡的发展历程进行了深入的研究，而且强调研究个体早期和中老年期的心理特点。

近年来，许多发展心理学家将研究的重点转向个体的早期阶段。他们采用精心设计的现代化方法，着力研究婴幼儿认知能力的表现与发展、社会性的表现与发展，环境与早期智力发展、早期社会性发展的关系，以及早期心理发展的关键期等问题，使这方面的研究日益繁荣起来。

对个体中老年期研究的重视，直接受到发展心理学中生命全程观的影响。“生命全程观”作为一个术语，成为发展心理学的主流趋势。之所以如此，原因有三个。① 社会发展的需求。随着社会的进步，人们的生活质量不断提高，老年人的数量剧增，老龄问题成为全人类面临的一个重大问题，要求心理学家对此做出自己的贡献。② 学科发展的需求。随着发展心理学的发展，其研究范围不断扩展，对中老年的研究就成为必然。③ 邻近学科，如老年学、社会学、人类学等的发展，对此有很大的促进作用。正因如此，发展心理学家们就中老年期各个方面的问题进行了深入的探讨，并形成了许多极具特色的研究和理论。

2. 发展心理学研究体制的纵向整体化变化

所谓发展心理学研究体制的纵向整体化变化，是指发展心理学研究重点的变化。近年来，这种变化直接指向人类的具体实践领域，人们逐渐把着眼点转向发展心理学的应用方面，努力解决实践中的问题并取得了一定成绩。这其中尤以下列方面为代表：(1)对胎儿发育和优生问题的研究；(2)早期智力、早期经验及早期教育的研究；(3)儿童社会性发展的研究；(4)青少年生理变化的心理适应问题的研究；(5)中老年智力特征的研究；(6)中老年心理疾病的预防与治疗的研究；(7)有关个体性别化的研究；(8)电视与个体发展的研究；(9)计算机辅助教学对儿童发展的影响的研究；(10)认知神经科学的研究。

（二）发展心理学研究方法的进展

近年来，随着发展心理学研究的不断深入，随着现代科学技术和社会的迅速发展，发展心理学的研究方法有了较大的变化，这些研究方法上的进展又加速了发展心理学研究的不断深入。发展心理学在研究方法上的进展体现在以下几个方面：(1)系统科学原理成为发展心理学研究的方法论基础；(2)发展心理学研究思路的生态化取向；(3)重视纵向（或聚合交叉）的研究；(4)研究方式的跨学科与跨文化特点；(5)研究方法的综合化与研究手段的现代化；(6)研究结果的数量化特征。本书第三章第五节对发展心理学在研究方法上的进展做了详细说明，这里不赘述。

（三）发展心理学理论的进展

近年来，发展心理学的理论进展也很快。当前的发展心理学不仅日益关注气质和情绪等基本的心理学维度，而且日益关注高级的元认知过程，其中包括儿童对自己及他人之思维、情感和信念的知识，以及儿童对自身之认知及对社会行为的监控和调节。

1. 一般理论的进展

20世纪80年代是发展心理学的一个重要转折时期。正如最近版本（2006）的《儿童心理学手册》所揭示的，在这个时期，一个支离破碎的领域正在让位于一系列新颖而强有力的理论模型，这些理论模型涉及多种影响水平上的多种相互作用的变量和维度，如生物学、心理学、近端环境（家庭、日托中心、学校和邻居）和远端环境（社区、社会、文化和历史）等影响因素。若干重要的理论正在主导着当前的发展心理学研究，其中包括生态系统理论、毕生发展理论和交易理论。行为遗传学的观点强调先天与后天的共同作用；新皮亚杰主义的模型接纳了神经学因素、信息加工因素、具体任务因素对于认知的影响；维果茨基（Л. С. Выготский）的社会文化观强调，社会互动与文化是心理发展的主要力量。

2. 社会性和品德发展理论的进展

随着上述社会性研究的重视和迅速发展，社会性和品德发展理论也有可喜的进展，如心理理论（theory of mind）的重视，社会道德反思（sociomoral reflection），品德是年龄、教育、智力以及社会文化经验的函数理论等。

3. 认知发展理论的进展

认知发展理论的进展表现在两个方面。

一是认知发展的三级水平的观点。卡洛尔（J. B. Carroll）提出了智力的三层级理论（the three-stratum theory of intelligence）：最高水平层由一种因素构成，即一般智力因素；中间水平层由七种因素构成，即流体智力、晶体智力、一般记忆容量、一般流畅性、一般视知觉、一般加工速度、一般听知觉；最低水平层由许多特殊的因素构成。德梅特里奥和瓦拉耐兹（A. Demetriou & N. Valanides）提出智力发展的三水平系统。根据该理论，智力被设想为一个垂直的大厦，包括三个主要的水平：一个是环境指向的水平，另一个是自我指向或超认知的水平，还有一个是与信息加工过程有关的水平。

二是五种智力新理论。这五种智力新理论是加德纳（H. Gardner）的多元智力理论、斯滕伯格（R. Sternberg）的成功智力理论、珀金斯（D. N. Perkins）的真智力理论、塞西（S. J. Ceci）的生物生态理论、梅耶尔（J. D. Mayer）和戈尔曼（D. Goleman）的情绪智力理论。

1983 年，美国哈佛大学的加德纳出版了《智力结构》(*Frames of Mind*）一书，提出了多元智力（multiple intelligence）的概念。起初，他列出了七种智力成分。这些智力彼此不同，每个人都或多或少具有这七种智力。他承认，智力可能不止这七种。不过，他相信并坚持关于七种智力的观点达十多年之久。这七种智力是语言智力、逻辑—数学智力、知人的智力、自知的能力、音乐智力、身体—运动智力、空间智力。后来，加德纳又添加了自然主义者智力（naturalistic intelligence）和存在主义智力。

美国耶鲁大学的斯滕伯格长期从事智力的研究，提出了成功智力（successful intelligence）理论。所谓成功智力，就是为了完成个人的以及自己群体或者文化的目标，从而去适应环境、改变环境和选择环境的能力。分析性思维能力、创造性思维能力和实践性思维能力是成功智力的三种成分。

美国哈佛大学另一位心理学家珀金斯于 1996 年提出真智力（true intelligence）理论。他核查了大量关于智力测验和促进智力的研究，进而提出智力包括三种主要的成分或者维度：一是神经智力（neural intelligence），指神经系统的有效性和准确度；二是经验智力（experiential intelligence），指个人积累的不同领域的知识经验；三是反省智力（reflective intelligence），指解决问题、学习和完成具有挑战性的智力任务的广泛的策略。

美国康奈尔大学的塞西提出了智力发展的生物生态理论（the bioecological theory）。该理论认为智力是天生潜力、环境（背景）、内部动机相互作用的函数。个体的环境资源有两类：一类是近端过程，即直接环境中与客体的持续相互作用；另一类是远端因素，由影响近端过程的形式与质量的环境维度组成。

情绪智力（emotional intelligence）的概念是由美国新罕布什尔大学的梅耶尔等人于 1990 年提出来的。1995 年戈尔曼在《情绪智力》一书中，进一步完善了这个概念。梅耶尔等人认为，情绪智力用以说明人们如何知觉和理解情绪，具体地说，是知觉和表达情绪、在思维中同化情绪、理解和分析情绪、调控自己及他人情绪的能力。而戈尔曼认为情绪智力包括自我控制、热情、坚持性和自我激励能力。这种情绪智力原来被称为性格。两种观点都是从内涵范围来定义情绪智力，但不同的是戈尔曼把它定义为能力与性格或人格倾向的混合物，比如，在能力之外加入了热情、坚持性等性格特点，而梅耶尔等反对把情绪智力定义为能力、性格等多种因素的混合物，而坚持把它定义为传统智力中的一种。但是，两种观点也有共同点，都认为情绪智力包含多个因素，虽然数量有所不同。总之，情绪智力是心理学研究的一个新领域，有待深入研究。

二、对发展心理学的展望

上面我们谈了发展心理学的进展。发展心理学的未来发展方向问题便自然而然地摆在我们面前，对此，我们将从两个方面来回答。

（一）对发展心理学前途的看法

要回答这一问题，我们首先要清楚发展心理学乃至心理学的现状及其存在的价值。从心理学的现状来看，有一部分人认为心理学已经发展到成熟的阶段，可以像物理学那样进行严格的实证研究了；有一部分人则认为心理学是一门危机学科，研究者各自为政，互不沟通，缺乏统一的思想和衡量标准。为此，他们认为，心理学应当着手理论的整合或重新回到哲学心理学中去。我们认为，心理学的现状既不那么悲观，也并不像有些人所说的那么乐观。以客观的态度来看，经过一百多年的发展，心理学确实有了很大的发展，但现在还不能说心理学已经发展到成熟阶段，还有待心理学家们的共同努力。那么，这种努力的必要性有多大呢？这就要求我们了解心理学存在的价值。我们认为，发展心理学存在的价值至少表现在三个方面。首先，从人类存在的角度说，“认识自己”是其永恒的追求。早在古希腊时代，苏格拉底（Socrates）的墓碑上就刻有“认识你自己”这句话。从哲学的角度来说，认识世界、认识自己是人类存在的根本目的之一。其次，从人类本能的角度说，“发展自己”是其根本需求。使自己能更好地发展，与社会协调相处，这可能是人类共同的需要。如何更好地实现这一需要，是发展心理学家的工作重点。最后，大量的现实问题需要发展心理学家去解决。社会的发展一方面提高了人们的物质文明程度，另一方面使个体与环境之间的冲突加剧，心理上的不适应感越来越多，如何进行心理调适，这是社会对发展心理学的要求。由此，我们可以得出结论，发展心理学的前途是光明的。

当然，虽然发展心理学的前景是令人乐观的，但我们还必须重视几个不稳定因素：（1）过分追求数量化和抽象化的倾向，这种倾向的极端化就是所谓数字游戏，本身很简单的东西被装扮得很神秘；（2）研究的内容过分琐碎，仅凭研究者的个人兴趣；（3）缺乏理论的整合，只有零散的材料。这些问题如果得不到认真关注，就有可能对发展心理学的发展产生不良的后果。

（二）发展心理学的未来走向

这是一个非常富于挑战性的问题。我们根据自己长期的理论和实证研究，从以下四个方面阐述我们的看法。

1. 发展心理学研究中思维方式的变革

如前所述，近年来发展心理学出现了迅猛的发展，这一点突出地表现为研究体制和研究方法的进步，这种进步必然带来发展心理学家思维方式的变革，那些适应于静态封闭体制的思维方式必然向反映整体化趋势的新思维方式发展，研究者的思维方式将由原来的以还原论和决定论为代表的牛顿—笛卡儿范式向系统论、相对论和辩证法的方向过渡。这种思维方式的变化必将引起发展心理学研究体制和研究思路更大范围的发展。因为思维方式的变革历来与科学体制的突破相呼应，新范式的出现将给科学带来革命性的发展。

那么，发展心理学家研究的思维方式将向何方变化呢？我们认为至少包括以下四个方面。

（1）实现以“学科”为导向的研究模式向以“问题”为导向的研究模式的转变，开展跨学科、跨地区、跨院校的系统性和综合性研究。心理学要与神经科学、人文科学、社会科学、教育科学、数理科学、医学科学和生命科学等其他学科融合，大力推动发展心理学向前发展。在过去二三十年里，传统的“以学科为导向、条块分割的研究模式”对发展心理学发展的制约作用越来越凸显，而“以问题为导向”的跨学科心理学研究趋势也日益明显。为了解决某个特定的问题，研究者整合使用不同的研究范式、不同的研究方法和技术，或者由来自不同学科的研究者以各自的方法和方法论就共同关心的心理问题协同攻关，共享研究成果。

（2）从以实体为中心的研究思路过渡到以系统为中心的研究思路。发展心理学家以往的研究都是把个体的心理看成是一个一成不变的实体或元素，而忽略了其系统性、层次性和动态性，这样的结果是把复杂的问题简单化，把变化的问题静止化，把立体的问题平面化，甚至线性化，这可能是过去发展心理学发展缓慢的根本原因。随着科学技术的发展所带来的发展心理学研究体制的变化，系统思想必然成为研究者主要的思维方式。采用系统论的思维方式，研究者们就可以对个体的心理实质有更深入、科学的认识，用系统论的原理指导发展心理学的研究将会得出更为合理的结论。可以预见，系统论原理将成为发展心理学研究者的指导思想。

（3）从对心理现象的唯一性确证过渡到对多样性和不确定性的接受与容忍。当把心理当作一个实体来看待时，它的值就是单一的，即在某种特定的背景下，某种心理现象具有唯一性，不存在“既A又B”的状况，其典型的表现就是行为主义的心理观。根据这种观点，如果我们了解了一个行为的状况，就等于探测到这个行为所代表的心理本质。但这种唯一性并不是人类心理现象存在的真实状况，个体的心理更多地表现为多样性和不确定性。当把系统论原理引入发展心理学的研究之后，研究者们逐渐接受了心理现象的系统性、层次性、动态性和不确定性的特征，开始把发展心理学的研究放在一个更广阔的背景中，认真地考虑不同因素、不同结构之间的交互作用，考虑个体心理的变化与发展的过程。

（4）在考察心理现象的因果关系时，由直接的单一线性联系（linear relation）过渡到多维线性联系（multi-linear relation），甚至非线性联系（nonlinear relation）。因果关系是整个自然科学赖以存在的基石，自然科学研究的根本目的之一便是探讨事物之间的因果关系。传统的发展心理学研究所探讨的因果关系是直接的单一线性关系，最典型的是行为主义的刺激—反应公式。随着发展心理学研究的进展，特别是系统论原理引入发展心理学研究之后，人们普遍认识到，心理现象之间不存在单一的线性因果关系，任何心理现象都是系统活动的产物，它们之间的因果关系是非线性的，或至少是多元线性的因果关系。现在，发展心理学研究中流行的多元统计分析就是以多元线性模型为其基本假设的。相信在不久的将来，发展心理学的研究中还会出现非线性的分析手段。

2. 发展心理学研究方法的趋势

国际心理学发展的每一次重大突破都受益于研究方法的创新与现代化，因此，要实现中国心理学逐渐达到世界一流研究水平，必须加强研究方法的现代化，进一步加强各类现代化研究技术、设备、平台的建设（如认知神经科学的最新研究设备、检测人类基因序列的最新技术等），注重掌握最新的研究方法（如脑—基因—行为等多种手段相结合的研究思路)。只有这样,心理科学的发展才会“百尺竿头,更进一步”,才会有“无限风光,任人涉猎”。此外,我们要特别强调现场研究的大量采用。随着生态化运动的兴起,在发展心理学的研究中,现场研究又重新受到重视,可以预计,现场研究(包括自然观察和现场实验)将会得到进一步的发展。在自然观察方面,观察手段的不断更新,使研究者可以越来越精确地记录观察对象的行为资料,加上观察理论日益成形,观察设计日益精确,使得自然观察在未来发展心理学研究中仍是主要的研究方法之一。现场实验部分地吸收了观察法和实验室实验法的优点,克服了两者的不足,因此,在未来会被广泛地使用。当然,现场研究本身并不是完美无缺的,在未来仍需进一步发展。

3. 发展心理学研究内容的趋势

未来发展心理学的研究内容,我们可以用一句话来概括,即研究选题的应用性倾向越来越明显。发展心理学家会越来越多地参与到社会生活中去,着重加强应用,提高心理学科为社会服务,尤其是满足国家和社会发展重大需求的能力。随着经济水平的不断提高,国家对心理学科提出了越来越多的要求:建设和谐社会,需要和谐心理;让人们有尊严地生活,离不开提高人民的主观幸福感;提高全民人口素质,尤其是提高未成年人的素质,离不开心理研究揭示的心理发展规律的支持。我们始终坚信,心理学的发展取决于社会认同,只有为社会、为公众提供更多的服务,社会才会承认心理学的价值,才会给心理学更大的发展空间和更多的发展机会。心理学有多大的发展,归根结底,取决于其研究成果为社会生活提供帮助和服务的数量和质量。具体地说,在个体早期研究中,胎儿发育与优生问题的研究继续得到加强,早期智力开发问题仍是发展心理学家研究的重点问题;在对学龄儿童的研究中,对儿童社会关系的研究、独生子女的心理特点与教育的研究、儿童问题行为的预防与矫正的研究、计算机辅助教学对儿童发展的影响的研究等将是发展心理学家需要着力研究的课题;对青少年的研究中,影响青少年道德形成的因素及青少年道德教育的研究、青少年生理变化的心理反应的研究等将成为研究的重点内容;对成年人的研究将着重探讨社会生活事件对个体心理发展的作用、成年人心理健康的状况与特点、成年人对紧张事物的应对机制等问题；在对老年人的研究中，发展心理学家将着重研究老年人的生理老化及其对心理发展的影响、影响老年人衰退的各种因素、老年人的孤独问题、老年人的心理保健问题等。

4. 发展心理学研究中更大范围的整体化趋势

有人说，21 世纪是心理学起主导作用的世纪。这对于心理学家来说确实是极富吸引力的。心理学要成为 21 世纪的带头学科，需要具备什么条件呢？我们认为，心理学必须在更大范围内实现整体化。从社会发展和人类文明进步的角度说，物质文明发展到一定水平后，必然要求精神文明同步发展。人类发展至今天，物质文明已经达到了很高的水平，但精神文明远远滞后。如何更好地调节个体的心理健康水平，成为全人类共同面临的重大课题。这个课题主要应由心理学家来承担，因此，“21 世纪是心理学的世纪”这句话是有其合理性的。然而，我们承担得起这个艰巨的任务吗？就现有的心理学研究水平而言，它和社会对心理学的期望还有很大距离。要承担起这个任务，心理学必须进行自我改革，加速发展，实现更大范围的整体化。心理学实现更大范围的整体化是有可能的。首先，经过一百多年的发展，心理学的各个研究领域都积累了相当的资料，为更大范围的整合提供了基础。其次，科学技术的发展为心理学的整合提供了方法论上的借鉴和启发。最后，近年来，心理学，特别是发展心理学领域内已经出现了整体化的趋势，这为心理学在更大范围内实现整体化提供了有益的预演。因此，发展心理学在更大范围内的整体化发展是有其必然性的。

要点小结

人的发展是指人类身心的生长和变化。人的心理发展是人类发展的一个重要部分，从种系心理的演变到个体心理的变化过程，构成了发展心理学的研究领域。普莱尔《儿童心理》一书的出版标志着科学儿童心理学的诞生。随后研究者把儿童发展扩展到个体毕生发展。我国心理学家为发展心理学的中国化做出了诸多努力。近年来，发展心理学研究体制在横向和纵向不断拓展，并在研究方法和理论上得到了突飞猛进的发展。

思考与练习

1. 名词解释：发展心理学，社会化，年龄特征。
2. 请举例说明发展心理学研究的四个基本问题。
3. 请简述儿童心理学和发展心理学的诞生和发展。
4. 请根据你自己的理解，解释以下五种智力新理论：多元智力理论、成功智力理论、真智力理论、生物生态学理论、情绪智力理论。
5. 搜集有关发展心理学最新进展的文献，并加以归纳、总结。

拓展性阅读导航

1. Lerner, R. M. (Vol. Ed.). (2006). Theoretical models of human development (Vol. 1). In W. Damon & R. M. Lerner (Gen. Eds.), *Handbook of child psychology* (6th ed.). New York: John Wiley and Sons.

本书是最新版本的《儿童心理学手册》中的第一卷，有助于读者了解当前儿童心理学的各种最新理论。

2. 林崇德、白学军、李庆安:《关于智力研究的新进展》,《北京师范大学学报（社会科学版）》2004 年第 1 期。

本文从以下几个方面介绍了智力研究的新进展：智力属性研究在不断变化，智力本质研究经历了三个取向，智力发展水平方面有两种“三层水平”的观点。

第二章

发展心理学理论

内容提要

在发展心理学这个百花园中，我们可以看到各色各样的学术观点和理论。我们学习和研究发展心理学，就必须重视学习和研究发展心理学的各派观点和理论。本章分别介绍精神分析、行为主义和维果茨基、皮亚杰、朱智贤的心理发展观。

学习目标

1. 了解各主要代表人物的心理发展观。
2. 掌握各种心理发展阶段的划分标准。

关键词

心理发展观　精神分析　行为主义　维果茨基　皮亚杰　朱智贤

第一节 精神分析的心理发展观

精神分析（psychoanalysis）是西方现代心理学的主要学派之一。因为创始人是弗洛伊德，所以，精神分析理论又叫弗洛伊德主义，它包括古典弗洛伊德主义（或弗洛伊德学说）和新弗洛伊德主义。在发展心理学方面，精神分析学派的代表性观点是弗洛伊德和埃里克森的观点。

一、弗洛伊德的发展心理学理论

弗洛伊德是奥地利的精神病医生和心理学家，他在对病态人格进行研究的基础上提出了人格的结构及发展理论。这种理论的核心思想是，存在于无意识中的性本能是人的心理的基本动力，是决定个人和社会发展的永恒力量。

（一）弗洛伊德的人格理论及人格发展观

在弗洛伊德的早期著作中，人的心理活动或精神活动主要包括意识（consciousness）和无意识（unconsciousness）两个部分。弗洛伊德后来修订了这种意识和无意识的二分法，而引进本我（id）、自我（ego）和超我（superego）的心理结构或人格结构。

本我类似于弗洛伊德早期理论中的无意识的概念。本我是原始的、本能的，是人格中最难接近的，同时又是强有力的。它包括人类本能的性的内驱力和被压抑的习惯倾向。弗洛伊德把本我比拟为充满激情的陷阱（pit），目的在于争取最大的快乐和最小的痛苦。弗洛伊德认为心理动机的力比多（libido）被围困在本我中，并且通过减少紧张的意向表现出来。诸如，性欲的满足、干渴和饥饿的解除等，都使紧张状态消除而使个体产生快乐。在弗洛伊德看来，个体是要和现实世界发生交互作用的，即使是进攻、侵略，也是和本我减少紧张状态的基本原则相联系的。

在个体心理发展的过程中，年龄越小，本我越重要。婴儿几乎全部处于本我状态，他们可担忧的事情不多，除了身体的舒适以外，尽量解除一切紧张状态。但是，由于生存需要，他们会产生饥饿、干渴，于是就产生了紧张。在等待吃奶、喝水时，本我可能会产生幻觉，幻想希望的目标出现并获得满足；本我也可能闯入梦境，儿童在梦中吸吮乳头或拿起了水杯。弗洛伊德称之为初级过程思维（primary process thinking）。随着年龄的增长，儿童不断地扩大和外界的交往，以满足自身不断增长的需要和欲望，并维持一种令自己舒适的紧张水平。在本我和现实世界之间不断接通有效而适当的联络时，自我就从儿童的本我中逐渐地发展出来。

自我是意识结构部分。弗洛伊德认为，作为无意识结构部分的本我，不能直接接触现实世界，为了促进个体与现实世界的交互作用，必须通过自我。随着年龄的增长，儿童逐步学会了不能凭冲动随心所欲。他们逐步考虑后果，考虑现实的作用，这就是自我。自我是遵循现实原则的，因此它既是从本我中发展出来的，又是本我和外部世界之间的中介。自我能支配行动，思考过去的经验，计划未来的行动。弗洛伊德称这种合理的思维方式为二级过程思维（secondary process thinking），即我们一般知觉和认知的思维。例如，一个儿童学习走路，他在抑制随便走动的冲动，考虑什么地方他可以避免碰撞，他其实在练习自我的控制。

弗洛伊德在《自我与本我》一书中把自我和本我的关系比作骑士和马的关系。马提供能量，而骑士则指导马朝着他想去的地方前进。这就是说，自我不能脱离本我而独立存在。由于自我与现实联系，所以自我能参考现实来调节本我。这样，自我按照现实原则进行操作，从而现实地解除个体的紧张状态以满足其需要。因此，自我并不妨碍本我，而是帮助本我最终获得快乐的满足。

超我包括两个部分，一个是良心，另一个是自我理想。前者是超我惩罚性、消极性和批判性的部分，它告诉个体不能违背良心。例如，它指导人们该怎样活动，如果一个人做了违背良心的事，就会产生犯罪感。后者是由积极的雄心、理想所构成的，是抽象的东西，它希望个体为之奋斗。例如，一个儿童希望将来成为一个什么样的人，就是自我理想所引起的。

弗洛伊德指出，超我代表着道德标准和人类生活的高级方向。超我和自我都是人格的控制系统。自我控制的是本我盲目的激情，以保持机体免受损害；超我则有是非标准，它不仅力图使本我延迟得到满足，而且也会使本我完全不能获得满足。超我在人身上发展着，逐步地按照文化教育、宗教要求和道德标准而采取行动。因此，弗洛伊德的超我和本我是有对立的一面的。

（二）弗洛伊德的心理发展阶段说

心理性欲发展阶段的理论是弗洛伊德关于心理发展的主要理论。弗洛伊德既提出了划分心理发展阶段的标准，又具体规定了心理发展阶段的分期。

弗洛伊德把力比多的发展分为五个阶段，即口唇期（0~1岁）、肛门期（1~3岁）、性器期（3~6岁）、潜伏期（6~11岁）和青春期（11或13岁开始）。

1. 口唇期

弗洛伊德认为力比多的发展是从嘴开始的。吮吸本能也能产生快感。

弗洛伊德又将口唇期分为两个时期：第一个时期是0~6个月，第二个时期是6~12个月。

从出生到6个月，儿童的世界是“无对象的”，他们还没有关于现实存在的人和物的概念，仅仅是渴望得到快乐、舒适的感觉，没有认识到其他人对他而言是分离且存在的。

约在6个月的时候，儿童开始发展关于他人的概念。当一个分离而又必要的人，如母亲离开的时候，他就会焦虑不安。

弗洛伊德认为，每个人都会经历口唇期，产生较早阶段的快感和偏见。在以后的发展阶段直至成人，人们因吮吸或咬东西（如咬铅笔等）所带来的愉快感，或因抽烟和饮酒所带来的快乐感，都是口唇快感的发展。

2. 肛门期

1~3岁儿童的性兴趣集中到肛门区域。例如，排便时产生肛门区域黏膜上的愉快感觉，或以排泄为快乐，以抹粪或玩弄粪便而感到满足。

3. 性器期

3~6岁儿童进入性器期。弗洛伊德认为，儿童由3岁起，其“性生活”即类同于成人的性生活，所不同的是：（1）因生殖器未成熟，所以没有稳固的组织性；（2）存在倒错现象；（3）整个冲动较为薄弱。这里，弗洛伊德所说的3岁后的“性生活”指的是什么呢？主要是指男孩出现恋母情结，女孩产生恋父情结。也就是说，到了这个阶段，儿童开始依恋异性父母。这一早期的亲子依恋，被弗洛伊德描述为俄狄浦斯情结（Oedipus complex），即恋母情结。因此，性器期又叫恋母情结阶段。

4. 潜伏期

随着建立较强的抵御恋母情结的情感，儿童进入潜伏期。弗洛伊德认为，儿童进入潜伏期，其性的发展便呈现一种停滞的或退化的现象，也可能完全缺乏，也可能不完全缺乏。这个时期，口唇期、肛门期的感觉，性器期的恋母情结的各种记忆都逐渐被遗忘，因此，潜伏期是一个相当平静的时期。

5. 青春期

经过暂时的潜伏期，青春期的风暴就来到了，从年龄上讲，女孩约从 11 岁，男孩约从 13 岁开始进入青春期。

青春期有什么特点呢？对此，弗洛伊德曾做过论述，他的女儿安娜·弗洛伊德（Anna Freud）也发表了许多论文。按照弗洛伊德及其女儿的观点，我们可以看到他们对青春期特点的看法。青春期个体最重要的任务是摆脱父母对自己的控制。同时，到了青春期，个体容易产生性的冲动，也容易产生和成人相抵触的情绪和冲动。

二、埃里克森的心理发展观

埃里克森是美国的精神分析医生，也是美国现代最有名望的精神分析理论家之一。

埃里克森师承弗洛伊德的女儿安娜·弗洛伊德和伯林厄姆（D. Burlingham），1933 年定居美国。

与弗洛伊德不同，埃里克森的人格发展学说既考虑到生物学的影响，也考虑到文化和社会因素。他认为在人格发展中，逐渐形成的自我在个人与周围环境的交互作用中起着主导的和整合的作用。每个人在生长过程中，都普遍体验着生物的、生理的、社会的事件的发展顺序，按一定的成熟程度分阶段地向前发展。在《儿童期与社会》这本书里，他提出了人的八个阶段以及每个阶段的发展任务，建立了自己的发展理论。

第一阶段为婴儿期，从出生到 2 岁。婴儿在本阶段的主要任务是满足生理上的需要，发展信任感，克服不信任感，体验着希望的实现。婴儿从生理需要的满足中，体验着身体的康宁，感受到安全，于是对周围环境产生一种基本信任感；

反之，婴儿便对周围环境产生不信任感，即怀疑感。

第二阶段为儿童早期，从 2 岁到 4 岁。这个阶段的儿童主要是获得自主感，克服羞怯和疑虑感，体验着意志的实现。埃里克森认为，这时儿童除了养成适宜的大小便习惯外，已不满足于停留在狭窄的空间之内，而渴望探索新的世界。这一阶段发展任务的解决，对于个人今后对社会组织和社会理想的态度将产生重要的影响。

第三阶段为学前期或游戏期，从 4 岁到 7 岁。本阶段儿童的主要发展任务是获得主动感，克服内疚感，体验目的的实现。弗洛伊德认为这个阶段是产生俄狄浦斯情结的时期，而埃里克森的看法不同于弗洛伊德。他认为，男女儿童虽对自己的异性父母产生了罗曼蒂克的爱慕之情，但能从现实关系中逐渐认识到这种情绪的不现实性，遂产生对同性的自居作用，逐渐从异性同伴中找到了代替自己异性父母的对象，使俄狄浦斯情结在发展中获得最终的解决。

本阶段也称为游戏期，游戏执行着自我的功能，在解决各种矛盾中体现出自我治疗和自我教育的作用。埃里克森认为，个人未来在社会中所能取得的工作上、经济上的成就，都与儿童在本阶段主动性发展的程度有关。

第四阶段为学龄期，从 7 岁到 12 岁。本阶段的发展任务是获得勤奋感，克服自卑感，体验着能力的实现。学龄期儿童的社会活动范围扩大了，儿童依赖的重心已由家庭转移到学校、教室、少年组织等社会机构方面。埃里克森认为，许多人将来对学习和工作的态度和习惯都可溯源于本阶段的勤奋感。

第五阶段为青年期，从 12 岁到 18 岁。这一阶段的发展任务是建立同一感，防止同一感混乱，体验着忠实的实现。埃里克森提出了“合法延缓期”的概念，他认为这时的青年自觉没有能力持久地承担义务，感到要做出的决断未免太多太快，因此，在做出最后决断以前要进入一种“暂停”的时期，用以千方百计地延缓承担的义务，以避免同一性提前完结的内心需要。虽然对同一性寻求的拖延可能是痛苦的，但它最后能导致个人整合的一种更高级形式和真正的社会创新。

如果说以上五个阶段是针对弗洛伊德的五个阶段提出的，那么以下的三个阶段就是埃里克森独创的。这三个阶段的提出使他的发展理论更加完善。

第六阶段是成年早期，从 18 岁到 25 岁。本阶段的发展任务是获得亲密感，避免孤独感，体验着爱情的实现。埃里克森认为，这时青年男女已具备能力并自愿准备去共同生活。个体只有在自我同一性巩固的基础上获得共享的同一性，才能有美满的婚姻，得到亲密感，但由于寻找配偶包含着偶然因素，所以个体也有害怕独身生活的孤独之感。埃里克森认为，能否获得亲密感对个体是否能满意地进入社会有重要作用。

第七阶段是成年中期，从 25 岁到 50 岁。本阶段的发展任务是获得繁殖感，避免停滞感，体验着关怀的实现。这时男女建立家庭，他们的兴趣扩展到下一代。这里的繁殖不仅指个人的生殖力，主要是指关心和指导下一代成长的需要，因此，有人即使没有自己的孩子，也能产生一种繁殖感。缺乏这种体验的人会倒退到一种假亲密的需要，沉浸于自己的天地之中，只一心专注于自己而产生停滞感。

第八阶段为老年期（成年晚期），从 50 岁直到死亡。本阶段的发展任务是获得完善感，避免失望、厌倦感，体验着智慧的实现。这时人生进入了最后阶段，如果个体对自己的一生比较满意，则产生一种完善感。这种完善感包括一种长期形成的智慧感和人生哲学。如果一个人没有这种感觉，就不免恐惧死亡，觉得人生短促，对人生感到厌倦和失望。

埃里克森的发展渐成说有自己的特色。他认为，人的发展不是一维纵向的——一个阶段不发展，另一个阶段就不能到来，而是多维的，每个阶段实际上不存在发展不发展的问题，而是发展的方向问题，即发展方向有好有坏。

第二节　行为主义的心理发展观

行为主义的创始人是美国心理学家华生（J. B. Watson），它的一个突出特点是强调现实和客观研究。

一、华生的发展心理学理论

华生认为心理的本质是行为。心理、意识被归结为行为。各种心理现象是行为的组成因素或方面，而且可以用客观的刺激（S）—反应（R）来论证，其中包括作为高级心理活动的思维。

（一）环境决定论

华生在心理发展问题上突出的观点是环境决定论，主要体现在以下两个方面。

1. 否认遗传的作用

否认行为的遗传作用是华生环境决定论的基本要点之一。华生明确地指出：心理学不再需要本能的概念了。

华生为什么要否认行为的遗传作用？其理由有三点。首先，行为发生的公式是刺激—反应，从刺激可预测反应，从反应可预测刺激。行为的反应是由刺激引起的，刺激来自客观而不是决定于遗传，因此行为不可能取决于遗传。其次，生理构造上的遗传作用并不导致机能上的遗传作用。华生承认机体在构造上的差异来自遗传，但他认为，构造上的遗传并不能证明机能上的遗传。由遗传而来的构造，其未来的形式如何，要决定于所处的环境。最后，华生的心理学以控制行为作为研究目的，而遗传是不能控制的，所以遗传的作用越小，控制行为的可能性则越大。因此，华生否认行为的遗传作用。

2. 夸大环境和教育的作用

华生从刺激—反应的公式出发，认为环境和教育是行为发展的唯一条件。

首先，华生提出了一个重要的论断，即构造上的差异及幼年时期训练上的差异足以说明后来行为上的差异。

其次，华生提出了教育万能论。华生从行为主义控制行为的目的出发，提出了他闻名于世的一个论断："请给我十几个健康而没有缺陷的婴儿，让我在我的特殊世界中教养，那么我可以担保，在这十几个婴儿之中，我随便拿出一个来，都可以训练他成为任何一种专家——无论他的能力、嗜好、趋向、才能、职业及种族是怎样的，我都能够训练他成为一个医生，或一个律师，或一个艺术家，或一个商界首领，或者甚至也可以训练他成为一个乞丐或窃贼。"①

最后，华生认为学习的决定条件是外部刺激。外部刺激是可以控制的，所以

① 转引自叶浩生主编：《西方心理学的历史与体系》，人民教育出版社 1998 年版，第 195 页。

不管多么复杂的行为，我们都可以通过控制外部刺激而形成。这样的学习规律完全符合行为主义预测和控制行为的目的，所以华生十分重视学习。华生的学习观点为其教育万能论提供了论证。

（二）对儿童情绪发展的研究

华生对心理发展的研究主要集中在情绪发展的课题上。在这方面，他重点研究儿童在三种非习得性，即非学习性的情绪反应基础上形成的条件反射；同时，他也重视研究儿童嫉妒和羞耻的情绪行为。

华生有关儿童情绪的观点，特别是对儿童的怕、怒、爱的分析，主要是来自他对情绪发展所进行的一系列实验研究。这些实验研究，在心理学史上被誉为"经典实验"。这也是华生在发展心理学上的一个开创性的贡献。

二、斯金纳的发展心理学理论

与华生的刺激—反应心理学不同的是，斯金纳（B. F. Skinner）在自己的理论体系中区分了应答性行为和操作性行为。斯金纳把由可观察到的刺激引起的行为反应称作应答性行为，把没有任何能观察到的刺激引起的行为反应称作操作性行为。

斯金纳的心理发展理论主要表现在下述几个方面。

（一）行为的强化控制原理

斯金纳的操作性条件反射强调塑造、强化与消退、及时强化等原则。

首先，在斯金纳看来，强化作用是塑造行为的基础。他认为，只有了解强化效应和操纵好强化技术，就能控制行为反应，就能随意塑造出一个教育者所期望的儿童的行为。儿童偶然做了什么动作而得到了教育者的强化，这个动作后来出现的概率就会大于其他动作；强化的次数增多，概率随之增大，这便导致了人的操作性行为的建立。行为是由伴随它的强化刺激所控制的。

其次，强化在行为发展过程中起着重要的作用，行为不强化就会消退，即得不到强化的行为是易于消退的。依照斯金纳的看法，儿童之所以要做某事，是因为想得到成人的注意。大人如果想减少或消除儿童的不良行为，如长时间的啼哭或发脾气等，可在这些行为发生的时候不予理睬，排除对儿童的注意，结果儿童就会不哭不闹了。在儿童的眼中，是否多次得到外部刺激的强化，是他衡量自己的行为是否妥当的唯一标准，练习的多少本身不会影响到行为反应的速率。练习在儿童行为形成中之所以重要，是因为提供了重复强化的机会。只练习而不强化，不会巩固和发展一种行为。

最后，斯金纳强调及时强化，认为强化不及时是不利于人的行为发展的。教育者要及时强化那些希望在儿童身上看到的行为。

强化作用，依照斯金纳的观点，可分为积极强化作用和消极强化作用（阳性强化作用和阴性强化作用）两类，其作用的效果都是增加反应的概率。所谓积极强化作用，是由于一种刺激的加入增进了一个操作反应发生的概率的作用，这种作用是经常的。所谓消极强化作用，是由于一种刺激的排除而加强了某一操作反应的概率的作用。斯金纳建议以消退取代惩罚，提倡强化的积极作用。

（二）儿童行为的实际控制

斯金纳重视将其理论应用于实际。

1. 育婴箱的作用

斯金纳从白鼠按压杠杆到儿童抚养，做了不少工作。例如，当他的第一个孩子出生时，他决定做一个新的经过改进的摇篮，这就是斯金纳的育婴箱。他那个在实验箱里“长大”的女儿过得很快活，很快就成为一位很有名气的画家。于是，斯金纳在美国《妇女家庭》杂志上详细介绍了育婴箱，他的研究工作第一次普遍受到大众的注意和赞扬。在论文《育婴箱》（Baby in a Box，1945）中，他描述道：光线可以直接透过宽大的玻璃窗照射到箱内，箱内干燥，自动调温，无菌，无毒，隔音；里面活动范围大，除尿布外无多余衣布，幼儿可以在里面睡觉、游戏；箱壁安全，挂有玩具等刺激物；可不必担心着凉和湿疹一类的疾病。这种照料婴儿的机械装置是斯金纳研究操作性条件反射的又一杰作。这种设计的思想是要尽可能避免外界一切不良刺激，创造适宜儿童发展的行为环境，养育身心健康的儿童。后来，斯金纳发展了这些思想，写成小说《沃尔登第二》，把一个儿童成长的行为环境扩展到几千人组成的理想国。

2. 行为矫正

斯金纳操作性行为的思想被大量用于行为矫正。这种矫正工作并不复杂。例如，教师对儿童的寻衅、争吵装作不知道，成人对儿童的自伤行为不予理睬。不论何时，成人都应注意不去强化儿童的不良行为。

3. 教学机器和教学程序

行为塑造常常使教育者失去耐心，尤其是纠正不良行为、塑造复杂的行为；在一个班级里，教育者很难照顾到每个儿童；师资水平较低的事实也普遍存在。这些问题促使斯金纳深思。在长期的研究中，斯金纳形成了把学习和机器相联系的思想。于是，最早的辅助教学机诞生了，它弥补了教育上的一些不足。实际上机器本身远不如机器中包含的程序材料重要。程序教学有一系列的原则，如小步子呈现信息、及时知道结果、学生主动参加学习等。尽管教学机器和程序教学对教师主导作用的发挥有妨碍作用，对学生的学习动机考虑得较少，但是斯金纳的工作还是对美国教育产生了深刻的影响。

斯金纳在心理发展的实际控制上做了不少有价值的工作。现代认知心理学、20 世纪 70 年代兴起的环境心理学、日益流行的教学辅助机、临床收效较大的新行为疗法等，都受到了他的强化控制理论和实践的影响。

三、班杜拉的发展心理学理论

班杜拉（A. Bandura）于 1977 年出版的《社会学习理论》（*Social Learning Theory*），全面反映他的发展心理学观点。这里着重介绍两个方面。

（一）观察学习及其过程

观察学习是班杜拉社会学习理论的一个基本概念。所谓观察学习，实际上就是通过观察他人（榜样）所表现的行为及其结果而进行的学习，它不同于刺激—反应学习。刺激—反应学习是学习者通过自己的实际行动，同时直接接受反馈（强化）而完成的学习。观察学习的学习者则可以不必直接做出反应，也不需要亲自体验强化，而只是通过观察他人在一定环境中的行为，并观察他人接受一定的强化就能完成学习。

观察学习表现为一定的过程，班杜拉认为这个过程包括注意过程、保持过程、运动复现过程和动机过程。

班杜拉认为，强化可以是直接强化，即通过外界因素对学习者的行为直接进行干预。班杜拉认为，外在结果虽然每每给予行为以影响，但是，它不是决定人的行为的唯一结果。人是在观察的结果和自己形成的结果的支配下，引导自己的行为。强化也可以是替代强化：学习者如果看到他人成功和被赞扬的行为，就会增强产生同样行为的倾向；如果看到失败或受罚的行为，就会削弱或抑制发生这种行为的倾向。强化还可以是自我强化，即行为达到自己设定的标准时，以自己能支配的报酬来增强、维持自己行为的过程。自我强化依存于自我评价的标准。这种自我评价的标准是儿童根据自己的行为是否比得上他人，用自我肯定和自我批评的方法对自己的行为做出反应而确立的。在这个过程中，成人对儿童达到或超过为其提供的标准的行为表示喜悦，而对未达到标准的行为则表示失望。这样，儿童就逐渐形成了自我评价的标准，获得了自我评价的能力，从而对榜样示范行为发挥自我调整的作用。儿童就是在这种自我调整的作用下，形成观念、能力和人格，改变自己的行为。

（二）社会学习在社会化过程中的作用

班杜拉特别重视社会学习在社会化过程中的作用，即社会引导成员用社会认可的方法去活动。为此，他专门研究了攻击性、性别化、自我强化和亲社会行为等社会化的目标。

1. 攻击性

班杜拉认为，攻击性的社会化也是一种操作性条件作用。例如：当儿童用社会容许的方法表现攻击性时（如球赛或打猎），父母和其他成人就奖励儿童；当儿童用社会不容许的方法来表现攻击性时（如打幼小儿童），父母和其他成人就惩罚儿童。所以儿童在观察攻击的模式时，就会注意什么时候的攻击性被强化，而对于被强化的模式便照样模仿。

2. 性别化

班杜拉认为，男女儿童的性别品质大多是通过社会化过程，特别是模仿来获得的。

班杜拉认为，儿童常常通过观察学习两性的行为，只是因为在社会强化的情况下，他们通常所从事的仅仅是适合他们自己性别的行为。有时这种社会强化还会影响观察过程本身，也就是说，儿童甚至会停止对异性模式细致的观察。

3. 自我强化

班杜拉认为，自我强化也是社会学习的结果。他曾用实验证明了这一点：让

7～9 岁的儿童观看滚木球比赛。在比赛中，只有得高分者才可以用糖果来奖励自己，否则，将做自我批评。随后，研究者让看过和未看过滚木球比赛的儿童分别独自玩滚木球比赛游戏。结果，看过比赛的儿童将糖果作为自我强化物，而未看过比赛的儿童对待糖果的态度是根据自己是否愿意和喜欢。可见，在儿童评价自我的行为上，即自我强化的社会化方面，社会学习表现出了明显的效果。

4. 亲社会行为

班杜拉认为，呈现适当的亲社会行为（如分享、帮助、合作和利他主义等）模式能够对儿童产生影响。亲社会行为靠训练是没有什么效果的，有时强制的命令可能会一时奏效，但会有反复，只有正确的行为模式的影响才更有用，而且持续时间更长。

班杜拉的社会学习理论从人的社会性角度探讨学习问题，强调观察学习，认为人的行为的变化既不是由个人的内在因素，也不是由外在的环境因素单独决定的，而是由两者的相互作用决定的。该理论认为人通过其行为创造环境条件并产生经验（个人的内在因素），被创造的环境条件和作为个人内在因素的经验又反过来影响以后的行为等。这在相当程度上反映了人类学习的特点，揭示了人类学习的过程，有一定的理论价值和实际价值。但是，班杜拉的社会学习理论基本上是行为主义的。他虽然也重视认知因素，但并没有对认知因素做充分的探讨，更缺乏必要的实验依据。他偏重的是人的行为的研究，在行为研究中没有给认知因素以应有的地位，而只是一般化地对认知机理做些简单的论述。因而他的社会学习理论具有明显的不足之处，表现出一定的局限性。

第三节　维果茨基的心理发展观

在发展心理学史上，维果茨基的思想独树一帜，不仅被苏俄，而且被西方心理学界所推崇。1992 年 11 月，维果茨基心理学思想国际讨论会在莫斯科召开。

维果茨基是苏联心理学家，主要研究儿童心理和教育心理，着重探讨思维与言语、教学与发展的关系问题。他和鲁利亚（А. Р. Лурия）、列昂节夫（А. Н. Леонтьев）一道从20世纪20年代开始研究人的高级心理机能的社会历史发生问题，后来形成了心理发展的文化历史理论和社会文化历史学派（又称维列鲁学派）。维果茨基是这个学派的创始人。后来有许多心理学家，如加里培林（П. Я. Гальперин）、赞科夫（Л. В. Занков）、艾利康宁和达维多夫等，都是这个学派的重要成员。这个学派在美国、西欧和日本等国也有着广泛的影响。

维果茨基在心理的种系发展和个体发展上都做了研究，特别是他对于人类心理的社会起源，儿童心理发展对教育、教学的依赖关系，做了较深入的探讨。

一、文化历史理论

维果茨基创立了文化历史理论，用以解释人类心理本质上与动物不同的那些高级的心理机能。

维果茨基认为，由于工具的使用，人产生了新的适应方式，即物质生产的间接方式，人不再像动物一样以身体的直接方式来适应自然。人的工具生产中凝结着人类的间接经验，即社会文化知识经验，这就使得人类的心理发展规律不再受生物进化规律所制约，而受社会历史发展的规律所制约。

当然，工具本身并不属于心理的领域，也不加入心理的结构，只是这种间接的物质生产的工具会导致在人类的心理上出现精神生产的工具，即人类社会所特有的语言和符号。生产工具和语言、符号的类似性就在于它们使间接的心理活动得以产生和发展。所不同的是，生产工具指向于外部，引起客体的变化，而语言、符号指向于内部，影响人的行为。控制自然和控制行为是相互联系的，因为人在改造自然的同时也改变着人自身的性质。

二、发展的实质

维果茨基探讨了发展的实质。他认为，在心理学家看来，发展指心理的发展。心理的发展指的是一个人的心理（从出生到成年）在环境和教育的影响下，在低级的心理机能的基础上，逐渐向高级的心理机能的转化过程。

心理机能由低级向高级发展的标志是什么？维果茨基把它归纳为四个方面的

表现:（1）心理活动的随意机能;（2）心理活动的抽象概括机能，也就是说各种机能由于思维（主要是指抽象逻辑思维）的参与而高级化;（3）各种心理机能之间的关系不断地变化、组合，形成间接的、以符号或词为中介的心理结构;（4）心理活动的个性化。

心理机能由低级向高级发展的原因是什么？维果茨基强调了三点：一是起源于文化历史的发展，是受社会规律所制约的；二是从个体发展来看，儿童在与成人交往的过程中通过掌握高级的心理机能的工具——语言、符号这一中介环节，使其在低级的心理机能的基础上形成了各种新质的心理机能；三是高级的心理机能是不断内化的结果。

由此可见，维果茨基的心理发展观是与他的文化历史发展观密切联系在一起的。他强调，心理发展的高级机能是人类物质产生过程中发生的人与人之间的关系和文化历史发展的产物。心理发展过程是一个质变的过程，他为这个变化过程确定了一系列的指标。

三、教学与发展的关系

在教学与发展的关系上，维果茨基提出了三个重要的问题：最近发展区，教学应当走在发展的前面，学习的最佳期限。

维果茨基认为，至少要确定两种发展的水平。第一种水平是现有发展水平，这是指儿童独立活动时所达到的解决问题的水平。第二种是在有指导的情况下儿童所达到的解决问题的水平，也是通过教学儿童所获得的潜力。这二者之间的差异就是最近发展区。教学创造着最近发展区，第一个发展水平和第二个发展水平之间的动力状态是由教学决定的。

根据上述思想，维果茨基提出教学应当走在发展的前面。也就是说，教学可以定义为人为的发展，教学决定着智力的发展，这种决定作用既表现在智力发展的内容、水平和智力活动的特点上，也表现在智力发展的速度上。

怎样发挥教学的最大作用？维果茨基强调学习的最佳期限。教学如果脱离了儿童学习某一技能的最佳年龄，从发展的观点来看是不利的，它会造成儿童智力发展的障碍。因此，开始某一种教学，必须以成熟与发育为前提，但更重要的是教学必须建立在正在开始形成的心理机能的基础上，走在心理机能形成的前面。

四、内化学说

维果茨基分析了智力形成的过程，提出了内化学说。

在儿童思维发生学的研究中，不少心理学家提出了外部动作内化为智力活动的理论。维果茨基是内化学说最早推出人之一。他指出，教学最重要的特征便是教学创造着最近发展区这一事实，也就是教学激起与推动学生一系列内部的发展过程，从而使学生掌握全人类的经验并内化为自身的内部财富。维果茨基的内化学说的基础是他的工具理论。他认为，人类的精神生产工具或心理工具就是各种符号。运用符号可使心理活动得到根本改造，这种改造不仅存在于人类发展的过程中，而且存在于个体发展的过程中。学生早年还不能使用语言这个工具来组织自己的心理活动，心理活动是直接的、不随意的、低级的、自然的。学生只有掌握语言这个工具，心理活动才能转化为间接的、随意的、高级的、社会历史的。高级的、社会历史的心理活动，首先是作为外部形式的活动而形成的，以后才内化，转化为内部活动才能“默默地”在头脑中进行。

第四节 皮亚杰的心理发展观

当代发展心理学最有影响的理论是皮亚杰的心理发展观，围绕皮亚杰的理论所展开的大量新的研究就构成了新皮亚杰主义。

一、皮亚杰的发展心理学理论

皮亚杰心理学的理论核心是发生认识论，主要是研究人类的认识（认知、智力、思维、心理的发生和结构）。他认为，人类的认识不管多么高深、复杂，都可以追溯到人的童年时期，甚至可以追溯到胚胎时期。儿童出生以后，认识是怎样形成的，受哪些因素制约，内在结构是什么，各种不同水平的智力、思维结构是如何出现的等，是皮亚杰试图通过研究来解答的问题。

皮亚杰解答这些问题的主要科学依据是生物学、逻辑学和心理学。他认为，生物学可以解释儿童智力的起源和发展，逻辑学则可以解释思维的起源和发展。生物学、逻辑学和心理学是皮亚杰发生认识论和智力（思维）心理学的理论基础。

（一）发展的实质和原因

1. 皮亚杰的发展观

在心理学，特别是发展心理学上，由于各种不同的观点，因而有各种不同的发展理论，皮亚杰在他的《智力心理学》一书中，对此做了详细的论述。他列举了五种重要的发展理论：（1）只讲外因不讲发展的，如英国罗素（B. Russell）的早期观点；（2）只讲内因而不讲发展的，如卡尔·彪勒的早期观点；（3）讲内因与外因相互作用而不讲发展的，如格式塔学派；（4）既讲外因又讲发展的，如联想心理学派；（5）既讲内因又讲发展的，如桑代克（E. L. Thorndike）的尝试错误学说。皮亚杰认为自己的理论和这五种发展理论不同，是属于内因与外因相互作用的发展观，既强调内因与外因的相互作用，又强调在这种相互作用中心理不断产生量和质的变化。

2. 心理发展的本质和原因

皮亚杰认为，心理、智力、思维既不是起源于先天的成熟，也不是起源于后天的经验，而是起源于主体的动作。这种动作的本质是主体对客体的适应（adaptation）。主体通过动作达到对客体的适应，乃是心理发展的真正原因。

皮亚杰从生物学的观点出发，对适应做了具体的分析。他认为，个体的每个心理反应，不管是指向于外部的动作还是指向于内化了的思维动作，都是一种适应。适应的本质在于取得机体与环境的平衡（equilibrium）。

根据生物学的观点，皮亚杰认为适应是通过两种形式实现的。一种是同化（assimilation），即把环境因素纳入机体已有的图式或结构之中，以加强和丰富主体的动作。皮亚杰反对联想主义和行为主义把刺激与反应之间的关系看成单向的简单关系，即 S—R 公式。他提出 $S \rightleftharpoons R$ 双向关系的公式，并用同化的观点对这个公式加以展开：$T + I \rightarrow AT + E$。式中 T 指结构，I 指刺激（环境因素），AT 指 I 同化于 T 的结果，也就是对刺激的反应，E 则是刺激中被排除在结构之外的东西。因此，S ⇌ R 变成了 S → AT → R，这就是说，刺激被同化在结构中而引起反应。另一种是顺应（accommodation），即改变主体动作以适应客观变化。如从吃奶改为吃饭，这就需要改变原来的机体动作，采取新的动作，以适应环境。这样，个体就通过同化和顺应这两种形式来达到机体和环境的平衡。如果机体和环境失去平衡，个体就需要改变行为以重建平衡。这种不断的平衡—不平衡—平衡—……的过程，就是适应的过程，也就是心理发展的本质和原因。

（二）发展的因素与发展的结构

1. 心理发展的因素

皮亚杰在《儿童逻辑的早期形式》《儿童心理学》等著作中，针对制约发展的各种因素进行了分析。他认为，支配心理发展的因素有四个：（1）成熟；（2）物理因素；（3）社会环境；（4）平衡。

2. 儿童心理发展的结构

皮亚杰是一个结构主义的心理学家，他提出了心理发展的结构问题。

他首先认为心理结构的发展涉及图式（scheme）、同化、顺应和平衡。在这四个概念中，皮亚杰把图式作为一个核心概念。例如，他在为马森（P. H. Mussen）主编的《儿童心理学手册》撰写关于认知发展理论的文章——《皮亚杰学说》中，把图式这一概念作为最基本的概念。什么是图式？皮亚杰认为，图式就是动作的结构或组织，这些动作在相同或类似环境中由于不断重复而得到迁移或概括。不同的主体为什么会对环境因素的刺激做出不同的反应？这是因为每个主体的图式不同，以不同的内在因素去同化这种刺激，做出不同的反应。图式最初来自先天遗传，以后在适应环境的过程中，图式不断地得到改变，不断地丰富起来，也就是说，低级的动作图式经过同化、顺应、平衡而逐步构成新的图式。同化和顺应是适应的两种形式。同化和顺应既是相互对立的，又是彼此联系的。皮亚杰认为：同化只是数量上的变化，不能引起图式的改变或创新；顺应则是质量上的变化，促进创立新图式或调整原有图式。平衡既是发展中的因素，又是心理结构。平衡是指同化作用和顺应作用两种机能的平衡。新的暂时的平衡并不是绝对静止或终结，某一水平的平衡会成为另一较高水平的平衡运动的开始。不断发展着的平衡状态，就是整个心理的发展过程。

后来，皮亚杰在《结构主义》一书中阐述发生认识论时把结构主义（structuralism）和建构主义（constructivisim）紧密地结合起来。他认为结构有三个基本特征：整体性、转换性（transformation）和自调性。结构的整体性是指结构具有内部的融贯性，各成分在结构中的安排是有机的联系，而不是独立成分的混合，整体与其成分都由一个内在规律所决定。结构的转换性是指结构并不是静止的，一些内在的规律控制着结构的运动和发展。结构的自调性是指平衡在结构中对图式的调节作用，也就是说，结构由于其本身的规律而自行调节，并不借助于外在的因素，所以结构是自调的、封闭的，结构内某一成分的改变必然引起结构内其他有关成分的变化。皮亚杰在《结构主义》一书中也论述了建构主义，强调的是主客体的相互作用，任何心理结构都是这种相互作用的结果。皮亚杰的结构主义既有和一般结构主义共同的地方，即都强调系统内的结构和关系，但又有不同之处，即他不但强调共时性（synchronic），而且强调历时性（diachronic），因为他着重研究认知、思维和心理的发生发展。皮亚杰的建构主义把活动范畴视为其理论的逻辑起点和中心范畴，即他把活动作为考察认识发生发展的起点和动力。

（三）发展的阶段

皮亚杰的发展观，突出地表现在他关于发展阶段的看法上。

（1）心理发展过程是一个内在结构连续的组织和再组织的过程，过程的进行是连续的，但由于各种发展因素的相互作用，儿童心理发展具有阶段性。

（2）各阶段都有它独特的结构，标志着一定阶段的年龄特征。由于各种因素，如环境、教育、文化以及主体的动机等的差异，阶段可以提前或推迟，但阶段的先后次序不变。

（3）各阶段的出现，从低到高是有一定次序的，且有一定的交叉。

（4）每个阶段都是形成下一个阶段的必要条件，前一阶段的结构是构成后一阶段的结构的基础，但前后两个阶段相比，有着质的差异。

（5）在心理发展中，两个阶段之间不是截然划分的，而是有一定的交叉。

（6）心理发展的一个新水平是许多因素融合而成的新结构，各种发展因素由没有系统的联系逐步组成整体。

这种整体结构又是从哪儿来的呢？皮亚杰认为，在环境和教育的影响下，人的动作图式经过不断的同化、顺应、平衡的过程，就形成了本质不同的心理结构，这也就形成了心理发展的不同阶段。

皮亚杰把儿童心理或思维发展分成四个阶段，即感知运动阶段（0~2 岁）、前运算阶段（2~7 岁）、具体运算阶段（7~12 岁）、形式运算阶段（12~15 岁）。

二、新皮亚杰主义简述

皮亚杰的理论产生于 20 世纪 20 年代，到 20 世纪 50 年代已完全成熟，并风行全世界。很多儿童心理学工作者对皮亚杰的理论进行了研究，并对他的实验进行了重复性的检验。据估计，仅仅关于守恒一项内容，验证实验就超过三千个。这也使得皮亚杰理论有了新的进展。

促使皮亚杰的理论获得新的进展的主要原因有三个。

（一）对皮亚杰的研究方法和研究结果进行修订

目前，西方儿童认知发展理论的一个新趋势，就是质疑皮亚杰的儿童发展阶段理论。这表现在以下两个方面。

一是近年来，在西方认知发展心理学的研究中，越来越多的人提出，儿童认知能力的发展并不是以皮亚杰的年龄阶段论所描述的那种“全或无”的形式进行的。他们通过实验发现，许多重要的认知能力在儿童十分年幼时就已经存在，只是程度有限，这些能力将随着个体知识经验的增长，一直发展到成年期。心理学家们提出这种批评是以下面的观点为依据的。（1）认为皮亚杰发展阶段论的事实根据不足。传统的皮亚杰理论认为幼儿缺乏某种认知能力，这种结论是依据非常有限的实验结果而推导出来的。但现有科学研究表明，在比较复杂的课题任务中，各种认知结构的相互作用和动力变化常使某些重要的认知能力时而表现，时而隐蔽。因此，仅通过少量的实验来概括儿童的认知能力，根据不够充分。（2）认为皮亚杰的实验任务难度过大，不适合年幼儿童去做，因而不能反映幼儿应有的能力。最近的研究结果已表明，如果研究者能设计出难度适当的课题任务，如果事先引入训练程序，再做皮亚杰的实验，年幼儿童就能表现出原来认为缺乏的认知能力。

二是提出成人思维发展的模式。佩里（W. Perry）等人对皮亚杰将 15 岁定为思维成熟期表示怀疑。他们认为，15 岁不一定是思维发展的成熟年龄，形式运算思维也不是思维发展的最后阶段。佩里把大学生的思维概括为如下三种水平:（1）二元论（dualism）水平;（2）相对论（relativism）水平;（3）约定性（commitment）水平。

上述两种观点的提出者都称自己是新皮亚杰主义者，但是他们在思维发展的模式上和皮亚杰的学说有着不同的看法。

（二）信息加工理论与皮亚杰理论相结合

信息加工论者对皮亚杰的理论大体上有两种态度：一种是“非发展论”，认为儿童认知能力的发展之所以与成人不同，只是由于知识经验的储存不够，如果够了，就与成人的认知能力没有本质的区别；另一种则是“发展论”，认为应当把皮亚杰理论与信息加工理论结合起来，研究儿童智力的发展。儿童心理与成人心理有本质的不同:（1）儿童是不成熟的，如儿童的脑结构（神经元体积、突触联系、髓鞘化等）还不够成熟;（2）儿童没有足够的信息储存;（3）儿童的决策能力差，因为决策过程需要复杂的信息分析、综合的能力。鉴于儿童这几方面的特点，如果能用信息加工理论来建立一个不同年龄阶段儿童智力发展的程序模式，就可以对儿童的智力发展设计出比皮亚杰的抽象描述更为确切、更为科学的具体模式。虽然这方面的工作还不成熟，但这是一个良好的开端。持这种主张的人，常常将自己命名为新皮亚杰理论学派，以示对皮亚杰主义的修正和发展。

近年来，皮亚杰的理论不仅在理论方面有了新的发展，而且在实践领域，特别是在教育实践领域也获得了日益广泛的应用。在西方和日本等许多国家，根据皮亚杰的理论框架和最近的有关研究成果，心理学工作者与教育工作者一起设计出了一些教育程序，将此应用于婴儿、学前儿童和中小学生的教育中。在婴儿教育方面，他们指导婴儿摆弄物体、操作智力玩具等，帮助孩子形成对物体的特性（如颜色、形状、体积、质地等）的认识。在幼儿教育方面，他们设计了各种智力玩具和教具（如图片、积木等），为儿童能提早形成数概念、空间概念及时间概念打下基础。也有人研究如何运用皮亚杰的理论，培养小学儿童的思维能力，甚至有人研究青春期形式运算思维形成的一些具体过程，并将此与教育工作联系起来。

（三）日内瓦学派本身的变革

在瑞士日内瓦大学，即皮亚杰长期工作过的地方，在皮亚杰晚年和他去世以后，他的同事和学生的研究工作使皮亚杰的理论也有了新的变革性的发展。这种发展是在保持皮亚杰理论的基础框架或模式的前提下，调整了研究的方向，扩大了研究的范围和课题。其表现是，或者是补充和修正皮亚杰的某些观点，或者是从广度和深度上充实皮亚杰的理论，或者是为皮亚杰的理论加进某些新的成分。他们也打出“新皮亚杰学派”的旗号，但与信息加工论的“新皮亚杰学派”完全不一样。

日内瓦新皮亚杰学派的产生，是以20世纪60年代日内瓦大学建立心理与教育科学院为契机的。1976年，蒙纳德（P. Mounoud）发表的《儿童心理学的变革》一文，标志着走向新皮亚杰学派的第一步。1985年，这个学派的第一本文集《新皮亚杰理论的发展：新皮亚杰学派》（*The Future of Piagetian Theory: The Neo-Piagetians*）比较系统地阐述了他们的观点和一些主要研究成果。

日内瓦新皮亚杰学派的主要特点可以概括如下。

（1）恢复了日内瓦大学重视教育研究的传统。教育不仅是社会发展的需要，而且也是个体人格完满发展的需要。因此，日内瓦新皮亚学派特别强调社会关系、交往、社会文化、社会性发展的研究。在关于智力的社会性发展的研究中，日内瓦新皮亚学派虽然使用了皮亚杰的概念，但更多地是从社会认知或发生社会心理学的角度来加以阐释的，即同化、顺应、平衡等过程发展的线索是由社会环境（包括教育）来提供的。

（2）不仅仅追求心理学理论研究的科学价值，更重要的是重视应用研究。在这一点上，日内瓦新皮亚杰学派与皮亚杰后期纯理论的研究方向是相对立的。他们不赞成心理学只是抽象地研究心和物、心和身、感觉和思维等这些对立命题的关系，而是主张综合地、全面地研究这些对立命题之间实际存在的密不可分的联系。

（3）不赞成只研究认知的发展，而要求把儿童心理发展当作一个整体来研究，即除了认知之外，还有情绪、自我意识、人格等。

（4）试图创设几个变量相互作用的情境，给儿童提供分析、抽取、鉴别客体属性的机会，从而强调被试在实验过程中的作用。此外，日内瓦新皮亚杰学派还注意采用现代技术（计算机等）来对皮亚杰研究中未涉及的内容进行新的探索。例如，他们关于婴儿视觉系统的感觉运动本质的研究，大大扩展和丰富了皮亚杰的研究。

当然，日内瓦新皮亚杰学派还在形成中，还没有一个明确的体系。正如他们自己所说的：要回答新皮亚杰学派提出的种种问题是不容易的，也不是立刻可以办到的，这是一个广阔的、需要雄心壮志的、长期的研究计划。

第五节　朱智贤的心理发展观

中国最早的儿童心理学家是陈鹤琴，而系统研究儿童发展心理学的专家是朱智贤（1908—1991）。

朱智贤的发展心理学理论主要体现在以下三个方面。

一、探讨心理发展的基本理论问题

朱智贤用辩证唯物主义的观点探讨了儿童心理发展中关于先天与后天的关系、内因与外因的关系、教育与发展的关系、年龄特征与个别特点的关系等一系列重大问题。

（一）先天与后天的关系

人的心理发展是由先天遗传决定的还是由后天环境、教育决定的？这在心理学界争论已久，在教育界及一般人心目中也有不同看法。朱智贤从 20 世纪 50 年代末开始，一直坚持先天来自后天，后天决定先天的观点。首先，他承认先天因素在心理发展中的作用，不论是遗传因素还是生理成熟，它们都是儿童和青少年心理发展的生物前提，它们提供了这种发展的可能性。环境和教育则将这种可能性变为现实性，决定着儿童心理发展的方向和内容。其次，朱智贤不仅提出这个论点，而且还坚持开展这方面的实验研究。笔者对双生子智力、性格的心理研究，正是在朱智贤的指导下进行的，研究结果完全证实了朱智贤的理论观点。

（二）内因与外因的关系

环境和教育不是机械地决定心理的发展，而是通过心理发展的内部矛盾来起作用。朱智贤认为，这个内部矛盾是主体在实践中，通过主客体的交互作用而形成的新需要与原有水平的矛盾。这个矛盾是心理发展的动力。有关内部矛盾的具体提法，国内外心理学界众说纷纭，国内就有十几种之多。但目前国内大多数心理学家都同意朱智贤的提法，这是因为他提出的内部矛盾揭示了这个问题的实质，初步解决了需要理论、个体意识倾向理论、心理结构（原有水平）理论等一系列的实际问题。

（三）教育与发展的关系

心理是如何发展的？向哪儿发展？朱智贤认为，这不是由外因机械决定的，也不是由内因孤立决定的，而是由适合于内因的一定的外因决定的，也就是说，心理发展主要是由适合于主体内因的那些教育条件决定的。从学习到心理发展，人类心理要经过一系列的量变到质变的过程。他还提出了如下所示的表达方式：

在教育与发展的关系中，如何发挥教育的主导作用？这涉及教育要求的难度问题。朱智贤提出，只有那种高于主体的原有水平，经过他们主观努力后又能达到的要求，才是最适合的要求。如果维果茨基提出的最近发展区是阐述心理发展的潜力的话，那么朱智贤的观点则指明了挖掘这种潜力的途径。

（四）年龄特征与个别特点的关系

朱智贤还指出，儿童和青少年心理发展的质的变化会表现出一定的年龄特征。按照这个年龄特征，朱智贤将儿童和青少年的心理发展分为六个阶段，即乳儿期或婴儿前期（从出生到1岁）、婴儿期（1岁到3岁）、幼儿期或学龄前期（3岁到6或7岁）、童年期或学龄初期（6或7岁到11或12岁）、少年期或学龄中期（11或12岁到14或15岁）、青年早期或学龄晚期（14或15岁到17或18岁）。心理发展的年龄特征不仅有稳定性，而且也有可变性。在同一年龄阶段中，每个人既有本质的、一般的、典型的特征，又有区别于他人的差异性，即个别特点。朱智贤对每个发展阶段的论述，为中国儿童和青少年心理学奠定了理论和实践基础，今天中国发展心理学对儿童和青少年各阶段心理特征的阐述，基本上是朱智贤的框架体系。

在中外发展心理学史上，对上述四个问题的分析和阐述有不少，但像上述那样统一的、系统的、辩证的论述还是第一次，这为建立中国科学的儿童心理学奠定了基础。

二、强调用系统的观点研究心理学

朱智贤经常说，认知心理学强调儿童认知发展的研究，精神分析学派强调儿童情绪发展的研究，行为主义强调儿童行为发展的研究，我们则要强调儿童心理整体发展的研究。

早在20世纪60年代初，朱智贤在《有关儿童心理年龄特征的几个问题》一文中，首次提出系统地、整体地、全面地研究儿童心理的发展。他反对柏曼单纯地以生理作为年龄特征的划分标准，反对施太伦以种系演化作为年龄特征的划分标准，反对皮亚杰以智力或思维发展作为年龄特征的划分标准。他提出在划分儿童心理阶段时，主要应考虑两个方面：一是内部矛盾或特殊矛盾；二是既要看到全面（整体），又要看到重点。这个全面或整体的范围是什么？朱智贤认为应包括两个部分（认识过程和人格品质）和四个有关方面（心理发展的社会条件和教育条件、生物的发展、动作和活动的发展、语言的发展）。朱智贤的观点在当时乃至当今被我国心理学界广泛引用，不少心理学家在此基础上撰写论文。

20世纪70年代后期，朱智贤主张心理学家学好哲学的“普遍联系”和“不断发展”的观点及系统科学（包括“老三论”——系统论、控制论、信息论和“新三论”——耗散结构论、协同论、突变理论）的理论。在他的一篇《心理学的方法论问题》的论文中，他反复阐明整体研究的重要性。其主要观点如下。

（1）要将心理作为一个开放的自组织系统来研究。他指出，人以及人的心理都是一个开放的系统，是在主体和客体相互作用下的自动控制系统。为此，在研究心理时，特别是在研究心理发展时，我们要研究心理与环境（自然的、社会的，特别是后者）的关系，要研究心理内在的结构，即各子系统的特点，要研究心理与行为的关系，要研究心理活动的组织形式。

（2）系统地分析心理发展研究的各种类型。对儿童和青少年心理进行的研究，常常由于研究的时间、被试、研究人员以及研究装备等条件的不同，而有不同的类型。因此，我们在研究中应该系统地分析纵向研究和横断研究、个案研究和成组研究、常规研究和运用现代科学技术的现代化研究等。

（3）系统地处理结果。心理既有质的规定性，又有量的规定性。心理的质与量是统一的。因此，我们对心理发展的研究结果，既要进行定性分析，又要进行定量分析，把二者有机结合起来。

朱智贤本人主要是研究思维发展的，他十分重视非智力因素在思维发展中的地位和作用。在他的指导下，他的不少研究生选择这个课题进行研究，将智力和非智力因素做系统的处理。朱智贤主持国家级重点研究项目“中国儿童青少年心理发展特点与教育”，系统而全面地研究了中国儿童和青少年心理发展的特点。

三、提出坚持在教育实践中研究中国化的发展心理学

朱智贤多次提出发展心理学研究的中国化问题。早在 1978 年，他就指出，中国的儿童和青少年及其在教育中的种种心理现象有自己的特点，这些特点表现在教育实践中，需要我们深入研究。

他指出，坚持在实践中，特别是在教育实践中研究发展心理学，这是我国心理学前进道路上的主要方向。他反对脱离实际地为研究而研究的风气，主张研究中国人从出生到成熟的心理发展特点及规律。他认为，中国儿童和青少年与外国的儿童和青少年有共同的心理特点，即存在着普遍性，又有不同的特点，即具有特殊性，这是更重要的。我们只有把中国儿童和青少年心理发展的特点研究出来，才能在国际心理学界有发言权。因此，他致力于领导“中国儿童青少年心理发展特点与教育”课题研究工作，克服了许多困难，填补了多项空白。他主张将发展心理学的基础理论研究与应用研究结合起来，也就是说，他不仅提倡在教育实践中研究发展心理学，而且积极建议搞教育实验和教学实验，主张在教育实践中培养儿童和青少年的智力和人格。今天，中国心理学界出现“教育与发展观”，甚至形成较成熟的心理学思想，正是缘起于朱智贤的理念。

要点小结

弗洛伊德认为，存在于无意识中的性本能是人的心理的基本动力，是决定个人和社会发展的永恒力量。根据力比多的发展，他把人的心理发展阶段划分为口唇期、肛门期、性器期、潜伏期、青春期。埃里克森认为，逐渐形成的自我在个人与周围环境的交互作用中起着主导的和整合的作用。他提出了人的心理发展的八个阶段以及每个阶段的发展任务。华生在心理发展问题上突出的观点是环境决定论，否认遗传的作用，夸大环境和教育的作用；斯金纳重视强化在心理发展过程中的作用；班杜拉从观察学习的角度探讨人的行为的变化。维果茨基创立了文化历史理论，提出教学要走在发展的前面。皮亚杰认为，主体通过动作达到对客体的适应，乃是心理发展的真正原因。他把儿童心理发展划分为感知运动阶段、前运算阶段、具体运算阶段、形式运算阶段。朱智贤用辩证唯物主义的观点探讨了儿童心理发展中关于先天与后天的关系、内因与外因的关系、教育与发展的关系、年龄特征与个别特点的关系等一系列重大问题，提出在教育实践中研究中国化的发展心理学。

思考与练习

1. 请简述弗洛伊德和埃里克森的心理发展阶段说。
2. 什么是观察学习？它的过程是怎样的？
3. 请说明维果茨基提出的最近发展区的思想和意义。
4. 请简述皮亚杰的心理发展观。

拓展性阅读导航

1. 朱智贤、林崇德著:《儿童心理学史》，北京师范大学出版社 1988 年版。

本书以对儿童心理研究卓有成就的科学家为主线，运用辩证唯物主义观点，全面而系统地介绍了儿童心理学的发展历史。

2. 杨鑫辉主编:《心理学通史》，山东教育出版社 2000 年版。

本书共五卷，全面介绍了中外心理学的思想史、流派史和新发展。

第三章

发展心理学研究方法

内容提要

掌握和恰当运用发展心理学研究方法是进行发展心理学研究的重要前提和保障。发展心理学研究方法涉及的内容很多。本章首先介绍发展心理学研究的功能、特殊性、基本原则等基础知识；进而重点介绍发展心理学研究设计的方式、收集资料的主要方法、结果的分析等问题；最后，辟专节介绍目前发展心理学研究方法发展的新趋势，以帮助读者开拓研究视角，把握最新趋势。

学习目标

1. 了解发展心理学研究的特殊性。
2. 掌握发展心理学研究的不同设计方式、数据收集方法、结果分析方法的特点及应用。
3. 能够结合本章内容，独立进行发展心理学研究的设计并实施。
4. 了解发展心理学研究方法发展的新趋势。

关键词

横断研究设计　纵向研究设计　聚合交叉设计　微观发生学设计　观察法
访谈法　问卷法　测验法　心理生理学方法　定性分析　定量分析

第一节　发展心理学研究概述

发展心理学是心理学的一个分支学科，其研究方法首先要遵循心理学研究的一般原则，同时凸显发展心理学的学科特点。由于发展心理学研究关注的是个体从出生到死亡的生命全程的发展与变化历程，个体发展的过程性和动态性是发展心理学研究的核心特点，因此发展心理学研究方法也具有不同于其他心理学分支学科研究方法的独特性。

一、发展心理学研究的功能

心理学研究的主要功能有四个，即描述、解释、预测和控制，发展心理学研究也不例外。

描述研究对象的特点和发展状况是发展心理学研究最基本的目的。在进行深入研究之前，正确地描述研究对象的当前状况是必要的。例如，发展心理学研究经常需要描述被试的记忆能力、思维能力等认知能力的发展水平，以及语言和数学等方面的能力在不同年龄阶段的发展情况。

解释是对发展心理现象的活动过程与特点的形成原因、发展变化以及相互关系等做出说明。如果说描述是解决“是什么”的问题，那么解释就是说明“为什么”。例如，为什么随着年龄的增长，个体在学习外语时会感到越来越困难？为什么随着年龄的增长，智力会表现出不同的变化规律？

预测是根据研究形成的某一科学理论，通过一系列的逻辑推理，对研究对象以后的发展变化和在特定情境中的反应做出推断。例如，研究者根据儿童早期依恋的发展情况，预测其未来的人际互动或情感的发展状况。

控制是发展心理学研究的最高目标。所谓控制，是指根据科学理论操纵某些变量的决定条件或创设一定的情境，使研究对象产生理论预期的改变或发展。例如，研究者通过改变教师在语文、数学教学中的教学方式，达到促进学生智力的敏捷性、概括性、灵活性、创造性等品质发展的目的。

上述四个功能具有层次递进的关系，正确的描述是合理解释变量间关系的基础，只有合理的解释才能产生准确的预测，根据正确的解释和预测才能进行有效而符合预期目的的控制。进行发展心理学研究，必须根据实际情况确定合理可行的研究目的。

二、发展心理学研究的特殊性

发展心理学研究的特殊性首先表现在它是专门研究个体心理如何随着个体年龄的增长而发展变化的，也就是说，个体心理与行为的发展是随年龄的变化而变化的各种因素的函数。

（一）年龄是一个特殊的自变量

在发展心理学研究中，年龄通常被视为一个特殊的自变量（独立变量），但它是一个不可以进行人为操纵的变量，因而只有通过相关方法加以改变、操作。正由于此，发展心理学研究在得出结论时，不能将因变量的变化完全归于年龄。例如，在有关儿童态度变化的社会性发展研究中，研究者不能简单得出年龄引起儿童态度变化的结论。研究结果表明，随着年龄的增长，儿童对他人的观点和看法也迅速改变，这种理解他人能力的变化更可能是其态度变化的直接原因。因为它与年龄变量相混淆了，所以研究者在研究中应努力从一组变量或不同测验的实验数据中，找出在其中潜在起决定作用的包括年龄因素在内的共同基本因素。

即使对年龄变量本身，我们也要做全面分析。因为发展心理学研究的年龄变量有历法年龄、生理年龄、心理年龄和被试自己或他人知觉的年龄等多种变量。历法年龄又称实际年龄，它是按出生后实际生活的年数和月数计算的年龄。在发展心理学研究中，历法年龄一般有三种表达法：(1) 如实表示年数和月数，如 5 岁 6 个月；(2) 实足年龄，如 5 周岁，指从 5 岁生日到 6 岁生日期间；(3) 从上个半岁到下个半岁，如 5 岁，是指 4 岁 6 个月到 5 岁 6 个月。生理年龄是指以人体的组织、器官、结构系统、生理机能的生长和成熟程度为指标的年龄。具有相同历法年龄的不同个体，其生理年龄可能是不同的，如青春发育期的开始年龄。心理年龄指某年龄大部分个体能达到的心理发展水平。例如，一组智力测验题，大部分 6 岁儿童都能完成，5 岁儿童只有少数人能完成，这组测验题就代表 6 岁儿童的智力。据此，比奈选取 30 个测验题，按年龄分组，组合成一份智力测验，作为儿童智力发展水平的量表。儿童在这一量表上的得分是以年龄为单位，叫作智力年龄。与生理年龄一样，不同个体的心理年龄也可能是不同的。因此，在发展心理学研究中，研究者需要把握好各种年龄变量，以便更好地揭示个体心理发展变化的规律。

（二）研究对象的年龄跨度大

发展心理学研究的特殊性还表现在它的研究对象的年龄跨度很大，从新生儿到老年，都是发展心理学的研究对象。由于年龄的差距，研究者在研究方法学上和具体研究方法的选择上需要考虑不同方法的年龄适应性。例如，面对年幼的儿童被试，研究者会遇到一些特殊困难，如儿童不能理解研究的指导语，不能用言语报告他们的反应和内心感受，维持觉醒状态的时间短，易变，易受环境影响，心理状态稳定性差等。年幼儿童的这些特点使得无法使用一些常规的研究手段，也很难保证实验操作的连续性，需要一些特殊的仪器、技术和方法。

对于青少年被试，由于其自我意识、独立性的发展及心理的敏感性、闭锁性，要让其在研究中真实作答、密切配合，难度是相当大的。所以，研究者也需要采取一些特殊方法，以便获得客观和可靠的研究结果。

三、发展心理学研究的原则

发展心理学研究必须遵循科学研究的基本原则，采取科学的方法和态度，并且以科学的方法论为指导，才能客观准确地揭示心理发展的本质和规律。发展心理学研究的基本原则，归纳起来，主要有以下几条。

（一）客观性原则

在人的心理发生发展的研究中，我们必须坚持客观的标准，对每个被试的心理与行为表现，对每个数据和个案，都要做出实事求是的具体分析，决不从“预期”出发。那种符合自己“预期”的研究结果则采用，不符合自己“预期”的结果则舍弃的做法，是和科学家职业道德不相符合的。坚持客观性原则，目的在于提高研究的科学性。一项发展心理学的研究，从课题的提出、研究类型的选择、变量的控制、测试题的标准化处理、具体方法的确定，到结果的处理与报告的撰写等，都要贯彻客观性原则。

（二）特殊性原则

人的心理发展既具有普遍性或一般性，也具有特殊性或个别性。因此，在研究人的心理发展的一般事实和规律的同时，我们也应当考虑到心理发展的特殊事实和个别差异，而不应当把一般和个别绝对对立起来。发展心理学主要研究人的心理发展的规律和各年龄阶段被试的心理特征。一般来说，在一定的社会和教育条件下，心理发展的年龄特征具有一定的稳定性和普遍性，如阶段的顺序、每一阶段的变化过程和速度大体上都是稳定的、共同的。但是，由于社会和教育条件，以及个体自身生理条件所起作用的情况不尽相同，因此，在心理发展的过程和速度上不同个体之间也可能有一定的差异，这也就是所谓的可变性，个别差异是这种可变性的一种重要表现形式。

此外，特殊性原则还要求我们在研究个体心理发展时，应考虑到心理发展的不平衡性，克服研究中的片面性和表面性，注意全面地分析心理发展的问题。例如，在有关儿童概念形成的研究中，由于有的概念形成早些，有的概念形成晚些，因而我们不能只凭儿童对某一两个概念的掌握情况，就笼统地得出某一年龄阶段被试概念发展的整体年龄特征。

（三）教育性原则

发展心理学研究必须符合教育性原则，不能对被试造成身心损害。发展心理学研究中曾有过损害被试身心健康的例子。典型的是行为主义者所进行的关于儿童恐惧的研究。这个研究成功地证明了个体的行为是通过不断的强化而建立的刺激与反应的联结，但是，实验本身对被试的伤害也是明显的。因为在实验过程中，被试从原来对白鼠没有恐惧反应，发展到实验结束时不仅对白鼠，而且对白兔和白色的面具都产生了恐惧反应。这样的研究，显然是不利于被试身心健康发展的。

由此可见，发展心理学的任何研究，都必须从伦理学的角度，认真考虑是否有利于被试的身心健康，有利于促进被试的心理发展。

（四）生态化原则

20 世纪 80 年代后，西方心理学界开始出现了心理学的生态学运动，即强调在自然与社会的真实生态环境中重视研究被试的心理特点。

人类是在真实的自然与社会生态环境中成长起来的，人类的心理发展不可避免地受到社会环境中各种因素的影响，而这些因素又是相互作用、相互影响的，是一个完整的系统。人类心理发展的水平、特点和变化，都是该系统中各种因素相互作用的综合效应。因此，在心理发展研究中，我们应该将被试放到现实的社会环境中加以考察，从他们和社会的相互作用中，从社会环境中各因素的相互作用中，揭示他们心理变化的规律。对此，心理学研究者们普遍认为，只有走出实验室，到现实生活中去，在真实的社会环境、学校环境和家庭环境中研究被试的心理发展与变化，才能保证发展心理学研究结果有较高的价值。例如，近年来许多关于动机的研究都是在实际的教育情境中进行的，这实际上是提倡加强自然实验。当然，强调生态化原则，丝毫不反对实验室实验。事实上，坚持在实际生活中研究被试的心理发展，不仅要和实验室研究相互配合，而且还应该注重自然实验研究的科学性，如重视外部效度和内部效度、注重准实验设计、改进观察的手段、重视因素分析等。

第二节　发展心理学研究的设计

心理学研究设计涉及的内容很广泛，研究者需要根据研究的目的，选择研究对象，经过周密的思考制订出整个研究工作的具体计划和安排，如选择研究方法与设计方式、确定研究变量与观测指标、选择研究工具与材料、制订研究程序和选择研究环境、考虑数据整理与统计分析的方法等。发展心理学研究的设计除了具有心理学研究设计的一般程序外，还有其特殊之处。本节将介绍发展心理学研究中经常用到的横断研究设计（cross-sectional design）、纵向研究设计（longitudinal design）和聚合交叉设计（cross-sequential design）。此外，还将简要介绍近十几年来日益兴起的微观发生学设计（micro-genetic design）、行为遗传学和基因研究设计。

一、横断研究设计

横断研究设计是在某一特定的时间，同时对不同年龄的被试进行比较的研究设计。研究者可以通过选取生理成熟度不同的群体或不同年龄阶段的群体，来研究某一个特定发展领域在不同年龄的发展状况。例如，林崇德教授主持的全国23个省、自治区、直辖市在校青少年思维发展的研究就属于横断研究。该研究在同一时间对全国23个省、自治区、直辖市的不同类型学校（包括城市一般学校，省、自治区、直辖市级重点中学，农村中学）的初一、初二和高三的17 000多名学生进行形式推理、形式逻辑法则和辩证逻辑思维的测查，考察不同年龄青少年的思维发展水平，并加以比较分析。2006—2011年，我国心理学界完成的儿童和青少年心理发展特点调查研究也属于横断研究。这项研究由北京师范大学认知神经科学与学习国家重点实验室董奇、林崇德教授主持，组织了全国52所高校、科研机构和医院近300名专家，在全国31个省、自治区、直辖市的100个区县，测试了95 765名6~15岁儿童和青少年及其抚养人，系统刻画了不同年龄儿童和青少年的心理发展特点，并形成了具有良好全国代表性的儿童和青少年心理发育常模、系列标准化评估工具和基础数据库。①

目前，发展心理学的研究大多采用横断研究设计。这种方法的优点是能够在短时间内发现同一年龄或不同年龄群体发展的相似性和差异性，确定发展的年龄特征，而且由于能够同时对几个年龄群体进行调查测量，获得的信息量大，经济且费时短。

横断研究设计也存在一些不足。首先，横断研究设计所关注的年龄效应可能会与同辈效应（cohort effect）相混淆。同辈效应是指由于个体出生在特定时期并成长在特定历史情境中所带来的对个体发展研究的干扰效应，也就是说两个年龄组被试之间的差异可能并不是由于个体发展造成的，而是由于两组被试所经历的社会历史情境不同造成的。这在描述成年人如何随着时间而发展的研究中尤为突出。其次，由于在横断研究设计中每个人只在某个时间点上接受测查，因而研究者无法获得个体发展趋势或发展变化的数据资料。

① 董奇、林崇德主编:《当代中国儿童青少年心理发育特征——中国儿童青少年心理发育特征调查项目总报告》，科学出版社2011年版。

二、纵向研究设计

纵向研究设计是对同一研究对象在不同的年龄或阶段进行长期反复观测的研究设计，故也叫作追踪研究设计。纵向研究设计是发展心理学在研究方法上的一个特色。科学儿童心理学的奠基人普莱尔是最早运用系统追踪观察法进行纵向研究的儿童心理学家。他长期地一天三次对其子进行观察，并辅之简单实验，深入细致地记录了大量的观察事实，即所谓的儿童传记。通过这种纵向的系统观察，普莱尔撰写了《儿童心理》一书。这是世界上第一部儿童心理学的经典之作。

纵向研究设计要求在所研究的时间内反复观察和测量同一群体。它可以得到同一群体在某一或某些心理发展领域前后一贯的材料，有助于更为精确地了解该群体的心理发展过程或变化趋势。因此，纵向研究设计的优点是能系统地、详尽地了解心理发展的连续过程和从量变到质变的规律。

相对于横断研究设计，在过去的发展心理学研究中，纵向研究设计用得不多，其原因主要有三点：一是样本的流失，随着研究时间的延续，部分被试可能会因各种原因退出研究，从而造成样本的丢失；二是反复测查可能影响被试的发展，影响被试的情绪，从而影响某些数据的可靠性；三是花费大而且耗时，长期追踪要经历时代、社会、环境的变化，这通常会造成变量的增多。近年来，纵向研究设计越来越受到重视，并成为发展心理学研究方法演变的一个重要方面，其主要原因是随着心理发展研究的深入，人们日益重视心理发展的连续性和系统性，重视揭示心理发展过程中的因果关系（如先前经验、经历、环境等对以后发展的影响），重视对心理发展机制的探讨，这些都是横断研究设计无法做到的。与此同时，现代统计方法的进步和计算机的广泛应用，使得对纵向研究结果的分析更加科学。揭示更多信息，克服横断研究设计中的一些不足，这是纵向研究设计得以广泛运用的另一个原因。

三、聚合交叉设计

聚合交叉设计是将横断研究设计和纵向研究设计融合在一起的研究设计。在这种设计中，研究者选择不同年龄的群体为研究对象，在短时期内重复观察这些对象。与横断研究设计和纵向研究设计相比，聚合交叉设计具有这两种研究设计单独实施无法取得的效果。第一，它克服了横断研究设计和纵向研究设计各自的不足之处，吸取了它们各自的长处。这种方法既具有纵向研究设计系统、详尽的特点，使我们能掌握心理发展的连续过程及特点，又具有横断研究设计能够进行大面积测查的特点，克服了纵向研究设计样本少、受时间限制等问题。第二，该设计采用静态和动态相结合的原则，缩短了长期追踪的研究时间。因此，把横断研究设计和纵向研究设计结合起来，采取聚合交叉设计，可以使两种方法取长补短，使发展心理学研究充分考虑到发展过程的复杂性，同时兼顾教育与发展的关系。

林崇德教授对小学儿童数概念与运算能力发展的研究（1984）、对少年儿童语文能力发展的研究（1987），都是采用聚合交叉设计进行的。在对 450 名一至三年级小学儿童数概念与运算能力发展的研究中，研究者运用课堂测验或数学竞赛的方式，由数学教师为主试，使用同一指导语，对研究对象进行观察和问卷测查。该研究选择了三个年级，利用三年时间进行纵向追踪，在三年时间内完成了对一至五年级小学儿童的全部追踪研究（如图 3-1 所示），不仅缩短了研究时间，而且获得了有关小学儿童数概念和运算能力发展变化的数据。在对 6~15 岁儿童和青少年语文能力发展的研究中，研究者通过对四个年级三年的纵向研究，完成了对个体九年义务教育过程中语文能力发展的研究，考察了语文能力发展的年龄特征及过程。

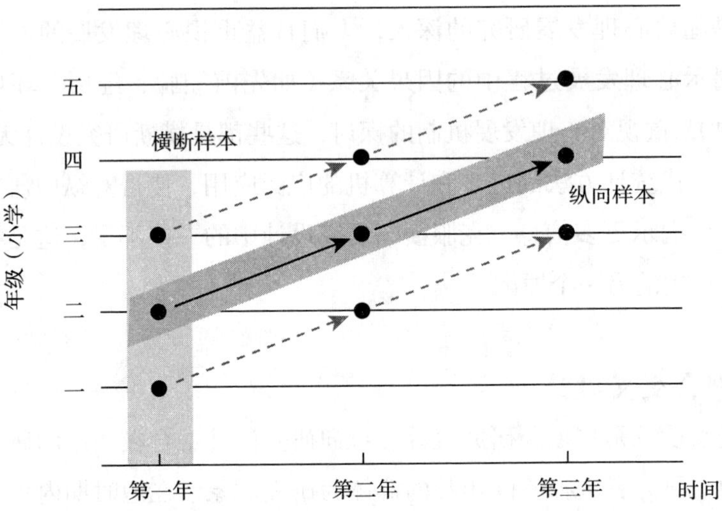

图 3-1　聚合交叉设计

四、微观发生学设计

微观发生学设计是通过在短时间内重复给被试呈现一个诱发变化的刺激或提供学习的机会，观测个体发生变化的过程的研究设计。微观发生学从微观的角度关注发展的发生，即在某个短时间内观测发展的实时变化。观测时间通常是一个非常短的（数周、数月）、快速变化的发展期（Teti，2005；Papalia et al.，2007）。

微观发生学设计是一种用于研究个体发展的变化过程和个体差异的研究设计，它使得研究者能够近距离观察到变化的过程，而非变化的结果。在横断研究设计和纵向研究设计中，研究者是从宏观的角度（几年或几十年）获得与年龄或时间有关的个体发展变化的结果。由于各个观测点之间的时间跨度大，这类设计很难观测到发展变化是如何发生的，而且从方法论的角度来说，这类设计很少考虑发生在个体内的差异。在过去的十几年中，微观发生学设计在西方得到日益广泛的应用，拓展到多个研究领域，如早期情绪发展、母婴交流、动作发展、早期语言发展、注意、记忆和年幼儿童的问题解决策略等。

微观发生学设计有以下几个方面的关键特征。（1）观察个体在一段时期内的发展变化，即变化的个体是分析的基本单位。（2）需要在某个特定发展领域发生快速变化之前、变化期间以及变化之后进行观测，而不只是在变化发生的前后进行观测。（3）在变化期内进行密集的观测，即进行观测的时间间隔比发展变化发生的时间间隔要短得多。例如，如果一个发展变化要经过数月发生，那么观测应该每周或更频繁地进行。（4）对所观测的行为进行集中分析，包括定性和定量分析，目的是确定发展变化的过程。

微观发生学设计和传统设计相比有以下几个方面的优势。第一，它关注研究对象一系列行为发生的细节，观测一段时间内的快速变化，使得研究者能够直接观测发展变化的过程，能够描述变化如何发生，以及变化的数量和性质。第二，由于进行密集的观测，微观发生学设计使得研究者能够在研究的年龄范围内追踪特定行为的个体发展轨迹，这有助于确定从一种行为模式到另一种行为模式的转折点。第三，微观发生学设计使得研究者能够观察到个体的内部差异，即能够找到不同时间和不同条件下个体行为的稳定性和不稳定性。这种设计还能观测到发展变化的速率和时间。第四，微观发生学设计能够确定变化最有可能发生的条件。在微观发生学设计中，研究者提出引起变化的潜在参数的假设，并通过微观发生实验检验其假设。因此，微观发生学设计有助于探索发展变化的原因，加深人们对发展的理解。

尽管微观发生学设计有许多优势，但是它也有一些局限性。第一，它需要对被试进行逐个观察、逐点记录，耗时费力，因此被试的数量有限。第二，它只适用于动机强的被试，因为整个研究的成败取决于被试能否全程认真参加多个实验，并且在每个实验中都能积极进行尝试。第三，尽管观察频率高，数据很丰富，但在有些情况下，研究者仍旧难以分清被试已具备的能力和变化后的能力。①②

五、行为遗传学和基因研究设计

在传统行为遗传学研究中，最常见的是双生子研究。双生子研究通过比较同卵双生子和异卵双生子之间在某种行为特征上的相似性，探索遗传和环境对这种行为特征的影响程度。双生子可以分为两种：同卵双生子和异卵双生子。同卵双生子是指由同一个受精卵分裂而成的双胞胎，异卵双生子是指由两个不同的卵子分别受精发育成的双胞胎。传统行为遗传学假设：一对同卵双生子约有 100% 相同的基因，而一对异卵双生子拥有大约 50% 相同的基因，因此同卵双生子在可相加的遗传效应上的相似性约为 1，而异卵双生子在可相加的遗传效应上的相似性约为 0.5。双生子研究数据分析主要采用结构方程模型，考察理论上的双生子模型和真实观察到的双生子数据是否拟合。其中，研究者经常使用 ACE 模型。A 代表可相加的遗传效应，C 代表共同的环境效应，E 代表特异性的环境效应。例如，中国科学院心理研究所陈杰和李新影等人采用北京地区一千多对双生子，考察了遗传和环境对于中国 11~19 岁青少年抑郁症状的影响。该研究结果表明：采

① Fazio L. K., & Siegler R. S. (2013). Microgenetic learning analysis: A distinction without a difference. *Human Development, 56*(1), 52–58.

② Siegler, R. S., & Svetina, M. (2006). What leads children to adopt new strategies? A microgenetic/cross-sectional study of class inclusion. *Child Development, 77*(4), 997–1015.

用青少年自我报告的数据时，遗传因素、共同环境因素、独特环境因素这三者可以分别解释青少年抑郁症状个体差异的50%、5%和45%。① 此外，传统行为遗传学研究还包括家族研究和收养研究。家族研究的假设为：成功人士的家族可能有更多的成功人士，遗传病患者家族有更多的患者。目前，家族研究较多应用在疾病的遗传研究当中。

传统的行为遗传学研究考察了各种心理与行为是否具有遗传力，但是无法触及真正的遗传物质——基因。近年来，随着分子生物学的发展，基因测查变得更为便捷。每个人拥有大量的基因信息，我们可通过基因测查获得这些信息。因此，研究者开始深入利用这些基因信息，考察它们与心理个体差异的关系，并试图探索哪些遗传因素和环境可能对心理发育具有影响。单核苷酸多态性（single nucleotide polymorphism，简称为 SNP）是人类可遗传的变异中最常见的一种，它是由单个核苷酸（A、T、C 或 G）改变而导致的核酸序列多态性。我们可以利用这些基因信息探索人类个体差异和复杂疾病的遗传基础。

但是，单基因与行为关联研究的效应量较小，单基因研究往往无法解释双生子研究中所发现的高遗传力。单基因研究与传统双生子研究中发现的遗传力之间有很大的差异，这引发了关于"缺失的遗传力"（the missing heritability）的学术争论。近年来，研究者开始采用全基因组关联研究，整合多基因的效应，从而解释行为的遗传力。例如，研究者可以通过测查单核苷酸多态性与心理、行为之间的关联进行全基因组关联研究（genome-wide association study，简称为 GWAS）。2014 年，针对 6~18 岁儿童和青少年智力的全基因组关联研究发现，综合多基因位点的整合效应可以解释儿童期个体智力差异的 22%~46%。② 当前基因研究设计的两个主要趋势为：第一，采用大样本和多个独立样本，保证行为特质全基因

① Chen, J., Li, X., Natsuaki, M. N., Leve, L. D., & Harold, G. T. (2014). Genetic and environmental influences on depressive symptoms in Chinese adolescents. *Behavior Genetics, 44* (1), 36–44.

② Benyamin, B., Pourcain, B., Davis, O. S., Davies, G., Hansell, N. K., Brion, M. J., et al. (2014). Childhood intelligence is heritable, highly polygenic and associated with FNBP1L. *Molecular Psychiatry, 19* (2), 253–258.

组关联研究的可重复性和稳固性；第二，通过整合基因—环境—脑—行为研究，深入揭示先天与后天对心理发展与脑发育的影响。

第三节 发展心理学收集研究资料的常用方法

为了揭示心理发展的规律和特点，研究者必须掌握正确的研究方法，收集可靠的研究资料。与心理学的其他分支学科一样，发展心理学收集的研究资料主要包括被试的外部表现、内部心理状态以及生理状态等方面。传统的发展心理学研究主要关注个体行为层面的数据资料，随着认知神经科学的兴起，发展心理学领域的研究者也开始重视对个体心理与行为的神经机制进行研究，因此用于测量个体大脑活动的生理指标也成为发展心理学数据收集的内容。下面将介绍一些收集研究资料的常用方法，包括观察法、访谈法、问卷法和测验法、心理生理学方法等。

一、观察法

观察法是研究者通过感官或仪器设备，有目的、有计划地观察被观察者的心理与行为表现，并由此分析被观察者心理发展特征和规律的一种方法。

儿童的心理活动有突出的外显性，研究者通过观察其外部行为，可以了解他们的心理活动。因此，观察法是发展心理学研究中最基本、最普遍的一种方法。发展心理学早期的许多研究大都是采用这种方法进行的。例如，达尔文的《一个婴儿的传略》和陈鹤琴的《儿童心理学之研究》等，都主要是通过观察法收集资料完成的。

观察法又分为自然观察法和实验观察法。自然观察法是指在不加任何控制的条件下观察自然情境中被试的行为表现。比如，研究者去幼儿园观察幼儿的同伴交往行为。实验观察法指通过实验控制设置某种情境，观察被试在特定情境中的行为表现。比如，安斯沃思（M. Ainsworth）等通过观察婴儿在人为设置的陌生情境中的不同表现，从而区分婴儿的不同依恋类型。

进行观察研究首先必须进行观察设计。观察设计通常包括如下三个步骤。首先是确定观察内容和对象。例如，要研究教师期望对师生交往的影响，观察的对象自然是教师和学生，但还需要考虑在什么样的学校、在哪个年级和班级进行观察，以及要观察哪些现象等。其次是选择观察策略。常用的观察策略有参与观察策略、取样观察策略以及行为核查表策略等。最后是制订观察记录表。观察记录表通常采用观察代码系统，它们是为观察、记录和随后分析处理的方便而制订出的一些符号代码系统。

运用观察法研究心理发展，应当注意下列几个问题。（1）对所观察的问题要有基本的了解，观察目的要明确。例如，研究师生相互作用时，观察者首先要深入课堂，观察课堂上教师提问、学生举手与发言、教师的反馈与面部表情、教师板书等现象。在此基础上，可以制订详细的观察目标与计划。（2）尽量使被观察者放松，处于正常活动状态中，不要让他们意识到自己已成为观察者的研究对象。有时观察者通过单向玻璃、电视、纱幕、潜视镜等进行观察，就是为了使被观察者的真实行为不受影响。（3）要善于记录和观察与目标行为有关的事实，以便事后进行整理分析，并提出进一步研究的问题。例如，在研究学前儿童的语言发展时，由于学前儿童语言表达方式与成人不同，所以，观察者应避免使用成人化的语言记录。为提高记录的准确性，可使用录音机、录像机等器材。（4）观察者除了观察目标行为之外，还应分析被观察者其他一切有关材料，如作文、日记、各种作业、绘画、手工制作等。

观察法的突出优点是可以在行为发生的当时及现场进行观察、记录，能够收集行为发生发展过程的资料，具有很强的生态效度。当然，观察法也有一定局限性。比如，观察资料的质量在很大程度上受到观察者本人的能力水平、心理因素的影响。许多发展心理学研究者希望观察到的行为的发生有时是难以预知的，因此，采用现场观察有时难以奏效。此外，观察法的运用往往需要花费较大的人力、物力和较多的时间。

二、访谈法

访谈法是研究者通过与访谈对象进行口头交谈，了解和收集其心理特征和行为的数据资料的一种研究方法。

访谈法在发展心理学的研究中具有特殊的意义和作用。例如，皮亚杰创立的临床法将访谈和观察、实验结合起来，其实质也是访谈法。其基本过程是，主试先确定一个谈话的主题或者一个实验任务，然后根据被试的表现或反应，通过问题的形式，与其进行深入的交谈，从而确定被试对谈话主题或实验任务的认识。皮亚杰正是运用这一方法在儿童认知发展的研究中取得了举世瞩目的成就。

访谈法的最大特点在于，整个访谈过程是访谈者与访谈对象相互影响、相互作用的过程。所以，在访谈中，访谈者应争取掌握访谈过程的主动权，积极影响访谈对象，尽可能使研究按照预定的计划开展。访谈法的另一个显著特点是它具有特定的研究目的和一整套设计、编制、实施的原则。访谈法的这些特点说明，访谈法在一定程度上可以比观察法获得有关访谈对象更多、更有价值、更深层的心理活动情况和心理特征方面的信息，同时，也比观察法更复杂，更难于掌握。

由于访谈法以被试对语言的理解与表达为基础，因此在发展心理学的研究中，访谈者在进行访谈时应注意以下几个问题。

第一，访谈前除了要充分熟悉访谈的内容，还要尽可能了解访谈对象的背景情况，根据研究对象的年龄特征与语言发展水平，选择语言表达方式，选择合适的时间和地点。例如，对于3岁以下的儿童，访谈的地点最好选择在家里，访谈的时间以上午或中午午休后为宜，访谈者应使用儿童能够理解的词汇，句子尽量简单。

第二，不同年龄的个体与陌生人交往时各有特点。访谈者在正式访谈前，应该先接触个体，消除其陌生感，建立起合作、友好的交谈气氛。例如，在与青少年交谈时，由于青少年时期生理与心理发展的特殊性，他们的封闭性、戒备心较强，对他人的态度、言行又很敏感，访谈者在开始时可以谈一些青少年感兴趣的话题。而且在交谈中，一定要注意以恰当方式提问，让他们说出自己真实的想法。

第三，访谈记录的方式也应该适合不同年龄被试的心理特点，可以是现场少记、事后多记，也可以边交谈，边观察，边记录，及时捕捉能代表被试心理的信息。例如，对幼儿的访谈要考虑幼儿的表达能力，幼儿常用各种动作、表情来辅助表达，因此访谈者可以考虑使用摄像机记录访谈过程。

访谈法有许多优点，它能有针对性地收集研究数据，适用于一切具有口头表达能力的不同文化程度的访谈对象，具有较问卷法更高的效率。访谈法的局限性在于：访谈结果的准确性、可靠性受访谈者自身的素质影响较大；与其他研究方法相比，较为费时费力；访谈所得资料不易量化；访谈效果也受环境、时间和访谈对象特点的限制。

三、问卷法和测验法

问卷法是研究者使用统一、严格设计的问卷，来收集被试心理与行为数据资料的一种研究方法。而测验法是用测验量表来研究被试心理发展规律的一种方法，即采用标准化的题目，按照规定程序，通过测量的方法来收集数据资料。二者收集数据资料的形式类似，不同之处在于，测验法使用的是标准化量表，能得到可靠的资料，且信度和效度较高，具有标准化的施测、记分和解释程序。我们可以把测验法看成是一种更加标准化的问卷形式，同时它不再局限于文字形式，还可采用非文字形式，如操作的方式。下面分别进行介绍。

（一）问卷法

运用问卷法进行研究时，使用的是经过严格设计的、具有固定结构的问卷，因此结构化程度较高，避免了研究的盲目性和主观性，这是问卷法的主要特点。问卷法的另一特点是能在较短的时间内收集到大量资料。此外，由于问题和答案都预先进行了操作化和标准化设计，因此，所得资料也便于进行定量分析。这些定量分析工作可以借助计算机进行，不仅方便而且准确。所以，问卷法在发展心理学的研究中有着广阔的应用前景。

把问卷法运用于发展心理学的研究，特别需要注意以下几方面的问题。

第一，问题是问卷的核心。在设计问卷时，设计者除了考虑问题的类别外，还要注意研究对象的年龄特征。例如，个体的阅读能力如何，能否读懂问题，问卷中试题的数量是否适合年幼的儿童等。

第二，问卷中试题的内容应是研究对象熟悉的，以使其愿意积极配合，认真回答。

第三，对于书写能力有限的被试，问卷法的形式应以封闭式为主，开放式为辅。

第四，研究者应注意社会称评效应，即注意研究对象可能因为某些思想上的顾虑，在填写问卷时不是按照自己的真实情况填写，而是根据社会的赞许性来填写。

作为发展心理学研究常用的方法，问卷法有很多突出的优点。它的内容客观统一，结果处理分析方便，节省了人力、物力和财力，取样较大，有助于描述一个总体的性质。另外，问卷法匿名性强，能够获得被试较为真实的回答。那些不宜用访谈法进行当面询问的问题，比如涉及被试内心深处的情感、动机等问题，适合用问卷法来研究。问卷法的缺陷在于对被试的言语发展水平有一定要求，因而不适于年幼被试。另外，被试的回答可能带有一定的主观性，因而由此获得的有些数据资料还需用其他方法加以印证。

（二）测验法

应用测验法研究心理发展时，我们往往采用经过标准化的测验量表对被试进行测量，将他们的得分与常模分数相比较，就可以清楚地了解被试的发展水平。测验法既可用于测查心理发展的个别差异，也可用于了解不同年龄阶段被试心理发展水平的差异。

目前，国内已有一些较好的用于心理发展研究的测验量表，研究者可以根据自己的需要从中加以选用。下面是一些常用测验的例子。

（1）中国比奈测验。我国早在1923年就有陆志韦修订的中国比奈—西蒙智力测验，1936年进行了第二次修订，1982年吴天敏进行了第三次修订，称作中国比奈测验。中国比奈测验包括说出物体、辨别图形、推断情景、指出缺点、计算等51个项目，分为语言、数学、解题和技巧四类，适用于2~18岁的城乡男女儿童。

（2）韦克斯勒智力量表。我国修订的韦克斯勒量表包括韦克斯勒儿童智力量表修订版（WISC-R）、韦克斯勒儿童智力量表第四版（WISC-Ⅳ）、韦氏成人智力量表修订版（WAIS-RC）和中国韦氏幼儿智力量表（C-WYCSI-R）等。其中，韦克斯勒儿童智力量表第四版是国内目前最新修订版本。

（3）瑞文测验。瑞文测验是英国心理学家瑞文（J. C. Raven）于1938年编制的一种非文字测验。张厚粲教授主持修订的瑞文标准推理测验（中国城市修订版）包括5个系列60个题目。1988年，李丹教授将瑞文测验的标准型和彩色型联合使用，称为瑞文测验联合型，共6个系列72个题目。这套测验适用于5~75岁的儿童、成人，有城市常模和农村常模。

（4）中国儿童和青少年认知能力测验。中国儿童和青少年认知能力测验由注意能力测验、记忆能力测验、视知觉—空间能力测验和推理能力测验四部分组成。该测验分别以年龄、性别、区域、城乡为单位，共建立四种常模。测查对象为6~15岁的儿童和青少年，测试时间为90分钟。该测验有中英文纸笔测验、单机版计算机化测验和网上测试系统，由学生本人作答，考察儿童和青少年注意能力、记忆能力、视知觉—空间能力、推理能力等重要认知能力的发展水平。既可用于团体施测，也可用于个体施测。该测验总体及各分测验具有良好的信度和效度，并向研究者开放申请免费使用。①

（5）中国儿童和青少年学业成就测验。中国儿童和青少年学业成就测验包括语文成就测验和数学成就测验，分别依据《全日制义务教育阶段语文课程标准》《全日制义务教育阶段数学课程标准》编制，适用于我国基础教育阶段一至九年级儿童和青少年。其中，语文学业成就测验的测试内容包括语文积累和阅读两个方面；数学学业成就测验分为内容和能力两大维度，内容维度包括数与代数、空间与图形、统计与概率三个方面，能力维度包括知道事实、应用规则、数学推理、非常规问题解决四个方面。测验题目有合适的难度和区分度，信度和效度良好，并向研究者开放申请免费使用。②

（6）卡特尔16种人格因素问卷。这个问卷是由美国心理学家卡特尔（R. B. Cattell）编制的。16种人格因素有乐群性、聪慧性、稳定性等，这些因素各自独立，它们的不同组合构成了一个人的人格。英文版共有187个题目，每种人格因

①② 董奇、林崇德主编：《中国儿童青少年心理发育标准化测验简介》，科学出版社2011年版。

素含 10~13 个测试题。1985 年，祝蓓里、戴忠恒等人主持了该问卷的修订工作，并于 1988 年发表了男女成人、大学生和中学生六个全国常模。

除了上述几种常用测验外，在国内心理学研究中常用的测验还有画人测验、中小学生团体智力筛选测验、托兰斯创造性思维测验、超常儿童认知测验、丹佛发展筛选测验、艾森克人格问卷，明尼苏达多相人格量表、808 神经类型测验等。

测验法的优点主要表现在：测验量表的编制十分严谨，结果处理方便，量表有现成的常模，可以直接进行对比研究；量表的种类较多，可以适应不同研究目的的需要。测验法的不足是使用灵活性差，对主试的要求较高，结果难以进行定性分析，被试的成绩也可能受练习、测验经验的影响等。所以，测验法和发展心理学研究的其他方法一样，只是了解被试心理发展的方法之一，还应与其他方法配合使用。

四、心理生理学方法

随着认知神经科学与发展心理学的结合，许多研究者开始从过去只在行为层面上研究个体心理发展转向强调将行为研究与心理活动的生理机制联系起来，开始关注神经系统的有关结构和功能及内分泌系统的作用。这种研究思路的转变得益于现代科学技术的飞速发展，由于这种发展，研究者可以采用更为精密的仪器设备，间接观察个体神经系统的结构和功能。正是认知神经科学研究中仪器设备和研究手段的进步，大大丰富了发展心理学研究中数据收集的方法与手段。

下面简要介绍电生理测量方法、脑功能成像方法、经颅磁刺激和生化指标测量技术。

（一）电生理测量方法

神经系统活动时，我们可以在体表或者神经元上记录到电信号，这种电信号为我们推知个体心理活动的生理机制提供了直接的证据。脑电图、脑磁图及多导生理记录仪是记录电生理信号的有效技术。

1. 脑电图和脑磁图

脑电图（electroencephalography，简称 EEG）通过在头皮表面记录大脑内部的电生理活动情况获得。神经元处于静息状态时，细胞膜内为负电位，膜外为正电位，由此形成极化状态。神经元之间通过突触传递信息，兴奋性神经元使突触后胞体或树突去极化，抑制性神经元使突触后胞体或树突超极化，都能形成突触后电位。大脑皮质锥体细胞顶树突的突触后电位的总和就形成了可在头皮表面记录的自发脑电。一种外加刺激（如让被试看一个图片、听一个声音）会引起脑区的电位变化，即诱发电位，也叫事件相关电位（event related potentials，简称ERP）。脑电的电场变化同时伴随着磁场的变化，研究者通过脑磁仪可以在头皮表面附近记录到磁信号。与ERP类似，研究者也可以记录刺激引起的磁场变化，即事件相关脑磁（event related fields，简称ERF）。

脑电图和脑磁图已经广泛应用于认知神经科学研究的各个领域。近年来，研究者日益注重其在儿童心理发展研究中的应用。例如，ERP近年来被广泛应用于婴儿视觉定向与注意的研究（Johnson，2007）。一些研究者甚至认为，较成人而言，ERP可能更适用于对年幼儿童的研究（Johnson，2007）。

2. 多导生理记录仪

多导生理记录仪是一种多功能的仪器，可以记录到多种生理信号——心电、体温、肌张力、呼吸波、呼吸流速等，广泛应用于神经电生理研究、心理生理学研究、心血管系统研究、呼吸系统研究等方面。传统的多导生理记录仪有助于我们了解以下三个方面的情况。（1）睡眠。通过记录脑电图、眼电图、肌电图，我们可以了解睡眠状况和分期。电极一般都采用银盘电极，贴在头面部皮肤上。（2）呼吸。通过记录鼻气流、胸部及腹部运动、血氧水平等，我们可以综合多种指标判断呼吸状况。（3）心脏。通过监测心电图的变化，我们可以发现各种心律失常。

（二）磁共振成像

磁共振成像（magnetic resonance imaging，简称MRI）是利用人体中的氢原子在强磁场内受到脉冲激发后产生的核磁共振现象，经过空间编码技术，把在核磁共振过程中所散发的电磁波以及与这些电磁波有关的质子密度、流动效应等参数接收转换，通过计算机的处理，最后形成图像。大脑进行认知活动的时候需要耗氧，导致大脑含氧血红蛋白含量的变化。由于脱氧血红蛋白具有顺磁性，而含氧血红蛋白具有逆磁性，因而磁共振信号强度会发生变化，由此可以进行功能性磁共振成像（functional magnetic resonance imaging，简称 fMRI），获得激活脑区的功能图像。

磁共振研究主要集中在以下三个方面。（1）功能性磁共振研究。通过利用血氧水平依赖信号，功能性磁共振研究可以探测个体完成认知任务时大脑的功能变化。比如，研究发现语义加工较多激活了左侧颞叶，数量加工较多激活了顶下小叶，说明这些脑区与特定的任务相关。但是随着研究的深入，研究者们逐渐发现具体的功能不是由特定的脑区单独完成的，而是由不同脑区形成的功能网络完成的，许多方法如身心交互检验（psychophysiological interactions，简称 PPIs）、动态因果模型（dynamic causal modelling，简称 DCM）、结构方程模型（structural equation model，简称 SEM）和格兰杰因果检验（Granger causality）都能够探索这种脑区间的功能连接。（2）结构性磁共振研究。通过对比大脑体积和密度，结构性磁共振研究能直接探索心理活动的生理基础。例如，行为研究发现发展性阅读障碍儿童有运动功能障碍，磁共振研究表明发展性阅读障碍儿童左脑的运动区、辅助运动区、颞极的白质体积比正常儿童小。（3）纤维追踪研究。通过弥散张量成像（DTI）技术，我们可以追踪神经纤维的投射，还可以推断纤维的髓鞘化程度，从更微观的角度解释认知功能的生理基础。例如，研究发现阅读障碍者和正常人在颞顶联合处没有结构上的差异，但是阅读障碍者的神经纤维的各向异性更低，说明这个部位神经纤维的微观变化导致脑区间信息传递效率下降，从而影响了语言能力。（4）静息态磁共振研究。通过静息态下血氧水平检测功能相关脑区低频波动信号，我们可以研究静息态脑网络。根据静息态功能连接变化，我们可以提取大脑内部活动的分类特征，有助于区分脑发育的个体差异、脑疾病的早期诊断。例如，近年来静息态磁共振研究发现阿尔茨海默病及精神分裂症患者脑功能网络的集群系数降低，最短路径长度变长，“小世界”属性降低，提示患者脑功能失整合。

（三）功能性近红外光谱成像

功能性近红外光谱成像（functional near-infrared spectroscopy，简称 fNIRS）是一种新兴的非侵入式脑功能成像技术，近年来在认知神经科学研究以及临床医学领域中均得到了广泛应用。fNIRS 与 fMRI 相比，具有许多优点，如仪器设备操作简单、生态效度好、对头动鲁棒性（robustness）强、能实现高时间分辨率（10~100 赫兹）下的数据采集等，多方面弥补了 fMRI 的不足，为脑功能研究提供了一种安全有效的成像方式。

fNIRS 是指利用近红外光检测大脑皮质功能活动的一项技术。由于人类大脑活动需要通过血液的新陈代谢为大脑神经元提供氧，所以当神经元活动增强时，神经活动区域中血流携带氧的增加量将超过局部神经元的耗氧量，导致激活区的脑血氧量大大增加，继而使处于活动状态的皮质区域出现含氧血红蛋白浓度上升、脱氧血红蛋白浓度下降。光源发射的近红外光（波长 600~900 纳米）穿过头皮和颅骨到达大脑皮质组织，而组织中主要吸收近红外光的色团为含氧血红蛋白和脱氧血红蛋白，且二者对特定波段的近红外光具有不同的吸收率。据此特性，我们可以利用光源检测器测定大脑皮质中出射光的强度，利用比尔—朗伯定律（Beer-Lambert law）完成原始光学数据到血氧浓度的转换，也即实现特定区域的含氧血红蛋白和脱氧血红蛋白浓度变化的多点同时测量，进而推知该脑区的血氧与血容量变化。

fNIRS 研究主要集中在以下三个方面。（1）发展认知神经科学研究。研究者最早将 fNIRS 应用于新生儿的语言研究。比如，让熟睡的新生儿听正常的声音刺激、倒放的声音刺激或者不给声音刺激，结果发现新生儿的左侧颞叶对于正常的声音刺激有更大的激活。这一结果说明人类从出生后就已经具备了加工语言的能力。此外，fNIRS 还可以用于认知老化的脑功能研究。比如，一些研究者让青年人和老年人对真词和假词进行词汇判断，结果发现所有被试在假词条件下的血氧变化都显著增加。与青年人相比，老年人在双侧额叶和顶叶的激活更大。（2）临床研究。fNIRS 对于多动症（ADHD）、阿尔茨海默病、帕金森症等是非常有效的研究手段。例如，研究者采用 fNIRS 技术研究 ADHD 成人患者工作记忆任务中大脑活动情况，结果发现与正常的对照组相比，ADHD 患者在腹外侧前额皮质上含氧血红蛋白浓度增加的幅度减小。这一发现在高工作记忆负荷条件下更为明显，同时也与 ADHD 患者忽略错误的数量增加的趋势一致。后续研究进一步证实了 ADHD 患者的工作记忆缺陷和前额皮质功能损失之间存在某种关系。（3）静息态 fNIRS 研究。例如，一些研究者以出生几天的新生儿、3 个月的婴儿以及 6 个月的婴儿为被试，通过计算不同通道间时间序列信号的相关性来考察他们大脑皮质网络的功能连接情况。结果发现，随着不同年龄段婴儿的大脑发育，其半球内不同皮质区域和半球间对应皮质区域的功能连接呈现出不同的连接模式。

（四）经颅磁刺激

经颅磁刺激（transcranial magnetic stimulation，简称 TMS）指通过高强度快速变化的磁场在皮质上产生局部感应电流，来兴奋（低强度）或抑制（高强度）皮质神经元的活动，形成暂时的、可逆的“虚拟性损毁”的技术。通过改变 TMS 的参数，我们可以观测到不同的生理和心理反应。在心理学研究中，TMS 常用于以下几个方面。（1）视觉。视觉刺激后 100 毫秒给予 TMS，可以抑制视觉认知（字母、数字等），表现为内容模糊或者什么都看不到，但是这个现象在间隔小于 60 毫秒或大于 140 毫秒时都不会发生。（2）躯体感觉。在感觉任务前 20~200 毫秒或后 0~20 毫秒给予 TMS，可以导致触觉定位任务和手指的躯体感觉功能受损。（3）语言。对于运动皮质的 TMS，可以抑制颌肌，产生非特异性语言阻断。对于左侧优势半球的额中回和额下回脑区的 TMS，可以产生特异性语言阻断。（4）情绪。用 TMS 激活左侧前额叶，可以增加悲伤评分和降低快乐评分，对于额叶内侧的 TMS 可以影响愤怒表情的表达（陈昭燃等，2004）。需要指出的是，出于安全的考虑，这种方法用于正常儿童发展的研究相对较少。近年来，许多对问题儿童的研究开始应用此技术。① 例如，研究发现，ADHD 患儿的平均同侧静息期达 5 毫秒以上，过长的静息期与行为症状的严重程度，特别是与活动过度和较差的运动表现相关。②

（五）生化指标的测量技术

人脑不仅具有电信号传导系统，还具有化学信号传输系统。从 20 世纪中后期开始，关于大脑功能的研究扩展到化学过程方面，并且取得了重要进展。早期

---

① Garvey, M. A., & Mall, V.（2008）. Transcranial magnetic stimulation in children. *Clinic Neurophysiology, 119*（5）, 973–984.

② Wu, S. W., Gilbert, D. L., & Shahana, N.（2012）. Transcranial magnetic stimulation measures in attentiondeficit/hyperactivity disorder. *Pediatrics Neurology, 47*（3）, 177–185.

的研究着眼于神经组织的化学分析，以后集中于神经系统的物质代谢方面。现在关于大脑功能的生化研究进入了分子功能与神经生物化学阶段，出现了许多收集大脑生化活动的新手段和新设备，如脑血流图技术、同位素标定 2-脱氧葡萄糖技术、神经递质的染色标定技术等。应当说，这些方法在发展心理学研究中的应用还不多，但是随着人们对心理活动的脑机制研究的深入，此类研究会不断增加。

除了以上几类方法，还有一些有效记录身体感知觉活动的方法。例如，眼动记录仪通过远红外线摄像机或者远红外线感光装置可以探测眼球对光线的反射，可以精确描绘眼睛的活动，近年来逐渐被广泛应用到阅读心理学和广告心理学的研究中。

综上所述，发展心理学的研究方法是多种多样的。在进行发展心理学研究时，研究者不应孤立地采用一种方法，而应根据研究的需要综合采取多种方法，或者以某种方法为主，辅之以其他方法，这样才能获得全面、丰富、客观的数据资料。

第四节　发展心理学研究结果的分析

发展心理学研究收集的原始数据需要通过进一步的定性、定量分析和解释，才能揭示其意义。定量分析和定性分析的区别在于定性分析旨在描述所研究问题或现象的性质，而定量分析则通过量化的数据说明所研究现象在特定属性上的程度或大小。对原始数据采用定性分析还是采用定量分析主要取决于数据的收集方法。通常，对通过访谈法和开放式问卷所收集的数据首先采用定性分析的手段，而对通过观察法、结构化的问卷、测量法所收集的数据则常采用定量分析的方法。

一、研究结果的定性分析

定性分析就是对研究结果的质的分析，是运用分析和综合、比较和分类、归纳和演绎等逻辑分析方法，对研究所获资料进行思维加工，从而认识研究对象的本质特征，揭示其发生发展的规律，为研究结果的解释和理论的构建提供依据。

在发展心理学研究中，定性分析具有以下特点。

第一，定性分析是建立在描述基础上的逻辑分析或推断。例如，在一项关于儿童死亡概念形成的研究中，研究者首先通过访谈收集大量的资料，然后通过逻辑分析方法概括出死亡概念的三个本质特征，即普遍性、非功能性和不可逆性，并由此建立理论框架，诠释儿童有关死亡概念形成的过程和规律。

第二，定性分析侧重揭示心理发展过程中的现象或行为的“意义”。例如，在一项表情再认及情绪成因的研究中，研究者运用访谈法向被试提出了一系列问题，收集了大量关于儿童有什么情绪体验、他们怎样描述和解释自己的体验以及别人的情绪成因等方面的资料，通过逻辑分析，得出了情绪发展的一般规律。

第三，定性分析不仅注重对研究结果的归纳分析，更重视对过程和相互关系的分析。例如，研究者深入幼儿园或小学，观察儿童人际交往中的冲突行为（包括吵架和打架）。研究者首先通过系统、全面的观察，收集冲突行为发生发展与结束过程中的相关资料；然后通过对这些资料的归纳分析，对儿童冲突行为的发生过程与原因进行推断与概括。该研究更重要的一个目的在于减少、控制儿童的冲突行为，因此，仅仅分析冲突的挑起人和结束者的有关情况是难以达到目的的，还应对儿童在冲突中及随后的相互作用、情绪与认知变化以及策略使用等进行分析，才能更好、更有效地找到解决冲突的方法。

定性分析的一个关键步骤是对定性资料进行编码。定性资料的编码一般有两种取向，一种取向是基于某种理论框架的编码方式，另一种取向是纯粹基于被试反应的编码方式。通常，研究者倾向于采用基于理论框架的编码方式。根据这种编码方式，研究者首先要根据某种理论框架确定定性资料的分析维度，然后再随机选取一小部分被试的反应资料，进一步修订定性资料的分析维度和编码系统，最终采用修订后的编码系统对每个被试的反应进行编码，将被试的文字材料转换为可量化的数据。近年来，在教育学和其他学科领域，有些研究者强调纯粹基于被试反应的编码，他们认为当研究者获得被试反应的文本材料后，首先应当不加任何前提地从被试的文本材料中获取核心概念或主题，然后将所有的主题再进行归类，形成上位主题，如此反复，直到获得有限多个概括性的主题为止。这种编码的方式所代表的是一种新兴的定性研究方法——扎根理论（grounded theory）。

在发展心理学中，经过对定性材料的编码，研究者通常得到相对简明的量化数据，然后根据所进行的定性研究的目标对这些数据进行处理，以便寻找变量之间的关系（相关、因果或其他关系）。例如，研究者为研究小学儿童自我意识的特点及其对学业的影响，设计了一系列问题，采用问卷法对儿童进行测试。该研究结果的数据有两种形式：一种是定量数据，即学习成绩或测验分数，作为学业成绩的指标；另一种是来自学生自己及他人（如教师、同学和家长）评价的质性数据。研究者需要对自我评价的数据进行分类、编码，然后比较研究变量之间的符合程度，即对儿童的自我评价和他人对其的评价进行比较，对儿童自我评价水平和学业成就（如学习成绩、测验分数等）进行比较，考察二者之间的符合程度。在此，确定比较二者之间的符合程度就是定性分析的目标。在根据定性分析的目标对研究结果进行整理时，描述统计方法和简单的推断统计方法都会被用来寻找变量的关系。

二、研究结果的定量分析

在发展心理学中大量应用的数据分析取向是定量分析，这主要与心理学研究科学化的追求有关。研究结果的定量分析可以帮助我们从复杂纷乱的数据中抽取出规律性的信息，进而使研究者能够深刻地理解、全面地描述、准确地推断和预测研究对象的特点及其发展变化，使之成为研究者提出或检验假设、建构理论的依据。

对于研究数据的定量分析是通过统计方法实现的。一般而言，根据数据分析的不同目标，人们将统计方法分为描述统计和推断统计两类。描述统计主要对资料进行整理、分类和简化，以揭示研究对象的某些性质和特点。描述统计一般包括对数据的初步整理、对数据集中趋势和离散趋势的度量以及相关关系的度量等，其目的在于简化纷繁的数据，使之清晰直观地显示研究对象的特征。推断统计通常是根据研究问题提出需要检验的假设，然后根据通过抽样而收集到的数据，运用统计检验的方法对假设的合理性做出判断。我们常用的检验有 t 检验、卡方检验、方差分析、回归分析和因子分析等。

在发展心理学的研究中，由于研究者采用的研究方法不同，因而对于所收集到的数据的处理和分析方法也有差异。如果一个研究者采用严格控制自变量的实验研究，那么他通常会采用方差分析、多重回归、复方差分析等统计方法，用于检验在尽可能控制无关变量和协变量的条件下自变量是否对因变量产生显著的影响。如果一个研究者采用的是相关研究的方法，那么他通常会从多方面收集数据。这主要是由于影响个体心理发展的因素非常多，要对个体某一方面的心理发展特征做出准确的解释，就需要收集影响该方面心理发展的各种因素。因此在相关研究的情况下，如果探讨个体心理发展的内在结构，研究者通常会采用主成分分析、因子分析、聚类分析、典型相关分析等多元统计的方法；如果是分析影响个体特定心理特征的相关因素，从中发现能显著预测个体特定行为的预测变量，研究者通常采用多重回归分析、判别分析、方差分析等。

近年来，随着发展心理学研究的深化，研究者越来越倾向于综合分析影响个体心理发展的内外因素，因此多元统计的方法被越来越多地应用于数据分析之中，而且出现了一些更为复杂的多变量统计方法，如结构方程模型、多水平线性模型、成长曲线模型等。这些新出现的方法更好地满足了发展心理研究的一些基本要求，比如成长曲线模型可以探查个体发展的过程，多水平线性模型使我们能够探索不同层次的预测变量如何综合影响个体的心理发展等。要完成这些数据分析过程，就必须借助相关的统计软件。目前比较流行的综合性统计软件包括 SPSS（Statistical Product and Service Solutions）、SAS（Statistical Analysis System）、Stata、Splus 等。除此之外，还有一些小型的统计软件，这类软件主要用于分析一些特殊的数据，如用于结构方程模型的 Mplus、LISREL（Linear Structural Relations）等软件，用于多水平线性模型的 HLM（Hierarchical Linear Model）软件，用于分类数据分析的 LEM 软件等。

总之，发展心理学中的任何研究对象都有质和量两个方面，这两个方面是紧密联系、相互补充的。因此，发展心理学研究既可以从质的角度进行定性分析，又可以从量的角度进行定量分析，其分析结果互相补充，我们不可片面强调一方面而偏废另一方面。目前，在发展心理学的研究中，大多数研究者都过分重视定量研究与定量分析，而忽视对个体心理发展的定性研究与定性分析，这应该引起人们的重视。

第五节 发展心理学研究方法的新趋势

随着发展心理学科学研究的不断深入和现代科学技术的迅速发展，发展心理学的研究也出现了一些新的趋势，研究方法表现出一些新的特点。这集中体现在以下几个方面：多层面和多学科研究相互整合，多变量统计方法大量使用，新的数据收集手段广泛使用，训练研究和教育实验越来越受重视。

一、多层面和多学科研究相互整合

发展心理学研究个体的心理发展，包括影响个体心理发展的各种先天和后天、内在和外在的因素，以及个体发展中的各种问题和现象。先天和后天、内因和外因都在一定的程度上影响和决定着人的发展，并且这些因素是相互交错、共同起作用的。个体发展中的各种问题和现象纷繁复杂，需要多层面和多学科研究方法和技术的整合。因此，多层面和多学科研究的相互整合成为发展心理学的一个必然趋势。

多层面研究的整合主要表现为通过使用多种研究方法和技术，如问卷调查、实验室实验、现代基因检测技术、无损伤脑成像技术等，将社会环境层面、遗传和基因分子层面、神经机制层面以及个体人格、心理、行为层面的研究结合起来，开展环境—基因—脑—行为多层面研究，加深我们对于发展现象和问题的理解。例如，基因层面的研究揭示了 FOXP2 基因多态与语言能力的关系①，神经层面的研究揭示学龄儿童的词汇增长能够预测左侧缘上回皮质的厚度。不同层面的研究有助于我们更加全面地理解和认识个体的心理发展。近年来，欧美等地区相继启动和开展了一批儿童、青少年的环境—基因—脑—行为整合的追踪研究，试图从环境、基因、脑、行为的整合层面考察环境与基因共同影响大脑发育、结

① Graham, S. A., & Fisher S. E.（2015）. Understanding language from a genomic perspective. *Annual Review of Genetics, 49*（1）, 131–160.

构、功能，从而影响个体心理发展和行为的机制。研究发现：COMT 基因通过影响前额叶皮质脑区的功能，从而影响人的认知控制能力和智力①；MAOA 基因与童年早期的负性经历共同影响大脑腹内侧前额叶的功能网络，从而影响儿童的性格发展②。

多学科研究的整合主要有两种：一是发展心理学与心理学领域内其他分支学科的结合；二是发展心理学与心理学领域以外各有关学科的结合。前者主要涉及发展心理学与认知心理学、生理心理学、社会心理学、教育心理学等不同分支学科的结合。例如，针对儿童阅读发展的研究，各领域的有关专家组成研究团队，共同对儿童阅读水平、能力发展与培养、神经机制等各个侧面进行分析和研究。后者涉及发展心理学与兴起的认知神经科学、分子遗传学、分子影像学等多门学科的相互整合，并逐渐出现了发展认知神经科学这门新兴学科。多学科的整合也带来了各种研究方法和技术（如 fMRI、ERP、基因检测技术）在发展心理学中的应用和整合，并极大地丰富了发展心理学的研究成果。例如：确定相关基因的功能，比较不同的基因型、正常基因与基因变异的表现，研究环境对基因表现的影响，有助于更直接地探索先天和后天的关系；对脑发育与发展的关键期、学习经验对大脑的影响、功能代偿的机制等的探索，有助于解决发展是连续的还是阶段性的问题。

多层面和多学科研究整合的研究具有以下优点。（1）结合分子遗传学的研究方法和技术，能直接研究先天和后天因素在个体发展中的作用，能直接找出其作用的基因位点。（2）结合神经生理层面和分子层面的研究，比单纯行为层面的研究更敏感。比如，关于数学能力的老化研究、关于帕金森病的研究都表明，在行

① Green, A. E., Kraemer, D. J., Deyoung, C., G., Fossella, J. A., & Gray, J. R. (2013). A gene-brain-cognition pathway: Prefrontal activity mediates the effect of COMT on cognitive control and IQ. *Cerebral Cortex, 23* (3), 552–559.

② Buckholtz, J. W., Callicott, J. H., Kolachana, B., Hariri, A. R., Goldberg, T. E., Genderson, M., et al. (2008). Genetic variation in MAOA modulates ventromedial prefrontal circuitry mediating individual differences in human personality. *Molecular Psychiatry, 13* (3), 313–324.

为研究上没有明显症状表现的时候，从大脑的结构和功能上可以观测到变化，所以认知神经科学的研究有助于及时发现发展中的障碍和疾病，从而使得早期的干预和治疗成为可能。（3）有助于研究一些特殊的被试群体。比如，婴儿、老年痴呆病人等特殊被试的感知觉、语言能力、智力等方面的局限使得一些传统的方法如实验法、访谈法和问卷法难以实施，但是，采用认知神经科学的方法（如 ERP）可以进行相关的研究。

二、多变量统计方法大量使用

正因为出现了多层面研究的整合趋势和跨学科、跨文化研究的倾向，发展心理学研究对数据的统计分析技术的要求也越来越高。除了传统的多变量统计方法，如回归分析、复方差分析、因子分析、判别分析、聚类分析等大量出现在心理学研究报告中，新的多变量统计技术和方法，如结构方程模型、多水平线性模型、成长曲线模型等也被越来越多地应用于发展心理学的研究中。

在发展心理学研究中，结构方程模型为探讨多变量之间的复杂关系提供了前提。常用的结构方程模型包含两类：一类是测量模型，用于分析研究所使用的测量工具的内在结构效度，是因子分析的扩展，也被称为验证性因子分析；另一类是因果关系模型，主要用于检验研究者所假设的多变量之间的影响和被影响的关系，可以很方便地检验预测变量对因变量的直接效应和间接效应。在实际的应用中，研究者往往将测量模型和因果关系模型整合起来，建立一个更加复杂的整合模型。

多水平线性模型也是近年来在发展心理学研究中非常流行的一种多变量统计方法，这种方法主要用于对嵌套数据的处理与分析。在传统的发展心理学研究中，研究者通常假定所抽取的样本是完全随机抽取的，但在实际过程中是很难实现数据收集的随机要求的。另外，布朗芬布伦娜（U. Brofenbrenner）关于影响个体发展的因素的层次说也表明影响个体发展的因素由内而外是有层次的。多水平线性模型为我们提供了分析这种层次性的嵌套数据的有效方法。这种方法的一个基本假设是个体水平的因素对某一心理发展领域的影响是随着他所处的环境的不同而有所改变的，发展心理学家应当高度关注个体水平因素和群体水平因素之间的交互作用。例如，基于中国儿童、青少年心理发育特征系列数据库中来自全国100个区县421所学校12 023名小学生报告的学校心理环境特征，以及同学校12 019名小学生认知能力发展数据，研究者采用多水平建模分析，分解了来自学生个体和来自学校层面的变异，揭示了学校层面的变异在小学生认知能力发展总体变异中的贡献，并揭示了学校总体心理环境的影响及作用特点。①

成长曲线模型是多水平线性模型的一个特例。发展心理学研究的特殊性在于对个体发展过程的高度关注，传统的研究由于数据收集困难和统计方法的局限，多采用横断研究设计收集数据，对个体心理发展过程的研究非常不足。近年来，发展心理学家开始高度重视用纵向研究设计收集数据，并试图采用有效的统计方法进行数据分析，成长曲线模型由此应运而生。这种模型从水平和速率两个方面来分析个体发展的过程，同时兼顾发展中的个体差异。对于纵向研究的数据处理与分析，这是一种理想的方法。

除了这些新的多变量统计方法的使用外，未来的发展心理学研究中还将越来越多地应用多变量的分类数据或等级数据的分析技术，如对数线性模型、潜类别分析、广义线性模型等统计方法。这些新的多变量统计方法的使用为人们有效地解释个体心理发展的过程与机制起到了重要的推动作用。

三、新的数据收集手段广泛使用

随着互联网和信息科学技术的快速发展，人类生产、存储和处理数据的方法和能力发生了革命性转变。这不仅改变了人们的生活方式，同时也丰富了发展心理学学术研究的数据来源。一方面，人们在论坛、博客、微博、微信、电子商务交易平台、搜索引擎等互联网平台上积累的海量数据，成为大数据时代发展心理学研究的重要信息资源。另一方面，信息科学技术的发展使得高效处理和分析

① 陶沙、刘红云、周翠敏、王翠翠、孙聪颖、徐芬、董奇：《学校心理环境与小学4~6年级学生认知能力发展的关系：基于全国代表性数据的多水平分析》，《心理科学》2015年第1期。

海量人类行为数据成为可能。因此，心理学家已经开始使用互联网大数据信息来进行研究。例如，通过对全球 Twitter（一个社交网络及微博客服务的网站）数据中积极情绪和消极情绪的语义的分析，研究者们发现，个体每日心情的变化是存在节律的，清晨时最为愉悦，然后慢慢变差，直到深夜，情绪再度变好，而周末的情绪则比周中要好。① 与传统的发展心理学研究数据相比，互联网大数据具有以下几个方面的特点：（1）样本即总体。大数据背景下的心理学实际上模糊了样本和总体的概念。也就是说现在我们可以获取符合条件的所有个体的数据，而这样的结果实际上可以推论到所有人。（2）个性即规律。采用传统的数据采集方法获取每个个体的历史数据近乎不可能，但在大数据背景下，我们已经有条件获取这样的数据。根据历史数据，我们能在大数据背景下对每个个体进行独特性的分析，给出个体特有的规律，从而使个体运用研究结论成为可能。（3）情境即实验。大数据背景下的发展心理学数据情境众多，而且几乎都是自然发生的情境。因此，在大数据中，实际上现象均已出现，心理学家需要做的只是挑选，而并非等待。（4）数据即行为。传统的心理学研究利用反应时等行为指标来推测心理过程。而大数据记录的信息实际上就是普遍化的人类行为，并且这种数据行为具有自愿以及可普遍化两个特征。首先，大数据作为行为大部分是自然条件发生的，是人们自觉自愿的行为（比如微博留言和评论）。其次，在大数据背景下，由于数据已经产生，研究者则更多地对已有数据进行挖掘。此时，每个研究者对于大数据中的同一种行为的操作定义会比较接近，这使得大数据产生的结果之间能够比较。②

此外，随着智能电子设备的普及，一些研究者开始利用手机、平板电脑、智能穿戴设备等便携式移动终端设备进行数据的收集，并通过互联网来进行管理。这在很大程度上推动了研究范式的变革。例如，经验取样法（experience-sampling methodology，简称 ESM）是多次收集人们在较短时间内对生活中经历的事件的

① Golder, S. A., & Macy, M. W. (2011). Diurnal and seasonal mood vary with work, sleep, and day-length across diverse cultures. *Science, 333* (6051), 1878–1881.

② 喻丰、彭凯平、郑先隽：《大数据背景下的心理学：中国心理学的学科体系重构及特征》，《科学通报》2015 年第 5–6 期。

瞬时评估，并对其进行记录的一种方法。通常研究者借助于辅助工具提醒被试，让被试在事件发生或者随机的诸多时间点回答问题并进行记录，从而实现数据的采集。早期的经验取样法一般使用纸质问卷的形式进行记录，并要求当天结束后立即邮寄给研究者。很明显，传统的收集方式具有时间上的迟滞性，不利于研究者对数据进行即时的监控与筛查，并且要求被试随身携带纸质问卷，也限制了被试的活动。而智能电子设备的利用，会让被试的活动更加自由，数据的收集更加便捷，因此可以极大满足经验取样法的密集数据收集要求。而且还建立了研究者和被试之间的即时、动态联系通道，便于被试与研究者，研究者也可以对数据的收集过程进行实时的监控与督查。基于智能电子设备的经验取样法非常适合收集个体在发展过程中易受时间和个体因素影响而变化的信息，对于精细刻画个体的发展变化轨迹具有极大帮助。

虽然有些因素不利于新的数据收集技术的广泛运用，比如设备昂贵、对操作人员要求较高、数据量大且分析方法复杂等，但是这些技术具有独特的优势，它们必然会在今后的发展心理学研究中得到更广泛的应用。

四、训练研究和教育实验越来越受重视

如前所述，发展心理学的功能是描述、解释、预测和控制。训练研究和教育实验正体现了控制的功能，即探索如何操纵某些变量来达到预期的改变，如何将研究中发现的规律应用到实际的教育中去。通过进行训练研究和教育实验，我们可以获得有关个体真实发展的资料，并且可以通过操纵某些变量来观察个体的发展变化，把握促进个体心理发展的环境和教育条件，从而可以通过预先的设置和干预促进个体朝着预期的方向发展。

无论是训练研究还是教育实验，都体现了发展心理学研究的应用价值，有助于实现心理学理论研究和教育实践的密切结合。训练研究的基本特点是针对心理发展的某个具体方面实施干预，与教育实验相比，训练时间相对较短。比如，针对日本人难于区分英语中的 /r/ 和 /l/ 两个音，大量研究者采用不同方法对此进行专门的集中训练，考察训练是否能够促进日语母语者对这两个辅音的辨别，以及训练效果的迁移和保持情况。教育实验一般比较系统，时间跨度也比较长，甚至

实验研究结果可以直接转化为应用成果。比如，美国的 Fast For Word 系统总结了 25 年来关于阅读障碍研究的成果和经验，开发出一套光盘版的系列教材，广泛应用于英语的语音教学中。再比如，董奇教授主持的攀登英语项目，立足于解决当前中国英语教育的实际问题，整合了有关第二语言学习的认知神经机制、心理与行为规律等多层面的研究成果，为幼儿园和小学儿童研发了一套综合的英语学习方案。① 该方案以促进儿童英语口语能力的发展为核心目标，采用非英语教师作为实验教师，利用现代多媒体技术，为儿童创设丰富的英语学习环境。到目前为止，该方案已经在北京、安徽、山东等省市的 300 余所幼儿园和小学的 5 万余名学生中进行了实验研究，取得了良好的效果，参加实验的儿童在英语听、说、读的能力和学习英语的情感态度方面都有显著改进。该实验研究的效果也得到了国内外专家，以及实验学校和家长的广泛好评。

从根本上说，训练研究和教育实验都是将发展心理学研究的基本规律与原理应用于教育实践之中，促进个体更加健康地发展，并在实践中检验其准确性。这是发展心理学研究的根本目的之一。随着我国社会经济的发展以及国家和社会对个体全面、和谐发展的关注，围绕个体发展的教育实验显示出越来越重要的价值。发展心理学工作者要将自己的研究与有效促进个体发展的目标密切地联系起来，满足国家和社会的需要。

要点小结

发展心理学是心理学的一个分支学科，其研究方法除了具有心理学研究方法的一般特点和功能外，还由于研究目的不同和研究对象年龄跨度大等特点而具有一些特殊性。发展心理学研究的设计方式有横断研究设计、纵向研究设计、聚合交叉设计、微观发生学设计等，常用的数据收集方法有观察法、访谈法、问卷

① 董奇、陶沙、李蓓蕾、王文静、陈传生、李燕芳：《非英语教师教英语：攀登英语方案的实验和启示》，见《中国教育科学（2006）》，人民教育出版社 2007 年版，第 285—295 页。

法、测验法、心理生理学方法等。对原始数据进行定性、定量分析之后，我们才能揭示其意义。在实际开展发展心理学研究时，研究者需要根据研究的目的，选择合适的研究设计方式、收集数据的方法，并根据研究设计和数据收集方法选择定性和（或）定量分析的方法对结果进行分析。随着发展心理学科学研究的不断深入，发展心理学的研究方法也出现了一些新的趋势，研究者需要注意进行多层面研究的相互整合，积极开展跨学科和跨文化研究，广泛使用多变量统计技术和多种新的数据收集手段，并且重视运用训练研究和教育实验来获得更为真实的研究资料。

思考与练习

1. 请阐述你对发展心理学研究的特殊性的认识。
2. 发展心理学研究常用的几种研究设计方式各有什么特点？如何应用？
3. 发展心理学研究常用的数据收集方法有哪些？各有什么特点？如何应用？
4. 在对发展心理学研究结果进行分析时，如何处理好定性分析和定量分析的关系？
5. 请综合运用本章内容，针对 6~15 岁儿童认知能力发展进行研究设计。
6. 结合文献阅读，思考发展心理学研究方法新趋势可能带来的研究变革。

拓展性阅读导航

1. 董奇著:《心理与教育研究方法》，北京师范大学出版社 2004 年版。

本书以心理与教育研究的完整过程为主线，从研究的起始到完成的各个环节入手，系统梳理了基本概念与原则，全面介绍了各种研究方法，详细讨论了研究的过程与环节。本书不仅为研究者掌握研究的全过程提供了相关基础知识的介绍，更从实际操作的角度为读者提供了开展心理与教育学研究的指导。

2. [英] 马克·约翰逊、米歇尔·德·哈恩著，徐芬等译:《从自然到使然——心理成熟背后的脑机制》，北京师范大学出版社 2017 年版。

本书着眼于心理发展的基本领域，系统运用发展心理学、神经发育以及认知神经科学的研究成果，介绍了发展认知神经心理学这一多学科交叉融合而成的新兴学科的研究思想、基本方法和研究成果，诠释了脑发育及功能发展与心理发展之间的关系，为发展心理学研究者从交叉学科和跨领域发展的角度拓展发展心理学研究方法提供了新的思路。

3. 董奇:《发展认知神经科学：理解和促进人类心理发展的新兴学科》,《中国科学院院刊》2012 年增刊。

本文立足发展心理学学科前沿，介绍了近十几年来发展认知神经科学的兴起及主要的研究进展，其中包括大脑结构发育、脑功能发展与个体心理、行为发展的关联，以及遗传与环境对个体心理、行为发展的交互影响。此外，还提出了促进我国发展认知神经科学的建议。本文为读者更好地认识和理解发展认知神经科学这一新兴学科打开了一扇窗。

第四章

胎儿的生理和心理发展

内容提要

人的生命是从母体内受精卵形成的时候开始的。胎儿的发育阶段是人一生的生理和心理发育过程的奠基阶段。本章阐述了胎儿生理和心理发展的一般原理和进程，讨论了影响胎儿生理和心理发展的三大类因素，简要说明了维护胎儿心理卫生的原理及操作方式。

学习目标

1. 明确胎儿神经系统发育与心理活动的关系，了解胎儿心理活动物质基础形成和发育的类型，了解胎儿心理机能产生和发展的表现。
2. 了解影响胎儿生理和心理发展的各种因素，指导孕妇趋利避害。
3. 掌握胎教基本知识，为维护胎儿心理卫生奠定基础。

关键词

胎儿　神经生理　心理机能　遗传　环境

第一节 胎儿神经生理和心理机能的发展

生命的开始，可以追溯到精子与卵子在母亲体内相遇结合形成单一的合子细胞或受精卵时。所有的胎儿就从这短暂的一瞬间开始了自己漫长而独特的发展道路。因此，胎儿的定义是“从受孕到从子宫娩出之前的小儿”①。

个体的生理发育从妊娠阶段就开始了，心理与行为的发展也在此时奠定了基础。可以认为，胎儿在子宫内的发育阶段是个体生理和心理发育过程的最早阶段和奠基阶段。

对胎儿发育的研究一般有四种途径。一是因为治疗需要而把胎儿从子宫中取出，放在特制的育儿箱里。尽管我们还不能在子宫外维持 5 个月以下的幼小生命直到成熟，但能使他们存活相当长的一段时间。这使我们能够记录其自然行为和其对某些电、机械刺激的反应。二是可以对早产儿（怀孕后 6~8 个月出生）进行研究，考察此一时期他们在子宫内的发育和行为能力。三是采用某些设备仪器对子宫内的胎儿进行研究，获得关于胎儿发育的更加真实、自然的结论。四是利用动物模型进行严格的实验室控制实验，可以直接探究影响胎儿发育的因素，为人类胎儿发育的研究提供进一步研究的新方向。

一、胎儿宫内发育分期

胎儿胎龄的计算，以孕妇末次月经的第一天算起，通常以 40 孕周（280 天）为孕期。心理学大师斯滕伯格将个体出生前的发育期划分为胚芽期（0~2 周）、胚胎期（3~8 周）和胎儿期（8~40 周）三个阶段。② 当然也有其他的分

① 胡皓夫主编：《儿科学辞典》，北京科学技术出版社 2003 年版，第 464 页。

② ［美］R. J. 斯滕伯格著，李锐等译：《心理学：探索人类的心灵》，江苏教育出版社 2005 年版，第 436 页。

期方法。①

（一）胚芽期

受精卵（约0.2毫米）细胞迅速分裂，24小时分裂为2~8个细胞（或分裂球），这时称为早早期胚胎。在输卵管内的3天，受精卵形成12~16个细胞的实心胚（也有称细胞团、分裂球），被透明带包围，体积不变，如桑葚，称为桑葚胚。第四天，孕卵到达子宫，桑葚胚随细胞分裂而体积增大，中间出现腔隙，内含少量液体，此时的孕卵称为胚泡。胚泡壁由扁平细胞构成，胚泡一侧内面为内细胞群。

第七至第八天，细胞团脱去外膜，准备与子宫直接接触，胚泡植入到富有养料和氧的海绵子宫内膜中，称为着床，此时细胞数约有150个。至妊娠14天着床结束，最后黏合固定在子宫壁上。

着床后，胚泡的外细胞层形成根状小突起，称为绒毛。绒毛穿透子宫内膜侵入子宫血管，直接浸泡在血液中汲取养分。母体血液中的大量氧、蛋白质、维生素和其他各种物质的分子就透过薄薄的绒毛壁，源源不断地进入胚胎的血流。绒毛成熟后就成为胎盘和羊膜囊。

着床后，胚泡的内细胞群形成胚胎。

第三周，胚芽长度为5毫米至1厘米，肉眼能勉强看见，重量不足1克。

（二）胚胎期

胚胎是妊娠8周前娩出的胎体。

胚胎期是生命开始的非常重要的阶段，从绒毛到胎儿身体部分的一般形式和基本结构在胚胎期初步形成。

在胚胎期，增殖的细胞群发生分化，形成三层细胞：外胚层形成皮肤和中枢神经系统、周围神经系统的基础，中胚层进一步分化成为肌肉组织、骨骼组织、

① 有人将胎儿的发育期分成：（1）胚胎期（出生前第一个三分之一期），受精卵迅速分化，逐渐形成组织、器官和系统；（2）胎儿初期（出生前第二个三分之一期），生长迅速，机体构造复杂化；（3）胎儿后期（出生前第三个三分之一期），身体部分功能开始分化，体质迅速增强，为出生后的生存做好准备。还有人分为早（1~12周）、中（13~27周）、晚（28~40周）三期。

结缔组织和循环系统、生殖系统、泌尿系统，内胚层形成消化系统和其他内部器官与腺体。

妊娠3周，脊索、神经管形成，体节（脊椎前体）出现，体蒂形成，尿囊伸入体蒂，胚盘开始卷褶，一对心管开始脉动；妊娠4周末，胚盘与胚体可辨认，胚体呈圆筒形，原条消失，脑泡形成，腭弓出现；妊娠8周末，胚泡已经发育，具有人类胚胎的特征，鳃、尾消失。除大脑外，其他所有器官、系统均已存在。胚胎大体上已长成人形。四肢已得到相当的发育，有了手指和足趾；脸、眼睛、嘴都清晰可辨；可以见到心脏跳动；神经系统开始有初步的反应能力。

人体各器官、系统基本上在这个时期形成，其特点主要是器官、系统分化快、变化大。一般认为这是胎儿器官、四肢和其他生理系统分化、生成的最重要的时期，即关键期。如果某一器官或生理系统在这一阶段不能发生，那么它们将来再也不会形成和发展，胎儿出生后将形成永久性残疾。这一阶段也是胎儿发育的最敏感期，放射性、药物、感染及代谢性产物或胎内某些病变等因素不利于胚胎的发育和成长，可使胎儿畸形，甚至导致早产、流产。这一时期胎儿死亡率很高，胚胎总数的30%可能都在此阶段流产。

器官发育结束，胎盘形成，表示胚胎期结束。

（三）胎儿期

妊娠满8周以后娩出的胎体即可称为胎儿。

胎儿期胎儿的骨细胞开始发育。毛发、指甲和外生殖器发育分化出来。已有器官的结构得到进一步发展，躯体比例以及各部功能日趋成熟。从妊娠9周开始，胎儿躯体细胞的数量和大小增加，各组织、器官生成并进一步分化。到妊娠10周，小肠、大肠开始生成，并进入这些器官各自的位置。到妊娠12周，外生殖器已经清楚可辨，肺的发育随着支气管、细支气管和更小的分支的出芽而进行。妊娠16周末，皮肤很薄，头皮已经长出毛发，肌肉发育。妊娠11周末，胎儿开始有呼吸运动。到妊娠20~24周时，原始肺泡形成，并开始产生表面活性物质。妊娠13周左右，胎儿有吞咽运动。大约妊娠14周，在新生儿身上可以观察到的所有运动形式都可以在胎儿身上或多或少看到。妊娠24周末，各脏器均已发育。胎儿的呼吸系统到28周发育完善。胎儿具备了子宫外存活能力，如果胎儿在28周前出生，则气体交换困难，婴儿难以存活。截至目前，最早有妊娠22周早产儿存活的案例，主要应归功于先进的医疗技术。① 妊娠36周，胎儿已经基本完成肾的大体结构，但与成人比还有很大差距。肾小球滤过面积和肾小管容积都相对不足，胎儿的肝肾功能尚不健全，肝脏溶酶体系功能低，葡萄糖醛酸转换酶的活性只有成熟期的1%，且胎儿肾脏内肾小球量少，肾血流和肾小球滤过率低。

这一时期还出现另一重要发育特征，即胎儿动作，主要表现为胎动和反射活动两种类型。

胎动是指胎儿在母体内自发的身体活动或蠕动。胚胎活动最早可在末次月经结束后7周（妊娠5周）观察到，为自主的横向弯曲运动。② 之后会出现一系列特别的运动形式，被称为一般自发运动（generalized body movement，简称GM）。自孕2个月开始，胎儿在羊水中进行类似游泳样的运动。2个月的胎儿就能摆动自己的头、胳膊和躯体，并且准确地顶、蹬母亲的腹部表示自己的好恶。到妊娠20周末时，多数孕妇都可感到胎动。妊娠28~30周是胎动最活跃的时期。明显的胎动有三种类型。一是缓慢的蠕动或扭动，在妊娠3~4个月时最易察觉。二是剧烈的踢脚或冲撞。当母亲感到较强的胎动时，是胎儿正在用脚踢子宫壁。此类胎动从6个月起增加，直至分娩。三是剧烈的痉挛动作。

胎儿8周时即可利用头部或臀部的旋转使身体弯曲避开刺激，3个月时能够动脚拇指和头。当临近出生时（妊娠32~36周时），胎儿明显受母亲的情绪和饮食的影响。例如，孕妇在喝咖啡后，胎儿活动增加，而且胎儿活动可能随着母亲每日的生物及生活节律而变化。

二、心理活动主要物质基础的形成和发育

神经系统是心理活动的主要物质基础，大脑是心理现象赖以产生和存在的器

① Reissland, N., & Kisilevsky, B. S.（Eds.）.（2016）. *Fetal development: Research on brain and behavior, environmental influences and emerging technologies*. New York: Springer International Publishing, p.107.

② de Vries, J. I. P., & Fong, B. F.（2006）. Normal fetal motility: An overview. *Ultrasound in Obstetrics & Gynecology, 27*（6）, 701–711.

官。神经系统主要有胶质细胞和神经元两种细胞。人的一切心理活动如感知、意识、记忆、思维等，都是通过神经系统的活动来实现的。

在心理学领域，无论哪一种理论模型，都需要由神经生理学来加以验证。生理水平的研究对科学地阐释心理活动的产生、发展有着重要的意义，影响着科学心理学的发展水平。

（一）神经元的形成和发育

神经元又称神经细胞，是能产生、传导和接受神经冲动的细胞。

神经元是由胞体、树突、轴突构成的神经系统的结构和功能单位。它是脑具有复杂功能及智慧的结构基础，是神经系统内接受、整合和传递信息的基本单位。

胞体直径从 5 微米到 100 微米。人脑约有 1 000 亿个神经元。如果一组科学家在 1 秒内数 3 个神经元，得花 1 000 多年时间才能数完。

神经元具有兴奋和传导两种功能。神经元受到刺激并产生兴奋是一种对刺激的反应能力，表现为神经冲动。神经冲动是由刺激引起而沿着神经纤维传导的电位活动，它能将信息从一个神经元传至另一个神经元。一般而言，神经冲动沿细胞轴突迅速向邻近的或下一个神经元传递，表现为神经冲动的传导。

在胚胎发育期，神经元的生长主要是数量增多。在胚胎期的后期，神经元的生长则主要是细胞的增大和轴突的分支以及髓鞘的形成。大多数神经元是不可替代的，一旦胞体死亡，这个神经元就永远失活。但是，最近的一些研究已经清楚地证实了成年哺乳动物的神经干细胞（neural stem cell，简称 NSC）终生都可以产生新的神经元。①

胶质细胞为神经元提供结构支持和营养，运送代谢物，并使之与其他细胞分隔开。

（二）神经系统的形成和发育

神经是人体内传达知觉和运动的束状组织，由结缔组织将其包捆在一起。

---

① Fitzsimons, C. P., Bodegraven, E. V., Schouten, M., Lardenoije, R., Kompotis, K., Kenis, G., et al.（2014）. Epigenetic regulation of adult neural stem cells: Implications for Alzheimer’s disease. *Molecular Neurodegeneration, 9*（1）, 1–21.

人的神经系统分为周围神经系统和中枢神经系统两部分。

周围神经系统分布全身，与脑、脊髓和全身器官相连来接受刺激信息，包括躯体神经系统（脑部发出的神经称为脑神经，共 12 对；脊髓发出的神经称为脊神经，共 31 对）和自主神经系统。

中枢神经系统主要包括脊髓和脑。脊髓是脑神经传入与传出的中转站以及简单的反射控制中心。中枢神经系统的主要功能是对所输入的信息进行分析与综合，一方面调节身体器官的生理平衡，维持人的基本动力与行为反应，另一方面对协调人与社会关系的复杂信息进行加工与处理。

脑是人的中枢神经系统中最重要的部分，所有复杂的心理活动都与脑密切相关。人脑中含有人体中全部神经元的 90%，大约为 140 亿个神经元。神经系统之间相互联系并进行信息传递的特殊部位是突触。神经系统大约有 10^{15} 个突触。人脑呈复杂的网状结构，在每平方厘米的组织内含有约 4 000 万个突触，它们昼夜不停地活动。

大脑皮质是脑的最高级部位。成人的大脑皮质表面积约 2 200 平方厘米。大脑两半球皮质是人类高级思维活动的物质载体。智能的生物学基础是脑的结构和功能，出生时发育良好的脑是后天进行智能开发的物质基础，是心理活动最重要的器官。特别是大脑皮质前额叶和海马部位，是与智能活动直接相关的重要脑区。

人类神经系统发育的主要顺序如下：中枢神经和周围神经在孕 3 周（胚胎只有 15 毫米长）时即开始形成。精卵结合后，人胚最早只是一个简单的两层结构的盘，就是妊娠 3 周桑葚胚的外胚出现的神经盘。妊娠 3 周末，盘的背侧细胞迅速增厚、增宽，称为神经板。再不久，神经板两侧隆起形成神经褶，两褶中央内凹形成神经沟。神经沟不断加深，两侧神经褶逐渐靠拢并愈合成一条中空的神经管和神经冠。它们将分别发育成中枢神经系统和周围神经系统。

胎儿初期神经系统的发育是快速进行的神经纤维的形成，在体内、体节间及脑干内形成相连接的向心性神经纤维和离心性神经纤维。到妊娠 8 周末，神经系统的大体结构已基本形成。

神经元的增殖与分化高峰在妊娠 3~4 个月，神经元的移行与分化高峰在妊娠 3~5 个月。移行是数百万神经元从室及室下带经过一系列步骤移行到中枢神经系统内某区永久存在。妊娠 3~5 个月，神经元迅速移行至皮质和小脑。

妊娠 4 周，胚胎已有脊髓。

脑的构造大体分为三个部分：后脑（小脑和延髓）、中脑、前脑（主体是大脑）。这些名称并不精确地与它们在人体脑中的位置对应，只是在胚胎神经发育过程中，相对于身体从前往后的排列位置。到妊娠 5 周，能够分出前脑、中脑、后脑三个主要部分。

前脑的发育高峰在 2~3 个月。妊娠 8 周，大脑皮质开始出现。胎儿的大脑是未成熟脑。未成熟脑的发育有一个发育高峰：从妊娠 10 周到个体出生后 2.5 岁。两个关键期为怀孕的前 4 个月和胎儿出生前 2 个月到生后 2 岁。大脑的组织过程从妊娠 5 个月开始，大脑发育包括轴突和树突的增粗和延长、突触的形成、神经元空隙的选择性消除。大脑突触连接及神经回路建立、膜兴奋性形成发生于妊娠 5 个月至生后 2~3 年。髓鞘形成在出生前至出生后数年。

至胎儿出生时，大脑外形与成人相似，脑表面的沟回已经形成，出生时神经元数目已与成人相同，在结构上已经接近成人，脑重 350~400 克，约为成人脑重的 25%。

（三）反射机能的形成和发育

神经系统最基本的活动方式是反射。

反射是在中枢神经系统的参与下，有机体对内外环境刺激所做的适应性、规律性反应。因此，反射也是心理活动产生的基本方式，是物质转化为心理的重要机制。

实现反射活动的神经结构称为反射弧，它是执行反射活动的生理机制。反射弧包括五个部分：感受器（视觉、听觉、嗅觉、味觉、机械和化学感受器）、传入神经、神经中枢、传出神经和效应器（如肌肉和腺体）。当刺激作用于感受器时，所产生的神经冲动沿着传入神经纤维传至神经中枢，神经中枢对传入的信息进行整合加工后，再由传出神经把神经冲动传至效应器并做出反应。

根据反射产生的不同条件，反射分为无条件反射和条件反射。无条件反射是有机体在种系发展过程中形成并遗传下来的反射，最基本的无条件反射有巴宾斯基反射、吸吮反射、抓握反射和防御性反射。条件反射是在无条件反射基础上建立起来的。

3个月的胎儿已经出现巴宾斯基反射（指胎儿脚底受触时，脚趾呈扇形张开、脚朝里弯曲的本能反射活动；这个反射直到出生后6个月才消失）、吸吮反射（指由面部受触引起的胎儿转头、张嘴、吸吮的本能活动，这使婴儿在出生后能够迅速找到和吃到食物）、抓握反射（指当物体接触到胎儿手掌时，他会抓住不放；这一反射在出生后第二周就开始消失）。

在胎儿8周左右，反射活动所必需的解剖结构已经形成。接触、压迫、震动等机械刺激均可引起胎儿的反射活动。这时，胎儿第一次对刺激出现肌肉收缩反应。这不是自发行为，而是对刺激的直接应答。随后，胎儿出现侧弯运动。以后随着中枢神经系统的结构和功能的成熟，胎儿的反射活动呈现多样化。

对人工流产胎儿的研究表明，2个月的胎儿即可对尖细刺激产生反应。胎龄4~5个月时，如果胎儿的上唇或舌头被触及，胎儿就会产生嘴的开闭活动。研究者用胎儿镜观察发现：如果用一根小棍触胎儿手心，其手指会握紧；碰其足底，趾可动，膝、髋可屈曲。

来自黑猩猩的实验表明，胎儿能利用条件反射学习并保持对于条件反射的记忆至少到出生后2个月。研究者对妊娠201天的黑猩猩胎儿进行条件反射训练，分别用两个时长1秒的单音（110分贝）作为条件刺激，在一个单音（500赫兹，CS+）之后紧跟着施加一个80赫兹的声振刺激（vibroacoustic stimulation，简称VAS），在另一个单音（1 000赫兹，CS−）之后不施加声振刺激，直到妊娠233天共进行了156次训练。小黑猩猩出生后，CS+能引发它激烈的活动和哭泣，CS−不能引起类似的应答反应，并且对CS+的应答反应至少保留到出生后2个月。目前尚没有在人类胎儿成功建立经典条件反射的案例，但是来自黑猩猩的研究提供了可能的方法。①

① Kawai, N.（2010）. Towards a new study on associative learning in human fetuses: Fetal associative learning in primates. *Infant and Child Development, 19*(1), 55–59.

三、胎儿心理机能的形成

（一）感觉的形成

感觉是人脑对直接作用于感官的客观刺激物的个别属性的反映。它是一切高级和复杂心理活动的基础，是维持正常的心理活动、保证机体与环境平衡的重要条件。也可以说，感觉是以生理作用为基础的简单心理活动。

1. 视觉

妊娠 7 周，眼睛形成。妊娠 10 周，连接眼球和大脑的视神经出现。妊娠 12 周，眼睑出现；妊娠 28 周，眼睑打开。

胎儿在 4 个月时就对光线十分敏感，母亲进行日光浴时，胎儿对光线变化强弱都有所感觉。当用手电管筒照射孕妇腹部时，胎心率会立即加快，且胎心率可随着手电筒开启与关闭而变化。但是，视觉系统要在胎儿出生后才真正发挥作用，而且在 1 岁左右，婴儿才能达到成人的视力水平。

2. 听觉

妊娠 10 周，胎儿的耳蜗在形态学上完全发育，并在妊娠 20 周左右达到成人大小。耳蜗内的听觉感受器在妊娠 8 周开始发育，妊娠 11~14 周听力细胞发育基本完成，并固定在基底膜上。耳蜗神经的成熟开始于妊娠中期，妊娠 22 周达到成人水平。超声图观察发现，声振刺激引起的反射在妊娠 24~25 周第一次出现，并持续到妊娠 28 周以后，表明此时中枢神经系统听路已经成熟。听分析器的神经通路除丘脑皮质外，均在 9 个月以前完成髓鞘化。

能产生听觉的振动波称为声波。声波在子宫外通过腹壁传导，在子宫内通过羊水传导。已经发育成熟并且有完整听觉器官的胎儿同新生儿一样，当遇到声源刺激时，声波可穿透腹壁的肌肉而进入羊水，再经此介质传经头颅骨—鼓室—前庭窗—迷路外淋巴—内淋巴—基底膜—柯蒂氏器，从而产生对声音的感觉。希科克斯等人（Hecox，Breuninger，& Krebs，1975）很早就采用解剖学和电生理学方法证实胎儿期确有听觉反应，这与胎动记录分析的结果一致。贾森等人（Jason et al.，1983）用高效超声显像设备观察到震颤传音刺激引起胎儿的眨眼反应，并将此现象称为听觉眨眼反射（APR）。此外，外界声音还可引起胎儿的心率反应，根据妊娠时间和声音特征的不同而有加速反应（防御反应）和减速反应（定向反射——胎儿注意力集中的表现）等。①

大量的生理学和心理学研究发现，妊娠4个月时，胎儿的听觉系统已经建立。有人认为，妊娠4个月时食物经过孕母消化道产生的肠鸣音、有节奏的呼吸、持续节律跳动的心脏，以及随每次心脏收缩血液快速流进子宫的声音，胎儿都能听到。同时，胎儿可听到宫外的声音。②

妊娠28周以后，胎儿的听觉已经发育得较好，对于外界的声音刺激较敏感，会有喜欢或讨厌的反应及面部表情。胎儿最喜欢、最熟悉的声音是母亲的心跳。当胎儿听到强烈的音响如摇滚乐时会使劲地踢脚，而听到优美舒缓的乐曲时则可安静下来。听阈（能听到的声音强度）在妊娠27~29周约为40分贝。声音的频率被感知为音调，并用每秒周数或赫兹（Hz）表示，频率越高则声调越高。人耳能听到的声音频率范围为20~20 000赫兹，对500~6 000赫兹的声音最为敏感。声强用分贝（dB）表示，一般说话声为40~50分贝。妊娠8个月时，胎儿能听出音调的强弱与高低，能区别声音的种类且反应敏感（能分辨出父亲或母亲的声音，并对较低频的父亲的声音更敏感）。

心理学家对胎儿的听觉环境还进行了深入的研究和分析。③（1）外界声音由于受母体腹部的吸收与阻挡，到达胎儿听觉器官时已经明显减弱了。沃克（Walk，1971）等人发现母体腹壁对1 000赫兹以上的声音有极为明显的吸收与屏蔽作用。（2）到达胎内的声音还会受到体内噪声（母亲的心音、肠鸣音、腹主动脉血流声音等）的干扰。沃克等人发现，母体腹壁噪声竟可达85分贝。这么强的体内噪声可淹没大部分到达体内的声音。外界的声音必须比这些背景噪声大且是低频音，才能到达胎儿的听觉器官。母亲的声音比外界的声音传递效率更高，衰减更少。研究者（Armitiage，Baldwin，& Vince，1980）发现频率在1 000赫

① Krueger, C., Holditch-Davis, D., Quint, S., & Decasper, A.（2004）. Recurring auditory experience in the 28- to 34-week-old fetus. *Infant Behavior & Development, 27*（4）, 537–543.

②［英］J. 巴拉斯凯斯、Y. 戈登著，徐晋勋、程利南译编：《怀孕与生育百科全书》，上海文化出版社1991年版，第68页。

③ 江钟立编著：《人体发育学》，华夏出版社2004年版，第47页。

兹以下的声音可以毫不受阻地直达羊水囊里。这也许就是婴儿出生后能马上辨认出母亲声音的原因。(3)胎儿生活在充满液体的环境里，目前我们对声音在这种环境里的传播机制还不太明确。已有研究表明：第一，胎儿听见声音的优势途径为骨传导①②；第二，羊水中的声音透过鼓膜进入中耳，通过卵圆窗进入外淋巴，引起一个行波，沿着基底膜传播，使螺旋器兴奋。

3. 触压觉

触觉是微弱的机械刺激兴奋了皮肤浅层的触觉感受器所引起的感觉。压觉是较强的机械刺激导致深部组织变形时引起的感觉。两者在性质上类似，统称为触压觉。触觉是胎儿最先形成的感觉。

胚胎的外层，称为外胚层，在妊娠6周形成皮肤。用B超进行直观的研究发现，妊娠2个月起胎儿已经有皮肤感觉，可以对嘴唇和脸颊附近的刺激做出反应。妊娠10周左右，胎儿皮肤已有压觉和触觉功能。妊娠14周，胎儿身体的大部分，包括背和头都能对触摸做出反应。由于面部神经丰富，妊娠10~11周起，胎儿就开始经常用手脚触摸自己的脸。胎儿也会用手和脚去触碰脐带和子宫壁，通过触觉感觉自己的身体和外界的分界，为形成“身体图式”奠定了基础(Piontelli & Alessandra，2010)。

4~5个月胎儿的触觉与出生后周岁孩子的触觉水平相当。妊娠最后数周，胎儿身体充满了整个子宫，随着羊水量减少，皮肤紧挨着子宫壁。当孕母用手抚摸或按摩下腹，触摸胎儿的头部时，胎儿会立即摇动脑袋。

4. 嗅觉

嗅感觉器位于上鼻道及鼻中隔后上部的嗅上皮。妊娠9周，嗅上皮发育形成；11周，胎儿出现分化的嗅觉细胞；18~19周，胎儿有同成人一样的分层嗅球。气味分子可以分散在子宫内的液体中，当胎儿吞咽或呼吸时，气味分子通过

① Gerhardt, K. J., & Abrams, R. M. (2001). Fetal exposures to sound and vibroacoustic stimulation. *Journal of Perinatology, 20*, 21−30.

② Sohmer, H., Freeman, S., Geal-Dor, M., Adelman, C., & Savion, I. (2000). Bone conduction experiments in humans—a fluid pathway from bone to ear. *Hearing Research, 146* (1–2), 81−88.

鼻腔黏液与受体结合，产生嗅觉（McLean & Shipley，1992）。妊娠 6 个月，胎儿能够嗅到母亲的气味并记忆在脑中。28 周的早产儿可以对强烈的气味做出反应。

5. 味觉

味觉信息由 7、9、10 三对脑神经传送入脑。胎儿 8 周时舌上出现味蕾，13 周时整个口腔中都分布了味蕾，并开始受神经支配。味觉在胎儿 26 周形成。胎儿 8 个月时，味觉感受性增强，胎儿能够辨别苦和甜。胎儿从 30 周开始，已经有了发达的味觉，对羊水的味道有一定的鉴别力。

实验发现，当用不同的气味或味道的物质试验胎儿的反应时，其面部表情发展水平与成人一样。将糖水注入羊水中，可见胎儿的吸吮次数明显增多；将味道苦涩的油性液体脂醇注入羊水中，胎儿吸吮的次数明显减少。

母亲的日常饮食能够影响羊水的味道，使得胎儿能够品尝非常丰富的味道，同时帮助胎儿熟悉母乳的味道，甚至影响胎儿未来的味觉偏好（Hummel et al., 2006）。

（二）思维和记忆的形成

胎儿的大脑在妊娠 20 周左右形成。妊娠 5 个月时，脑的记忆功能开始工作，胎儿能够记住母亲的声音并产生安全感。

妊娠 7~8 个月时，大脑皮质已经相当发达。妊娠 32 周，胎儿大脑已如新生儿。通过脑电波，我们可以清楚地分辨出胎儿的睡眠状态和觉醒状态，这是胎儿意识的萌芽时期。

胎儿在宫内用大脑接受了大量的信息，能判断其是否重要，决定对哪一类信息做出反应，还要将某些信息储存起来，这就是思维和记忆在工作。胎儿的学习主要包括三种方式：习惯化（habituation）、经典条件反射（classical conditioning）和暴露学习（exposure learning）。① 例如，胎儿对母亲的声音感到熟悉而产生安全感，是因为胎儿反复听到母亲的声音而产生了记忆。新生儿对于在妊娠 30 周之后听过的音乐有特别的偏好，这是暴露学习的结果。一系列研究都证实，人类

---

① James, D. K.（2010）. Fetal learning: A critical review. *Infant & Child Development, 19*（1）, 45–54.

胎儿从22~24周开始对声振刺激产生的行为和心率反应逐渐减少，产生了习惯化，说明胎儿可以根据结果不断修正自己的行为。经典条件反射在小鼠和黑猩猩胎儿身上都得到了直接的证实，通过训练，它们不仅能产生条件反射，还能形成记忆并保持到出生后的一段时间。人类胎儿能否进行关联性学习还没有得到一致的结论。

有实验发现，孕妇给胎儿取一个乳名，经常隔着腹壁呼唤，并与之对话。胎儿出生后，听到唤他的乳名时会突然停止吃奶或从哭闹中安静下来，有时还露出高兴的表情。① 这项实验说明，胎儿不但有一定的听力，还有一定的记忆和领悟能力。

还有学者认为，在催眠状态或实施退行性疗法时，有些人能够回忆起分娩时甚至出生前的经历。②

四、胎儿生理和心理发展中的主要异常

（一）胎儿生长受限

胎儿生长受限（fetal growth restriction，简称FGR）③，原称胎儿宫内发育迟缓（fetal growth retardation）或宫内生长受限（intrauterine growth restriction，简称IUGR），是指胎儿在宫内未达到其遗传的生长潜能，即胎儿小于正常。一般是指胎龄准确的足月胎儿体重小于2 500克或体重处于同孕周平均胎儿体重的第10百分位数以下，或低于平均胎儿体重两个标准差。④

胎儿生长受限不仅影响胎儿的发育，而且远期也影响儿童期及青春期的体能与智能发育，且生长受限的胎儿在成人以后，在心血管系统、神经系统及代谢方面发生疾病的概率大于其他人。已经证实，早期的胎儿生长受限对于个体的神经

① 戴淑凤主编:《成功胎教》，第二军医大学出版社2005年版，第150页。

② ［英］J. 巴拉斯凯斯、Y. 戈登著，徐晋勋、程利南译编:《怀孕与生育百科全书》，上海文化出版社1991年版，第72页。

③ 这是1977年《威廉姆斯产科学》第二十版新改的名词，同时期美国《妇产科杂志》亦改用此名词。

④ 严仁英主编:《妇产科学辞典》，北京科学技术出版社2003年版，第559页。

元和神经行为发育有直接关系。很多来自实验室研究和临床观察统计的结果都显示，胎儿生长受限与很多认知功能、认知技巧、语言、抽象推理和思考、大肌肉运动技巧、记忆、专注和情绪方面的障碍有关。① 这一现象被解释为健康和疾病的发育起源（developmental origins of health and disease，简称 DOHaD），这一概念在学界已被广泛接受。

据综述报告，国内外多项研究表明，胎儿生长受限由多种因素引起。在早孕期间，胎儿生长受限主要由遗传因素或基因异常引起，这占胎儿生长受限总数的 38%。而到中、晚孕期间，胎儿生长受限的发病原因主要包括母体因素及胎盘因素，这种由于胎儿外来因素造成的生长受限占总数的 62%。②

（二）脑—智能以及其他神经行为发育异常

一般情况下，血脑屏障可以保护中枢神经系统免受某些毒素的侵害。血脑屏障对于进入大脑的毒素具有筛选功能。发育不完全的脑允许更多的毒物通过。

胎儿期，连接大脑皮质和基底节的神经元的突触相对来说比较稀疏，而且很轻微的中毒都会引起突触的改变。例如，缺氧或低血糖引起的全身性损害会导致神经传导功能的损害，树突结构的改变会导致如记忆、注意及解决问题的技能、神经识别功能的障碍。

胎盘功能不全导致的胎儿缺氧会造成突触连接异常，进而导致新生儿出现神经退化。③ 母体维生素 B_{12} 缺乏会影响胎儿神经系统的髓鞘化，不当地补充微量

---

① Tolsa, C. B., Zimine, S., Warfield, S. K., Freschi, M., Rossignol, A. S., Lazeyras, F., et al. (2004). Early alteration of structural and functional brain development in premature infants born with intrauterine growth restriction. *Pediatric Research, 56*(1), 132–138.

② 颜耀华、李力:《遗传与环境因素在胎儿生长受限发病中的作用》,《国外医学：妇幼保健分册》2004 年第 3 期。

③ Kiss, P., Szogyi, D. D., Horvath, G., Farkas, J., Lubics, A., Tamas, A., et al. (2009). Effects of perinatal asphyxia on the neurobehavioral and retinal development of newborn rats. *Brain Research, 1255*(6), 42–50.

元素也会影响胎儿体内抗氧化酶的水平，增加神经退行性疾病发生的风险。①

（三）甲状腺功能发育异常

母体内的T4（甲状腺素）在孕早期通过胎盘已经被广泛认同。作为T3（三碘甲状腺原氨酸）的前体物质，T4对小儿脑的发育至关重要，包括神经元的生成、神经组织的移行、轴突及树突的形成、髓鞘的形成、神经突触的发生和神经递质的调节等。

胎儿自身的甲状腺原基发育最早始于妊娠16~17天，位于第1、2咽囊之间，以后向下移动，至妊娠50天后，到达甲状腺的正常位置（气管喉部下方与甲状软骨相邻），到妊娠8~9周甲状腺成形（蝴蝶状）。妊娠29天开始，即将发育为甲状腺滤泡的细胞中就开始产生甲状腺球蛋白，但直到妊娠11周后才开始摄碘形成T4。② 早期甲状腺发育不依赖促甲状腺激素（TSH），直到14周后垂体才开始分泌TSH。胎儿脑中甲状腺激素受体在妊娠8~10周就开始形成并不断增多。③

胎儿心动过缓可以诊断胎儿甲状腺功能减退（胎儿甲减）。脐静脉血穿刺测得TSH升高，FT4（血清游离甲状腺素）降低；超声检查显示胎儿甲肿、发育迟缓、畸形。

胎儿甲减对胎儿有许多不利的影响，如智力、精神运动能力障碍或减退，骨骼发育不良，严重时可引起克汀病。如果母体和胎儿同时存在甲减（如严重缺碘

① Roy, S., Sable, P., Khaire, A., Randhir, K., Kale, A., & Joshi, S.（2014）. Effect of maternal micronutrients（folic acid and vitamin B_{12}）and omega 3 fatty acids on indices of brain oxidative stress in the offspring. *Brain & Development, 36*（3）, 219–227.

② Bhattacharya, N., & Stubblefield, P. G.（Eds.）.（2016）. *Human fetal growth and development*. Basel: Springer International Publishing, p.296.

③ Brown, R. S., Huang, S. A., & Fisher, D. A.（2005）. The maturation of thyroid function in the perinatal period and during childhood. In L. E. Braverman & R. D. Utiger（Eds.）, *The thyroid*. Philadelphia: JB Lippincott.

等），则会造成显著的且不可逆转的神经认知障碍。①

第二节 胎儿生理和心理发展的影响因素

影响胎儿生理和心理发展异常的因素主要有五个：遗传因素、表观遗传、环境因素（物理因素、化学因素、生物因素、地理因素）、母体因素、父源因素。

一、遗传因素

生物体的各种性状特征可以通过生殖过程一代一代传递下去，这种现象就是遗传。遗传通过染色体和基因的传递实现。

除血红细胞外，人的每个细胞都分成两部分：细胞核和细胞浆。在人的细胞核内有一种易被碱性染料着色的物质，称为染色质。在细胞有丝分裂的前期，松散的染色质开始螺旋化，并不断缩短、变粗，最终形成染色体。人类每个细胞有46条染色体。这46条染色体组成23对互补染色体。每对染色体一条来自母亲，一条来自父亲。细胞分裂异常可以导致染色体数目异常或结构畸变。总体上大约有25%的卵子和30%~40%的精子可发生染色体的增多或丢失，相应有1%和5%的个体发生染色体结构异常。

生殖细胞核内的染色体中排列着一定数目的载有遗传信息的DNA（脱氧核糖核酸）片段，这种遗传物质就是基因。基因的主要成分是DNA，这种化学物质储存着遗传密码，通过一定的过程控制着蛋白质的合成，从而决定生物的性状。胎儿生长发育的全过程受基因控制。人体约有5万多对基因。基因的错误或变异均

① Hochberg, Z., & Tiosano, D. (2004). Disorders of mineral metabolism. In O. H. Pescovitz & E. A. Eugster (Eds.), *Pediatric endocrinology*. Philadelphia: Lippincott Williams & Wilkin.

可导致遗传病变。遗传变异已经被证明在 7 000 种疾病中起关键作用。

唐氏综合征（Down's syndrome）是最早被发现伴有精神发育迟滞的综合征之一。1866 年，唐医生第一次对唐氏综合征的典型体征尤其是面部特征进行完整的描述。1959 年，科学研究证实了唐氏综合征是由于多了一条染色体而引起的。

对 7 228 例足月新生儿的调查发现，胎儿生长受限的发病有明显的家族聚集倾向，患此病的胎儿中大约 17% 有染色体异常。① 遗传因素是胎儿生长受限发病的重要因素，了解孕妇家族史、家庭背景以及胎儿父母双方的基因状况对预防由于胎儿畸形或其他严重先天性疾病造成的胎儿生长受限，有重要作用。②

导致神经系统发育异常的先天因素主要有遗传病和先天代谢缺陷。迄今已知的遗传病有一半的疾病出现了神经系统的功能异常。神经缺陷所引起的疾病大约有 2 000 种，其中 2/3 因神经系统异常而出现症状，多见于智能发育障碍。

据报告，先天性甲减的病因主要为基因缺陷，其中 85% 为散发病例。临床上多见于异位甲状腺和甲状腺功能低下或无能。③④

二、表观遗传

表观遗传（epigenetics）是指由非 DNA 序列改变引起的、可遗传的基因表达

① Batide-Alanore, A. L., Trégouët, D. A., Jaquet, D., Bouyer, J., & Tiret, L.（2002）. Familial aggregation of fetal growth restriction in a french cohort of 7 822 term births between 1971 and 1985. *American Journal of Epidemiology, 156*（2）, 180–187.

② Ghezzi, F., Tibiletti, M. G., Raio, L., Naro, E. D., Lischetti, B., Taborelli, M., et al.（2003）. Idiopathic fetal intrauterine growth restriction: A possible inheritance pattern. *Prenatal Diagnosis, 23*（3）, 259–264.

③ Smallridge, R. C., & Ladenson, P. W.（2001）. Hypothyroidism in pregnancy: Consequences to neonatal health. *Journal of Clinical Endocrinology & Metabolism, 86*（6）, 2349–2353.

④ Kopp, P.（2002）. Perspective: Genetic defects in the etiology of congenital hypothyroidism. *Endocrinology, 143*（6）, 2019–2024.

水平的改变。表观遗传的主要形式包括 DNA 甲基化、RNA（核糖核酸）干扰、组蛋白修饰和染色质重塑等。表观遗传通过调控基因表达参与发育编程，如早期发育重编程、基因组印记、X 染色体失活和组织分化等事件。

调控表观遗传修饰的基因若发生突变，可导致发育异常。例如，MeCP2 基因的突变使甲基化 DNA 识别异常，引发雷特综合征，严重影响儿童精神运动发育，呈进行性智力下降、孤独症行为、手的失用、刻板动作及共济失调。一些基因受到异常表观遗传修饰时，也会导致个体患病。目前已经发现基因组印记异常与多种人类遗传综合征有关，它们都是由基因印记失活导致的神经发育迟缓性疾病。

表观遗传是遗传信息和环境因素之间的桥梁，胎儿发育的过程就是表观遗传不断修饰，产生特意表型编码的过程。如果胚胎（胎儿）发育编程受到了饮食或环境因素的影响，那么表观遗传修饰可发生改变，进而影响其表型甚至增加成年疾病的易感性。

表观遗传修饰是环境和母体影响胎儿发育的机制之一。目前发现在胚胎（胎儿）发育过程中，影响表观遗传修饰的主要因素有饮食和环境两大方面。母体膳食中的甲基供体及辅助因子（如叶酸、胆碱和维生素 B_{12}）参与了机体 S-腺苷甲硫氨酸底物的甲基化，可通过影响 DNA 甲基化而改变胎儿的基因表达。环境因素主要包括金属、药物及环境污染物。例如，锌参与甲基化合物的生成与调节，也参与 DNA 甲基转移酶和组蛋白去乙酰化酶等修饰酶的构成。

三、环境因素

（一）物理因素

1. 电离辐射

电离辐射是指自然的或人工器物所产生的离子辐射，如 X 线、镭、氡、中子辐射等。电离辐射可引起胚胎死亡、畸形、生长改变或其他功能改变，生后可出现智力发育迟滞及恶性肿瘤。

中枢神经系统对电离辐射的特异敏感性主要归于脑的发育期、神经元的易受损性和迁移活性、成熟神经元的不可再生性及其他一些因素。电离辐射可导致神经胶质细胞和神经元死亡、迁移中止，影响神经元间建立相互联系的能力，并影响树突的发育。这些结构的改变常会影响出生后个体的行为表现。

人脑在发育的第8～15周对电离辐射特别敏感，此时接受辐射可造成小头畸形及生后精神发育迟滞、癫痫等。日本广岛和长崎有多项报告，妊娠4周内接受电离辐射可引起胚胎死亡。妊娠8～15周遭受原子弹爆炸辐射会影响出生后的儿童，其智商平均降低21～29分。在关键期内接受电离辐射可引起暴露组45%的新生儿发生精神发育迟缓，至学龄时平均智商降低30分。① 妊娠8～15周受照的原爆幸存者中也发现与辐射相关的癫痫发作。② 此外，磁共振成像显示，宫内受照幸存者存在大脑灰质异位及神经肌肉功能异常。③

电离辐射对大脑的影响也被许多动物实验所证明。④

放射线能影响精子发育，致染色体畸形。因此，父亲若有放射线接触史可导致精子畸形或遗传物质的改变，从而最终影响胚胎的生长发育。如果母亲有放射线接触史，可引起胚胎或胎儿DNA损伤或染色体异常，降低或限制胎儿的生长

---

① 杨玉凤:《不良环境因素对脑发育及智能的影响》,《中国儿童保健杂志》2004年第1期。

② Dunn, K., Yoshimaru, H., Otake, M., Annegers, J. F., & Schull, W. J. (1990). Prenatal exposure to ionizing radiation and subsequent development of seizures. *American Journal of Epidemiology, 131* (1), 114–123.

③ Yoshimaru, H., Otake, M., Schull, W. J., & Funamoto, S. (1995). Further observations on abnormal brain development caused by prenatal A-bomb exposure to ionizing radiation. *International Journal of Radiation Biology, 67* (3), 359–371.

④ 有动物实验研究表明，电离辐射对子代脑重量及结构有一定的影响。0.15戈瑞（Gy）电离辐射即可引起子代小鼠脑大小和重量的改变，呈现剂量依赖性体重降低。胚胎期第5～11天为胚胎鼠行为最敏感时间。在孕13～15天的大鼠受电离辐射照射6小时后，大脑皮质发生的改变最显著。通过对动物胚胎期接受辐射的子鼠进行各种行为检测，研究者发现其运动能力、探索能力、学习与记忆能力和情感活动方面都有损害。子鼠学习与记忆能力下降的原因与脑中精氨酸血加压素、单胺受体及M–胆碱能受体活动降低有关。大鼠孕早期和孕晚期电辐射产生行为发育异常的阈值为0.25～0.35戈瑞，受损害程度与辐射强度有关。

能力，从而导致胎儿生长受限。妊娠 3~8 周，胎儿对放射线最为敏感，高剂量照射往往导致流产，低剂量的照射则会造成基因损伤。在此期间照射量大于 10 毫戈瑞，则易致胎儿畸形，常见小头、小眼球、泌尿生殖系及骨骼畸形。X 线照射还可直接导致胚胎发育受阻而使流产率增多。

16~25 周的胎儿对射线的敏感性约为 8~15 周的 1/4，对胎儿可能造成伤害的电辐射临界值为 0.10~0.20 戈瑞。

2. 噪声

噪声是指干扰性声音。声音有强度、频率、周期及持续时间的区别，其强度用分贝表示。非工作环境的噪声用昼夜平均水平（DNL）表示。为保护公共环境，美国环境保护机构已经提出：居住环境在日间 DNL 为 55 分贝，夜间为 45 分贝；医院日间为 45 分贝，夜间为 35 分贝。

孕妇长期处于强烈的噪声环境，会导致子宫经常性收缩，影响胎儿的血液供应，进而影响胎儿神经系统的发育。20 世纪 90 年代，有国外学者检查了 131 名儿童，他们的母亲在孕期都曾接触噪声。结果发现，当母亲孕期接触噪声强度在 85~95 分贝时，高频段（4 000 赫兹）听力下降 10 分贝以上的人数占 24.1%。日本学者报告，大阪机场周围低体重儿的出生率增高，噪声污染区的新生儿体重在 2 000 克以下（正常新生儿体重为 2 500 克）的较多，相当于早产儿的体重。美国的儿科医生对万余名婴儿做了研究，结果证实在机场附近地区，90 分贝噪声区或其他等强噪声区出生的婴儿畸形率从 0.8% 增加到 1.2%，主要是脊椎畸形、腹部畸形和脑畸形。这表明强烈的噪声可能直接引起胎儿生物学因素突变致畸。另有报告介绍，自述在妊娠 3 个月接触噪声者与国际疾病分类中的染色体异常及其他类型的先天性异常有关。①

孕妇较长时间接触 100 分贝以上的大强度噪声，易发生妊娠剧吐、妊娠高血压综合征（简称妊高征），胎儿易发生宫内发育迟缓，或者胎儿躁动不安而胎动活跃，导致脐带绕颈、绕身。

① 王华、沈朝斌编译:《噪音对胎儿及新生儿的影响》,《国外医学：儿科学分册》1999 年第 1 期。

许多妊娠妇女在工作场所接触噪声可损害胎儿听力。噪声对胎儿正在发育的听觉系统有直接作用的可能性。构成胎儿内耳一部分的耳蜗，从孕妇妊娠第 20 周起开始发育，25~42 周是功能部分发育的关键阶段，其成熟过程一直持续到出生后（在婴儿出生后 30 多天仍在继续）。内耳耳蜗正处于成长阶段，极易遭受高强度噪声的损害。若噪声含强烈的低频成分，则会显著增加在 4 000 赫兹频率的听力损失，而高频听力损失带来更大比例的学习问题。① 一项研究检测 4~10 岁的高频性耳聋儿童，发现其母亲可能在妊娠期间持续接触 85~95 分贝的职业性噪声（工作噪声）。

3. 超声波

目前，国内外对于 3~5 赫兹超声检查的安全性看法不一。国外现有研究提示，人类在有关超声对出生缺陷的流行病学调查研究中无法证实超声对胎儿出生缺陷的影响。而且，针对从妊娠开始接受常规超声检查的胎儿到出生后 8 岁期间的随访统计调查显示，体重、身长、头围和阅读能力等方面均与对照组无差异。②③ 但是，南斯拉夫和美国的科学家较早的研究表明，孕妇在孕期较频繁地接受诊断剂量超声辐射，分娩后新生儿体重与未经超声辐射的正常婴儿体重比较，呈下降趋势。④ 美国和瑞典的科学家指出，B 超对胎儿的发育有一定的影响，提醒孕妇应该避免不必要的 B 超检查。研究结论的不同可能因为与十几年前相比，现有的超声检查设备不仅精度更高，同时超声波的发射频率控制也更加严格和安全，但是我们仍然不能忽略超声检查可能存在的不利影响。调查显示，很多

① American Academy of Pediatrics (1997). Noise: A hazard for the fetus and newborn. *Pediatrics, 100* (4), 724–727.

② Salvesen, K. Å. (2007). Epidemiological prenatal ultrasound studies. *Progress in Biophysics & Molecular Biology, 93* (1–3), 295–300.

③ Kieler, H. (2007). Epidemiological studies on adverse effects of prenatal ultrasound—which are the challenges? *Progress in Biophysics & Molecular Biology, 93* (1–3), 301–308.

④ 严仁英主编:《实用优生学》，人民卫生出版社 1998 年版，第 228—233 页。

临床检查的医师对孕妇超声检查的相关知识了解甚少。① 这也提醒我们需要加强对超声安全的重视。

B 超对胎儿的影响主要有两个方面。②（1）影响大脑发育。瑞典科学家对一些在 1973—1978 年出生的人进行研究。在这些人中，有 7 000 人在胎儿期时，其母亲接受了 B 超检查，而其余的 17 万人则没有。科学家发现，前者 32% 的人都是左撇子，远远高于普通人群中左撇子 7% 的概率。科学家还发现，这些左撇子并不全是先天决定的，一些按照遗传基因本不该是左撇子的人出生后却成了左撇子。科学家解释说，这可能因为他们还在母亲子宫中的时候，大脑受到伤害。在胚胎形成的初期，胎儿大脑中的神经元极易受到外界影响，在 B 超的作用下，胎儿的脑神经元会随之震动，由此，大脑的发育自然或多或少地会受到影响。研究者对小鼠母体进行多次分段超声扫描（分为 15 min/ 次、30 min/ 次、60 min/ 次三组，总扫描时间均为 420 min）后，检测到出生小鼠的神经元处于低层次水平的百分比可由 5% 增加至 11%。③ 故推测，如果超声波能对人类神经元产生影响，则可能会造成新生儿的智力低下。（2）震动胎儿耳膜。美国听力协会的科学家宣称，孕妇在做 B 超的时候，对胎儿来说，超声波对耳膜的震动如同地铁列车进站，虽然一般不会给胎儿造成长期的、严重的后果，但如果恰巧 B 超仪的探头对着胎儿的耳朵，这种声波强度对胎儿而言就太大了。最新研究发现，超声波对人体主要的危害在于人体组织对音波能量的吸收，超声力学效应可能使血液产生气泡以及辐射压力。④

---

① Houston, L. E., Allsworth, J., & Macones, G. A. (2011). Ultrasound is safe... right? Resident and maternal-fetal medicine fellow knowledge regarding obstetric ultrasound safety. *Journal of Ultrasound in Medicine Official Journal of the American Institute of Ultrasound in Medicine, 30* (1), 21−27.

② 潘坚:《B 超对胎儿不利》,《农村新技术》2002 年第 12 期。

③ Piel, C. F., & Rossell, J. (2006). Prenatal exposure to ultrasound waves impacts neuronal migration in mice. *Proceedings of the National Academy of Sciences, 103* (34), 12903−12910.

④ Ter, H. G. (2010). Ultrasound bioeffects and safety. *Proceedings of the Institution of Mechanical Engineers, Part H: Journal of Engineering in Medicine, 224* (2), 363−373.

4. 温度

1972年，爱德华兹（Edwards）首先提出高热是人类出生缺陷的病因之一。其后，一些流行病学调查也提出，妊娠期高热与新生儿脑发育缺陷有明显的相关关系。此外，高温还会引起流产，死胎发生率增加，出生后智力低下。① 任何高温都可能引起胎儿畸形。

妇女在孕早期若处于热水浸泡的桑拿浴或热的盆浴等过热的环境中，容易引起胎儿脑部及脊椎畸形。波士顿大学医学院研究了22 000多名怀孕妇女，发现在怀孕头2个月内，洗过桑拿浴的孕妇所生的孩子患神经组织畸形（脑部及脊椎畸形）的比没有洗桑拿浴的孕妇所生的孩子患此病的多3倍。这是因为高温可以造成细胞死亡，妨碍细胞增长和损害微血管。② 此外，组织的温度升高也可能导致大范围的结构和功能缺陷。③ 因此，母体整体和局部的体温升高要严格控制。

5. 电磁场

电磁场在空间运动时称电磁波，由电场波和磁场波组成，携带能量和信息在空中传播。电磁波按照频率由低到高组成整个电磁波谱：音频（甚低频）、视频（低到高频）、射频（低到超高频）、微波（特高到超高频）。高频辐射电磁波以产生热效应为主，低频电磁波以产生非热效应为主。现代社会人们接触各种频率及能量电磁场的机会越来越多。近年来，有关电磁场对环境的污染问题也越来越多地引起人们的关注。

研究发现，生物体对电磁场最敏感的时间在器官发生期，胎儿对电磁场的敏感性较成人高2~3倍。其中又以发育期的脑对电磁场最敏感。

手机高频电磁波的频率从300兆赫兹到300吉赫兹。长期处于高频微波环境中，对人神经、血液、免疫系统以及眼部、胚胎会造成一定损害，并且使男子精

① 刘风云、尹迎春、苏延友：《环境污染对优生的影响》，《医学理论与实践》2003年第9期。

② 王素丹：《胎儿发育与环境》，《家庭中医药》2004年第2期。

③ Hattori, Y., Fukatsu, H., & Ishigaki, T.（2007）. Measurement and evaluation of the acoustic noise of a 3 Tesla MR scanner. *Nagoya Journal of Medical Science, 69*（1–2）, 23–28.

子数量减少、精子活动不足等。对女性可影响内分泌功能，可导致月经异常、流产、胎儿畸形、死胎等。即使是低强度微波辐射，也会对后代产生不利影响。①

低频电磁场（0~100 千赫兹）对生殖健康影响的机制主要是以下几个方面。②一是对松果体功能的影响。低频电磁场能够抑制松果体的合成，影响褪黑激素分泌的昼夜节律。研究指出，经常处于低频电磁场中的女工清晨尿中褪黑素代谢产物 6-OHMS 分泌较办公室人员明显减少，且松果体中多巴胺和 5-羟色胺的代谢产物 HVA 和 5-HIAA 的浓度比对照组明显降低。③因此，低频电磁场所致松果体功能紊乱可能在流产中起重要作用。二是低频电磁场能够改变细胞膜电位，使细胞外表离子流和离子分布发生变化，并且使细胞内的生物离子浓度（与细胞生长密切相关）改变。④另有研究指出，p53 基因突变在流产与癌变中起到重要作用。⑤

低频电磁场对胎儿的具体影响途径如下。（1）视频终端。电脑对生育的影响，最早见于 20 世纪 70 年代的美国和加拿大，主要表现为自然流产率和先天畸形增加。对 3 897 名妊娠妇女的调查发现，使用视频显示终端的非抽烟妇女较未使用者具有较高的胎儿宫内生长迟缓率。⑥（2）电热毯。电热毯能够产生较强的

① 汤森元:《当心手机对生育的影响》,《健康报》2001 年 1 月 3 日。

② 马玲、张元珍、胡伦颖:《低频电磁场对生殖健康影响的研究现状》,《国外医学：妇幼保健分册》2001 年第 2 期。

③ Juutilainen, J., Stevens, R. G., Anderson, L. E., Hansen, N. H., Kilpeläinen, M., Kumlin, T., et al. (2000). Nocturnal 6-hydroxymelatonin sulfate excretion in female workers exposed to magnetic fields. *Journal of Pineal Research, 28* (2), 97–104.

④ Sobel, E., Davanipour, Z., Sulkava, R., Erkinjuntti, T., Wikstrom, J., Henderson, V. W., et al. (1995). Occupations with exposure to electromagnetic fields: A possible risk factor for alzheimer's disease. *American Journal of Epidemiology, 142* (5), 515–524.

⑤ Cooper, W. G. (1996). Hypothesis on a casual link between emf and an evolutionary class of cancer and spontaneous abortion. *Cancer Biochemistry Biophysics, 15* (3), 151–170.

⑥ Hrubá, D., Kukla, L., & Tyrlík, M. (1999). Occupational risks for human reproduction: ELSPAC study. *Central European Journal of Public Health, 7* (4), 210–215.

电磁场。由于电热毯长时间贴近人体，故使用电热毯的人所接受的电磁场辐射量是未使用者的 1.8 倍。研究表明，电热毯产生的低频磁场易引起人体胎儿发育不良或造成孕妇早期流产。① 其他研究结果发现，孕母使用电热毯者发生胎儿生殖泌尿道畸形的危险明显增加。而如果是在早孕阶段使用电热毯，危险率会更高，同时随着使用时间增加，危险率也会相应提高。② 对 0~14 岁 252 名被诊断为癌症的儿童的访问，证实了孕母妊娠使用电热毯或电热床垫会增加后代的脑瘤及急性淋巴细胞性白血病的发生率。③

（二）化学因素

化学因素历来就是环境因素中对健康影响最重要的因素之一。如铅、汞、苯等，都已经被证实对人类胚胎的发育有害。有机溶剂、一氧化碳、镉和麻醉性气体，对人类也有发育毒性。

许多毒素对发育中的中枢神经系统的结构和功能会产生明显的有害影响，并且在宫内有高剂量的暴露。这些物质即使在低剂量时也会对胎儿出生后的认知功能产生一些影响，但无明显的结构异常，此影响与暴露的剂量一般成正比。

1. 汞及其化合物

工业废水中有大量的汞，可沉积于河底并常年释放，污染水源及水生物。

汞元素是一个对中枢神经系统有潜在毒性并被人类广泛接触的重金属元素。实验表明：甲基汞在体内优先聚集于神经胶质细胞内，改善细胞膜的通透性，导致神经元肿胀；低浓度的甲基汞就可以抑制神经元颗粒细胞的生长，并拮抗胰岛

---

① Wertheimer, N., & Leeper, E. (1986). Possible effects of electric blankets and heated waterbeds on fetal development. *Bioelectromagnetics, 7* (1), 13–22.

② Li, D. K., Checkoway, H., & Mueller, B. A. (1995). Electric blanket use during pregnancy in relation to the risk of congenital urinary tract anomalies among women with a history of subfertility. *Epidemiology, 6* (5), 485–489.

③ Hatch, E. E., Linet, M. S., Kleinerman, R. A., Tarone, R. E., Severson, R. K., Hartsock, C. T., et al. (1998). Association between childhood acute lymphoblastic leukemia and use of electrical appliances during pregnancy and childhood. *Epidemiology, 9* (3), 234–245.

素样生长因子（IGF）的促生长作用；甲基汞对脑形成阶段的神经元黏附分子的发育—调控的毒性作用，可能会影响神经突触的固有结构，导致神经发育和神经系统形态学的异常；甲基汞能够迅速通过血脑屏障和胎盘。进入胎盘的汞不能再返回母亲的血液循环，因此，胎儿体内甲基汞含量总是超过母亲。胎儿对甲基汞的毒性极为敏感，产生的神经损伤也很明显。

孕妇感染甲基汞后可引起胎婴儿的脑神经麻痹和智力低下。发生在日本水俣湾的慢性有机汞中毒事件，使许多孕妇及胎儿受害，称为胎儿水俣病。

2. 铅及其化合物

铅是一种致畸物质已经被广泛认可。职业性铅接触、汽车尾气，以及苯、甲苯、二甲苯等房屋装饰材料，是铅污染的主要来源。

孕妇长期暴露于铅污染中，铅经过呼吸道和肠道吸收进入孕妇体内，其中约2%分布于血液，95%沉积于骨骼、毛发、牙齿中，并通过胎盘进入胎儿体内。近年来，一系列临床研究结果都显示，脐带血中的铅浓度和母亲分娩血中的铅浓度之间呈高相关（有报告称，脐带血中的铅浓度相当于母亲分娩血中铅浓度的85%~90%），证实了在胎盘中存在母—胎间的铅污染传递。①

铅对人类生殖功能影响很大。铅可以经胎盘传递而造成子代患母源性铅中毒，经常接触高浓度铅尘易导致低体重出生儿，胎儿发育迟缓、智力低下。研究者在印度的调查发现，胎儿生长受限病例的孕妇外周血与脐血中的铅浓度明显高于对照组，这证实了孕母慢性铅中毒可通过胎盘导致胎儿血中铅浓度增高，并影响胎儿发育。② 国内外研究发现，宫内铅暴露使胎儿神经系统发育的三个时期（即脑细胞的增殖、神经纤维的延伸和突触的形成）均受到损害。而突触形成的模式与学习能力有关。血中铅浓度增高的孕妇所生的新生儿神经行为评分降低，并呈现

① Raghunath, R., Tripathi, R. M., Sastry, V. N., & Krishnamoorthy, T. M.（2000）. Heavy metals in maternal and cord blood. *Science of the Total Environment, 250*（1–3）, 135–141.

② Srivastava, S., Mehrotra, P., Srivastava, S., Tandon, I., & Siddiqui, M.（2001）. Blood lead and zinc in pregnant women and their offspring in intrauterine growth retardation cases. *Journal of Analytical Toxicology, 25*（6）, 461–465.

出一定的剂量—效应关系。新的研究发现，铅对上皮细胞的异型性诱导以及结构蛋白的重修饰加速了晶状体的退化，从而引起晶状体混浊和某些眼部缺陷性疾病。①

铅的毒性，使孕母妊高征、胎膜早破、早产的发病率增加。对墨西哥城668例孕妇的血中的铅浓度调查发现，高于0.483微摩每升时，自然流产的危险性上升1.13倍。②

孕妇除应注意职业性铅接触外，还应注意含铅量超标准的化妆品，如染发剂、口红、脂粉等。

3. 有机农药

随着农业的工业化进程，人们越来越多地使用农药，导致食物、土壤、水源中存在大量的有机农药残留。残留的农药已对人类及下一代的健康构成严重的威胁。研究者将斑马鱼受精卵暴露于菊酯类除草剂环境中，发现其对哺乳动物具有神经毒性。③

4. 吸烟

烟草中含有4 000种以上的化合物，如颗粒物（焦油）、尼古丁酸、一氧化碳、氰氢酸、酚类、苯、蒽等。这些物质都可以使胎盘的血管受损。超微结构显示：绒毛基质的胶原含量增高，合体细胞滋养层下的基底膜增宽。另外，有研究指出，香烟中的有害物质可通过胎盘屏障进入血循环影响胎儿，且胎儿对其较之其他年龄段人群更为敏感。④

① Neal, R. E., Lin, C., Isom, R., Vaishnav, K., & Zigler, J.S., Jr. (2010). Opacification of lenses cultured in the presence of Pb. *Molecular Vision, 16*, 2137–2145.

② 金莲平、杨建军、刘彩芳、刘静:《环境污染对生殖与胚胎的影响》,《山东环境》2002年第3期。

③ DeMicco, A., Cooper, K. R., Richardson, J. R., & White, L. A. (2010). Developmental neurotoxicity of pyrethroid insecticides in zebrafish embryos. *Toxicological Sciences, 113* (1), 177–186.

④ Everson, R. (1980). Individuals transplacentally exposed to maternal smoking may be at increased cancer risk in adult life. *Lancet, 2* (8186), 123–127.

尼古丁和一氧化碳可刺激神经末梢，促使子宫肌肉和血管收缩，导致子宫缺血，从而影响胎儿生长发育。研究指出，尼古丁可以抑制细胞凋亡，使滋养细胞上皮变薄过程延迟，血管内皮细胞更新滞后，吸烟者的胎盘间质增生并纤维化，绒毛中的毛细血管减少，绒毛和血管总面积减少。① 这种改变影响了胎儿和母亲间的气体交换，造成胎儿慢性缺氧。过量吸烟能够引起胎儿严重的多发性畸形，往往导致胎儿早期死亡或早产。吸烟的孕妇，胎盘早期剥离、前置胎盘及胎盘大面积坏死的发生率均增高，并与吸烟量多少有关系。除高血压外，吸烟是引起胎盘大面积坏死的主要原因。研究发现，吸烟的母亲生育低体重儿的比例高，且存在剂量—效应关系。② 这主要是因为孕妇吸烟后，烟草中的尼古丁等有害物质引起母体反复释放儿茶酚胺，造成胎盘血流灌注减少，降低了绒毛膜胎盘的血供，同时增加了血中一氧化碳的浓度，从而减少了给胎儿正常供氧，导致胎儿生长受限。研究发现，吸烟的母亲与不吸烟的母亲相比，所生婴儿的体重减少 159 克。③ 大量流行病学研究发现，吸烟的孕妇娩出的新生儿与对照组相比，体重低 10%~15%，婴儿头围及身长均较小。上述研究结果也为大量动物实验所证明。动物实验表明，吸烟产生的毒性代谢产物（如尼古丁、一氧化碳）和乙醇及其代谢产物（如乙醛）等均可通过胎盘进入胎儿血液，增加自由基损伤，影响胎儿的抗氧化状态。④

5. 嗜酒

乙醇为致畸物，这已经得到研究公认。早在 19 世纪人们便认识到，妊娠期

---

① Rocha, J. E. S., Matheus, M., & Sala, M. A. (1998). Effect of cigarette smoke on human placenta morphometry. *International Journal of Gynecology & Obstetrics, 62* (3), 237–242.

② McGready, R., Simpson, J. A., White, N. J., Nosten, F., & Lindsay, S. W. (1998). Smoking cheroots reduces birthweight. *Lancet, 352* (9139), 1521–1522.

③ Andres, R. L., & Day, M. C. (2000). Perinatal complications associated with maternal tobacco use. *Seminars in Neonatology, 5* (3), 231–241.

④ Abel, E. L., & Hannigan, J. H. (1995). Maternal risk factors in fetal alcohol syndrome: Provocative and permissive influences. *Neurotoxicology and Teratology, 17* (4), 445–462.

间嗜酒可造成胎儿发育障碍。1973 年，美国的琼和史密斯（Jone & Smith）明确提出，妊娠期嗜酒可引起胎儿酒精综合征（FAS）。①

妇女妊娠期嗜酒，轻者可引起胎儿宫内生长迟缓，重者表现为胎儿酒精综合征。胎儿酒精综合征是以智能发育受损为主的中枢神经系统功能障碍、发育障碍（胎儿宫内及出生后发育迟缓），表现为小头畸形，睑间隙较小，内眦有赘皮，上颌骨发育不全，下颌小，腭裂，关节畸形，掌纹异常，心血管畸形及外生殖器畸形。在欧美各国，胎儿酒精综合征是发生率较高的一类先天畸形。最新研究发现，在由于胎儿酒精综合征造成的先天智力障碍新生儿中检测到血清中的维生素 A 含量低并伴有脑水肿，可能的机制是乙醇破坏了胎儿维生素 A 含量的动态平衡，使得其大脑发育迟缓。②

在法国，在 3 000 例器官和精神缺陷小儿中，至少有 1/3 是由于母亲酗酒引起的。③

6. 饮用咖啡

国外专家对千名以上孕妇进行的调查研究显示，每日饮 3 杯以上咖啡者，所产下的婴儿大多矮小，体重不超过 2 000 克。④ 这是因为在妊娠条件下，咖啡因的生物半衰期被成倍地延长了。由于孕妇清除咖啡因能力降低，咖啡因便积累在体内，并可穿越胎盘屏障直接影响胎儿发育，造成胎儿生长缓慢、瘦小，严重者还会导致流产、早产和死胎。

7. 吸毒

吸毒是指非医疗滥用一些具有成瘾性的药物。这些药物虽然结构和性能不

---

① Fabro, S. E.（1987）. Clinical teratology. In C. J. Pauerstein（Ed.）, *Clinical obstetrics*. New York: John Wiley & Sons.

② Goez, H. R., Scott, O., & Hasal, S.（2011）. Fetal exposure to alcohol, developmental brain anomaly, and vitamin a deficiency: A case report. *Journal of Child Neurology, 26*（2）, 231–234.

③ 孙桂莲、王凤霞：《化学性因素对优生的影响》，《中国优生与遗传杂志》2002 年第 5 期（专辑）。

④ 王素丹：《胎儿发育与环境》，《家庭中医药》2004 年第 2 期。

同，但对人体都会造成不同程度的损害。目前世界上主要滥用的毒品有大麻、海洛因、可卡因和苯丙胺等。

妊娠期间吸毒，毒品可经母血经胎盘进入胎儿体内，一般孕妇吸毒 1 小时后即可在胎儿体内测出毒品，使肝肾解毒和排毒能力尚未健全的胎儿产生中毒症状。胎儿血脑屏障发育不全，毒品易进入中枢神经系统，导致中枢抑制，严重者可致死；毒品对胎儿的免疫系统也能产生直接毒性作用，成瘾母亲产下的婴儿 CD4/CD8 比值及淋巴细胞对 ConA 的反应性均下降；致畸的原因还与吸毒造成的氧浓度降低和随之引起的低血糖有关。另外，吸毒者长期滥用药物后，会出现焦虑、紧张、悲观、抑郁等情绪，而妊娠过程中的妇女因吸毒而导致的情绪不稳定也会对胎儿产生影响。

孕妇吸毒可诱发遗传物质突变，危及胎儿的大脑、心脏等器官，导致胎儿畸形。例如，阿片可致畸胎，造成无脑婴儿、新生儿肢体缺陷等。大麻可引起胎儿宫内生长迟缓、神经管畸形、死胎、新生儿神经异常等。哌替啶、海洛因、美沙酮等麻醉剂均可导致胎儿中枢神经系统及呼吸抑制、宫内生长迟缓、新生儿死亡、戒断症状等。可卡因、安非他命等兴奋剂也可影响胎儿发育。芬太尼、冰毒和可待因等也都是致畸因素。吸毒者分娩的婴儿 50% 是低体重儿（体重少于 2 500 克），这是胎儿在母体内因毒品作用出现发育障碍造成的。这种情况在妊娠 4~6 个月即可发现。成瘾的孕妇如果吸毒不足，就会感到胎动增加，这是胎儿戒断症状的躁动表现。母亲在怀孕期间使用阿片类毒品，分娩的新生儿 60%~90% 会出现不同程度的戒断症状，美沙酮成瘾的母亲分娩的婴儿出现戒断症状的比例高达 94%。①

8. 大气污染

中国、捷克和美国的一些学者共同研究了大气污染与妊娠结果的关系，发现早孕期间暴露于二氧化硫、二氧化氮、一氧化碳等污染的空气中与胎儿生长受限及低出生体重儿有相关性，晚孕期间暴露于二氧化硫等污染空气中与早产有相关

① 刘彦红、赵成正：《吸毒对优生优育的影响》，《生物学通报》1999 年第 6 期。

性，且稍高于正常范围的污染浓度即可造成上述不良妊娠结果。① PM2.5（细颗粒物）和 PM10（可吸入颗粒物）是目前中国最常见的空气污染物，它们可携带许多传播介质，如多环芳香烃（PAHs）以及某些重金属。有研究表明，妇女在妊娠前和生产前短期暴露于 PM2.5 对胚胎发育有较大影响。孕妇分娩前短期（2~6 天）暴露于高浓度 PM2.5，可增加死产的危险；妊娠前短期暴露于高浓度 PM10，则早期流产的危险性增加 4~6 倍。② 室内空气污染已成为影响胎儿健康的另一类重要因素，其中最主要的是甲醛、苯和苯系物等挥发性有机化合物（VOCS）及烟草烟雾污染等。妊娠期甲醛暴露与低体重新生儿、自然流产、死产、早产等不良妊娠结局有关。

9. 妊娠期药物

药物导致胎儿畸形或其他损伤，主要有孕妇和胎儿两个方面的原因。一方面，孕妇体内代谢和酶系统均有一定的改变，使某些药物进入人体后不能像未孕时那样去氧化、还原、分解、清除等，从而使药物毒性相对增加。同时，由于孕妇呕吐，体液丢失，所以药物在体内的浓度增高，或者某些并发症导致肝肾功能降低，也可使药物在体内积蓄而增强毒性。另一方面，胎儿本身正处在发育阶段，各器官的功能均不完善，特别是肝肾功能尚不健全，因此对药物的解毒和排泄作用都不如成人，药物通过胎盘进入胎体后，易于积蓄而增加毒性。

药物是通过胎盘转运方式而进入胎儿体内的。药物通过胎盘转运以简单扩散为主，其他还有易化扩散、主动转运、过滤、胞饮及特殊转运。从受孕第 13 天起，绒毛开始形成血管，子宫内膜螺旋动脉伸入绒毛间隙。第 4~5 周，胎盘开始建立并逐渐完善。此时通过母体给予的任何药物必须通过胎盘才能进入胎儿循环。由于母体循环中的大部分药物可到达胎儿体内，因此母体用药可导致胎儿的不良反应，而不良反应类型受妊娠期的给药阶段、药物毒性所影响。

---

① Liu, S., Krewski, D., Shi, Y., Chen, Y., & Burnett, R. T.（2003）. Association between gaseous ambient air pollutants and adverse pregnancy outcomes in Vancouver, Canada. *Environmental Health Perspectives, 111*（14）, 1773−1778.

② Faiz, A. S., Rhoads, G. G., Demissie, K., Lin, Y., Kruse, L., & Rich, D. Q.（2013）. Does ambient air pollution trigger stillbirth? *Epidemiology, 24*（4）, 538−544.

胎儿期细胞分化，组织和器官发育特别迅速，功能日趋完善。胎儿各组织和器官的细胞分化时间有先后，从妊娠第 20 天到 3 个月是组织和器官分化较活跃的时期。若在此期间给孕妇用药，有的药物就可能干扰部分胚胎细胞的分化与组织的形成。任何一群细胞受到干扰后就可能陷入与其他部分不相应的分化期，致胚胎不能正常发育而形成某一组织或器官的先天性畸形。所以，孕妇在怀孕头 14 周内应避免使用药物。14 周后，组织和器官分化大体完成，造成畸形的可能性相对较小，但胎儿仍在生长发育，若用药不当，仍可影响胎儿的生长与功能发育，形成耳聋、失明、智力低下甚至死胎等。①

由于胎儿脑组织在形态学或机能方面和其他组织相比尚未成熟，血脑屏障功能较差，故药物透过性较高。许多药物易通过胎儿的血脑屏障，致胎儿的中枢神经系统受影响。肝脏是代谢药物的主要器官，但胎儿的肝脏缺少平滑内质网系统，尤其缺少氧化酶和醛化酶，因此对药物的代谢能力很低；胎儿肝细胞微粒体中不含催化葡萄糖醛类形成的酶类，因此对药物的解毒机能不足，不能及时灭活而引起中毒。

对胎儿有害的药物中，已经确认毒性较大的药物包括放射性同位素、抗癌药物、四环素，较为肯定毒性较大的药物有抗甲状腺药物、性激素、抗凝血药物、氨基糖苷类抗生素，可能有毒性的药物包括肾上腺皮质激素、抗癫痫药、解热镇痛药、磺胺、氯霉素、甲硝唑等。② 这些药物对胎儿毒害的影响大小，与用药量、用药方法、胚胎发育时期以及胎儿自身基因有关。

一般认为，在抗生素中，青霉素和红霉素对胎儿的影响较小，而四环素（包括土霉素、强力霉素）可使胎儿出生后乳牙色黄、釉质发育不良，抵制骨骼生长，出现手指及其他畸形；链霉素、庆大霉素、卡那霉素对听神经有一定的毒性作用，可导致先天性耳聋。③ 导致畸形最严重的是反应停，这是一种早孕时常用

① 吴澄清:《胎儿药动学特点及药物对胎儿的影响》,《儿科药学杂志》2004 年第 4 期。

② 黄醒华:《孕期药物动力学的改变》,《中国实用妇科与产科杂志》1998 年第 5 期。

③ 冯艺文:《孕妇用药对胎儿发育的影响》,《广东微量元素科学》2006 年第 5 期。

的止吐药。孕妇服用该药后婴儿常有严重的肢体畸形，四肢短小或缺无，形状酷似海豹，故称海豹状畸形，同时还能导致无耳、无眼及心脏、胃肠道或泌尿生殖道畸形。此外，妊娠早期使用性激素可以引起胎儿先天性心脏病、脑积水等，使用肾上腺皮质激素（泼尼松、氢化可的松）可引起无脑儿、生殖器异常、兔唇腭裂，磺胺类药可致胎儿出生后黄疸，眼尔通、安定可使胎儿发育迟缓，扑尔敏或苯海拉明可致胎儿肢体短缺。

除了孕妇服药会对胎儿产生影响外，国外医学家研究发现，男性如果服用了环磷酰胺等化学抗癌药物，会使精子形成异常，使血液中垂体促滤泡激素水平增加，从而造成无脑儿、脑积水、唇裂等胎儿畸形和流产。①

血清素再回收抑制剂类抗抑郁药是孕期常用的精神促进药物。15%~20% 的女性在孕期有心境障碍，同时 5%~13% 患有产前抑郁症的女性会服用血清素再回收抑制剂类抗抑郁药。② 已有研究证实，宫内的血清素再回收抑制剂暴露，会影响胎儿的大脑血流量和神经活动，同时，使用抗抑郁药的母亲更容易早产，新生儿有更低的出生体重，还有一系列类似“停药反应”的行为。③

（三）生物因素

当病原微生物污染了空气、水、土壤时，孕妇可能感染某些疾病并可累及胎儿。许多感染性疾病对胎儿的生长和发育有影响。一般认为，病毒感染形成母体病毒血症，经血循环造成胎盘感染、胎盘绒毛炎、血管内皮损伤或小血管阻塞性病变，导致胎盘功能低下，阻碍胎盘的物质代谢及气体交换。这是造成胎儿生长

① 王素丹:《胎儿发育与环境》,《家庭中医药》2004 年第 2 期。

② Knudsen, T. M., Hansen, A. V., Garne, E., & Andersen, A. M. N. (2014). Increased risk of severe congenital heart defects in offspring exposed to selective serotonin-reuptake inhibitors in early pregnancy—an epidemiological study using validated eurocat data. *BMC Pregnancy and Childbirth, 14* (1), 1–8.

③ Stephansson, O., Kieler, H., Haglund, B., Artama, M., Engeland, A., Furu, K., et al. (2013). Selective serotonin reuptake inhibitors during pregnancy and risk of stillbirth and infant mortality. *The Journal of the American Medical Association, 309* (1), 48–54.

受限的重要原因。另外，血内游离病毒可致胎儿病毒血症、广泛性血管内膜炎，造成胎儿循环障碍，影响供氧和营养，或者病毒的毒素直接作用于胎儿，使细胞数目减少、生长缓慢、死亡或细胞的有丝分裂受到抑制，以及染色体异常，从而导致胎儿生长受限甚至胎儿畸形。

宫内感染对胎儿生长和发育的影响程度与妊娠的孕周有关。妊娠期间前三个月为胎儿各器官形成期，此时因感染而导致胎儿畸形的比例最高。孕期宫内感染在早孕期间造成胚胎发育异常，导致死胎、畸形或胎儿发育受限；在孕晚期可导致绒毛膜羊膜炎，影响胎儿生长发育。最常见的宫内感染的病原体是风疹病毒和巨细胞病毒，还有单纯疱疹病毒、弓形体、梅毒螺旋体、支原体、衣原体等。得到公认与肯定的有：生殖道支原体感染可引发自然流产；风疹病毒感染可引起白内障（先天性）、耳聋和心脏畸形；巨细胞病毒感染可发生多发性畸形，如小头、脑积水、中耳及外耳畸形、唇裂、腭裂、先天性心脏病等；单纯疱疹病毒可发生小头、小眼、脑积水、动脉导管未闭、短趾（指）等畸形；弓形体感染可致脑积水、脉络膜网膜炎、小头、先天性心脏病等。一些寄生虫对胎儿出生缺陷有影响。来自动物模型的研究发现，25% 的牛胎僵化与孢子感染有关，而非由脊柱畸形性突变引起。而妊娠期妇女疟原虫病感染引起的炎症反应可能使得胎盘中血管空间减小，造成胎儿发育迟缓甚至死亡、流产。①

（四）地理因素

在高原，由于空气中氧含量低，人体可出现代偿性血色素增多，以改善和增加携氧能力，代偿氧不足。但过多的红细胞又会造成血液流变学变化，使全血比黏度增高，血流缓慢。特别是有研究发现，高海拔地区孕妇较低海拔地区孕妇动脉子宫血流速度慢。

研究发现，血液流变学变化加之缺氧所致的毛细血管内皮受损，使子宫胎盘组织血流灌注减少，并可影响胎微循环系统，导致胎盘及脐带血管的内皮细胞受

① Stephansson, O., Kieler, H., Haglund, B., Artama, M., Engeland, A., Furu, K., et al.（2013）. Selective serotonin reuptake inhibitors during pregnancy and risk of stillbirth and infant mortality. *The Journal of the American Medical Association, 309*（1）, 48–54.

损，使一氧化氮产生减少，血管紧张性增加，导致血管平滑肌细胞的增生及血管形态的改变。① 缺氧还可以导致间质血管内皮细胞明显皱缩，使管腔狭窄而形成不同程度的缺血，加重了胎盘的缺氧。缺氧时间越长，内皮细胞的损伤越严重。高原地区由于缺氧、低气压的影响，胎盘绒毛结构易发生老化，滋养层基底膜增厚，胶原纤维增多，挤压绒毛血管，阻碍胎盘组织的正常灌流。

上述原因造成胎盘功能障碍，影响胎儿生长发育。

四、母体因素

（一）情绪

中外许多学者的研究表明，妊娠期间母亲的喜、怒、哀、乐给胎儿带来的影响是明显的。②

孕妇可以把她所想所闻，以至梦中的感觉，转变成胎内环境的变化信息，在不知不觉中传给胎儿。胎儿生长发育所需要的营养，是由孕妇血液循环通过胎盘提供的。孕妇不良的情绪变化会影响营养的摄取、激素的分泌和血液的生化成分，以致血液中有害于神经系统和其他组织、器官的物质剧增，并通过胎盘影响胎儿发育，进而导致胎儿畸形。

当孕妇情绪过度紧张时，肾上腺皮质激素分泌增加。该激素有明显阻碍胚胎某些组织联合的作用，因而可引起胎儿唇裂、腭裂、先天性幽门狭窄等。严重焦虑的孕妇经常伴有恶性的妊娠呕吐，易导致早产、流产。孩子出生后往往多动，容易激怒，好哭闹，甚至影响喂奶和睡眠。母亲情绪激动时，胎动即明显增加，最高时可达平常的 10 倍。如果激动时间延长，往往会引起胎儿循环障碍，影响发育甚至造成胎儿死亡。如果胎儿经常不安宁，体力消耗过多，出生时体重会比一般婴儿轻 453.6~907.2 克。

孕妇情绪不安还会影响胎儿的智力。有资料报告，希特勒上台前的 7 年间，

① 颜耀华、李力:《遗传与环境因素在胎儿生长受限发病中的作用》,《国外医学：妇幼保健分册》2004 年第 3 期。

② 南晖:《孕妇情绪影响胎儿发育》,《中国保健营养》2002 年第 3 期。

柏林市新生儿的神经系统畸形发生率是 1.25%，而希特勒法西斯统治下的 7 年内，畸形率上升到 2.38%。我国 1976 年唐山大地震发生后 10 年，经比较发现，震灾组儿童平均智商为 81.7，大大低于对照组的 93.1。一项对 1980—1992 年 2.3 万名丹麦孕妇的调查结果显示，怀孕期间遭受过重大不幸、压力过大的孕妇，平均有 1.18% 的人生下的孩子具有先天性的缺陷，几乎是那些没有压力的孕妇的 2 倍。

调查中证实，孕产妇在妊娠期的紧张和焦虑与出生儿低体重及胎儿早产相关（Everard et al., 2010）。妊娠期焦虑与人际关系的敏感性、不和谐及个体偏执有直接或间接的联系，但与妊娠妇女本身躯体功能等无相关。①

（二）应激

有研究者曾对第二次世界大战期间一批孕妇以及她们的孩子做过抽样调查。结果表明，由于丈夫在她们怀孕期间上前线，因而她们心绪不宁。在这种情况下生的孩子与和平时期生的孩子有许多差异，不少孩子情绪不安，性格怪癖，有的出现了精神异常。②

孕早期精神受刺激对新生儿先天性心脏病有影响，同时使胎儿的神经内分泌功能出现异常，从而影响子代神经心理与行为以及免疫功能。③ 国内动物实验研究也证实了这一点。④

研究者采用分层整群抽样的方法，对津、辽、豫、陕四省市的 12 044 名妇女进行调查。结果显示：妊娠期家庭暴力的发生率为 4.3%，形式为心理暴力、性暴力和躯体暴力，且反复发生，性暴力的发生率最高。妊娠期遭受家庭暴力的孕妇，妊娠期阴道出血、胎儿生长受限、胎盘早剥、妊娠期贫血、胎膜早破以及新

① Puente, C. P., Monge, F. J. C., Abellan, I. C., & Morales, D. M.（2011）. Effects of personality on psychiatric and somatic symptoms in pregnant women: The role of pregnancy worries. *Psychology of Women Quarterly, 35*（2）, 293–302.

② 万力生编著：《胎教有方》，中国人口出版社 2003 年版，第 24 页。

③ 杨玉凤：《不良环境因素对脑发育及智能的影响》，《中国儿童保健杂志》2004 年第 1 期。

④ 应激对大鼠的记忆力以及神经行为发育都有显著影响。其原因证实是通过垂体—肾上腺作用引起，影响多巴胺和 5–羟色胺等神经递质的浓度。

生儿疾病的发生率明显高（$p>0.05$）。① 即使是较常见的生活事件（如孕期经历了离婚或者亲人去世），也会增加子代患发展障碍的概率，如注意力缺陷多动症（ADHD）或自闭症。②

（三）营养

胎儿营养物质基本上来源于孕妇。

孕妇营养的充分摄入对胎儿大脑发育具有重要意义。

胎儿大脑发达必须具备三个条件：一是大脑细胞数目要多；二是大脑细胞体积要大；三是大脑细胞间互连增多。根据人类大脑发育的特点，脑细胞分裂活跃分为三个阶段：一是妊娠早期；二是妊娠中晚期的衔接时期；三是出生后 3 个月内。

妊娠期间的胎儿特别是 10～18 周的胎儿，大脑锥体细胞生长最快，这时胎儿要从母体获取大量的多种氨基酸、维生素、微量元素（特别是锌、铜、碘）、必需脂肪酸，特别是 DHV（不饱和脂肪酸二十二碳六烯酸），以便合成锥体细胞的核蛋白，使细胞核迅速增大并分裂，导致由原来的一个锥体细胞分裂成两个。新生成的锥体细胞再通过上述的长大并分裂的过程，使胎儿大脑锥体细胞迅速增殖。

蛋白质是智力发育的必要物质，能维持和发展大脑功能，增强大脑的分析理解及思维能力。磷脂增强大脑的记忆力，是脑神经元之间传递信息的桥梁物质。碘被称为智力元素。糖是大脑唯一可以利用的能源。维生素能够增强脑细胞蛋白质的功能等。如果在胎儿大脑细胞分裂增殖高峰期，热量、蛋白质、必需脂肪酸、维生素、微量元素供给充实，则可促进大脑锥体细胞生长得更多。在此基础上，从胎龄 6 个月起，即锥体细胞体积开始长大、树突开始延伸的期间，由外界到大脑皮质的各种良性刺激（如声、光、触摸等）可增加。

因此，强调孕期合理与充分的饮食营养，应作为胎儿期心理卫生的营养条件。

① 郭素芳、王临虹、吴久玲、渠川琰、严仁英:《妊娠期丈夫对妻子的家庭暴力与不良妊娠结局》,《中华围产医学杂志》2004 年第 5 期。

② Ronald, A., Pennell, C. E., & Whitehouse, A. J.（2011）. Prenatal maternal stress associated with ADHD and autistic traits in early childhood. *Frontiers in Psychology, 1*（223）, 1–8.

孕妇营养不良可直接导致胎儿营养物质不足而影响发育，尤其是蛋白质和能量供应不足。在孕早期，许多孕妇有偏食、挑食的习惯，因此造成营养不良及贫血，可导致胎儿发育不良、死胎、流产。

人体必需的微量元素与氨基酸、蛋白质结合，可形成具有高度生物化学效应和特殊生理功能的酶和激素。微量元素和维生素的缺乏可影响胎儿的生长发育。因此，胎儿的发育与孕妇的矿物质营养状态也有密切关系。例如，孕妇缺锌可影响核酸和蛋白质的合成，胎盘绒毛总面积缩小，影响胎儿发育，可引起习惯性流产、子痫、胎儿宫内发育迟缓或畸形、死胎等。胚胎期缺碘可致蛋白质合成受限，影响细胞分化繁殖及能量代谢等生命活动，造成胚胎死亡、流产、死胎、胎儿生长受限、先天畸形等。世界卫生组织估计，世界范围内 30%~50% 的孕期妇女和学龄前儿童存在缺铁性贫血，孕期高血压、糖尿病和吸烟都会加重缺铁性贫血，而生命早期的缺铁性贫血会造成胎儿认知发展障碍和社会情感障碍。① 更令人担忧的是，这种缺陷会持续到成年，即使在童年补充足够的铁，依然不能避免精神分裂症和抑郁症的高发。

国外有报告称，孕妇 B 族维生素和叶酸的缺乏可导致半胱氨酸血症，影响胎盘发育，导致流产、妊高征、胎儿生长受限、胎儿畸形等。②

另有动物研究报告，营养不良对胎儿发育有影响。早在 20 世纪 30 年代，有人首次报告哺乳动物母体营养缺乏可导致胎儿先天性缺陷。40 年代，实验证明了母体日常营养缺乏和环境因素可影响宫内胎儿的正常发育。③ 有动物实验证明，营养受限影响胎儿内分泌功能，但尚未见对人类的相关研究报告。研究者对猪孕

① Lozoff, B. (2011). Early iron deficiency has brain and behavior effects consistent with dopaminergic dysfunction. *Journal of Nutrition, 141* (4), 740–746.

② Aubard, Y., Darodes, N., & Cantaloube, M. (2000). Hyperhomocysteinemia and pregnancy: Review of our present understanding and therapeutic implications. *European Journal of Obstetrics & Gynecology and Reproductive Biology, 93* (2), 157–165.

③ 黄莉、王建华:《影响胚胎早期发育环境因素的研究进展》,《动物医学进展》2004 年第 1 期。

期禁食 48 小时，对照研究了孕母营养受限对胎儿的影响。结果显示，孕期的处理对新生仔猪的体重、血压及心率无明显影响，但这种生长环境的改变影响了胎儿下丘脑—垂体—肾上腺轴的发育，从而对成年后下丘脑—垂体—肾上腺轴产生远期影响，导致内分泌功能障碍，而且这种影响具有高度性别特异性。①

（四）患病

妊娠过程中，母体、胎盘和胚胎既各自独立，又相互影响。孕妇患严重的慢性心肾疾病（高血压、尿毒症、心脏病）、癫痫、甲亢、糖尿病、乙肝、结核、疟疾、病毒感染等，均影响胎儿发育或导致畸形。母体发热可以增加新生儿先天异常的发病率。

1. 妊高征

妊高征母亲所生高危儿神经行为发育可受到影响，通常被动运动时阻力下降或缺失，可因大脑、脑干、小脑等损害引起。②

妊高征因全身小动脉痉挛、血压升高及血小管活性增加，同时子宫、脐血流入胎盘循环阻力上升，使子宫胎盘血流减少，而发生胎儿窘迫、宫内生长迟缓、新生儿窒息，严重者发生死胎、死产等。③

母亲发生妊高征，全身小动脉痉挛，可导致全身各重要脏器不同程度的损害，使母儿均处于应激状态。④

2. 妊娠剧吐

妊娠早期，孕妇有轻度恶心呕吐、纳少择食、头晕体倦等现象，称早孕反

---

① Lingas, R. I., & Matthews, S. G.（2001）. A short period of maternal nutrient restriction in late gestation modifies pituitary-adrenal function in adult guinea pig offspring. *Neuroendocrinology, 73*（5）, 302–311.

② 宋燕燕、张要必、仇风琴、李智华、吴育群、刘莎、邹红梅、刘倩筠：《妊高征母亲所生新生儿神经行为发育观察》，《中国妇幼保健》1999 年第 7 期。

③ 陈美英、武晓桂、朱丽丽：《中重度妊高征与围生儿结局（附 357 例分析）》，《中原医刊》2001 年第 11 期。

④ 宋燕燕、邹红梅、宋淑本、吴育群、徐素华、刘岩平：《母亲妊娠糖尿病及妊高征对新生儿内分泌水平影响的研究》，《新生儿科杂志》2002 年第 4 期。

应。一般于妊娠3个月左右会自然消除。但有些孕妇反应严重，持续性或剧烈呕吐，甚至不能进食进水，这可确诊为妊娠剧吐。吐出物除食物、黏液外，甚至有胆汁和咖啡色血水，并且全身乏力，明显消瘦，小便少，常出现酮体。同时，还可出现全身皮肤及黏膜干燥、眼球凹陷、脉搏细而速等脱水、电解质紊乱和酸中毒症状。严重的有肝肾功能损害、黄疸、嗜睡和昏迷，还可出现神经炎和视网膜出血。

妊娠剧吐因恶心呕吐频繁，不能进食，胃纳差，造成了孕妇得不到足够的营养物质，体重增加缓慢甚至体重减轻，进而影响胎儿营养不足。① 妊娠剧吐会增加胎儿宫内生长迟缓及妊高征的发生率。②

3. 妊娠糖尿病（GDM）

妊娠糖尿病是由于妊娠期胎盘产生多种拮抗胰岛素的激素，同时外周组织对胰岛素的敏感性下降，出现胰岛素抵抗。

妊娠后半期是神经系统发育的重要阶段，许多重要的神经发育，如大脑皮质神经元的移行、分化、分层、髓鞘和突触的形成等都是在妊娠后期完成的。③ 很多研究已经提出，妊娠后半期母亲糖尿病的代谢紊乱如未得到控制，可能引起胎儿脑损伤，导致以后的神经精神发育异常。母亲糖尿病具有致畸效果，其后代先天畸形的发生率是普通人群的2~4倍。所致畸形包括神经管的缺损、尾端神经管的发育不全、脊椎缺损、先天性心脏病、股骨发育不良、肾发育异常及颅面畸形等，其中主要表现为中枢神经系统和心血管系统畸形。

有人研究了糖尿病母亲的胎儿的宫内行为，发现33周龄的胎儿同对照组相比，对声音、震动刺激的反应滞后，而且反应方式差异很大，反应更杂乱，更不

① 林道彬、尹保民：《妊娠剧吐对妊娠结局的影响》，《宁夏医学杂志》2003年第9期。

② Chin, R. K. H., & Lao, T. T.（1988）. Low birth weight and hyperemesis gravidarum. *European Journal of Obstetrics & Gynecology and Reproductive Biology, 28*（3）, 179–183.

③ 贺湘英：《糖尿病母亲婴儿的研究进展》，《国外医学：儿科学分册》2001年第5期。

成熟，达到胎心加速高峰的时间更短。①

在妊娠早期，血糖过高可以导致胚胎卵黄囊发育受损而影响营养物质的传递，使胚胎发育异常，从而使流产率和胎儿畸形率增加。② 妊娠糖尿病患者的胎儿畸形率是正常对照组的 3~4 倍。③ 如果孕妇患妊娠糖尿病，则胎儿耗氧量增多，而孕妇通过胎盘对胎儿的血氧供应减少，引起胎儿宫内窘迫。④

4. 妊娠期肝内胆汁淤积症（ICP）

ICP 是孕期特发的一种以搔痒和黄疸为主要症状，伴胆酸、肝酶等生化异常的疾病。研究指出，该病引起早产（18.42%）、胎儿窘迫（36.84%）及低体重儿（足月小样儿发生率 13.16%）。⑤

ICP 的发病机理，在于胎儿脐静脉血清肝胆酸（CG）于肝内合成，在肠道被吸收，经门静脉大部分被肝摄取，被溢流进入体循环的总量小于 1%。⑥ 当肝细胞受损伤，肝有疾病或胆汁淤滞时，CG 代谢和体循环就会紊乱，血清中 CG 浓度就会增高。产后的胎盘病理检查发现，绒毛及羊膜均有胆盐沉积，胎盘绒毛间隙狭窄。绒毛间隙狭窄造成胎盘灌注不足，加之合体细胞血管减少，更影响氧及其他物质的吸收交换，使胎盘功能减退，会出现胎儿缺氧、胎儿宫内发育迟缓、胎儿窘迫、羊水污染、胎死宫内等状况。通过对 60 例 ICP 母血、脐血、子血的胆酸检测发现，CG 可自由通过胎盘进入胎体。含有高 CG，使红细胞功能降低、携氧能力差的脐静脉血输送给胎儿，这对胎儿的危害是较大的，是导致早产和胎儿

---

① Allen, C. L., & Kisilevsky, B. S.（1999）. Fetal behavior in diabetic and nondiabetic pregnant women: An exploratory study. *Developmental Psychobiology, 35*（1）, 69–80.

② 尹洁、郝淑维、张军:《妊娠糖尿病 24 例临床分析》,《河北医科大学学报》2005 年第 2 期。

③ 王娜、唐彬、董砚虎:《妊娠糖尿病的研究进展》,《国外医学：妇幼保健分册》2004 年第 1 期。

④ 陆新虹:《妊娠糖尿病 32 例分析》,《临床和实验医学杂志》2006 年第 3 期。

⑤ 汪崔萍:《妊娠期肝内胆汁淤积症 76 例分析》,《河北医学》2005 年第 11 期。

⑥ 孙大伟、关秀君、罗冬红:《妊娠期肝内胆汁瘀积症对新生儿生存质量的影响》,《中国组织工程研究》2000 年第 1 期。

宫内窘迫、死胎、死产的重要原因之一。

5. 孕期甲状腺功能减低

甲状腺激素有促进物质和能量代谢，促进组织分化、生长和发育的作用。在人类胚胎期，甲状腺激素对胎儿脑的发育非常重要。如果甲状腺激素不足，脑的发育会发生明显障碍。近年来有研究表明，母亲孕期轻度甲状腺功能减低（简称甲减）或亚临床甲减也会对后代的智能发育造成不良影响。研究结果表明：（1）从时间上讲，母亲孕早期的甲减肯定会对后代的智能发育造成不良影响，孕中、晚期的甲减也可能阻碍胎儿的正常发育；（2）患免疫性甲状腺炎的妇女在怀孕期间，其有正常功能的甲状腺滤泡会减少，甲功事实上在朝甲减的方向发展；（3）从程度上讲，母亲孕期的轻度甲减或亚临床甲减也可以引起后代低智商。①

6. 人类巨细胞病毒（HCMV）感染

HCMV 属于疱疹病毒科乙组疱疹亚科，是疱疹病中最大的一种 DNA 病毒。②巨细胞病毒感染是感染人类巨细胞病毒的一种全身感染综合征。孕妇感染后，轻者为隐性感染；妊娠时潜伏的病毒可被激活，表现为 HCMV 活动性感染，同时，约 40% 还可通过胎盘传给胎儿。病毒侵入胎盘，损伤血管内皮，引起绒毛膜胎盘炎，导致胎儿病毒血症，病毒直接阻止细胞繁殖。另外，小血管和毛细血管的阻塞性病变在某种程度上会影响胎儿发育。妊娠早期胎儿感染 HCMV，通常可致神经系统障碍，如感觉神经性听力丧失；妊娠晚期胎儿感染 HCMV，胎儿出生后的临床表现有小头、听力缺陷和微小的神经系统障碍等。

7. 乙肝病毒感染

研究表明，妊娠期新陈代谢旺盛，营养物质消耗多，胎儿的代谢和解毒作用要依靠母体肝脏来完成；此外，孕期内分泌变化所产生的大量性激素，如雌激素需在肝内代谢和灭活，均加重肝脏的负担。妊娠合并肝炎可引起胎盘产生的甾体激素灭活减少，子宫对催产素的敏感性增加。重型肝炎还可使凝血功能降低，甚

① 韩慧君、魏珉：《母亲孕期甲状腺功能减低对子代智能的影响》，《新生儿科杂志》2005 年第 6 期。

② 周萍、姚笠、王淑芬：《产妇及其新生儿人巨细胞病毒感染状况研究》，《哈尔滨医科大学学报》2004 年第 4 期。

至发生胎盘绒毛间隙微血栓形成，使胎盘血循环下降，胎儿宫内血氧供给降低。研究显示，慢性乙肝肝功异常组对妊娠有显著影响，其死胎率、低体重儿、新生儿窒息等均较乙肝病毒携带组及对照组明显增高。①

8. 吸毒致人类免疫缺陷病毒（HIV）母婴传播

母亲吸毒是影响 HIV 母婴传播的一个危险因素。② 世界卫生组织曾报告，静脉吸毒感染 HIV 的妇女所生的孩子 3/4 已经患艾滋病或感染 HIV，毒品可引起胎儿低体重和发育不良，也可增加母体 HIV 的复制，从而增加母体病毒载量。此外，毒品可损伤胎盘屏障，降低胎儿的免疫功能，增加胎儿细胞对 HIV 的敏感性，进一步影响母婴传播。

9. 重症肌无力（MG）

重症肌无力是一种影响神经—肌肉接头的慢性获得性自身免疫性疾病。重症肌无力的母亲的一过性乙酰胆碱受体抗体增高，通过胎盘向胎儿转运，是引起胎儿肌无力的主要原因。③ 胎儿肌肉无力，引起子宫内胎儿运动减少，导致先天性非进展性挛缩、颅面畸形、肺发育不全及生长发育迟滞。④

10. 口腔卫生

口腔卫生与生殖健康关系密切。早在 1931 年就有人提出，牙周病、牙周组织的革兰氏阴性厌氧菌感染对胎儿和孕妇有不利影响。近年来的科学研究证实了这个说法。母体牙龈中的细菌能进入血液并通过胎盘而感染胎儿。我国有调查表明，早产妇女中患有显著牙龈炎和严重牙周病的患者明显高于对照组：早产妇女严重牙周病的患病率是对照组的 5 倍，患有牙周病的孕妇比对照组发生早产的危险度高出 3~7 倍，牙周病的严重程度与早产存在剂量—反应关系。

---

① 王雪霞：《合并乙型肝炎病毒感染孕妇妊娠结局分析》，《山东医药》2006 年第 9 期。

② 张娟妮：《HIV 母婴传播的影响因素及预防》，《国外医学：妇幼保健分册》2001 年第 1 期。

③ 刘明生：《重症肌无力与妊娠》，《中国神经免疫学和神经病学杂志》2002 年第 2 期。

④ Vincent, A., Beeson, D., & Lang, B.（2000）. Molecular targets for autoimmune and genetic disorders of neuromuscular transmission. *European Journal of Biochemistry, 267*（23）, 6717–6728.

另有资料表明，母亲牙龈疾病感染胎儿，会造成先天性心脏病，影响胎儿大脑发育。① 还有证据显示，18.2% 的早产低体重儿的出生与其母患有牙周病有关。

五、父源因素

一直以来，国内外关于胎儿生长发育的研究大多关注的是母体因素，对父源因素的研究相对较少。父亲影响胎儿发育的主要因素可以分为两类，包括年龄、疾病、体型等遗传因素以及以生活方式、心理状态、职业、经济收入为代表的社会环境因素。前者直接影响父源基因的完整性和表达情况，后者主要影响母亲的生活环境和生活质量。这两类因素的不良发展均可能导致胎儿在宫内的生长发育发生异常，从而出现各种不良妊娠结果。

1. 年龄

研究表明：胎儿出现不良出生结局的风险与父亲的年龄呈 J 形曲线，对于 45 岁以上的父亲，其后代出现早产、死产、低于胎龄儿、低体重儿的概率要比 30 岁左右的父亲高 10%~30%，尽管这可能包含了与父亲年龄相关的母亲方面的因素。② 近年来，越来越多的研究都支持这一结果，并且发现中老年男性子代的健康状况也较同龄人差，其罹患先天性或后天性疾病的概率较同龄人明显偏高，主要包括以自闭症、精神分裂症、躁郁症、智力偏低为代表的神经认知障碍，以软骨发育不全、亚伯特氏综合征（Apert syndrome）为代表的常染色体显性遗传病，以腭裂、手足畸形为代表的出生缺陷，另外还包括癌症和某些代谢性疾病等后天形成的疾病。③

另外，近几年男性年龄因素与其后代对神经精神疾病的易感性也受到较多的关注，其中以精神分裂症和躁郁症最为突出。尤其是精神分裂症，很早就被认为

① 沈尔安:《口腔卫生与生殖健康》,《现代养生》2002 年第 9 期。

② Alio, A. P., Salihu, H. M., Mcintosh, C., August, E. M., Weldeselasse, H., Sanchez, E., et al.（2012）. The effect of paternal age on fetal birth outcomes. *American Journal of Mens Health, 6*（5）, 427–435.

③ Malaspina, D., Gilman, C., & Kranz, T. M.（2015）. Paternal age and mental health of offspring. *Fertility and Sterility, 103*（6）, 1392–1396.

与父亲的生育年龄太大有关。最近的研究发现，年老和过于年轻父亲的子代患这两种精神疾病的风险都会升高。① 这可能与基因及环境因素有关，但推测是基于不同的机制：前者多被认为与精子 DNA 的新生突变和表观遗传（尤其是甲基化）有关；年轻男性（一般指小于 20 岁）生育健康子代的概率也相对偏低，可能与这个年龄段男性的生活方式、心智成熟程度等因素对其生殖系统和给女性妊娠过程带来的不良影响有关。②

2. 疾病及药物

父亲疾病因素对胎儿发育影响的研究相对较少。已有研究主要针对包括多发性硬化、麦胶性肠病、风湿性关节炎在内的自身免疫性疾病和以糖尿病为代表的代谢性疾病，以及其他如乙型肝炎等发病率较高的疾病。其中关于糖尿病的研究结果比较一致，患有糖尿病的父亲的子代与母亲患有糖尿病的子代相反，出生体重常偏低，其将来患糖尿病的概率偏高。研究者将这一现象解释为基因印记的作用，来自父亲的与糖尿病发病相关的基因趋向于表达，而来自母亲的基因趋向于抑制。③ 其他自身免疫和代谢疾病与胎儿出生结果的研究暂时还没有一致性的报告。

许多研究表明，若受孕前男性对叶酸的摄取量过低，会使得其精子和子代的表观遗传改变，从而对胎儿的生长发育产生不良影响。另有研究结果显示，服用低剂量的叶酸阻滞剂甲氨蝶呤会造成不良的出生结果。④ 关于父亲服用药物对胎儿生长发育的不良影响尚没有一致结论，尽管有文献认为抗癌药物会降低遗传物

---

① Wang, S. H., Liu, C. M., Hwu, H. G., Hsiao, C. K., & Chen, W. J. (2015). Association of older paternal age with earlier onset among co-affected schizophrenia sib-pairs. *Psychological Medicine, 45* (10), 1–9.

② Wiener-Megnazi, Z., Auslender, R., & Dirnfeld, M. (2012). Advanced paternal age and reproductive outcome. *Asian Journal of Andrology, 14* (1), 69–76.

③ Denic, S., Emerald, S., & Nicholls, M. G. (2013). Type 2 diabetes: The genetic conflict hypothesis. *Medical Hypotheses, 80* (4), 436–440.

④ Weberschoendorfer, C., Hoeltzenbein, M., Wacker, E., Meister, R., & Schaefer, C. (2014). No evidence for an increased risk of adverse pregnancy outcome after paternal low-dose methotrexate: An observational cohort study. *Rheumatology, 53* (4), 757–763.

质的稳定性，增加子代患病概率，但是大多数研究结果都认为男性在女性受孕前服用的常规药物并不会对胎儿的出生结果造成明显的不良影响，甚至包括某些抗癌药，如硫唑嘌呤。①

3. 肥胖

研究显示，超重或肥胖男性的生殖激素水平低于正常男性，其精子 DNA 会发生损伤加剧、甲基化程度降低、组蛋白修饰改变等一系列变化，这使得受精卵中父源基因异常，胚胎和胎盘的发育随之改变，胎儿的出生结局将受到不良影响（如宫内生长受限、激素水平和代谢改变、早产发生率增加等），而且其子代发生肥胖及心血管疾病等的风险将会增加。② 既往有大量研究证实宫内环境是影响胎儿发育的重要因素，并认为母亲的身体质量指数（BMI）对后代肥胖的影响程度比父亲大很多，但近期有研究认为这两者的影响应该是相等的。③

4. 生活方式

大多数研究都证实了父亲吸烟和酗酒对胎儿发育的不良影响。父亲吸烟主要从两个方面影响胎儿的发育：一是吸烟使父亲精子浓度下降、运动力变弱、氧化应激加剧、DNA 损伤和甲基化改变④；二是通过增加妊娠母亲吸入的二手烟的量

---

① Engeland, A., Bjørge, T., Daltveit, A. K., Skurtveit, S., Vangen, S., Vollset, S. E., et al. (2013). Effects of preconceptional paternal drug exposure on birth outcomes: Cohort study of 340 000 pregnancies using Norwegian population-based databases. *British Journal of Clinical Pharmacology, 75* (4), 1134–1141.

② Binder, N. K., Beard, S. A., Kaitu'u-Lino, T. J., Tong, S., Hannan, N. J., & Gardner, D. (2015). Paternal obesity in a rodent model affects placental gene expression in a sex-specific manner. *Reproduction, 149* (5), 435–444.

③ Patro, B., Liber, A., Zalewski, B., Poston, L., Szajewska, H., & Koletzko, B. (2013). Maternal and paternal body mass index and offspring obesity: A systematic review. *Annals of Nutrition and Metabolism, 63* (1–2), 32–41.

④ Anifandis, G., Bounartzi, T., Messini, C. I., Dafopoulos, K., Sotiriou, S., & Messinis, I. E. (2014). The impact of cigarette smoking and alcohol consumption on sperm parameters and sperm DNA fragmentation (SDF) measured by Halosperm®. *Archives of Gynecology and Obstetrics, 290* (4), 777–782.

来影响胎儿，研究认为二手烟会造成死产、胎儿出生体重降低、先天畸形等不良出生结局。①

新近的研究发现，酗酒对胎儿发育的影响可能与印记基因和表观遗传修饰有关。以小鼠为对象的研究发现，暴露在乙醇中的小鼠精子和其子代的大脑皮质中H19等四个印记基因的甲基化水平和信使核糖核酸（mRNA）表达水平发生了变化，并且其子代存在诸多行为学异常。②也有研究观察到受孕前男性饮酒使得精子浓度降低、形态异常、运动能力降低，雌二醇与睾酮的比值增大等，这与前人的很多相关研究结果一致。③生活中吸烟和酗酒往往同时出现，两者叠加对胎儿的影响较单一因素更大。

5. 环境暴露因素

之前的内容中已经提到辐射、高温等物理因素以及烟酒、药物和重金属等化学因素对胎儿的出生结局和其后天对某些疾病易感性的影响。既往已有较多研究证实，这些暴露因子能够改变精子的生物学特性，尤其是造成DNA的氧化损伤而导致基因突变和表观遗传改变，并将其遗传给后代，使得其后代出现畸形和罹患某些先天或后天疾病。④

6. 其他

研究发现：父亲在母亲受孕前的消极心理状态会增加胎儿不良出生结果的发生率和后天某些疾病的发病率，其后代还可能会有行为和情绪方面的异常，其原

① Axelsson, J., Rylander, L., Rignell-Hydbom, A., Silfver, K. Å., Stenqvist, A., & Giwercman, A. (2013). The impact of paternal and maternal smoking on semen quality of adolescent men. *Plos One, 8* (6), e66766.

② Fei, L., Lei, D., Liu, J., Nan, J., Jin, Z., Wang, H., et al. (2014). Paternal ethanol exposure and behavioral abnormities in offspring: Associated alterations in imprinted gene methylation. *Neuropharmacology, 81* (6), 126–133.

③ La, V. S., Condorelli, R. A., Balercia, G., Vicari, E., & Calogero, A. E. (2013). Does alcohol have any effect on male reproductive function? A review of literature. *Asian Journal of Andrology, 15* (2), 221–225.

④ Anderson, D., Schmid, T., E., & Baumgartner, A. (2014). Male-mediated developmental toxicity. *Asian Journal of Andrology, 16* (1), 81–88.

因可能是因为消极的心理状态使得精子发生了表观遗传改变；妊娠期间父亲的消极情绪可能会对母亲造成不良的影响，从而影响胎儿发育。① 还有研究表明，母亲妊娠时若无父亲的陪伴会显著增加其胎儿不良结果发生率，可能与无父亲陪伴的妊娠母亲情绪低落、缺少护理、不良生活习惯增加有关。

另外，父亲的受教育程度、职业、收入等因素在一定程度上也会影响胎儿发育。有研究表明，父亲受教育程度较低是后代早产的一项风险指标，不同职业父亲的子代出现先天畸形的概率和种类亦不同。② 以上因素主要影响了妊娠母亲的生活环境和质量，进而通过影响母亲的生理和心理状态来影响胎儿的发育。可见，男性影响胎儿发育的因素是广泛的、多维度的、非生理专一性的。此外，男性种族、免疫学指标（如精液或精子的抗原性）、个体差异等因素也会对胎儿的发育有一定的影响。

第三节 胎儿期的心理卫生

胎儿期的心理卫生主要是通过胎教实现的。

胎教是通过调节孕妇身体的内外环境，采用一定的方法和手段，给胎儿以积极的言语、音乐、动作刺激，激发胎儿大脑神经元增殖，同时使胎儿从生理上和心理上得到发展的干预性活动。

① Mychasiuk, R., Harker, A., Ilnytskyy, S., & Gibb, R. (2013). Paternal stress prior to conception alters DNA methylation and behaviour of developing rat offspring. *Neuroscience, 241* (26), 100–105.

② Zakar, R., Zakar, M. Z., Aqil, N., & Nasrullah, M. (2009). Paternal factors associated with neonatal deaths and births with low weight: Evidence from pakistan demographic and health survey 2006–2007. *Maternal and Child Health Journal, 19* (7), 1634–1642.

一、胎儿期心理卫生的机理

胎教作为胎儿期心理卫生的基本形式，其作用机理是：正常孕妇在保证充足的营养和适当休息的条件下，从胎龄满6个月后开始对胎儿实施每天定时的声、光、触摸刺激，使胎儿的听觉神经通路、视觉神经通路、触觉神经通路所产生的神经冲动在大脑细胞间传递，这些通路上的细胞得以伸展出更多的树突，以促进它们和周围的锥体细胞建立传递信息的突触联系。突触是大脑神经网络丰富的物质基础，使与感觉、运动、思维、记忆等密切相关的大脑神经更丰富，有利于胎儿出生后的智力开发。另一种观点认为胎教的对象是孕妇而不是胎儿，胎教主要是通过孕妇的情绪对胎儿产生影响，而不是直接针对胎儿。[①] 也有观点认为胎教的对象既是孕妇，也是胎儿。

从胎教的内容来看，胎教的实质是在产前对胎儿大脑生长发育的一种来自环境的干预，目的是促进胎儿大脑神经网络的丰富化。

胎教不是教育，而是促进胎儿大脑发育的心理卫生过程。

二、胎儿期心理卫生的种类

（一）音乐胎教

音乐胎教是各种胎教方法中的首选措施。

音乐是一种有节奏的空气压力波。音乐胎教是通过音乐对母体内的胎儿施教。对胎儿不断地传输优良乐性声波，可以促使其脑神经元的轴突、树突及突触的发育，为优化后天的智力及发展音乐天赋奠定基础。

从心理学的角度看，音乐能够激起人们无意识超境界的幻觉，使孕妇产生恬静的美感和愉悦的情绪，产生良好心境，并将这种信息传递给胎儿，从而改善胎儿大脑功能水平。

从生物学的角度看，人体内有一百多种生理活动具有音乐的旋律，有节奏的音乐可刺激身体内的细胞分子发生一种共振，以促进细胞的新陈代谢。对孕妇的听觉神经器官的刺激会引起大脑细胞的兴奋，改变下丘脑递质的释放，促使母体

---

① 李郁清:《主体偏移的现代胎教》,《中国校外教育：理论》2008年第3期。

分泌出一些有益于健康的激素，从而促进胎儿的生长发育。

胎儿特别喜欢听大提琴演奏，因为大提琴的音域宽广，特别容易与胎儿形成和谐共鸣。还有柔美的小夜曲、摇篮曲、圆舞曲和中外古典乐曲，都会使胎儿心境平和，精神愉快。从妊娠 16 周开始，孕妇和胎儿可以听以 C 调为主的音乐磁带（频率 250~500 赫兹，强度 70 分贝左右），每天 1~2 次，每次 5~20 分钟。孕妇也可以给胎儿唱歌或哼乐曲。

但必须注意，音响过大的音乐，会导致细胞破裂而死亡，有害于胎儿的健康。突发中、低频打击乐的强节奏的声音，会引起胎儿的惊吓反射，不利于胎儿大脑的发育，其有害性不亚于噪声，甚至强于噪声。

（二）抚摸胎教

妊娠四五个月后，母亲在睡前可以慢慢地沿腹壁抚摸胎儿或轻轻弹扣、拍打、触压腹壁，刺激胎儿活动，使胎儿做"宫内体操"，每天 5~10 分钟。

胎儿的皮肤和皮肤感觉发育得最早，胎儿在母腹中经常受到触觉刺激。抚摸通过皮肤感应传入大脑，促进大脑的发育，还可促进胎儿触觉、平衡觉、肢体运动的发育。这样反复训练，可使胎儿建立条件反射，为出生后的协调动作和运动打好基础。

（三）言语胎教

言语胎教是胎儿的父母与胎儿讲话，给大脑新皮质输入最初的语言印记，促进胎儿听力、记忆力、观察力、思维能力和语言表达能力方面的发育。

言语胎教包括聊天，给胎儿讲故事，与胎儿一起欣赏文学作品、画册等，借此可使孕母保持愉快的情绪，也有利于胎儿情绪健康发展。语言讲解要视觉化，将形象和声音同时传递给胎儿。

（四）光照胎教

妊娠 28 周后，当胎儿醒着时（胎动），母亲可以用电筒贴在腹壁上进行一明一暗的照射，每次 2~5 分钟，以训练胎儿的昼夜节律，即夜间睡眠，白天觉醒，促进胎儿视觉功能及脑的健康发育。

研究者比较了不同胎教形式———音乐胎教、言语胎教、抚摸胎教和光照胎教的效果，发现健康儿童的胎教开始时间均早于孤独症儿童。这说明胎教可能有利于儿童神经心理发育。①

要点小结

胎儿是从受孕到子宫娩出前的小儿。孕期通常是40孕周（280天）。胎儿发育分期有多种划分方法，一般采用斯滕伯格的分期方法，划分为胚芽期、胚胎期和胎儿期。

神经系统是心理活动的重要物质基础，是心理现象赖以产生和存在的器官。胎儿出生前心理活动的主要物质基础的形成和发育，有神经元的形成和发育、神经系统的形成和发育、反射机能的形成和发育三种类型。胎儿心理机能形成主要表现在感觉（视觉、听觉、触压觉、嗅觉、味觉）、思维与记忆方面。

影响胎儿生理和心理发展的主要因素来自遗传、环境和母体等方面。这些因素及其所产生的影响，提示人们应当注意孕期保健的问题。

胎教是胎儿期心理卫生的基本形式，其实质是在产前对胎儿的大脑生长发育进行积极的干预，目的是促进胎儿大脑神经网络系统更加丰富化。

思考与练习

1. 胎儿心理活动的主要物质基础有哪些类型？这些物质基础的主要作用是什么？
2. 胎儿的心理机能形成有哪些主要表现？
3. 影响胎儿生理和心理发展的主要因素有哪些？这些因素及其影响提示人们要注意哪些问题？
4. 胎教的主要作用机理是什么？试通过查阅资料或访谈，列出胎教音乐的适宜曲目及使用方法。

① 李海峰、孙爱军、徐佳露、王江平、夏哲智:《胎教与儿童孤独症的相关性研究》,《杭州师范大学学报（自然科学版）》2014年第4期。

拓展性阅读导航

1. Bhattacharya, N., & Stubblefield, P. G. (Eds.). (2016). *Human fetal growth and development*. Basel: Springer International Publishing.

本书阐述了胎儿的生长和发育过程，其中详细论述了胎儿神经中枢的发展。

2. 付娟娟编著:《胎教与早教细节全书》，中国人口出版社 2015 年版。

本书介绍了孕期每个月份的胎儿发育状况以及胎教方法。

3. Reissland, N., & Kisilevsky, B. S. (Eds.). (2016). *Fetal development: Research on brain and behavior environmental influences and emerging technologies*. New York: Springer International Publishing.

本书介绍了胎儿神经系统的发育和行为的发展过程，综述了很多国际上最新的前沿研究。

第五章

婴儿的心理发展

内容提要

婴儿期是儿童生理发育最迅速的时期，也是个体心理发展最迅速的时期。这一阶段儿童心理的进步是极为明显的，其心理发展的水平和质量对儿童期、青少年期乃至一生都具有重要的、长远的影响。本章阐述了婴儿大脑形态与功能的发展、动作发展及其对心理发展的意义，介绍和讨论了婴儿感知觉、注意、记忆、学习、思维等认知和言语的发生发展过程与特点，探讨了婴儿气质及其对教养和发展的意义，以及婴儿情绪的社会化、依恋、同伴交往、自我意识等社会性发展问题。

学习目标

1. 了解婴儿的大脑功能和生理发展过程，理解动作发展对婴儿心理发展的重要意义。
2. 掌握婴儿认知和言语的发展特点与规律。
3. 掌握婴儿气质、情绪和社会性的发展特点及其对心理发展的影响。

关键词

婴儿　心理　发展

婴儿期是指个体0~3岁的时期。它是儿童生理发育最迅速的时期，也是个体心理发展最迅速的时期。这一阶段儿童心理的进步是极为明显的，近年对婴儿心理展开的大量卓有成效的研究也充分显示和证明了这一点。

第一节 婴儿的生理发展及其心理学意义

婴儿生理发展是指其大脑和身体在形态、结构及功能上的生长发育过程。大脑、神经系统和感官的活动是心理活动的基础。婴儿的生理发展直接影响并制约着婴儿心理发生发展的过程，因此婴儿生理的发展一直是发展心理学、生理心理学和神经心理学等学科的重要研究课题。近年来，行为研究技术、电生理技术，特别是微电极技术、脑化学技术等新技术的不断发展与应用，使我们对婴儿大脑形态和功能的发展、身体和动作的发展，以及生理发展与心理发展的关系等方面有了新的认识和见解。

一、婴儿的生理发展

（一）对婴儿大脑功能的新认识

人脑的结构和功能是统一的，结构决定功能，功能也影响结构。婴儿大脑的形态发展直接影响、制约着其功能的发展，决定着其发展的速度。

1. 婴儿大脑的形态发展

（1）脑重与头围。婴儿大脑从胚胎时期开始发育，出生时已重达350~400克，是成人脑重的25%（而这时体重只占成人的5%）。此后第一年内脑重增长最快，6个月时已达700~800克（约占成人脑重的50%），12个月时已达800~900克，24个月时增长到1 050~1 150克（约占成人脑重的75%），36个月时脑重接近成人脑重范围。此后发育速度变慢，15岁时才达到成人水平。这些发展变化在一定程度上反映了各个阶段大脑内部结构发育和成熟的情况，与大脑皮质面积的发展密切相关。

婴儿头围也存在类似的发展变化。刚出生时头围已达34厘米左右（约达成人头围的60%），12个月时达46~47厘米，24个月时达48~49厘米，此后增长速度变慢，10岁时才达52厘米。新生儿如果头围过小（小于32厘米或3岁后仍小于45厘米，又称“小头畸形”），则其大脑发育将受严重影响，智力发育易出现障碍（陈伯荣，2001）。新生儿如果头围过大（超过37厘米，又称“巨头畸形”），则表明婴儿患有脑积水或巨脑畸形等脑部病变，必须尽快检查治疗。当然，有个别婴儿头围过大或过小纯粹是由体重过大或过小引起的，而不存在其他病因（陈伯荣，1999；梁娟、王艳萍，2002）。

（2）大脑皮质。胎儿6或7个月时，脑的基本结构就已具备。出生时脑细胞已分化，细胞构筑区和层次分化已基本上完成，大多数沟回都已出现，脑岛已被邻近脑叶掩盖，脑内基本感觉运动通路已髓鞘化（白质除外）。

此后，婴儿皮质细胞迅速发展，层次扩展，神经元密度下降且相互分化，突触装置日趋复杂化。到2岁时，脑及其各部分的相对大小和比例已基本上类似于成人大脑。白质已基本髓鞘化，与灰质明显分开。大脑的髓鞘化程度是婴儿脑细胞成熟状态的一个重要指标。整个皮质广度的变化与髓鞘化程度密切相关。

2. 婴儿大脑的功能发展

上述婴儿脑的形态发展，为其脑功能的发展提供了物质基础，并促进其整个心理的发展。

（1）脑电。脑电的变化常作为婴儿脑发展的一个重要指标。研究证实，5个月胎儿已显示出脑电活动，8个月以后则呈现出与新生儿相同的脑电图，脑电活动开始具有连续性和初步的节律性，形成睡眠和觉醒的脑电图。其中，同步节律波α波常作为婴儿脑成熟的标志。新生儿在睡眠或向睡眠过渡时表现出6次/秒的节律波群，而这种波被认为是α波的原型。这表明新生儿皮质神经成分在一定程度上是成熟的。另外，研究者在新生儿皮质投射区还记录到对各种感觉运动刺激的诱发电反应。其中最成熟的是运动分析器投射的反应（已与成人相似），而视觉投射区的诱发电位则与成人有很大区别（常表现为正负波动，被认为是诱发电位早成分的表现）。诱发电位的早成分与信息的接收有关，晚成分与信息的加工有关，这是两种皮质机制。晚成分（信息加工机制）在新生儿时期还不成熟，而通过两条通路接收信息的机制从出生时就起作用。

出生后 5 个月是婴儿脑电活动发展的重要阶段，脑电逐渐皮质化，伴随产生皮质下的抑制。5~12 个月，外部刺激引起的诱发电位发生变化。例如，视觉诱发电位构型变得复杂化，潜伏期缩短。12~36 个月，婴儿脑电活动逐渐成熟，主要表现为安静觉醒状态下脑电图上的主要节律的频率有较大提高（达到 7~8 次 / 秒），脑电图的性质也复杂化，前中央部位出现高振幅缓慢波，β 波增加，觉醒状态下脑电图个体变异开始增大。

（2）皮质中枢。婴儿大脑是按照其基因结构的顺序而发展的，遵循着头尾原则和近远原则。婴儿刚出生时大脑两半球及其皮质尚不能正常发挥功能，皮质兴奋还处于弥漫状态，因而只要触动新生儿身体任何部位，就会引起其头、手和足等的乱动。

此后，在婴儿脑的发展中速度最快的区域是脑干。脑干中的中脑等具有控制先天性反射和呼吸、消化、排泄等主要生物机能的作用。随着皮质的发展，婴儿的反射动作将越来越少，高级智力活动进一步发展。

（3）大脑单侧化。婴儿大脑两半球不仅在解剖上而且在功能上也存在着差异。大脑单侧化就是在其大脑某个半球建立特定功能的过程。例如，对于多数右利手婴儿来说，其语言功能逐渐定位于左半球的过程就是一种单侧化进程。有人认为大脑单侧化是个渐进的发展过程，如刚出生时大脑两半球同时对语言进行处理，以后右半球对说话声控制逐渐减弱，左半球逐渐显示其语言优势；而越来越多的人则认为，婴儿大脑单侧化在发展过程中是恒定不变的，即自出生起，婴儿左右半球就分别控制着不同的功能。我们认为，这两种观点均反映了婴儿大脑单侧化进程中的一些事实。事实上是，在新生儿阶段就能观察到某种大脑单侧化的倾向。但这种倾向只表明两半球在功能上存在着量的差异，而并非质的区别。以后随着婴儿大脑的逐步发育成熟，这种单侧化倾向逐渐发展，并最终导致两半球在功能上出现质的更大的差异。

3. 后天环境影响与婴儿脑的发展

过去人们一直认为，婴儿脑的生长是一个恒定的过程，当其生长达到某一特定水平后就不会再有变化，脑的生长决定了行为的变化。但现在人们发现，婴儿大脑发展在很大程度上受后天环境的影响和制约，婴儿后天受到的对其身体及神经系统的刺激影响其大脑相应区域的生长。婴儿大脑具有巨大的可塑性和良好的修复性。

（1）婴儿脑的可塑性。在生命早期，大脑的发展并不单纯是成熟程序的展开，而是生物因素和早期经验两者结合的产物（Greenough，1987；Johnson，1998）。婴儿脑的大小和功能都受其后天经验的影响和制约。在突触形成处于高峰的时期，婴儿大脑所受到的恰如其分的刺激对这一过程的进行是至关重要的（Greenough et al.，1993）。大量动物和人类婴儿的研究结果表明：早期经验剥夺将会导致中枢神经系统发展停滞甚至萎缩，并构成永久性伤害；早期营养不良（如胎儿期营养不足）也会对婴儿脑的生长产生重要影响，使脑细胞发育不正常。

（2）婴儿脑的修复性。有关婴儿脑损伤案例的研究发现，在婴儿早期，大脑具有良好的修复性。一般来说，脑损伤是难以弥补的，其原因之一就是脑细胞的生长不同于身体其他细胞的生长，一旦完成就不会再增殖。但是，婴儿大脑可以通过某种类似学习的过程而获得一定程度的修复。一侧半球受损后，另一侧半球可能会产生替代性功能。例如，5岁以前大脑任何一侧半球的损伤都不会导致永久性的语言功能的丧失，因为语言中枢可以很快地移向另一侧半球，以克服言语障碍。

（二）婴儿生理发展过程及正常值

婴儿生理发展过程是指其身体各部及各种器官、组织的结构和功能的生长发育过程。生长是指量的增加，如身长、体重和各器官的增长；发育是指质的变化，如各器官、组织结构和功能的不断分化、成熟等。由于整个生长发育过程受遗传和后天环境的影响，个体之间在身高、体重或其他生理发展方面存在很大差异。我们不能凭婴儿某一时期某一方面发展过早或过晚，就断定婴儿发育异常；只有连续、系统、综合地观察，才能得出客观正确的结论。下面一些图表所显示的各方面的发展正常值，也指的是大致的平均水平。

1. 体重

刚出生时，足月男婴体重为3.3~3.4千克，足月女婴体重为3.2~3.3千克。

在正常喂养情况下，到 5 个月时婴儿体重增加 1 倍，12 个月时增加 2 倍，此后速度放慢，到 30 个月时达出生时体重的 4 倍，即 13 千克左右（如图 5-1 所示）。

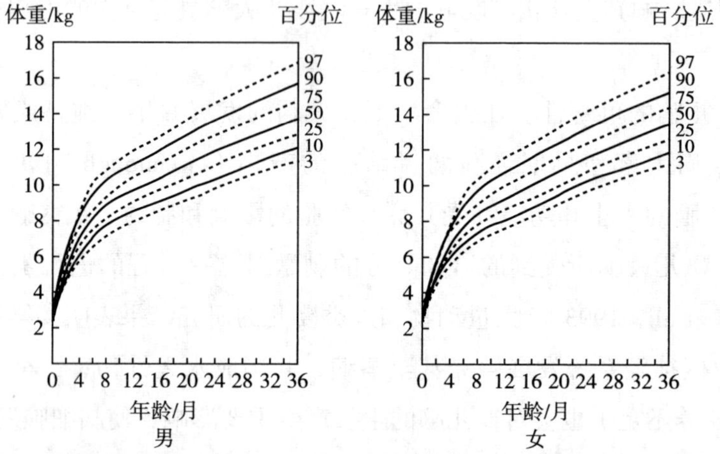

图 5-1　0~3 岁儿童体重百分位曲线

2. 身高

刚出生时，足月新生儿身高约为 50 厘米。其中，男婴比女婴略高，头胎比第二、三胎略矮。婴儿身高没有体重增长的速度快，一般来说，第一年内增长 25 厘米，第二年内增长 10 厘米左右（如图 5-2 所示）。研究发现，新生儿身高与其成年以后身高没有密切关系。

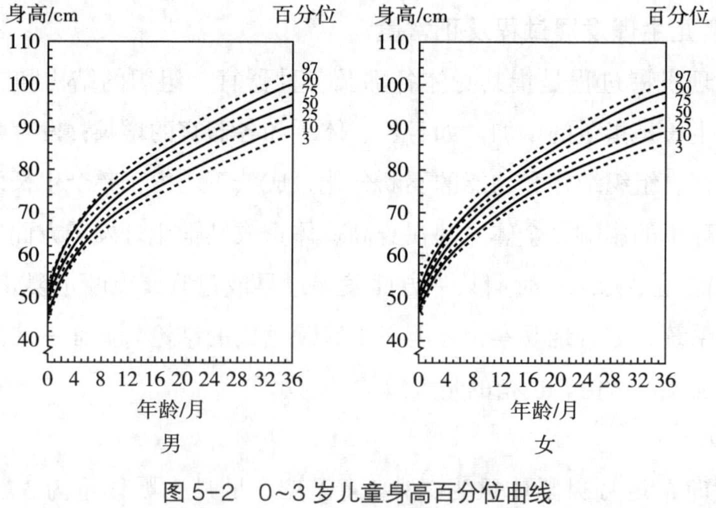

图 5-2　0~3 岁儿童身高百分位曲线

3. 上部量、下部量和胸围

自婴儿头顶至耻骨联合上缘的长度为上部量，由耻骨联合上缘到足底的长度为下部量。上下部量的比值：婴儿刚出生时，男婴为 1.64，女婴为 1.62；1 岁时，男婴为 1.45，女婴为 1.40；2 岁时，男婴为 1.34；女婴为 1.32。

胸围反映了婴儿身体形态与呼吸器官的发育状况。婴儿刚出生时胸围比头围小 1~2 厘米，到 18 个月时才超过头围，其后胸围逐渐较大。二者发育的正常值见表 5-1。

表 5-1　0~3 岁儿童头围和胸围发育正常值

年龄 / 月	男		女	
	头围 /cm	胸围 /cm	头围 /cm	胸围 /cm
0	31.8~36.3	29.3~35.3	30.9~36.1	29.4~35.0
1	35.4~40.2	33.7~40.9	34.7~39.5	32.9~40.1
2	37.0~42.2	36.2~43.4	36.2~41.0	35.1~42.3
3	38.2~43.4	37.4~45.7	37.4~42.2	36.5~43.2
4	39.6~44.4	38.3~46.3	38.5~43.3	37.3~44.0
5	40.4~45.2	39.2~46.8	39.4~44.2	38.1~44.8
6	41.0~46.5	39.7~47.1	40.4~45.0	38.9~45.5
7	41.7~47.0	40.1~47.3	40.8~45.7	39.5~46.3
8	42.4~47.6	40.7~48.1	41.3~46.2	39.9~47.0
9	43.1~48.3	41.2~49.0	42.1~46.8	40.4~47.6
10	43.8~48.9	41.8~49.6	42.8~47.4	40.8~48.3
11	44.3~49.3	42.5~50.2	43.3~47.9	41.4~48.8
12	44.9~49.9	43.0~50.8	43.9~48.5	41.8~49.2
15	45.5~50.2	43.6~51.5	44.3~49.0	42.3~50.2
18	45.9~50.7	44.1~52.1	44.9~49.5	42.8~50.7

续表

年龄 / 月	男		女	
	头围 /cm	胸围 /cm	头围 /cm	胸围 /cm
21	46.3～51.1	44.6～52.8	45.2～49.9	43.3～51.2
24	46.6～51.6	45.1～53.3	45.5～50.3	43.9～51.7
27	46.9～51.9	45.7～53.9	45.9～50.9	44.3～52.3
30	47.1～52.1	46.2～54.5	46.2～51.3	45.0～52.9
33	47.3～52.5	46.8～55.1	46.5～51.6	45.6～53.5
36	47.6～52.8	47.3～55.7	46.7～51.9	46.0～54.1

4. 牙齿和骨骼发育

婴儿的牙齿，根据其位置、形态和功能，可分为切牙（门齿）、犬牙（尖齿）和乳磨牙（臼齿）。婴儿乳牙在出生后 6~9 个月开始生长。

婴儿骨骼发育很有规律。我们常用 X 光拍片检查婴儿腕骨骨化中心，以了解其骨骼发育状况。将婴儿实际出现的骨化中心与正常标准相比，可得其骨龄。这也有助于内分泌和其他一些疾病的诊断。一般来说，12 个月时婴儿腕骨已发育出头状骨和钩状骨，36 个月时长出三角骨。13 岁时腕骨骨化过程才能全部完成。

二、婴儿的动作发展

婴儿各种动作的发展是其活动发展的直接前提，也是其心理发展的外在表现。婴儿动作发展有着严密细致的内在规律，遵循一定的原则，存在一定的常模，是一个复杂多变而又有规律可循的动态发展系统。

（一）动作的发生和新生儿动作研究

一般认为，婴儿动作最早发生在新生儿期，其最初的无条件反射行为便是“最早产生”的第一批动作。事实上，动作发生的时间应追溯到胎儿期。胎儿期的胎动和一些反射活动才是“最早产生”的两种动作。研究发现：刚满 2 个月的胎儿便可利用头或臀的旋转，使身体弯曲，从而离开刺激（这是最早的胎动）；3个月的胎儿已出现巴宾斯基反射和其他类似吸吮反射及抓握反射的活动。胎儿在5个月后逐渐获得了防御反射、吞咽反射、眨眼反射和强直性颈反射等对其生命有重要作用和价值的本能动作。

过去人们认为，新生儿软弱无能，其主要动作能力仅限于一些先天的反射活动。但是，近年来研究发现：首先，婴儿早期（0~3个月）共存在73种无条件反射，新生儿阶段的反射活动就有40多种，常见的有20多种，而不仅限于我们常说的6种或7种。其次，新生儿还具有躲避来物、够取物体和同步模仿与反应等动作能力。新生儿对迎面来的物体有明显的躲避行为，如缩头、后仰、眨眼等，这已被普遍证实。但对于新生儿的够物行为到底是视觉诱发（够物）行为还是视觉指导（够物）行为，目前仍存在激烈的争论（庞丽娟、李辉，1999）。关于新生儿对成人动作和面部表情的同步模仿问题，目前还只观察到一些事实。对于模仿是不是天生的这个问题，模块间匹配理论和联结序列学习假说有不同的解释。①

（二）婴儿动作发展的一般进程

婴儿动作发展主要有两方面的内容，即行走动作的发展和手运用技能的发展。半个多世纪以来，国际心理学界对婴儿动作发展的一般进程进行了大量的大样本容量和大时间跨度的研究，取得了丰富的常模资料，并编制了许多著名的婴儿发展量表，如格塞尔发展量表（Gesell，1940）、丹佛发展筛选量表（Frankenberg & Dodds，1967）、贝利婴儿发展量表（Bayley，1933）、新生儿行为评定量表、西南小儿智能体格测定表（重庆第三军医大学西南医院儿科，1980）、中国0~3岁小儿精神发育检查表（中国科学院心理研究所、首都儿科研究所，1984）和中国儿童发展量表（0~3岁）（中国儿童发展中心，1990）等等。这些量表都从不同角度和程度上反映了婴儿动作发展的整个过程。

我国心理学工作者对婴儿动作发展进行了大规模调查研究，得出了3岁前儿

① 陈武英、刘连启：《模仿：心理学的研究述评》，《心理科学进展》2013年第10期。

童动作发展的常模资料，详见表 5-2①、表 5-3②、表 5-4③、表 5-5④。

1. 行走动作的发展

表 5-2 3 岁前儿童全身动作发展顺序

顺序	动作项目名称	年龄 / 月	顺序	动作项目名称	年龄 / 月
1	稍微抬头	2.1	17	独自能爬	9.4
2	头转动自如	2.6	18	扶一手站	10.0
3	抬头及肩	3.7	19	扶两手走	10.1
4	翻身一半	4.3	20	扶物能蹲	11.2
5	扶坐竖直	4.7	21	扶一手走	11.3
6	手肘支床，胸离床面	4.8	22	独站片刻	12.4
7	仰卧翻身	5.5	23	独站自如	15.4
8	独坐前倾	5.8	24	独走几步	15.6
9	扶腋下站	6.1	25	自蹲自如	16.5
10	独坐片刻	6.6	26	独走自如	16.9
11	蠕动打转	7.2	27	扶物过障碍棒	19.4
12	扶双手站	7.2	28	能跑，不稳	20.5
13	俯卧翻身	7.3	29	双手扶栏上楼	23.0
14	独坐自如	7.3	30	双手扶栏下楼	23.2
15	给助力能爬	8.1	31	扶双手双脚跳，稍微跳起	23.7
16	从卧位坐起	9.3	32	扶一手双脚跳，稍微跳起	24.2

①③ 陈帼眉、冯晓霞、庞丽娟著:《学前儿童发展心理学》，北京师范大学出版社 2013 年版。

②④ 范存仁、周志芳:《从初生到六岁儿童智能发展规律的探讨》,《心理学报》1983 年第 4 期。

续表

顺序	动作项目名称	年龄 / 月	顺序	动作项目名称	年龄 / 月
33	独自双脚跳，稍微跳起	25.4	41	扶一手双脚跳好	29.2
34	能跑	25.7	42	扶双手单足站好	29.3
35	扶双手单足站不稳	25.8	43	独自双脚跳好	30.5
36	一手扶栏下楼	25.8	44	扶双手单脚跳，稍微跳起	30.6
37	独自过障碍棒	26.0	45	手臂举起，有抛掷姿势的抛掷	30.9
38	一手扶栏上楼	26.2	46	扶一手单足站好	32.3
39	扶双手双脚跳好	26.7	47	独自单足站不稳	34.1
40	扶一手单足站不稳	26.9	48	扶一手单脚跳，稍微跳起	34.3

表 5–3　儿童大运动动作发展顺序

粗大动作项目	常模年龄 / 月	成熟早期年龄 / 月	成熟中期年龄 / 月	成熟晚期年龄 / 月
俯卧抬头稍起	1.2	—	—	2.0
俯卧抬头，与床面成 45°	3.6	2.1	3.2	4.0
俯卧抬头，与床面成 90°	3.8	2.9	3.5	4.5
抱直、头部转动自如	3.3	2.0	2.9	3.7
仰卧翻身	4.2	3.1	3.7	6.8
扶坐竖直	4.9	3.1	4.2	6.3
独坐前倾	5.2	3.2	4.5	5.9
独坐	6.5	4.7	5.1	6.9
自己会爬	9.3	5.9	8.2	10.2

续表

粗大动作项目	常模年龄/月	成熟早期年龄/月	成熟中期年龄/月	成熟晚期年龄/月
从卧位坐起	9.7	6.9	8.6	11.4
扶腋下站立	4.7	3.3	4.2	5.4
扶双手站	7.7	5.1	6.6	8.9
扶一手站	10.1	7.0	9.5	10.9
独站片刻	11.9	9.2	11.2	13.3
扶双手走步	9.8	7.1	9.3	11.0
扶一手走步	11.8	9.1	10.7	12.7
独走几步	13.7	11.2	12.7	15.0
扶物能蹲	11.1	8.2	9.8	11.9
自己能蹲	13.9	11.2	12.6	14.8
会跑，不稳	16.7	14.0	15.2	17.7
跑能控制	19.8	15.6	18.3	20.7
自己上下矮床	20.0	14.6	17.1	22.8
双手扶栏上下楼	19.3	15.0	18.1	20.5
一手扶栏上下楼	23.9	19.4	22.7	28.2
不扶栏上下楼	28.1	21.5	26.1	33.7
双脚跳	26.7	21.3	24.0	29.5
独脚站	33.4	23.6	29.5	—
踢球	17.6	15.0	16.7	21.2
从楼梯末层跳下	31.7	24.3	29.1	34.4
跳远	30.0	24.1	28.2	35.4
手臂举起投掷	29.3	23.6	27.4	33.7

2. 手的动作的发展

表 5-4　3 岁前儿童手的动作发展顺序

顺序	动作项目名称	年龄 / 月	顺序	动作项目名称	年龄 / 月
1	抓住不放	4.7	11	堆积木 6～10 块	23
2	能抓住面前玩具	6.1	12	用匙稍外溢	24.1
3	能用拇指、食指拿	6.4	13	脱鞋袜	26.2
4	能松手	7.5	14	穿珠	27.8
5	传递（倒手）	7.6	15	折纸长方形近似	29.2
6	能拿起面前玩具	7.9	16	独自用匙好	29.3
7	从瓶中倒出小球	10.1	17	画横线近似	29.5
8	堆积木 2～5 块	15.4	18	一手端碗	30.1
9	用匙外溢	18.6	19	折纸正方形近似	31.5
10	用双手端碗	21.6	20	画圆形近似	32.1

表 5-5　儿童精细动作—适应性的发展

精细动作项目	常模年龄 / 月	成熟早期年龄 / 月	成熟中期年龄 / 月	成熟晚期年龄 / 月
握住拨浪鼓一会儿即掉	1.0	—	—	1.9
玩弄手	2.5	1.8	3.2	3.9
能抓住胸前玩具	4.7	3.1	4.2	5.5
能自己抱住奶瓶	5.5	3.0	4.4	7.4
可将奶瓶的奶嘴放入口中	5.8	4.1	5.3	7.9
积木在双手传递	6.4	5.0	5.9	6.9
能拿起面前玩具	6.2	5.0	5.8	6.7
拇指和他指抓握	6.9	5.1	6.5	7.9
拇指和食指捏米花	8.9	7.1	8.5	9.9

续表

精细动作项目	常模年龄 / 月	成熟早期年龄 / 月	成熟中期年龄 / 月	成熟晚期年龄 / 月
撕纸	9.1	5.7	8.3	9.9
从瓶中倒出小球	13.4	9.4	12.5	14.7
拾取东西	10.1	7.9	9.6	10.9
拿柄摇拨浪鼓	13.2	9.8	12.4	13.8
把小球放入瓶中	12.3	10.7	11.7	13.0
翻书一次一页	28.3	19.0	24.2	31.9
穿串珠	28.3	21.1	24.2	31.9
折纸长方形	31.1	22.7	28.3	34.0
折纸正方形	34.1	23.6	30.8	—
双手端碗	17.1	12.3	16.0	18.5
一手端碗	27.0	21.3	24.4	29.6
搭桥	28.9	19.5	26.5	34.4
搭火车	28.1	21.8	26.0	30.3
自己动手	27.6	21.1	24.8	30.4
搭积木 2~4 块	12.9	11.0	12.3	13.8
搭积木 5~7 块	20.9	18.1	19.0	21.8
搭积木 8~10 块	—	29.5	—	—

三、动作发展对心理发展的重要意义

动作在婴儿心理发展中的作用一直是心理学的一个重要问题。多年来，心理学家们从不同的角度探讨了这一问题，并提出了各自不同的理论和假说。在当前发展心理学的研究领域中，对这一问题的探讨普遍存在着“预先成熟”与“可能成熟”之争，即主要强调生理成熟与遗传密码指令对个体心理发展的重要作用，对结构（大脑及神经系统的完善）和机能（心理的发展）之间的关系产生争论，并导致对动作在心理发展中的作用存在着“助长”与“诱导”的不同理解。我们认为，对于动作与婴儿心理发展之间的关系，应进行动态的、细致的、发展性的分析，而不能简单地、静态地一言概之。

根据有关研究结果，我们认为，从心理的起源与发展来看，动作对于个体早期心理发展有着广泛而深刻的影响（董奇、陶沙，2004）。

首先，个体心理的起源与动作密切相关。从发生认识论的角度看，认识并不源于个体与生俱来的简单感知觉，而感知的源泉和思维的基础只能是动作。主体要认识客观外界就必须对客体施加动作，在实施动作的过程中主体与客体相互作用、相互改变。通过与物质环境的交互作用，主体可以获取物理经验和数理逻辑经验；通过与社会环境的交互作用，主体可以获得社会经验，认识人的主观世界。从个体智力的最初形式——感知运动智力的发生发展过程中，也可以看到动作在个体心理发展中的重要意义。在有目的的动作形成阶段（4.5个月至9或10个月），婴儿开始对自己动作所导致的结果感兴趣，并会为自己感兴趣的结果重现而重复相应动作，表明个体行为的“手段”与“目的”开始分化，感知运动智力始见端倪。在范型之间、手段与目的之间的协调阶段（9或10个月至11或12个月），动作作为个体实现目的之手段的功用性进一步明确，动作目的与方法之间开始协调，已有动作范型开始可以组合起来以达到新的目的。随后，婴儿能够通过偶然的尝试发现新的动作方式（11或12个月至18个月），在实施动作的过程中获得对客观外界的最初认识。由此可见，在个体思维、智力的发生过程中，动作起着决定性的作用。

其次，从个体心理的发展历程上看，个体的心理发展是由外逐步内化的，而动作在心理的内化过程中则起着关键性的作用。在心理发展初期，外显动作是婴儿认识活动的主要工具。向客体施加动作，并根据动作的结果进一步调整动作方式是婴儿认识客体的基本途径。随着婴儿与客观外界进行有效交往的动作不断丰富、复杂、熟练化，到18~24个月，婴儿开始形成心理表征能力，他们可以对自己的动作及客观事物进行内部表征，开始了心理的内化过程。此时，婴儿可以通过在头脑中组合动作范型来构成达到目的的新动作，而不需要外显的试误动作。

值得特别指出的是，尽管此时婴儿在解决问题时无须完全依赖外显的试误动作，但是动作仍然具有不可替代的重要性。这一方面是由于婴儿内部心理活动得以进行的工具是动作性再现表象，即婴儿通过动作来组织、再现外界事物的特征和过去经验；另一方面，在很长一段时间内，当面临新问题时，婴儿仍然需要求助于外显动作，通过与客体直接的相互作用来解决问题、扩展认识。可见，动作是个体心理不断内化的基础，并为个体内化的心理活动提供丰富的素材，使个体心理的内化过程得以持续进行。

最后，从个体心理发展的生理基础以及心理各个具体方面的早期发展来看，动作作为主体能动性的基本表现形式，在个体早期心理发展中起着重要的建构作用，它使个体能够积极地构建和参与自身的发展。具体表现在：（1）动作对于大脑的发育具有促进作用。动作不断练习、丰富、提高，可以促进大脑在结构上的完善，从而为个体早期心理的发展奠定良好的基础。（2）动作使个体对外部世界各种刺激及其变化更加警觉，并使感知觉精确化。（3）动作使得婴儿的认知结构不断改组和重建。动作既可以促使个体认知结构的内涵不断充实，还可以通过提供新经验来引起个体原有认知结构与新的环境刺激间的冲突、不协调，为打破原有认知结构并促使其向新结构转换提供现实的可能性。（4）动作改变着个体与物理环境、社会环境的互动模式，使个体从被动接受环境信息变为主动获取各种经验。这既促进了个体自主性、独立性的发展，同时也深刻地影响着个体的社会交往特点，进而对个体的情绪、社会知觉、自我意识等产生重要影响。

第二节 婴儿认知的发展

对于婴儿心理的发展，人们普遍关注其感知觉、注意、记忆和学习等认知过程的发展。多年来对这些领域里具体问题的普遍、迫切的关注，促使心理学家们不断展开认知发展的研究，从而使其成为婴儿心理领域内材料最丰富、成果和争议最多的方面。

一、感知觉的发生发展

在婴儿的认知能力中，感知觉是最先发展且发展速度最快的一个领域，在婴儿认知活动中一直占主导地位。

（一）视觉的产生与发展

1. 视觉的发生

目前大量研究已证实，视觉最初发生的时间在胎儿中晚期，4~5 个月的胎儿即已有了视觉反应能力以及相应的生理基础（刘泽伦，1991）。新生儿已具备一定的视觉能力，获得了基本视觉过程，视敏度达 20/200~20/400，并具备了原始的颜色视觉（庞丽娟、李辉，1999）。

2. 立体觉（stereopsis）的发展

关于立体觉最早发生的时间，目前尚无定论。大量研究（Bower，1970，1974；Gorden & Yonas，1976；Yonas，1978）证实，6 个月以前的婴儿已具有立体觉。还有研究（Fox & Aslin，1980）认为，3.5 个月婴儿就已有明显的立体觉了。而沃克（Walk，1981）认为，这并不意味着 3.5 个月以前的婴儿就生活在一个平面的、没有深度的世界里。

3. 颜色视觉的发展

大量研究（Adams，1987；Brown，1990）证实，2~4 个月婴儿的颜色知觉已发展得很好。4 个月时已表现出对某种颜色的偏爱，且已具有正确的颜色范畴性知觉（Dannemiller，1989），其颜色视觉的基本功能已接近成人水平（Haith，1990）。

（二）听觉的发生发展

1. 听觉的发生

近年来，越来越多的心理学家根据他们的研究认为，正常健康婴儿一生下来就有听觉（至少可以肯定是在生后 24 小时以内），听觉可以说是与生俱来的（Bijeljac-Babic et al.，1993；Sansavini et al.，1997）。但是，胎儿研究的最新成果表明，听神经从胎龄 6 周即开始逐渐发育，24 周左右耳蜗的形态和听神经的分化基本完成，15~20 周的胎儿开始有听觉，至 25 周时几乎与成人相等，28 周时则对音响刺激已具有充分的反应能力（江延姣，2006）。

2. 听敏度的发展

1个月婴儿已能鉴别200赫兹与500赫兹纯音之间的差异（Wormith，Pankhrust，& Moffitt，1975）。5~8个月婴儿在1 000~3 000赫兹范围内能觉察出声频2%的变化（成人是1%），在4 000~8 000赫兹范围内的差别阈限与成人水平相同（Olsho & Sakai，1982；Olsho，1984）。

3. 视听协调能力的发展

刚出生的婴儿就有最基本的视听协调能力（Wertheimer & Bower，1966；Muir & Field，1978）。3~6个月婴儿的视听协调能力已发展到能使他判别视听信息是否一致的水平（Bahrick，Walker，& Neisser，1981）。另据研究（Walk，1981），6个月以前婴儿已能辨别音乐中旋律、音色、音高、调性及其转换模式的不同，并初步具有了协调听觉与身体运动的能力。

（三）味觉、嗅觉和触觉的发生发展

1. 味觉的发生发展

味觉感受器在胚胎3个月时开始发育，15周时已初步成熟且能发挥作用。4个月的胎儿已能感受足够的味觉刺激。新生儿的味觉已发育得相当完好了，并在其防御反射机制中占有相当重要的地位。新生儿已明显“偏爱”甜食，且对甜、酸、苦和白开水的面部表情已明显不同。味觉在婴儿和儿童时期最发达，以后就逐渐衰退，这与味觉在人类种系演化进程中的趋势是一致的。

2. 嗅觉的发生发展

7~8个月的胎儿具有相当成熟的嗅觉感受器，且具有初步的嗅觉反应能力，已能大致区别几种不同的气味。新生儿已能对各种气味做出相应的典型反应，如“喜爱”好闻的气味等，还能够由嗅觉建立食物性条件反射，并有初步的嗅觉空间定位能力。

3. 触觉的发生发展

胎儿在第49天时就已经具有初步的触觉反应，2个月时能对细而尖的刺激产生反应活动（刘泽伦，1991）。新生儿已能凭口腔触觉辨别软硬不同的乳头，4个月时则能同时辨别不同形状和软硬程度的乳头。手的本能性触觉反应在婴儿刚出生时便可表现出来，但至于幼小婴儿是否能够够物，目前仍存在激烈的争论

（Butterworth，1978；Difranco，Muir，& Dodwell，1979）。但 4 个月以后的婴儿具有成熟的够物行为，视触协调能力已发展起来。

（四）空间知觉的发生发展

1. 方位知觉的发生发展

婴儿对外界事物的方位知觉是以自身为中心进行定位的。刚刚出生的新生儿就具有基本的听觉定向能力，并成为婴儿早期空间定向的主导形式。

2. 距离知觉的发生发展

新生儿已能对逼近物体有某种初步反应，并具备原始的深度知觉。2~3 个月时已具有对来物的保护性闭眼反应。近年来，视崖装置被大量用来研究婴儿的深度恐惧感，并引发了关于恐惧感产生和发展机制的激烈争论（Campos，1986，1992）。

（五）物体知觉的发生发展

1. 形状知觉的发生发展

这方面的研究一直处于剧烈争论和发展变化中。但目前至少可以肯定的是，婴儿在 3 个月时具有分辨简单形状的能力，在 8 或 9 个月以前就获得了形状恒常性，而且事实上可能比这还要早。

2. 大小知觉的发生发展

多年来，这方面的研究一直处于“两难困境”之中（Dodwell，1987；Campos，1989）。目前可以肯定的结论是：4 个月以前的婴儿就已具有大小知觉的恒常性，6 个月以前的婴儿已能辨别大小。

二、注意的发生发展

注意研究起步很早，但由于人为原因曾中止过一段时间。近年来，这方面的研究又有了大的发展。

（一）注意的发生

婴儿一生下来就有注意。这种注意实质上就是先天的定向反射，是无意注意的最初形态。新生儿已具备注意的选择性，并具备对外界进行扫视（visual scanning）的能力。

（二）注意的发展

婴儿期注意的发展，主要表现为注意选择性的发展。1~3个月婴儿的注意已经明显地偏向曲线，不规则图形，对称的、集中的或复杂的刺激物，以及所有轮廓密度大的图形。这些事实支持轮廓密度理论（Karmel，1969，1975）和图形视觉理论（Banks & Salapatek，1981）。

3~6个月婴儿的视觉注意能力在原有基础上进一步发展，平均注意时间缩短，探索活动更加主动积极，而且偏爱更加复杂和有意义的视觉对象。可看见和可操作的物体更能引起他们特别持久的注意和兴趣。

6个月以后婴儿的睡眠时间减少，白天经常处于警觉和兴奋状态。这时的注意不再像以前那样只表现在视觉等方面，而是以更广泛和更复杂的形式表现在吮吸、抓握、够物、操作和运动等日常感知活动中。这时的选择性注意越来越受知识经验的支配，受当前事物（或人）在婴儿的社会认知体系中的地位以及婴儿所知道的自己与它们之间的关系的支配或影响。

同时，研究表明，婴儿的共同注意（joint attention）随着年龄的增长而逐步提高，在9个月左右有了显著的变化，但1岁以前，该能力的发展水平都较低。共同注意是一种较复杂的社会认知能力，它的发生包含一系列分化与协调的过程。婴儿既要关注他人，又要关注目标物，还要将在空间上完全分离的他人与目标联系起来，利用从他人那里获得的信息来调整自己的行为，将注意指向第三个物体。这就需要婴儿对注意进行分配和协调（董奇等，1997）。因此，在1岁以前，婴儿的共同注意能力较低。

1岁以后，言语的产生与发展使婴儿的注意又增加了一个非常重要而广阔的领域，使其注意活动进入了更高的层次：第二信号系统。例如，这时期婴儿注意活动的一个非常明显的特点就是，当他听到成人说出某个物体的名称时，便会相应地注意那个物体，而不管其物理性质如何、是不是新异刺激、是否能满足机体的需要。也就是说，物体的第二信号系统特征开始制约、影响着婴儿的注意活动。

三、记忆和学习的发生发展

（一）记忆的发生发展

1. 记忆的发生

长期以来，人们认为记忆的发生应当在新生儿期。采用习惯化、条件反射和重学节省等判别指标的研究证实：婴儿最早在生后几小时内产生了记忆（Blass et al.，1984）。

但是，近年来胎儿研究工作者发现，人类个体在胎儿末期（妊娠8个月左右）就已有了听觉记忆，出生后有再认表现（刘泽伦，1991；Sandman et al.，1997）。对其他动物的比较心理学研究也为这一结论提供了有力的佐证。

因此，我们认为，人类个体记忆发生的时间在胎儿末期，而不是在出生后不久。

2. 记忆的发展

帕波塞克（Papousek，1967）最早采用经典条件反射研究了婴儿期记忆的发展。诺韦-科利尔（Rovee-Collier，1981，1987）及其同事首创用操作性条件反射对婴儿记忆进行了一系列极富成效的研究，证实：（1）新生儿末期已具备特定的长时记忆能力；（2）3个月婴儿对操作性条件反射的记忆能保持达4周之久。该研究结果目前已开始被人们普遍接受。

12个月以后，婴儿语言的产生和发展为他们带来了很多重要的变化，如符号表征能力的产生、再现和模仿能力的迅速发展、延迟模仿能力的产生等。其中，符号表征能力的出现使婴儿语词逻辑记忆能力的产生成为可能，而延迟模仿能力的产生则标志着婴儿表象记忆及再现能力的初步成熟。

（二）学习的发生发展

学习是指婴儿在与客体相互作用的过程中获得经验或由此引起个体倾向与能力变化的过程。婴儿的学习可以划分为三个不同的层次：（1）习惯化；（2）经典或工具性条件反射；（3）语言的掌握、概念的学习等各种复杂类型的学习。这一分类反映了婴儿学习从低级到高级、由简单到复杂的发展过程，较好地揭示了婴儿学习发展的实质。其中，习惯化是一种由于重复或不断受到某种能导致个体选择性定向反应的刺激，而引起个体对该刺激反应的减少的现象。它与适应（acclimatization）和熟识（familiarization）截然不同，是婴儿早期一种非常重要的学习形式，也是记忆发生的重要标志。

1. 学习的发生

大量研究证实，人类胎儿在妊娠末期已可接受言语、乐音等外界刺激并获得经验，且该经验能保持到出生后并对其行为产生明显的影响。这表明人类个体在胎儿期已能进行颇有成效的学习，学习活动最早发生的时间是在胎儿末期（刘泽伦，1991；Sandman et al.，1997）。

2. 学习的发展

婴儿一生下来就有学习能力。这种能力的最根本特点就是明显地倾向于认识环境中某些特定的联系，婴儿最初几周内的学习活动明显地受到这种具有种系特点的倾向性的制约。国外学者曾研究了出生后 2 天至 2 或 3 周的新生儿对人类面部表情的模仿学习能力，发现：成人伸舌头，婴儿也跟着伸舌头；成人张嘴，婴儿也跟着张嘴；成人笑，婴儿也表现出高兴的表情（Field et al.，1982；Meltzoff & Moore，1987）。

3 个月时婴儿已能顺利进行各种学习活动，学习范围和种类越来越广泛，学习技能越来越多样，并且能对社会性刺激和非社会性刺激进行记忆和学习（Bhatt et al.，1994；Mandler & McDonough，1993；Younger，1993）。例如，3 个月婴儿可以进行操作性条件作用的学习，而且经过适当复习后这种学习效果可保持 4 周之久。

此后，婴儿的信息编码（encoding）能力迅速发展起来，这使得婴儿能够更快、更有效地从外界获取更多的信息，进行更有成效的学习。6 个月以后婴儿的学习能力又有了新的发展，表现为：再认能力继续加强（长时记忆能力继续发展）；社会性认知和社会性学习有了长足进步（出现了“认生”现象）；影响学习的重要因素之一——分类能力也获得了显著的发展，使婴儿的学习更加接近于概念学习。例如，研究表明，10~12 个月的婴儿已能进行基本的数概念学习（Strauss & Curtis，1981），已能对现实世界的事物进行高级的分类。

四、思维的发生发展

思维活动是一个复杂的认识过程，有许多方面和多种形式。从其活动本身来看，人的思维有概念形成、理解和问题解决等重要形式。而概念形成和理解往往带有问题解决的性质。因此可以说，问题解决（problem solving）是人类思维活动的最一般形式。其实，人的思维活动常常由一定问题引起，并指向问题的解决。这也正是思维的目的性所在。当前对婴儿思维发展的研究，大都集中在问题解决能力的发生发展等方面，并取得了一些突破性进展，获得了丰富的实验材料。这些材料对20世纪60年代建立起来的经典的（或者说权威的）皮亚杰认知发展理论提出了怀疑和挑战。作为挑战的结果，皮亚杰关于认知发展的一些重要结论或被推翻，或被修正，其理论的绝对权威性已受到猛烈冲击。

（一）思维的发生

皮亚杰认为，在婴儿认知发展的前三个阶段（0至9或10个月）内不存在真正的问题解决行为。后来，他本人对此结论也表示怀疑。现在的研究证实，他的怀疑是对的，当初他断定要在几个月后才能建立起来的协调行为在新生儿期或稍后就以某种形式表现出来，而有目的性的行为最早在5个月以前就产生了。例如，巴特沃斯和霍普金斯（Butterworth & Hopkins，1988）发现，新生儿自发胳膊运动中有32%的行为不但具有明确的目的，而且还运用了启发式搜索策略，具有问题解决的性质。帕波塞克和伯恩斯坦（Papousek & Bernstein，1969）关于婴儿条件反射的经典实验以及其他人（Mast，Fagan，& Rovee，1980；Parko，1987）的大量研究证实，3个月的婴儿就已具备了比较明显的问题解决能力。

（二）思维的发展

皮亚杰认为9~12个月的婴儿的问题解决行为还缺乏灵活性，不能适应手段与目的之间的协调。但是，威拉茨（Willatts，1985）和布伦纳（Brenner，1985）等人对婴儿用支持物够物行为进行的研究表明，7~8个月婴儿能根据不同情况的任务而调整自己的够物行为，9个月的婴儿在用支持物够物时已很少犯"A、B错误"。

对于12~24个月的婴儿，皮亚杰认为他们能够解决越来越复杂的问题。但他所描述的这时期婴儿问题解决行为的计划性（或有目的性）受到了越来越多的怀疑与批评，因为：（1）皮亚杰未能观察到一个不经试误就把问题解决了的事例；（2）他常把速度和成功次数作为判断婴儿问题解决行为计划性的指标，但这很不科学，这两者与计划性并无必然联系。实验也证明：材料的变化和婴儿对材料的熟悉程度都会影响 10 个月以后婴儿问题解决行为的成功。婴儿不能成功，有时完全是因为缺乏必要的知识经验，而不是缺乏计划性。

因此，上述对皮亚杰的批评导致了两种截然相反的观点，并引发了各种有目的的验证性研究。例如：一部分研究（Jarrett，1988；McKenzie & Bigelow，1986）认为，12 个月的婴儿还不能事先计划好问题解决行为，缺乏计划性；另一部分研究（Willatts，1984，1988）则认为，婴儿最早在 9 个月时就获得了计划性行为，12 个月以前的婴儿为了某一目的至少已能计划好两步以上的动作。

总之，目前关于婴儿思维研究的最新成果有许多与皮亚杰的理论有出入。随着研究方法和技术的进步，近年来人们得以日益深入地认识婴儿期个体的认知潜力，发现婴儿并不是只具备简单的感知运动反射，其知觉整合、表征及关于客观事物的关系等方面的内隐知识均迅速发展（Diamond，1988；庞丽娟、李辉，1999；Bertenthal，1996；董奇等，2002）。这些最新成果表明，采用启发式搜索策略的问题解决行为在婴儿早期（至少是在 3 个月以前）就已产生并贯穿于整个婴儿期。6 个月时婴儿已能进行模仿，12 个月以前已能利用工具解决问题，并获得了手段—目的分析策略。这表明婴儿的表征能力在很早的时候（至少在 12 个月以前）就已产生，推翻了皮亚杰“表象是感知运动阶段的最终成就”的结论。其他关于婴儿模仿的研究（Meltzoff，1977，1988）、关于再现记忆的研究（Mandler，1984）、关于客体永久性的研究（Hood & Hatts，1986）等，都从不同程度上证实了这一点。这为婴儿问题解决能力的发展提供了良好的心理基础。

第三节　婴儿言语的发展

言语发展是婴儿心理发展过程中最重要的内容之一。这不仅因为语言是人类心理交流的重要工具和手段，而且因为语言在婴儿认知和社会性发展过程中起着重要作用，对其以后的心理发展有着深远而重大的影响。言语对于婴儿发展的重要意义还在于，在西方，人们普遍认为语言的获得就标志着婴儿期的结束。英文

"infant"（婴儿）一词来自拉丁语，意思是"不能说话"。正因为如此，20 世纪 50 年代以前人们对婴儿言语很少研究。只是随着 50 年代心理语言学的产生，人们才逐渐从言语获得的角度来研究婴儿言语的发生发展。

目前，心理学界对言语在整个婴儿期的发生发展已有了一个比较系统而深入的认识，在很多问题上取得了比较令人满意的解释。但对于某些基本理论问题，目前仍存在激烈争论。

一、婴儿言语发展理论

在系统阐述婴儿言语发展过程以前，我们有必要探讨一下有关的基本理论问题，如婴儿言语的基本内容与过程、言语发生发展的生理基础、言语发生的内在机制等。

（一）语言与言语

语言是以词为基本单位、以语法为构造规则而组成的一种符号系统。它具有社会性和生成性等其他符号系统所没有的特征。索绪尔（Saussuer，1857—1913）指出，应区分语言和言语，即区分社会性语言和个别性语言。言语即"实际的话语"，实际上就是语言的传递过程。它包括听、读（感觉和理解的过程）、说、写（表达过程）等过程。语言只有通过言语活动才能体现其作为交流工具的职能，成为"活的语言"。

言语过程（speech process）主要包括言语感知、言语理解和言语表达三个方面。我们所说的婴儿言语发展，主要就是指这三个方面能力的发生发展过程。其中，言语感知是言语活动的首要环节。

（二）婴儿言语发生发展的内在机制

这是当代心理语言学和发展心理语言学中最复杂的基本课题之一。到目前为止，先后出现了五种颇具代表性的理论假说。这些理论之间存在着非常激烈的争论，争论的焦点有：语言是先天的还是后天习得的，是被动学习的还是主动创造的，以及认知（尤其是思维）与言语的关系。

1. 强化说

巴甫洛夫和斯金纳都认为，言语的获得就是条件反射的建立，而强化在这一过程中起着非常重要的作用。斯金纳特别强调“强化依随”在婴儿言语行为形成过程中的决定作用。乔姆斯基对此进行了深刻的批评，并认为婴儿不可能通过强化而最终获得语言。我们认为，强化说有其合理性，可以解释清楚某些低级言语的发生过程，如最初的语音和单个单词等。

2. 转换生成说

这是乔姆斯基提出的一种语言理论。这种理论有以下几个要点。（1）语言是利用规则去理解和创造的，而不是通过模仿和强化得来的。（2）语法是生成的。婴儿先天具有一种普遍语法，言语获得过程就是由普遍语法向个别语法转化的过程。这一转化是由先天的语言获得装置（LAD）实现的。（3）每个句子都有其深层和表层结构。句子的深层结构（语义）通过转换规则变为表层结构（语音等），从而被感知和传达。

不少心理学家认为，乔姆斯基的语言理论有许多合理之处，但其语言获得装置只是一种假设，尚未也很难得到证实。他过于强调天赋和先天性，低估了环境和后天教育的作用，忽略语言的社会性，有唯心主义倾向。20 世纪 70 年代，美国“人工野孩”吉妮（Genie）的个案研究公布以后，乔姆斯基对其理论加以补充：作为言语获得基础的这种先天机制，后天必须及时地暴露于语言的刺激下而被激活，否则就会失败。

3. 模仿说

这是由奥尔波特（Allport，1924）率先提出的关于个体言语获得机制的理论。他认为，婴儿语言只是对成人语言的模仿，是成人语言的简单翻版。后来的社会学习理论流派代表人物班杜拉（Bandura，1977）认为，婴儿主要是通过对各种社会言语模式（verbal modeling）的观察学习（模仿学习）而获得言语能力的，其中大部分是在没有强化的条件下进行的。

哈里斯和哈塞默（Harris & Hassemer，1972）对模仿在言语获得过程中的作用进行了比较研究，证实婴儿言语活动中有模仿成分。但怀特赫斯特（Whitehurst，1975）对传统的模仿说进行了改造，并进一步提出了“选择性模仿”的新概念，认为婴儿对成人言语的模仿是有所创造、有所选择的。

我们认为，在婴儿获得言语的过程中有各种类型的模仿在起作用，而不仅是直接模仿（观察模仿）或选择性模仿单独作用所能承担的。概括起来，在婴儿言语获得过程中相继有四种类型的言语模仿行为：（1）即时的、完全的临摹；（2）即时的、不完全的临摹；（3）延迟模仿（有变形或创造性因素）；（4）选择性模仿（可以按照语言范型的结构、功能在新情境中表述新的内容）。一般来说，即时性模仿在言语发展的初期起主要作用，但随后便被延迟模仿所替代。这两种模仿在婴儿 2 岁前发挥着重要作用。后来选择性模仿占据了主导地位，它使婴儿能迅速地掌握和运用大量语言材料和基本语法规则。但是，对于复杂的语言范型，婴儿则不能模仿或者表现为不完全的模仿。因此，模仿说并不能解释言语获得过程中的全部事实。

4. 认知学说

与上述理论不同，以皮亚杰为代表的认知发展理论则强调环境与主体相互作用对言语发生发展的重要影响。皮亚杰认为，语言是儿童的一种符号功能，语言源于智力并随认知结构的发展而发展。认知起因于主客体之间的相互作用（皮亚杰，1970），在这种相互作用的过程中，动作的发展与协调导致逻辑的产生，从而导致语言的产生。也就是说，语言并非构成逻辑的根源，恰恰相反，语言乃是由逻辑所构成的（皮亚杰，1959）。

5. 相互作用论

近年来，语言发展的新理论强调内部经验和环境输入之间的相互作用，实际上强调语言学习的社会语境。一个有语言天赋的儿童会观察并参与到与他人的社会交流中，从这些经验中，儿童建立了一个将语言的形式、内容与社会意义联系在一起的交流体系。根据这个观点，与他人交流的先天能力与丰富的语言、社会环境结合起来，帮助婴儿去发现语言的功能和规则（Bohannon & Bonvillian，1997）。

尽管相互作用论把儿童看作积极的交流个体，但是关于儿童先天才能的争论还在继续。一些学者接受了修改过的乔姆斯基的观点，并指出，尽管儿童首先要弄懂语言，但他们会详细地阐述并重新提炼那些假设，语言是以接收到的输入结构为基础的（Slobin，1985）。其他的学者对婴儿和学前儿童的认知能力印象很深。他们认为，儿童将普遍认知的强大的分析工具应用到语言中，而不是将那些被特别调和的工具应用到语言中来理解复杂的语言环境（Bates，1995；Tomasello，1995）。

相互作用论也没有逃过现代研究者批判的眼光，因为相互作用论认为语言表达能力来自交流的经验。我们没有发现在语言技能的应用和其他方面之间显示出很大不同的儿童。但是，对智力发育迟缓婴儿的研究表明，他们的语用技能常常落后于其他方面的语言成绩（Levy，1996；Yamada，1990）。

总的来讲，我们认为，应动态地、发展地考察婴儿言语发生的过程，而不能静止地、一般地来概括什么是决定因素，这样会流于形而上学和机械唯物主义。言语发生的过程，实质上应该看作一个多种因素相互影响、相互作用的复杂的动态系统的活动过程。在系统发生的初期，即时性模仿和强化依随可能相对起着更重要的作用；在系统发生的中、晚期，选择性模仿和婴儿自发的言语实践活动则可能起主导作用。而人类所独有的符号表征能力、适宜的发音器官及其活动则是言语系统发生发展的前提条件。

二、前言语的发展

在婴儿掌握语言之前，有一个较长的言语发生的准备阶段，称为前言语阶段（prelinguistic stage）。一般来说，从婴儿出生到第一个具有真正意义的词产生之前的这一时期（0~12 个月）叫作前言语阶段。在此期间，婴儿的言语知觉能力、发音能力和对语言的理解能力逐步发展起来，出现了咿呀学语、非语言性声音与姿态交流等现象，统称为前言语现象或前言语行为。

（一）言语知觉的前言语发展

近年来，对婴儿言语知觉的大量研究表明：婴儿在最初的几周内就已经听完了人类语言所拥有的绝大部分的语音差别（Aslia，Jusczyk，& Pisoni，1998；Jusczyk，1995）；婴儿在生后一周内就已能区分出人的语声和其他声音，而且这种区分是类别性的（Mehler et al.，1996；Moon，Cooper，& Fifer，1993）；3~4 个月的婴儿已能对辅音进行范畴性知觉，区别出清浊辅音的不同（Kuhl et al.，1992；Polka & Werker，1994）；10~12 个月时，婴儿区分、辨别各种语音的能力已基本成熟，能够辨别出母语中的各种因素，并认识到这些因素所代表的意义

（Jusczyk & Aslin，1995；Jusczyk & Hohne，1997）。周兢（1994）认为，在汉语系统中，婴儿的前言语阶段是语言获得过程中的语音敏感期。围绕着语言最外在的实际显现——语音，婴儿发展了三方面的能力，即前言语感知能力、前言语发音能力和前言语交际能力。她把婴儿前言语阶段的言语知觉能力分为三种水平：辨音水平（0~4 个月）、辨调水平（4~10 个月）、辨义水平（10~18 个月）。综合近年来的最新研究成果，我们认为婴儿言语知觉的前言语发展可分为以下五个阶段。

1. 妊娠中、后期（5~8 个月）

这时胎儿已有了初步的听觉反应和原始的听觉记忆能力，能大致区分出乐音、噪音和语音，并表现出对母语语音的偏爱。个别胎儿还表现出对语音的辨别和记忆能力。

2. 新生儿期（0~1 个月）

这时婴儿已能对声音进行空间定位，并能根据声音的物理特征来辨别各种声音的细微差别，表现出对语音（尤其是母亲的语音）的明显偏爱。有研究（张丽霞，2006）发现，刚出生 1~2 天的新生儿对成人的言语就有明显的“同步反应”。

3. 发音游戏期（2 个月至 3 或 4 个月）

这时婴儿已开始理解言语活动中的某些交往信息，能和成人进行“互相模仿”式的“发音游戏”，能够辨别、区分并模仿成人语音，并能辨别清辅音和浊辅音，获得了语音范畴性知觉能力。

4. 语音修正期（5 个月至 8 或 9 个月）

这时婴儿已能辨别言语的节奏和语调特征，并开始根据其周围语音环境改造、修正自己的语音体系。那些母语中没有的语音在这一阶段逐渐丢失。

5. 学话萌芽期（9~12 个月）

这时婴儿已能辨别母语中的各种音素，能把听到的语音转换为音素并认识到这些语音所代表的意义。这使他们能够经常地、系统地模仿和学习语音，为言语的发生做好了准备。

（二）语音的前言语发展

吴天敏和许政援（1979）将婴儿语言前期的语音发展划分为三个阶段，即简单发音阶段（0~3 个月）、连续音节阶段（4~8 个月）和学话萌芽阶段（9~12 个月）。E. 卡普兰和 G. 卡普兰（Kaplan & Kaplan，1971）则把它划分为四个阶段，即哭叫（0~1 个月）、唧唧咕咕（1 个月至 5 或 6 个月）、咿呀学语（6~10 个月）和标准化言语（11~18 个月）。

朱曼殊、张仁俊（1987）在进行个案追踪研究后认为，前言语阶段语音的发展可分为三个阶段，即 0~4 个月的单音节阶段、4~10 个月的多音节阶段和 11~12 个月的学话萌芽阶段。周兢（1994）通过对汉语婴儿进行纵向追踪和横向补充的研究后认为，前言语阶段婴儿的发音练习大致经过单音发音阶段（0~4 个月）、音节发音阶段（4~10 个月）、前语词发声阶段（10~18 个月）三个阶段。而国外有学者把英语婴儿的前言语发音分为五个阶段，即反射性发声（0~8 周）、喁喁作声（8~20 周）、玩弄语言（16~30 周）、重叠牙牙学语（25~30 周）和非重叠学语（9~18 周）。

上述学者的研究结果基本一致。由此可见，婴儿的语音获得过程可归纳为：从最初的哭声中逐步分化语音，并沿着"单音节音—双音节音—多音节音—有意义语音"的顺序发生发展。朱曼殊、张仁俊（1987）认为，各类语音发生发展的顺序是由发音器官各部位的生理成熟程度所决定的。由于人类婴儿发音器官的生理发展具有共同规律，因此世界各国婴儿最初的语音发展也呈现出普遍的规律性。

（三）前言语交流的发展

大量研究表明，婴儿在能够用语言进行交流之前的这一年里，能够采用一些特定的声音和姿态进行信息交流，这就是前言语交流。前言语交流同样具备了言语交流的三大基本特征，即目的性、指代性和约定性。在言语产生以后的漫长时间里，前言语仍在某些特定场合发挥着语言替代物的作用。

1. 前言语交流的目的性

贝茨及其同事（Bates et al.，1975）研究发现，婴儿 9 个月时即能有目的地进行交流，其标志是原始祈使（proto-imperatives）和原始陈述（proto-declaratives）行为的产生，而后者包括呈示（showing）和给予（giving）两种行为。

在原始祈使行为产生的过程中，婴儿为获得某一物体而发生以下变化：

（1）交错注视；（2）更正交流失败信息；（3）工具性姿态的仪式化（ritualization of previously instrumental gestures）。这种仪式化使原本是工具性行为的姿态失去原有功能，只作为该行为的符号而参与交流。

2. 前言语交流的指代性

指示（pointing）是前言语交流指代性的典型外在表现，在前言语交流过程中扮演着特殊而重要的角色。关于其起源问题，目前仍存在激烈争论。有研究（Hannan，1982；Fogel & Hannan，1985；Carpenter，Nagell，& Tomasello，1998；Fenson et al.，1994）发现，婴儿生后第 9 周就出现了类似于指示动作的姿势。这表明人类生来具有产生指示动作的某种“生物准备性”。也有研究发现，指示动作的出现标志着随后语言能力的大发展，二者有一定正相关。

3. 前言语交流的约定性

一些研究者认为，9 个月时出现的工具性行为的仪式化现象，实质上是婴儿语言交流约定性的最原始的开端。婴儿主要是通过模仿和仪式化这两个途径来学习、掌握语言系统中的约定性指代关系的。出生后头半年里，婴儿就可通过操作性条件反射来逐渐实现其交流行为的仪式化过程；9 个月时，婴儿能真正通过模仿来学习、掌握各种约定性。

三、言语的发生

关于婴儿言语发生及其标志问题，目前仍存在激烈争论。欧美心理学家认为，婴儿说出第一个与某一事物有特定指代关系的母语中的词，就标志着言语的发生，时间在生后 9~11 个月。我国心理学家认为，婴儿最早说出具有概括性意义的词，才是言语发生的标志，时间是 11~13 个月。综合多种研究材料，我们认为，由于个体间有着较大的差异，因此婴儿言语发生的时间是 10~14 个月。

（一）第一批词的产生及生态学分析

婴儿最早可以在 9 个月时说出第一个有特定意义的词（Bates et al.，1979），最晚则在生后 16 个月时（Barrett，Harris，Jones，& Brookes，1986）。对这第一批词的生态学研究发现，它们具有很强的场合约定性（context-bound），即它们只能用来指代很有限的某个特定情境（场合）下发生（或出现）的某一特定事物，还不具备概括性意义，只具备原始的指代性、对应式的象征性和一定的交流意义，就好像是某一特定场合下特定事物的伴随物一样（Barrett，1983；Greenfield & Smith，1976；Griffiths，1985）。

但是，进一步的研究（Barrett et al.，1986，1989）发现，在婴儿说出的第一批词中，有一些已具备了概括性意义。这一发现表明，在言语发生过程中婴儿之间也存在着较大的个体差异，它推翻了“第一批词不具有概括性意义”的结论，并将严格意义上的词语发生的时间推进到出生后 10 个月。

（二）词语的获得与运用

在言语发生阶段，婴儿词语的获得与运用主要体现在以下三个方面：（1）继续掌握一些场合限制性较强的词（Barrett，1983，1986）；（2）已掌握的词开始摆脱场合限制性，获得初步的概括意义（Lock，1980；Barrett，1983，1986；Acredolo & Goodwyn，1990）；（3）开始直接掌握一些具有概括性和指代性功能的词语（Gopnik & Meltzoff，1986；Iverson et al.，1994；Namy & Waxman，1998）。其中，词语的去场合限制性（decontextualisation）是婴儿真正掌握词语、获得概念的重要途径。其外在表现为，原本只用于特定场合、特定事物的词语，现在迁移、运用到与此事物有关的不同场合。

关于这一阶段婴儿获得与运用词语的内在机制问题，研究者在核心因素理论（Nelson，1983，1985；Barrett，1983，1986）的基础上进一步提出了原型理论（the prototype theory）。它很好地解释了“外延缩小”“外延扩大”“匹配错误”等婴儿获得词语过程中所特有的现象，也得到实验研究和实际观察结果的有力支持和证明，因而是可接受的（庞丽娟、李辉，1999）。

四、言语的发展

婴儿在 10~15 个月的时候平均每个月掌握 1~3 个新词，这样到 15 个月时就能说出一批词了。随后，婴儿掌握新词的速度显著加快，19 个月时已能说出约 50 个词。此后，婴儿掌握新词的速度进一步突然加快，平均每个月掌握 25 个新词，这就是 19~21 个月时的“词语爆炸”现象。在此后的 2 个月内，婴儿说出第一批有一定声调的双词句，从而结束了单词句阶段，进入词的联合和语法生成时期。

（一）双词句的生成及其机制

双词句比单词句表达的意思更明确，已具备语句的主要基本成分，但是它仍然简略、断续、不完整。有些看起来更像人们打电报时所用的语言，被称为“电报句”；有些则是由一个常用词作主词，再加上一个指代事物、动作或属性特征的词语，称为“主词句”，如“那书”“嘿，气球”“更多牛奶”等。双词句的生成规则也有两种：一种是“中轴开放式”联结，即以常用词为“中轴”，在其前或后联结一个关于事物、动作和属性特征的词，组成“主词句”；另一种是“范畴对应式”联结，即由来自两个不同范畴（种类和性质上不同）却有内在实际意义或特定关系的词联结，从而组成“电报句”。

（二）语法的获得

大量研究表明，20~30 个月是婴儿基本掌握语法的关键期。而到 36 个月时，婴儿已基本上掌握了母语的语法规则系统，成为一个颇具表达能力的“谈话者”。

在婴儿掌握语法规则的过程中，普遍存在一种“过度规则化”或“规则扩大化”（overgeneralization）现象，这与婴儿自我中心思维的绝对性有关（庞丽娟、李辉，1999）。关于婴儿获得语法的内在机制问题，人们提出了不同的假说或理论试图进行解释，如乔姆斯基的转换生成说、麦克温尼（MacWhinney）的类推生成法等等。

第四节　婴儿的气质

气质，是婴儿出生后最早表现出来的一种较为明显而稳定的个人特征，是在任何社会文化背景中父母最先观察到的婴儿的个人特点。

有研究通过记录、分析婴儿的哭声，发现新生儿的气质在出生后两天就已经显现出来（Hiroyuki，2011）。由于气质在婴儿社会性发展过程中具有非常重要的地位和作用，对了解和预测婴儿个性发展和社会相互作用系统具有重要的指导意义，所以，近年来关于婴儿气质的研究日益增多。同时，由于研究思路和方法的不断改进，婴儿气质的测量、发生发展、基本内容和特点等方面都有了诸多进展，取得了大量的有价值的研究成果。

一、气质的类型及其特点

气质类型是指表现在人身上的一类共同的或相似的心理活动特性的典型结合。由于目前在气质的定义、内容和生理基础等问题上存在着各种不同的理论或流派，对气质的本质有着各不相同的解释，因而对气质类型的划分也是众说不一，如传统的四类型说、巴甫洛夫的高级神经活动类型说、托马斯和切斯的三类型说等。

（一）传统的四类型说

这一学说是从古希腊开始逐步传播、发展起来的，目前仍具有较强的生命力，被人们广泛运用。它将人类气质分为以下四种最基本的类型。

1. 多血质

具有这种气质的人的特点是：感受性较弱，反应性、兴奋性、平衡性很强；可塑性大，外倾，爱交际；灵活性高，反应速度快。

2. 胆汁质

具有这种气质的人的特点是：感受性很弱，反应性和主动性很强，兴奋比抑制占优势；刻板，外倾；情绪兴奋性强，反应速度很快，不灵活。

3. 黏液质

具有这种气质的人的特点是：感受性很弱，反应性很弱，主动性很弱，不灵活，内倾；情绪兴奋性弱，反应速度缓慢。

4. 抑郁质

具有这种气质的人的特点是：感受性很强，反应性和主动性弱；刻板，内倾；兴奋性强；情绪抑郁，反应速度缓慢，不灵活。

（二）巴甫洛夫的高级神经活动类型说

巴甫洛夫认为，高级神经活动三种基本特性的不同结合，可以形成四种高级神经活动类型。其中三种是强型，一种是弱型。强型又可分为平衡型和不平衡型。平衡型又可分为灵活型和不灵活型。相应于这四种高级神经活动类型，根据其在人的心理活动和行为中的不同表现，可以将人的气质划分为四种不同的类型，即弱型（抑郁质）、强而不平衡型（胆汁质）、强而不灵活型（黏液质）、强而灵活型（多血质）。

（三）托马斯和切斯的三类型说

托马斯、切斯（Thomas & Chess，1974，1982）在对婴儿进行大量追踪研究的基础上，根据自己确立的气质九维度标准，将婴儿的气质类型划分为以下三种。

1. 容易型

大多数婴儿属于这一类型，约占托马斯、切斯全体研究对象的 40%。这类婴儿的吃、喝、睡等生理机能有规律，节奏明显；他们容易适应新环境，也容易接受新事物和不熟悉的人；他们一般有愉快的情绪，爱玩，对成人的交往行为反应积极。由于他们生活规律，情绪愉快且对成人的抚养活动提供大量的积极反馈（强化），因而容易受到成人最大的关怀和喜爱。

2. 困难型

这类婴儿人数较少，约占 10%。他们突出的特点是时常大声哭闹，烦躁易怒，爱发脾气，不易安抚。在饮食、睡眠等生理机能活动方面缺乏规律性，对新食物、新事物、新环境接受很慢。他们的情绪总是不好，在游戏中也不愉快。成人需要费很大的力气才能使他们接受抚爱，很难得到他们的正面反馈。由于这种孩子对父母来说是一个较大的麻烦，在养育过程中容易使亲子关系疏远，因此需要成人极大的耐心和宽容。

3. 迟缓型

约有 15% 的被试属于这一类型。他们的生活水平很低，行为反应强度很弱，情绪总是消极，而且不甚愉快，但也不像困难型婴儿那样总是大声哭闹，而是常常安静地退缩，情绪低落。他们逃避新事物、新刺激，对外界环境和事物的变化适应较慢。但在没有压力的情况下，他们也会对新刺激缓慢地发生兴趣，在新情境中能逐渐地活跃起来。这类儿童随着年龄的增长，随着成人抚爱和教育情况的不同而发生分化。

以上三种类型只涵盖了约65%的儿童，另有35%的婴儿不能简单地划归到上述任何一种气质类型中去。他们往往具有上述两种或三种气质类型的混合特点，属于上述类型中的中间型或过渡（交叉）型。

（四）布雷泽尔顿的三类型说

布雷泽尔顿（Brazelton，1969）将婴儿气质划分为三种基本类型：一般型、活泼型和安静型。

1. 活泼型

典型的活泼型婴儿是“连哭带斗”地来到人世的。他们不像一般婴儿那样要靠外力帮助才哭，等不及任何外界刺激就开始呼吸和哭喊。护士给他们穿衣服时，他们大喊大叫，脚挺直，或用脚踢，用手推开护士。睡醒后立即就哭，从深睡到大哭之间似乎没有较长的过渡阶段。每次喂奶对母亲来说都是一场战斗。

2. 安静型

这类婴儿从出生时起就不活跃。出生后就安安静静地躺在小床上，很少哭，动作柔和、缓慢，眼睛睁得大大的，四处环视。第一次洗澡时也只是睁大眼睛、皱皱眉，没有惊跳，也不哭，甚至在打针时也较安静而不大闹。

3. 一般型

这类婴儿介于前两类之间。大多数婴儿都属于这一类。布雷泽尔顿指出，活泼型和安静型婴儿的父母常常忧虑自己孩子的身心是否正常，其实这是没有必要的，婴儿的气质是各不相同的，但这些婴儿都是正常儿童。

（五）巴斯的活动特性说

巴斯和普罗敏（Buss & Plomin，1984）根据婴儿在各种类型活动中的不同倾向性，将其划分为情绪性、活动性、社交性和冲动性等四种不同气质类型，认为这四种气质类型各具有不同的行为特征。

1. 情绪性婴儿

这类婴儿常通过行为或心理生理变化而表现出悲伤、恐惧或愤怒的反应。与其他婴儿相比，他们可能对更细微的厌恶性刺激做出反应并且不易被安抚下来。他们的恐惧水平和愤怒水平之间存在负相关。其中，有一部分情绪性婴儿的主导情绪也许是恐惧，并伴随一般的唤起水平或悲伤水平；而另一部分婴儿的主导情

绪也许是愤怒，同时较少恐惧和悲伤。

2. 活动性婴儿

这类婴儿总是忙于探索外在世界和做一些大肌肉运动，乐于并经常从事一些运动性游戏。其中，有些活动性婴儿会显得很霸道，经常与人争吵，而有些婴儿则常从事一些有益而富有刺激性、启发性但不带攻击性的活动。活动性婴儿比其他类型婴儿更易引起与他人的冲突而导致成人对其采取限制、干预或强制性行为。巴斯认为，活动性婴儿在儿童期表现为坐不住、爱活动，而到青年期则表现为精力充沛、活动能力强、有事业心、竞争心强等。

3. 社交性婴儿

这类婴儿常愿意与不同的人接触，不愿独处，在社会交往中反应积极，在追求家庭成员和不相关人员的接纳上都同样积极。但是他们这种强烈的社交要求常会受到挫折或伤害，有时甚至被作为神经过敏而遭拒绝。

4. 冲动性婴儿

这类婴儿突出表现为在各种场合或活动中极易冲动，情绪、行为缺乏控制，行为反应的产生、转换和消失都很快。这类婴儿的活动、情绪都不稳定而多变化，冲动性强。

（六）卡根的抑制—非抑制说

卡根（Kagan，1987）经过长期追踪研究后认为，在婴儿期气质特质中只有抑制—非抑制这一项内容可以一直保持到青春期以后而不变。这表明抑制—非抑制才有可能是划分婴儿气质的真正的、实质性的内容，才有可能是划分婴儿气质类型的可靠标准。据此，卡根把婴儿划分为两种气质类型，即抑制型和非抑制型。抑制型婴儿的主要特征是拘束克制、谨慎小心和温和谦让；而非抑制型婴儿则相反，他们无拘无束、自由自在、精力旺盛。婴儿的这些不同的行为反应主要并集中地体现在他们对“不确定性”的反应中。

除了以上六种主要的气质类型说以外，有研究者（Casalin，Luyten，Vliegen，& Meurs，2011）选取 8~13 个月的婴儿，对其进行一年的追踪调查，发现婴幼儿的气质结构由外倾性（extraversion/surgency）、消极情绪（negative affectivity）和控制力（effortful control）三个因子组成，三个因子间高度相关。

总之，目前关于婴儿气质类型的划分及特征等问题，还未达成明确共识。但相对来说，托马斯、切斯的气质理论目前在婴儿心理学界的影响最为普遍，也最具有代表性，因为它较深入细致地揭示了婴儿的气质类型和特点，更为贴近婴儿的气质或行为、情绪反应的实际。

二、气质的稳定性和可变性

气质的最主要特征之一是具有相对稳定性。在一定时期和条件下，气质是变化最为缓慢的个性心理特征。但是，气质也并不是一成不变的。观察和研究都发现，婴儿“天生带来”的活动或行为模式是可以改变的。这是因为，婴儿的神经系统和心理活动都正处在不断发展、变化过程中，后天环境和教育对婴儿发展的影响也是至关重要的。研究者（Costa & Figueiredo，2011）通过一项纵向研究，探究婴儿3个月至12个月心理状态和气质的异同及影响因素。研究者让母亲填写相关量表并评估母婴交流情况。结果发现，3~12个月的婴儿在气质维度上一般表现出良好的稳定性，而在母婴交流因素的影响下，诸如悲伤等维度的气质有所改变。这种先天和后天因素相互作用的结果导致婴儿气质的稳定性和可变性，并进而表现为气质发展的连续性和不连续性。

（一）婴儿气质发展的稳定性

采用父母报告法对婴儿气质发展连续性的研究（Rothbart，1981）表明，在第一年婴儿气质的稳定性呈现连续增长的模式，前后气质类型的相关系数分别为0.23（3~6个月）、0.59（6~9个月）和0.69（9~12个月）。有很多研究者（Peters-Martin & Wachs，1981；Matheny et al.，1981）综合采用几种评定法（包括问卷法、访谈法等），证实婴儿气质具有一定的稳定性。

由于上述研究都是主要采用问卷法、访谈法进行的，因而容易把婴儿实际行为的稳定性和父母对其评价的稳定性混淆起来。因此，近年来人们开始对婴儿气质进行家庭观察研究，并取得了一些很有价值的证据。例如，佩德森（Pederson，1980）通过对12~30个月的婴儿进行家庭观察，得出了一个关于气质社会性的复合评估指标，并发现，直到24个月时婴儿对母亲和对陌生人的社会性的个体差异才显示出一些较低的、不显著的相关。另外一些家庭观察研究也得出了类似的结论。由此可以看出，家庭观察法与访谈法和问卷法的结果不完全相同，前者所得出的婴儿气质的稳定性通常要低一些。但由于这些研究只是记录了婴儿的个别行为，因而人们对其结果的可靠性也提出了质疑。后来，研究者开始在控制得更为严格的情境下进行观察并加以测量。例如，科纳等人（Korner et al.，1981）采用几种客观手段观察、测量和评估新生儿的活动性和哭的个体差异，结果还是发现存在一种日益增长的稳定性，并且发现这些差异均不受出生环境的影响。

总之，现有大量研究证明，婴儿气质具有较大的稳定性。俗话所说的“禀性难移”，即是指气质的稳定性。

（二）婴儿气质发展的可变性

气质虽然是比较稳定的个性心理特征，但其在后天生活环境和教育影响的作用下，在一定程度上也是可以改变的。这一点近年来也已被许多心理学家的实验研究所证实（如 Garcia-Coll，Kagan，& Reznick，1984；Kagan，Reznick，Clarke，& Snidman，1984；Reznick，1986；Snidman，1984）。

卡根等人（Kagan et al.，1984，1987）对 100 名婴儿的气质（其中抑制型和非抑制型婴儿各半）进行了长达 4 年的追踪研究。他们采用婴儿对陌生同伴的行为反应作为评定气质类型的主要依据，以婴儿接近同伴所需的时间作为量化指标，研究婴儿气质在 4 年里的发展变化情况。结果发现，非抑制型气质的婴儿在 4 年里很少发生变化，而抑制型婴儿中有一半减少了抑制性。其中，早期测量时心率慢而变化的抑制型婴儿比心率快而稳定的抑制型婴儿更易改变抑制性。

另有研究发现，刚出生时比较急躁的婴儿在随后的两三年里比不急躁的婴儿更易转变为抑制型婴儿。

事实上，社会环境（包含后天教养）对婴儿气质的发展变化有着不可忽视的持续性影响。由于家庭间、同伴间和师生间所存在的社会性相互作用的深刻影响，婴儿气质大都会发生一定的甚至较大的变化。例如，卡根在研究中发现，一个在 30 个月时属于极端抑制型的男孩，由于家庭教养和后天环境的影响，到 5 岁时转变成为一个非抑制型儿童。卡根认为这主要是社会化使然。此外，普法伊费尔等人（Pfeifer et al.，2002）进行了有关抑制性和非抑制性行为的追踪研究，结果表明，在学步儿期，保持抑制和非抑制性行为的情况较少，而改变则更加普遍。

总之，无数的实验事实说明，婴儿的气质是可以变化的，并非一成不变。但至于这种变化的实质和内在机制是什么，目前尚无定论，还有待于进一步探讨。

三、气质对早期教养和发展的意义

研究表明，一方面，气质对儿童生理发展有重要影响。研究者（Gong，Ji，& Shan，2013）对 1 117 名健康婴儿进行了 12 个月的跟踪调查，结果发现：婴儿的身高、体重和气质显著相关，容易型及混合型气质的婴儿体重显著高于困难型和缓慢型气质的婴儿。婴儿的气质与母亲的喂养习惯之间也存在相关关系（Vollrath，Tonstad，Rothbart，& Hampson，2011）。另一方面，气质对儿童认知发展、情绪控制和行为调节等方面的发展均具有有效的预测作用（Matheny，1989；Broberg，Lamb，& Hwang，1990；Martin，Olejnik，& Gaddis，1994）。研究者（Benjamin，Lahey，& Hulle，2008）对 1 863 名婴儿进行了为期一年的纵向研究，发现在生命的第一年，婴儿的气质和父母教养方式可以预测孩子未来的行为问题。易怒性（fussiness）可以有效预测男婴的行为问题，勇气（fearfulness）可以有效预测女婴的行为问题。注意力不集中和过于活跃的儿童学习情况不好。高度活跃的儿童善于和小朋友交往，但也比其他儿童更容易卷进冲突之中。情绪敏感、容易激动的儿童更容易产生打人、抢玩具等行为；而害羞、内向的儿童更多是看着同伴，多采取阻碍交往的行为（Hinde et al.，1985）。内向、高焦虑的儿童做错事后会感到很自卑，而小时候害怕的经历使他们不可能变得很有攻击性；相反，易怒和冲动的儿童更有攻击性和反社会的可能（Caspi & Silva，1995；Caspi，1998）。

婴儿气质对早期教养的影响主要体现为不同气质类型的婴儿对早期教养的适应性和要求不尽相同。一般来说，容易型婴儿对各种教养方式都容易适应。但这种容易适应性也会导致一些行为问题的发生。例如，这些婴儿在早年容易接受并适应父母的期望和管教标准，并将它们内化为自己的期望和规则系统。这样当他们走进幼儿园或同龄人的世界时，就会发现新环境中的要求和规则与他们在家庭中习得的行为模式有所出入。如果这两种要求间的冲突十分严重，则婴儿会陷入进退两难、无所适从的境地，从而导致行为问题或发展障碍。

困难型婴儿的父母从一开始就面临着早期教养和亲子关系的问题。为了使婴儿抚养和家庭生活的正常秩序能够维持下去，家长们必须处理很多棘手的问题，如怎样适应这类婴儿生活不规律、适应慢的特点，怎样对待婴儿的烦躁、易哭闹，等等。如果家长在教养孩子时不一致、没有耐心或经常性地斥责、惩罚孩子，那么这些孩子比其他类型的孩子就容易表现得更加烦躁、抵触、易怒和消沉。大人只有特别热情耐心、有爱心地对待这些孩子，全面考虑他们的气质特点，积极采取适合他们特点的、有针对性的措施、方式，才能使这些孩子健康、良好地适应、发展。

对于迟缓型婴儿的教养，关键在于让他们按照自己的速度和特点去适应环境，顺其自然。如果给他们施加压力以催促其尽快地适应环境，则只会强化或诱导其本能的反应倾向——回避。另外，他们也确实需要鼓励或机会去尝试新经验、适应新环境，他们更需要尝试过程中的热情帮助与具体指导，只有这样，他们才能更好地适应，发展得更加积极、良好。

如前所述，婴儿的气质会随着年龄的增长而变化。这说明环境并非总是支持某种气质类型。托马斯和切斯提出了“拟合优度模型”来描述气质和环境因素是怎样共同作用，对儿童发展产生良好结果的。他们认为，气质类型的形成，关键在于父母的教养方式是否与儿童的气质特点相符合。拟合优度模型包括创造婴儿抚养的环境，在这种环境中识别每个孩子的气质类型，同时鼓励他们表现出更多的恰当行为。儿童与父母是相互影响的。例如，母亲属于生活很有规律的人，而婴儿属于困难型气质，母亲就会想方设法建立一种秩序，按时给婴儿喂奶，让婴儿按时睡觉等，但婴儿没有这种节律，这势必会使母婴之间出现很多冲突。反过来也一样，如果孩子是有节律的，而父母没有，也会引发亲子关系的不和谐。对于生性好动、活动水平高的孩子来说，父母过多的干预则可能抑制他们的探索行为，导致他们对新奇事物不喜欢，慢慢转化为面对学习和社会挑战产生强烈的焦虑不安（Van den Boom & Hoeksma，1994）。父母养育和孩子气质的不一致，称为拟合劣化，它会助长孩子的抵抗性和充满冲突的人格。相反，尽管孩子有消极行为，但父母能积极正面地教养孩子，为孩子创造一个愉快、稳定的家庭环境，孩子的适应障碍就会随年龄的增长而减少（Belsky，Fish，& Isabella，1991）。

气质与父母教养方式的拟合优度模型提示我们：每个婴儿都是带着独一无二的气质来到这个世界上的，气质无好坏之分。父母所要做的就是提供适合儿童发展的成长环境，给他们以成长的力量，帮助他们迎接成长的挑战。

第五节 婴儿情绪、社会性的发展

从出生时起，婴儿就是一个社会人，婴儿就被包围在各种社会物体、社会刺激之中，形成和发展着人的情绪情感、社会行为和关系等。近年来，对婴儿心理的大量研究，使我们更加全面、深入地认识了婴儿心理的发展，看到了婴儿情绪情感的发展和社会交往能力的发展。

一、最初的情绪反应

儿童出生后即有情绪表现，如新生儿或哭，或静，或四肢蹬动。同时，初生婴儿的情绪反应就已是初步分化的。情绪专家伊扎德（C. E. Izard）的研究表明，人类婴儿在出生时，就展示出了五种不同的情绪，它们是惊奇、伤心、厌恶、最初步的微笑和兴趣。我国心理学家孟昭兰基于自己和他人的一系列研究指出，新生儿即已有兴趣、痛苦、厌恶和微笑等四种表情。可见，婴儿出生后不仅有情绪，而且已初步分化。但是，儿童最初的这种情绪反应大多是先天性的，是遗传本能，且与儿童生理需要是否满足直接相关。因此，它们是最原始的情绪反应。

随着婴儿发展，在成熟和后天环境的作用下，其情绪不断变化、发展。一般研究认为：婴儿在 5~6 周时，出现对人的特别的兴趣和微笑，即社会性微笑；3~4 个月时，婴儿出现愤怒、悲伤；6~8 个月时，婴儿出现对最熟悉、亲近者的依恋，并随之产生对陌生人的焦虑及分离焦虑等。1.5 岁左右时，各种最初的情绪反应不断分化、发展。比如：哭逐渐分化为因饥饿、寒冷、疼痛、困倦、玩具被拿走、成人离开、恐惧、惊吓、成人批评、焦虑等引起的哭；恐惧也由一开始由物理、机体刺激（如刺耳的高声、身体突然失去支持等）引起，发展为逐渐与知觉、经验相联系，并越来越多地与人际交往、想象、语言联系在一起。

自我意识情绪（self-conscious emotion），也叫自我意识评价情绪，是比基本情绪更加复杂的一类情绪，包括尴尬、自豪、羞耻和内疚等，是对自我逐渐产生认知，形成自我表征，并通过自我评价或他人评价而产生的一类情绪。自我意识情绪在激发人类思想、情感和调节行为等方面都有重要的作用（Tracey & Robins，2004）。

尴尬是一种负性自我意识情绪，是当个体觉察到自己违反了社会规则或出乎意料地被迫成为他人关注的焦点时，所产生的一种暂时性的慌乱、窘迫的情绪。婴儿的尴尬在 19~23 个月发生。

自豪是一种正性自我意识情绪，是当积极事件或成功事件发生时，个体将注意指向自我，对事件的结果进行积极的自我表征，从而体验到的一种愉悦情绪。婴儿的自豪在 27 个月发生，其典型的动作单元为微笑、头稍微后倾、舒展的身体姿势和双手叉腰。

羞耻是一种负性自我意识情绪，是个体在行为与社会标准或自我期望不一致时，所产生的一种沮丧、痛苦的情绪。婴儿的羞耻在 29~35 个月发生。任务失败的情境可以诱发婴儿的羞耻，主要表现为身体塌陷或倾斜、嘴角向下、从任务中撤回和消极的言语评价四个方面。

内疚是一种负性自我意识情绪，是当个体觉察到自己做错了事情或伤害了别人，感到局促不安，同时倾向于向受害者道歉或采取某些措施来弥补自己犯下的错误时所产生的情绪。婴儿的内疚一般从 27 个月开始出现，普遍的发生时间为 28 月龄。发生指标主要包括目光回避、消极的情绪状态、弥补行为和身体紧张四个方面。

行为研究表明，婴儿在生后 3 个月左右即可利用同步呈现的面孔与语音刺激成功探测出情绪信息，这表明情绪辨别能力可能出现在面孔或语音加工的神经通路成熟之前。婴儿在出生后 5 个月即可区分不同情绪的语音，7 个月后可辨别情绪面孔并表现出负性偏向。① 因此，与社会认知和情绪加工相关的神经网络可能早在 1 岁前就开始形成和发展。

婴儿情绪性语音加工的脑成像研究表明，2~3 个月的婴儿尚未形成对情绪性语音加工敏感的脑区。② 直到生后第 7 个月，婴儿语音加工脑区的激活模式才与成人基本相似（Belin & Grosbras，2010；Grossmann et al.，2010；Blasi et al.，2011）。除了能辨别情绪之外，婴儿还表现出对恐惧、愤怒等负性情绪的注意偏向。比如，与快乐情绪面孔相比，5~7 个月的婴儿对恐惧情绪面孔给予更多的注视时间。③ 与快乐情绪面孔相比，婴儿对负性情绪面孔的注意更难转移。④ 上述婴儿的社会和情绪认知研究结果与在成人被试中得到的结果非常相似。因此可以推断，出生后 6 个月的婴儿已具备与成人相似的社会和情绪脑网络。⑤ 进一步的研究发现，6 个月的婴儿不仅已形成了与成人类似的情绪加工网络，而且具备了初步的恐惧条件化（fear conditioning）学习的能力（Hooker et al.，2011）。

二、婴儿情绪的社会化

初生婴儿的情绪基本上都是生理性的，是一种原始的、本能的反应，由机体内外某些适宜、不适宜的刺激所引起，并反映机体当时的内部状态、生理需要。

---

① Flom, R., & Bahrick, L. E.（2007）. The development of infant discrimination of affect in multimodal and unimodal stimulation: The role of intersensory redundancy. *Developmental Psychology, 43*（1）, 238–252.

② Belin, P., & Grosbras, M. H.（2010）. Before speech: Cerebral voice processing in infants. *Neuron, 65*（6）, 733–735.

③ Kotsoni, E., de Haan, M., & Johnson, M. H.（2001）. Categorical perception of facial expressions by 7-month-old infants. *Perception, 30*（9）, 1115–1125.

④ Peltola, M. J., Leppänen, J. M., Palokangas, T., & Hietanen, J. K.（2008）. Fearful faces modulate looking duration and attention disengagement in 7-month-old infants. *Developmental Science, 11*（1）, 60–68.

⑤ Georgiou, G. A., Bleakley, C., Hayward, J., Russo, R., Dutton, K., Eltiti, S., et al.（2005）. Focusing on fear: Attentional disengagement from emotional faces. *Visual Cognition, 12*（1）, 145–158.

但是，婴儿自降生的时刻起，即进入人类社会环境中，和成人进行相互交往，在人际交往中实现着情绪的社会化。

婴儿情绪社会化是当前情绪发展研究的焦点之一，是近年来研究、探讨得最多的热点课题之一。婴儿的社会性微笑、陌生人焦虑、分离焦虑和情绪的社会性参照等既是婴儿情绪社会化的核心内容，也是当前情绪社会化研究的中心主题。

（一）社会性微笑

社会性微笑的出现是婴儿情绪社会化的开端，是婴儿发展中一件极其重要的事。社会性微笑通常用来辨别婴儿是否患有孤独症。虽然婴儿生来就有笑的反应，但最初的笑是自发性的，它与中枢神经系统皮质下的神经冲动自发发放有关，与脑干或边缘系统的兴奋状态变化有直接联系。因此，它通常发生在婴儿的睡眠中或困倦时，并且是突然出现的、低强度的。这种笑通常也被称为内源性的笑，常常在没有任何外部刺激的情况下发生。出生后 3 周左右，在婴儿清醒时，轻轻地抚摸其面颊、腹部，也能引起婴儿微笑。婴儿 4~5 周时，让他双手对拍、让他看转动的纸板或听各种熟悉的说话声，都能引起婴儿微笑。但此时这些微笑，不管是内源性的还是诱发性的，都是反射性的，而不是社会性的微笑。

约 5 周始，婴儿能区分人和其他非社会性刺激，对人的声音、面孔开始有特别的反应，大人的声音、面孔特别容易引起婴儿的微笑，社会性微笑开始出现。心理学家观察到，在此时婴儿如听到大人的声音或看见大人对着他点头，婴儿特别高兴，微笑时十分活跃，眼睛明亮。8 周时，婴儿会对一张不移动的脸发出持久的微笑。

但是，从 5 周至 3.5 个月，婴儿对人的社会性微笑是不加区分的，他们对主要抚养者或家庭其他成员、陌生人的微笑都是一样的。婴儿还不能区分不同人，对人的微笑是无差别的。甚至有研究表明：3 个月的婴儿对人的正脸，不论是生气的脸还是笑脸，都报以微笑；如果是侧脸，婴儿则停止微笑。

从 3.5 个月尤其从 4 个月开始，随着婴儿处理刺激内容的能力的增加，他们能够分辨熟悉的脸和其他人的脸，开始对不同的人报以不同的微笑，出现有差别、有选择性的社会性微笑。他们对熟悉的人比不熟悉的人笑得更多；对熟悉的人会无拘无束地微笑，而对陌生人则带有一种警惕的注意。这是社会性微笑的进一步发展，也是真正意义上的社会性微笑。许多研究表明，4 个月以后，婴儿对主要抚养者母亲笑得最多、最频繁，其次是对家庭其他成员和熟人，最后是对陌生人，对陌生人笑得最少。

社会性微笑的影响因素与抚养者的养育方式有很大的关系。研究者对社会性微笑的发生发展进行了跨文化比较。① 研究者选取了德国明斯特城及喀麦隆农村地区 6 周大的婴儿进行了 6 周的追踪调查，明斯特城社会文化共同体中生活的人与婴儿有大量的面对面交流，而喀麦隆农村社会文化共同体中生活的人与婴儿的交流很少。6 周后，明斯特城 12 周大的婴儿社会性微笑及模仿他人微笑的频率及时长均高于喀麦隆农村 12 周大的婴儿。可见，面对面交流对于婴儿社会性微笑的发展具有重要意义。

（二）陌生人焦虑

随着婴儿逐渐能分清陌生人和熟人，随着母婴关系的日益亲密，婴儿能很好地把主要抚养者母亲和陌生人区分开来，陌生人的出现便会引起婴儿的恐惧、焦虑。例如，当陌生人靠近正在玩玩具的婴儿时，婴儿会非常紧张，眼睛在陌生人和母亲之间来回观看，突然大哭起来。如果陌生人离去，婴儿会慢慢平静下来，但如果陌生人又回来，婴儿还会大哭。这种反应称为陌生人焦虑。

研究表明，陌生人焦虑一般在婴儿 6~8 个月时发生。陌生人焦虑的发生发展有个过程。婴儿 4 个月前，连陌生人和熟人都不能区分，当然谈不上惧怕陌生人。4 个月左右，婴儿开始区分陌生人和熟人了，对陌生人还笑，但明显比母亲笑得少了，但这时并不害怕陌生人，对陌生人的态度一般还是比较友好的。5~6 个月时，婴儿见到陌生人往往会有一种严肃的表情，笑得更少，但是仍然不害怕。而到 6~7 个月时，婴儿见到陌生人就开始感到害怕了；到 8 个月时，婴儿明显怕生。

---

① Wörmann, V., Holodynski, M., Kärtner, J., & Keller, H. (2012). A cross-cultural comparison of the development of the social smile: A longitudinal study of maternal and infant imitation in 6-and 12-week-old infants. *Infant Behavior and Development, 35* (3), 335–347.

陌生人焦虑的发生与诸多因素有关，受多方面因素的影响。许多心理学家研究、探讨了陌生人焦虑产生的机制、条件。有人认为，陌生人的出现引起陌生人焦虑，是因为婴儿在头脑中建立了母亲的表象，把陌生人与母亲的表象相比较，敏锐地感觉到了陌生人与母亲的区别。也有许多实验证明了陌生人焦虑的发生依赖于当时父母是否在场、婴儿与父母的距离、环境的熟悉性、陌生人的特点、陌生人与婴儿的距离等情境因素。例如，研究发现：当婴儿在母亲的膝盖上时，害怕反应较弱，而离开母亲一定距离时，则焦虑反应较强烈；如果婴儿是在家里被陌生人接近，几乎很少出现害怕，而如果是在不熟悉的实验室里被陌生人接近，就有近 50% 的婴儿怯生。还有一些研究表明，婴儿是否产生陌生人焦虑和婴儿是否能对当时的情境做出某些反应有关。如果婴儿有能力对一个情境做出“适当”的反应，即使这一情境很新奇，甚至从未见过，他也不一定会恐惧。如果婴儿还没有成熟到能够对陌生人这一有差异的刺激做出任何有控制性的反应，不能把握陌生人接近这一奇怪的事件，那么他就会痛苦、害怕、大哭。从多方面、多角度地去认识、理解陌生人焦虑产生的机制、条件，可能对我们更有效地减弱、消除婴儿的陌生人焦虑，减轻婴儿的痛苦是非常有益的。

（三）分离焦虑

随着婴儿与母亲情感联结的进一步建立，婴儿也出现了第二种形式的焦虑——分离焦虑，即婴儿与某个人产生了亲密的情感联结后，又要与之分离，就会表现出伤心、痛苦，拒绝分离。比如，一个 8 个月的孩子正坐在房间里玩玩具，看见妈妈走出去，随着妈妈身影的消失，他大哭起来，这就是分离焦虑的反应。研究证明，分离焦虑在婴儿 6~7 个月时产生，随着母婴依恋的建立而同时发生。

分离焦虑的发展也有个过程。婴儿出生后 6 个月内，当某个人如妈妈停止和他玩、离开时，他可能会哭。研究表明，2 个月的婴儿在母亲离开时，会激动、不高兴。但是，这时候婴儿的哭往往是由与另一个人的愉快交往的终止而带来的。与任何一个人交往的结束，都会让婴儿不高兴；如果有另外一个人来跟婴儿玩，婴儿能很快安静下来。6 个月后，婴儿的反应明显不同于以前：婴儿现在明显地、更多地抗拒特定个体——一般即为所依恋的对象，主要是母亲的离开，当母亲离开时，他会非常不高兴、哭闹、不安；同时，他不愿意再接受他人的替代，即使别人跟他玩，他也一定要妈妈。这是婴儿社会性情感发展上的一个很大的转折。

分离焦虑的产生同几个重要的因素有关。首先，与三方面重要的认知能力的发展有关，即提取记忆的能力、比较过去和现在的能力、预期可能在最近发生的事件的能力。6个月以内的婴儿还没能产生这三方面能力，因此不会有分离焦虑。6个月以后，婴儿记忆提取能力提高，当母亲离开后，婴儿记忆中便能产生以前母亲在场的图式，并将其与目前情境相比较，推测“现在可能会发生什么事”“母亲会不会回来”。如果婴儿能解答这类问题，即能正确预料到可能会发生的事情，可能就不会产生焦虑。但此时婴儿还不足以正确解答这些问题，所以，容易产生焦虑并苦恼、哭叫。其次，分离焦虑的产生也与婴儿应付情境的能力有关。此时的婴儿当母亲离开时，已能认识到自己正处于一个不同寻常的情境，但他没有好的应对办法，不知如何做出积极、有控制性的反应以改变情境。当感觉自己无力减轻压力或改变环境时，压力便更大，婴儿感到紧张、惊恐、痛苦，焦虑由此产生。婴儿分离焦虑的产生还与婴儿和母亲分离时的即时情境有关。当母亲离开时，婴儿处于一个陌生的而不熟悉的环境，或与一个陌生人而不是熟悉的人在一起，则更容易产生焦虑。

（四）情绪的社会性参照

情绪的社会性参照（social referencing）是婴儿情绪社会化的一种重要现象和过程，充分显示了情绪的信号作用和人际通信交往功能，是情绪社会化的重要方面。

当婴儿处于陌生的、不能肯定的情境时，他们往往从成人的面孔上搜寻表情信息，然后决定自己的行动。比如，当婴儿遇到陌生人递过来的一个玩具时，当爬到视崖中间平地和深崖的交界处时，婴儿会犹豫不决、迟疑不定，这时，他们会抬起头来看母亲，试图从母亲面孔上搜寻能够帮助确定当前情境的信息，然后再采取相应的行动或做出相应的反应。我们把这一现象称作情绪的社会性参照。

情绪的社会性参照是在婴儿发展的特定时期发生的人际情绪的交流和对他人情绪信息的利用，是在一种特定情境中发生的特定情绪交流模式。它包含婴儿对他人情绪的分辨和如何利用这些情绪信息来指导自己的行为。研究发现，婴儿情绪的社会性参照包括四个相互连接、逐步递进发展的水平（Klinnert et al., 1983）：水平 1，无面部知觉（0~2 个月）；水平 2，不具备情绪理解的面部知觉（2~5 个月）；水平 3，对表情意义的情绪反应（5~7 个月）；水平 4，在因果关系参照中运用表情信号（7 或 8 个月到 10 个月）。由此可见，婴儿情绪的社会性参照是婴儿成长到 7~8 个月时才发生的。这是因为，这时婴儿具有了一定的活动能力，活动范围扩大，遇到环境中陌生的、不确定的事件和情境的机会迅速增加，婴儿需要从母亲面孔上寻找信息，以确定自己的反应，这使得婴儿的社会参照能力不断提高。

情绪的社会性参照对婴儿的发展具有极其重要的意义，特别是对于 0.5~1.5 岁的婴儿，其语言能力尚未发展，情绪的社会性参照能帮助婴儿超越仅仅回应他人信息的阶段，能通过这些信息来确定他人的内在心理状态和偏好，并以此来决定自己的行为（Saarni，Miunne，& Campos，1998）。情绪的社会性参照在很大程度上决定着婴儿的生活质量和发展机会。婴儿与成人的情绪交流，能使婴儿避免、摆脱许多险境和危险物体，并有利于婴儿行为的调整与改变。同时，婴儿经常与成人分享情绪体验，共享同样的情感，有助于丰富婴儿的情感世界，密切母子、父子亲情。积极的社会性参照更能成为婴儿认知发展的媒介，促进婴儿探索新异情境和事物，进一步扩大活动范围，发展智慧能力。值得注意的是，我们要注意避免消极的社会性参照，因为不适宜的参照信息既会导致婴儿不良的情绪、行为体验，使他们形成消极、懦弱的性格，又会限制婴儿的探索和操作，阻碍其智力发展。

三、婴儿的依恋

依恋是婴儿与主要抚养者（通常是母亲）之间最初的社会性联结，也是情感社会化的重要标志。

在婴儿同母亲密切的感情交流中，婴儿与母亲之间逐渐建立起一种特殊的社会性情感联结，即婴儿对母亲产生依恋。通常表现为：婴儿将其多种行为，如微笑、咿呀学语、哭叫、注视、依偎、追踪、拥抱等都指向母亲；婴儿最喜欢同母亲在一起，与母亲的接近会使他感到最大的舒适、愉快，在母亲身边能使他得到最大的安慰；同母亲的分离则会使婴儿感到最大的痛苦；在遇到陌生人和陌生环境而产生恐惧、焦虑时，母亲的出现能使婴儿感到最大的安全、得到最大的抚慰；当婴儿感到饥饿、寒冷、疲倦、厌烦或疼痛时，首先要做的往往是寻找母亲，接近母亲的可能性大于接近其他人。

依恋对婴儿整个心理发展具有重大作用。婴儿是否同母亲形成依恋及依恋性质如何，直接影响着婴儿情绪情感、社会性行为、性格特征和对人交往的基本态度的形成。

依恋不是突然发生的，依恋的性质也是有所不同的。

（一）婴儿依恋的发展阶段

根据心理学家特别是鲍尔比（J. Bowlby）、安斯沃思等人的研究，依恋是婴儿在同母亲较长时期的相互作用中逐渐建立的，其发展过程可分为以下四个阶段。

第一阶段：无差别的社会反应阶段（从出生到3个月）。

这个时期婴儿对人反应的最大特点是不加区分、无差别的反应。婴儿对所有人的反应几乎都是一样的，喜欢所有的人，喜欢听到所有人的声音、注视所有人的脸，看到人的脸或听到人的声音就会微笑，手舞足蹈。同时，所有的人对婴儿的影响也是一样的，他们与婴儿的接触，如抱他、对他说话，都能引起他高兴、兴奋，都能使他感到愉快、满足。此时的婴儿还未有对任何人（包括母亲）的偏爱。

第二阶段：有差别的社会反应阶段（3~6个月）。

这时婴儿对人的反应有了区别，对人的反应有所选择，对母亲更为偏爱，对母亲和他所熟悉的人及陌生人的反应是不同的。这时的婴儿在母亲面前表现出更多的微笑、咿呀学语、依偎、接近，而在其他熟悉的人如其他家庭成员面前这些反应则要相对少一些，对陌生人这些反应就更少。但是此时依然有这些反应，婴儿还不怯生。

第三阶段：特殊的情感联结阶段（6个月到2岁）。

从6个月起，婴儿对母亲的存在更加关切，特别愿意与母亲在一起，与她在一起时特别高兴，而当她离开时则哭喊，不让离开，别人还不能替代母亲使婴儿快活。当母亲回来时，婴儿则能马上显得十分高兴。同时，只要母亲在身边，婴儿就能安心地玩、探索周围环境，好像母亲是其安全的基地。这一切显示婴儿出现了明显的对母亲的依恋，形成了专门的对母亲的情感联结。

与此同时，婴儿对陌生人的态度变化很大，见到陌生人，大多不再微笑，而是紧张、恐惧，甚至哭泣、大喊大叫。

第四阶段：目标调整的伙伴关系阶段（2 岁以后）。

2 岁后，婴儿能认识并理解母亲的情感、需要、愿望，知道她爱自己，不会抛弃自己，并知道交往时应考虑她的需要和兴趣，据此调整自己的情绪和行为反应。这时，婴儿把母亲作为一个交往的伙伴，并认识到她有自己的需要和愿望，交往时双方都应考虑对方的需要，并适当调整自己的目标。这时，婴儿与母亲空间上的邻近性逐渐变得不那么重要。比如，当母亲需要干别的事情，要离开一段距离时，婴儿会表现出理解，而不是大声哭闹，他可以自己较快乐地在那儿玩或通过言语、目光与母亲交谈，相信一会儿母亲肯定会回来。

（二）婴儿依恋的类型

婴儿对母亲依恋的性质并非相同。安斯沃思等人通过陌生情境研究法，根据婴儿在陌生情境中的不同反应，认为婴儿的依恋存在三种类型。

1. 安全型依恋

这类婴儿与母亲在一起时，能安逸地操作玩具，并不总是依偎在母亲身旁，只是偶尔需要靠近或接触母亲，更多的是用眼睛看母亲、对母亲微笑或与母亲有距离地交谈。母亲在场使婴儿感到足够的安全，能在陌生的环境中进行积极的探索和操作，对陌生人的反应也比较积极。当母亲离开时，其操作、探索行为会受到影响，婴儿明显表现出苦恼、不安，想寻找母亲。当母亲回来时，婴儿会立即与母亲接触，并且很容易经母亲抚慰而平静下来，继续去做游戏。这类婴儿占 65%~70%。

2. 回避型依恋

这类婴儿对母亲在不在场都无所谓。当母亲离开时，他们并不表示反抗，很少有紧张、不安的表现；当母亲回来时，他们也往往不予理会，自己玩自己的。

有时婴儿也会欢迎母亲回来，但是非常短暂，与母亲接近一下就又走开了。因此，实际上这类婴儿对母亲并未形成特别密切的感情联结，所以，有人也把这类婴儿称作无依恋婴儿。这类婴儿约占20%。

3. 反抗型依恋

这类婴儿在母亲要离开前就显得很警惕，对于母亲的离开表现出非常苦恼、极度反抗，任何一次短暂的分离都会引起他们的大喊大叫。当母亲回来时，他们对母亲的态度是矛盾的，既寻求与母亲的接触，又反抗与母亲的接触，比如对于母亲的拥抱，会生气地拒绝、推开。但是，他们重新回去做游戏似乎又不太容易，因为他们会不时地朝母亲那边看。所以，这种依恋又常被称为矛盾型依恋、焦虑型依恋。这类婴儿占10%~15%。

安全型依恋为良好、积极的依恋，而回避型和反抗型依恋又称为不安全型依恋，是消极、不良的依恋。有研究发现，当母亲与陌生人对同一物体提供相矛盾的信息的时候，安全型依恋的婴儿在行为表现上最灵活，他们可以根据情况更客观地进行判断，回避型依恋的婴儿较少依赖母亲提供的信息，反抗型依恋的婴儿较多依赖母亲的信息（Corriveau et al.，2009）。卢珊和王晓瑜（2013）通过经典的社会参照范式——新异玩具范式，考察了45名12~18个月不同依恋类型的婴儿在不同情绪情境下，对母亲和陌生人社会参照的选择性。① 正式实验分为两种情绪情境：情绪一致情境和情绪冲突情境。在情绪一致情境中研究者给婴儿呈现两次情绪线索：（1）母亲积极、陌生人积极（一致积极）；（2）母亲消极、陌生人消极（一致消极）。在情绪冲突情境中研究者也给婴儿呈现两次情绪线索：（1）母亲积极、陌生人消极；（2）母亲消极、陌生人积极。研究发现：婴儿参照注视成人的次数，在消极一致和两种冲突情绪情境中显著高于在积极一致情绪情境中；婴儿的探索行为，在消极一致和两种冲突情绪情境中显著低于在积极一致情绪情境中；婴儿参照注视陌生人的次数显著高于参照注视母亲的次数，验证了“领域专家”假说。回避型依恋的婴儿对成人的参照行为显著少于安全型和反抗型依恋

① 卢珊、王晓瑜：《不同情绪情境下婴儿社会参照的选择性：依恋类型的影响》，《首都师范大学学报（社会科学版）》2014年第3期。

的婴儿，安全型依恋的婴儿在行为调节的灵活性方面显著高于回避型和反抗型依恋的婴儿。安全型依恋的婴儿所使用的社会参照策略显著优于非安全型依恋的婴儿。另有研究者用视觉习惯化方法初步考察了婴儿对母婴互动的预期。①② 研究发现：安全型依恋的婴儿预期婴儿会从看护者那里寻求安慰，并且预期看护者提供安慰；反抗型依恋的婴儿预期婴儿会从看护者那里寻求安慰，并且预期看护者拒绝给予安慰；回避型依恋的婴儿预期婴儿避免从看护者那里寻求安慰，并且预期看护者拒绝给予安慰。

同时，安斯沃思和其他研究者都认为，婴儿对母亲的依恋类型既具有明显的稳定性，但在家庭环境经历较大变化、母亲与婴儿的交往发生较大转变时，也可能发生变化，安全型依恋可以转变为不安全型依恋，或者不安全型依恋转变为安全型依恋。最近的一个研究表明，不少婴儿在 12～19 个月改变了依恋的类型。有些在 7 个月前属于不安全型依恋的婴儿，19 个月时转变为安全型依恋，也有约 1/3 的婴儿在 1 岁时属于安全型依恋，7 个月后转变为不安全型依恋。

婴儿依恋的性质取决于与婴儿有关的母亲的行为。依恋类型具有代际遗传性，张茜等人（2015）的研究表明，母亲自身的依恋类型和母亲的敏感性对于婴儿安全型依恋的形成有不可忽视的作用。依恋并不仅仅是母亲使婴儿的需要（包括食物、水、温暖、舒适、解除痛苦等）得到满足，婴儿与母亲在一起的时间绝对量也不能单纯决定婴儿依恋的性质。依恋是在婴儿与母亲的相互交往和感情交流中逐渐形成的。在这一社会性交往过程中，母亲对婴儿所发出的信号的敏感性和对婴儿是否关心是最重要的方面。如果母亲能非常关心婴儿所处的状态，注意听取婴儿的信号，并能正确地理解，做出及时、恰当的反应，婴儿就能发展对母亲的信任和亲近，形成安全型依恋。安斯沃思及其同事的研究表明，对婴儿的需要、信号高度敏感的母亲，其婴儿都属于安全型依恋，而在 12 个对婴儿需要不

---

① Johnson, S. C., Dweck, F. S., & Chen, F. S.（2007）. Evidence for infants' internal working models of attachment. *Psychological Science, 18*（6）, 501–502.

② Johnson, S. C., Dweck, C. S., Chen, F. S., Stern, H. L., Ok, S. -J., & Barth, M.（2010）. At the Intersection of social and cognitive development: Internal working models of attachment in infancy. *Cognitive Science, 34*（5）, 807–825.

敏感的母亲那里，有 10 个婴儿属于回避型或反抗型依恋，即不安全型依恋，只有 2 个婴儿属于安全型依恋。林青、王争艳和卢珊（2014）采用视觉习惯化实验程序、陌生情境技术及母亲行为 Q 分类方法对 41 名 14 个月的学步儿及其母亲进行了学步儿内部工作模式、学步儿在陌生情境中的依恋类型以及母亲在母婴互动中的敏感性的评估。人类在学步儿期就已经能够根据母婴互动中的母亲行为自我生成对母亲的预期反应模式，凸显了学步儿自身认知能力的参与和作用。内部工作模式在母亲的敏感性和学步儿的依恋安全性之间起着重要的内部机制作用——母亲的敏感性行为的累积促进了学步儿内部工作模式关于母亲的预期，这种预期又进一步引导着学步儿的依恋行为。

四、早期的同伴交往

婴儿在头 3 年里，虽然主要与其父母交往，但事实上也已开始了同伴间的交往，并在与同伴的交往中表现出自己与同伴在社交方式和社会接受性方面的差异。同时，随着婴儿认知能力的增长、活动范围的扩大，其与同伴交往的时间和次数越来越多，同伴交往在其生活中所占的比重越来越大，并对婴儿个性、社会性发展起着日益重要的影响。

大量的观察和研究表明，婴儿从出生后的后半年起即开始出现真正意义上的同伴社交行为。婴儿早期同伴交往包括以下三个发展阶段：一是以客体为中心的阶段，婴儿的交往更多地集中在玩具或物品上，而不是对方；二是简单交往阶段，婴儿已能对同伴的行为做出反应，经常企图去控制另一个婴儿的行为；三是互补性交往阶段，婴儿同伴间的行为趋于互补，出现了更多、更复杂的社交行为，相互间模仿已较普遍，婴儿不仅能较好地控制自己的行动，而且还可以与同伴开展需要合作的游戏。

在以客体为中心的阶段，婴儿通常互不理睬，只有短暂的接触，如看一看、笑一笑或抓抓同伴。刘易斯、罗森伯勒姆（Lewis & Rosenblum，1975）和李（Lee，1973）等人研究发现，在第一年，婴儿大部分社交行为是单方面发起的，一个婴儿的社交行为往往不能引发另一个婴儿的反应。李观察了 6 个月婴儿的行为表现，发现 60% 的被试的社交行为都属于这种情况。然而，单方面的社交是社交的第一步，当一个婴儿的社交行为成功地引发了另一个婴儿的反应时，婴儿之间的简单的相互影响就产生了。

在简单交往阶段，婴儿的行为有了应答的性质。研究者们针对这个阶段的婴儿的交往行为提出了“社交指向行为”的概念。“社交指向行为”指婴儿意在指向同伴的各种具体行为，婴儿在发出这些行为时，总是伴随着对同伴的注意，也总能得到同伴的反应。社交指向行为有微笑和大笑、发声和说话、给或拿玩具、身体接触（如抚摸、轻拍同伴的身体等），以及较大的运动（如走到同伴旁边，然后跑开）、玩与同伴相同或类似的玩具等。这些行为的目的都在于引起同伴的注意，与同伴取得联系。婴儿在这个阶段就是通过这种社交指向行为而积极地寻找自己的同伴的，同时也对同伴的行为做出反应。马萨提和帕尼（Musatti & Panni，1981）观察了一个日托中心 6 个相互熟悉的 1~1.5 岁婴儿的交往，发现所有的婴儿对其周围的其他婴儿都是非常留心、注意的，并对同伴表现出经常的具体接触，如微笑、说话等等。研究结果表明，婴儿在进行独立活动的同时，通过对周围环境的留意来取得对同伴的信息，并且由于观察或模仿同伴的行为，婴儿之间有了直接的相互影响、接触，简单的社会交往即由此产生。

在互补性交往阶段，婴儿之间相互影响的持续时间更长，其内容和形式也更为复杂，出现了婴儿之间合作的游戏、互补或互惠的行为。比如：你需要有伴时，我和你一起玩；你跑我追；你躲我找；两人在一起共搭一个东西。这个阶段婴儿交往最主要的特征是同伴之间社会性游戏的数量有了明显的增长。埃克曼及其同事（Eckerman，Whatley，& Kutz，1975）所做的 10~24 个月婴儿同伴社会性游戏发展的研究有力地证实了这一点。在该研究中，研究者把 10~12 个月、16~18 个月和 22~24 个月三组婴儿分别和自己的母亲、不熟悉的同伴以及同伴的母亲放在一起，看他们究竟喜欢和谁玩、怎样玩。结果（如图 5-3 所示）表明：16~18 个月、22~24 个月婴儿的社会性游戏明显多于单独游戏；在这三个年龄组中，即便是 10 个月的婴儿也最喜欢与同伴玩，而相对较少与母亲玩；16~18 个月和 22~24 个月的婴儿更喜欢与同伴玩，与同伴游戏的数量明显多于母亲，且没有一个婴儿愿意与陌生人玩游戏。同时，从中也可以看出，16~18 个月是婴儿交往能力发展的转折点，之后，婴儿的社交性游戏迅速增长。2 岁左右时，婴儿的

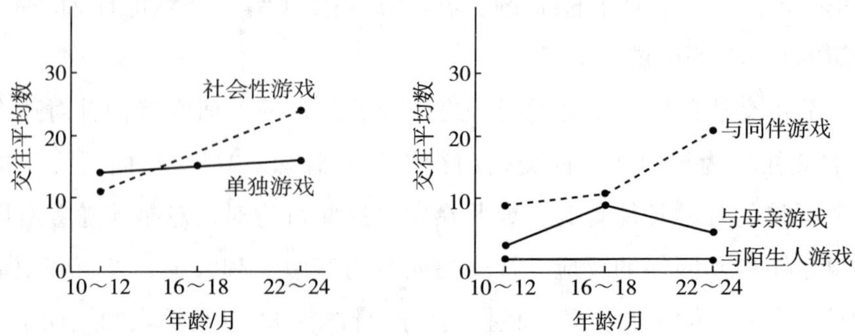

图 5-3 婴儿社会性游戏的发展

（Eckerman，Whatley，& Kutz，1975）

社会性游戏在数量上绝对超过单独游戏，而其社会伙伴则更经常是同伴，与母亲的交往表现出明显下降的趋势。

香农等人（Shannon，Lenna，& Ann，2010）采用二元分析法对婴儿的同伴交往进行了探索。以变量为中心的分析强调交往行为促进婴儿同伴交往能力发展的普遍有效性，如让婴儿将物品给同伴等；以人为中心的分析体现了同伴交往能力发展的个体差异。研究说明，我们应该通过多方面的共同努力来提高婴儿的同伴交往能力。

心理学家缪勒和范德（Mueller & Vandell，1980）综合他人及自己对婴儿同伴交往的观察和实验研究，从社会技能发展的角度，把婴儿早期同伴交往划分为简单社交行为、社会性相互影响、同伴游戏和早期友谊四个阶段。在第一个阶段，所有社交行为都已经出现，但是，许多行为的表现是单方面的，一个婴儿可能根本得不到另一个婴儿的回应。但从本质上来说，缪勒等人认为，这些早期的社会行为是建立社会性相互影响的基础，同时，作为社交的第一步，也无须回应。而当这种行为引起另一个婴儿的反馈时，社会性相互影响就产生了。显然，能引起同伴反应的行为要比仅是单方面的表现更具技巧性。比如，婴儿 A 不仅要把发出的行为指向 B，同时要使它能引起 B 的反应；而对 B 来说，他必须在很短的时间内迅速地做出判断、反应。随着婴儿月龄的增加，其相互影响的持续时间也在不断地增长。缪勒等人在研究中观察到，1 岁 10 个月左右的婴儿，其相互影响就能达到 24 次转换之多。随着对社会性相互影响、相互作用的掌握，婴儿同伴社交游戏的明显特征开始发展起来，并且广泛表现在一般的社交行为之中。缪勒等人认为，此时的婴儿游戏存在四个显著特征，即主动加入、轮流替换、重复和灵活性。通过广泛的游戏，婴儿的社交能力发展到第四级水平，出现最初的友谊。早期友谊的出现是婴儿社交能力发展的顶点，它表现为同伴之间出现亲近、共享、积极情感交流和共同游戏、玩耍等，并且婴儿之间开始出现偏爱，有些同伴在交往中具有明显的互选性。

五、婴儿自我的发展

自我的发展是婴儿社会化的重要组成部分，也是体现婴儿社会化的一个重要方面。

自我（self）是一个涉及面很广的概念。它包括自我知觉（self-perception）、自我认知（self-recognition）、自我调节（self-regulation）、自我监控（self-monitoring）、自我评价（self-evaluation）和自尊（self-esteem）等。由于自我概念偏重在对自己的认识这个范畴之内，因此也可称为自我意识（self-consciousness）。在婴儿时期，自我的发展主要涉及自我知觉、自我认知方面的发展。

研究者一般认为，自我是由两个有区别而又相互交织在一起的成分所构成的。詹姆斯（W. James）认为，自我由主体我（I）和客体我（me）所组成。主体我是作为“认知者的自我”，是在主体内、在主观上构成的自我，主体我体验着自己的身体、心理和关系，具有调整、控制、组织的功能，对客体我起支配作用。客体我是把主体作为客体存在的个体来认识的自我，是个体在与环境、他人之间的运作中产生的，是主体通过客观反映、客观评价而认识的自我。米德（Mead）也把自我划分为主体我和客体我。他认为，一个完整的自我应该包括主体我和客体我两个方面。客体我是一种社会自我，因为自我是在个体与他人、环境的互动中产生的，因此也是社会的。库利（Cooly）也相当重视这一点。他认为个体的自我产生于和他人的交往之中，通过交往，每个个体可以觉察到他人对自己的外表、行为、目标、性格等各方面的看法，从而导致对自我的认知。他于1922年提出了“镜像自我”的概念，以镜子中的自己的形象为比喻，指从外界得到的关于自己的外表、形象的认识以及他人对自己的行为举止和人格等方面的评价。社会自我是在他人印象和自我印象之间相互交换、协调的过程中产生的。

现代对婴儿自我发展的研究大都以婴儿在镜子前面是否产生自我指向行为，或者自我指向行为是否增加为标志来确定婴儿自我意识的发展，并且在自然观察的基础上增加了某些实验条件的改变，以使婴儿自我意识发生发展的指标更加明显。这些研究为我们揭示了婴儿主体我和客体我的发生发展过程。

迪克逊（Dixon，1975）观察了5名4~12个月婴儿的镜像反应，记录了婴儿的微笑、语声和触摸等活动，还比较了婴儿对自己的镜像、母亲的镜像和另一儿童的镜像的反应。根据结果，他将婴儿的自我认知分为四个阶段。（1）“妈妈”阶段（mother stage）。发生在婴儿4个月左右，表现为对妈妈而不是自己的镜像感兴趣，如对妈妈的镜像微笑、观看和发出咿呀语声。（2）“同伴”阶段（playmate stage）。发生在4~6个月，表现为对自己镜像的行为与对游戏同伴的行为相类似，即把自己的镜像当作一个可与之打交道的同伴来对待。（3）“伴随行动”阶段（action following mirror-image stage）。7~12个月的婴儿会随着自己的动作镜像而做出相同动作。例如，婴儿看见自己张嘴巴的镜像，而后做出张嘴巴的动作。这表明婴儿似乎是该动作的发出者。（4）“主体我”阶段。1岁婴儿能够把对自己镜像的重复动作与其他婴儿的玩耍区分开来，开始对自己的镜像感兴趣。

阿姆斯特丹（Amsterdam，1972）在研究方法上巧妙地借用了盖洛普（Gallap，1971）研究黑猩猩自我再认的“红点子”方法，通过在婴儿毫无觉察的状态下在其鼻尖上涂上一个红点来揭示婴儿自我认知的发生发展过程，从而使婴儿自我意识的研究取得了突破性的进展。阿姆斯特丹认为，如果婴儿表现出意识到自己鼻尖上红点的自我指向行为，那就表明婴儿具有了自我认知的能力。因为如果婴儿特别注意自己鼻尖上的红点或者能够找到自己鼻尖上的红点，就说明婴儿已经对自己的面部特征有了清楚的认识，同时也说明婴儿已经有了把自己当作客体来认识的能力。阿姆斯特丹研究了88名3~24个月的婴儿，并对其中2名12个月的婴儿进行了为期1年的追踪研究。研究发现，13~24个月的婴儿开始对镜像表现出一种小心翼翼的行为，20~24个月的婴儿显示出比较稳定的对自我特征的认识，他们对着镜子触摸自己的鼻子和观看自己的身体。阿姆斯特丹认为，这是婴儿出现了有意识的自我认知的标志。

刘易斯（Lewis，1979）在试图揭示婴儿自我认知是如何产生的这一问题时，重复使用了阿姆斯特丹的“红点子”方法。实验发现，研究者给9~24个月的婴儿鼻子上涂上红点后，婴儿都表现出更多的自我指向行为。他们对着镜像微笑，抚摸自己的身体，发出语声等，说明婴儿已能意识到自己身体特征的一些变化。然而只有到15个月，婴儿才出现直接触摸自己鼻子上的红点的行为。对此，刘易斯认为，15个月是婴儿客体我发展的转折点。

哈特（Hatter，1983）在概括、总结了大量有关研究的基础上，提出了一个婴儿主体我和客体我的发展模式，将婴儿自我认知发展分为五个阶段，前三个阶段为主体我的发展，后两个阶段为客体我的发展。这一总结普遍为人们所接受。

（1）5~8个月。婴儿显示对镜像的兴趣，他们注视它，接近它，抚摸它，对它微笑。但他们对自己的镜像与对其他婴儿形象的反应没有区别，说明他们并未认识到镜像是自己的像，自己与他人有差别，以及自己是独立存在的个体。因而，婴儿还没有萌生自我认知。

（2）9~12个月。婴儿表现出了对自己作为活动主体的认识，表现为他们以自己的动作引起镜像中的动作。他们主动地引起自身动作与镜像动作相匹配，表明婴儿认识到自己是活动的主体。这个阶段婴儿产生了初步的主体我。

（3）12~15个月。婴儿已能区分自己做的动作和他人做的动作，对自己的镜像与自己的动作之间的联系和关系有了清楚的觉知，说明婴儿能够把自己与他人分开。主体我有了明确的发展。

（4）15~18个月。婴儿开始把自己作为客体来认识，认识到客体特征（如红鼻头）来自主体特征，对主体某些特征有了稳定的认识。这反映了客体我的发展。

（5）18~24个月。婴儿已具有了用语言标示自我的能力，如使用代词（“我”“你”）标示自我与他人。婴儿在此年龄阶段已经能意识到自己的独特特征，能从客体中认识自己，用语言标示自己，表明婴儿已具有明确的客体我。

刘凌（2009）对婴儿自我认知的发生发展做了深入的实证研究。结果发现：

自我认知能力在婴儿15~24个月时发生发展；视觉自我认知一般在婴儿17个月时发生；言语自我认知一般在婴儿21个月时发生，经历了从用名字表述自己到使用第一人称表述自己的发展。视觉自我认知对言语自我认知有正向的预测作用，自我认知能力随着年龄的增长而不断提高。

有研究者（Zmyj，Jank，& Sch，2011）通过视觉偏好方法来探究视觉和触觉在婴儿自我认知中的贡献。结果发现，视觉和触觉是个体早期自我认知发生的重要方面。此外，研究还解释了婴儿对人的身体形态的偏好及敏感性。

综上所述，婴儿的自我认知是在与外界客体相互作用的过程中产生和发展的。这种自我认知能力的发展，使婴儿在处理自己与外界事物、自己与他人的关系上更符合社会交往准则。婴儿自我意识和言语的发展，是婴儿从自然人向社会人转化的关键一步和标志。

要点小结

婴儿大脑和身体在形态、结构及功能上的生长发育是心理活动的基础。婴儿的生理发展直接影响并制约着心理发生发展的过程。而动作的发展是婴儿活动发展的直接前提，也是其心理发展的外在表现，在个体心理发展中具有重要的意义。婴儿在感知、注意、记忆等认知过程方面具有惊人的发展。婴儿言语发生发展过程是一个多种因素相互影响、相互作用的复杂过程。气质是先天和后天的“合金”，了解婴儿早期的气质类型对于了解和预测其个性发展和社会相互作用系统等具有重要的指导意义。婴儿自降生的时刻起即进入人类社会环境中，和成人、同伴不断进行着交往，在人际交往中实现情绪的社会化，实现自我的发展。

思考与练习

1. 动作发展在婴儿心理发展中有什么重要意义？
2. 试评述几种主要的言语获得理论，谈谈你对婴儿言语发生发展内在机制的理解。

3. 什么是情绪的社会性参照？它对婴儿心理发展有什么意义？

4. 婴儿依恋有哪些类型？如何理解依恋的实质？

拓展性阅读导航

1. 于珩、张明浩、陈欣银、邓慧华、陆祖宏:《婴儿气质的实验室观察与母亲报告的一致性及其影响因素研究》,《心理发展与教育》2011 年第 3 期。

本文探讨中国城市婴儿气质在母亲报告与实验室观察上的一致性及其影响因素。结果表明:(1)在正性情境下，实验室观察的积极、消极情绪与母亲报告的消极情绪显著相关;(2)母亲的抑郁倾向与两种气质测查方法测查的婴儿消极情绪的一致性正相关显著，婴儿性别在一定程度上调节着母亲养育压力与两种方法测查婴儿积极情绪的一致性。

2. Kim, G., Walden, T. A., & Knieps, L. J. (2010). Impact and characteristics of positive and fearful emotional messages during infant social referencing. *Infant Behavior and Development, 33*(2), 189–195.

本文探讨在婴儿社会参照行为过程中，积极和恐惧情绪信息的影响及其特点。作者比较了在积极和恐惧情绪下父母的信息特点，通过两个实验探究当母亲传递积极和恐惧情绪信息时，每种情绪信号的不同影响，以及父母的语音、面部和综合情绪信息的表达方式是如何影响孩子对于模糊事件的反应。

第六章

幼儿的心理发展

内容提要

幼儿期是儿童成长的重要阶段，幼儿的心理发展为其进入学校进行正规学习准备了必要的条件。本章介绍了幼儿神经系统的发展，幼儿游戏的功能、特点和种类，幼儿言语发展和认知发展的特点，幼儿个性的初步形成与社会性的发展。

学习目标

1. 了解幼儿神经系统的发展特点，认识游戏的种类、特点及在幼儿心理发展中的主导作用。
2. 了解幼儿言语的发展特点，掌握幼儿认知发展的年龄特征。
3. 了解幼儿个性的初步形成与社会性发展的特点，理解相关理论和影响因素。

关键词

幼儿　神经系统　游戏　言语　认知　个性　社会性

幼儿期指儿童从3岁到6或7岁这一时期。这通常是儿童进入幼儿园的时期，所以叫作幼儿期。又因为这是儿童正式进入学校之前的时期，所以又称学前期。

幼儿心理是在前一时期发展的基础上，在新的生活条件和教育条件的影响下发展起来的。

由于身心各方面的发展和生活范围的扩大，幼儿的独立性增强，幼儿对周围的世界充满了好奇和探索的欲望，也初步产生了参加社会实践活动的愿望。同时，成人也向幼儿提出了一些新的要求，如要求幼儿了解一些基本的生活常识、独立完成一些简单的自我服务、参与一些力所能及的社会生活等。

但是，由于幼儿的能力有限，他们常常需要成人的帮助。由于知识经验缺乏，他们还主要依靠具体形象的支持来认识外界事物。由于生理发展的限制，他们还不能很好地控制和调节自己的行为，将注意长时间稳定下来还很困难。因此，幼儿渴望独立参加社会实践活动的新需要和独立从事活动的经验及能力之间产生了重大矛盾。

游戏在这一时期成为幼儿的主导活动，是促进幼儿心理发展的最好形式。

幼儿的言语能力在不断发展，这使得他们能更好地表达或解释自己的想法和愿望，接受成人的教育并有效地影响他人，也能控制和调节自己的行为。

幼儿的认知活动带有明显的具体形象性和不随意性，但是，抽象概括性和随意性也开始发展。同时，幼儿最初的个性倾向开始形成，社会性进一步发展。幼儿能初步评价自己的行为，并按成人的要求逐步掌握社会行为规范，学会与同伴或成人相处。

儿童在幼儿期的发展，为其进入学校从事正规学习准备了必要的条件。

第一节　幼儿神经系统的发展

儿童出生后神经系统的发展最快，成熟最早，到幼儿期末已接近成人水平。神经系统的发展为儿童心理的发展提供了物质基础。

一、大脑结构的发展

幼儿的大脑结构继续发展，主要表现在以下方面。

（一）脑重继续增加

幼儿期是儿童大脑发育最快的时期，幼儿脑重的增加情况为我们理解幼儿的大脑发育提供了粗略的指标。3 岁儿童的平均脑重为 1 011 克，7 岁儿童的平均脑重为 1 280 克，基本上接近成人的脑重（平均为 1 400 克）。此后，儿童的脑重不再有明显变化。

（二）大脑皮质结构日趋复杂化

根据大脑生理学的研究，儿童脑重的增加并不是神经元大量增殖的结果，而是由于神经元结构的复杂化及神经纤维分支增多和长度增长。幼儿的神经纤维继续增长。额叶表面积的增长率在 2 岁左右达到高峰后，在 5～7 岁时又有明显加快，此后维持在一个稳定水平（如图 6-1 所示）。① 同时，神经纤维的髓鞘化也逐渐完成（如图 6-2 所示）。② 这就使得神经兴奋的传导更加精确、迅速。

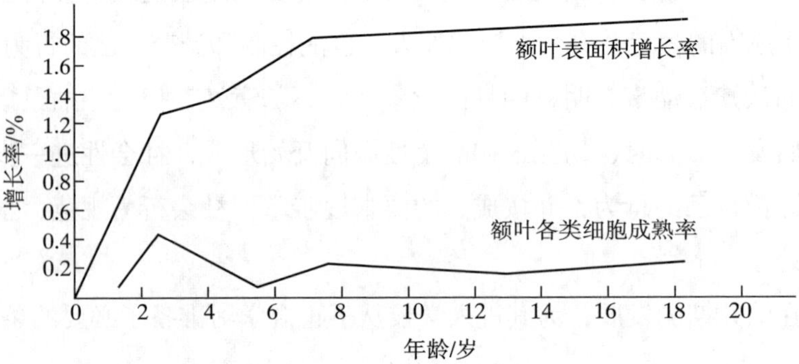

图 6-1 额叶表面积的增长和各类神经元的成熟

（Luria，1973）

①② Cole, M., & Cole, S. R.（1989）. *The development of children.* New York: W. H. Freeman and Company, pp.414–415.

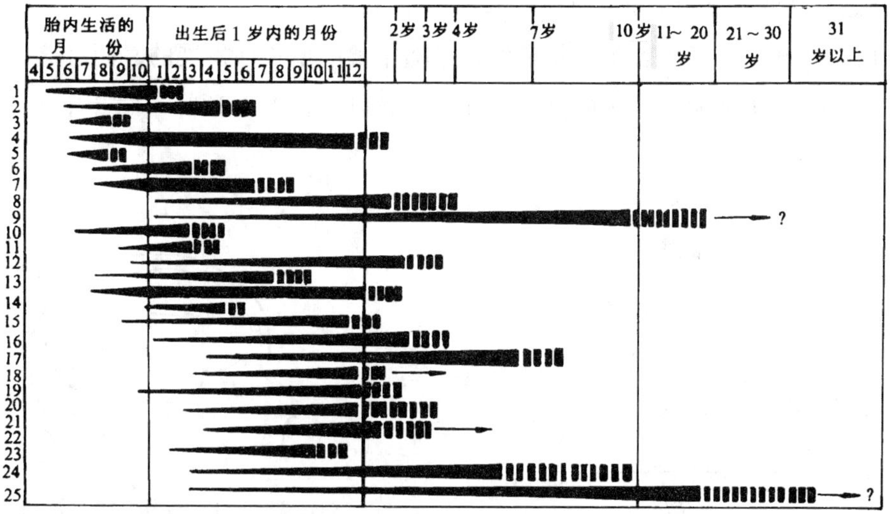

纵坐标：1. 脊髓腹根；2. 脊髓背根；3. 前庭—听觉束；4. 内侧丘系；5. 小脑下脚内侧部；6. 小脑下脚外侧部；7. 小脑上脚；8. 小脑中脚；9. 网状结构；10. 下丘脑脚；11. 上丘脑、视神经与视束；12. Форел6H_1 丘脑束和 Bиkgaəup 束；13. 豆状核束；14. Форел6H_2 豆秋核束；15. 视觉辐射；16. 体觉辐射；17. 听觉辐射；18. 非特异丘脑辐射；19. 纹状体；20. 锥体束；21. 额—脑桥束；22. 穹窿；23. 扣带；24. 脑的长联合束；25. 联合区皮质内联系。

图的宽度与长度：从纤维染色程度和密度看髓鞘化程度的增长。

图 6–2　人脑传导系统的髓鞘化①

（三）脑电波的变化

脑电频率是脑发育过程的又一重要参数。国外有关研究（Corbin & Bickford, 1955）指出，5 岁前儿童脑电中的 θ 波（4~7 次 / 秒）多于 α 波（8~13 次 / 秒），5~7 岁时 θ 波与 α 波的数量基本相同，7 岁之后 α 波逐渐占主导地位（如图 6–3 所示）。② 中国的有关研究则发现：1~3 岁时儿童脑电中的 δ 波（0.5~3 次 / 秒）减少，θ 波增多，同时出现少量 α 波；4~7 岁时 θ 波减少，α 波增多；8~12 岁时

① 孙晔、魏明庠、李一鹏：《出生后个体发展的心理生理学问题》，《心理科学通讯》1982 年第 5 期。

② Cole, M., & Cole, S. R.（1989）. *The development of children*. New York: W. H. Freeman and Company, p.415.

θ 波开始从枕叶、颞叶、顶叶消失，α 波占主要地位。①

儿童脑电图的变化表明，儿童大脑是随年龄的增长而发展的，而且这一过程是不可逆的。儿童大脑各区成熟的顺序是：枕叶—颞叶—顶叶—额叶（如图 6-4 所示）。

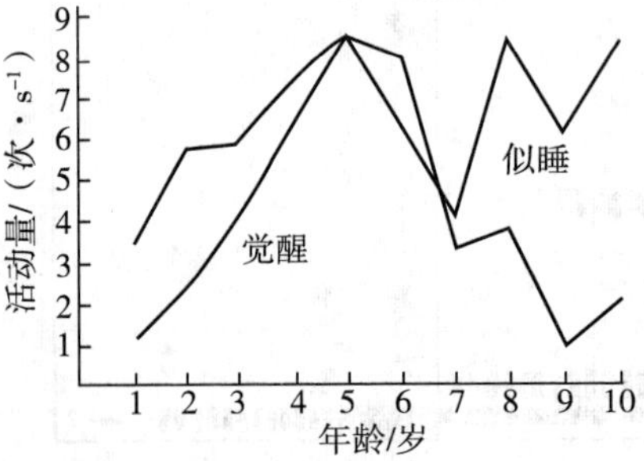

图 6-3 儿童脑电中 α 波与 θ 波的变化
（Corbin & Bickford，1955）

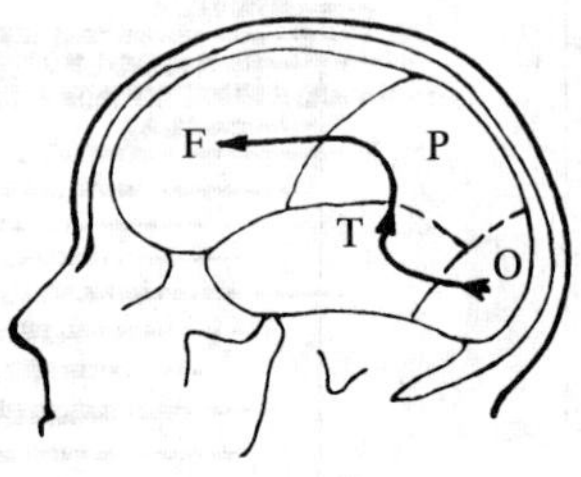

“O—T—P—F”线路：O，枕叶；T，颞叶；P，顶叶；F，额叶。

图 6-4 儿童脑发育成熟程序示意图

中国的有关研究还发现，大脑的发展是不平衡的，在 4~20 岁时，脑电发展存在两个明显的加速时期：第一次是 5~6 岁，表现为枕叶 α 波与 θ 波斗争最为激烈，α 波逐渐超过 θ 波；第二次是 13~14 岁，表现为除额叶外，整个皮质中 α 波与 θ 波的斗争基本结束，θ 波基本上被 α 波所代替。② 幼儿大脑结构的相对成熟为幼儿智力活动的迅速发展和新的、复杂的行为的形成提供了生理上的保证。

二、皮质抑制机能的蓬勃发展

皮质抑制机能的发展是大脑皮质机能发展的重要标志之一。它既可使反射活动更精确、更完善，又可使脑细胞受到必要的保护，因而是儿童认识外界事物和调节控制自身行为的生理前提。3 岁以前儿童的内抑制发展很慢，约从 4 岁起，由于神经系统结构的发展，内抑制开始蓬勃发展起来，皮质对皮下的控制和调节作用逐渐加强。与此同时，幼儿的兴奋过程也比以前增强，表现为幼儿的睡眠时

①② 刘世熠：《我国儿童的脑发展的年龄特征问题》，《心理学报》1962 年第 2 期。

间逐渐减少，清醒时间相对延长。新生儿每日睡眠时间达 16~20 小时，1 岁儿童需要 14~15 小时，3 岁儿童为 12~13 小时，5~7 岁儿童只需 11~12 小时。① 尽管幼儿的兴奋和抑制机能都在不断增强，但是相比之下，抑制机能还是较弱。因此，对幼儿过高的抑制要求，如要求幼儿长时间保持一种姿势或集中注意于单调乏味的课业，往往会引起高级神经活动的紊乱。

第二节　幼儿的游戏

人类社会从古到今，任何地区、任何民族的儿童都喜爱游戏。游戏是幼儿的主导活动。游戏的实质是什么？儿童为什么喜爱游戏？游戏在儿童发展中有何作用？游戏的种类有哪些？发展心理学家和教育家们围绕这些问题进行了深入的探讨和大量的研究。

一、游戏的理论

（一）早期的游戏理论

19 世纪和 20 世纪初较有影响的游戏理论主要有以下几种。霍尔的复演说，认为游戏是远古时代人类祖先的生活特征在儿童身上的重演，不同年龄的儿童以不同形式重演祖先的本能特征。席勒（F. Schiller）和斯宾塞（H. Spencer）的精力过剩说，把游戏看作儿童借以发泄体内过剩精力的一种方式。彪勒夫妇的机能快乐说，强调游戏是儿童从行动中获得机体愉快的手段。格罗斯（K. Gross）的生活准备说，把游戏看作儿童对未来生活的无意识准备，是一种本能的练习活动。拉扎勒斯（M. Lazarus）和帕特里克（G. T. W. Patric）的娱乐放松说，认为

① Iglowstein, I., Jenni, O. G., Molinari, L., & Largo, R. H.（2003）. Sleep duration from infancy to adolescence: Reference values and generational trends. *Pediatrics, 111*（2）, 302–307.

游戏不是源于精力的过剩，而是来自放松的需要。博伊千介克（Buytenclijk）的成熟说，认为游戏不是本能，而是一般欲望的表现。引起游戏的三种欲望是：排除环境障碍获得自由，发展个体主动性的欲望；适应环境，与环境一致的欲望；重复练习的欲望。游戏的特点与童年的情绪性、模仿性、易变性、幼稚性相近。由于有童年，才会有游戏。①

（二）当代的游戏理论

1. 精神分析理论

弗洛伊德认为游戏也有无意识成分，游戏是补偿现实生活中不能满足的愿望和克服创伤性事件的手段。游戏使儿童能逃脱现实的强制和约束，发泄在现实中不被接受的危险冲动，缓和心理紧张，发展自我力量以应付现实的环境。埃里克森则从新精神分析的角度解释游戏，认为游戏是情感和思想的一种健康的发泄方式。在游戏中，儿童可以"复活"他们的快乐经验，也能修复自己的精神创伤。这一理论已被应用于投射技术和心理治疗中。

据此发展起来的游戏疗法（play therapy）是一种利用游戏的手段来矫正儿童心理与行为异常的方法，目前已经在特殊教育领域和帮助儿童克服情绪障碍方面发挥了重要作用。②游戏疗法针对儿童不同的心理与行为问题设计出不同的游戏方案，通过比喻、象征、玩具和游戏等方式，使儿童自然地进行心理投射或升华，释放紧张情绪，并最终从伤痛及焦虑中解脱出来。③

2. 认知动力说

皮亚杰认为游戏是儿童认识新的复杂客体和事件的方法，是巩固和扩大概念、技能的方法，是使思维和行动结合起来的方法。儿童在游戏时并不发展新的

① 黄人颂主编:《学前教育学》人民教育出版社 1989 年版，第 242 页。

② Bratton, S. C., Ray, D., Rhine, T., & Jones, L.（2005）. The efficacy of play therapy with children: A meta-analytic review of treatment outcomes. *Professional Psychology: Research and Practice, 36*（4）, 376–390.

③ Ramirez, S. Z., Flores-Torres, L. L., Kranz, P. L., & Lund, N. L.（2005）. Using Axline's eight principles of play therapy with Mexican-American children. *Journal of Instructional Psychology, 32*（4）, 329–337.

认知结构，而是努力使自己的经验适合于先前存在的结构，即同化。他还认为儿童认知发展的阶段性决定了儿童特定时期的游戏方式。在感知运动阶段，儿童通过身体动作和摆弄、操作具体物体来进行游戏，这种游戏称为练习游戏。在前运算阶段，儿童发展了象征性功能（语词和表象），就可以进行象征性游戏，能把眼前不存在的东西假想为存在的。以后，可以进行简单的有规则的游戏。真正的有规则游戏出现在具体运算阶段。

3. 学习理论

桑代克认为游戏也是一种学习行为，遵循效果律和练习律，受到社会文化和教育要求的影响。各种文化和亚文化对不同类型行为的重视和奖励，其差别将反映在生活于不同文化社会的儿童的游戏中。

上述游戏理论从各自不同的角度解释了游戏的实质和功能，对我们从不同侧面全面认识游戏现象有一定启示。

中国心理学家认为，游戏是适合于幼儿特点的一种独特的活动形式，也是促进幼儿心理发展的一种最好的活动形式。①

首先，游戏具有社会性，它是人的社会活动的一种初级模拟形式，反映了儿童周围的社会生活。儿童在与成人的交往中，渴望参与成人的一些活动，可是又受到身心发展水平的限制，游戏恰恰解决了这一矛盾。游戏作为儿童获得和表达其社会交往能力的情境，为儿童提供了社会性发展的机会，可以帮助儿童摆脱自我中心的倾向，学会更好地理解他人的想法和情感，而这是儿童同情心、合作能力等社会能力发展的基础。② 其次，游戏是想象与现实生活的一种独特结合，它不是社会生活简单的翻版。儿童在游戏中既能利用假想情境自由地从事自己向往的各种活动（如过家家、打针等），又不受真实生活中许多条件（如体力、技能、工具等）的限制；既可以充分展开想象的翅膀，又能真实体验成人生活中的感受

① 朱智贤著：《儿童心理学》，人民教育出版社 2009 年版，第 163—164 页。

② Coolahan, K., Fantuzzo, J., Mendez, J., & McDermott, P. (2000). Preschool peer interactions and readiness of learn: Relationships between classroom peer play and learning behaviors and conduct. *Journal of Educational Psychology, 92* (3), 458-465.

及人际关系，认识周围的各种事物。此外，游戏是儿童主动参与的、伴有愉悦体验的活动，它既不像劳动那样要求创造财富，又不像学习那样具有强制的义务性，因而深受儿童喜爱。

在游戏过程中，儿童既可以体验到开放、自由、宽松的心理环境，又可以发展适应生活和解决问题的能力。①儿童在游戏中学习，在游戏中成长。通过各种游戏活动，儿童不但练习各种基本动作，使运动器官得到很好的发展，而且认知能力和社会交往能力也能够更快、更好地发展起来。游戏还帮助儿童学会表达和控制情绪，学会处理焦虑和内心冲突，对培养良好的个性品质同样有着重要的作用。

当然，游戏对儿童身心发展的促进作用不是自然实现的，需要教师和家长积极组织和正确引导。游戏不仅是幼儿的主导活动，也是幼儿教育的重要手段。

二、游戏的种类及发展

幼儿的游戏是多种多样的，分类的方法也各不相同。按照游戏的目的性分类，幼儿游戏主要有创造性游戏、教学游戏和活动性游戏。

（一）创造性游戏

创造性游戏包括角色游戏、建筑性游戏、表演游戏等，是由儿童独自想出来的游戏，有利于发展儿童的主动性和创造性。角色游戏是儿童通过扮演角色，借助模仿和想象来创造性地反映周围生活的游戏；建筑性游戏是儿童利用积木、沙、石等材料建造各种建筑物，从而发展设计创造才能，培养有关技能技巧的游戏；表演游戏是儿童按照童话、故事中的角色、情节和语言，进行创造性表演的游戏。创造性游戏通过多种形式，为儿童提供了激发创造性思维的适宜氛围，有利于培养幼儿创造性的人格特征。

（二）教学游戏

这类游戏是结合一定的教育目的而编制的。它有助于增长儿童的知识，发展

① Corsaro, W. A. (1998). Play and games in the peer cultures of preschool and preadolescent children: An interpretative approach. *Childhood, 5* (4), 377-402.

儿童的言语能力，提高儿童的观察、记忆、注意和独立思考的能力，培养儿童优良的个性品质。从长远来看，教学游戏是儿童对于未来生活所做的准备和适应现实的一种手段。

（三）活动性游戏

这类游戏能发展儿童的体力。它可使儿童掌握各种基本动作，如走、跑、跳、攀登、投掷等，尤其对于婴幼儿来说，活动性游戏是发展小肌肉动作、手眼协调能力的适宜形式。活动性游戏还可以提高儿童的身体素质并培养勇敢、坚毅、合作、关心集体等个性品质。

皮亚杰根据儿童认知发展阶段把游戏分为三种：练习游戏、象征性游戏和有规则的游戏。

美国心理学家帕滕（Parten，1932）按照儿童社会性发展把游戏分为六种：无所用心的行为、旁观者行为、单独游戏、平行游戏、联合游戏和合作游戏。

此外，还有一些不同的分类。

随着儿童身心的发展，游戏的水平也在不断提高。尽管不同年龄的儿童可以玩同一主题的游戏，但其内容、组织形式、时间长短以及参加成员的多少等都反映了不同的年龄特征。

游戏的内容反映了幼儿对现实生活的模拟能力和想象能力。从游戏的主题看，由幼儿熟悉的家庭、幼儿园日常生活逐渐扩大到生产劳动、社会生活，由反映人们运用物体的外部活动发展到反映人们在活动中的相互联系以至人们的内心情感和道德品质，由简单、自由到较复杂、有特定内容。从游戏的情节看，由零星、片断到较系统、丰富且有一定的创造性。

游戏的形式反映了幼儿认知水平的发展。一般是从模仿性游戏发展到角色游戏、表演游戏，进而到有规则的游戏。幼儿从不会事先分配角色到能自行分配角色，甚至能带别人玩，组织能力也得到发展。

此外，儿童游戏的时间也随年龄的增长有所变化，一般由几分钟或十几分钟延长到 40～50 分钟，甚至更长。游戏的集体性也随年龄的增长而增强，从独自一人的游戏发展为合作游戏。

总之，儿童在游戏的内容、形式和时间上的变化都反映了其认知发展趋势的连续性与阶段性，以及量变与质变的统一。① 因此，在幼儿教育中，家长和教师要了解儿童游戏的发生发展过程以及不同年龄儿童游戏的特点，以便给儿童的游戏提供适宜的帮助和指导。

第三节 幼儿言语的发展

语言是交际的工具，在儿童心理发展中具有概括作用和调节作用。言语能力是儿童智力发展的一项重要指标。

在与成人不断交往的过程中，在实践活动日益复杂化的基础上，儿童的言语能力迅速发展起来。幼儿期是儿童言语不断丰富的时期，是熟练掌握口头言语的关键时期，也是从外部言语逐步向内部言语过渡并初步掌握书面言语的时期。

一、词汇的发展

儿童词汇的发展有先后顺序，而且对情境的依赖性较强；儿童词汇的发展不均衡，呈现阶段性。

幼儿词汇的发展主要表现为词汇的数量不断增加，词汇的内容不断丰富，词类的范围不断扩大，积极词汇不断增加。②

（一）词汇数量的增加

幼儿期是一生中词汇数量增加最快的时期。关于词汇量的发展有许多研究，但由于研究方法各不相同，幼儿的生活和教育条件也有差异，研究结果并不完全一致。一般来说，幼儿的词汇量呈直线上升的趋势（见表 6–1），3~4 岁幼儿词汇量的年增长率最高。有研究（Gelman & Kalish，2006）表明，18 个月到 6 岁的

① Casby, M. W.（2003）. The development of play in infants, toddlers, and young children. *Communication Disorders Quarterly, 24*（4）, 163–174.

② 朱智贤著：《儿童心理学》，人民教育出版社 2009 年版，第 174 页。

幼儿在清醒的每个小时里都能学会一个新词。

表 6-1 幼儿词汇量发展的比较

年龄/岁	德国		美国		日本		中国	
	词汇量/个	年增长率/%	词汇量/个	年增长率/%	词汇量/个	年增长率/%	词汇量/个	年增长率/%
3	1 000~1 100		896		886		1 000	
4	1 600	52.4	1 540	71.9	1 675	89	1 730	73
5	2 200	37.5	2 070	34.4	2 050	22.4	2 583	49.3
6	2 500~3 000	15.9	2 562	23.8	2 289	11.7	3 562	37.9

（二）词汇内容的丰富和深化

国内外有关研究（Nelson，1973；朱曼殊，1986；梁卫兰等，2002；潘超，2012）表明，幼儿词汇的内容非常广泛。幼儿的常用名词包括人物称呼、生活用品、身体部位、交通工具、自然常识等。幼儿使用的形容词包括物体特征的描述，动作的描述，表情、情感的描述，个性品质的描述，事件、情境的描述等。幼儿使用的词还有动词、代词、疑问词、数词、量词、连词、拟声词、叹词等。

幼儿词汇的抽象性和概括性在增加。幼儿使用最频繁和掌握最多的词汇是与他们日常生活关系最密切的词汇。随着年龄的增长，幼儿掌握的抽象词汇逐渐增多，幼儿对所掌握的每个词的外延和内涵的理解也不断丰富和深刻。

例如，"形容词的迅速发展，是儿童句子复杂化的一个标志，也是儿童对事物性质认识迅速发展的一个标志"①。朱曼殊关于儿童形容词发展的研究表明，儿童 2 岁时掌握的大多为描述物理特征的形容词，2.5 岁时开始使用描述动作、味觉、温度和机体觉的感觉词，3 岁时能使用描述人的外貌特征、情感和个性品质的形容词，4 岁以后是儿童形容词快速发展时期，4.5 岁儿童开始使用描述事件情境的形容词。幼儿使用形容词的发展表现出以下基本特点：从描述物理特征到描述事件情境；从描述单一特征到描述复杂特征；从方言到普通话，再到书面语言

① 李宇明著:《儿童语言的发展》，华中师范大学出版社 1995 年版，第 108 页。

的词汇；从形容词的简单形式到形容词的复杂形式。①

这一方面充分反映了具体形象思维占主导地位的幼儿的年龄特点，另一方面也表明，词的抽象性和概括性的增加使幼儿有了进行初步抽象思维的可能性。

（三）词类范围的扩大

词汇的发展还表现为词类范围的日益扩大。有关幼儿词类的研究（Bornstein et al.，2004；Waxman & Lidz，2006）表明，幼儿先掌握的是实词，其中最先掌握的是名词（如熟悉的物体或人），其次是动词，最后是形容词（如漂亮、大的）。② 虚词如连词、介词、助词、语气词等，幼儿掌握得较晚，掌握的数量也较少，没有明显增加。

儿童掌握的词类与概念的发展有着密切关系。名词、动词、形容词反映事物及其属性，幼儿较易掌握。副词比较抽象，幼儿掌握较难。虚词反映事物之间的关系，因此，幼儿掌握起来就更困难。不过，幼儿已经可以掌握各种最基本的词类。

（四）积极词汇的增长

积极词汇指儿童既能理解又能正确使用的词汇；消极词汇指儿童或者不能理解，或者有些理解却不能正确使用的词汇。儿童能说出的词汇的数量并不等同于他们能正确运用的词汇的数量，这与儿童对词义的理解有关。幼儿对词义的理解常有或失之过宽，或失之过窄的现象。例如，儿童使用“小白兔”指代所有颜色的兔子，用“饼干”仅指巧克力小饼干（Jerger & Damian，2005）。随着年龄的增长，幼儿对词义的理解逐渐准确和加深，他们不仅能掌握词的一种意义，而且能掌握词的多种意义，不仅能掌握词的表面意义，而且能掌握词的转义。这样，幼儿运用词的积极性也逐渐高涨。他们的积极词汇比婴儿期大大增长。

当然，儿童对词义的理解受到思维发展水平的制约。过于抽象的词，或远离幼儿生活的词，幼儿正确使用还有困难。在幼儿阶段，儿童在词汇贫乏或词义掌握不确切的情况下，还有一种“造词现象”。

① 朱曼殊主编:《儿童语言发展研究》，华东师范大学出版社 1986 年版，第 161—174 页。

② ［美］D. R. 谢弗著，邹泓等译:《发展心理学：儿童与青少年》，中国轻工业出版社 2016 年版，第 348 页。

二、语法的掌握和口语表达能力的发展

语法是组词成句的规律。词汇必须按一定语法构成句子，才能表达思想。幼儿在掌握词汇的同时，也开始学习语法，口语表达能力随之得到发展。

（一）语法的掌握

儿童语法的发展通常从两个方面表现出来，即句子的长短和句子结构的完整性、复杂性。

国外的研究者以词为单位对儿童的平均句长进行统计，结果发现，2 岁儿童的平均句长为 3.23 个词，4 岁儿童的平均句长为 4.75 个词，6 岁儿童的平均句长为 5.22 个词。①

中国心理学工作者的研究表明，幼儿所使用句子的结构的发展有如下趋势。

（1）从单句到复句。幼儿主要使用单句。2 岁前儿童虽已使用复句，但比例相当小，随着年龄的增长，复句所占比例逐渐增加。

复句包括联合复句和偏正复句。幼儿比较容易掌握联合复句，其中并列复句的比重最大。偏正复句出现较晚，因为偏正复句要求用关联词反映事物间因果、转折、条件、假设等关系，幼儿较难掌握。

（2）从陈述句到多种形式的句子。儿童最初掌握的是陈述句，到幼儿期，所掌握的疑问句、祈使句、感叹句等也逐渐增加。幼儿对某些较复杂的句子尚不能完全理解，如双重否定句和被动句。

（3）从无修饰句到修饰句。儿童最初的单句是没有修饰语的，以后便出现了简单修饰语和复杂修饰语。1.5~2 岁婴儿开始说出结构完整但无修饰语的单句；2.5 岁婴儿已开始使用一定数量的简单修饰语；3 岁婴儿的词汇量大幅增加，句子中的修饰语明显增多，并具有一定的语法规则；3.5 岁幼儿使用有复杂修饰语的句子的数量增长最快；6 岁幼儿在句子中基本都使用修饰语。②

① Rice, M. L., Smolik, F., Perpich, D., Thompson, T., Rytting, N., & Blossom, M.（2010）. Mean length of utterance levels in 6-month intervals for children 3 to 9 years with and without language impairments. *Journal of Speech, Language, and Hearing Research, 53*（2）, 333–349.

② 陈英和主编：《发展心理学》，北京师范大学出版社 2015 年版，第 156 页。

幼儿期，儿童虽然已经能够熟练说出合乎语法的句子，但并不能把语法当作认识对象。他们只是从言语习惯上掌握它。专门的语法知识的学习要到小学才能进行。

（二）口语表达能力的发展

幼儿言语的发展还表现在口语表达能力的发展上。

3 岁前儿童与成人的言语交际，往往仅限于回答成人提出的问题，有时也向成人提出一些问题或要求，所以主要是对话言语。到了幼儿期，随着儿童活动的发展，儿童的独立性大大增加，他们常常离开成人从事各种活动，从而获得自己的经验、体会、印象等。在与成人的交际中，他们渴望把自己的各种体验、印象等告诉成人，这样就促进了幼儿独白言语的发展。在正确教育下，一般到幼儿晚期，儿童就能较清楚、系统、绘声绘色地讲述看过或听过的事件或故事了。

幼儿初期儿童言语表达具有情境性特点，往往想到什么说什么，缺乏条理性、连贯性，听话人要边听边猜才明白。随着年龄的增长，幼儿情境言语的比重逐渐下降，连贯言语的比重逐渐上升。有研究表明，在人际交流中，大多数 3~5 岁儿童在自然情境下比在实验室中会表现出更好的沟通技能（Ackerman，1993；Beal & Belgrad，1990）。

另外，国内学者还对幼儿言语表达能力的发展进行了实证研究。李甦等参照有关研究材料设计了口语表达和动作表达两个实验，探讨 3~6 岁幼儿言语表达能力的发展特点。结果表明，幼儿口语表达能力和动作表达能力随年龄的增长逐渐提高，3~5 岁是幼儿口语表达能力发展的快速期。口语表达内容由可视的、外在的特征逐渐转向内在特征，呈现出由固有属性向关系属性发展的趋势（如图 6–5 所示）。幼儿期动作表达以发展核心动作并进行扩展为主，4 岁是动作表达的转折时期。①

① 李甦、李文馥、周小彬、陈茜、孔瑞芬：《3~6 岁幼儿言语表达能力发展特点研究》，《心理科学》2002 年第 3 期。

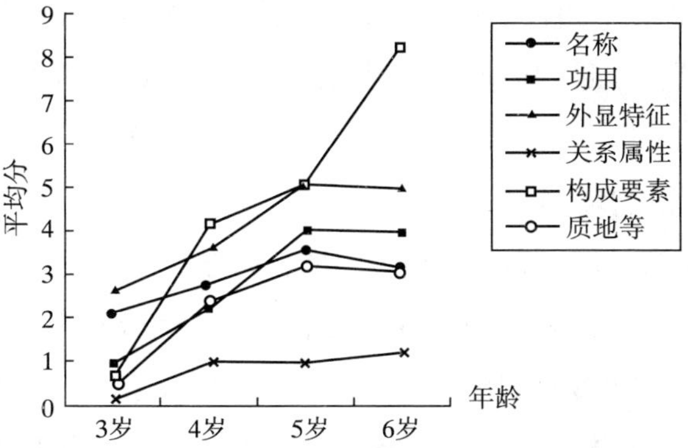

图 6-5　3~6 岁幼儿口语表达内容的发展

连贯言语和独白言语的发展是儿童口语表达能力发展的重要标志。口语表达能力的发展既有利于内部言语的产生，也为幼儿进入学校接受正规教育、掌握书面言语奠定了基础。

第四节　幼儿认知的发展

认知是儿童发展的中心任务。从信息加工的观点看，认知的发展就是人的信息加工系统不断改进的过程。幼儿认知发展的主要特点是具体形象性和不随意性占主导地位，抽象逻辑性和随意性初步发展。幼儿大脑结构和内抑制机能的发展、言语和实践活动的发展在幼儿认知发展中起着重要作用。

教育的任务在于积极引导幼儿认知从具体形象性向抽象逻辑性过渡，从不随意性向随意性过渡，从而为幼儿进入学校从事正规学习做好准备。

一、记忆的发展

记忆是人积累生活经验和知识的基本手段，也是高级认知过程形成和发展的基础。根据信息论的观点，如果把人脑看作一台高效能的大型电脑的话，那么，记忆就是一个信息输入、编码、储存、检索和提取的过程。

由于活动的复杂化和言语的发展，幼儿的记忆也在不断发展。与婴儿期相比，幼儿的信息储存容量相应增大，对信息的接收和编码方式也在不断改进，记忆策略和元记忆初步形成。

（一）记忆容量的增加

一般认为，儿童的记忆容量随年龄的增长而增加。

由于短时记忆在记忆理论和生活实践中所处的特殊地位，所以关于记忆容量发展的研究主要集中在短时记忆容量的发展上。研究表明，成人短时记忆容量为7±2个信息单位（组块）（Miller，1956），而7岁前儿童尚未达到这一标准。洪德厚（1984）发现，幼儿从3岁到7岁各年龄阶段的短时记忆广度均数分别为3.91个组块、5.14个组块、5.69个组块、6.10个组块、6.09个组块。黄硕（2011）对3~6岁幼儿进行的实验研究发现，幼儿短时记忆的容量为3±2个组块。尽管一些研究因实验条件不同而结果各异，但短时记忆容量的发展趋势是一致的，即随着年龄的增长而增加（Schneider，Knopf，& Sodian，2009）。

有人（Pascual-Leone，1970；Luna et al.，2004；Hall et al.，2015）从工作记忆的角度解释了儿童记忆容量的增加。所谓工作记忆是指在短时记忆过程中，把新输入的信息和记忆中原有的知识经验联系起来的记忆。短时记忆约持续30秒，在这段时间内，一个人能从长时记忆中提取的信息越多，他可同时利用的新旧信息的量也越大。帕斯夸尔－莱昂内（Pascual-Leone）认为，随着年龄的增长，儿童的工作记忆中持有信息的能力也在增长。他称这种能力为M空间（记忆空间）。例如，在一定的时间内，3岁儿童只能处理1个信息单位，而5岁儿童能处理7个信息单位。他用实验检验了M空间随年龄增长而发展的假设。他要求不同年龄的儿童学习对不同的视觉刺激做出不同的动作反应。例如，看到红颜色就拍手，看到大杯子就张嘴。一旦儿童学会了这些简单的联想，研究者就向他们同时呈现两种或更多的刺激，要他们做出适当的反应。一个儿童的正确反应数与他在M空间中能综合的图式的最大数是一致的，而能正确完成的动作数在幼儿和学龄儿童中随年龄的增长而增加。以后的研究（Luna et al.，2004；Perez，2008）支持了上述结论。

也有人（Hitch & Towse，1995；Kail & Ferrer，2008；Poll et al.，2013）用加工速度解释儿童记忆容量的增加。一个儿童能够以多快的速度确认某个数字，大声读出某个单词，或判断某个倒立的玩具是否与某个正立的玩具完全一样，会影响到这个儿童的记忆容量。加工速度越快，在活跃的工作记忆中处于“活动”或“工作”的信息量就越大。①

不过，也有人（Case，1984，1985）认为，儿童记忆容量的绝对值并不随年龄的增长而增多，所增长的是儿童运用心理能力的效能。

（二）无意识记和有意识记的发展

幼儿初期的儿童无意识记占优势。凡是感兴趣的、印象鲜明和强烈的事物，儿童就容易记住。不过，他们在让记忆服从于一定目的方面还有困难。

在教育的影响下，幼儿晚期的儿童有意识记和追忆的能力才逐步发展起来。有意识记最初是被动的，记忆的目标通常是由成人提出的，而后儿童才能主动确定目标，进行记忆。有意识记的出现标志着儿童记忆发展上的一个质变。

苏联心理学家陈千科（Зинченко，1954）在实验桌上画了一些假设的厨房、花园等，要求儿童用图片在桌上做游戏，把图片放在实验桌相应的位置上。图片共15张，内容都是儿童熟悉的东西，如水壶、苹果、狗等。游戏结束后，研究者要求儿童回忆所玩过的东西，测查其无意识记的效果。另外，在同样的实验条件下，研究者要求儿童进行有意识记，记住15张图片的内容。结果表明，幼儿中期和晚期的儿童无意识记的效果优于有意识记的效果。3岁儿童并未真正接受识记任务，基本上只有无意识记。到了小学阶段，儿童的有意识记才赶上无意识记（如图6-6所示），并逐渐超过无意识记。②

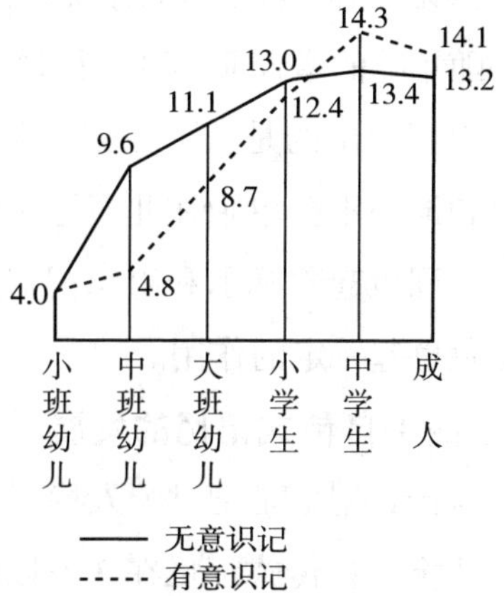

图6-6　无意识记和有意识记的效果比较

天津幼师心理组（1980）也进行了

① 转引自［美］J. H. 弗拉维尔著，邓赐平、刘明译：《认知发展》，华东师范大学出版社2002年版，第361页。

② 陈帼眉编：《学前心理学》，人民教育出版社1989年版，第132页。

类似的研究。他们让儿童分别对两组（各 10 张）图片进行有意识记和无意识记，图片画有儿童熟悉的物体（如飞机、衣服、汽车等）。结果显示，两种识记效果都随年龄的增长而提高，有意识记的效果优于无意识记的效果。后一结果与陈千科的结果相左，原因可能与儿童的活动动机（伊斯托米娜，1947）有关，也可能与儿童参与识记活动的感觉通道的数量有关（沈德立等，1985）。在陈千科的实验中，无意识记是通过游戏方式进行的，儿童在游戏中不仅看到图片，还亲自动手将图片放入相应的位置。这种游戏动机和多感觉通道的参与以及图片与假设场景间意义联系的建立都对无意识记的效果具有促进作用。

（三）形象记忆和语词记忆的发展

幼儿初期儿童的记忆还带有很大的直观形象性，而词的逻辑识记的能力还很差。随着语言的发展，儿童的语词记忆也在发展，但在整个幼儿期，形象记忆仍占主要地位。

卡尔恩卡（1955）让 3~7 岁儿童记住三种材料，第一种是儿童熟悉的具体物体，第二种是儿童熟悉的物体的名称，第三种是儿童不熟悉的物体的名称。结果表明：无论哪个年龄阶段，形象记忆效果都优于语词记忆效果；儿童两种记忆效果都随年龄的增长而提高，而语词记忆的发展速率要高于形象记忆。

应当指出的是，形象记忆和语词记忆的区别只是相对的。随着年龄的增长，形象和词都不会单独在儿童记忆中起作用。在形象记忆中，物体或图形起主要作用，语词也起着标示和组织记忆形象的作用。在语词记忆中，语词所标示的事物的形象也起一定的作用。

（四）自传式记忆的发展

自传式记忆是指对个人特别重要的经历的回忆。

儿童的自传式记忆在 3 岁以后才有一定的准确性，而其准确性在随后的整个幼儿期逐步缓慢地提高（Wang，2008；Bohn & Bernsten，2011）。通常而言，年龄较小的儿童比年龄较大的儿童需要更多的提示或指示性帮助，在这种帮助下，他们像年长儿童一样，能回忆起更多的事件。相反，成人难以回忆起发生于 3 岁或 4 岁以前的事件，这种现象叫婴儿期记忆缺失。

但是，婴幼儿对事件的记忆非常容易被误导，他们会以为一些强加在自己身上的事件和原先虚构的事件真的发生在自己身上了。当同一个问题被反复问起时，儿童回答的错误率将会提高（Goodman & Melinder，2007）。此外，当问题具有很高的暗示性时，儿童在回忆时更倾向于出错（Powell et al.，2007；Goodmen & Quas，2008）。因此，有人质疑：儿童作为目击证人，其证词是否可取？

（五）记忆策略和元记忆的形成

儿童记忆的发展还表现为记忆策略和元记忆的形成。

1. 记忆策略的形成

记忆策略是人们为有效地完成记忆任务而采用的方法或手段。个体的记忆策略是不断发展的。弗拉维尔等人（Flavell et al.，1966）提出记忆策略的发展可以分为三个阶段：第一个阶段是没有策略；第二个阶段是不能主动应用策略，但经过诱导，可以使用策略；第三个阶段是能主动自觉地采用策略。一般来说，儿童 5 岁以前没有策略，5~7 岁处于过渡期，10 岁以后记忆策略逐步稳定发展起来。

下面介绍两种记忆策略的形成。

（1）复述：这是一种非常重要的储存策略。许多心理学家曾研究过儿童复述策略的发展。当研究者向 3 岁儿童呈现一组玩具，并让他们记忆的时候，儿童会仔细观察这些玩具，而且还会给玩具贴标签（仅贴一次），但是他们不会使用复述策略（Baker-Ward，Ornstein，& Holden，1984；Oyen & Bebko，1996）。相对来说，7~10 岁儿童能更有效地使用复述策略，而且复述得越多，记忆成绩越好。①

年长儿童与年幼儿童除了复述策略使用率不同外，其复述的方式也是不同的。如果让儿童记忆呈现给他们的一组单词，5~8 岁儿童通常会按原来的顺序每次复述一个单词，而 12 岁儿童则会成组地复述单词，也就是每次复述前面连续的一组单词。

① ［美］D. R. 谢弗著，邹泓等译：《发展心理学：儿童与青少年》，中国轻工业出版社 2016 年版，第 272 页。

为什么年幼儿童不能更有效地复述呢？可能是他们在执行更复杂的聚类复述策略时占用了工作记忆容量中的大部分资源，以至于不能提取足够的信息，形成更有效的“词语组”。奥恩斯坦等人（Ornstein et al.，1985）的研究支持了这一解释。在研究中，他们试图教会 7 岁儿童使用聚类复述策略。结果发现，只有当先前的单词仍然在他们的视线中时，他们才会使用聚类复述策略。因此，当不需要花费意志努力就能提取项目时，年幼儿童就能将项目聚类，从而能执行更复杂的复述策略。与年幼儿童相比，不管先前的单词是否呈现在眼前，12 岁儿童都会使用聚类复述策略。很明显，这种有效的复述技巧对于 12 岁儿童来说是自动化的，不需要付出意志努力就能够完成，这给他们的工作记忆留下足够的空间去复述提取的项目。①

还有研究（Keeney，Cannizzo，& Flavell，1967）表明，不能自发复述的儿童在接受复述能力训练之后，其记忆成绩与那些自发复述的儿童接近。

为什么复述策略能够帮助儿童进行有效的记忆呢？有人（Kinsley & Hagen，1969）考察了不同复述方式对回忆率的影响。② 由结果可以推论，复述组的成绩之所以优于其他组，是由于复述为儿童提供了提取信息的练习机会。

（2）组织（系统化）：指个体找出要识记材料所包含项目间的意义联系，并依据这些联系进行记忆的过程，包括对信息储存和提取两方面的系统化。

请看下面的例子：

第一组：小船、火柴、钉子、外套、草、鼻子、铅笔、狗、杯子、花。

第二组：刀、衬衫、汽车、叉子、小船、裤子、短袜、卡车、调羹、盘子。

尽管这两组词的记忆难度可能是相同的，但事实上，对于许多人来说，第二组更容易记忆。因为第二组项目可以明显分成有语义区别的三个类别（餐具、衣服和交通工具），这可以成为储存和提取项目的线索。直到 9~10 岁时，儿童对

---

① Ornstein, P. A., Medlin, R. G., Stone, B. P., & Naus, M. J.（1985）. Retrieving for rehearsal: An analysis of active rehearsal in children's memory. *Developmental Psychology, 21*（4）, 633-641.

② 朱智贤等著：《发展心理学研究方法》，北京师范大学出版社 1991 年版，第 383—386 页。

在语义上能进行组织的项目的记忆成绩才会好于难以分类的项目（Hasselhorn，1992；Schwenck，Bjorklund，& Schneider，2009）。这一研究结果表明，年幼儿童在回忆时很少对信息进行组织。

弗拉维尔等人（Flavell et al.，1969）也曾进行过这方面的研究。被试为5~11岁儿童。刺激物为一组图片，图片可分为四类：动物、家具、交通工具和衣服。图片被摆成圆形，两两相邻的图片都属不同类别。主试告诉儿童先学习这些图片，过一会儿要把图片的名称说给他听。然后，主试托词有事要离开，并告诉儿童，为学习这些图片，可以进行任何有助于记住这些图片的活动。最后，主试评定被试对这些图片的归类结果。以被试将同类的两个图片挨着摆在一起的次数与同类的两个图片挨着摆在一起的可能的次数之比作为评分指标，结果如图6-7所示。[①] 从图中可知，10~11岁儿童基本上自发应用归类策略以提高记忆效果，其他年龄儿童则不会自发应用归类策略。经过短暂归类训练，低年龄组儿童也能达到10~11岁儿童自发归类的水平。

年幼儿童自发运用记忆策略还有困难，但训练可以有效地改善儿童运用记

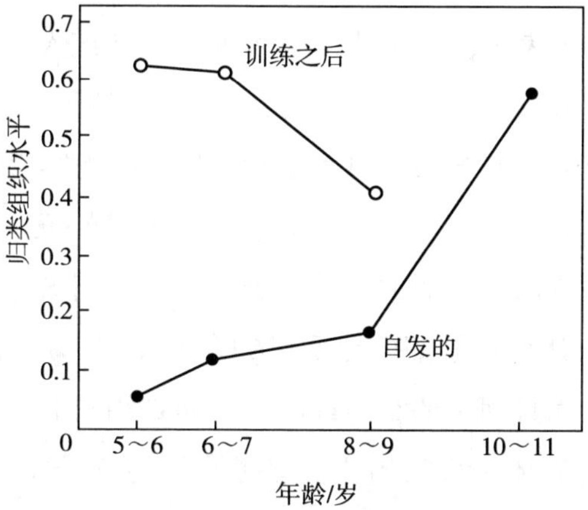

图 6-7　儿童使用归类策略能力的发展

① 朱智贤等著：《发展心理学研究方法》，北京师范大学出版社1991年版，第388页。

忆策略的能力。儿童是如何学会对材料进行组织的呢？根据维果茨基的有关观点可以推论，组织策略是从儿童的经历中演变而来的。这些经历包括：在学校教师的指导下，把高度相关的事物和事件归为一类；观察教师按高度组织的方式呈现材料。①

2. 元记忆的形成

元记忆就是关于记忆过程的知识或认知活动（Schneider，2009；Waters & Kunnman，2009）。弗拉维尔认为，关于记忆的元认知知识主要包括三方面的内容:（1）有关记忆主体方面的知识;（2）有关记忆任务方面的知识;（3）有关记忆策略方面的知识。例如，儿童认识到他们所能记住的东西是有限的，有些事情更容易记忆，或者有些特定策略能更有效地帮助自己记忆，这些都是元记忆的表现（Schneider & Bjorklund，1998，2003）。在一项预言瞬时记忆广度的实验中，主试给被试呈现一套印有 15 张图画的卡片后，问被试是否能够全部记住这套卡片。实验结果表明，学前儿童和一年级儿童对自己的记忆能力表现出过度自信，并且过度自信的水平显著高于三年级儿童（Shin et al.，2007）。

关于元记忆，幼儿并不是一无所知。有研究者通过访谈法，研究儿童对自己记忆的了解程度。结果表明，即使是 3~4 岁儿童也知道人的思维是有限的，而且有些信息更容易学习和保存。例如，学前儿童认识到记忆较多的项目比记忆较少的项目要困难，而且对材料学习的时间越长，保留的内容就可能越多。但是，研究（Lipko，2009）表明，4~5 岁儿童通常会高估自己的记忆能力，并且当实验持续三次之后，儿童对自己记忆能力的估计仍然高于他们的实际水平。此外，儿童对遗忘也不甚了解，认为在短期内能回忆的东西（如图片），经过很长一段时间以后也会回忆起来，而且回忆的难易程度与前面是相同的。因此，似乎学前儿童把他们所保存的信息看成是现实的“心理拷贝”，它们被存放在头脑之中，在任何时候，只要需要，他们就可以很容易把它们拿出来使用。

4~12 岁儿童关于记忆的知识显著增长，他们逐渐把大脑看作一个主动的、

① ［美］J. H. 弗拉维尔著，邓赐平、刘明译:《认知发展》，华东师范大学出版社 2002 年版，第 291 页。

建构性的单位，它储存的不仅仅是对现实的复制，还有对现实的解释。例如，很多5岁左右的儿童已经知道，像电话号码这样的信息如果不写下来，很快就会遗忘。这表明他们知道外部的线索有助于记忆。但儿童关于记忆策略的知识的增长是一个逐步发展的过程。儿童在7岁之前还不知道复述、组织化等记忆策略能帮助他们记忆。而且，即使他们知道相互关联的项目比不相关的项目更容易记忆，但还不知道这是为什么。7~9岁儿童能够认识到复述策略和分类策略比仅仅观察项目更有效，但是直到11岁或更大的时候，儿童才能知道组织化策略比复述策略更有效。①

记忆可以储存个体在活动中获得的知识经验，反过来，个体的知识经验也会参与记忆活动，影响记忆的发展。此外，一些非智力因素，如动机、兴趣等也会影响幼儿记忆的效果。

二、思维的发展

幼儿的思维是在婴儿时期思维水平的基础上，在新的生活条件下，以言语发展为前提逐渐发展起来的。

（一）幼儿思维的特点

幼儿思维的主要特点是它的具体形象性以及进行初步抽象概括的可能性。②

1. 思维的具体形象性是主要特点

具体形象性的思维是指儿童的思维主要是凭借事物的具体形象或表象，即凭借具体形象的联想来进行的，而主要不是凭借对事物的内在本质和关系的理解，即凭借概念、判断和推理来进行的。例如，一个幼儿能够正确回答“6个苹果，两人平分，每人分几个”，却不知道“3＋3＝？”。一个幼儿看到闹钟每天嘀嗒嘀嗒地走，就猜想里边可能有小人在推着它走，甚至会拆开闹钟去看个究竟。幼儿

① Justice, E. M., Baker-Ward, L. R., Gupta, S., & Jannings, L. R. (1997). Means to the goal of remembering: Developmental changes in awareness of strategy use-performance relations. *Journal of Experimental Child Psychology, 65* (3), 293–314.

② 朱智贤著：《儿童心理学》，人民教育出版社2009年版，第194页。

普遍喜欢童话画册和动画片，这与幼儿要凭借那些生动鲜明的具体形象才能理解故事有关。幼儿思维的具体形象性还派生出幼儿思维的经验性、表面性、拟人化等特点。幼儿思维的这些特点是跟他们知识经验贫乏和第一信号系统活动占优势分不开的。

2. 思维的抽象逻辑性开始萌芽

在整个幼儿期，儿童的思维水平是不断提高的。幼儿初期，儿童更多地运用直觉行动思维；幼儿中期以后，儿童则开始出现抽象逻辑思维的萌芽。苏联的缅钦斯卡娅（Менчинская，1954）曾研究了幼儿三种思维方式的关系和发展过程。她在实验中要求幼儿完成下述任务：把一套简单的杠杆连接起来，借以取得用手不能直接拿到的糖果，即找出物体之间极简单的机械关系。上述任务用三种不同的方式提出：第一种，在实验桌上放有实物杠杆，使幼儿能以直觉行动的方式解决问题；第二种，在图画中画出有关物体的图形，使幼儿没有利用实际行动解决问题的可能性，但可依靠具体形象进行思维；第三种，既没有实物，也没有图片，只用口头言语布置任务，要求幼儿的思维在言语的抽象水平上进行。由结果可知，不同年龄的幼儿解决问题的水平是不一样的，小班幼儿大多是在直觉行动水平上解决问题，而中班和大班幼儿才逐步学会在词的水平上解决问题。

直觉行动思维、具体形象思维和抽象逻辑思维这三种思维形式并不是彼此孤立和相互对立的，它们在幼儿思维中所占的地位随年龄的增长而变化。幼儿直觉行动思维的概括性比婴儿期有明显提高，而抽象逻辑思维只是刚刚发展。对于在经验范围内，而且又是熟悉的事物，幼儿能够进行简单的逻辑思维，如猜中一些简单的谜语，知道一些简单的因果联系等。

3. 言语在幼儿思维发展中的作用日益增强

言语在幼儿思维中的作用，最初只是行动的总结，然后能够伴随行动进行，最后才成为行动的计划。与此同时，思维活动起初主要依靠行动进行，后来才主要依靠言语来进行，并开始带有逻辑的性质。

柳布林斯卡娅（Люблинская，1959）的研究探讨了不同年龄幼儿在思维活动过程中动作和语言的关系。她要求幼儿把小图块拼成一张图，并在拼图前说出将要拼什么，拼完后再说明是怎样拼成的。结果发现，小班幼儿在行动前往往不能说出将要拼什么，他们拿到小图块就立即去拼。拼完之后，非常惊奇而又似乎是突然有所发现地说出自己拼的结果。中班幼儿则在行动中边做边说，行动的计划性还很差。大班幼儿在行动之前已经能够清楚地说出自己要拼什么和怎样去拼。这时，幼儿的行动就带有明显的目的性和计划性。

思维的抽象概括性和对行动的自觉调节作用是人的意识的两个基本特点。幼儿的思维开始具有这些特点。

（二）皮亚杰关于幼儿思维的研究

皮亚杰认为 2~7 岁儿童的思维属于前运算阶段，这是儿童克服各种心理障碍，逐渐向逻辑思维过渡的时期（Piaget & Inhelder，1969）。这一阶段儿童主要是表象性思维，思维的基本特点是相对具体性、不可逆性、自我中心性和刻板性。皮亚杰用一系列实验证明了他的观点，但也引起了一些争议。下面将介绍几个代表性的实验研究。

1. 三座山测验

根据皮亚杰的观点，前运算思维的基本特征是自我中心，即从自我的角度去解释世界，很难想象从别人的观点看事物是怎样的。皮亚杰设计了三座山测验（如图 6-8 所示），用来评价儿童能否采用别人的观点。三座山以不同的颜色来区别，一座山上有一间房屋，另一座山上有一个红的十字架，还有一座山上覆盖着白雪。儿童坐在桌子的一边，桌上放着这个模型。在第一个实验中，实验者把一个娃娃放在桌子周围的不同位置，问儿童“娃娃看到了什么”。在第二个实验中，实验者向儿童出示从不同角度拍摄的三座山的照片，让儿童挑出娃娃所看到的那张照片。在第三个实验中，实验者给儿

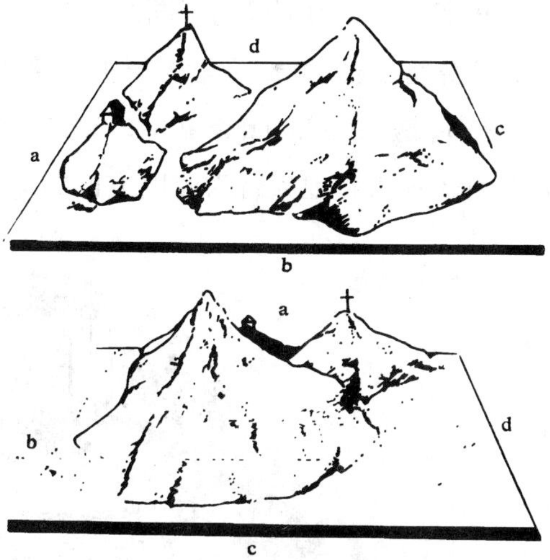

图 6-8　三座山模型

（Piaget & Inhelder，1956）

童三张硬纸板，要儿童按娃娃所见把三座山排好。结果，8 岁以下的儿童一般不能成功。大多数 6 岁以下的儿童是从自己的观察角度而不是娃娃的观察角度来选择照片或搭建模型。因此，皮亚杰认为幼儿在对事物进行判断时是以自我为中心的，不能采纳别人的观点。

然而，一些研究者提出了疑问，他们重新修订了皮亚杰的三座山测验，使其容易被儿童理解。例如，博克（Borke，1975）设计了农场景观模型（如图 6–9 所示），农场中有房子、小湖、小船，还有牛和马在草地上，布局类似于三座山模型。代替娃娃的是格罗弗（Grover），格罗弗是美国儿童电视节目《芝麻街》的主角，是儿童普遍熟悉和喜欢的人物。他开着轿车绕农场一周，不时停下观赏着农场的景色。儿童的任务是指出格罗弗看到了什么，问题的形式与皮亚杰三座山测验中的相同。被试同时也参加三座山测验。结果发现，3 岁儿童能很好地完成博克的任务，而在三座山测验中成绩却很差。这种对比使博克相信，当场景是熟悉的，问题也容易理解时，儿童是能够考虑到别人的观点的。唐纳森（Donaldson，1978）介绍的休斯（Hughes）的实验，结果类似。在休斯的实验（如图 6–10 所示）中，被试是 30 名 3.5~5 岁儿童，其中 90% 能正确指出小孩站在什么位置可以使警察看不到他，显示了儿童的非自我中心。唐纳森认为，该实验与皮亚杰三座山测验的不同之处在于任务中人物的动机和意图是儿童完全理解的，任务富于人情味，更容易被儿童接受。

研究者（Bjorklund & Ellis，2005）认为，随着儿童了解的东西越来越多，特别是有关他人和他人行为原因方面的知识越来越多，他们逐渐会减少自我中心，

图 6–9　博克的农场景观模型

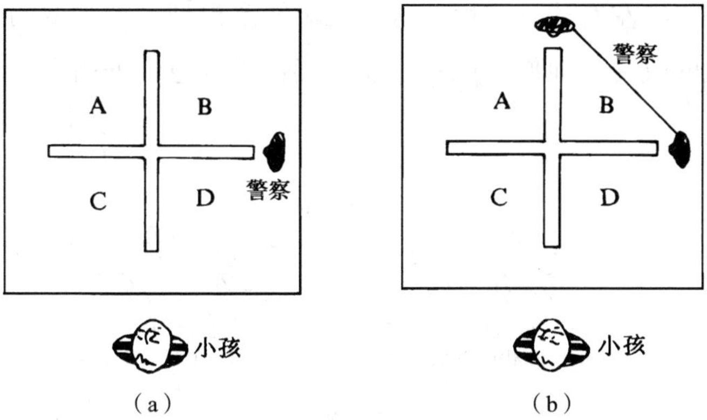

图 6-10　为测定学前儿童是否自我中心而设计的实验呈现的场景

并且能够更好地理解他人观点。也就是说，观点采择能力并不会在某一阶段完全不存在，而在另一阶段又突然出现。从儿童期到成年期，它是缓慢发展并日益成熟完善的。①

2. 守恒

"守恒"是皮亚杰的术语，指物质从一种形态转变为另一种形态时，有关物质含量保持不变的认识。皮亚杰认为，前运算阶段的儿童的思维只能集中于问题的一个维度，注意的是事物表面的、明显的特征，具有中心化的特点。他设计了一系列守恒实验（如图 6-11 所示）。例如，在液体守恒实验中，向儿童呈现两个相同的玻璃杯，杯中装有等量的液体。在儿童确知两个杯子里的液体是等量的之后，实验者把其中一个杯子里的液体倒入旁边一个较高、较细的杯子里，液面自然升高。实验者问儿童：新杯子里的液体比原先杯子里的多一些或少一些，还是一样多？大多数 3~4 岁儿童会回答"多一些"，因为他们只注意到了新杯子的高度。5~6 岁儿童处于守恒的转折阶段，他们似乎意识到必须同时考虑杯子的高度和粗细，但在比较时，同时考虑两个维度还有困难。皮亚杰认

① Bjorklund, D. F., & Ellis, B. J.（2005）. Evolutionary psychology and child development: An emerging synthesis. In B. J. Ellis & D. F. Bjorklund（Eds.）, *Origins of the social mind: Evolutionary psychology and child development.*（pp.3–18）. New York: Guilford Press.

为儿童一般在8岁左右达到守恒。这时儿童能意识到一个维度的变化总是伴随着另一个维度的改变，他们用同一性、补偿性或可逆性证明自己理解了其中的逻辑关系。

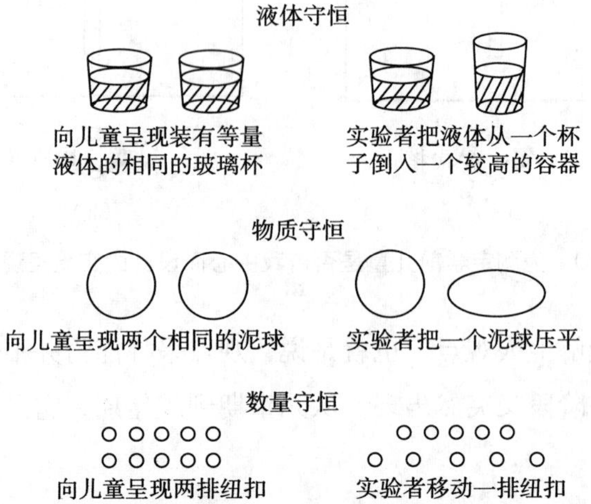

图6-11 测量儿童具体运算思维的三种守恒问题图解

在数量守恒等实验中，儿童仍犯有同样的错误。但是，新近的一些研究认为皮亚杰低估了儿童的能力。例如，在一个数量守恒重复实验中，只有少数（16%）4~6岁儿童理解了数的守恒。然而，不久以后，实验者借用一只顽皮的玩具熊，让它从匣子里出来，把纽扣摆放成挤在一起，却有63%的儿童说物体的数目没变。格尔曼和巴亚尔容（Gelman & Baillargeon，1983）用较小的数目对3~4岁儿童施测。结果发现，他们能意识到数的一一对应关系和数的守恒。格尔曼认为，儿童具有天生的数数能力，就像使用语言那样，是普遍的和遗传决定的。这一结论显然与皮亚杰的观点不一致。

皮亚杰认为守恒直到前运算阶段结束时才出现，在某些情况下甚至更晚。但是，研究（Ping，Goldin，& Meadow，2008）表明，儿童经过一定的训练和体验，便能学会正确回答守恒任务中的问题。此外，达森及其同事（Dasen，Ngini，& Lavalleé，1979）的研究表明，对幼儿守恒的训练结果与文化背景有关。他们比较了澳大利亚堪培拉的儿童和土著儿童的液体守恒概念，发现在没有训练的情况下，后者有 50% 到 14 岁还未掌握守恒概念（如图 6-12 所示），训练后仍比前者落后 3 年。这种跨文化差异主要是儿童的教养经历、发展目标和发展环境的差异导致的（Molitor & Hsu，2011）。

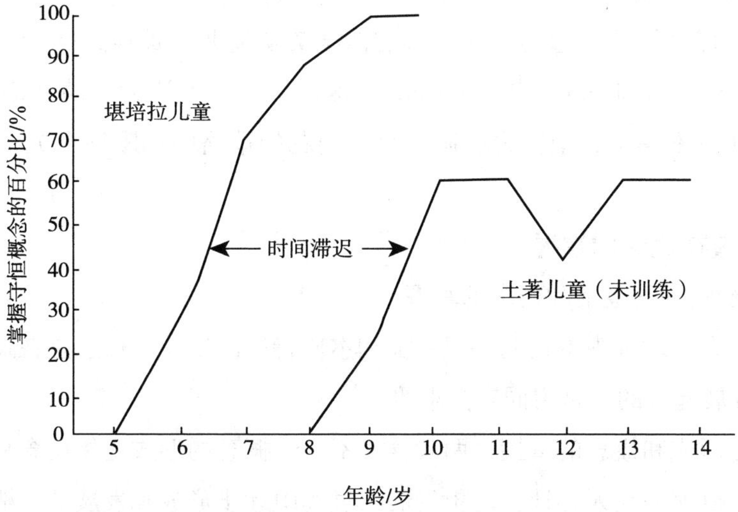

图 6-12　堪培拉儿童和土著儿童掌握液体守恒概念的比较

3. 类包含

类包含指一类物体与其子类的关系。原则上，总类中物体的数量必然大于任一子类中物体的数量。皮亚杰认为前运算阶段的儿童缺乏这种推理能力，不能同时想到一个子类和整个一类。例如，他给儿童呈现一束由四朵红花和两朵白花组成的花束，问儿童“红花多还是花多”，前运算阶段的儿童通常回答“红花多”。麦加里格尔（McGarrigle）对提问方式做了改动，他向 6 岁儿童出示四只玩具牛，其中三只黑的，一只白的，都侧卧着，并说它们“睡着了”。他问儿童“黑牛多还是牛多”，“黑牛多还是睡着的牛多”。他认为后一种提问引入了“睡着的”，会更强调整个类。结果，第一个问题只有 25% 的人回答正确，第二个问题有 48% 的人回答正确。看来措辞的变化改变了问题的难度，增加了儿童成功完成类包含作业的比例。

此外，皮亚杰还认为幼儿不能区分一个物体表面看起来像什么和真的是什么，不能进行因果推理。一些研究者（Flavell et al.，1983；Bullock，1984；Bullock & Gelman，1979）针对皮亚杰的有关实验也做了改进实验。他们普遍认为，皮亚杰低估了幼儿的思维能力。他的研究手段过多地靠言语呈现问题和推理判断，给幼儿理解问题本身带来了困难。实际上，如果问题以一种简化的方式呈现，内容是幼儿熟悉的，幼儿就能像学龄初期儿童那样进行较复杂的推理（Gelman，1978；Gelman & Baillargeon，1983）。还有人认为，幼儿表现出的认知困难是注意不集中、记忆力有限、解决问题的策略的局限性造成的（Siegler，1986）。

（三）最初概念的掌握

1. 最初的词的概括和概念的掌握

概念是人脑对客观事物的一般特征和本质特征的反映。概念是在概括的基础上形成和发展起来的，是用词来标志的。

概念的形成和概念的掌握，两者含义不同。概念的形成是指概念从无到有的历史演变。概念是在人类社会历史发展的过程中逐步形成和发展的。概念的掌握则是对个体而言，是指儿童掌握社会上业已形成的概念。成人利用语言工具，通过与儿童的言语交际及教学手段，把概念传授给儿童。儿童掌握一个概念往往不是一次完成的，它要随着儿童知识经验的丰富和思维水平的发展而不断充实和改造。因此，每个儿童所掌握的同一概念的深度和广度是不同的，同一儿童在不同发展阶段所掌握的同一概念的深度和广度也是不同的。概念掌握的过程也就是从具体形象思维向抽象逻辑思维发展的过程。

儿童掌握概念的特点直接受他们概括水平的制约。幼儿概括的特点表现在以下三个方面。（1）概括的内容较贫乏，一个词最初只代表一个或某些具体事物的特征，而不是代表某类事物的共同特征。到了幼儿晚期，概念所概括的内容才逐渐丰富。（2）概括的特征很多是外部的、非本质的。例如，幼儿大多以功用性特征说明关于事物的概念。（3）概括的内涵往往不精确，有时失之过宽，有时又失之过窄。①

① 朱智贤著:《儿童心理学》，人民教育出版社 2009 年版，第 196—197 页。

正是由于这些特点，幼儿初期儿童概念掌握的广度和深度都是很差的，他们一般只能掌握比较具体的实物的概念，而不易掌握一些比较抽象的性质概念、关系概念、道德概念。只有到了幼儿晚期，儿童才有可能掌握一些比较抽象的概念，如野兽、动物、家具、勇敢等。

2. 最初实物概念的掌握

儿童掌握实物概念的一般发展过程是：（1）小班儿童实物概念的内容基本上代表他们所熟悉的某个或某些事物；（2）中班儿童已能在概括水平上指出某些实物比较突出的特征，特别是功用上的特征；（3）大班儿童开始能指出某一实物若干特征的总和，但是还只限于所熟悉的事物的某些外部和内部的特征，而不能将本质和非本质特征很好地加以区分。①

在正确的教育下，大班儿童也有可能初步地掌握某一实物概念的本质特征，如"马是动物"等，但这要取决于这些实物是否为儿童所熟悉，也取决于儿童是否掌握了进行抽象概括所需要的词。

3. 最初数概念的掌握

数概念和实物概念比较起来，是一种更加抽象的概念，因而在儿童发展过程中，掌握数概念比掌握实物概念晚些，也比较难些。

所谓掌握数概念，包括理解：（1）数的实际意义（"3"是指三个物体）；（2）数的顺序（如2在3之前，3在2之后，2比3小，3比2大）；（3）数的组成（如"3"是由1+1+1，1+2，2+1组成的）。方格等人（2001）将数概念划分为基数和数序两个方面，对4~6岁幼儿数概念的发展进行研究，发现幼儿对基数和数序的认知发展存在先后顺序，即幼儿在4~5岁时对基数的认知成绩明显优于对数序的认知，而到了6岁时两者的发展趋于同步。②

林崇德（1980）的研究表明：儿童形成数概念，经历口头数数—给物说数—

① 朱智贤著：《儿童心理学》，人民教育出版社2009年版，第198页。

② 方格、田学红、毕鸿燕：《幼儿对数的认知及其策略》，《心理学报》2001年第1期。

按数取物—掌握数概念四个发展阶段。① 凯里（Carey，2001，2004，2007）提出了理解者水平理论（knower-levels theory），用给数取物任务测量儿童数词的掌握情况。该理论把儿童数概念的发展划分为三个阶段：（1）前数词知识水平。儿童所得物体数目和任务目标数词之间毫无关系，即儿童尚未给数词赋予任何意义。（2）子集水平。这类儿童的数词理解水平是在他们数数范围内的一个子集。（3）基数原则水平。该水平的儿童获得了自身数数范围内的所有数词的含义。根据这一理论，韩玳玳等人对100名2~5岁儿童的数概念发展水平进行划分，发现4岁以后绝大部分儿童达到了数概念发展的最高水平即基数原则水平，而2~3岁的大部分儿童还处于子集水平，可见3~4岁是儿童数概念快速发展的时期。②③ 还有研究（Gilmore & Spelke，2008）表明，大多数4岁左右的儿童能够通过数数完成简单的加减法，并且能够相当成功地对不同的数量进行比较。另外，社会文化、教育水平也对幼儿数概念的发展有很大的作用。关于数概念发展的转折点，一般认为在5岁左右。

4. 类概念的掌握

儿童学习概念时，在对事物或现象的意义有了充分理解之后，则可以进行分类。分类时，主要是依据事物的本质属性。通过分类，儿童可以逐渐掌握概念系统。同时，分类也是心理学研究儿童概念水平常用的方法之一。研究儿童类概念的材料通常是实物或形象材料。维果茨基（Выготский，1956）用一些大小、颜色、形状不同的“实验块”（几何体），请儿童将它们分组。6岁以上的儿童只将单独的性质作为必需的、充分的依据，如颜色或形状。幼儿则不断改变标准，一会儿以形状，一会儿又以颜色或大小为分类基础。维果茨基称之为“链概念”。皮亚杰等人（Piaget et al.，1964）研究了儿童的实物分类，并提出，幼儿不用分

① 林崇德：《学龄前儿童数概念与运算能力发展》，《北京师范大学学报（社会科学版）》1980年第2期。

② 韩玳玳、张静、陈英和：《2~5岁儿童的数概念发展水平——理解者水平理论的视角》，《心理科学》2013年第5期。

③ 陈英和：《儿童数量表征与数概念的发展特点及机制》，《心理发展与教育》2015年第1期。

类学方法，而用主题分类。如把玩具猫和椅子放在一起，理由是猫喜欢坐在椅子上。由此提出，儿童概念发展经过三个阶段：主题概念—链概念—充分必要特征基础上的概念。

樊艾梅和李文馥（1995）以80名3~6岁儿童为被试，以7个常见物体种类的图片为实验材料，按概念水平（如松树、树、植物分别为下级类概念、基本类概念和上级类概念）对儿童层级类概念的发展过程进行研究。结果表明：3岁儿童已能按基本类概念进行正确的种类匹配；3~5岁儿童对上级类概念的匹配能力较差，6岁基本达到掌握水平。① 这一结果与国内外一些研究结果基本上是一致的。

吕静等用不同性质的材料让儿童分类。研究发现，3~6岁儿童的概括能力可分为四级水平：一级水平的儿童不能对事物进行抽象概括，不能根据事物的某个特征对其进行分类；二级水平的儿童开始能对事物进行抽象概括，他们已了解事物的某些特征和属性，也能根据某些特征来对事物进行抽象概括，但他们所依据的特征常常是表面的、具体的和简单的；三级水平的儿童能根据事物内部的特征来对事物进行抽象概括，但还脱离不了具体的情境，以及一些功用的解释，他们考虑的事物特征不再是单一的，而是两个或两个以上的特征；四级水平的儿童开始根据事物的本质特征来对事物进行抽象概括，他们能够看到事物的多种属性或特征。②

（四）抽象逻辑思维的初步发展

抽象逻辑思维是在感性认识的基础上，通过概念、判断、推理来揭示事物的内在联系、本质联系的过程。如前所述，幼儿的思维带有极大的具体形象性，但由于经验的积累，特别由于第二信号系统的发展，到幼儿晚期，在其经验所及的事物的范围内，幼儿也开始能初步进行抽象逻辑思维。

从具体形象思维向抽象逻辑思维过渡，表现在儿童对事物的性质、内容或关系的理解上，也表现在儿童判断能力、推理能力的形成和发展上。这里仅以推理

① 樊艾梅、李文馥：《3~6岁儿童层级类概念发展的实验研究》，《心理学报》1995年第1期。

② 吕静、庞虹、汪文鋆、卢琬君：《3~6岁幼儿在分类实验中概括能力的发展》，《心理学报》1987年第1期。

发展为例。

推理是判断和判断之间的联系，是在已有判断的基础上推出新的判断。幼儿由于知识经验和认知水平所限，还不能完全跟学龄儿童和成人一样对周围事物进行逻辑推理。因此，在幼儿的推理中，有许多看来是荒唐可笑的。然而到幼儿晚期，在所能理解的事物的范围内，儿童一般都能很好地进行合乎事物本身逻辑的判断和推理。

下面，我们以几个实验研究为例进行说明。

1. 关于幼儿类比推理的研究

类比推理在某种程度上属于归纳推理，它是对事物或数量之间关系的发现和应用。

杨玉英和朱法良（1987）设计的幼儿类比推理实验是由三个分实验组成的系列实验，它们依次为“配盘”“挑盘”“组盘”。实验材料如图 6-13 所示，箱内装有 92 个不同色、形、质的几何体，另有 10 个盘子供放置几何体之用。“配盘”要求儿童根据主试在盘中放置几何体的某种规则，补上盘中所缺的几何体。“挑盘”是找出与标准盘的拼配规则一样的盘，是“配盘”实验的深入。“组盘”则要求儿童在更大范围内灵活运用规则，研究者可以从中进一步考察儿童对类比规则的理解程度。通过这三个分实验，研究者可以深入探讨儿童类比推理发展的动态过程。

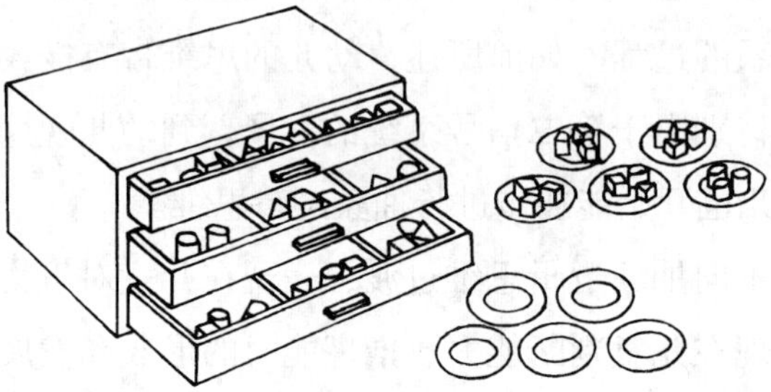

图 6-13 测查类比推理的游戏箱

研究结果之一是，4~7 岁儿童类比推理的发展水平随年龄的增长而逐步提高。4 岁儿童大多数只能根据一种表面属性完成操作任务，5 岁儿童则有近半数能依据两种或三种属性完成操作任务，而绝大多数 6~7 岁儿童都能依据三种属性完成操作任务。①

李红（2015）的研究也发现：在具备相应知识经验的前提下，没有知觉分心干扰时，4 岁儿童已经能够正确地完成类比推理任务；当存在分心干扰时，儿童的类比推理能力下降，下降的趋势随年龄的增加而减少。总体上，6 岁儿童的类比推理能力优于 4 岁和 5 岁组，但 4 岁和 5 岁组之间的差异不显著。②

戈斯沃米和布朗（Goswami & Brown，1990）曾对儿童类比推理进行研究。研究者分别向 4 岁、5 岁和 9 岁儿童呈现典型类比问题图片，并给儿童提供四个选择，让他们选出合适的选项。例如，先给儿童呈现鸟、鸟窝和狗，再呈现狗窝、骨头、猫和小狗，让儿童从中选出最合适的图片。在这个问题中，儿童首先必须发现鸟和鸟窝的关系，然后才能做出类比推理。出乎意料的是，所有儿童的成绩都比预期的要好：4 岁、5 岁和 9 岁儿童正确解决问题的比例分别是 59%、66% 和 94%（猜中概率是 25%）。③

西格勒和斯韦蒂纳（Siegler & Svetina，2002）进一步将类比推理的内容复杂化，以 157 名 6 岁、7 岁、8 岁的儿童为研究对象，向他们提供问题图片并提供六个选项。如图 6–14 所示，大的浅灰老鼠朝向右边，对应大的浅灰小鸟朝向右边，那么小的浅灰老鼠朝向左边，对应什么呢？儿童认识到物体之间的关系后，会做出正确的选择：小的浅灰小鸟朝向左边（右图左下角）。结果发现，6 岁是儿童掌握这一复杂类比推理问题的关键期。④

---

① 中央教科所儿童推理研究组:《4~7 岁儿童类比推理过程发展的实验研究报告——儿童推理过程综合研究报告之二》,《心理发展与教育》1987 年第 1 期。

② 李红:《中国儿童推理能力发展的初步研究》,《心理与行为研究》2015 年第 5 期。

③ Goswami, U., & Brown, A. L.（1990）. Higher-order structure and relational reasoning: Contrasting analogical and thematic relations. *Cognition, 36*（3）, 207–226.

④ Siegler, R. S., & Svetina, M.（2002）. A microgenetic / cross-sectional study of matrix completion: Comparing short-term and long-term change. *Child Development, 73*（3）, 793–809.

图 6-14 测查类比推理的图片

2. 关于幼儿推理过程发展的研究

杨玉英（1983）采用玩具得奖游戏的方法，要求被试完成四步实验：（1）归纳游戏的规则；（2）分析形成规则的原因；（3）运用规则认识具体的事物和现象；（4）运用规则解决实际问题。前两步主要运用归纳推理，后两步主要运用演绎推理。实验结果表明，虽然在四步实验中儿童进行的推理内容和形式不同，却表现出共同的发展趋势。①

第一，推理过程随年龄的增长而发展。3 岁组儿童基本上不能进行推理活动，4 岁组儿童的推理能力开始发展，5 岁组儿童中大部分（62% 以上，平均为 75%）可以进行推理活动，6 岁组和 7 岁组儿童全部可以进行推理活动（如图 6-15 所示）。

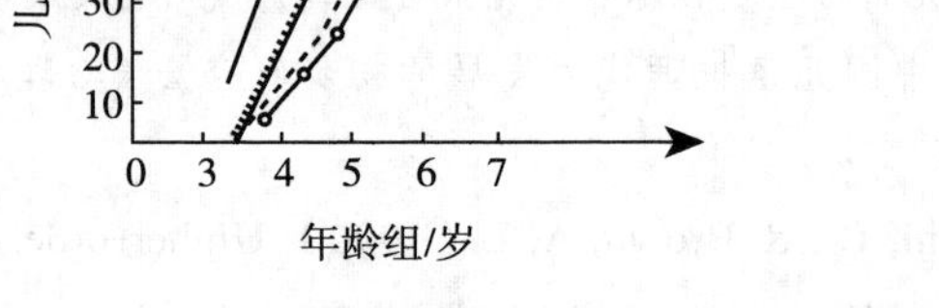

图 6-15 3~7 岁儿童在四步实验中推理过程的发展趋势

① 杨玉英：《3~7 岁儿童推理过程发展的初步研究》，《心理科学通讯》1983 年第 1 期。

第二，在各步实验中，推理过程可以划分为三种水平。Ⅰ级水平：只能根据较熟悉的非本质特征进行较简单的推理活动。Ⅱ级水平：可以在提示的条件下，运用展开式逐步发现事物的本质联系，最后做出正确结论。Ⅲ级水平：可以独立而较迅速地运用简约的方式进行正确的推理活动。

推理水平的提高表现在推理内容的正确性、推理的独立性、推理过程的概括性和推理方式的简约性等方面。

第三，儿童过程推理的方式由展开式向简约式转化。由图 6-16、图 6-17 可知，儿童推理过程的方式随年龄的增长而发展。5 岁以前主要运用展开式，5 岁以后简约式占优势，5~6 岁是两种方式迅速转化的时期。

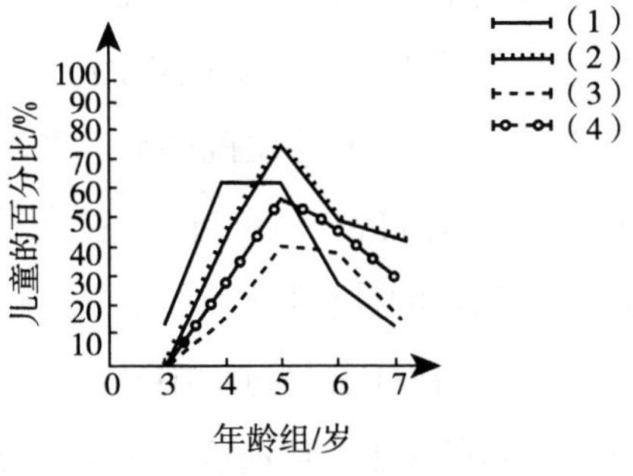

图 6-16　3~7 岁儿童在四步实验中推理过程方式的发展（展开式）

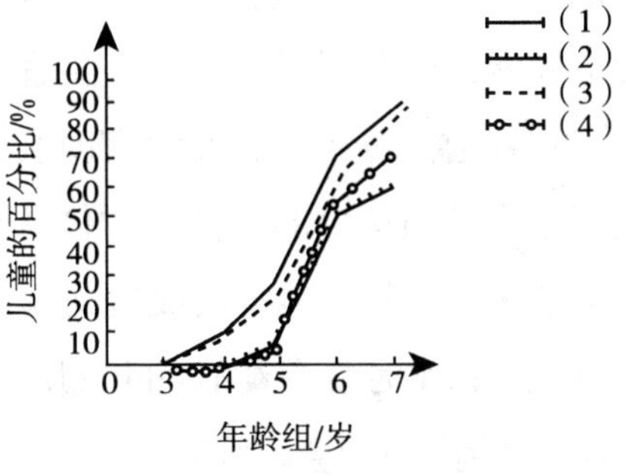

图 6-17　3~7 岁儿童在四步实验中推理过程方式的发展（简约式）

第五节　幼儿个性的初步形成和社会性的发展

人是个性与社会性的对立统一体。

每个人都有独特的个性，正像世界上没有两片完全相同的树叶一样，世界上也没有个性完全相同的人。个性使人各具特色。

人又具有社会性，他“像所有的人”，又“像某类人”。生活在同一社会或同一阶层里的人的基本社会行为、价值观念往往是相似的。社会文化给特定社会里的每个成员的行为染上了一层区别于其他社会文化的色彩。

儿童出生时只是一个生物个体，无所谓个性和社会性。婴儿的心理活动还是片断的、无系统的、易变的，仅有自我意识和社会性的萌芽。个性的初步形成是从幼儿期开始的，这时社会性也有了进一步的发展。

儿童的个性形成和社会性发展是在社会化的过程中实现的。所谓社会化就是个体在与社会环境相互作用中获得他所处的社会的各种行为规范、价值观念和知识技能，成为独立的社会成员并逐步适应社会的过程。社会文化是人的社会化的重要中介变量。

社会化规范人的社会行为，培养人对身份、地位的认同，影响人的价值和行为取向，传递知识经验和技能。社会化保证了社会文化的积累和传递，既有利于社会发展，也有利于个体的社会适应。社会化在儿童发展中具有重要的作用。

在社会化过程中，儿童有时会体验到个人愿望与社会要求的尖锐冲突。儿童逐渐学会按照理性的、社会群体认可的行为规范行动，并将自己逐步融入更大的社会群体中，与其他社会成员共享一种文化。由此，儿童的社会性得到发展。

儿童出生时就有着不同的气质类型，这种先天的差别在社会化过程中又进一步扩大了。例如，社会的价值观念、行为规范首先通过父母的过滤，以高度个体化的方式传递给儿童；儿童有选择地接受外界信息，从而形成独特的个性。个性与社会性紧密地交织在一起。可以说，社会化的过程就是儿童个性形成和社会性发展的过程。

幼儿在与周围环境的相互作用中逐步显露出个性的“花纹”，其社会性发展也在各个领域全面展开。

一、自我意识的发展

在教育的影响下，幼儿的自我意识有了进一步发展。韩进之等人的研究表明，幼儿自我意识各因素（自我评价、自我体验、自我控制）发展的总趋势是随年龄的增长而增长的（如图 6-18 所示）。①

① 韩进之、杨丽珠:《我国学前期儿童自我意识发展初探》,《心理发展与教育》1986 年第 3 期。

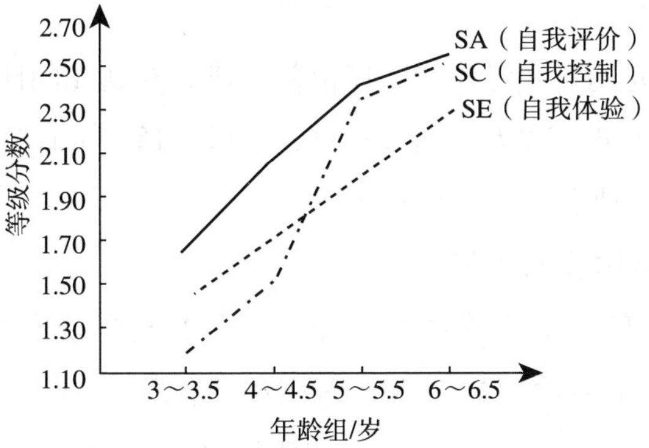

图 6-18　学前儿童自我意识各因素的发展趋势

（一）自我概念的发展

7 岁之前，儿童对自己的描绘仅限于身体特征、年龄、性别和喜爱的活动等，还不会描述内部心理特征。研究者（Damon & Hart，1988；Keller，Ford，& Meachum，1978）让 3~5 岁儿童用“我是个……”和“我是个……的男孩（或女孩）”的句型，说出关于自己的 10 项特征。约 50% 的儿童描述了自己的日常活动，而对心理特征的描述几乎没有。早期儿童的认知能力处于具体形象思维阶段，他们很容易把自我、身体与心理混淆起来。塞尔曼（R. Selman）等人也认为，幼儿的概念是“物理概念”，他们对内在的心理体验和外在的物理体验不加区分。

（二）自我评价的发展

自我评价的能力在 3 岁儿童中还不明显，自我评价开始发生的转折年龄是 3.5~4 岁，此年龄段的发展速度较 4~5 岁时要快，5 岁儿童绝大多数已能进行自我评价。① 这与苏联的研究结论——自我评价产生于学前期是一致的。

幼儿自我评价的特点是：（1）从轻信成人的评价到自己独立评价；（2）从对外部行为的评价到对内心品质的评价；（3）从比较笼统的评价到比较细致的评价；（4）从带有主观情绪性的评价到初步客观的评价；（5）开始以道德行为的准则进

① 韩进之、杨丽珠：《我国学前期儿童自我意识发展初探》，《心理发展与教育》1986 年第 3 期。

行评价。①

总的来说，幼儿的自我评价能力还很差，成人对幼儿的评价在幼儿个性发展中起着重要作用。因此，成人必须善于对幼儿做出适当的评价，对幼儿行为做出过高或过低的评价对他们都是有害的。

（三）自我情绪体验的发展

当幼儿产生自我意识，并且能够理解评价自己行为的规则和标准时，他们就会产生自我情绪体验，如羞愧、内疚和骄傲等。研究（Lewis & Ramsay，2002；Mills，Imm，& Walling，2008）表明，3 岁儿童已经能够评价自己的行为，并且能够产生相应的自我情绪体验。比如，对于未能在规定时间完成任务会感到羞愧。幼儿自我情绪体验由与生理需要相联系的情绪体验（愉快、愤怒）向社会性情感体验（委屈、自尊、羞愧感）不断深化、发展，同时又表现出易受暗示性。

在幼儿自我情绪体验中，最值得重视的是自尊。自尊是自我意识中具有评价意义的情感成分，是与自尊需要相联系的对自我的态度体验，也是心理健康的重要指标之一（Jahoda，1958；Orth，Maes，& Schmitt，2015）。自尊需要得到满足，将会使人感到自信，体验到自我价值，从而产生积极的自我肯定。研究（Farris，Lefever，Borkowski，& Whitman，2013；Wagner，Hoppmann，Ram，& Gerstorf，2015）表明，儿童时期的自尊与其未来的学业成就、对生活的满意和幸福感等相联系。②③

---

① 杨丽珠、吴文菊主编：《幼儿社会性发展与教育》，辽宁师范大学出版社 2000 年版，第 80—81 页。

② Farris, J., Lefever, J. E. B., Borkowski, J. G., & Whitman, T. L.（2013）. Two are better than one: The joint influence of maternal preparedness for parenting and children's self-esteem on academic achievement and adjustment. *Early Education and Development, 24*（3）, 346-365.

③ Wagner, J., Hoppmann, C., Ram, N., & Gerstorf, D.（2015）. Self-esteem is relatively stable late in life: The role of resources in the health, self-regulation, and social domains. *Developmental Psychology, 51*（1）, 136-149.

儿童在 3 岁左右产生自尊的萌芽，如犯了错误感到羞愧，怕别人讥笑，不愿被人当众训斥等。随着儿童身体、智力、社会技能和自我评价能力的发展，儿童的自尊也得到发展。例如，在韩进之等人的研究中，不同年龄的儿童体验到自尊的比例分别为：3~3.5 岁，10%；4~4.5 岁，63.33%；5~5.5 岁，83.33%；6~6.5 岁，93.33%。自尊稳定于学龄初期。

自尊与儿童的能力和对自身能力的认识有关，受到父母的育儿风格和对儿童有重要意义的他人评价的影响。高自尊的孩子的父母一般会给予孩子更多的温暖和支持，为他们树立了生活的典范，在有关他们的决定中听取他们的意见（Gutman & Eccles，2007；Lamborn et al.，1991）。在美国、加拿大、中国和澳大利亚，研究者同样发现了高自尊和民主型教养方式之间的关系（Scott & McCabe，1991）。虽然上述研究只是相关研究，我们无法肯定温和、支持的父母育儿方式就是儿童自尊较高的原因，但是其中可能存在着因果关系。表达出“你是个好孩子，我相信你会守规矩并做出正确决定”这类信息，对提高儿童的自尊肯定要比“你不乖，是个坏孩子”之类冷漠和操控的方式更好。①

培养富有建设性的未来公民，应重视培养幼儿的自尊。

（四）自我控制能力的发展

自我控制能力在 3~4 岁儿童中还不明显。从缺乏自我控制到有自我控制的转折年龄是 4~5 岁。5~6 岁儿童绝大多数都有一定的控制能力。

科普（Kopp，1982）认为，在儿童早期，儿童自我控制和自我调节能力的发展要经历五个重要的发展阶段（见表 6-2）。②

① ［美］D. R. 谢弗著，邹泓等译：《发展心理学：儿童与青少年》，中国轻工业出版社 2016 年版，第 428 页。

② Kopp, C. B.（1982）. The antecedents of self-regulations: A developmental perspective. *Developmental Psychology, 18*（2）, 199–224.

表 6-2 儿童自我调节的早期形式

发展形式	特征	出现的年龄	中介变量
控制与系统组织	唤醒状态、早期活动的激活调节	从母亲怀孕晚期到儿童出生 3 个月	神经生理的成熟、父母间的交往、儿童的生活常规
依从	对成人警告性信号的反应	9~12 个月	对社会行为的偏向、母子交往的质量
冲动控制	自我的发生、行为与言语间的平衡	2 岁	成熟因素（如言语的发生）、照看者对儿童需要与情感的敏感性、降低压力的措施的采用
自我控制	社会品质的内化、动作抑制	2 岁时儿童对成人的要求进行反应，3~4 岁时利用外部言语进行自动调节，6 岁时转换为内部言语的调节	社会互动与交流、言语的发展及指导作用
自我调节	采用偶然性规则来引导行为而不顾及环境的压力	3 岁	认知过程、社会背景因素

在对幼儿自我控制结构的研究上，伯科威茨及其同事（Berkowitz & Grych，1998）认为幼儿自我控制由抵制诱惑、控制冲动和延迟满足三个维度构成。罗特巴特（Rothbart，2006）及其团队编制了应用广泛的儿童行为问卷，其中专注性、抑制控制、知觉敏感性和低强度愉悦用来测量努力控制。史密斯等人（Smith et al.，2007）在前人研究的基础上，提出自我控制的三个维度：情感的自我控制、注意力的自我控制和行为的自我控制。国内学者杨丽珠等人（2003，2005）编制了幼儿自我控制教师评定问卷，提出幼儿自我控制的四个维度：自觉性、坚持性、自制力、自我延迟满足。

延迟满足范式一直是国内外研究者研究自我控制的经典实验范式，包括选择范式、选择等待范式、选择工作范式、礼物延迟范式等。国内学者张萍等人通过礼物延迟范式考察了 114 名 2~11 岁儿童自我控制的发展变化及性别差异。结果表明:（1）儿童的自我控制在2~4岁具有低等程度的相对稳定性，在4~11岁具有低等程度的相对稳定性。（2）女孩在2岁、4岁、7岁和11岁时的自我控制均显著高于男孩。（3）从2岁到11岁，男孩和女孩自我控制的发展变化存在差异。对于女孩来说，4岁时的自我控制显著高于2岁时，4岁与7岁、11岁之间以及7岁与11岁之间的自我控制均无显著差异；对于男孩来说，4岁时的自我控制显著高于2岁时，7岁时的自我控制显著低于4岁时，7岁与11岁的自我控制无显著差异。①

自我控制对于人成功地适应社会相当重要，它是人完成各种任务、协调与他人关系的必要条件。由于幼儿的皮质兴奋机制相对于抑制机制仍占很大优势，所以幼儿更多地表现为冲动性，自我控制能力较低。

二、道德认知的发展

道德是调整人们相互关系的行为准则和规范的总和。道德品质，又称品德，是一个人依据社会的道德规范和行为准则在行动时表现出来的一些经常的、稳固的特性。每个社会都希望它的社会成员能按照该社会的道德规范和行为准则行事，因此，品德发展成为儿童社会化的核心内容。

从心理学角度看，品德一般分为三个基本成分：道德认知、道德情感和道德行为。这三者是互相联系、互相制约的统一体。

婴儿已能初步理解什么是“好”，什么是“坏”，并能做出一些合乎成人要求的道德行为。同时，已具有道德感的萌芽，如初步的同情心、责任感和害羞等。进入幼儿期，儿童的品德有了进一步发展。这里仅介绍幼儿道德认知的发展。

幼儿道德认知是指幼儿对是非、善恶行为准则和社会道德规范的认识。幼儿道德认知发展的过程其实就是幼儿将一系列的行为准则和规范不断内化的过程。

（一）国外关于儿童道德认知发展的研究

1. 皮亚杰的儿童道德认知发展研究

皮亚杰是第一个系统研究儿童道德认知问题的心理学家。他采用独特的临床

① 张萍、梁宗保、陈会昌、张光珍:《2~11岁儿童自我控制发展的稳定性与变化及其性别差异》,《心理发展与教育》2012年第5期。

谈话法，着重从儿童对规则的理解和使用、对过失和说谎的认识以及对公正的认识等方面，揭示了儿童道德的开端和发展规律。

皮亚杰认为儿童的道德认知是从他律道德向自律道德转化的过程。他将儿童道德认知发展分为三个阶段：前道德判断阶段、他律道德或道德实在论阶段、自律道德或道德相对论阶段。

在前道德阶段，年幼的儿童对引起事情的原因只有模糊的了解，他们的行为直接受行为的结果所支配，因而这个年龄阶段的儿童既不是道德的，也不是非道德的。

在他律道德或道德实在论阶段，儿童认为规则是绝对的、固定不变的，是由权威给予的，而不理解规则可以经过集体协商来制订或改变。在评定是非时，总是抱极端态度，或者是好的，或者是坏的，认为“公正就是服从权威”，按是否遵从权威来判断是非。判断行为的好坏完全根据行为的后果，而不是根据主观动机。例如，皮亚杰用对偶故事法研究儿童对说谎、过失的认识和判断，结果发现，6~7 岁儿童一般根据主人公在客观上的后果（比如打碎的杯子的数量多少、谎言与真实情况的相差程度）做出判断，而年龄大的儿童则能注意行为的动机和意图。

幼儿的道德认知发展正处于第二个阶段，幼儿的道德判断是受自身之外的价值标准所支配的，因而具有从他性和情境性的特点。

幼儿晚期儿童的道德认知开始向自律阶段转化，但真正达到自律道德或道德相对论阶段则是在儿童入学以后。

皮亚杰认为儿童的道德认知发展与儿童的认知能力发展是相对应和平行的。幼儿道德的他律性就是幼儿认知的自我中心和实在论的反映。

近年的研究表明，幼儿对意图（动机）的理解比皮亚杰所设想的更为复杂。例如，研究者要求 5~10 岁儿童判断两个男孩把箱子里的玩具都倒在地上的行为，其中一个男孩是好意，另一个男孩是恶意。结果，几乎所有年龄组的儿童都考虑了男孩的意图（如图 6-19 所示）。①

① ［美］P. H. 墨森（即马森）等著，缪小春等译：《儿童发展和个性》，上海教育出版社 1990 年版，第 348 页。

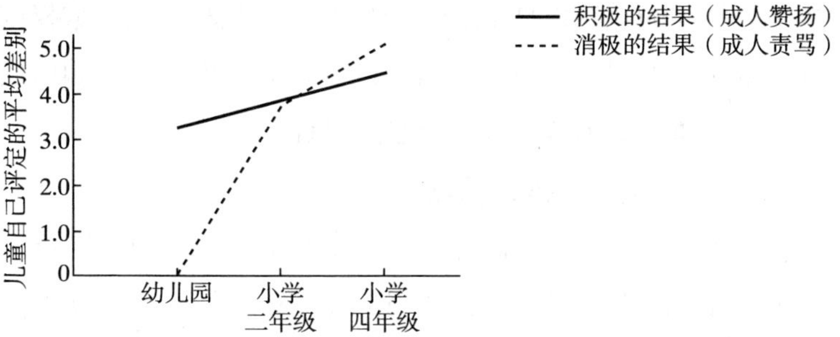

平均差别是指男孩的意图是积极还是消极时儿童评价的差别。如果结果是积极的，所有年龄组对具有积极意图的男孩的评价比对具有消极意图的男孩的评价好。如果结果是消极的，除了最年幼的组外，评价也都是这样。

图 6-19　男孩的行为产生积极和消极的结果时，儿童对他的评价

2. 科尔伯格的儿童道德发展阶段

美国当代发展心理学家科尔伯格（L. Kohlberg）受到了麦独孤（W. McDougall）和皮亚杰等人观点的影响，提出新的道德理论。他采用两难故事法研究了 72 名 6 岁、7 岁、10 岁、13 岁及 16 岁的儿童，提出了道德发展的三个水平六个阶段（见表 6-3）。

表 6-3　科尔伯格的儿童道德发展阶段

阶段顺序	命名	基本特征
第一级水平	前习俗水平 （主要着眼于自身的具体结果）	以外在要求判断道德价值
第一阶段	服从与惩罚定向	服从规则以及避免惩罚
第二阶段	天真的利己主义	遵从习惯以获得奖赏
第二级水平	习俗水平 （主要满足社会期望）	以他人期待和维持传统秩序判断道德价值
第三阶段	“好孩子”定向	遵从陈规，避免他人不赞成、不喜欢
第四阶段	维护权威和秩序的道德观	遵从权威，避免受到谴责
第三级水平	后习俗水平 （主要履行自己选择的道德准则）	以自觉守约、行使权利、履行义务判断道德价值
第五阶段	社会契约定向	遵从社会契约，维护公共利益
第六阶段	普遍的伦理原则	遵从良心原则，避免自我责备

科尔伯格认为幼儿的道德发展处于前习俗水平，此时幼儿尊重权威，目的是逃避来自严厉权威者的惩罚，同时出于自己的利益并考虑别人会如何回报他们的行动而服从、遵守规则，从而形成他律的道德判断。

（二）中国关于儿童道德认知发展的研究

由李伯黍主持的儿童道德发展研究协作组曾在全国 18 个地区对 5~11 岁儿童的道德判断发展进行了研究。① 被试共 2 788 名，分 5 岁、7 岁、9 岁、11 岁四个年龄组。研究的目的在于验证皮亚杰等人的研究结果。

实验用三组对偶故事，第一组是关于行为意向性和行为后果的道德判断，第二组是关于成人惩罚的公正性判断，第三组是关于人身伤害和财物损坏的道德判断（Elkind & Daber，1977）。

研究结果如下：（1）关于行为意向性与行为后果的道德判断，5 岁被试所根据的大多是财物损坏的程度，7 岁被试对行为意向性的判断超过了对财物损坏的判断；（2）关于成人惩罚的公正性判断，大部分 5 岁和 7 岁被试对成人不公正的惩罚持肯定的态度，这表明他们尚不能摆脱成人惩罚的影响；（3）关于人身伤害和财物损坏的道德判断，在行为意向（有意或无意）相同的情况下，大多数被试认为人身伤害较财物损坏更为严重。研究者认为儿童这种判断与年龄无关，但中国的研究发现，在有意的情况下，7~9 岁儿童判断人身伤害较财物损坏更为严重的比例有较大增长。

该研究支持了皮亚杰等人的理论。不过，中国儿童从不成熟判断转入成熟判断的年龄，普遍早于皮亚杰等人提出的转折年龄。

三、攻击行为和亲社会行为

攻击行为和亲社会行为最早出现于婴儿期。在儿童社会化的过程中，由于社会的要求，儿童逐步学会控制攻击行为，发展亲社会行为。

① 李伯黍：《中国儿童青少年的道德认知发展与教育》，见朱智贤主编《中国儿童青少年心理发展与教育》，中国卓越出版公司 1990 年版，第 475—476 页。

（一）攻击行为

攻击行为又称侵犯行为，是针对他人的敌视、伤害或破坏性行为。攻击可以是身体的攻击、言语的攻击，也可以是对别人权利的侵犯。

攻击行为是指任何有目的地侮辱或伤害他人（或其他生物）而受害者试图回避的行为（Coie & Dodge，1998）。攻击行为有两个基本特点:（1）受害者知觉为不友好的、消极的行为;（2）攻击者有意实施生理或心理的伤害（Harre & Lamb，1983）。

有人（Hartup，1974）将攻击行为区分为工具性攻击和敌意性攻击。工具性攻击指向渴望得到的东西（如财物或权利），以伤害他人作为达到非攻击性目的的手段。而敌意性攻击以人为定向，旨在伤害他人（身体、感情和自尊等），如报复、支配等。

攻击行为是一种普遍现象。自有人类历史以来，攻击行为从未消失，大到部落、民族、国家间的战争，小至个人间的口角、诽谤、抢劫、谋杀。人类社会从野蛮走向文明，就必须要求其成员学习控制攻击行为。

攻击行为是人的本性还是习得的？是什么使得人具有攻击性？怎样控制和矫正攻击行为？心理学家对此进行了大量研究。

1. 关于攻击行为的理论

精神分析理论认为，人生来具有的死亡本能追求生命的终止，从事各种暴力和破坏性活动，是敌意的、攻击性冲动产生的根源。这种死亡本能有时也指向内部，如自我惩罚、自残甚至自杀。

生态学理论也认为，人有基本的攻击本能。按照洛伦茨（Lorenz，1966）的观点，所有本能都是进化的产物，它保证了物种的生存和繁衍。攻击本能是进化的结果。动物靠支配等级制的形成减少同类的攻击行为（James，1951；Cains，1979），在动物相同物种内大多是“仪式化的搏斗”，殊死搏斗只是在维护社会等级地位、保护领地和争夺资源中才会出现。而人与动物不同，出生不久，个体的攻击倾向就会受到人的社会经验的影响。除了成人的监控之外，儿童也开始内化成人的社会规范，控制自己的攻击本能。

新行为主义者则把攻击行为作为挫折的结果，认为挫折会导致攻击行为

（Dollard et al.，1939）。攻击可以减轻挫折的痛苦，被攻击者发出的痛苦信号成为二级强化物。

有这样一个实验（Geen，1968），被试在四种条件下玩拼板玩具：一是任务挫折组（任务本身难，不能完成）；二是人为挫折组（人为破坏，不能完成）；三是言语攻击组（任务顺利完成，但遭人讽刺、挖苦）；四是控制组。结果表明，攻击行为并不总是由挫折引发。有人（Berkowitz，1974）修正了挫折—攻击假说，强调攻击者的经验、内部情绪状态与环境相互作用的影响。

社会学习理论的代表班杜拉把攻击行为看成是通过直接强化或观察学习习得的。攻击行为得以的原因是：（1）攻击行为具有工具性价值，是达到其他目的的有效手段；（2）攻击行为得到了社会强化；（3）攻击行为是自我保护的手段；（4）攻击者的自我强化。班杜拉认为内部状态也许促发了攻击行为，但不是必需条件。攻击行为既然是习得的，那么也可以矫正。

社会信息加工理论（Dodge，1986，1994）强调了认知在攻击行为中的作用，认为一个人对挫折或明显的挑衅的反应并不过多依赖于实际呈现的社会线索，而是取决于他怎样加工和解释这一信息。由于儿童过去的经验和信息加工技能不同，因而在攻击行为上有很大的个体差异。实验支持了这一假设（Crick & Dodge，1996；Hubbard et al.，2002）。例如，攻击性强的儿童经常挑起争斗，同时也是被攻击的目标，他的社会信息加工偏见是“同伴对我带有敌意”。当他体验到模棱两可的伤害时，往往高估对方的敌意，而可能采取报复行为。

2. 攻击行为的发展

在婴幼儿早期，一定水平的身体攻击是比较正常的，但对大多数儿童来说，这类攻击到童年中期就很少了（Alink et al.，2006；Baillargeon et al.，2007）。只有少部分儿童的攻击水平在童年中期仍稳定偏高，所以我们应关心这类儿童的发展（NICHD Early Child Care Research Network，2004）。① 为什么大多数儿童的

① 转引自［美］D. R. 谢弗著，邹泓等译：《发展心理学：儿童与青少年》，中国轻工业出版社 2016 年版，第 501 页。

攻击行为到童年中期变得很少？一是父母与教师不容许攻击行为，而鼓励合作与分享等；二是儿童从自身经验中懂得，协商、谈判是达到同样目的的有效手段，他们已经学会用友好的方式解决大多数争端（Dodge et al.，2006；Shaw et al.，2003）。国内有研究也表明，幼儿园阶段和小学一至三年级的攻击行为有较大的差异。幼儿园儿童中发生频率较高的攻击行为有报复性攻击、打抱不平的攻击、为控制他人而进行的攻击、嫉妒性攻击、挫折性攻击。其中，报复性攻击在3~9岁较为稳定。①

张文新等人对济南市163名3~4岁的幼儿园小班儿童进行追踪观察。研究发现：儿童最普遍的攻击形式是身体攻击，言语攻击和间接攻击的发生率较低；大多数攻击行为属于主动性攻击和工具性攻击；男孩的攻击行为总体上多于女孩，但女孩的间接攻击多于男孩；儿童的攻击性在3~4岁无显著变化，但敌意性攻击存在随年龄增长而增加的趋势；3~4岁儿童攻击性的个别差异已具有明显的稳定性。②

尽管随着年龄的增长，幼儿攻击行为减少，敌意攻击却略有增加。哈特普（Hartup，1974）认为，大一些的儿童正在学习社会认知技能，这使得他们更多地去推断他人的意图，并报复自认为伤害了自己的人。

3. 攻击行为的性别差异

研究表明，男孩不仅比女孩有更多的身体攻击，还有更多的言语攻击（Harris，1992；Maccoby & Jacklin，1974，1980）。2~2.5岁儿童已表现出性别差异，对攻击行为进行反击的男孩是女孩的两倍。攻击性冲突更多地出现在男孩或男人之间（Barrett，1979；Smith & Green，1974）。尽管男性对向他挑衅的女性会有言语攻击，但身体攻击的强度将会相对降低（Barrett，1979）。

生物学观点（Maccoby & Jacklin，1974，1980）认为，至少有四种原因可以解释生物因素在攻击行为的两性差异上的作用：（1）几乎所有男性都比女性富有

① 李俊：《3~9岁儿童的攻击性行为调查》，《心理发展与教育》1994年第4期。

② 张文新、纪林芹、宫丽秀、张茜、王益文、陈欣银：《3~4岁儿童攻击行为发展的追踪研究》，《心理科学》2003年第1期。

攻击性;（2）性别差异出现早（约2岁），很难归于社会学习或育儿经验;（3）在与人类相近的物种中也存在这种性别差异;（4）有证据表明雄性激素与攻击行为相关。尽管上述理由可以说明生物学因素的重要作用，但并不能否定社会影响的重要性。社会学观点强调了父母与其他社会动因在攻击行为的性别差异形成中的重要作用。相互作用论认为性别差异反映了生物因素与社会因素的交互影响。但是，若考虑到社会攻击或关系攻击的话，男女之间的性别差异也许并没有那么显著。

4. 影响攻击行为的社会因素

儿童的攻击行为倾向部分取决于他所生活的文化或亚文化的鼓励和宽容。同一文化或亚文化中成员间的个体差异来自儿童的家庭环境。武断、冷淡、拒绝的父母经常允许儿童表达攻击冲动，更可能培养出敌意的、攻击性的儿童。父母的冷淡、拒绝使儿童的情感需要受到挫折，并为儿童树立了一个对他人漠不关心的榜样。放任型的父母不约束儿童的攻击行为，实际上使得这种行为合法化，同时没有为儿童提供控制攻击冲动的机会。当儿童的攻击行为到了不可容忍的地步时，父母才予以惩罚，结果可能适得其反。一是用反复无常、不一致的方式惩罚攻击行为，这种行为很难矫正，尤其是在父母双方不一致的情况下（Parke & Slady，1983）。二是为儿童提供了一个榜样，恰恰鼓励了家长试图制止的行为。儿童知道家长不高兴时自己会挨打，那么，当同伴让他生气时，他也会以同样的方式教训同伴。

家庭的情绪氛围也影响儿童的攻击倾向。来自充满矛盾与冲突的家庭的儿童常有情绪方面的困扰和大量行为问题，包括攻击行为。

帕特森（Patterson，1982，1992）观察了高攻击性儿童亲子间的交往，然后与正常儿童比较。他发现高攻击性儿童成长于非常不正常的家庭，家庭成员间经常互相冲突，他称之为“高压统治家庭”。这是一块孕育攻击行为的土壤。家庭中的影响流是多向性的，儿童自身的特点也影响到父母的态度和育儿实践。为了帮助高攻击性儿童，对整个家庭实施治疗是必需的。沈鉴清等人也发现良好的家庭氛围和教养方式，以及培养积极的自我意识，有助于儿童攻击行为的预防和干预。① 此外，父母对孩子生理上的虐待也可能导致孩子日后的攻击行为。研究发现，虐待不仅对男孩和女孩的攻击行为的发展有着几乎同样重要的影响，还可直接预见他们以后的高攻击行为。②

关于大众传播媒介对攻击行为的负面影响也有许多研究（Bandura，1973；Stein & Friedrich，1972；Kevin et al.，2005；Parent Television Council，2007）。有研究发现，目前最大的暴力来源已经不是电视而是视频游戏，14% 的 3 岁及以下儿童和大约 50% 的 4~6 岁儿童都在玩视频游戏，而且玩暴力视频游戏的儿童将更有可能表现出攻击性（Anderson et al.，2004；Barlett，Harris，& Baldassaro，2007；Polman，de Castro，& Van Aken，2008）。暴力内容给儿童提供了攻击性榜样，削弱了儿童对攻击行为的控制，使儿童曲解了幻想与现实，增加了儿童对攻击行为的容忍度，甚至对发生在周围的攻击行为视而不见，鼓励了攻击行为。

5. 攻击行为的控制

常用的控制方法有：消除对攻击行为的奖赏和关注；榜样和认知训练策略；移情训练；创造减少冲突的环境；等等。

（二）亲社会行为

亲社会行为指任何符合社会期望而对他人、群体或社会有益的行为及趋向，如帮助、安慰、捐助或救助他人，与他人合作、分享，甚至包括赞扬他人，使他人愉快。亲社会行为又称向社会行为、利他行为。

有人（Rosenhan，1972）将亲社会行为分为自主的利他行为和规范的利他行为。前者指亲社会行为的动机出于对他人的关心，后者指亲社会行为的动机是期待个人报偿或避免批评。有研究者认为，真正的亲社会行为特指行为者并不期望得到

---

① 沈鉴清、吴惠娟、陈红卫：《儿童攻击性行为与养育方式、家庭环境和自我意识的相关研究》，《中国行为医学科学》2006 年第 8 期。

② Muller, R. T., & Diamond, T. (1999). Father and mother physical abuse and child aggressive behavior in two generations. *Canadian Journal of Behavioural Science, 31* (4), 221–228.

酬赏，不为避免惩罚，而是从他人利益出发，以帮助他人为最终目的的行为。①

人具有向社会性。在人类发展早期，人们已经懂得集体或部落的形成有利于抵御外敌的侵犯，共同采集、狩猎、分享生活必需品增加了种族生存、繁衍的可能性。为大多数文化中的大多数人所采纳的社会准则之一就是社会责任规范，即你要别人怎么待你，就得先怎样待人。

过去，心理学家较多地强调了人类利己的一面，并未给予亲社会行为应有的地位。社会环境的恶化，促使人们将注意力转移到亲社会行为的发展和培养方面。那么，亲社会行为是本能的还是后天习得的？亲社会行为的发展趋势怎样？如何促进亲社会行为的发展？

1. 关于亲社会行为的理论

社会生物学观点（Wilson，1975）用族内适宜性解释了利他行为的进化。种族的生存繁衍需要牺牲个体以换取族内适宜性，如蚂蚁、蜜蜂的社会行为。坎贝尔（Campbell，1965）提出，亲社会行为部分来自遗传。生活在合作的社会群体中的个体，更可能受到保护，避免天敌的伤害并满足基本的需要。合作的、利他的个体将更可能生存下来，并将其基因传递下来。

如果利他行为有遗传基因，那么它是什么？霍夫曼（Hoffman，1975，1981）提出是移情能力或共感能力——分享、体验他人情感的能力（无意识的，有时是十分强烈的对他人情绪状态的体验）。例如，新生儿对同室其他儿童哭声的反应和同卵双生子移情反应的相似性都证明移情能力是先天的。有研究表明，新生儿就有移情反应。②但不可否认，儿童出生后立即会受到社会环境和文化传统的影响。移情虽然是先天的，但是它常常在影响亲社会行为的因素和亲社会行为之间扮演中介的角色。有人考察了 78 个家庭的教养方式与儿童亲社会行为的关系（儿童的平均年龄为 12.25 岁）。研究显示，父母亲社会教育的水平与儿童的移情

① DiLalla, L. F., Bersted, K., & John, S. G.（2015）. Evidence of reactive gene-environment correlation in preschoolers' prosocial play with unfamiliar peers. *Developmental Psychology, 51*（10）, 1464–1475.

② Preston, S. D., & de Waal, F. B.（2002）. Empathy: Its ultimate and proximate bases. *Behavioral and Brain Sciences, 25*（1）, 1–20.

能力及亲社会行为均呈显著正相关，但是当把移情能力作为两者间的中介变量加以控制时，两者的相关有所下降。①

还有人以2岁、3岁、4岁、7岁的双生子为被试，考察遗传和环境对亲社会行为的稳定性和可变性的影响。结果表明，随着双生子年龄的增长，共享环境的影响减小，而基因的影响增加。基因的作用解释了亲社会行为的稳定性和变化性，非共享环境主要解释了双生子亲社会行为的差异。②

弗洛伊德把幼小的、未经社会化的儿童看作由本能、享乐原则驱使的利己的生物。那么，这个自私的个体怎么获得亲社会行为呢？弗洛伊德认为，亲社会行为发展的必要条件是良好的亲子关系，认同起着重要作用。一旦利他原则被内化并成为理想自我的一部分，儿童将努力去帮助需要帮助的人，以避免由于未提供帮助而带来的良心惩罚（内疚、羞愧和自责）。

社会学习理论认为，人们往往重复被强化的行为，而避免重复付出代价和受到惩罚的行为。亲社会行为却提出了一个有趣的悖论：为什么人们会常选择冒险、放弃个人报偿或捐献财物去有益于他人呢？社会学习理论的解释是，所有的亲社会行为，包括付出极大代价的，都是社会学习和强化的结果，尽管强化并不都是有形的奖励（如自尊、自我价值的实现）。亲社会行为的习得有三条途径。一是移情反应的条件化。亲社会行为使助人者感到愉快或减轻了移情的痛苦，因而强化了亲社会行为。二是直接训练。操作学习理论认为，个体在不期待即时报酬的条件下表现出亲社会行为是由于先前的奖赏已经使其得到内部强化。例如，成人的奖赏和教诲使儿童产生的积极情感逐渐与儿童得到奖赏的亲社会行为相联系，亲社会行为成为二级强化物。三是观察学习。班杜拉认为，对儿童亲社会行为影响最大的是社会榜样。

---

① Krevans, J., & Gibbs, J. C.（1996）. Parents' use of inductive discipline: Relations to children's empathy and prosocial behavior. *Child Development, 67*（6）, 3263–3277.

② Knafo, A., & Plomin, R.（2006）. Prosocial behavior from early to middle childhood: Genetic and environmental influences on stability and change. *Developmental Psychology, 42*（5）, 771–786.

认知发展理论认为，随着智力的发展，儿童获得了重要的认知技能，这将影响他们对亲社会问题的推理和行为的动机。亲社会行为在学龄期有较大发展。在儿童不同发展阶段，亲社会行为也有相应的年龄特点，受到认知水平的影响，但认知水平不是充要条件。

社会规范理论认为，社会规范是个体社会行为的价值标准，对人的亲社会行为有引导作用。与亲社会行为有关的三种重要的社会规范是回报、社会责任、公平（Schwartz，1977；Berkowitz，1972）。

2. 亲社会行为的发展

关心他人是大多数文化希望其社会成员获得的价值观。从婴儿期开始，父母就开始鼓励孩子的亲社会行为。

一般认为，亲社会行为在幼儿期逐渐增加，6~12 岁增长显著。对 1~3 岁儿童的研究表明，儿童亲社会行为的频率随着年龄的增长而增加。①② 也有研究指出，亲社会行为的发展水平与其不同的发展模式有关。一些亲社会行为（如轮流行为）随着年龄的增长而增加。如果你让儿童有机会去帮助另一个被描述为贫穷的儿童，年长的儿童会比年幼的儿童给予更多的帮助。但并非所有的亲社会行为都显示出这种模式。例如，安慰其他儿童这种行为在幼儿园和小学低年级儿童中似乎比在较年长的儿童中更为普遍。③

一项研究（Green & Schneider，1974）的被试是 5~6 岁、7~8 岁、9~10 岁和 13~14 岁的儿童，研究者给他们提供的机会是:（1）分享（给糖果）;（2）助人（主试手里的一盒笔掉在地上）;（3）自愿为贫困儿童服务（做手工礼物去看

① Zahn-Waxler, C., Radke-Yarrow, M., Wagner, E., & Chapman, M.（1992）. Development of concern for others. *Developmental Psychology, 28*（1）, 126–136.

② Persson, G. E. B.（2005）. Developmental perspectives on prosocial and aggressive motives in preschoolers' peer interactions. *International Journal of Behavioral Development, 29*（1）, 80–91.

③ Spivak, A. L., & Farran, D. C.（2012）. First-grade teacher behaviors and children's prosocial actions in classrooms. *Early Education and Development, 23*（5）, 623–639.

望孤儿院儿童）。结果表明，这三种行为都有随年龄的增长而增加的趋势。

产生年龄差异的原因可能与儿童社会信息加工能力的增长（如设身处地考虑对方）、社会责任感及提供亲社会行为的能力和知识的增加有关。例如，皮尔（Pearl，1979，1985）请4岁至8或9岁儿童观看一系列短片，短片中的主人公面临潜在的困境，需要帮助，短片中显示的社会线索由模糊到清晰。结果表明：当社会线索清晰时，被试都能辨别并提出相应的解决办法；反之，则不然。彼得森（Peterson，1983）对4岁、7岁、12岁被试进行了某种能力训练（如开一把有机关的锁），然后，实验者托词离开。另一实验者进入，假装急需打开箱子，却打不开。结果，实验组儿童都主动提供了帮助，而控制组由于未接受训练，年龄差异显著，年幼儿童大多未能提供帮助。角色扮演能力发展良好的儿童通常会比相应技能较差的同伴表现出更多的助人行为和同情心，这主要是因为他们能更好地推断同伴对帮助和安慰的需求。①

儿童表现出的利他行为的数量有个体差异，而且表现出相对较多的同情和利他行为的年幼儿童能够更好地控制自己的情绪。他们更容易表现出积极情绪，较少表现出消极情绪，也更受同龄人的欢迎。儿童的同情或利他行为水平的差异似乎与教养方式有关。另外，纵向追踪研究显示，在幼儿园时期表现出较高水平的亲社会行为的儿童，在成年期也继续会表现出这种行为。②

3. 亲社会行为的训练

促进幼儿亲社会行为发展常用的手段有：（1）角色扮演训练（Staub，1971）。（2）行为强化训练（Fabes et al.，1989；Grusec，1991；Shaffer，2000）。父母通过强化来控制儿童的合作、分享、帮助等亲社会行为与攻击、嘲讽、漫骂、不

① Eisenberg, N., Zhou, Q., & Koller, S. (2001). Brazilian adolescents' prosocial moral judgment and behavior: Relations to sympathy, perspective-taking, gender-role orientation, and demographic characteristics. *Child Development, 72* (2), 518–534.

② Scrimgeour, M. B., Davis, E. L., & Buss, K. A. (2016). You get what you get and you don't throw a fit!: Emotion socialization and child physiology jointly predict early prosocial development. *Developmental Psychology, 52* (1), 102–116.

友好等反社会行为是非常有效的。常用的强化手段有：表扬、物质奖励、发代金券、忽视、暂停、惩罚等。（3）自我概念训练。个体的自我意识水平和自我控制能力与其亲社会行为呈显著正相关，与攻击行为呈显著负相关。① 自我概念训练对 8 岁以下儿童效果不明显。（4）榜样示范。模仿有利于亲社会行为的增加（Baaren et al., 2004）。李幼穗等人以 108 名幼儿为研究对象，将幼儿置于无冲突和有冲突两种情境下，研究在这两种不同情境下移情训练对幼儿助人行为的影响。结果表明：移情训练前，无冲突情境下幼儿的助人行为显著高于冲突情境下幼儿的助人行为；移情训练后，无论是在无冲突情境下还是在冲突情境下，实验组幼儿的助人行为均显著高于对照组。②

文化与亚文化、父母的价值观念与教育方式及大众传播媒介同样对儿童的亲社会行为有很大的影响。研究表明，电视节目至少能在短期内增加儿童的亲社会行为和态度。③ 因此，创造良好的社会氛围是促进儿童亲社会行为的重要措施之一。

研究还发现，亲社会行为和攻击行为并不是完全对立的。一些亲社会行为较多的儿童同样会有攻击行为，而攻击行为较多的儿童也表现有亲社会行为。④

四、性别角色认同和性别化

性别在儿童发展中具有重要意义。几乎在每个社会，最基本的社会分类就是性别。儿童一出生，父母得到的第一个信息就是有关孩子性别的——“男孩”或

① 寇彧、王磊:《儿童亲社会行为及其干预研究述评》,《心理发展与教育》2003 年第 4 期。

② 李幼穗、韩映虹、陈淑芳:《不同情境下移情训练对幼儿助人行为的影响》,《学前教育研究》2013 年第 2 期。

③ Calvert, S. L., & Kotler, J. A. (2003). The children's television act: Can media policy make a difference? *Journal of Applied Developmental Psychology, 24* (3), 375–380.

④ [美] P. H. 墨森（即马森）等著，缪小春等译:《儿童发展和个性》，上海教育出版社 1990 年版，第 386 页。

"女孩"。性别在相当程度上决定了父母或其他人对待儿童的方式，如给孩子取名、为儿童挑选服饰和玩具、与儿童游戏和谈话等无不传递着社会有关男女不同的标准和期望（King，2012；Matlin，2012）。

所有的社会都期待男女扮演不同的角色，具有不同的行为方式。儿童要成为合格的社会成员，就必须知道自己的性别和社会对不同性别的期望，并将这类信息整合到自我概念系统中，形成独特的个性特征和行为方式。

儿童获得性别认同和关于他所生活的社会认为适合于男人或女人的动机、价值、行为方式和性格特征的过程就是性别化。这是儿童个性和社会性发展的一个重要方面。性别化又称性别类型化。儿童的基本生物特征、社会经验和认知发展相互作用，共同影响着儿童的性别化。

（一）性别角色认同的一般概念

1. 性别认同

性别认同（gender identity）是对一个人在基本生物学特性上属于男或女的认知和接受，即理解性别。包括：正确使用性别标签；理解性别的稳定性，如男孩长大后成为男人；理解性别的坚定性，如一个人不因发型、服装或喜爱的玩具是异性的而改变自己的性别；理解性别的发生学基础，知道男女生理上的差别。

2. 性别角色标准

社会成员公认的适合于男性或女性的动机、价值、行为方式和性格特征等，反映了文化或亚文化对不同性别成员行为适当性的期望。例如，大多数社会认为女性应承担养育后代的角色，男性作为丈夫或父亲要为家庭提供支持、保护，使它免受伤害。因而，社会期望女性富于感情、温柔、友好、合作、服从、谦和，对他人的需要敏感，期望男性独立、果断、自信，具有支配性、竞争性和强烈的成就动机等。

由于文化的差异和社会历史的变迁，每个社会的性别角色标准都不是一成不变的，有时还会发生很大的变化。

3. 性别角色认同

性别角色认同（sex-role identity）是对一个人具有男子气或女子气的知觉和信念。认同是精神分析理论的术语，指一个人接受并内化另一个人的价值观和信念的过程。认同一个人并不意味着与他完全同一，而是增加了对他的忠诚和亲密感，这是社会化的重要机制。幼儿期大多数儿童开始认同父母，内化父母的标准、价值、态度和世界观。性别角色认同是其中的一部分。

关于儿童的认同动机有种种假设：是害怕失去爱，还是保护自己免受惩罚，还是对父母权利和地位的崇拜和模仿，还是体验与父母的类似感而增强认同？也许认同过程并非某种假设可以解释清楚。亲子关系的质量无疑会对儿童性别角色认同有重要的影响。还没有足够的证据表明，男孩偏爱认同父亲，女孩偏爱认同母亲。

4. 性别角色偏爱

性别角色偏爱指对与性别角色相联系的活动和态度的个人偏爱。性别角色偏爱主要与三种因素有关。（1）自己的能力越接近某一性别标准，越偏爱成为其成员。（2）对同性别的父母越喜欢，越偏爱成为同性别的成员。随着儿童自我概念的日益分化，在他们能评价自我与性别角色标准的类似或差别、自我与同性别父母的相似或差异后，上述两种因素开始对儿童的性别角色偏爱产生重要影响。（3）决定性的因素是社会环境中存在的关于某一性别的价值的线索。许多文化更重视男性，给男性以较高的地位，这种文化决定的有关性别的价值观通过家庭、同伴、其他对儿童有影响的成人或大众传播媒介等灌输给儿童，影响了儿童的性别角色偏爱。

（二）性别化的发展

1. 性别认同的发展

2 岁儿童能够按照自己的刻板印象给照片上的人贴上男或女的标签，然而还不能确定自己的性别（Raag，2003；Campbell，Shirley，& Candy，2004）。大多数 2.5~3 岁儿童能正确说出自己是男孩或是女孩，但是不能认识到性别是不变的属性。3~5 岁儿童还不能理解性别的稳定性，认为一个人只要换换衣服和发型就能变成另一性别的人。①学前儿童对性别的认同缺乏灵活性，对于男孩和女孩应

---

① Szkrybalo, J., & Ruble, D. N.（1999）. “God made me a girl”: Sex-category constancy judgements and explanations revisited. *Developmental Psychology, 35*（2）, 392–402.

该怎样有着严格的想法。5 岁前儿童对性别刻板印象的信念变得越来越强烈，尽管到 7 岁时这些信念可能会变得不那么刻板，但是不会消失。事实上，学前儿童持有的性别刻板印象与社会上传统的成年人很相似（Serbin，Poulin-Dubois，& Eichstedt，2002；Lam & Leman，2003；Ruble et al.，2007）。

2. 性别角色标准的获得

父母都有一套性别角色标准，在孩子出生后，父母就把自己的性别角色标准以各种方式传递给子女。他们鼓励那些符合性别角色标准的行为，制裁那些不适当的行为。儿童几乎在会正确使用性别标签不久，就获得了一些性别刻板印象。有一项研究（Kuhn，Nash，& Brucken，1978）给 2.5~3.5 岁儿童两个性别不同的娃娃，问他们这两个娃娃分别从事什么活动，如做饭、缝衣服、玩娃娃、开火车或卡车、打架、爬树等。几乎所有 2.5 岁儿童都有一些关于性别角色标准的知识，而 3.5 岁儿童知道得更多。还有研究表明：2 岁儿童一般通过性别区分某些财产和任务，如吸尘器、食物与女性关联，汽车、工具与男性关联；3~4 岁时，儿童可以安排与性别原型相对应的任务、玩具和活动；5 岁时，儿童开始将某些人格特质与男性或女性相关联，如警觉性和修养程度。①

戴蒙（Damon，1977）与 4~9 岁儿童交谈，以确定他们怎样用性别角色标准评价其他儿童的行为。例如，一个叫乔治的男孩喜欢玩娃娃，为什么人们告诉他不能玩？乔治玩娃娃是否对？如果继续玩下去会怎样？结果，6 岁之前大多数儿童都认为男孩玩女孩气十足的玩具是不对的，他们关于性别角色标准的观念是刻板而严厉的。

对于性别角色心理维度标准的认识要到学龄期以后儿童才能获得，而且相对于幼儿的性别角色标准要灵活得多（如图 6–20 所示）。

5 ~ 6 岁儿童开始明确性别是永久的，也正在寻求男孩和女孩应该如何表现的行为准则。儿童通过观察成年人、看电视等方式获得知识（如男孩不能哭）。最初，儿童将这些视为完全的道德准则。之后，他们意识到这是社会习

① ［美］丹尼斯·博伊德、海伦·比著，范翠英等译：《发展心理学：孩子的成长》，机械工业出版社 2011 年版，第 205 页。

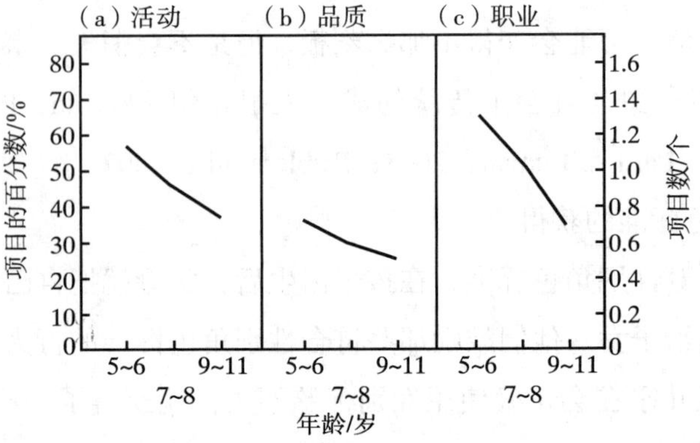

（a）活动（如修理汽车或洗碟子）
（b）品质（善良或支配）
（c）职业（要当一名教师或工程师）

图 6-20　在三方面被看成是性别所固有的项目的统计

俗，性别观念也开始变得更灵活，同时原型印象有所下降（Katz & Ksansnak，2011）。

3. 性别化行为的发展

儿童的性别偏爱最早表现在对玩具的选择上。14~22 个月的男孩就偏爱小汽车之类的玩具，而女孩则喜欢玩娃娃和毛绒玩具。18~24 个月的婴儿即使在没有其他玩具的情况下，也通常拒绝玩异性孩子的玩具（Caldera，Huston，& O'Srien，1989）。在整个童年期，男孩更喜欢在同性别群体中活动，女孩更关注个体，更乐意以同性别一对一的形式活动（Benenson & Heath，2006）。

在性别化过程中，男孩比女孩面临更大的社会压力。现代社会，父母往往更注意培养男孩不要有“娘娘腔”，而不太在意女孩的“假小子气”。因而，男孩的行为稍微偏离性别角色标准就会受到严厉的批评，他们很快就知道了社会对男孩期望的是什么。有研究表明，男孩到 3 岁时更可能对女孩的活动表现出厌恶。例如，当实验者给他们洋娃娃时，他们会明确地拒绝。另外，研究者发现，通过塑造与强化的方法很难改变男孩对游戏的偏爱（Paley，2009；Weisner & Mitchell，2013）。

4~9 岁的男女儿童对性别角色标准有了更多的了解，并且遵从这些社会要求。然而，女孩比男孩对异性玩具、游戏和活动的兴趣保持得更久些。有人（Richardson & Simpson，1982）记录了750名5~9岁儿童在给“圣诞老人”的信中表达的玩具偏爱。尽管他们的要求大多反映了各自的性别偏爱，但女孩比男孩要异性玩具的更多些。

一项追踪研究（Kagan & Moss，1962）还考察了儿童早期几种性别化行为的稳定性（如图6-21所示）。结果表明，凡是与社会的性别角色标准一致的行为，由于在儿童的社会实践中不断受到强化，因而有可能保留下来，成为比较稳定的个性特征，而那些与社会的性别角色标准不相符的行为，则因得不到强化甚至受到谴责而可能逐渐消退。

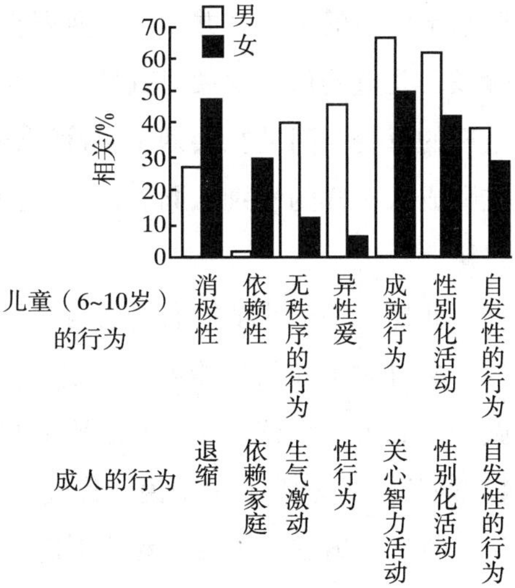

图6-21 儿童与成年早期个体七类行为的稳定性
（Kagan & Moss，1962）

（三）性别化的理论

精神分析理论认为性别化是儿童对同性别父母产生认同的结果之一。性别图式理论认为儿童会建构一种自我性别图式，并根据性别图式评价信息、环境刺激等对自己是否合适。社会学习理论提出，儿童获得性别化态度和行为的两种机制是直接训练（强化适当的性别行为，惩罚不适当的性别行为）与观察学习。认知理论则指出，儿童性别角色的发展部分依赖于儿童的认知发展。这些观点增进了我们对性别差异和性别角色发展的理解，各种理论强调的不同过程似乎在不同的发展时期分别具有特别的意义，所以就出现了一种整合理论的倾向。社会生物学理论认为，出生前的生理发展是人们判定一个孩子的性别并依照性别采取相应抚养方式的主要依据。社会学习理论强调，年幼儿童之所以表现出与其性别相一致的行为，主要原因是他人强化了他们的此类行为，形成了基本的性别认同。2.5~3岁儿童获得了基本的性别认同，并开始形成性别图式。而当他们到了6~7岁，能够理解性别恒常性时，就不再完全依赖于性别图式，他们开始对同性别榜样给予更多的关注，并学习、判断更适合自己性别群体的态度和行为方式。这一阶段，儿童的认知发展对其性别化发展起着重要作用。在青春期及以后，青春期生理的巨变与新的社会期望（性别强化）一起，使青少年重新审视自我概念，形成和成人一样的性别认同。这一阶段，青少年的性别化发展可以用各种理论综合解释。①

此外，关于儿童的家庭结构对儿童性别化的影响也有大量报道。

父母对子女数学能力的预期对孩子有很大影响。父母传递这些信息的方式很微妙，如果一个孩子在为家庭作业寻求母亲帮助时听到母亲说“去问爸爸吧，他数学好”，或者听到父亲说“你妈妈学数学很费劲”，孩子会逐步形成一种观念，认为数学是男孩的领域，女孩不适合（Lips，2006）。

传统上，心理学家认为男子气和女子气是一个维度的两个极端。但是，有人（Bem，1975；Spence，1982）提出了心理两性化的新看法。柏姆（Bem）的模式是男子气和女子气属于两个分离的独立维度，人可以具有两性化特质，糅合男女两性的优秀品质，不必只接受某一性别的特质而拒绝另一性别的特质。一般而言，假小子是被成年人和同伴接受的，而且假小子并没有干扰成年人“女性化”人格的发展，同样有助于女孩获得好的性格，如警觉性。相反，玩洋娃娃及女子气的男孩容易招致同伴、家长和教师的反对，甚至是嘲笑和奚落。大多数成年人对男孩双性行为的反对可能源于对可能导致同性恋的恐惧（Sandnabba & Ahlberg，2010）。

五、同伴关系和社会技能训练

儿童的同伴关系是儿童在交往过程中建立和发展起来的一种儿童之间特别是同龄人之间的人际关系，它存在于整个人类社会。无论是在狩猎采集时代还是在竞争激烈的现代社会，尽管儿童接触的环境有很大变化，但是，在一般情况下，儿童都有与其他儿童进行交往的机会。世界上还没有一种文化单纯是依靠成人来

① ［美］D. R. 谢弗著，邹泓等译：《发展心理学：儿童与青少年》，中国轻工业出版社 2016 年版，第 476 页。

抚育儿童的。儿童实际上生活在两个世界，一个是包括父母和其他成人在内的成人世界，另一个就是同伴世界。

同伴关系在儿童生活中，尤其是在儿童个性和社会性发展中起着成人无法取代的独特作用，是不容忽视的环境因素之一。

（一）同伴关系的作用

许多心理学家都曾指出，儿童之间的交往是促进儿童发展的有利因素（Piaget，1932；Mead，1934；Erikson，1950；Harris，2000）。与同伴的交往经验不是由某些儿童享有而不被另一些儿童享有的一种表面的奢侈品，同伴关系对于健康的认知和社会性发展是绝对必需的（Johnson，1980）。中国和苏联学者同样也很重视集体在儿童个性发展中的作用。大量研究文献表明，同伴关系有利于儿童社会价值的获得、社会能力的培养以及认知和健康人格的发展。

首先，同伴可以满足儿童归属和爱的需要以及尊重的需要。马斯洛（A. H. Maslow）认为，归属和爱以及尊重的需要是人类基本需要的一部分。儿童在同伴集体中被同伴接纳并建立友谊，同时在集体中占有一定地位，受到同伴的赞许和尊重而产生一种心理上的满足，这有益于儿童的发展。但归属感无法在一对一的友谊关系中获得，归属感是指一个人属于群体和被其接纳的感受。

其次，同伴交往为儿童提供了学习的机会。儿童在与同伴交往中学习如何与他人建立良好关系、保持友谊和解决冲突，怎样对待领导与被领导的关系，怎样对待敌意和专横，怎样对待竞争与合作，怎样处理个人与小团体的关系等。这一切都是在平等的基础上进行的。与父母不同，同伴既是平等的，又是铁面无私的。同伴对儿童的影响主要是通过强化、模仿和同化的机制实现的。同伴榜样在改变儿童行为和态度方面具有很大的作用。儿童常模仿同伴的行为并将其同化到自己的行为结构中去。

再次，同伴是儿童特殊的信息渠道和参照框架。例如，儿童常从同伴那里获得一些不便或不能从成人那里得到的知识和信息。在同伴集体中，当发生规范冲突时，儿童考虑到同伴提供的信息和团体规范，会表现出从众行为。儿童自我概念的形成也得益于同伴集体。同伴既可以给儿童提供关于自我的信息，又可以作为儿童与他人比较的对象。儿童在将自己与同伴比较的过程中形成对自我的评价。①

最后，同伴是儿童得到情感支持的一个来源。安娜·弗洛伊德关于第二次世界大战中六个孤儿的调查表明，在缺乏成人照料的情况下，同伴关系弥补了他们丧失父母的痛苦，这些儿童发展了类似亲子关系中的依恋模式，他们发展正常。实验室研究也表明，当儿童面临陌生或恐怖情境时，同伴（一个好朋友）在场可以起到与父母同样的作用，消除紧张和压抑（Schwarn，1972；Ispa，1977）。研究者还发现，至少有一个支持性朋友的儿童，能够在很长一段时间内减少被较大的同伴群体拒绝所引起的孤独感和伤害（Hodges et al.，1999；Schwartz et al.，2000）。相对于没有同伴一起上学的儿童，与朋友一起上学的儿童更喜欢学校，适应不良的问题更少（Ladd et al.，1987，1990，1997）。

既然同伴关系在儿童发展中意义重大，那么，同伴关系不良的儿童由于与同伴交往机会有限，他们的发展是否会受到影响呢？有关灵长类动物的实验研究（Harlow，1969；Suomi & Harlow，1975）和人类的相关研究支持了这样的假设，即早期的同伴关系不良将导致以后社会适应困难。有研究指出，6%~11%的儿童在班上没有朋友（Gronland，1959；Hymel & Asher，1977）。比起其他儿童，这类儿童更易出现下列问题：（1）退学（或逃学）；（2）孤僻、退缩、冷漠、压抑或其他心理障碍；（3）加入不良团伙乃至犯罪。很多研究表明，在学校里被同伴拒绝的儿童比有良好同伴关系的儿童更易参与不良社会活动，到青年期或成年期也容易出现严重的心理障碍（Parker & Asher，1987；Parker et al.，1995）。缺少同伴是儿童社会适应不良的一个潜在的危险因素。②被同伴拒绝的经历对儿童的反

① 邹泓：《同伴接纳、友谊与学校适应的研究》，《心理发展与教育》1997年第3期。

② Ladd, G. W., & Troop-Gordon, W. (2003). The role of chronic peer difficulties in the development of children's psychological adjustment problems. *Child Development, 74* (5), 1344–1367.

社会行为有病理性的影响，这种影响在男孩中更为显著。①

（二）同伴关系的发展

在婴儿期，同伴关系只是在最松散的意义上存在着，儿童的社会交往非常有限。

进入幼儿园，儿童与同伴的接触次数增加，他们不再把成人作为唯一的依靠对象。他们开始主动寻求同伴，喜欢和同伴共同参与一些活动，与同伴的交往比以前密切、频繁和持久。从3岁起，儿童偏爱同性同伴，经常与同性同伴一起游戏、活动。3~4岁，儿童依恋同伴的强度和与同伴建立起友谊的数量有显著增长，语言的发展也使同伴间的交往更加有效，儿童从事社会性程度较高的合作性游戏大大增多了。

儿童早期的友谊一般是脆弱、易变的，很快形成，又很快破裂。幼儿的友谊多半建立在地理位置接近（邻居）、有共同的兴趣和喜爱的活动以及拥有有趣的玩具的基础上。

对幼儿同伴关系的评定，可以通过研究人员的观察、教师的评定或社会测量法的运用。运用社会测量法时，研究者常让幼儿从本班幼儿的照片中进行选择或现场提名。

（三）社会技能训练

社会技能训练是同伴关系研究中又一新兴领域。训练的对象是同伴关系不良的儿童，目的在于通过干预方案的实施，改进儿童的同伴关系，促进其社会性发展。

在对儿童同伴交往不良的干预方法中，社会技能训练是最早采用、运用最广泛的方法。使用这种方法进行干预的主要理论假设是：社会交往不足主要源于社会技能的缺失。该方法既包括言语和非言语交流技能的训练，也包括塑造行为和解决问题的训练。训练方式包括介绍、模仿、行为练习（或表演）、反馈、积极

① Coie, J. D.（2004）. The impact of negative social experience on the development of antisocial behavior. In J. B. Kupersmidt & K. A. Dodge（Eds.）, *Children's peer relations: From development to intervention policy.* Washington, DC: American Psychological Association.

强化和有关的家庭作业等。其中最主要的是行为练习。其基本原则是，提供适合辅导社会技能的环境，在自然游戏中示范社会技能，设计和实施结构式的游戏，让儿童积极参与。①

社会技能训练确实改进了一部分儿童的同伴关系（Ladd & Asher，1985；Oden & Asher，1973）。有一项针对幼儿设计的认知训练计划（Shure & Spivak，1982）实施了两年，结果表明，接受训练的儿童在三种技能上都优于未接受训练的控制组（如图 6–22 所示）。

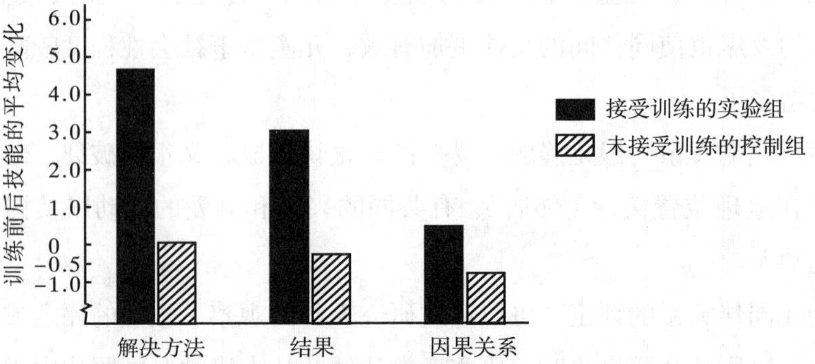

测定三种类型的技能：在社会情境中发现不同的解决方法，理解人们行动的结果，理解行动和结果之间的因果关系。接受训练的儿童在三种技能上都比未接受训练的儿童有较大的改进。他们的调节性也被教师评定为比较好。

图 6–22 在学前或幼儿园时期接受训练的儿童和未接受训练的控制组儿童解决人际问题的认知技能的平均变化

王争艳等人对 4~6 岁被拒绝和被忽视儿童使用了三种训练方法（行为训练法、认知训练法、情感训练法）。研究表明，三种训练方法都可以促进同伴交往水平，对被拒绝儿童采用认知训练法效果好，对被忽视儿童采用行为训练法效果更好。从 4 岁到 6 岁，行为训练法的效果逐渐减弱，而认知训练法和情感训练法的效果则逐渐提高。②

① 刘艳：《儿童青少年社交退缩的干预》，《教育研究与实验》2012 年第 1 期。

② 王争艳、王京生、陈会昌：《促进被拒绝和被忽视幼儿的同伴交往的三种训练法》，《心理发展与教育》2002 年第 1 期。

同伴关系只是整个人际关系网络的一个分支，同伴交往经验总是与儿童从其他社会关系网络中获取的经验交织在一起影响着儿童的发展。这一事实表明，将同伴关系从作用于儿童发展的诸因素中分离出来相当困难。

在儿童的行为表现、同伴关系、情绪反应和人格发展之间存在着多通道的反馈联系。儿童不良的行为习惯和个性品质可能引起同伴关系障碍，同伴关系障碍容易导致消极情感的产生。为摆脱消极的情感体验，儿童有可能调整自己的行为，改变自己，从而改善同伴关系，也可能逃避或敌视同伴，使同伴关系更趋恶化，进而增强了消极情感。长期的消极情感最终会造成人格障碍，引起社会适应困难。因此，儿童的同伴关系状况只是一个信号，它提醒我们应更多地关心那些同伴关系不良的儿童，积极促进幼儿同伴关系健康、和谐地发展，为幼儿进入学校集体做好准备。

要点小结

幼儿期是儿童成长的重要阶段，幼儿心理的发展为其进入学校接受正规教育准备了必要条件。幼儿神经系统的相对成熟为其心理发展提供了生理的保证。游戏是幼儿的主导活动，是促进幼儿心理发展的最好活动方式。幼儿的言语能力迅速发展，表现为词汇不断丰富，开始掌握语法，口语表达能力得到发展。幼儿认知发展的主要特点是具体形象性和不随意性占主导地位，抽象性和随意性初步发展。幼儿最初的个性倾向开始形成，其社会性在各个领域进一步发展。幼儿能初步评价自己的行为，并按成人的要求逐步掌握社会行为规范，学会与同伴或成人相处。

思考与练习

1. 为什么说游戏是促进幼儿心理发展的最好的活动形式？
2. 幼儿言语的发展表现在哪些方面？言语发展对于幼儿的认知发展和社会性发展有何重要意义？
3. 幼儿认知发展的主要特点是什么？结合思维发展的经典研究加以阐述。

4. 幼儿的社会性发展对其入学适应有何特殊意义？

拓展性阅读导航

1. [美] D. R. 谢弗著，邹泓等译：《发展心理学：儿童与青少年》，中国轻工业出版社 2016 年版。

本书系统介绍了发展心理学领域的理论和研究，并着重介绍了儿童和青少年的心理发展，反映了发展心理学的最新进展。包括导论、发展的生理基础、认知发展、社会性与人格发展、发展的背景五个部分，其中认知发展、社会性与人格发展、发展的背景都涉及幼儿。

2. [美] 加布里埃拉 · 马托雷著，寇彧译：《孩子，让我陪你一起成长：从生命孕育到青春期的心理发展历程》，人民邮电出版社 2016 年版。

本书从精神、学习、认知、环境和社会生物五大观点出发，分析了儿童，特别是幼儿的成长过程，有助于读者对某一相关领域的理论和研究进展有全面的把握。

第七章

小学儿童的心理发展

内容提要

小学是个体开始系统接受教育、心智德能全面发展的重要时期。小学儿童的思维从以具体形象思维为主要形式逐步过渡到以抽象逻辑思维为主要形式，其社会自我逐步形成，社会性认知逐渐趋于客观和深刻，社会关系更加复杂，系统的道德认识及相应的道德行为习惯逐步形成。本章通过介绍小学儿童的学习、思维、个性、社会性和品德等方面的相关研究结果，阐述小学儿童心理发展的特点和规律。

学习目标

1. 了解关于小学儿童的主导活动——学习活动的特点。
2. 掌握小学儿童心理发展的基本特点和规律。
3. 了解小学儿童思维发展、个性与社会性发展及品德发展的主要研究成果。

关键词

小学儿童　学习　思维发展　个性和社会性发展　品德发展

6或7岁到12或13岁是儿童在小学进行学习的时期。这是儿童心理发展的一个重要转折时期。在小学低年级，儿童还具有明显的学前儿童的心理特点，而小学高年级儿童则随着生理年龄的变化，逐渐步入青春发育期。因此，小学时期往往被称为前青春发育期。

在小学时期，儿童神经系统的发育表现出均匀和平稳的特点，学习开始成为儿童的主导活动，儿童的社会关系开始趋于复杂多样。因此小学儿童的认知能力、个性特点、社会适应等方面都在迅速发展，其思维开始从以具体形象思维为主要形式过渡到以抽象逻辑思维为主要形式，实现了思维过程中的质变。同时，小学儿童的心理发展表现出协调性的特点。小学生的心理活动是比较开放的，他们的经历有限，心理活动纯真、直率，没有明显的闭锁性，其情绪情感的表达比较外显，不善于修饰和控制，没有显著的动荡性。因此，成人与儿童容易沟通，师生之间、亲子之间的关系容易融洽，小学儿童言与行、动机与行为相对一致，个性、社会性和品德易于培养。

总之，小学生的心理处于快速、协调发展的时期，小学阶段是促进智力发展、形成和谐个性、培养良好心理品质与行为习惯的好时机。

第一节　小学儿童的学习

儿童进入学校以后，学习活动就逐步取代游戏活动成为儿童主要的活动形式，并对儿童的心理产生重大的影响。

一、小学儿童的学习及其作用

一般来说，学习有广义和狭义之分。广义的学习，是指动物和人的经验获得及行为变化的过程，人类的广义学习是在生活中进行的。人自从降生以后不久，就能建立条件反射，改变个别行为。人在一生的整个生活过程和实践中，也在不断地积累知识经验，改变思想行为，所有这些都包含着学习的意义。狭义的学习，则是指学生在教师指导下有目的、有计划、有系统地掌握知识、技能和行为规范并提升学习能力的活动，这是一种社会义务。

（一）学生学习的一般特点

学生的学习过程是一种认识或认知过程，学生在学习过程中认识世界、丰富自己、发展自己，并引起其德、智、体、美、劳诸方面结构的变革。作为特殊的认知或认识活动，学生学习有以下几个基本特点。①

1. 学生的认知或认识活动要越过直接经验的阶段

在学习中，学生以学习间接经验为主，他们往往不受时间、空间的限制，越过直接经验这一阶段，较迅速而直接地把从人类极为丰富的知识宝藏中提炼出来的最基本的东西学到手。这就是学生的学习过程区别于人类一般认识活动或认识过程的特殊本质。

2. 学生的学习是一种在教师指导下的认知或认识活动

学生的学习是通过教学活动来实现的。教与学是一种双边活动，教是为了学，学则需要教，二者互为条件，互相依存。因此，学生的学习离不开教师，教师的教主要是一个传授知识、激发学习行为的过程，是把人类社会长期积累起来的知识，根据社会的需要传授给学生。在学习过程中，学生的认知或认识活动受到教师教学活动的重要影响。

3. 学生的学习是一种运用学习策略的活动

在学校里，学生最主要的学习是学会学习，最有效的知识是自我控制的知识。要学会学习，就有一个学习策略的问题。所谓学习策略，是指在学习活动中，为达到一定的学习目标而学会学习的规则、方法和技巧，是一种在学习活动中思考问题的操作过程，是认识（或认知）策略在学生学习中的一种表现形式。

学生的学习是一个主动的过程，因此学习策略受制于学生本人，它干预学习环节，提高认识技能，调控学习方式，直接或间接地影响主体达到学习目标的程

① 林崇德著：《学习与发展——中小学生心理能力发展与培养》，北京师范大学出版社 2011 年版，第一章。

度。同时，学生的学习策略是学会学习的前提，是造成其学习个别差异的重要原因。一些研究发现，与学困生相比，学优生的学习策略更为有效，对问题解决有积极指导作用。①②

此外，学习策略是一系列有目的的活动，是学生在学习过程中选择、使用、调节和控制学习方法、方式、技能、技巧的操作活动。已有研究发现，学习时间分配反映学习者的决策水平，可以制约其学习效果。小学二年级儿童在学习过程中已能够主动进行学习时间分配的决策，其学习时间分配的决策水平随年龄增长而提高，小学六年级儿童的决策水平已经发展得比较成熟，接近大学二年级学生的表现。③④

由此可见，学生的学习活动主要是一种理性的认识或认知活动，是一种思维或信息加工的过程。

4. 学习动机是学生学习或认知活动的动力

学生的学习活动是由各种不同的动力因素组成的。整个动机系统所引起的心理因素主要是需要及其表现形态，诸如兴趣、爱好、理想、信念等，其次是情感因素等。除此之外，还要有满足这种需要的学习目标。它们共同成为学习动机的重要构成因素。

学习动机的激发，是利用一定的诱因使已形成的学习需要由潜在状态转入活动状态，使学生产生强烈的学习愿望或意向，从而成为学习活动的动力。其诱因可能来自学习活动本身获得的满足，也可以来自学习之外所获得的间接满足。前者称为学习的内部动机，后者称为学习的外在动机。

① 陈英和、仲宁宁、田国胜、王治国:《小学2~4年级儿童数学应用题表征策略差异的研究》,《心理发展与教育》2004年第4期。

② 牛卫华、张梅玲:《学困生和优秀生解应用题策略的对比研究》,《心理科学》1998年第4期。

③ 刘希平、方格:《不同时间限制下小学儿童学习时间分配决策水平的发展》,《心理学报》2006年第3期。

④ 刘希平、方格:《小学儿童学习时间分配决策水平的发展》,《心理学报》2005年第5期。

5. 学习过程是学生获得知识经验、形成技能技巧、发展智力能力、提高思维品质水平的过程

综上所述，学生的学习过程就其本质而言，和人类一般认识过程是一致的，是人类认识活动总过程中的一个环节和阶段，但是，这种学习过程与一般认知或认识过程又是有区别的，是一般认识过程的一种特殊形式。

（二）学习对小学儿童心理发展的作用

从小学开始，学习活动开始成为儿童的主导活动，对儿童的心理发展具有重要的作用。

首先，学校学习是在教师指导下有目的、有系统地掌握知识、技能和行为规范的活动，是一种社会义务。

与学前儿童的游戏相比，小学儿童的学习不但具有更大的社会性、目的性和系统性，还带有一定的强制性。儿童必须明确认识学习的目的，使自己的活动服从这一目的，并对这一目的的实现情况进行检查。为了实现这一目的，教师要进行有计划、有步骤、有组织的教学活动，组织儿童的注意、记忆、思维等心理过程。学习是社会对儿童提出的要求，是儿童必须完成的社会义务，因此，儿童不能完全按自己的意愿或兴趣行事。儿童在这种特殊的学习过程中，产生了责任感和义务感，在完成学习任务的过程中，儿童的意志力也得到了培养和锻炼，这对其个性发展具有重要意义。

其次，学校学习是通过教学活动来实施的。儿童必须通过教学活动，掌握读、写、算等最基本的知识和技能，为进一步掌握人类的知识打下最初的基础。在掌握这些知识经验的过程中，儿童心理活动的内容有了改变，而且各种心理过程也起了变化。儿童心理活动的有意性和自觉性都明显地发展起来，其思维活动也逐渐从具体形象思维过渡到抽象逻辑思维。

最后，学习活动是以班集体为单位进行的。在共同的学习活动中，儿童相互交流、相互帮助，这不仅有助于儿童发展社会交往的技能，提高社会认知的水平，培养合作、互助的集体精神，而且有助于儿童掌握各种基本的社会行为规范，形成并发展各种良好的品德。

由此可见，进入学校，开始以学习作为主导活动，对儿童的心理各方面都会

产生重大影响。

（三）小学儿童的学习特点

小学儿童的学习既具有上述学生学习的基本特点，又表现出其年龄阶段所特有的特点。

1. 小学儿童的学习动机

动机是需要的一种表现形式，是人们由某种需要而引起的对一定事物的向往（意向或愿望）。儿童的学习动机直接影响儿童的学习态度和学习成绩。许多研究结果表明，儿童的学习动机是多种多样的，按照与社会需要的联系可分为直接动机、长远动机等多种表现形式，按照与智力的联系可分为具体动机、抽象动机等多种形式，按照价值可分为正确动机和错误动机等多种形式。

学习动机是分层次、成系统的，其中有一种起主导作用的动机，往往决定或支配着儿童的学习活动，影响着儿童的智力发展。

很多学者的研究发现，动机不具有跨文化的普遍性，中国学生的学习动机具有独特的特点。对我国四至六年级小学生学习动机的研究表明：小学生的学习动机包括回报动机、求知动机、交往趋利动机、利他动机、学业成就动机、生存动机、实用动机，这些动机在我国小学生中广泛存在，并对学生学习有着一定的影响；小学生的学习动机中，外部动机始终占据主导地位，内部动机还处在不断发展的过程中；四、五年级小学生的学习动机结构基本上没有差别，六年级小学生则开始形成具有长远社会意义的自我实现动机。①

还有研究发现，小学生学习动机的总强度随年级升高呈下滑态势，年级越高，表层动机、深层动机和成就动机越低。② 小学高年级学生学习内容增多，任务加重，外部压力较大，这也是导致动机强度减弱的原因。

上述研究提示教育工作者，在培养与激发小学生的学习动机时应该充分考虑到其发展变化的规律。一方面，小学生的学习动机以外部动机为主，因此教育工

① 张敏、雷开春、王振勇:《四至六年级小学生学习动机的结构分析》,《心理科学》2005 年第 1 期。

② 贾小娟、胡卫平、武宝军:《小学生学习动机的培养：五年追踪研究》,《心理发展与教育》2012 年第 2 期。

作者在教育过程中应大量采用合理奖赏、及时反馈、定期考察、适度竞争等教育方式，激发其学习动机；另一方面，教育工作者要有意识地引导学生，培养学生的求知欲和学习兴趣，增强学生的自我效能感，促使其学习动机从外部动机向内部动机转化，调动学生自觉主动学习的积极性。

2. 小学儿童的学习兴趣

小学儿童的学习兴趣是促使儿童自觉地从事学习活动的一种重要的推动力。

在教学的影响下，在知识经验不断丰富的情况下，小学儿童的学习兴趣也在不断地发展变化。虽然每个儿童的兴趣并不完全相同，具有明显的个别差异，但他们有共同的年龄特征。

（1）在整个小学时期，儿童最初对学习的过程、对学习的外部活动更感兴趣，以后逐渐对学习的内容、对需要独立思考的学习作业更感兴趣。

（2）在整个小学时期，儿童对不同学科的学习兴趣从不分化到初步分化。这种对学科兴趣的分化时间一般从三年级开始。小学儿童对学科兴趣的分化是很不稳定的，引起小学儿童学科兴趣分化的原因既有客观的（如教师的教学水平），又有主观的（如觉得有用）。

（3）在整个小学时期，儿童对有关具体事实和经验的知识较有兴趣，对有关抽象因果关系知识的兴趣在初步发展着。研究发现：随着年级的升高，小学生的语文学习观越来越明确，越来越具有建构性、探索性；小学低年级学生是为了学习语文而学习语言文字，到了高年级，学生则是为了学习知识而学习语文，他们的语文学习兴趣发生了转变。① 学生的数学学习兴趣与课堂参与性随着年级的升高而显著下降，而在数学学科观与数学交流的素养方面则表现出相反的趋势，即随着年级的升高而提升。②

（4）游戏因素在儿童的学习兴趣上的作用逐渐降低。

（5）在阅读兴趣方面，一般从课内阅读发展到课外阅读，从童话故事发展到

① 刘儒德、邓利：《小学生语文学习观调查研究》，《心理发展与教育》2002 年第 1 期。

② 李琼：《小学生数学学习观：结构与特点的研究》，《心理发展与教育》2006 年第 1 期。

文艺作品和通俗科学读物。

（6）对社会生活的兴趣逐步在扩大和加深。

此外，小学生学习兴趣存在着明显的性别差异。男生对电器、机械、运动等更有兴趣，而女生对厨艺、园艺、针织等更有兴趣。男生的学习兴趣与课堂参与性明显高于女生，而女生的数学学科观与数学交流的素养明显好于男生。①

3. 小学儿童的学习态度

在小学的学习活动中，儿童初步形成了一定的学习态度。

（1）对教师的态度。低年级儿童对教师怀有特殊的尊敬和依恋之情。由于儿童尚不理解学习的社会意义，因而教师对待儿童的态度是影响儿童学习态度的主要因素。研究表明，一年级儿童对教师和学校的态度与其学业技能有高相关。② 中年级儿童逐渐对教师产生选择性的、怀疑的态度，只有那些思想作风好、教学好，对儿童有耐心、公正的教师，才能赢得儿童的信任，对儿童的学习产生重大影响。

（2）对集体的态度。初入学的儿童还没有形成班集体，同学之间很少互相关心。在教师的组织和教学的影响下，儿童开始互相交往、互相关心、互相帮助，并在此基础上开始形成班集体。从中年级开始，儿童开始有比较有组织的、自觉的班集体生活，开始把自己看成是集体中的一员，重视班集体的舆论和评价作用，进一步提高自己对学习、对集体的责任感，从而不断提高学习质量和行为品质。

（3）对作业的态度。初入学的儿童还未把作业看成是学习的重要组成部分，还不能经常以负责的态度来对待作业。在教师正确的教育下，儿童逐步形成对作业自觉负责的态度，表现为能用一定的时间来完成作业，按一定顺序细心地完成作业，并排除外在诱因的干扰。

（4）对评分的态度。从小学开始，儿童已经认识到评分的意义。在正确教育的影响下，低年级儿童逐渐了解分数的客观意义，并树立对分数的正确态度。从

① Jones, M. G., Howe, A., & Rua, M. J. (2000). Gender differences in students' experiences, interests, and attitudes toward science and scientists. *Science Education, 84* (2), 180–192.

② Valeski, T. N., & Stipe. D. J. (2001). Young children's feelings about school. *Child Development, 72* (4), 1198–1214.

中年级起，儿童开始了解学习是一种社会义务，因而把优良的分数看成是高质量地完成这一社会义务的客观表现。

4. 小学儿童的学习策略

随着年龄的增长，小学生的学习策略不断丰富，他们逐渐学会使用有效的策略。但小学生的策略使用具有不完善、不稳定和刻板的特点。研究发现：在获得策略的早期阶段，儿童多使用单一的策略；当学习任务从非技能性向技能性过渡时，策略运用的多重性表现得特别明显。①② 例如：儿童初学一位数加法时，均以数手指的策略解决问题；当对问题完全熟悉时，儿童会采用记忆恢复策略，直接从长时记忆中提取答案；在这其间的过渡阶段，儿童可能采用数手指、记忆恢复、将问题分解为小问题等多种策略。

互联网的广泛应用也扩展了小学生的学习领域，影响着学习策略的选择。而基于互联网的网上学习策略（online learning strategies）是一把双刃剑，既可能提高小学生的学业成绩，也可能由于互联网的丰富性而消耗学生过多的认知资源，降低学业成绩。③

二、小学儿童的学习障碍

在学校里有很大一部分儿童尽管没有表现出明显的情绪或机能障碍，其心理发展也属正常，但在一些领域，如阅读、算术方面表现出严重的学习困难。美国《身心障碍教育法案》（Individuals with Disabilities Education Act）提出："学习障碍是指个体在听、说、读、写、推理和数学能力的获得和运用等涉及多个心理过

---

① Siegler, R. S.（1986）. Unities across domains in children's strategy choices. In M. Perlmutter（Ed.）, *Perspectives for intellectual development: Minnesota symposium on child development*. Hillsdale, NJ: Erlbaum.

② Siegler, R. S.（1987）. The perils of averaging over strategies: An example from children's addition. *Journal of Experimental Psychology: General, 116*（3）, 250–264.

③ Chu, H. C.（2014）. Potential negative effects of mobile learning on students' learning achievement and cognitive load—a format assessment perspective. *Educational Technology & Society, 17*（1）, 332–344.

程的活动中存在明显的困难或障碍。这些障碍主要包括认知障碍、脑损伤、轻度脑功能障碍、发展性失语等，而不包括由视觉缺陷、听觉缺陷、运动性残疾、智力缺陷、情绪障碍，或者环境、文化、经济等原因造成的学习不良。”①

尽管人们对学习障碍的定义还有许多分歧，但许多人都同意学习障碍具有以下基本特征。

一是差异性。许多儿童的实际行为与所期望的行为之间有显著的差异，如尽管智力正常或接近正常，但实际学习成绩远低于其实足年龄和智力水平应该达到的成绩。

二是缺陷性。学习障碍儿童有特殊的行动障碍，这种儿童在很多学科方面能学得很好，但不能做其他儿童很容易做的事。

三是集中性。学习障碍儿童的缺陷往往集中在包括语言或算术的基本心理过程中，因此，他们常常在学习、思考、说话、阅读、写作、拼写或算术方面出现障碍。

四是排除性。学习障碍的问题不是由听力、视力或普通的心理发育迟缓问题引起的，也不是由情绪问题或缺乏学习机会引起的。

五是可逆性。学习障碍是可逆的，依靠合适的教育训练可以加以改变，这与智力落后、感官损伤所导致的学习问题根本不同。

六是贯穿性。学习障碍可以贯穿于个体毕生发展过程中，不仅儿童存在学习障碍，成人也可能具有学习障碍，并且开始成为研究关注的一个热点。

在美国，所有接受特殊教育的学生都被认为有学习障碍，约占所有在校儿童总数的 4%。

学习障碍主要出现在学龄期，研究者认为小学二至三年级为发病的高峰期，一般男生多于女生。但一些研究也发现，学前儿童如有言语和语言障碍，往往伴有行为、情绪和社会性方面的问题，进入学龄期以后也更易于出现学习障碍。

（一）学习障碍的分类

通常，根据障碍的特殊领域，我们可以将学习障碍分为阅读障碍、计算障

① Cortiella, C., & Horowitz, S. H. (2014). *The state of learning disabilities: Facts, trends and emerging issues*. Now York: National Center for Learning Disabilities.

碍、书写障碍、听觉障碍、视觉障碍、非言语学习障碍、执行功能缺陷、注意缺陷八大类型。①

1977 年，美国联邦教育署特殊教育处根据学习障碍在口头表达、听讲的理解、书写的表达、阅读的基本技巧、阅读的理解、算术运算、数学推理七个方面的表现进行归类，将学习障碍归为三类：（1）语言接受和表达方面的学习障碍；（2）阅读和书写方面的障碍；（3）算术方面的学习障碍。

柯克夫妇（Kirk & Kirk，1983）将学习障碍分为发育性学习障碍和学业性学习障碍。② 发育性学习障碍主要指儿童在生长发育过程中正常显露的许多心理和语言功能发展的偏离，包括原始性缺陷（包括注意力、记忆力、视动协调、知觉等方面的缺陷，可能引起许多其他学习困难）和衍生性缺陷（包括思考力缺陷、语言缺陷，通常和注意、记忆以及对概念、对象和空间关系的理解等方面有困难相联系）。学业性学习障碍包括阅读缺陷、算术缺陷、书写缺陷和拼写缺陷等。一般来说，当儿童的潜在能力和学业成就之间存在较大的不一致时，则该儿童可能具有学习的特殊障碍。

研究者运用聚类分析法确定了学习障碍的四种类型。第一种类型（占 33%），言语技能一般，序列和空间能力缺乏，概念能力较强，独立性较差，注意力不集中。第二种类型（占 10%），算术和图形排列及一般能力较好，学习成绩较差，在教师评价的行为量表中排名较低，在学校中比较自私，攻击性较强，注意力很不集中。第三种类型（占 47%），概念能力高于平均水平，学习成绩中等，注意力不集中，性格较外向。第四种类型（占 10%），学习成绩中等，言语能力中等，序列和空间能力缺乏。③

吴增强等人运用 Q 聚类分析对上海市 1 480 名小学六年级学生的能力和个性

① Cortiella, C., & Horowitz, S. H.（2014）. *The state of learning disabilities: Facts, trends and emerging issues.* New York: National Center for Learning Disabilities.

② Kirk, S. A., & Kirk, W. D.（1983）. On defining learning disabilities. *Journal of Learning Disabilities, 16*（1）, 20–21.

③ McKinney, J. D.（1984）. The search for subtypes of specific learning disability. *Journal of Learning Disabilities, 17*（1）, 43–50.

特征进行分类研究，发现学习障碍学生可分为四个主要类型:（1）暂时性困难学生，只是暂时性出现学习困难，总体能力和个性发展水平没有偏差;（2）能力型困难学生，表现为学习基本能力方面的问题;（3）动力型困难学生，主要表现为学习动机与态度方面的问题;（4）整体性困难学生，在学习能力和动力方面明显低于普通学生。①

（二）小学儿童学习障碍的症状

学习障碍儿童最明显、最易被父母和教师所觉察的特征就是学习成绩不好，尤其是有阅读障碍。尽管他们在其他领域并未显得愚笨，但就是学习吃力，学习成绩明显低于同龄儿童。除此之外，学习障碍儿童还有其他一些特征。

1. 在感知、思维、语言和数学方面存在障碍

学习障碍儿童在认知、语言、思维和数学方面存在明显的障碍，如视觉记忆受损，有空间定向障碍，听觉辨别能力很差，信息加工过程有障碍，语音意识方面有缺陷等。

研究发现：汉语学习障碍学生需要更长时间整合瞬间视觉信息，由此造成其基本视觉加工速度缓慢，效率低下；对图形记忆与加工能力及对词语和一般信息理解能力的缺损是汉语阅读困难者的主要认知特征。②③ 对学习障碍学生认知加工机制的研究揭示，学习障碍学生与学优生在工作记忆容量上存在显著差异，学习障碍学生工作记忆容量低主要是存储能力欠缺造成的。④

语言障碍往往是学习障碍的一个重要症状。对学习障碍儿童的实验和临床研究都发现，学习障碍儿童有各种语言和言语加工的障碍，如在发声和发音系统、

① 吴增强、段蕙芬、沈之菲、徐芒迪、徐自生:《学业不良学生类型与特点的聚类分析》,《心理学报》1994 年第 1 期。

② 赵微、方俊明:《视觉加工速度、瞬间信息整合特征与汉语学习困难》,《心理科学》2006 年第 3 期。

③ 张承芬、张景焕、常淑敏、周晶:《汉语阅读困难儿童认知特征研究》,《心理学报》1998 年第 1 期。

④ 金志成、隋洁:《学习困难学生认知加工机制的研究》,《心理学报》1999 年第 1 期。

语法或句法、词汇或语义、会话交流等方面有各种障碍。学习障碍儿童在交谈数量上与一般儿童没有差异，但在质量上不如一般儿童。例如，学习障碍儿童经常会使用一些幼儿语言，往往用词不当，交谈中使用的句子往往很短、很简单。他们不能灵活地调节自己说话的主题、内容、目的，在解释、判断他人言语时也会发生困难。研究发现，学习障碍儿童在言语交际策略的理解和运用上均存在一定程度的缺陷。①

思维障碍与语言障碍有密切关系，有口头语言障碍的儿童尽管运动表达能力相对正常，但其听觉接受能力和语言表达能力不足，在听觉联想、语法完整性和内部语言方面最为困难。有学习障碍的儿童往往难以用语言表达思想，其社会交往能力极差，常常对人际关系产生错误的理解，对社会交往采取回避、不介入的态度。

通常，数学认知障碍主要包含获得性计算障碍和发展性计算障碍。前者是脑损伤所导致的数学认知障碍，后者是在个体发展过程中出现的并无明显脑损伤的数学认知障碍。尽管数学学习障碍在个体之间存在很大的差异性，但总体而言具有以下共同特点：（1）在掌握计数、运算等方面存在障碍；（2）不能完成相对简单的测量、口头报告时间、估计物体数量等基本操作；（3）在数学智力运算、问题解决策略方面存在困难。

2. 在行为、情绪和社会性方面存在障碍

对学习障碍儿童的研究表明：（1）学习障碍的出现率与年龄有关，在小学阶段，随着儿童年龄的增长，学习障碍的出现率也有所增加；（2）学习障碍与行为障碍有关，约一半以上的学习障碍儿童有某种行为障碍，其中注意力缺损是最普遍的症状；（3）约四分之一的学习障碍儿童有情绪问题，最普遍的是情感障碍。②

可见，在一般性精神卫生方面，学习障碍儿童的问题显著多于正常儿童。很多研究指出，有学习障碍的儿童通常存在注意力缺损、活动过度、违法犯罪、忧

① 俞国良、闫嵘：《学习不良儿童言语交际策略的理解与运用》，《华东师范大学学报（教育科学版）》2006 年第 1 期。

② Baker, L., & Cantwell, D. P. (1990). The association between emotional/behavioral disorders and learning disorders in children with speech/language disorders. *Advances in Learning and Behavioral Disabilities, 6*, 27–46.

郁、焦虑、控制点不适宜、自我概念较差、自我评价较低、受同伴的欢迎程度较低、社会技能缺损、人际关系不良等方面的问题。

小学期间，学习障碍儿童比一般儿童有更多的违纪行为。许多青少年违法者在早期都有学习障碍现象，并且有学习障碍的违纪者再次犯罪的可能性会更大。学习障碍儿童更有可能遭遇学业失败，并发展消极的自我概念，从而导致行为问题甚至违法犯罪。①②

学习障碍儿童在社会信息加工方面也存在问题，容易错误理解社会性线索，做出不适当反应、消极反应或攻击性反应。他们很容易对其学业进行错误归因，更有可能把失败归因于缺乏能力而不是缺乏努力，把成功归因于外部因素，如任务难度小等，在学习中缺乏坚持性。此外，学习障碍儿童对身体语言和表情的社会意义缺乏敏感性，在判别口头语言的意思上存在困难。学习障碍儿童在社会信息加工方面的缺陷，影响了他们正常的人际交往。他们在社交、活动（男孩较明显）、学校等方面的社会适应水平较低，大多有社会与环境适应不良的问题。

学习障碍儿童常有明显的情绪问题。很多研究发现，学习障碍儿童比一般儿童表现出更多的抑郁症状。他们在学校环境中会经历更多的压力感和内部失调，表现出更高的焦虑水平。学习障碍儿童及青少年的自杀率比非学习障碍者高。

3. 其他方面的问题，如发育迟缓、品行问题等

有研究者曾用X光片来比较儿童的骨骼年龄，发现与同龄正常儿童相比，60%的学习障碍儿童表现为骨龄较小。他们开始走路、说话的年龄也较晚，从学前期过渡到学龄期的时间较正常儿童要长。

一些调查指出，有行为问题或违法犯罪的儿童和青少年也大都表现出一定的学习障碍，特别是阅读障碍。在学校里的失败和挫折会引发儿童的攻击行为，并扩大到校内外的日常生活中。而且，有学习障碍的儿童往往很冲动，缺乏良好的判断力和自我控制能力。然而，品行问题与学习障碍之间的联系并不是绝对的，

① 雷雳：《学习不良学生的心理健康及其干预》，《心理学动态》2000年第1期。

② Morrison, G. M., & Cosden, M. A., (1997). Risk, resilience, and adjustment of individuals with learning disabilities. *Learning Disability Quarterly, 20*(1), 43–60.

学习障碍可能是以直接的方式（如认知特点）或间接的方式（学校生活和社交关系的失败）而引起行为问题。学习障碍与行为问题也可能是双向联系的模式，如社会经济地位较低或某种中枢神经系统的问题引起行为问题，导致学习障碍，并因此进一步增加了问题行为。

学习障碍儿童存在性别差异。在学习障碍儿童中，男孩的比例明显高于女孩，男孩的外向性行为问题较多，以冲动、多动、攻击和违纪等外向性行为问题更为突出，女孩则以多动、抑郁和社会退缩为主要特征，行为更趋于内向。研究者认为，男女儿童所表现出来的行为特征的性别差异可能与他们对付挫折的行为反应模式不同有关。

（三）学习障碍产生的原因

早在1937年，心理学家奥顿（S. Orton）就提出了大脑皮质控制理论。他假设，当大脑两个半球中一个半球失去对另一个半球控制的时候，儿童就出现符号颠倒，如把ON看成NO，把SAW看成WAS。尽管奥顿当时提出的观点与现在的观点有所不同，但他将学习障碍与神经病学联系起来是一个重大贡献。

目前，对学习障碍的原因尚无确切定论，只有下列假设。

1. 胎儿期、出生时、出生后的轻度脑损伤或轻度脑功能障碍

一般学者认为，轻度的大脑功能失调是引起学习障碍的一个常见原因，但脑功能轻微失调的产生机制尚不清楚，是由脑下部的实际解剖或生理病变引起还是由脑部在进行信息处理时的缺陷所致，尚缺乏实验研究。不过某些已知可以引起脑损伤的事件与以后学习困难之间的关系已经被证明，比如：（1）母亲妊娠期间出血、酗酒、服药或营养不良，母亲患有败血症、感染性疾病、病毒性疾病或其他慢性病，胎盘脱落，子宫不良及Rh血型不配等；（2）出生时由于产程过长或难产造成的脑缺氧，早产体轻，脐带绕颈，胎位不正，臀产或羊水早破，用产钳或骨盆狭窄引起颅压增高，以及产程太快致使新生儿忽然接触新的空气压力等；（3）出生后婴儿期的高烧、脑炎、脑膜炎、铅中毒、药物中毒、呼吸器官疾病引起的窒息、严重营养不良或头部外损伤等。

2. 遗传—素质假说

国内外许多研究指出，学习障碍儿童存在脑发育迟缓、脑皮质功能不成熟、

觉醒不足、左右脑发育不平衡等现象。国外有研究发现，阅读障碍儿童P300（脑皮质诱发电位）潜伏期延长，波幅变宽。国内研究结果与国外有所区别，国内研究者采用ERP技术检测学习障碍儿童脑认知功能，结果发现与正常儿童相比，学习障碍儿童脑区P300潜伏期延长，但是波幅低，P300波形、地形图分布异常发生率高。① 上述研究都从实证角度说明了学习障碍儿童存在脑认知功能缺陷。对多动症儿童脑电图的研究发现，正常组儿童的α活动、β活动节律都明显高于活动过度组。活动过度组儿童的脑电有过多的慢动作，这可能是由脑功能成熟迟缓而非脑损伤引起的。②

感觉综合失调（sensory integration dysfunction）可能也是儿童学习障碍的重大原因。感觉综合能力是依年龄以自然的次序发展的，正常儿童到7岁时发展已臻完善，但某些特殊儿童由于一些我们至今尚不清楚的原因，无法正确处理自身与外界的信息，从而产生种种学习行为与情绪上的障碍。不同感觉系统的失常会引发不同程度、不同形式的行为障碍。

一些研究者认为遗传可能是学习障碍的一个原因。赫尔曼（Hermann，1959）对有诵读困难的同卵双生子和异卵双生子的对照研究发现，只有三分之一的异卵双生子同时出现诵读困难。由于同卵双生子中每对双生子同时有诵读困难的发生率高于异卵双生子，因此，赫尔曼认为，阅读、拼写和写字等方面的学习障碍是可以遗传的。③

3. 生物学假设

有些研究者认为，轻度脑功能失调是中枢神经元之间信息传递改变的结果。已有不少研究提出，轻度脑功能失调的发病机制是中枢神经系统之间某种神经递质不足或过多。

---

① 张纪水、吴大兴、苏林雁、李雪荣、姚树桥:《P300认知电位检测学习障碍儿童脑认知功能缺陷》,《中国临床康复》2003年第27期。

② 张颖、魏丽红:《儿童注意缺陷多动障碍脑电图特点与临床分析》,《实用儿科临床杂志》2004年第1期。

③ Hermann, K.（1959）. *Reading disability: A medical study of word blindness and related handicaps*. Springfield, IL: Charles C. Thomas.

4. 心理与环境假设

很多学者都认为，环境因素不是学习障碍的一个直接引发因素，却是一个主要的影响因素。较低的家庭经济收入、营养不良或疲劳、早年缺乏各种环境刺激和教育、缺乏母爱或其他成人所给予的感情、父母的文化程度、父母对儿童的态度与期望、亲子沟通方式、教师的偏见、不适当的教学方法或教材等，均可能是儿童产生学习障碍的因素。①

5. 非智力因素的发展赶不上智力因素的发展

有些学者指出，有些学生在智力上并没有问题，他们的学习障碍是非智力因素发展缺陷所致，如缺乏学习兴趣、不够用功、缺乏学习方法等。

不良的环境因素可以直接影响儿童学习潜能的发挥。不良的家庭、社会因素与学习困难之间存在互为因果的关系。

目前，许多特殊教育专家提出许多适合各种特殊学习障碍的矫正方案，如神经心理学习障碍的补偿方法、动觉训练法、语音—书写—发音方法、视—听—动觉法等。这些不同形式的矫正方案对于一些特殊的学习障碍有较好的成效。

第二节　小学儿童思维的发展

小学是儿童思维发展的一个重大转折时期。从进入小学起，儿童就开始正规的学习活动，系统地掌握人类关于自然和社会的知识经验，自觉地服从和执行集体的行为规范。在学习过程中，儿童的各种心理过程的有意性和抽象概括性也随之获得发展。

新的学习活动、集体活动等对儿童提出了新的要求，从而引起小学儿童思维发展的种种新的需要，并和儿童已达到的原有心理结构、思维水平之间产生矛

① 张妍、武丽杰、刘爱书、陈力、杨佳乐:《学习障碍儿童家庭影响因素的Logistic回归分析》,《中国学校卫生》2007年第11期。

盾，构成小学儿童思维发展的动力。在教育影响下，这些矛盾的不断产生和解决，推动小学儿童的思维不断地向前发展。

一、小学儿童思维发展的基本特点

在学前期思维发展的基础上，在新的生活条件下，小学儿童的思维有了进一步的新的发展。

我国心理学家朱智贤早就指出，小学儿童思维的基本特点是从以具体形象思维为主要形式逐步过渡到以抽象逻辑思维为主要形式。但这种抽象逻辑思维在很大程度上仍然是直接与感性经验相联系的，仍然具有很大成分的具体形象性。①

（一）逐步过渡到以抽象逻辑思维为主要形式，但仍带有很大的具体性

我国许多有关小学儿童思维发展的研究都证明了这一点。例如，朱智贤等人关于小学生字词概念发展的研究，采用"选择定义""确定属种概念的关系""给概念下定义"三组实验，结果如图 7-1、图 7-2、图 7-3 所示。②

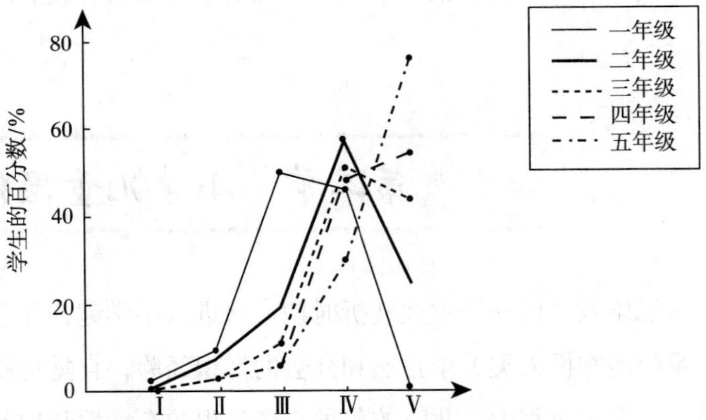

选择定义的五项指标：Ⅰ．错误定义；Ⅱ．概念的重复；Ⅲ．功用性定义或具体形象的描述；Ⅳ．接近本质定义或做具体的解释；Ⅴ．本质的定义。

图 7-1 各年级小学生选择定义的水平

① 朱智贤著：《儿童心理学》，人民教育出版社 2009 年版，第 306—307 页。

② 朱智贤、钱曼君、吴凤岗、林崇德：《小学生字词概念发展的研究》，《心理科学通讯》1982 年第 3 期。

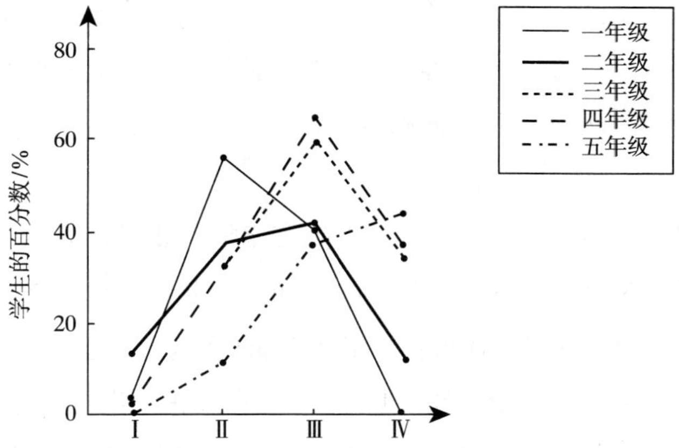

确定属种概念关系的四项指标：Ⅰ. 确定这两种概念表面的联系；Ⅱ. 对属概念做功用性的说明；Ⅲ. 种概念过大；Ⅳ. 较确切地确定属种概念的关系。

图 7-2　各年级小学生确定属种概念关系的水平

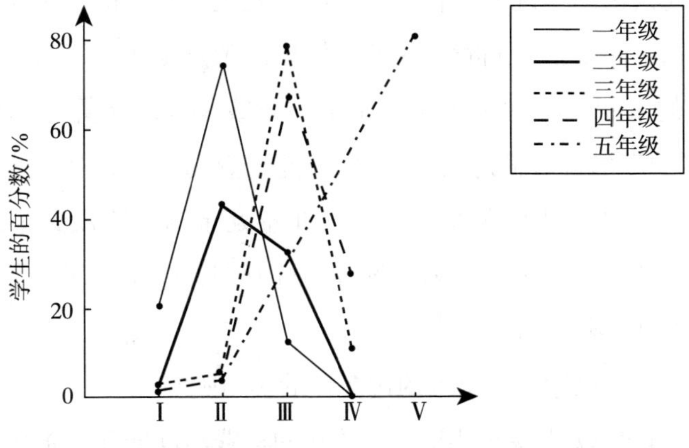

给概念下定义的五项指标：Ⅰ. 不会解释或做错误的解释；Ⅱ. 重复概念的定义；Ⅲ. 功用性的定义或做具体形象的描述；Ⅳ. 接近本质的定义或做具体的解释；Ⅴ. 下本质的定义。

图 7-3　各年级小学生给概念下定义的水平

林崇德等人对 145 名儿童的图形推理策略进行研究，对儿童在进行推理时使用的六种策略——分析策略、不完全分析策略、知觉分析策略、知觉匹配策略、自主想象策略、格式塔策略进行了分析，发现小学二年级开始出现图形推理能力发展的飞跃，二年级儿童开始能够同时观察到两种规则，五、六年级儿童能够不受题目形式的影响，从本质上把握逻辑规则。总的来说，知觉分析策略在儿童进行图形推理过程中起了很重要的作用。年长儿童或高水平儿童在面临困难的图形推理问题时，他们首先借助的往往就是知觉分析策略。知觉分析策略的特点就是个体不能明确抽象出规则，但是能够发现整体上的一种联系。这体现出小学儿童思维的过渡性特点。①

吴国宏等人使用成分分析法，建立"有限三项系列问题"的成分模型，证实了皮亚杰关于儿童认知发展阶段的论述。研究发现：一年级儿童才步入具体运算阶段，而三年级儿童已进入较成熟的阶段；一年级儿童不具有形式运算思维的能力，三年级儿童已开始进入形式运算阶段的前期，五年级儿童正式步入形式运算阶段。②

辛自强、韩玉蕾对小学低年级儿童的等值分数概念发展过程的研究发现，小学低年级学生等值分数概念发展具有三个阶段。(1)"整体量概念"，儿童借助直觉性的整体量图式解决非符号化的等值分数问题。(2)"数量化的相对量概念"，儿童对相对量的认识从笼统的、直觉性的状态发展为具体的、量化的状态，能够克服整数等值思维的干扰，同时考虑两个维度的数量变化来进行等值判断。但由于受加法思维的限制，经常采用相对多少比较或是加减运算，不能进行比例运算。(3)"正式的等值分数概念"，儿童发展起成熟的乘法思维，能够同时关注两个维度，并计算两者的比例关系。一年级儿童处于第一阶段到第二阶段的过渡期。二年级儿童处于第二阶段到第三阶段的过渡期，已发展起数量化的相对量概念，但不具有成熟的乘法思维。③

如何分析这个变化过程或思维的过渡性的实质呢?

入学以后，教学以及各种日益复杂的新的实践活动向儿童提出了多种多样的新要求，这就促使儿童逐渐运用抽象概念进行思维，促使他们的思维水平开始从以具体形象思维为主要形式逐步向以抽象逻辑思维为主要形式过渡。

---

① 林崇德、沃建中、陈浩莺:《小学生图形推理策略发展特点的研究》,《心理科学》2003 年第 1 期。

② 吴国宏、李其维:《小学儿童"互反可逆性"发展的研究》,《心理科学》1999 年第 2 期。

③ 辛自强、韩玉蕾:《小学低年级儿童的等值分数概念发展及干预》,《心理学报》2014 年第 6 期。

小学儿童思维的这种过渡，是思维发展过程中的质变。它是通过新质要素的逐渐积累和旧质要素的逐渐“衰亡”与改造而实现的。这种显著的质变，是在思维发展的外部条件作用下，在内部矛盾斗争中实现的。因而，小学儿童的思维过渡到以抽象逻辑思维为主要形式，并不意味着他们入学以后，具体形象思维立刻全部“消亡”，不再发挥作用。整个小学阶段，小学儿童的思维由具体形象思维向抽象逻辑思维发展要经历很长过程。低年级儿童所掌握的概念大部分是具体的、可以直接感知的，要求低年级学生指出概念的本质常常是比较困难的。他们的思维活动在很大程度上还是与面前的具体事物或其生动的表象联系着。低年级儿童的思维具有明显的形象性，并不等于说，他们的思维没有任何抽象性，没有任何抽象概括的成分。事实上，小学儿童的思维同时具有具体形象的成分和抽象概括的成分，它们之间的相互关系随着年级高低以及不同性质的智力活动而变化。正因为如此，在小学中、高年级，学生才逐步学会分出概念中本质的东西和非本质的东西，以及主要的东西和次要的东西，学会掌握初步的科学定义，学会独立进行逻辑论证。同时，达到这样的思维活动水平，也离不开直接的和感性的经验。小学儿童的思维活动仍然具有很大成分的具体形象性。

（二）由具体形象思维到抽象逻辑思维的过渡存在着明显的关键期

我国心理学工作者对小学儿童思维发展的关键期进行了不少的研究。一般认为，这个关键期在四年级（10~11 岁），也有的认为在高年级。也有的教育性实验报告指出，如果有适当的教育条件，这个关键期可以提前到三年级。

强调小学儿童思维发展的关键期，是要求我们适应小学儿童思维发展的飞跃期来进行适当的教育。有关研究认为，儿童思维发展的转折点在何时实现，主要取决于教育的效果。在注重思维的智力品质的教学影响下，儿童在三年级就可实现数的概括能力的“飞跃”。① 而在教学不甚得法的控制班里，则到五年级才实现数的概括能力的“飞跃”。对小学四年级儿童形成合取概念的策略进行训练，结果发现：训练不仅能够促进儿童形成合取概念的能力发展，而且提高了他们的元

① 林崇德:《小学儿童数概念与运算能力发展的研究》,《心理学报》1981 年第 3 期。

认知水平，使他们在相关的问题解决中表现出能力的迁移。①可见，思维发展的关键期有一定伸缩性，可以提前或挪后，可以加快或延缓。只要教学得法，小学儿童思维发展的关键期可以提前到三年级。小学儿童的思维发展存在很大的潜力。

（三）思维结构趋于完整，但有待完善

进入小学后，儿童逐渐具备明确的思维目的性，表现出完整的思维过程，有着较完善的思维材料和结果，思维品质的发展使个体思维表现出显著的差异性，儿童思维的监控或自我调节的能力也在日益加强。这表明，小学儿童思维的过渡性显示出思维结构从不完善向完善过渡。

尽管小学儿童的思维主要属于初步的抽象逻辑思维，但它具备了一切逻辑思维的形式，包括辩证逻辑思维的萌芽。早期研究发现，9~11 岁儿童在进行左右概念的初步抽象思维时，就已经萌发了辩证思维。②对一至六年级小学生辩证思维能力的实验研究发现，大多数的小学生初步具备了辩证思维能力。小学一、二、三年级是辩证思维的萌芽期，四年级是辩证思维发展的转折期，五、六年级为辩证思维的稳步发展期。③但是，六年级学生中能具备高水平的辩证思维能力的仅为 93%。所以，小学阶段只是辩证思维能力发展的初始阶段，辩证思维能力要到中学乃至大学阶段才能更完善。小学生辩证思维形式的发展存在着不平衡性，辩证概念的发展优于辩证判断和辩证推理的发展。

（四）思维发展过程的不平衡性

在整个小学时期，儿童的抽象逻辑思维水平在不断提高，儿童思维中的具体形象成分和抽象成分的关系在不断发生变化，这是一般趋势。但是，具体到不同的思维对象的时候，这个一般的发展趋势又常常表现出很大的不平衡性。有关小学儿童假设检验策略发展的研究发现，一年级被试在遇到较简单问题的时候，能

① 陈英和、刘玉新:《小学生形成合取概念的策略训练及其迁移效果》,《心理学报》1996 年第 4 期。

② 朱智贤、陈帼眉、吴凤岗:《儿童左右概念发展的实验研究》,《心理学报》1964 年第 3 期。

③ 杨建军:《一至六年级小学生辩证思维能力的实验研究》,《心理发展与教育》1991 年第 4 期。

运用较高级的有效策略，但是在遇到较困难问题的时候，则又退回到相对不成功的策略上。①

在小学教学实验中可以看到，在算术教材的学习中，有些学生已经达到了较高的概括水平，而在语文教材的学习中，其概括能力有的仍能达到较高水平，有的则不理想，还有的属较差水平。

对小学儿童思维的研究也发现了这种不平衡性。例如，对同一批小学生给字词概念下定义、综合分类和数概括的结果进行比较，发现其思维发展表现出的趋势是不一致的。②③④

文化环境，特别是学校教育对儿童认知的发展至关重要。许多研究表明，在解决相同问题的情况下，不同教育状况的地区的儿童在认知水平上存在着差异。

二、小学儿童思维基本过程的发展

（一）概括能力的发展

在教学的影响下，小学儿童的概括能力有了很快的发展。但是，由于知识经验和智力水平的限制，他们的概括能力又具有自己的特点。

一般来说，小学儿童的知识经验还不十分丰富和深刻，因此，他们只能利用某些已经理解了的事物的特征或属性进行概括，而不能充分利用某个概念的所有特征或属性。

对小学儿童数概念发展的研究指出，小学儿童数概括能力可分为五个等级。⑤

---

① 张庆林、司继伟、王卫红:《小学儿童假设检验思维策略的发展》,《心理学报》2001 年第 5 期。

② 朱智贤、钱曼君、吴凤岗、林崇德:《小学生字词概念发展的研究》,《心理科学通讯》1982 年第 3 期。

③ 朱智贤、钱曼君、吴凤岗、林崇德:《小学生字词概念综合性分类能力的实验研究》,《心理学报》1982 年第 3 期。

④⑤ 林崇德:《小学儿童数概念与运算能力发展的研究》,《心理学报》1981 年第 3 期。

第Ⅰ级：直观概括水平。儿童依靠实物、教具或配合掰手指头来掌握10以内的数概念，离开直观，运算就中断或发生困难。

第Ⅱ级：具体形象概括的运算水平。儿童进入了“整数命题运算”阶段，掌握了一定整数的实际意义、数的顺序和数的组成。尽管有的运算的数的范围可以超过儿童的生活范围，但由于缺乏数表象，儿童不能真正理解运算中数的所有实际意义。

第Ⅲ级：形象抽象概括的运算水平。儿童处于从具体形象概括向抽象概括发展的过程中。儿童数表象的丰富与数的实际意义的扩大形成了数概括的新特点：（1）不仅掌握了整数，而且掌握了小数和分数的实际意义、大小、顺序和组成；（2）能掌握整数和分数概念的定义；（3）空间表象得到发展，使儿童能够从大量几何图形的集合中概括出几何概念，并掌握一些几何体的计算公式和定义，因此，这一级水平又可称为初步几何命题运算。

第Ⅳ级：初步的本质抽象概括的运算水平，即初步代数的概括运算水平。其特点为：（1）能用字母的抽象代替数学的抽象，如能初步列方程解应用题；（2）开始掌握算术范围内的“集合”与“并集合”思想，如通过求公倍数与公约数的运算掌握“交”与“并”的思想；（3）能够完整地解答各种类型的典型应用题，出现组合分析的运算。

第Ⅴ级：代数命题概括运算水平。儿童根据假设进行概括，完全抛开算术框图进行运算。只有极少数小学儿童能达到这一水平。

小学儿童数概括能力的发展趋势是：一年级（7~8岁）基本上属于具体形象概括，二、三年级（8~10岁）从具体形象概括向形象抽象概括过渡，四、五年级（10~12岁）进入初步本质抽象概括。

总的来说，小学儿童逐渐从对事物外部的感性特点的概括转为对事物本质属性的概括。在整个小学时期，儿童概括的水平大体上经历如下三个阶段。

第一阶段是直观形象水平。低年级儿童的概括和幼儿的概括差不多，主要属于直观形象的概括水平。他们虽然能够进行概括，但所能概括的特征或属性常常是事物直观的、形象的、外部的特征或属性，他们更多注意的是事物的外观和实际意义。

第二阶段是形象抽象水平。中年级儿童的概括处于从形象水平向抽象水平过渡的状态。在他们的概括中，直观的、外部的特征或属性的成分逐渐减少，形象的、本质的特征或属性的成分逐渐增多。

第三阶段是初步本质抽象水平。高年级儿童的概括开始以本质抽象概括为主。由于在过去几年中的知识经验积累和智力活动的锻炼，他们已能对事物的本质特征或属性以及事物的内部联系和关系进行抽象概括。但是，即使到了高年级，他们的概括也只是初步接近科学的概括，由于知识经验的限制，那些和具体事物相距太远的高度抽象概括活动，对他们来说还是非常困难的。

（二）比较能力的发展

一方面，小学儿童比较能力的发展随年龄和年级的增长而不断提高，从区分具体事物的异同逐步发展到区分抽象事物的异同，从区分个别部分的异同逐步发展到区分许多部分的关系的异同，从在直接感知的条件下进行比较逐步发展到运用语言在头脑中引起表象的条件下进行比较；另一方面，小学儿童比较能力的发展具有一定的情境性。在某些条件下，儿童对某些对象进行比较时，既能在相似事物中找出相同点，又能找出其细微差别；在另一些条件下，对另一些对象进行比较时则又不同。因此，在教学中，教师应注意根据不同的教学内容确定不同的重点，采用不同的方法引导儿童进行比较。

在教育的影响下，儿童的比较能力逐渐发展起来。对于小学儿童来说，事物的相异点要比相同点容易发现。因此，在教学中，教师引导儿童从相异点开始，然后过渡到相同点。进行比较时，应从较为鲜明的特点入手，然后再比较细微的差异。

（三）分类能力的发展

对小学儿童字词概念综合性分类能力的研究得出以下结论。

（1）小学二年级学生可以完成自己熟悉的具体事物的字词概念分类。绝大多数小学儿童是从事物的外部特征或功用特点来说明分类根据的。随着年龄的增长，中、高年级学生中能从本质上说明分类根据的人数有所增加。

（2）解决同一课题，不同年龄组的儿童表现出不同的分类水平，年龄特点是明显的，三、四年级是字词概念分类能力发展的一个转折点。

（3）同一年龄组的儿童在解决难度不同的课题时，表现出不同的分类水平，分类材料的难易程度对分类水平的影响是明显的。通过三、四年级水平的人数，总的发展趋势是随课题难度的增加而减少；反之，下降为一、二年级水平的人数逐渐增多。

（4）从四年级起，儿童出现组合分析分类的表现。从五年级起，这种组合分析分类的能力有较明显的发展。这说明组合分析分类的能力与抽象逻辑思维能力的发展密切相关。因为只有抽象逻辑思维能力，才能保证儿童对思维对象的属性有全面的了解，才能促成儿童思维的广阔性和灵活性，使他们可能进行多种组合分析的分类。①

（四）解决问题的能力

小学儿童的问题解决能力表现出随年龄增长而不断提高的趋势，不仅表现在解决问题成绩的提高上，还表现在解决问题所采用的方法上。研究发现，随着年龄的增长，儿童越来越倾向于使用更高级的规则解决问题，即运用信息的灵活性不断提高，对信息的加工更为彻底，考虑更全面，执行控制也变得更加有效。②

虽然儿童的问题解决能力随年级增长而有所提高，但是由于其思维发展并未完善，难度等级比较高的问题仍然超越其能力范围。有关四至六年级学生的数学问题解决能力的研究发现：五、六年级学生数学问题解决的正确率和使用图式表征策略的程度明显高于四年级学生。③

总之，小学儿童思维的基本过程在逐渐发展，并日益完善。分析、综合及其派生的抽象、概括、比较、分类、具体化和系统化等思维过程最初只能在直接观察事物的条件下进行，而且也很简单，之后逐渐能在过去的知识经验和表象的基础上进行，最后向以概念为材料的理性过程较全面、深入且范围广泛地进行。言语在小学儿童的基本思维过程的发展中起着重要的作用，它使其思维的深刻性、广阔性、批判性、自我监控的水平获得迅速的发展。

---

① 朱智贤、钱曼君、吴凤岗、林崇德：《小学生字词概念综合性分类能力的实验研究》，《心理学报》1982年第3期。

② 刘晓红、左梦兰：《7~15岁儿童解决问题应用规则的实验》，《心理发展与教育》1997年第2期。

③ 曾盼盼、俞国良：《小学生视觉—空间表征类型和数学问题解决的研究》，《心理科学》2003年第2期。

三、小学儿童概念的发展

儿童掌握概念是一个主动的、复杂的过程。同时，概念的掌握不是一次就完成的，随着知识经验的发展，儿童对已掌握的概念要不断加以充实和改造。小学低年级儿童和高年级儿童对同一概念的掌握水平是不一样的，小学生和中学生在同一概念掌握的广度和深度上也是不同的。

（一）小学儿童概念的逐步深刻化

小学儿童逐渐从事物的直观属性中解放出来，而以本质的、一般的因素为基础，逐步形成深刻而精确的概念。

起初，由于生活经验的缺乏以及智力发展的限制，小学儿童往往不能从事物的本质属性上来认识事物、掌握事物的概念。儿童虽然可以说出某一概念，实际上并不真正理解这个概念。在经验增长和智力发展的条件下，儿童掌握的概念才逐步深刻起来。早期研究认为，儿童掌握概念的类型可以概括为八种，这八种类型反映了儿童概念深刻化的程度（见表 7-1）。①

表 7-1　小学儿童掌握概念的各种类型及其所占比例

掌握概念的类型	各种类型所占比例 /%	低、中、高年级儿童各种掌握概念的类型所占比例 /%		
		低年级	中年级	高年级
不能理解	13.53	27.44	9.83	3.33
原词造句	4.76	5.99	6.07	2.22
具体实例	22.79	30.00	26.75	11.62
直观特征	21.45	17.69	23.59	23.08
重要属性	5.07	3.25	5.04	6.92
实际功用	5.93	3.59	6.50	7.69
种属关系	8.66	6.75	7.35	11.88
正确定义	17.81	5.30	14.87	33.25

① 丁祖荫:《儿童概念掌握的实验研究》，见《发展心理、教育心理论文选》，人民教育出版社 1980 年版。

小学儿童的概念掌握表现出阶段特征。低年级儿童“不能理解”的概念较多，较多应用“具体实例”“直观特征”掌握概念。高年级儿童“不能理解”的概念较少，逐渐能根据非直观的“重要属性”“实际功用”“种属关系”掌握概念，而且“正确定义”占极大比例。小学中年级正处在概念掌握的过渡阶段。

在实验研究中，一方面“具体实例”和“直观特征”两种类型在各年级都占有很大比例，另一方面“正确定义”在整个小学阶段迅速发展，所占比例随年级升高而明显增加。这两方面的现象表明小学儿童的思维具有明显的具体形象性，但抽象概括性不断增长。

实验中还发现，小学低年级儿童就能以“正确定义”掌握概念，尤其对抽象概念，比掌握具体概念更多应用“正确定义”。这说明了教育对儿童概念掌握起着积极作用，只要针对儿童心理发展特点，采用适当的教材和适宜的教法，完全可能使小学儿童更早一些、更好一些掌握科学概念。

小学儿童概念的深刻化是其思维发展的重要方面。小学儿童只有正确而深刻地掌握概念，才能顺利地进行抽象概括，形成判断、推理，理解客观事物，并发展分析问题和解决问题的能力。

（二）小学儿童概念的逐步丰富化

儿童入学以后，概念在日益丰富。

国内外的心理学家对儿童的各类概念（如数概念、空间方位概念、自然概念、社会概念、时间概念、科学概念、自我概念、美学概念、幽默概念等）发展的特点及他们掌握各类概念的趋势进行了研究。结果表明，随着年龄的增长，小学儿童所掌握的这些概念不断丰富。

心理学家认为，字词概念发展和数概念发展可以作为研究小学儿童概念丰富性的突破口（朱智贤、林崇德，2002）。

1. 字词概念的发展

对小学儿童字词概念发展的研究发现，小学儿童选择不同字词概念的定义或下定义时表现出五种不同的水平：（1）错误的定义；（2）概念的重复；（3）功用性或具体形象的描述；（4）接近本质的定义或具体的解释；（5）本质的定义。小学儿童字词概念的发展，经历了从直观特征到具体形象特征占相当的比重，再到初步揭示概念的一般特征并接近本质特征，最后揭示概念的本质特征的过程。这个过程反映了小学儿童思维发展的总趋势。①②

研究中还发现，同一年龄的小学儿童对不同字词概念的理解表现出不同的思维特点。

第一，小学儿童对不同字词概念的理解水平并不一致，这说明儿童思维活动的不平衡性。对于某些字词概念，儿童能够揭示它的一般特征，反映其本质属性；对另一些比较困难的材料，又回到较低的水平，拘泥于具体形象，而不能理解字词概念的抽象属性。

第二，小学儿童对不同字词概念理解的差异性，既决定于字词概念本身的难度，又决定于思维对象与儿童生活经验的一致性程度。一般来说，儿童对日常生活概念容易理解，对社会政治生活概念会感到困难；对物质概念容易掌握，而对精神概念比较费解；对直观具体的概念容易揭示内涵，而对抽象的概念往往把握不了实质。由此可见，字词概念本身的难易性及与儿童生活的接近性对于儿童理解概念的水平是有很大影响的。

第三，实验研究材料的性质对思维特点的影响并不排斥年龄特征。事实上，无论什么样的字词概念，小学儿童理解的水平总是随年级的上升而提高的。

2. 数概念的发展

在数学教学和实际生活中，小学儿童的数概念迅速地获得发展，数概念日益丰富、不断深刻。

我国心理学家对于小学儿童数概念的发展进行了一系列的研究工作。例如，对五、六年级小学生掌握分数的情况进行的研究发现，五、六年级小学生能够掌握分数所代表的部分和整体的意义，但还不能很好地掌握分数所代表的测量的意义和等值分数的概念。六年级学生的等值分数的概念较五年级学生有显著的

① 朱智贤、钱曼君、吴凤岗、林崇德:《小学生字词概念发展的研究》,《心理科学通讯》1982 年第 3 期。

② 朱智贤、钱曼君、吴凤岗、林崇德:《小学生字词概念综合性分类能力的实验研究》,《心理学报》1982 年第 3 期。

发展。①

国内外学者对儿童数字线估计进行了一系列研究。结果发现：在相同数量范围内，估计精确度随年龄增长而增加，即年龄越大，估计的绝对误差百分比下降；估计模式由对数、对数和线性混合向单纯线性过渡。幼儿阶段可以形成对10以内数字线估计的线性表征，二年级学生可以形成0~100的线性表征，六年级学生出现对0~1 000的线性表征。②③④

有研究者提出，小学儿童大小概念的发展具有如下一些特点。⑤

（1）发展的顺序性。儿童在大小概念的理解或产生上有一个大致的年龄顺序，但这不是绝对的，因为同一个概念常会因出现的情境不同或研究方法的差异而有不同的反应水平。

（2）发展的不匀速性和阶段性。随年龄的增长，儿童在概念的理解或产生上增长的速度是不均匀的，有时快，有时慢，显现出发展的阶段性。在4岁时，儿童对大小概念的理解还处于萌芽状态，到5~6岁时发展相当迅速，到7岁时发展又相对慢一些。

（3）概念的逐步分化和概括化。儿童4岁时只能区分大与小，5~6岁时概念迅速分化，一方面逐步精确化，另一方面不断整合，使概念的理解逐渐达到成熟水平。

（4）概念的巩固与形成。儿童7岁时对大小概念的理解程度接近成人水平，到8岁时已理解大小概念。

① 倪玉菁：《五、六年级小学生对分数的意义和性质的理解》，《心理发展与教育》1999年第4期。

② 徐华、陈英和：《儿童数字线估计研究的述评与前瞻》，《心理研究》2012年第5期。

③ Booth, J. L., & Siegler, R. S. (2006). Developmental and individual differences in pure numerical estimation. *Developmental Psychology, 42* (1), 189-201.

④ Siegler, R. S., & Booth, J. L. (2004). Development of numerical estimation in young children. *Child Development, 75* (2), 428-444.

⑤ 潘开祥、张铁忠：《4~10岁儿童理解大小概念的发展研究》，《心理科学》1997年第5期。

通过上述分析可见，小学儿童掌握概念的过程是一个主动的过程、一个更新的过程。儿童不断掌握新概念和改造旧概念，所掌握的概念不断丰富，并日益系统化。

（三）小学儿童概念的逐步系统化

在教学的影响下，一方面，儿童所掌握的概念总是在不断变化，不断充实，不断地加深本质特征并舍弃非本质特征，另一方面，儿童所掌握的概念不是各自孤立、互不相关的。任何一个概念总是与其他有关概念既有一定区别，又有一定联系。掌握有关概念之间的区别和联系，也就是使掌握的概念系统化。

在对小学儿童数概念与运算能力的研究中可以看到，小学儿童通过分析、综合、比较、抽象和概括，逐步掌握复杂的数概念系统和运算系统。小学儿童逐步掌握数学的系统性，并形成其思维的系统性。①

小学儿童思维系统化的发展，也必然地表现出组合分析的结构，即“格”的结构。在解答应用题时，他们将原有条件重新组合分析，然后综合列式。这使小学儿童在解答应用题时思维系统、完整与全面。研究表明，由于儿童掌握了丰富的数概念，到中年级，有半数儿童具有组合分析的能力。但从根本上看，小学儿童对概念的组合分析能力还是不高的，其概念的系统化还有待以后进一步发展。

小学儿童概念的深刻化、丰富化和系统化三者的发展是互相制约、彼此联系的。儿童掌握概念系统的过程，也就是儿童应用已往丰富的概念材料去同化（领会）深刻而有系统的知识的过程。在教学中，教师首先要明确某个概念和其相近的概念的区别，通过比较、变式等方法使儿童正确地掌握概念的内涵，同时掌握有关概念之间的联系。

每个概念都在概念系统中占有一定地位，我们只有在概念系统中去掌握概念，才能掌握得更好。因此，我们要根据儿童知识经验的水平和儿童概括发展的水平，及时地帮助儿童掌握概念系统，并使儿童的概念系统日益丰富、广阔而深刻，使他们的智力活动从孤立、片面日益向精确、全面而系统化的方向发展。

① 林崇德:《小学儿童数概念与运算能力发展的研究》,《心理学报》1981 年第 3 期。

四、小学儿童推理能力的发展

所谓抽象逻辑思维，就是正确地掌握概念，并运用概念组成恰当的判断，进行合乎逻辑的推理的思维活动。推理是由一个判断或许多判断推出一个新的判断的思维过程。比较完善的逻辑推理能力是儿童智力发展的重要环节和主要标志。

小学儿童的推理能力，是随着儿童掌握比较复杂的知识经验和语法结构而逐渐发展起来的。董奇、林崇德基于全国代表性数据的研究结果发现，儿童和青少年的推理能力在11岁之前随着年龄的增长而逐步提高，11岁以后发展变缓（董奇、林崇德，2011）。

（一）直接推理

小学儿童首先掌握的是比较简单的直接推理。直接推理是由一个前提本身引出某一结论的推理。

有关研究表明:（1）小学儿童直接推理能力的发展有三个阶段，一、二年级为一个阶段，三、四年级为一个阶段，五年级为另一个阶段，四、五年级之间有一个思维发展的加速期;（2）儿童掌握三种不同形式的直接推理不是同步的，依次为换位—换质—换质位;（3）以不同类型的判断为前提的直接推理成绩不同，特称判断的成绩高于全称判断的成绩，肯定判断的成绩高于否定判断的成绩。

近年来，关于儿童的直接推理能力及策略发展的研究有以下发现。（1）6岁和7岁儿童初步发展了语言条件下的直接推理能力，8岁儿童形成了这种能力。从6岁到8岁，儿童的这种推理能力随年龄的增长而迅速提高。（2）否定前提和肯定前提没有给儿童的直接推理造成影响，反义词的转换也没有增加任务的推理难度。（3）从6岁到8岁，儿童的有效生成能力和使用能力都在明显提高。6岁、7岁儿童在直接推理时有效策略和无效策略并存，但几乎所有的8岁儿童都使用了“重复或解释前提”这一有效策略。①

（二）间接推理

在教学过程中，儿童需要间接推理。间接推理是由几个前提推出某一结论的

① 毕鸿燕、彭聃龄、于海霞:《儿童的直接推理能力及策略的发展》,《心理学报》2004年第5期。

推理。

幼儿只能在一些有限的、熟悉的事物范围内，不很自觉地运用演绎推理和归纳推理。在教学的影响下，小学儿童逐渐在较广泛的知识范围内学会从一般（如规则、公式）到特殊（如具体事例）、从特殊到一般、从特殊到特殊，比较自觉地掌握了演绎推理、归纳推理和类比推理。

儿童推理能力的发展存在显著的个体差异。研究者比较普通儿童和数学成绩优异的儿童，发现：普通组儿童有关推理能力已有初步发展，但推理过程仍经常受具体内容的束缚；数学成绩优异组儿童假设思维和演绎推理能力协调发展，“形式”从“内容”的束缚中解放出来，推理思维活动能较好地符合有关逻辑规则。①

对 3~11 岁儿童的类比推理研究发现：4~5 岁儿童开始能进行类比推理；6~7 岁儿童进行类比推理的依据主要是外在特征相像；8~9 岁儿童能完成半数以上的类比推理任务，类比推理的依据更多地转向事物之间的关系；10~11 岁儿童的类比推理水平较高，已经较为稳定地以事物之间的关系为依据。②

对小学儿童一维空间方位传递性推理能力的研究发现，7~11 岁各年龄组儿童的传递性推理能力随年龄的增长而提高，7~9 岁和 9~11 岁是儿童推理能力飞跃发展的阶段。③

对小学生日常生活事件时间关系的推理能力的研究发现，儿童对事件时间顺序关系的推理从 7 岁到 9 岁有快速发展的趋势。④

对儿童归纳推理发展的有关研究表明，初入学的儿童能在所理解的事物或现

---

① 方富熹、唐洪、刘彭芝:《12 岁儿童充分条件假言推理能力发展的个体差异研究》,《心理学报》2000 年第 3 期。

② 费广洪、王淑娟:《3~11 岁儿童类比推理发展的研究》,《心理学探新》2014 年第 6 期。

③ 毕鸿燕、方格、于海霞:《小学儿童在不同刺激材料中的左右空间方位传递性推理能力及策略分析》,《心理发展与教育》2003 年第 4 期。

④ 方格、田学红:《小学儿童对日常生活事件时间关系推理能力的初探》,《心理学报》2002 年第 6 期。

象的范围内确定某一事物或现象的因果联系。如果要求儿童从许多类似的个别事物或现象的因果联系中，运用归纳推理的方法，找出一般规律和定理，他们常常不能抓住本质联系，不能从许多特殊中概括出一般。在教学的影响下，随着知识经验的增长，中、高年级儿童的归纳推理能力迅速发展。

归纳推理和演绎推理是互相联系、密不可分的。有研究者根据推理的发生范围、步骤、正确性、抽象概括性四项指标，把小学儿童运算中归纳推理能力和演绎推理能力的发展分为四级水平。① 归纳推理能力的四级水平为：算术运算中直接归纳推理、简单文字运算中直接归纳推理、算术运算中间接归纳推理、初步代数式的间接归纳推理。演绎推理能力的四级水平为：简单原理、法则直接具体化的运算；简单原理、法则直接以字母具体化的运算；以算术原理、法则和公式为大前提，合乎逻辑地进行多步演绎和具体化，得出正确的结论，完成算术习题；以初等代数或几何原理为大前提，进行多步演绎推理，得出正确的结论，完成代数或几何习题。

小学儿童推理能力的发展趋势表现为：第一，小学儿童的归纳和演绎两种推理能力的发展既存在着年龄差异，又表现出个体差异；第二，随着年龄的增长，小学儿童推理的抽象程度也在加大，推理的步骤愈加简练，推理的正确性、合理性和推理品质的逻辑性和自觉性也在加强；第三，在运算能力的发展中，小学儿童掌握归纳和演绎两种推理形式的趋势和水平是相近的。

在小学儿童掌握思维规则的研究中，研究者以杠杆装置模型图为器材，测定小学儿童概括杠杆平衡的条件，获得了以下研究结论。②

（1）小学儿童在解决杠杆平衡问题时，其思维活动受一定规则的支配。

（2）小学儿童的思维规则随年龄的增长而发展变化。其发展总趋势是：由简单到复杂，由单因素到多因素，由不正确到逐渐接近正确，由极低水平的定性定量到较高水平的定性定量再上升到更高水平的定性定量。此外，各年级儿童存在

① 林崇德:《小学儿童数概念与运算能力发展的研究》,《心理学报》1981 年第 3 期。

② 董奇:《小学儿童思维规则发展的实验研究》,《心理发展与教育》1985 年第 3 期。

的思维规则的种类多少不同，处于各规则的人数多少不同，各规则出现和消亡的时间不同，各规则发展变化的模式不同（有下降、上升和升降三种），各规则的发展是并行式而非接替式的。

（3）小学儿童的思维规则随年级的升高而以渐进形式稳定地由低级水平向高级水平发展，不存在发展的加速期；每经过三年，儿童的思维规则就发生显著的变化；在整个小学时期，儿童思维规则的发展存在三个层次，与之对应的年级是一年级、三年级和六年级。

从上述的小学儿童各种间接推理发展的趋势，可以看到小学儿童的抽象思维在全面地发展着，并逐渐成为他们思维的主要形式。

儿童知识经验的增长、语言能力的不断提高，以及教学的有效指导，是促进小学儿童推理能力迅速发展的重要原因。

五、小学儿童思维品质的发展特点

思维品质是思维发生发展过程中所表现出来的个性差异。换言之，思维品质体现了个体思维的水平和能力的差异，因此，培养儿童的思维品质是发展其思维与能力的突破口。

思维品质主要包括敏捷性、灵活性、深刻性、独创性和批判性五个方面。

对小学儿童在运算过程中思维品质的发展特点的研究，揭示了小学儿童的敏捷性、灵活性、深刻性和独创性这四个思维品质的发展趋势。

（一）小学儿童思维敏捷性的发展

研究发现，小学儿童的思维敏捷性是不断发展的，表现为运算速度不断提高，运算能力产生明显的分化。

儿童思维的敏捷性是可以培养的，合理的教学与要求可以适当地加快思维敏捷性发展的进程。

儿童思维的敏捷性依赖于一系列的条件。儿童的知识结构、技能技巧及思维结构，以及思维客体的难易程度等都会直接影响思维的敏捷程度。

（二）小学儿童思维灵活性的发展

小学儿童在运算过程中思维灵活性的发展表现在三个方面。一是一题多解的解题数量在增加。小学儿童的智力活动水平在不断提高，分析、综合的思路逐步开阔了，因此他们逐渐能产生较多的思维起点，促使他们在运算中解题数量越来越多。二是灵活解题的精细性在增加。儿童不仅能做到一题多解，而且可以做到解题正确，逐步能抓住问题的本质，根据思维对象、材料的特征和类型去加以灵活运算。三是儿童的组合分析水平在不断提高。

小学儿童的思维灵活性稳步发展，随着年级的升高，儿童思维灵活程度的差异越来越明显。

（三）小学儿童思维深刻性的发展

小学儿童在运算过程中思维深刻性不断发展。首先，儿童寻找“标准量”的水平逐步提高，推理的间接性不断增强。研究发现，小学儿童在解答应用题时，寻找“标准量”的水平可分为三个等级:（1）不会寻找，或寻找不准;（2）能够找出两步或三步应用题的“标准量”;（3）能够找出多步应用题的“标准量”，且能扩大步骤，综合列式。其次，小学儿童不断掌握运算法则，认识事物数量变化的规律性。小学阶段掌握运算法则也有三级水平:（1）在数学习题中运用运算法则;（2）在简单文字习题中运用运算法则;（3）在代数式和几何演算中运用运算法则。再次，小学儿童不断提出“假设”，独立自编应用题的抽象逻辑性在逐步发展。最后，三、四年级是小学儿童在运算中思维深刻性发展的一个转折点。

（四）小学儿童思维独创性的发展

小学儿童在运算过程中思维独创性的发展表现在两个方面。

1. 从对具体形象材料的加工发展到对语词抽象材料的加工

通过分析小学儿童自编应用题的水平，研究者发现小学儿童自编应用题的能力落后于解答应用题的能力。在小学阶段，儿童根据直观实物编题与根据具体形象编题的数量之间无显著差异，而根据具体形象编题与根据数字材料编题的数量之间却存在着显著差异。研究发现，四年级是思维独创性发展的一个转折点。

2. 先模仿，经过半独立性的过渡，最后发展到独创性

小学儿童自编应用题，一般是从仿照书本例题开始，从模仿入手，经过补充应用题的问题和条件，有一个半独立性的过渡，逐步地发展为独立地编拟各类应用题。但即使到了小学高年级，儿童完成较复杂的编拟应用题的任务还有一定困难。

在正常的教学条件下，三年级是从模仿编题到半独立编题的一个转折点，四年级是从半独立编题到独立编题的一个转折点。

综上所述，小学儿童思维品质的发展存在着明显的年龄特征。思维品质是统一的整体，其发展存在着一致性，而思维品质的不同成分的发展又存在各自的年龄特征。一般来说，小学儿童思维的敏捷性和灵活性是稳步发展的，在小学阶段，儿童运算过程中的思维敏捷性和灵活性没有出现“突变”或“转折点”。思维的敏捷性往往易变化，不稳定，其年龄特征更易表现出可变性。思维的灵活性则相对较稳定，在发展中其表现形式也比敏捷性丰富。小学儿童思维的深刻性，既表现出不断发展的趋势，又有一个三、四年级的转折或关键期。小学儿童思维独创性的发展比其他思维品质的发展要晚，要复杂，涉及的因素要多。在教育中，我们既不能忽视小学儿童思维独创性的发展与培养，也不能过高地估计他们思维独创性的水平。

第三节　小学儿童个性和社会性的发展

在新的社会生活中，新的要求、新的环境、新的交往关系都促使小学儿童进一步加深对自我、对他人的认识和了解，使其个性和社会性有了新的发展。

一、小学儿童的自我意识

自我意识的发展过程是个体不断社会化的过程，也是个性特征形成的过程。自我意识的成熟往往标志着个性的基本形成。在小学时期，儿童的自我意识正处于所谓的客观化时期，是获得社会自我的时期。在这一阶段，个体显著地受社会文化影响，是角色意识建立的最重要时期。角色意识的建立，标志着儿童的社会自我观念趋于形成。

我国心理学家通过问卷调查，发现小学儿童自我意识的发展表现出如下趋势:(1)一年级到三年级处于上升期，一年级到二年级的上升幅度最大，是上升期中的主要发展时期;(2)三年级到五年级处于平稳阶段，年级间无显著差异;(3)五年级到六年级处于第二个上升期。①

随着小学儿童抽象逻辑思维的逐渐发展和辩证思维的初步发展，他们的自我意识更加深刻。他们不仅摆脱对外部控制的依赖，逐渐发展了内化的行为准则来监督、调节、控制自己的行为，而且开始从对自己的表面行为的认识、评价转向对自己内部品质的更深入的评价。

可见，小学儿童自我意识的发展是随着年龄的增长从低水平向高水平发展的。在整个小学时期，儿童的自我意识不断发展，但不是直线的、等速的，既有上升的时期，又有平稳发展的时期。

(一)自我概念的发展特点

自我概念是个人心目中对自己的印象，包括对自己存在的认识，以及对个人身体能力、性格、态度、思想等方面的认识，是由一系列态度、信念和价值标准所组成的有组织的认知结构。自我概念把一个人的各种特殊习惯、能力、观念、思想和情感组织联结在一起，贯穿于经验和行为的一切方面。

自我概念在儿童发展的多方面有重要的作用，积极自我概念的养成在儿童教育目标中具有特殊地位，自我概念的发展是儿童社会性发展的核心构成部分。②一项对三至十一年级儿童的追踪研究，采用多水平模型验证了不同性别儿童自我概念的变化。③

小学儿童的自我描述反映其对自我的认识。一些研究发现，小学儿童的自

① 韩进之等:《中国儿童青少年自我意识发展与教育》，见朱智贤主编《中国儿童青少年心理发展与教育》，中国卓越出版公司 1990 年版，第 448 页。

② 金盛华:《自我概念及其发展》,《北京师范大学学报(社会科学版)》1996 年第 1 期。

③ Cole, D. A., Maxwell, S. E., Martin, J. M., Peeke, L. G., Seroczynski, A. D., Tram, J. M., et al. (2001).The development of multiple domains of child and adolescent self-concept: A cohort sequential longitudinal design. *Child Development, 72*(6), 1723-1746.

我描述是从比较具体的外部特征的描述向比较抽象的心理术语的描述发展。如回答“我是谁”这样一个问题时，小学低年级儿童往往提到姓名、年龄、性别、家庭住址、身体特征、活动特征等方面，而到小学高年级，儿童则开始试图根据品质、人际关系以及动机等特点来描述自己。但即使到小学高年级，儿童对自己的认识仍带有很大的具体性和绝对性。对小学高年级儿童自我认识的研究发现：四至六年级儿童自我认识的积极程度表现出随着年级的升高而下降的趋势；城市儿童的自我认识得分高于县镇和农村儿童；发达地区和中等发达地区儿童的自我认识得分高于欠发达地区儿童（董奇、林崇德，2011）。

自我概念是在经验积累的基础上发展起来的。最初它是对个人的和才能的简单抽象认识，随着年龄的增长而逐渐复杂化，并逐渐形成社会的自我、学术的自我、身体的自我等不同的层次。哈特（Harter，1982）要求儿童在认知能力、社会能力、运动能力、普通的自我价值四个方面评价自己的能力。结果发现：第一，小学三年级儿童已能在喜欢或不喜欢的项目上认识自己。这表明儿童的自我情感在小学已能很好地建立起来。第二，儿童对其不同领域的能力做出重要区分，因此其自我评价依赖于情境。例如，一个儿童可能认为自己的运动能力较差，但学习能力较强。第三，儿童对自我的评价与教师评价、同伴评价相一致。这表明，随着年龄的增长，儿童逐渐能较客观地评价自己。①

有人对小学高年级儿童的自我概念发展在量和质两方面进行了分析。结果认为，小学儿童自我概念的发展趋势视性别而定。女生开始关注自己的身体和相貌，同时性成熟使容貌和身材成为女生间重要的比较内容，她们注重在他人眼中的形象和表现，开始对身体的许多方面不满意。因此，女生的自我接受程度与自我谐和程度表现为随年龄的增长而渐减的趋势：年龄越大，自我接受度越弱，且真实自我符合理想自我的程度也越小。相反，男生身体迅速发育，运动能力的增强、性魅力的出现提高了他们的身体自我概念水平。因此，高年级男生身体自

① Harter, S.（1982）. The perceived competence scale for children. *Child Development, 53*（1）, 87–97.

我概念水平明显高于女生。①② 另有研究表明，父母和教师对孩子数学能力的评估是有性别偏见的，这种偏见会进而影响孩子对数学的态度和数学能力，也就是说，父母和教师对儿童能力的评价对儿童自我概念的形成有明显的影响。③

不同群体儿童的自我概念发展存在显著差异。例如，再婚家庭儿童与完整家庭儿童的自我概念发展存在显著差异。其中，在同伴关系、亲子关系、阅读、数学、一般学校表现、总体非学术、总体学术和总体自我八个方面，再婚家庭儿童均明显差于完整家庭儿童，在运动能力、生理外貌以及自我的一般性看法上没有显著差异。④ 学习不良儿童与一般儿童在自我概念各个维度上均存在显著差异。学习不良儿童自我调节总体水平较差；同时，学习不良的女生在自我概念的发展上优于男生。⑤

（二）自我评价的发展特点

自我评价能力是自我意识发展的主要成分和主要标志，是在分析和评论自己的行为和活动的基础上形成的。大量研究证明，自我评价能力在学前期就已经产生了。

进入小学以后，儿童能进行评价的对象、内容和范围都进一步扩大，其自我评价能力进一步发展起来。（1）从顺从别人的评价发展到有一定独立见解的评价，自我评价的独立性随年级升高而提高。儿童逐步减轻对他人评价的依赖

---

① 杨国枢：《小学与初中学生自我概念的发展及其相关因素》，见杨国枢、张春兴编著《中国儿童行为的发展》，环宇出版社 1984 年版。

② Jackson, L. A., von Eye, A., Fitzgerald, H. E., Zhao, Y., & Witt, E. A.（2010）. Self-concept, self-esteem, gender, race and information technology use. *Computers in Human Behavior, 26*（3）, 323–328.

③ Gunderson, E. A., Ramirez, G., Levine, S. C., & Beilock, S. L.（2012）. The role of parents and teachers in the development of gender-related math attitudes. *Sex Roles, 66*（3–4）, 153–166.

④ 董奇、夏勇、王艳萍、林磊：《再婚家庭儿童自我概念发展的特点》，《心理发展与教育》1993 年第 2 期。

⑤ 俞国良、翁亚君：《10~15 岁学习不良儿童自我概念发展的研究》，《心理发展与教育》1996 年第 2 期。

性，独立地进行自我评价的能力在不断发展。（2）从比较笼统的评价发展到对自己个别方面或多方面行为的优缺点进行评价。（3）小学儿童开始出现对内心品质进行评价的初步倾向。值得注意的是，直到小学高年级，儿童所进行的抽象性评价（如我认为一个好学生应该有爱国主义和集体主义精神，有远大理想和抱负，能分清真善美和假恶丑）和对内心世界的评价（如表里一致、谦虚、热情、诚实等）仍然不多。（4）在整个小学阶段，儿童的自我评价处于由具体到抽象、由外显行为到内部世界的发展过程之中，儿童的抽象概括性评价和对内心世界的评价都在迅速发展。（5）小学儿童自我评价的稳定性逐渐增强。

哈特和巴丁（Harter & Buddin，1987）通过调查得出了以下几点结论：

（1）儿童至少从五个重要而各自独立的领域来直接评价自己：学业成绩、运动能力、社会接纳性、身体外表、行为表现。

（2）儿童对自我价值的评价可以反映出他们的能力和抱负与志向之间的差异。同时，他人对儿童的态度对其自我评价有直接而重要的影响。

（3）对每个儿童来说，上述五个领域的重要性并不是相等的，因而各领域能力的高低对儿童的影响程度是不相同的。身体外表对小学儿童是一个最为重要的因素，而行为表现则是最不重要的。

（4）某些社会支持因素起着更为重要的作用。对小学儿童来说，对自我评价最重要的支持因素是父母和同学，而不是朋友和教师。

（5）对自我价值的评价与情感有密切的联系。喜欢自己的小学儿童是最快乐的，对自己评价不高的儿童经常产生悲哀、沮丧等消极情绪。情感评价分数的高低与自我评价分数的高低有正相关。①

戴蒙和哈特（Damon & Hart，1982）认为，小学儿童的自我意识系统包括四个自我的范畴，即身体的自我、活动的自我、社会的自我和心理的自我。儿童关于这四个方面的认识是其能力感的基础。小学时期的成败经验与成年后的自信心有关，小学儿童的自我评价与学业经验的关系比与非学术活动的关系更为

① Harter, S., & Buddin, B.(1987). Children’s understand-mental trends in the social self. In J. Suls (Ed.), *Psychological perspectives of the self*. Hillsdale, NJ: Erlbaum.

密切。①

自我评价与儿童的交往也有相关。有的研究结果认为，高自我评价的男孩更富创造性，能更快地被社会团体所接受并成为领导者，他们更为自信、坦率，愿意表达自己的意见，善于接受批评，学业成绩也较好，而低自我评价的男孩往往比较孤独，有不良的行为习惯，学习成绩不好。

（三）自我体验的发展特点

自我体验主要是自我意识中的情感问题，包括对自己所产生的各种情绪情感的体验。一般来说，愉快感和愤怒感发生较早，自尊感、羞愧感和委屈感发生较晚。

研究指出，自我体验的发展与自我意识的发展总趋势比较一致。在小学阶段，自我体验与自我评价的发展具有很高的一致性。可见，在这个时期，自我情绪体验的发展与自我认识、自我评价发展密切相关。随着儿童理性认识的增加和提高，他们的情绪体验也逐步深刻。

自我体验的一个表现形式即儿童的自尊心。自尊心强的儿童往往对自己的评价比较积极，相反，缺乏自尊心的儿童往往自暴自弃。

二、小学儿童的社会性认知

所谓社会性认知，是指对自己和他人的观点、情绪、思想、动机的认知，以及对社会关系和对集体组织间关系的认知，与认知能力发展相适应。儿童对物质世界的理解是随年龄增长而不断发展的，儿童对社会的认识也表现出同样的趋势。

如前所述，小学儿童自我意识的发展是从具体的、片面的认识向抽象的、较为全面的认识过渡。与此同时，随着儿童认知中的自我中心成分的逐渐减少，儿童对他人的认识也逐渐趋于客观和深刻。

学前儿童受自我中心的限制，尽管能区分自己与他人，但仍然认为他人对

① Damon, W., & Hart, D. (1982). The development of self understanding from infancy through adolescence. *Child Development, 53* (4), 841-864.

世界的看法和自己相同。随着社会交往经验的日益增多，小学儿童逐渐注意到他人与自己对世界的认识和反应是不同的，开始认识到他人不仅有与自己不同的思维和情感，而且在相同情况下可能有不同的反应，儿童开始理解他人行动的目的性。

许多研究表明，儿童的社会性认知发展具有如下几个趋势：（1）从表面到内部，即从对外部特征的注意到对更深刻的品质特征的注意；（2）从简单到复杂，即从看到问题的某个方面到多方面、多维度地看待问题；（3）从呆板的思维到灵活的思维；（4）从对个人及即时事件的关心到关心他人利益和长远利益；（5）从具体思维到抽象思维；（6）从弥散性的、间断性的想法到系统的、有组织的综合性的思想。

（一）角色采择能力

在小学儿童认识、理解他人的行为过程中，角色采择能力的发展起着重要的作用。所谓角色采择能力，也称观点采择能力，是指儿童采取他人的观点来理解他人的思想与情感的一种认知技能。在小学时期，儿童的角色采择能力有了显著的发展。

塞尔曼（Selman，1980）认为，儿童的角色采择能力的发展表现出五个阶段。

阶段 0：自我中心的或无差别的观点（3~6 岁）。儿童不能认识到他人的观点与自己不同，因而往往根据自己的经验来做出反应。

阶段 1：社会—信息角色采择（6~8 岁）。儿童开始意识到他人有不同的观点，但不能理解这种差异的原因。认为他人所做的即是其所想的，而不能了解他人行动前的思想。

阶段 2：自我反省角色采择（8~10 岁）。儿童逐渐认识到即使得到相同的信息，自己和他人的观点也可能会有冲突。儿童已能考虑他人的观点，并预期他人的行为反应，但还不能同时考虑自己和他人的观点。

阶段 3：相互角色采择（10~12 岁）。儿童能考虑自己和他人的观点，并认识到他人也可能这样做，能够以一个客观的旁观者的身份来解释和反应。

阶段 4：社会和习俗系统的角色替换（12~15 岁）。儿童开始运用社会系统和信息来分析、比较、评价自己和他人的观点。

显然，塞尔曼所提出的角色采择能力的发展阶段与皮亚杰的认知发展阶段密切相关。

张文新、林崇德采用经过标准化处理的观点采择故事，考察了幼儿园大班和小学二、四、六年级儿童的社会观点采择能力。结果表明：6岁左右的儿童开始初步克服认识上的自我中心主义，能够初步认识到个人对于某一事件的观点取决于其所得到的特定信息，但在准确推断他人观点方面还存在着较大困难；6~10岁为儿童社会观点采择能力快速发展的时期，10岁儿童已经能够根据有关信息准确推断他人的观点，基本具备了社会观点采择能力；10岁以后，儿童的社会观点采择能力处于一个相对较稳定的阶段，发展速度相对减慢。① 研究者对儿童社会观点采择的结构进行了探讨，发现儿童社会观点采择包含认知观点采择和情感观点采择两种亚类型。儿童认知观点采择能力和情感观点采择能力的发展趋势基本一致，但后者的发展水平显著地落后于前者。②

情绪理解力中的对他人情绪的理解是小学儿童情感观点采择能力的一个重要方面。关于小学儿童情绪理解力发展的研究表明：7~11岁儿童在不同层次情绪理解的发展上存在差异，7岁时在面部表情的识别、情绪原因的理解、基于记忆的情绪理解、基于信念的情绪理解上处于较高水平，而在情绪调节、混合情绪和道德情绪的理解上则相对处于较低水平；8岁可能是混合情绪理解和道德情绪理解发展的关键期；10岁和11岁儿童在道德情绪理解任务上的得分显著高于7岁和8岁儿童。③ 另有研究表明：大部分小学儿童能够借助情绪类型和情绪成分理解情绪概念，儿童提名的一般情绪词平均为3~4个，女生提名的数量显著多于男生；儿童识别他人情绪的线索主要是表情、言语及副言语和身体动作；儿童对积极情绪的理解具有社交性和亲社会性的特点，对消极情绪的理解具有攻击性和消

① 张文新、林崇德：《儿童社会观点采择的发展及其与同伴互动关系的研究》，《心理学报》1999年第4期。

② 张文新、郑金香：《儿童社会观点采择的发展及其子类型间的差异的研究》，《心理科学》1999年第2期。

③ 马伟娜、姚雨佳、曹亮：《学龄儿童不同层次情绪理解的发展及其与同伴接纳的关系》，《心理科学》2011年第6期。

极破坏性的特点；儿童对自己和他人情绪隐藏能力的理解存在明显差异，认为自己的情绪隐藏能力高于他人。①

角色采择能力是随年龄增长而发展的，是与儿童社会经验有关的认知发展的技能。有些儿童的角色采择能力低于同龄人，这是其产生过失行为或不良行为的一个影响因素。训练在一定程度上可以提高儿童的角色采择能力。一项研究针对小学低年级学生社会观点采择的特点编制了一套心理活动课程，并实施了为期半年的干预。活动课程包括合作活动训练、认知训练、情感训练等，主要采用角色扮演技术、移情训练技术，综合采用讲故事、做游戏、多媒体教学等方法。经过半年干预训练，实验班在认知取向的移情、情感取向的移情和总的情感观点采择能力方面均有极为显著的提高，而对照班在各方面与半年前相比无显著的差异。②

（二）对社会关系的认识

儿童对他人的认识首先是了解其外部的、具体的特征，如姓名、身体特征、财产及公开的行为。7 岁以下的儿童通常处于这个水平。他们也通常使用普通的评价词，如“好”“坏”“一般”等。从 8 岁开始，儿童逐渐增加使用描述行为特征、心理品质、信仰、价值和态度的抽象形容词。儿童开始较少局限在人们的外表方面，越来越能抽取不同时间和场合下的行动规律，推论他人行为的动机。在 12~14 岁，儿童的描述较少考虑自己与他人的关系，更多地使用限定词，如“有时”“常常”等，表明他们开始理解人的特质不是绝对的、不变的。

儿童对他人行为的归因往往受情境因素和人格品质的影响。5~6 岁的儿童在考虑他人的行为原因时开始同时考虑这两个因素，但给予这两类原因的比重在变化。成人和较大的儿童则往往将他人的行为归于稳定的品质因素，而把自己的行为归于情境因素。

在小学时期，儿童开始根据他人的行为来了解其观点，并进行评判。随着自我意识的加强，儿童更加关心他人对自己的看法。

---

① 寇彧、倪霞玲、徐华女、马会萍:《小学中高年级儿童情绪理解力的特点研究》,《心理科学》2006 年第 4 期。

② 林彬、程利国、李其维、吴昌旭:《儿童社会观点采择能力发展的干预研究》,《心理科学》2003 年第 6 期。

儿童的友谊概念反映了儿童对社会关系的认识，主要反映了儿童对同伴关系的认识，这在儿童同伴关系的发展中可以看到。儿童对友谊特性的认知结构由五个维度组成，即个人交流和冲突解决、榜样和竞争、互相欣赏、共同活动和互相帮助、亲密交往。对友谊不同维度的认知发展趋势有很大的年龄差异，6~8岁儿童只能认识到友谊特性中一些外在的、行为的特征，以后才能逐渐认识到那些内在的、情感的特征。① 小学高年级儿童的好友群体逐渐趋于稳定，这样有助于他们从交往经验中形成对好友可信度的稳定期望，从而提高自身信任水平。②

儿童对权威关系的认识则更多地反映了儿童对成人—儿童关系的认识。儿童对父母的服从随着年龄的增长而有所变化，在不同的生活领域，儿童对父母权威的评价及服从有所不同。例如在道德方面，儿童认为父母规定具有至高的合理性，但在生活习惯和个人交友方面，认为父母是权威的儿童的人数明显下降。在每个领域，儿童对父母规定的听从率都高于对其合理性的评价，这反映了父母权威的强制性。③

大约在8岁，儿童出现了一种比较成熟的看法，认为权威是一种相互关系，应该服从权威人物，因为他对儿童有所帮助。到9岁，儿童认为服从权威基本上是自愿的和合作的，权威人物和地位低的人具有相同的权利，但前者对后者的幸福负有责任。到11或12岁时，儿童认为权威关系是完全合作性的，是由同意建立起来的，并和特殊的情境有关，在接受某人为权威时，除了需要考虑特殊的能力和知识外，还要考虑情境的要求。

三、小学儿童的人际关系

与幼儿相比，小学儿童的交往对象同样主要是父母、教师和同伴，但其交往关系、性质与幼儿有完全不同的特点。随着小学儿童独立性与批判性的不断增

① 李淑湘、陈会昌、陈英和:《6~15岁儿童对友谊特性的认知发展》,《心理学报》1997年第1期。

② 李庆功、周小梅、徐芬:《好友可信度与9~12岁儿童信任的关系及其发展》,《心理发展与教育》2013年第3期。

③ 张卫:《5~13岁儿童权威认知的发展研究》,《心理科学》1996年第2期。

长，他们从对父母、教师的依赖开始走向自主，从对成人权威的完全信服到开始表现富有批判性的怀疑和思考，与此同时，具有更加平等关系的同伴交往日益在儿童生活中占据重要地位，并对儿童的发展产生重大影响。有研究表明，随着儿童社会交往的发展，他们对维持交往的情境能够提出最有效而恰当的策略，言语沟通、提供利益和分享物品是小学儿童特别是低年级儿童维持交往的最主要策略。①

（一）亲子关系

进入小学以后，亲子关系发生了变化。随着年级的升高，儿童母子依恋安全性得分和对父母的信赖有显著下降，但仍然高于父子依恋。与亲子关系不良的儿童相比，与双亲建立双重安全型依恋的儿童在社会交往、友谊质量、学业成绩水平等方面获益最大。②③ 良好的亲子关系能够有效预测儿童较少的违纪、犯罪行为以及较低水平的抑郁、焦虑。④

亲子关系的变化主要表现在以下几个方面。

（1）父母与儿童的交往时间发生变化。一方面，儿童和父母待在一起的时间明显减少；另一方面，父母关注儿童的时间也有所减少。

（2）在小学时期，父母在儿童教养方面所处理的日常问题的类型发生了变化。在学前期，父母主要处理的是诸如儿童发脾气、打架等问题。当然，有些问题在小学时期依然存在（如打架），但也出现了许多新的更为复杂的问题，如父

---

① 周宗奎、林崇德:《小学儿童社交问题解决策略的发展研究》,《心理学报》1998 年第 3 期。

② 于海琴、周宗奎:《儿童的两种亲密人际关系：亲子依恋与友谊》,《心理科学》2004 年第 1 期。

③ El Nokali, N. E., Bachman, H. J., & Votruba-Drzal, E. (2010). Parent involvement and children's academic and social development in elementary school. *Child development, 81* (3), 988–1005.

④ Burk, W. J., & Laursen, B. (2010). Mother and adolescent reports of associations between child behavior problems and mother-child relationship qualities: Separating shared variance from individual variance. *Journal of Abnormal Child Psychology, 38* (5), 657–667.

母是否应该要求儿童做家务，是否应该给他们安排家务，是否应该监督儿童的友谊模式，是否鼓励儿童与特殊个体交往，应如何监控儿童在家庭之外的活动，父母和儿童如何处理情感关系的变化等。

（3）在小学期间，儿童与父母的冲突数量减少了。当冲突产生时，父母与儿童开始具有解决冲突的选择性模式。

（4）在纪律约束技术和控制过程方面，父母通常认为学龄儿童比学前儿童好控制一些，因为可以对他们采用推理的方式。

（5）父母对儿童的控制力量也在变化。研究表明，随着年龄的增长，儿童越来越多地自己做出决策。在儿童6岁以前，大部分重要决定由父母做出。儿童在6~12岁时，父母主要有三个职责：在一定距离内监督和引导儿童的行为；有效地利用与儿童直接交流的时间；加强儿童的自我监督行为（如解释行为标准，说明如何减少危害），让儿童学会何时寻求父母的指导。12岁以后，儿童自己做出更多的重要决定。

（二）同伴关系

同伴交往是儿童形成和发展个性特点、社会行为、价值观和态度的一个独特而主要的方式。同伴交往及其影响早在学前期就已经存在。进入小学以后，同伴交往的形式及特点都产生了新的变化。与幼儿相比，小学儿童相互交往频率更多，共同参加的社会活动也进一步增加，其社会交往也逐渐富有组织性。小学儿童的行为特征和社会认知是影响同伴交往的主要因素。在整个小学时期，儿童的社会认知能力得到发展，他们能更好地理解他人的动机和目的，能更好地对他人进行反馈，因而其同伴间的交流更加有效。

儿童对同伴交往的需要是逐渐建立的。儿童与同伴的交往随年龄的增长而增加。从婴儿期到青少年前期，儿童与其他儿童的交往稳步增加，而与成人的接触则相对减少。儿童更多地与同性别伙伴玩耍的趋势随年龄的增长而加强。

与幼儿的同伴交往相比，小学儿童的同伴交往有几个基本特点：（1）儿童与同伴交往的时间更多，交往形式更复杂；（2）儿童在同伴交往中传递信息的技能增强；（3）儿童更善于利用各种信息来决定自己对他人所采取的行动；（4）儿童更善于协调自己与其他儿童的活动；（5）儿童开始形成同伴团体。

1. 小学儿童的友谊

小学儿童同伴交往的一个重要特点是开始建立友谊，并对友谊这种特殊的人际关系有了进一步的认识。友谊是和亲近的同伴、同学等建立起来的特殊亲密关系，对儿童的发展有重要影响，它提供了儿童相互学习社会技能、交往、合作和自我控制的机会，提供了儿童体验情绪和进行认识活动的源泉，为以后的人际关系提供了基础。小学儿童很重视与同伴建立友谊。

儿童对友谊的认识是逐渐发展的。6~7 岁儿童认为朋友就是一起玩耍的伙伴；9~11 岁儿童强调相互同情和相互帮助，认为忠诚是朋友的重要特征，朋友关系应该是比较稳定的。儿童选择朋友的理由包括朋友的积极人格特点（如勇敢、善良或忠诚）及志趣是否相投。一般来说，儿童对其朋友的特征非常了解。儿童先认识同伴与自己的相似性，大约 4 岁以后的儿童都能非常准确地说出自己与同伴之间的相似性，而认识朋友与自己的相异之处则要在 9 岁以后才能达到。

友谊是安全感或社会支持的重要源泉，在人际交往中可以减轻儿童的情感压力和应对反应。① 友谊的质量影响儿童的适应和发展。研究表明，在青春前期建立了友谊的儿童在成年后有更多的优势，如积极健康的心理、很强的自我价值感、与配偶亲密牢靠的关系等。②

塞尔曼（Selman，1980）曾提出儿童友谊发展有以下几个阶段。③

第一阶段（3~7 岁），儿童还没有形成友谊的概念。儿童间的关系只是短暂的游戏同伴关系。对这个阶段的儿童来说，朋友往往与实利和物质属性及邻近性

① Burgess, K. B., Wojslawowicz, J. C., Rubin, K. H., Rose-Krasnor, L., & Booth-LaForce, C. (2006). Social information processing and coping strategies of shy/withdrawn and aggressive children: Does friendship matter? *Child Development, 77*(2), 371-383.

② Bagwell, C. L., Newcomb, A. F., & Bukowski, W. M. (1998). Preadolescent friendship and peer rejection as predicatiors of adult adjustment. *Child Development, 69*(1), 140-153.

③ Selman, R. L. (1980). *The growth of interpersonal understanding: Developmental and clinical analyses*. NewYork: Academic Press.

相联系。这个时期的友谊还很不稳定。

第二阶段（4~9 岁），单向帮助阶段。这个时期的儿童要求朋友能够服从自己的愿望和要求。如果顺从自己，就是朋友；否则，就不是朋友。

第三阶段（6~12 岁），双向帮助，但不能共患难的合作阶段。儿童对友谊的交互性有了一定的了解，但仍具有明显的功利性特点。

第四阶段（9~15 岁），亲密的共享阶段。儿童发展了朋友的概念，认为朋友之间可以相互分享，朋友要互相保持信任和忠诚，甘苦与共。他们开始从品质方面来描述朋友，认为自己与朋友的共同兴趣也是友谊的基础。儿童的友谊开始具有一定的稳定性。儿童出于共享和双方利益的目的而与他人建立友谊。在这种友谊关系中，朋友之间可以倾诉秘密，讨论、制订计划，互相帮助，解决问题。但这一时期的友谊有强烈的排他性和独占性。

第五阶段（12 岁开始），友谊发展的最高阶段。

在交往活动中，有的儿童更善于结交朋友，心理学家认为，这可能与其社会认知发展水平较高有关。与同伴的交往促使儿童发展角色采择能力，而较高的角色采择能力又有助于儿童建立良好的交往关系。角色采择能力较高的儿童更社会化，更受同伴欢迎，更善于与他人建立亲密的友谊。

同伴交往，尤其是更为亲密的友谊的建立，使儿童之间的相互影响日益增强。这种影响是通过同伴的强化和榜样作用而实现的。同伴往往是儿童的榜样，他们模仿、学习榜样的行为。班杜拉（Bandura，1972）认为，至少有三种不同的原因使得榜样能够影响儿童的行为：一是通过观察榜样的行为方式，儿童学会了这种行为方式；二是通过榜样，儿童了解采取某种行为方式可能产生的后果；三是榜样可为儿童提示在陌生环境中所能采取的行为方式。①

2. 小学儿童的同伴团体

小学儿童已经有了明显的群体认同。小学时期是开始建立同伴团体的时期，因而也称为“帮团时期”。同伴团体之所以会产生，是由人的社会性决定的。人

---

① Bandura, A.（1972）. Modeling theory: Some traditions, trends and disputes. In R. D. Parke（Ed.）, *Recent trends in social learning theory*. NewYork: Academic Press.

是社会性动物，是社会群体的一分子，具有交往与归属的需要。儿童的同伴团体能满足儿童交往与归属的需要，在促进儿童社会化过程中有重要作用。

社会心理学家认为同伴团体有这样几个特点：（1）在一定规则基础上进行相互交往；（2）限制其成员的归属感；（3）具有明确或暗含的行为标准；（4）发展了使成员朝向完成共同目标而一起工作的组织。

同伴团体对儿童的影响表现在两个方面。（1）提供了学习与同龄伙伴交往的机会。在团体活动中，相互交往技能进一步扩展和提高，儿童学习处理各种关系中的社会问题，学会按照同伴团体的标准来建立适宜的反应模式。（2）提供了形成和评价自我概念的机会。同伴的反应和同伴的拒绝与接受使儿童对自己有了更清楚的认识。

儿童的同伴团体可能结构松散，也可能结构严谨，一般可分为两大类，即有组织的集体和自发的团体。有组织的集体一般是在学校或其他组织的帮助下形成的。小学儿童的集体就是班集体。集体具有下列特点。第一，集体具有明确的共同目标，以及由此而产生的共同行为。每个集体成员都是为共同目标而行动着，因而相互关心，相互督促。第二，集体具有统一的领导。第三，集体有共同的纪律，每个成员都要使自己的意志服从集体的意志，使自己的利益服从集体的利益。第四，集体具有共同的舆论。舆论是集体形成的重要标志，监督着每个集体成员是否按集体的预定目标行动。

刚入学的儿童还没有形成真正的集体关系和集体生活，还没有形成集体意识。在教师的正确指导下，到一年级下学期，儿童初步形成集体关系和集体意识。小学二年级儿童已能明确意识到自己是班集体中的一名成员，能逐步把集体的要求转变为自己的要求，把班集体的荣誉当作自己的荣誉，服从集体的要求，完成集体所交给的任务。在这个时期，班集体内部成员也逐渐分化，一部分各方面能力较强的儿童开始崭露头角，成为班上各项活动的积极分子，逐步成为集体的重要支柱和教师的得力助手，另一部分儿童则成为班里的基本群众。这就使小学儿童的班集体在组织和纪律上得到巩固和加强，形成真正的集体。随着小学中、高年级儿童的集体活动范围日益扩大，他们的集体意识日益提高，初步懂得集体利益与个人利益的关系，并能自觉服从集体，维护集体利益。对小学儿童集体观念发展的研究发现：在行为结果不变的条件下，一年级儿童已能分辨出为集体和为个人的行为动机，而且都未把个人的行为动机看得高于集体的行为动机；随着年龄的增长，小学儿童选择为集体的行为动机的人数比例逐年增加。这说明，小学儿童在教育的影响下已形成较强的集体意识。

自发团体的组织结构通常是松散的，形式是多样的，可能是有组织的集体的补充，也可能是集体的对立面。按社会倾向性不同，自发团体可分为几类：（1）亲社会团体，社会上予以肯定的，如学雷锋活动小组、社会公益服务小组等，有益于培养儿童良好的道德品质；（2）非社会团体，置身于基本的社会问题之外、建立在共同的娱乐活动基础上，如各种兴趣小组；（3）反社会团体，社会上予以否定的，虽然也和娱乐交往联系在一起，但是以危害社会为目的，如偷窃集团、流氓团伙等。

一般来说，同伴团体的形成有一个过程。在学前期，儿童基本上还没有形成同伴团体。在小学低年级，儿童的同伴团体往往是非正式的，通常是由儿童自发形成的，同伴交往缺乏正式的规则，团体成员经常变换。从中、高年级起，同伴团体的组织结构更加完善，同伴团体的压力日益显著，开始对儿童产生深刻的影响。

无论是有组织的集体还是自发形成的团体，都会对儿童的个性品质产生重要影响。这种影响主要是通过集体的舆论而实现的。如果儿童能遵守团体的规则，其行为符合团体的标准，则往往得到同伴的好评和尊重；相反，则受到团体的指责与批评。因此，儿童为了获得在团体中的地位就必须遵守一定的准则。与此同时，自己在团体中的地位、团体成员对自己的评价等对其自我概念的形成也起很大的作用。

同伴接纳是同伴关系的一种形式，反映了群体对个体的态度。同伴接纳水平是影响同伴团体形成的重要因素。在与同伴的交往过程中，儿童的社会行为、学业成绩、社交策略以及教师接纳是影响其同伴接纳的主要因素。①② 一般来说，

① 程利国、高翔：《影响小学生同伴接纳因素的研究》，《心理发展与教育》2003 年第 2 期。

② 穆岩、苏彦捷：《10~12 岁儿童的同伴接纳类型与社交策略》，《心理发展与教育》2005 年第 2 期。

在同伴群体中有受欢迎的、被忽视的和被拒绝的几类儿童。受欢迎的儿童往往是安静的、随和的、友好的，能够成功发起和维持交往，友好解决冲突，有较多的亲社会行为，较少破坏和攻击行为。被忽视的儿童往往害羞或退缩，不善言谈，较少尝试进入同伴群体，也较少让别人注意自己。被拒绝—攻击的儿童常常狂妄自大，喜欢捣乱，经常利用武力挑衅，其亲社会行为水平较低。被拒绝—退缩的儿童一般很害羞，有许多不成熟的行为，对同伴群体的任何批评都表现出敌意。

（三）师生关系

小学儿童与教师的关系是一种重要的人际关系。与幼儿园的教师相比，小学教师更为严格，既引导儿童学习、掌握各种科学知识与社会技能，又监督和评价学生的学业、品行。与中学教师相比，小学教师的关心帮助更加具体而细致，小学教师在学生心目中更具有权威性。由于小学师生关系的特殊性，小学教师对儿童的影响是重大而深远的。良好的师生关系有助于小学儿童的积极发展。研究发现，师生关系对小学生创造性思维、创新效能感均有显著的正向预测作用，积极的师生关系能够通过创新效能感促进小学生的创造性思维。①

随着年龄的增长，儿童的交往观念、交往行为都在发生变化。对三至六年级小学生师生关系特点的研究发现：小学生的师生关系具有亲密性、反应性和冲突性三个方面的特点，在不同年级，师生关系在这三个方面有不同的表现，五年级学生表现出高亲密、高反应和高冲突的特点，而六年级学生则表现出低亲密、低反应、低冲突的特点。②③

人际交往通常都是双向的，师生交往也同样如此。教师的教学水平、个性等影响学生的行为和情绪，而学生的学业成绩、活动表现、外貌等也影响教师对学生的评价。小学生的年级、性别、学业表现对师生关系均有重要的影响，女生在

① 师保国、王黎静、徐丽、刘霞:《师生关系对小学生创造性的作用：一个有调节的中介模型》,《心理发展与教育》2016 年第 2 期。

② 王耘、王晓华、张红川:《三至六年级小学生师生关系：结构、类型及其发展》,《心理发展与教育》2001 年第 3 期。

③ 王耘、王晓华:《小学生的师生关系特点与学生因素的关系研究》,《心理发展与教育》2002 年第 3 期。

师生关系上比男生更为积极，学业表现好的学生有更积极的师生关系。

1. 小学儿童对教师的态度

几乎每个学生在刚跨进小学校门时都对教师充满了崇拜和敬畏。教师的要求甚至比家长的话更有威力。有关调查发现，84% 的小学儿童（低年级小学儿童为 100%）认为要听教师的话。这和皮亚杰所认为的 6~8 岁儿童的道德认知发展属于权威阶段相符。对小学儿童而言，教师的话是无可置疑的。低年级儿童的这种绝对服从心理有助于他们很快学习并掌握学校生活的基本要求。然而，随着年龄的增长，儿童的独立性和评价能力也逐渐增长。从三年级开始，儿童的道德判断进入可逆阶段，他们不再无条件地服从、信任教师了。“不一定都听教师的话”的要求随年级的升高而逐步增加。他们对教师的态度开始变化，开始对教师做出评价，对不同的教师表现出不同的喜好。调查还发现，小学生最喜欢的教师往往是讲课有趣、喜欢体育运动、严格、耐心、公正、知识丰富、能为学生着想的教师。

对教师的评价影响小学儿童对教师的反应，他们对自己喜欢的教师报以积极反应，极为重视所喜欢教师的评价，而对自己所不喜欢的教师往往予以消极的反应，对其做出的评价也可能做出相反的反应。由此可见，小学儿童对教师的态度中的情感成分比较重，教师努力保持与学生的良好关系有助于其教育思想的有效实施。

2. 教师的期望

心理学家罗森塔尔（R. Rosenthal）在一个著名实验中，对小学一至六年级学生进行智力测验，从中随机选取 20% 的学生，告诉这些学生的教师，他们是非常有发展潜力的，将来可能表现出不同寻常的智力水平。8 个月后，再次施测智力测验。结果发现，那些随机抽取的所谓有发展前途的学生都表现了出乎意料的进步，尤其是一、二年级的学生更为明显。尽管罗森塔尔的研究受到很多人的批评，但许多研究结果都证实，教师的期望可能至少会影响一年级和二年级学生的学习。与小学高年级学生相比，小学低年级学生的改善更为明显，其中可能的原因是：第一，低年级学生关于学业的自我表象较为肤浅，对教师的不同对待方式更为敏感；第二，低年级学生没有累积的背景信息，教师更相信测验的结果。

许多有关研究都指出教师期望具有广泛的影响。例如，当学生通过教师的表扬、鼓励而知觉到较高的教师期望时，学生会产生良好的情感体验，而那些知觉到较低教师期望的学生往往会产生消极的情感体验，并且学习成绩下降。①

教师的期望是如何传递给学生的？有关研究发现，教师期望从两个方面影响学生的学业发展：其一是通过给学生提供不同的学习机会，直接影响学生的学习；其二是通过影响学生的心理特质，如自我概念、归因方式等间接影响学生的学习。② 当教师对学生有高期望时，他们就表现出更和蔼、愉快的态度，更经常表现友好的行动，如微笑、点头和注视学生，与学生的谈话更多，提供更多的学习线索，等待学生回答的时间也更长，更经常赞扬学生。教师通过上述种种方式传递了这样一种思想，即认为自己寄予高期望的学生的失败是由于没有好好努力，而自己寄予低期望的学生的失败是由于缺乏能力。

教师的期望和他们与学生的关系受许多因素的影响：教师自己的态度、人格，儿童的外表、性别、种族、家庭的社会经济地位、能力、兴趣、人格、学业等。此外，对学生的控制程度也影响教师的期望。如果学生的表现是可预见的，学生能回答教师的问题，能交作业、参加考试、阅读课外书等，会给教师留下好印象，并提高教师的期望。

第四节　小学儿童品德的发展

一、品德发展的基本特点

小学儿童品德发展的一个基本特点就是协调性。

① 乔娜、张景焕、刘桂荣、林崇德:《家庭社会经济地位、父母参与对初中生学业成绩的影响：教师支持的调节作用》,《心理发展与教育》2013 年第 5 期。

② Demanet, J., & Van Houtte, M. (2012). Teachers' attitudes and students' opposition: School misconduct as a reaction to teachers' diminished effort and affect. *Teaching and Teacher Education, 28* (6), 860-869.

（一）小学儿童逐步形成自觉地运用道德认识来评价和调节道德行为的能力

从小学开始，儿童逐步形成系统的道德认识及相应的道德行为习惯，但这种系统的道德认识带有很大的依附性，还缺乏原则性。研究发现，小学儿童道德认识表现出从具体形象性向抽象逻辑性发展的趋势。在道德认识的理解上，小学儿童从比较肤浅的、表面的理解逐步过渡到比较精确的、本质的理解，但情境性较强，概括性较差。①

在道德品质的判断上，小学儿童从只注意行为的效果逐步过渡到比较全面地考虑动机和效果的统一关系，但常常有很大的片面性和主观性。

在道德原则的掌握上，儿童的道德判断从简单依附于社会的、他人的规则，逐步过渡到受内心的道德原则所制约。但是在很多情况下，判断道德行为还不能以道德原则为依据，缺乏道德信念，常常受外部的、具体的情境所制约。

小学儿童已初步掌握了道德范畴，不过对不同范畴的理解有不同的水平。对他人、对己、对社会三方面的道德认识的比较发现，对己方面的道德概念的发展水平较高，对社会方面的道德概念的发展水平次之，最低的是对他人方面的道德概念的发展水平。

总之，小学儿童的道德知识已初步系统化，即初步掌握了社会范畴的内容，开始向道德原则水平发展。

（二）小学儿童的道德言行从比较协调到逐步分化

在整个小学时期，儿童在品德发展上，认识与行为、言与行基本上是协调的、相称的。年龄越小，言行越一致，随着年龄的增长，儿童逐步出现言行一致和不一致的分化。

年龄较小的儿童，行为比较简单，品德的组织形式也比较简单、外露。就品德定向系统而言，他们还不能意识到一定道德情境的作用，往往按教师和家长的指令来定向；就品德操作系统而言，他们缺乏道德经验，动机比较简单，缺乏道德活动的策略，还不善于掩蔽自己的行为，自我调节技能较低，较难按原先制订

① 李怀美：《天津市中小学生道德认识发展的调查研究》，《天津师范大学学报（社会科学版）》1986年第5期。

的计划去行动；就品德反馈系统而言，他们的行为主要受教师和家长的强化，还难以进行自我反馈。因此，小学低年级儿童的道德认识、言论往往直接反映教师的教育内容，他们的行动也制约于这些内容，于是在表面上看来，他们的言行是一致的，而这种一致性的水平是比较低的。

年龄较大儿童的行为比较复杂。就品德定向系统而言，他们有了一定的原则性；就品德操作系统而言，他们产生了一定的策略和自我设想，日益学会掩蔽自己的行为；就品德反馈系统而言，他们会对他人的评价进行一定的分析，儿童的行为与成人的指令产生一定的差异。这样，言行一致与不一致的分化也必然会越来越大。

当然，一般而言，小学儿童言行的分化只是初步的，即使高年级儿童，还是以协调性占优势。他们所存在的言行脱节不是来自内部的道德动机，而是限于品德的组织形式及发展水平。

（三）自觉纪律的形成和发展在小学儿童品德发展中占有相当显著的地位

自觉纪律的形成和发展是小学儿童的道德知识系统化及相应的行为习惯形成的表现形式，也是小学儿童出现协调的外部和内部动机的标志。

所谓自觉纪律，就是一种出自内心要求的纪律，是在儿童对于纪律认识和自觉要求的基础上形成的，而不是依靠外力强制的纪律。因此，自觉纪律的形成过程是一个纪律行为从外部的教育要求转为儿童内心需要的过程。这个过程一般可分成三个阶段：第一阶段，儿童的行为依靠外部教育要求，依靠教师制订的具体规定和教师及时的检查；第二阶段，儿童还未形成自觉纪律，但已经体会到纪律要求，一般能够遵守纪律；第三阶段，儿童把纪律原则变成自觉行动。研究指出，在教师的细心引导下，低年级儿童也完全可能形成自觉纪律。当然，小学儿童违反纪律或缺乏自觉纪律的现象也是存在的。一般来说，年龄小的儿童出现违反纪律行为，常常是由于不了解纪律的性质，或出自对某一行为的好奇心而分散了注意，或因疲劳而不能坚持。年龄大的儿童，原因更加复杂，明知故犯的现象也存在，但有意捣乱是个别的，更多的是出自个体差异，如：（1）不理解或未正确理解纪律要求，或者对纪律要求的正确理解尚未转化为指导行为的自觉原则；（2）对教师持有对立情绪；（3）意志、气质上有缺陷；（4）没有养成纪律行为所必需的习惯；（5）特殊爱好没有得到适当的满足，或旺盛的精力无处发泄等。

总之，小学儿童的品德是从习俗水平向原则水平过渡，从依附性向自觉性过渡，从外部监督向自我监督过渡，从服从型向习惯型过渡。从这个意义上说，小学阶段的品德是过渡性的品德，这个时期品德的发展比较平稳，显示出协调性，冲突性和动荡性较少。

二、小学儿童道德动机的发展

总的来说，小学儿童的道德动机发展有如下几个基本特点：一是由服从向独立发展，尽管高年级儿童的自觉道德动机占主导地位，但他们还离不开对成人指令的服从；二是由具体、近景向抽象、远景发展，尽管高年级儿童以社会需要作为道德动机的基础，但还离不开具体形象性；三是逐步产生道德动机的斗争，但激烈的冲突较少。

小学儿童在为什么遵守纪律的问题上，有如下几种想法：（1）服从教师的要求；（2）为了获得表扬，成为“三好生”，不落人后；（3）为履行学校班集体和少先队组织的义务、各种制度要求，或为集体、组织争光；（4）体会到这是社会公德的要求，应该自觉遵守纪律。这四种不同的守纪动机不是固定不变的，而是由低到高、由近及远、由具体到抽象地发展着。它反映了小学儿童从比较短近的、狭隘的、具体的、不稳定的守纪动机向自觉的、富有原则性的、比较稳定的、富有社会意义的守纪动机过渡。这种守纪动机或道德动机，同道德认识、道德意志特别是自制力密切相关。这些动机也随着不同年龄阶段和受教育的不同程度而发展变化。在整个小学阶段，前三种比较突出，随着儿童年龄的增长，尤其到了高年级，第一种动机在减弱，第四种动机在增强，但第四种动机一般只能在高年级出现。低、中年级儿童的守纪表现，常常是出于对纪律的服从、听教师的话，动机斗争并不突出。他们一般还不善于把遵守纪律和道德需要联系起来，他们的纪律表现往往与教师的要求、学校制度和及时的检查直接联系在一起。可见，小学儿童的道德动机具有直接性、具体性。

三、小学儿童品德心理特征的发展

（一）小学儿童道德认识的特点

道德认识主要指对社会道德规范、行为准则、是非观念的认知，包括对道德观念的掌握和道德判断能力的发展。

1. 道德观念

我国心理学家对小学儿童道德观念的发展特点进行了广泛研究。我国小学儿童公有观念的形成和发展具有如下几个特点。（1）在行为意向性不变的情况下，5 岁儿童已能初步根据公私财物的损坏做出好与坏的判断，而能正确分辨公私关系的转变年龄是 7~9 岁。（2）在公私财物损坏形式不变的情况下，5~11 岁儿童均能根据行为的动机意向做出好坏判断，且这种判断能力的发展显然早于 5 岁。（3）在行为意向性和公私财物损坏形式同时变化的情况下，各年龄组的大多数儿童首先着眼于对行为意向性的判断，而不是对公私财物的判断。（4）在充当故事中个人财物被损坏者的角色而身临其境地进行判断时，5~9 岁儿童中一些原来认为损坏公共财物更坏的人转而认为损坏个人财物更坏，11 岁儿童基本无此逆转现象。（5）小学儿童阐述的理由说明，不同年龄儿童公有观念发展的水平不同，最初是快乐与痛苦的水平，其次是笼统地区分公与私的水平，然后是初步具备集体意识的水平，最后是从抽象的集体主义原则进行评价的水平。①

对小学儿童集体观念的研究指出：（1）7 岁儿童开始出现集体意识，但是他们只是初步具有把为集体和为个人的行为动机分化出来的能力。（2）集体观念的形成具有明显的年龄差异，选择为集体的行为动机的人数比例逐年增加，大约在 9 岁前后出现重大变化。（3）在执行集体委托和维护集体利益的行为方面，各年龄组儿童选择为集体的行为动机的人数均占绝对优势；但在关心集体荣誉的行为方面，7 岁组儿童根据行为结果做出判断的人数比例要多得多，这种判断在其他各年龄儿童身上也有不同程度的反映。②

---

① 陈会昌、李伯黍：《关于儿童对公私财物损坏的道德判断的研究》，《心理学报》1982 年第 3 期。

② 李伯黍、岑国桢、卢家楣、叶慧珍、邵渭溟：《小学儿童集体观念发展研究》，《心理科学通讯》1985 年第 1 期。

对小学儿童分享观念的研究有以下几点发现。(1)分享的物品与人数的关系是影响儿童“均分”与“慷慨”两种分享倾向的一个重要因素。总的说来，小学儿童的分享倾向是“慷慨”。(2)在分享一般物品时，各年龄组儿童主张分给“能者”的人数比例随年龄的增长而递减，而主张分给“需者”的人数比例随年龄的增长而递增，9 岁组儿童判断反应的差异已达显著水平。(3)是否参与活动对分享物品的影响随年龄的增长而变化。(4)小学儿童对于荣誉物品的分享观念和对于一般物品的分享观念是一致的，但在“慷慨”的分享上，5 岁组、7 岁组儿童大多认为付出较多劳动、做出较大成绩的人更应该分得荣誉物品，9 岁起儿童大多认为应让这方面需要迫切的人分享荣誉物品。① 来自同伴、权威和自我的积极反馈可以促进特定年龄阶段儿童的分享行为，例如同伴和权威的积极反馈可以提高二、四年级儿童的分享数量，自我评价的积极反馈可以提高四、六年级儿童的分享数量。②

对小学儿童利他观念的研究有以下几点发现。(1)利他观念在小学六年级儿童中尚未得到完全的发展。(2)不同年龄组儿童的选择反应存在着显著的年龄差异。小学二年级儿童已能在有选择的条件下有意识地助人，摒弃互换，能够理解不需要外部奖赏而做出以行为本身为结果的利他行为。直到四年级，儿童才基本上能够摆脱遵从权威的束缚，自愿引发助人行为，具有延迟满足的能力。(3)随着年龄的增长，儿童助人行为的认知判断从混沌一片向不断分化发展。③

对小学儿童公益劳动观念的调查研究表明，小学儿童在 6.5 岁时已初步具有了公益劳动的意识，对公益劳动的情感体验尤为突出，但真正形成这种观念则在 9.5 岁。④

---

① 岑国桢、刘京海:《5~11 岁儿童分享观念发展研究》,《心理科学》1988 年第 2 期。

② 郝嘉佳、陈英和:《小学儿童分享的发展及反馈信息的促进效应》,《心理发展与教育》2015 年第 6 期。

③ 顾鹏飞、李伯黍:《5~13 岁儿童利他观念发展研究》,《心理科学》1990 年第 3 期。

④ 岑国桢:《小学儿童公益劳动观念发展的研究》,《心理学报》1987 年第 3 期。

7岁儿童已经认识到违反安全领域的规则和成人权威制定的规则后应该受到更多的批评。① 对小学儿童纪律观念的研究指出:(1)小学儿童纪律观念的认识发展具有年龄阶段性。小学三年级儿童大多数处在自我中心阶段，纪律观念较差；小学五年级儿童基本上能从常规习俗和伦理道德上来考虑纪律问题。(2)小学儿童对纪律观念的不同内容，在认识难度和发展速度上有明显差异。对个人与集体、下级与上级关系的认识较早，而对少数与多数、纪律与自由关系的认识发展较迟。(3)小学三年级到五年级是小学儿童纪律观念发展的关键期。②

对小学儿童谦虚观念的研究发现：随着年龄的增长，儿童没有谦虚观念的人数比例显著减少，有谦虚观念的9岁和11岁儿童的比例显著高于7岁儿童，且11岁儿童出现了一种新的观念，即他们认为做了好事就应该承认，没有必要谦虚。③

对7~17岁儿童在与权威（父母、教师和社会上的成人）发生矛盾冲突时的认知水平的研究发现：儿童对有关权威的规则与命令并不是盲目服从或不服从，而是依据自己对权威的认知来采取行动。儿童对权威的认知处于发展中，不同年龄的儿童对权威的认知水平不同，且存在显著的年龄差异和对象差异。④

总之，小学儿童的道德观念迅速发展，尽管各种道德观念的发展速度和水平具有差异性，但在小学高年级儿童已经形成各种基本道德观念。

2. 道德判断

我国心理学家早就提出，儿童的道德判断从受外部情境的制约逐步过渡到受内心的道德原则、道德信念的制约。小学儿童在很多情况下，判断道德行为还不能以道德原则或道德信念为依据，而常常受外部的、具体的情境所制约。

---

① 周双珠、陈英和:《规则的不同特点对儿童判断的影响》,《心理发展与教育》2013年第5期。

② 谭秋桂、郑和钧:《中小学生纪律观念的发展》,《心理发展与教育》1992年第4期。

③ 傅根跃、陈伟伟:《小学儿童谦虚的道德评价》,《心理科学》2000年第5期。

④ 安秋玲、陈国鹏:《不同年龄儿童对权威认知水平的研究》,《心理发展与教育》2003年第3期。

皮亚杰采用对偶故事法对5~7岁儿童的道德判断进行研究，发现小学儿童往往以造成损坏的大小来判断行为的好坏，而不管出于什么动机。莫雷在皮亚杰研究的基础上，增大原来材料中的行为动机错误程度的差异或缩小原来材料中行为后果严重程度的差异，对我国5~7岁儿童的道德判断依据进行了研究。发现在上述两种情况下，儿童由原来的后果判断转为动机判断的人数均达到显著水平。儿童的年龄越大，转变的人数就越多。莫雷认为：这个时期的儿童在进行道德判断时会受到行为后果和行为动机两个方面的影响，只不过是行为后果的影响要大大超过行为动机的影响；随着年龄的增大，两者的相对影响逐步会此消彼长。①

关于儿童对行为结果的道德判断的一些研究认为，儿童的道德判断从行为的直接结果（把好事等同于直接使人满意的事）向行为的长远结果（倾向于期待来日的奖赏）过渡，从行为的个人结果（把自己受到称赞或惩戒的行为说成是好的或坏的）向行为的社会结果（考虑到同伴会怎样评价自己的行为）过渡。

近年来的研究发现，行为动机和行为结果只是影响儿童道德判断较为重要的两个因素，其他如结果预期（行为者是否预先知道做出某一行为而导致的结果）、结果反应（行为者对行为结果的不同反应）、行为情境、言语情境、意图线索等，都会在一定程度上影响儿童的道德判断。

一项不同情境下小学儿童对说谎或说真话的理解和道德评价的研究有以下几点发现。（1）绝大多数小学儿童都是按事实成分来对说谎和说真话做出判断的，但集体观念对11岁儿童有关说谎的理解产生显著影响，有26.3%的儿童认为集体谎（相对于个人，说谎更有利于集体，且主人公说了谎）不是说谎。（2）随着年龄的增长，小学儿童对个人真话（相对于集体，说真话更有利于个人，且主人公说了真话）的评价越来越消极，对集体谎的评价越来越积极，对集体真话（相对于个人，说真话更有利于集体，且主人公说了真话）、个人谎（相对于集体，说谎更有利于个人，且主人公说了谎）的评价基本保持不变。（3）当诚实原则和集体观念发生冲突时，7岁儿童更看重诚实原则，主要受到诚实原则的支配，9岁儿童的集体观念与诚实原则几乎是并驾齐驱，11岁儿童主要受到集体观念的

① 莫雷：《5至7岁儿童道德判断依据的研究》，《心理学报》1993年第3期。

影响。随着年龄的增长，小学儿童更多地从诚实原则和集体观念两个方面陈述评价的理由。①

另一项关于说谎的研究发现：5岁儿童在进行说谎或说真话的概念判断与道德评价时，还不会利用意图线索，而意图线索明确与否却影响7岁或9岁儿童的概念判断与道德评价。意图明确明显地促进了7岁儿童对白谎（为了不伤害他人情感而说的假话）的积极评价，也促使9岁和11岁儿童对直率真话的评价更为消极。从儿童7岁开始，意图线索影响他们对伤害性说谎程度的评定，他们在意图不明确的条件下更倾向于评定说谎程度为更大，但意图线索并不影响儿童对伤害性说谎的道德评价。②

儿童的道德判断还存在从众现象:（1）在属于社会认知的道德判断方面，8~12岁儿童存在明显的从众心理倾向;（2）年幼儿童的道德判断比年长儿童有更为强烈的从众心理倾向。③

此外，权威因素也在一定程度上影响小学儿童的道德判断。在模糊道德事件中，成人权威的观点和意见对小学儿童的道德判断有重要影响，同龄权威和无权威的同龄人的观点、意见对儿童的道德判断影响很小。随着年龄的增长，儿童抵制权威影响进行独立道德判断的能力不断增长。

（二）小学儿童道德情感的特点

道德情感是与人所具有的对于一定道德规范的需要直接相联系的一种体验，是一种高级情感。

小学儿童的道德情感主要是在新的集体生活下发展起来的。班集体和少先队集体在小学儿童道德情感的形成和发展上起着主要的作用。在集体中，为了完成共同的任务和达到共同的目标，儿童逐渐意识到个人和集体、祖国的关系，并在学

① 傅根跃、王玲凤:《为集体或为个人情境下小学儿童对说谎或说真话的理解和道德评价》,《心理科学》2005年第4期。

② 徐芬、刘英、荆春燕:《意图线索对5~11岁儿童理解说谎概念及道德评价的影响》,《心理发展与教育》2001年第4期。

③ 岑国桢、刘京海、盛逸民、许绍裘:《8~12岁儿童道德判断的从众现象》,《心理学报》1992年第3期。

习等日常活动中产生了爱国主义情感、集体荣誉感、义务感、责任感、正义感等。

我国心理学家对小学儿童道德情感的发展趋势进行了研究，主要涉及爱国主义、良心、荣誉、义务和幸福五个道德情感范畴，并将道德情感的发展划分成五级水平：（1）自然的、直接的情感（以直接感受到的痛苦与快乐为依据）；（2）由对直接的个人得失的预测引起的情感（对直接赏罚的预测）；（3）不是个人意愿，而是按照社会反应而行动的情感（社会奖赏的作用，借助于行为理想）；（4）不管自愿与否，由必须遵守道德行为准则的外部作用力引起的情感（不论愿意或不愿意，都必须服从外部作用力）；（5）以被内化并结合成为自我的抽象道德观念为依据，不仅是自觉的，而且已成为一种激励的力量（具有高度概括性、理论性的道德情感）。研究者认为，品德的发展应该是多层次、多水平、多深度的，所以道德情感发展不应以单维度来表示。其研究结果表明以下几点。（1）每个年级都有道德情感的五级水平。随年级的递增，高级水平逐步增加。低年级被试处于从第三级向第四级转化，中年级被试以第四级为主，高年级有半数左右的被试达到第五级水平。（2）小学三年级是道德情感发展的转折期，即一、三年级之间道德情感水平的差异较显著，而三、五年级的差异没有如此明显。（3）小学儿童的情感发展具有不平衡性。其表现是义务感最强烈，荣誉感次之，良心和爱国主义再次之，幸福体验最差。①

国内外心理学家都对儿童的爱国主义情感进行过研究。海斯和托尼（Hess & Torney，1967）曾对美国小学儿童进行调查，发现儿童忠于祖国的情感经历三个发展阶段：（1）低年级儿童处于“国家象征期”，即儿童对国家的依恋或热爱表现在尊敬国家象征（如国旗、国歌及领袖）的言行之中；（2）中年级儿童处于“抽象国家观念期”，即儿童以有关国家的抽象观念，如言论自由、竞争选举等作为爱国的根据；（3）高年级儿童处于“国际组织系统期”，即儿童以国家为国际成员之一，以国家所担任的角色为其忠诚或热爱的对象。

我国学者对小学儿童爱国主义情感的研究有以下几点结论。（1）从小学末期

① 儿童品德心理研究协作组：《中小学生道德情感发展研究》，《心理发展与教育》1989 年第 3 期。

起，儿童对祖国山河、领土的热爱逐渐加进了自豪感、依恋感等感情色彩。（2）小学低年级儿童是从朴素的乡土观念出发，体验到中国人应该为中国工作，中、高年级儿童则能初步理解个人和国家的利害关系。（3）小学儿童的国家尊严感是在初步的国家自豪感的基础上发展起来的。达到这种初步的国家自豪感的，一年级只占 12%，二年级占 25.9%，五年级占 31%。五年级有 20.7% 的被试明确地表现出国家尊严感。（4）小学儿童区分爱国主义和狭隘民族主义的能力并不强，他们只是从一般人际交往道德原则出发来看待国际交往及国际矛盾冲突，而且达到这个水平的人数也并不多。（5）小学一、三年级之间和三、五年级之间是爱国主义情感发展较快的转变时期。①

移情是一种重要而特殊的情感形式，对我国 6~10 岁儿童道德移情特点的研究发现：（1）面临特定道德情境，6~10 岁儿童已能产生相应的道德移情反应，且这种反应有随年龄增长而增强的趋势；（2）面临个人和集体两类道德情境，6~10 岁儿童对集体情境的道德移情反应强于对个人情境的道德移情反应，这种差异在相同感和气愤感的移情反应上表现较为显著；（3）面临人身伤害、财物损坏和声誉损害三种道德情境，6~10 岁儿童对声誉损害情境的道德移情反应最为强烈，其次是对人身伤害情境的道德移情反应，最后是对财物损坏情境的道德移情反应。②

（三）小学儿童道德行为的特点

道德行为是人在一定的道德意识的支配下表现出来的对他人和社会有道德意义的活动。佩克和哈维格斯特（Peck & Havighurst）认为道德行为可分为不同的等级，小学儿童的道德行为属依从传统惯例行为型，其特点是依随社会的风尚，遵从集体的决策，自己不采取单独的主张与果敢的行动。

1. 亲社会行为

亲社会行为，即准备帮助他人或采取有益于他人的行动，如助人、合作、分

① 陈会昌：《中小学生爱祖国观念的发展》，《心理发展与教育》1987 年第 1 期。

② 常宇秋、岑国桢：《6~10 岁儿童道德移情特点的研究》，《心理科学》2003 年第 2 期。

享等。在教育的影响下，儿童很早就表现出一定的亲社会行为。随着年龄的增长，儿童不断接受各种社会强化，亲社会行为呈逐渐增加的趋势。角色扮演能力发展良好的儿童因为能更好地推断同伴对帮助或安慰的需求，往往表现出更多的助人行为和同情心。

我国 6~12 岁儿童均能做出一般助人倾向的反应，但 8 岁儿童的反应更强烈，也较为成熟。① 对利他行为的研究也指出，随着年龄的增长，儿童行为的一致性程度逐渐增加，年长儿童的道德行为与道德观念更趋于一致。② 我国 5 岁儿童已能表现出一定程度的“慷慨”，9 岁儿童同情和重视他人“需要”已占支配地位。③

2. 攻击行为

攻击行为是儿童个性和社会性发展的重要方面，其发展状况既影响儿童品德和良好行为的形成与发展，同时也是个体社会化的重要指标。攻击行为是一种经常性有意伤害和挑衅他人的行为。儿童的攻击性具有一定的稳定性。一些研究表明，儿童在 3~10 岁时表现出的攻击行为能够很好地预测以后是否容易出现攻击和其他反社会倾向。儿童的攻击性水平具有很大差别，不同攻击类型的儿童在社会信息加工方面表现出不同的认知偏见。

进入小学以后，儿童能更熟练地、友善地处理纠纷，小学生的身体攻击有所下降。由于社会认知能力的提高，他们越来越善于区分偶然的和有目的的激怒行为，能够更好地推断他人的意图，并常常宽容他人无意识的伤害行为，对有意识的攻击行为也常还以言语攻击而非身体攻击。但是，小学儿童在他人动机模糊、不明确的情况下，仍然缺乏良好的辨别能力。

欺负是一种特殊形式的攻击行为，通常情况下是指力量占优势的一方（一人或多人）对力量相对弱小的一方重复实施的攻击行为，其根本特征在于行为双方力量的不均衡性和重复发生性。欺负是中小学生中经常发生的一种攻击行为，对

① 岑国桢、王丽、李胜男:《6~12 岁儿童道德移情、助人行为倾向及其关系的研究》,《心理科学》2004 年第 4 期。

② 李丹、李伯黍:《儿童利他行为发展的实验研究》,《心理科学》1989 年第 5 期。

③ 岑国桢、刘京海:《5~11 岁儿童分享观念发展研究》,《心理科学》1988 年第 2 期。

儿童的身心健康和学习均产生不良影响。

欺负行为一般划分为三种类型：直接身体欺负、直接言语欺负和间接欺负。直接身体欺负是指欺负者一方利用身体动作直接对受欺负者实施的攻击，如打人、踢人及损坏、抢夺他人财物等；直接言语欺负是指欺负者一方通过口头言语形式直接对受欺负者实施的攻击，如骂人、羞辱、讽刺、起外号等；间接欺负是指欺负者一方借助于第三方对受欺负者实施的攻击，如造谣、离间和社会排斥等。

儿童的欺负行为可以预测将来的适应不良。同伴欺负行为通过个体的自我知觉和同伴知觉产生不良的心理作用。

研究发现，我国小学生欺负行为的发生率为 20% 左右，大致低于意大利和英国，高于挪威。总体上我国小学生欺负与受欺负问题的发生率随年级的升高而下降，其中直接言语欺负的发生率最高，其次是直接身体欺负，间接欺负的发生率最低；男生主要以直接身体欺负为主，女生主要以直接言语欺负为主；欺负者大多与受欺负者同龄或年长于受欺负者；有近半数的欺负行为发生在教室，其次发生在操场、走廊或大厅等其他地方；多数欺负行为发生在同班同学之间。①②

3. 道德意志行为

道德行为一般是由道德动机引起的。美国心理学家布鲁纳（J. S. Bruner）认为，意志活动的努力程度取决于动机。儿童入学后就开始有意识地参加集体活动，在教育的影响下，逐渐学会了有意识地控制和调节自己的行动。

对小学儿童道德意志行为的有关研究指出，在外部力量的作用下，小学儿童的道德意志控制力和自觉性会明显地表现出来，但这种控制力和自觉性还不能完全离开外部的检查和督促。

西方心理学家的研究也发现，随着年龄的增长，儿童的延迟满足能力在逐步增强，他们逐渐学会控制自己的冲动。

① 张文新、王益文、鞠玉翠、林崇德：《儿童欺负行为的类型及其相关因素》，《心理发展与教育》2001 年第 1 期。

② 陈世平、乐国安：《中小学生校园欺负行为的调查研究》，《心理科学》2002 年第 3 期。

4. 道德行为习惯

道德行为习惯是与一定的道德需要、道德倾向相联系的自动化的行为动作。

根据研究发现，小学儿童道德行为习惯的发展水平呈马鞍形，低年级和高年级较高，中年级较低。低年级儿童的道德行为习惯处于一种依附性很强的家长和教师权威阶段，其行为习惯具有不稳定性；随着独立性和自觉性的发展，中年级儿童可能因破坏了原有的道德行为习惯而导致行为习惯水平下降，而高年级儿童的道德行为习惯已具有一定的自觉性和稳定性。由此可见，整个小学阶段是培养道德行为习惯的最佳期。

道德行为是受多种因素影响的自觉行为。一般来说，儿童的道德意识水平越高，儿童道德行为的表现水平也就越高，但二者不可能完全一致。有的研究者将儿童在假设情境下的言语反应与其在相似的真实情境中的行为反应相比较，发现儿童的实际行为水平低于道德推理水平。

此外，大量的研究证明，社会强化、榜样、行为目标、行为结果以及短期训练都可能影响儿童的道德行为。

要点小结

6 或 7 岁到 12 或 13 岁是儿童开始进入小学学习的时期，是儿童心理发展的一个重要转折时期。学习活动开始成为儿童的主导活动，儿童的学习动机、学习兴趣和学习态度开始形成和分化，学习策略也在逐步形成和丰富。由于各种因素的作用，有些小学儿童在感知、思维、语言、情绪、社会性等方面表现出学习障碍。在学习的过程中，小学儿童各种心理过程的有意性和抽象概括性也获得了发展。小学儿童的思维从以具体形象思维为主要形式逐步过渡到以抽象逻辑思维为主要形式，但这种抽象逻辑思维在很大程度上仍然是直接与感性经验相联系的，仍然具有很大成分的具体形象性。小学儿童的概括能力、比较能力、分类能力和解决问题的能力都在逐步发展，对概念的掌握逐步丰富、深刻和系统，各种推理能力以及思维的品质都在迅速发展。在新的社会生活中，小学儿童的个性与社会性也有了新的发展，表现为自我意识更加深刻，逐渐发展内化的行为准则来监督、调节、控制自己的行为，开始从对自己的表面行为的认识、评价转向对自己内部品质的更深入的评价。与此同时，随着儿童认知中的自我中心成分的逐渐减少，儿童对他人的认识也逐渐趋于客观和深刻，其社会性认知迅速发展。随着儿童社会性交往的发展和范围的扩大，儿童的社会交往能力不断提高。在整个小学阶段，儿童的品德发展表现出协调性的特点。儿童逐步形成系统的道德认识及相应的道德行为习惯，道德言行从比较协调到逐步分化，道德动机、道德观念、道德情感和道德行为都在迅速发展。

思考与练习

1. 小学生的学习有何特点？为什么说学习是小学儿童的主导活动？
2. 小学生的学习障碍有哪些表现？其中的原因可能是什么？
3. 如何理解小学生思维发展的基本规律？小学生思维能力、思维过程和思维品质的发展特点如何？
4. 小学生自我意识的发展具有什么特点？其社会性认知水平如何？
5. 小学生的师生关系、同伴关系表现出什么特点？良好的师生关系和同伴关系对小学生的发展有何积极作用？
6. 如何理解小学生品德发展的协调性？
7. 小学生的道德观念、道德情感和道德行为的特点是什么？三者之间的关系如何？

拓展性阅读导航

1. 林崇德著:《学习与发展——中小学生心理能力发展与培养》，北京师范大学出版社 2011 年版。

本书是一本关于中小学生心理能力发展与培养研究的著作。全书主要探讨了智力与能力的培养途径，强调培养思维品质是发展智能的突破口，并以中小学生的数学能力和语文能力为样例，指出了学科能力的培养途径。

2. 董奇、林崇德主编:《当代中国儿童青少年心理发育特征——中国儿童青少年心理发育特征调查项目总报告》，科学出版社 2011 年版。

“中国儿童青少年心理发育特征调查”是我国一项基于全国代表性样本开展

的儿童和青少年心理发育特征研究。本书一方面介绍了该项目的背景、目标、内容、方法、实施过程与主要成果，另一方面基于数据呈现了在认知能力、学业成就、社会适应三个领域的主要研究发现。本书为研究者开展相关研究、为公众认识当前我国儿童和青少年心理发育的特点等均提供了重要信息。

3. [美] J. H. 弗拉维尔等著，邓赐平等译:《认知发展》，华东师范大学出版社 2002 年版。

本书对认知发展的诸多问题做了十分全面的阐释，书中描绘了儿童思维的特征，并着重描述了信息加工观、社会文化观理论、变化观、新皮亚杰主义、神经科学及制约性理论等内容。

4. [美] R. S. 西格勒等著，刘电芝等译:《儿童思维发展》，世界图书出版公司北京公司 2006 年版。

本书是国外儿童思维研究的代表性著作，全方位介绍了儿童的思维研究。在对皮亚杰经典研究进行介绍的基础上，对近期快速发展的信息加工理论也给予了极大的关注，特别是第十二章对思维研究最重要的八个话题进行了总结与展望，为未来的儿童思维研究指明了方向。

5. Berns, R. M. (2007). *Child, family, school, community: Socialization and support*. Australia: Thomson Wadsworth.

本书介绍了家庭、学校、同伴、大众媒介、社区与儿童之间的相互作用，并在此基础上分析了这种相互作用对儿童社会性发展的影响。书中提供了大量生动活泼的实例及理论框架，便于儿童教育工作者和即将从事该领域工作的学生更好地理解儿童社会性的发展，从而帮助儿童适应不断变化着的社会。

6. Feldman, R. S. (2009). *Child development* (8th ed.). Harlow: Pearson Education.

本书介绍了儿童发展的理论、研究与实践，包括儿童大脑的发展、行为的遗传性、情绪智力、情绪调控能力、压力、网络的使用、抑郁、儿童记忆的文化差异等内容。

第八章

青少年的心理发展

内容提要

青少年期是个体身心发展的加速期和过渡期。本章阐述青少年期个体的生理发展特点及身心发展的不平衡性引发的心理矛盾，介绍青少年思维发展的一般规律和几种思维形式的具体发展特点，同时还阐述青少年自我意识、情绪、道德和人际交往等个性和社会性方面的发展特点，以及当前青少年所面临的诸多心理社会问题，并探讨这些问题的特点和成因。

学习目标

1. 了解青少年期个体身心发展的一般特点，认识这一时期个体所面临的种种心理危机。
2. 掌握青少年思维发展的一般模式和特点，以及青少年的逻辑思维、创造性思维和思维监控等方面的具体发展特点。
3. 了解青少年个性和社会性发展的一般特点，掌握青少年自我意识、情绪、道德和人际交往等方面的表现及发展特点。
4. 了解当前青少年所面临的主要心理社会问题。

关键词

青少年　身心发展　思维发展　个性和社会性发展　心理社会问题

青少年期从 11 或 12 岁开始到 17 或 18 岁结束，历时 6 年。

11 或 12 岁到 14 或 15 岁这段时间可称为青春期、少年期，这个阶段的个体正处于初中阶段，这三年时间是个体身体发展的一个加速期。青春期个体身体的各个方面都在迅速发育并逐渐达到成熟，其心理的各个方面虽然也在发展，但相对生理发育速度来说则相对平稳，因此青春期个体的身心发展出现种种特殊矛盾，使他们面临一系列的心理危机。

从 14 或 15 岁到 17 或 18 岁也可称为青年早期，这个阶段的个体正处于高中阶段。经过前几个阶段的连续发展，青年早期的个体在生理发育上已达到成熟，在智力发展上也已接近成人水平，在个性及其他心理品质上表现出更加丰富和稳定的特征。

第一节 青少年身心的发展

青少年期是童年向成年过渡的时期，在这一时期，青少年在生理和心理上都产生了巨大的变化。生理上的成熟使青少年在心理上产生成人感，他们希望能获得成人的某些权利，找到新的行为标准并渴望变换社会角色。然而，他们的心理发展水平有限，有许多期望不能实现，因而容易产生挫折感。总之，由于此阶段身心发展不平衡，因而青少年面临种种心理危机，并出现一些心理及行为问题。

一、青少年身体发展的一般特点

青少年期的身体发展主要出现在青春期，青少年身高、体重的急剧增长以及第二性征的发育均在青春期发生。进入青年早期后，个体逐渐达到性成熟，青少年的心、肺和神经系统等也继续发育，这些生理发育过程在青年早期结束时基本完成。

青春期是个体生长发育的第二个高峰期。在这一时期，青少年的身体和生理机能都发生了急剧的变化，主要表现在身体外形的变化、体内机能的增强以及性的发育和成熟三个方面，这就是青春期生理发育的三大巨变。

（一）身体外形的变化

青春期的个体身体发育很快，其身高、体重及面部等都发生了很大变化，这些变化使他们在外形上逐渐接近成人。

1. 身高的增长

青春期的个体外形变化最明显的特征就是身高的迅速增长。人身高的增长有两个高峰期：第一个高峰期在 1 岁左右，那时身高一般增加 50% 以上；第二个高峰期是青春期，在这个阶段，个体身高增长异常迅速。据统计，在青春发育期之前，个体平均每年长高 3~5 厘米，而在青春发育期，个体每年至少要长高 6~8 厘米，甚至可达到 10~11 厘米。

青春期男孩和女孩的身高变化是有差异的。男孩进入身高生长加速期的平均年龄是 12 岁左右，14 岁左右达到生长高峰，然后生长速度逐渐下降。女孩的这一过程要先于男孩，大多数女孩从 10 岁左右开始进入身高生长加速期，12 岁左右达到生长高峰。尽管女孩比男孩更早达到生长高峰，但相对来说，男孩的生长速度更快一些。①

青少年身高增长的速度和时间是有个体差异的。这种差异不仅存在于男女之间，在城乡之间、地区之间，甚至在同一班级中的同龄人之间也存在。例如，有些男孩的青春发育期开始于 10.5 岁，有些则迟至 16 岁；有些女孩的青春发育期开始于 7.5 岁，有些则在 11.5 岁才开始。这种差异属正常范围。从我国城乡男女青少年身高增长曲线（如图 8-1 所示）可以看出，城乡两地男孩的身高增长有显著差异，12 岁前，城市男孩的身高增长速度起伏变化，农村男孩的身高增长则缓慢上升。而女孩的身高增长不存在城乡差异，增长的趋势一致。

2. 体重的增长

体重的增长反映出身体内脏的增大、肌肉的发达以及骨骼的增长和变粗，也反映出营养及健康情况等，所以体重也是身体发育的一个重要标志。

① Lloyd, R. S., & Oliver, J. L.（2012）. The youth physical development model: A new approach to long-term athletic development. *Strength and Conditioning Journal, 34*（3）, 61–72.

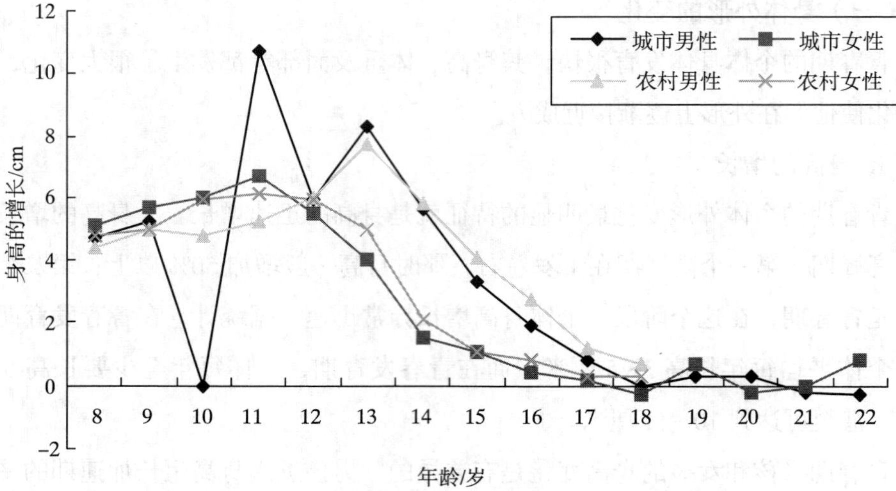

图 8-1 我国城乡男女青少年身高增长曲线

（资料来源：中华人民共和国卫生部《2005 中国卫生统计年鉴》）

处于青春发育期的青少年在体重上也有较大的发展变化。从我国城乡男女青少年体重增长曲线（如图 8-2 所示）可以看出，男孩在 12~14 岁这段时间，体重增加最快，平均每年增长 5.0 千克，13 岁是增长高峰，15 岁以后增长速度迅速下降。女孩在 11~13 岁时体重增加最快，平均每年增长 4.5 千克，11~12 岁是增长高峰，13 岁后增长速度迅速下降。城乡差异不显著，增长趋势具有一定的一致性。

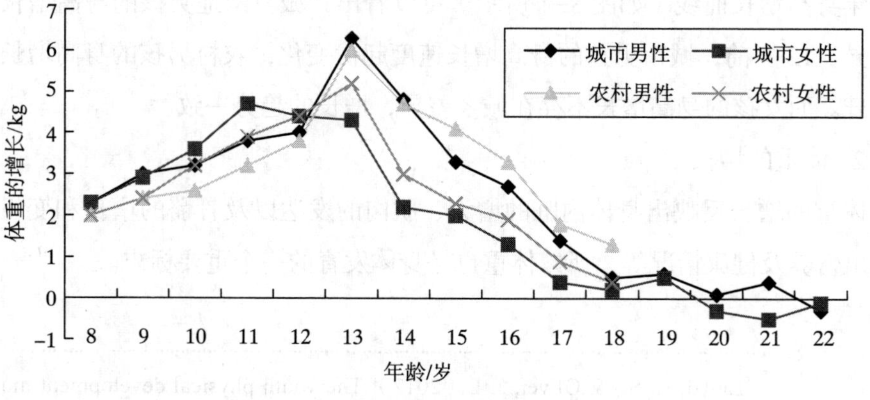

图 8-2 我国城乡男女青少年体重增长曲线

（资料来源：中华人民共和国卫生部《2005 中国卫生统计年鉴》）

3. 第二性征的出现

第二性征是性发育的外部表现，是青少年身体外形变化的重要标志。随着第二性征的出现，青少年开始从童年的中性状态进入到两性分化的状态。在男性身上，第二性征主要表现为喉结突出、嗓音低沉、体格高大、肌肉发达、唇部出现胡须、周身出现多而密的汗毛、出现腋毛和阴毛等。在女性身上，第二性征则表现为嗓音细润、乳房隆起、骨盆宽大、皮下脂肪较多、臀部变大、体态丰满、出现了腋毛和阴毛等。第二性征的出现使得男女青少年在外形上的差异日益明显。

4. 头面部的变化

进入青春期的个体，头面部特点也发生了微妙的变化。童年期的面部特征在逐渐消失，以前较低的额部发际逐渐向头顶部及两鬓后移，嘴巴变宽，原来较为单薄的嘴唇开始丰满。而且，随着青春期身体其他部分骨骼的迅速增长，头部骨骼的增长速度却在显著减慢，童年期那种头大身小的特征逐渐被头身比例协调的身体形态所取代。

（二）体内机能的增强

在青春发育期，个体体内的各种生理机能都在迅速增长并逐渐达到成熟。

1. 心脏压缩机能的增强

青春期个体的心血管系统出现了一些新的机能特点。

首先，在形态上，为了保证青春期生长发育突增的需要，作为人体运输系统的心血管系统也出现了第二次生长加速。在 9 岁时，儿童的心脏重量为出生时的 6 倍，在青春期开始后，则增长至 12~14 倍；同样，心脏密度也在青春期成倍地增长。而且，青春期个体活动量增加，构成心室壁的肌肉增厚，心肌纤维更富有弹力，这就为心脏每次收缩时能压挤出更多血液创造了条件。

其次，在机能方面主要表现为心律、脉搏开始减慢。这一方面是因为支配心脏活动的神经纤维已发育健全，能更有效地调节心脏活动，另一方面则是由于心脏本身机能增强，所以每次心搏所排出的血量增多，每分钟只需搏动 70~80 次便能满足机体的需求。心脏收缩力的增强以及内分泌系统变化的影响使血压升高，青春期少年的高压一般为 90~110 毫米汞柱①，低压为 60~75 毫米汞柱，已接近成人水平。心血管系统的生长发育存在着一定的性别差异，女孩在心脏重量、大小、每次收缩所排出的血量和血压等方面，均比男孩低 10% 左右，而心率、脉搏则比男孩快 8~10 次 / 分。

2. 肺的发育

在青春期，肺的发育也明显加速。12 岁左右，肺重量为出生时的 10 倍，肺小叶结构逐渐完善，肺泡容量增大，与呼吸有关的某些肌肉发育加快，使呼吸功能进一步加强。在整个青春期，肺活量将比青春期前增加 1 倍多。男女肺活量存在显著的差异。

3. 肌肉力量的增强

青春期个体体重的增加表明肌肉和骨骼发生了变化。在肌肉力量的发展水平上，男女之间也存在着明显的差异。

4. 大脑的发育

在量的方面，青春期个体脑重及脑容量的增长不显著，因为儿童在 10 岁以前，其脑重已为成人的 95%。但这种增长同样存在性别差异，女孩在 10.5 岁左右时，其脑容量达到最高值，而男孩脑容量的最高值出现在 14.5 岁左右。②在质的方面，儿童和青少年的大脑白质和灰质密度存在显著差异。在青春期个体的额叶皮质与顶叶皮质中，白质体积更多，灰质体积更少。在童年晚期到青少年早期这一阶段中，额叶灰质体积与顶叶灰质体积持续增长，大约在 12 岁达到峰值，到了青春期开始呈现下降趋势。颞叶区灰质体积的发展同样呈现非线性的变化，直到 17 岁时个体的灰质体积才达到峰值状态。我国的脑电波研究表明，个体在 4~20 岁存在两个脑发展的加速期，第一个发生在 5~6 岁，第二个发生在 13 岁左右，即青春期。青少年的神经系统基本上与成人没有什么差异，大脑皮质沟回组合完善，神经纤维完成髓鞘化。随着神经系统的发育成熟，青少年的兴奋和抑制也逐渐趋于平衡。

① 1 毫米汞柱 =133.322 帕。

② Lenroot, R. K., Gogtay, N., Greenstein, D. K., Wells, E. M., Wallace, G. L., Clasen, L. S., et al.（2007）. Sexual dimorphism of brain developmental trajectories during childhood and adolescence. *NeuroImage, 36*（4）, 1065–1073.

（三）性的发育和成熟

生殖系统是人体各系统中发育成熟最晚的，它的成熟标志着人体生理发育的完成。

1. 性激素的增多

性激素分泌是整个内分泌系统活动的一个重要内容。在青春期之前，无论男女，都仅分泌少量的性激素。进入青春期后，个体下丘脑的促性腺释放因子的分泌量增加，从而使垂体前叶的促性腺激素分泌也增加，进而导致性腺激素水平相应提高，促进性腺发育。女性的性腺为卵巢，男性的性腺为睾丸。性腺的发育成熟使女性出现月经，男性发生遗精。

2. 性器官的发育

女性的性器官包括卵巢、子宫及阴道。在青春期之前，女性的性器官发育缓慢，8~10 岁发育加快，以后的发育速度则直线上升。子宫的发育从 10 岁始到 18 岁止，长度增加了 1 倍，其形状及各部分的比例也有所改变。

男性的性器官包括睾丸、附睾、精囊、前列腺及阴茎。男性的性器官发育比女性要晚些，在 10 岁以前发育很慢，进入青春期后发育加速。

3. 性机能的发育

性器官的迅速发育使青春期的女孩出现月经。月经初潮的年龄一般在 10~16 岁。女性月经初潮出现得早与晚，与其所处的地理环境、气候条件、经济水平以及营养状况等因素有关。月经初潮后，由于卵巢发育尚未完全成熟，因而在一个阶段内，月经周期并不规律，一般在一年内可达正常。

男性首次遗精的时间也有个别差异，一般发生于 12~18 岁。

影响青春期个体生长发育的因素很多，诸如遗传、营养、运动、生活条件、气候环境等。目前，由于科学技术的高度发展、现代文明的普及以及全球性气候条件的变化等，个体青春发育期普遍存在提前的趋势，这使青春期个体身心发展的不平衡性及矛盾性更加明显地表现出来。

进入青年早期后，个体身体的发育基本达到稳定状态。身高、体重增长速率减慢，18 岁以后个体的身高增加得很少。其他生理结构和机能也在此阶段发展减缓，并在不同的时段进入成熟状态。个体的心肺、肌肉、骨骼等方面的生理机能大概到 19 岁达到成人水平；神经系统处于缓慢持续的发展过程中，要到 20~25 岁才达到完全成熟。

二、青少年心理发展的一般特点

人的生理发展与心理发展是密切联系的。在人一生的大部分时间里，生理发展与心理发展的速度是相互协调的，因而使个体的身心处于一种平衡、和谐的状态。青少年期作为个体发展的过渡时期，生理、认知和社会性方面均产生了巨大的变化，使得其心理发展表现出一些与其他阶段不同的特点。这些特点又集中体现在青春期。青春期是人类个体生命全程中一个极为特殊的阶段，这个阶段的个体生理发育十分迅速，在 2~3 年内就能完成身体各方面的生长发育任务并达到成熟水平，但其心理发展的速度则相对缓慢，心理发展水平尚处于从幼稚向成熟发展的过渡时期。这样，青春期个体的身心就处在一种非平衡状态，引起种种心理发展上的矛盾。

（一）生理变化对心理活动的冲击

随着青春期的到来，青少年在生理上出现了急剧的变化，这必然给他们的心理活动带来巨大影响。这种影响主要来自两个方面。

首先，由于青少年身体外形的变化，他们产生了成人感，因此，在心理上他们也希望能尽快进入成人世界，希望尽快摆脱童年时的一切，寻找到一种全新的行为准则，扮演一个全新的社会角色，获得一种全新的社会评价，重新体会人生的意义。就在这种种新的追求中，他们感到种种困惑。

其次，由于性的成熟，青少年对异性产生了好奇和兴趣，萌发了与性相联系的一些新的情绪体验，滋生了对性的渴望，但又不能公开表现这种愿望和情绪，所以，体会到一种强烈的冲击和压抑。

（二）心理上成人感与幼稚性的矛盾

青春期个体的心理活动往往处于矛盾状态，其心理水平呈现半成熟半幼稚性。

其成熟性主要表现为他们产生了对成熟的强烈追求和感受，这来自身体的快速发育及性的成熟。在这种感受的作用下，他们在对人、对事的态度、情绪情感的表达方式以及行为的内容和方向等方面都发生了明显的变化，同时也渴望社会、学校和家长能给予他们成人式的信任和尊重。

其幼稚性主要表现在认知能力、思想方法、人格特点及社会经验上。青少年的思维虽然已经是以抽象逻辑思维为主要形式，但水平还较低，处于从经验型向理论型过渡的时期；由于辩证思维刚开始萌发，所以，他们在思想方法上仍带有很大的片面性及表面性；在人格特点上，他们还缺乏成人那种深刻而稳定的情绪体验，缺乏承受压力、克服困难的意志力；他们的社会经验也十分欠缺。

由于成人感及幼稚性并存，所以，青春期少年在心理上表现出种种冲突和矛盾，具有明显的不平衡性。

1. 反抗性与依赖性

青春期个体产生了一种强烈的成人感，进而产生了强烈的独立意识。他们对一切都不愿顺从，不愿听取父母、教师及其他成人的意见。在生活中，从穿衣戴帽到对人对事的看法，常处于一种与成人相抵触的情绪状态中。

但是，青少年的内心并没有完全摆脱对父母的依赖，只是依赖的方式较之过去有所变化。童年时，对父母的依赖更多的是在情感和生活上；青春期时，对父母的依赖则表现为希望从父母那里得到精神上的理解、支持和保护。

存在于少年身上的反抗性也带有较复杂的性质。有时是想通过这种途径向外人表明，他已具有了独立人格；有时又是为了做个样子给自己看，以掩饰自己的软弱。实际上，在生活中的许多方面，青少年还是需要成人帮助的，尤其是在遭受挫折的时候。

2. 闭锁性与开放性

进入青春期的个体渐渐地将自己内心封闭起来。他们的心理生活丰富了，但表露于外的东西减少了，加上他们对外界不信任和不满意，这种闭锁性的程度又增加了。

但与此同时，他们又感到非常孤独和寂寞，希望能有人来关心和理解他们。他们不断地寻找朋友，一旦找到，就会推心置腹，毫不保留。因此，青春期个体在表现出闭锁性的同时，又表现出很明显的开放性。

3. 勇敢与怯懦

在某些情况下，青春期的个体似乎能表现出很强的勇敢精神，但这时的勇敢带有莽撞和冒失的成分，具有初生牛犊不怕虎的特点。这是因为：首先，他们在思想上很少受条条框框的限制和束缚，在主观意识中没有过多的顾虑，常能果断地采取某些行动；其次，他们在认识能力上具有局限性，使其经常不能立刻辨别危险的情况。

但在另外一些情况下，青春期的个体也常常表现得比较怯懦。例如，他们在公众场合常羞羞答答，不够坦然和从容，未说话先脸红的情况在少男少女中是常见的。这种行为上的局促是与他们缺少生活经验以及这个年龄阶段所特有的心理状态分不开的。

4. 高傲与自卑

由于青春期的个体尚不能确切地评价和认识自己的智力潜能和性格特征，很难对自己做出一个全面而恰当的估价，而是凭借一时的感觉对自己轻下结论，因而他们对自己的自信程度把握不当。几次甚至一次偶然的成功，就可以使他们认为自己是一个非常优秀的人才而沾沾自喜；几次偶然的失利，就会使他们认为自己无能透顶而极度自卑。在青春期的同一个体身上，这两种情绪往往交替出现。

5. 否定童年与眷恋童年

进入青春期的个体，随着身体的发育成熟，成人意识越发明显。他们认为自己的一切行为都应该与幼小儿童的表现区分开来，力图从各个方面对自己的童年加以否定，从兴趣爱好到人际交往方式，再到对问题的看法，他们都想抹去过去的痕迹，期望以一种全新的姿态出现于生活的各个方面。

但在否定童年的同时，这些少年的内心又留有几分对自己童年的眷恋。他们留恋童年时那种无忧无虑的心态，留恋童年时那种简单明了的行为方式及宣泄情绪的方式，尤其当他们在各种新的生活和学习任务面前感到惶惑的时候，特别希望仍能像小时候一样，得到父母的关照。

以上所列的这几方面心理发展的矛盾性特点，都可归结到青春期所具有的既成熟又幼稚这一根本性特点上。

进入青年早期后，青少年的生理发展趋于平缓，其思维、社会性逐渐发展并成熟，青少年的心理发展虽然还具有一定的动荡性和矛盾性，但不再显著。他们的独立性逐渐增强，获得了成人感；个性逐渐定型；他们形成了良好的自我意识、社会适应能力，价值观、道德观变得成熟，这为他们进入心理成熟而稳定的成人阶段做好了准备。

第二节　青少年思维的发展

思维是智力的核心，青少年的智力发展主要体现在其思维能力的发展上。青少年思维发展的基本模式是由形象思维、抽象思维过渡到辩证思维，主要特点是思维逐步符号化。与具体运算阶段的儿童相比，他们发展了抽象的、科学的思维能力，具体表现为：思维的概括能力增强；能使用假设检验和更加一般的逻辑规则进行思考，不再借助于具体事物和事件；思维活动中的自我意识成分增多，思维的反省性和监控性明显提高；辩证思维能力增强，看问题不再那么绝对化；思维的创造性也迅速发展。

一、青少年思维的基本特征

根据皮亚杰的认知发展阶段理论可知，青少年正处于形式运算思维阶段。这个阶段的主要思维特点是，在头脑中可以把事物的形式和内容分开，可以离开具体事物，根据假设来进行逻辑推演，能运用形式运算来解决诸如组合、包含、比例、排除、概率及因素分析等逻辑课题。

青少年期两个阶段——少年期和青年早期的个体又各有自己的思维特点。少年期个体的形象思维趋于成熟，抽象逻辑思维开始占优势。从初中二年级开始，学生的抽象逻辑思维开始由经验型水平向理论型水平转化。因此，初中生思维活动的基本特点是抽象逻辑思维占优势地位，但有时思维中的具体形象成分还起作用。① 青年早期个体的形象思维已完全发展成熟，抽象逻辑思维的发展也进入了成熟期。到高中二年级时，经验型向理论型的转化初步完成，标志

① 朱智贤著:《儿童心理学》，人民教育出版社 2009 年版，第 387 页。

着他们的抽象逻辑思维趋向成熟。因此，逻辑思维的发展是青少年思维发展的重点。

按照思维中所遵循的逻辑规律与所用的逻辑方法的不同，逻辑思维可以分为形式逻辑思维和辩证逻辑思维两大类。形式逻辑思维和辩证逻辑思维也是抽象逻辑思维两个不同的发展阶段，辩证逻辑思维以形式逻辑思维为基础，且高于形式逻辑思维。这两种思维形式的发展和成熟，是青少年思维发展和成熟的重要标志。高中生形式逻辑思维的发展较为稳定而匀速，而辩证逻辑思维的发展则比较迅速。在此阶段，其形式逻辑思维获得了相当完善的发展，在思维活动中占据主导地位。而辩证逻辑思维的发展水平低于形式逻辑思维，两者的发展相辅相成，使得青少年的思维水平更高、更成熟、更完善。

二、青少年逻辑思维的发展

（一）抽象逻辑思维的发展特点

抽象逻辑思维是一种通过假设进行的、形式的、反省的思维。这种思维具有以下特征：一是通过假设进行思维；二是思维具有预计性；三是思维形式化；四是思维活动中自我意识和监控能力的明显化。①

青少年正处于中学阶段。在整个中学阶段，青少年的抽象逻辑思维得到了迅速的发展。这种发展有一个过程，少年期和青年早期的思维是不同的。在少年期的思维中，抽象逻辑思维虽然开始占优势，但是在很大程度上还属于经验型，需要感性经验的直接支持。而青年早期的抽象逻辑思维则属于理论型，表现为个体能在头脑中进行完全属于抽象符号的推导，能用理论作指导来分析、综合各种事实材料，从而不断扩大自己的知识领域或解决各种问题。青年早期的思维过程既包括从特殊到一般的归纳过程，也包括从一般到特殊的演绎过程，也就是从具体提升到理论，又用理论指导去获得知识的过程。因此，青少年的思维是过渡型的，即处于由经验型向理论型的转化，在这个过程中，抽象逻辑思维获得了高度

① 林崇德、李庆安：《青少年期身心发展特点》，《北京师范大学学报（社会科学版）》2005 年第 1 期。

的发展。

处于少年期的初中生，抽象逻辑思维的发展特点在其运用假设的能力上有所体现。皮亚杰认为，在形式运算阶段，“现实性”和“可能性”在个体思维中的主导地位发生了逆转。“可能性”已不像形式运算阶段之前那样，仅仅是个体行为或经验的延伸，它可能先于“现实性”出现。① 事实和实验均表明，初中生在面临智力问题时，并不是直接去抓结论，而总是通过首先挖掘出隐含在问题材料情境中的各种可能性，再用逻辑分析和实验证明的方法对每种可能性予以验证，最后确定哪种可能性是事实。因此，初中生已认识到现实只是包含在由事实和假定构成的总体中的一个子集，它通常并不直接出现在我们面前，而需要用逻辑方法去搜寻。正是由于初中生已具有了这种建立假设及检验假设的能力，他们的思想相对于童年期才更具有深度、广度、精确性和灵活性。虽然处于具体运算阶段（7~12 岁）的儿童在解决问题时，也能产生一些初步的、与实际经验密切相联系的假设，但他们运用假设、检验假设的能力具有极大的局限性。最明显的表现是，一旦他们产生了一个对问题情境的可能性解释，就会立刻将它认定为事实。而初中生的情况恰恰相反，他们常用十分怀疑的态度认真地检验每个假设，甚至对那些看起来很怪异的假设也不放过，决不轻易地承认任何一种可能性。

研究者做了一个有关可能性推理能力发展的实验，充分揭示了青春期前后儿童思维的发展性变化。该实验选用了四个年龄组的被试，分别为三年级、六年级、九年级的学生以及成人。实验材料分为三个部分。首先，屏幕顶端呈现条件句，用来描述屏幕中间部分盒子里的两个图形，例如“如果圆圈是红色的，那么五角星是黄色的”。实验者大声朗读条件句。7 秒后，屏幕中间呈现长方形的盒子，1 秒后在盒子的左侧呈现圆圈，2 秒后在盒子的右侧呈现五角星，并由实验者大声说出这两个图形的颜色。最后，屏幕底端呈现相应的反应键，真假评估任务中反应键为“真”“不知道”“假”，可能性评估任务中反应键为“一致”“不一

① Conger, J. J. (1973). *Adolescence and youth: Psychological development in a changing world*. New York: Harper & Row, p.177.

致”。整个实验共使用了 16 种颜色配对、4 种逻辑关系（如果 p，则 q；如果 p，则非 q；如果非 p，则 q；如果非 p，则非 q）。在可能性评估任务中，实验者告诉被试，教师要求 16 名学生用一个圆圈和一个五角星来填充盒子，并且告诉每个学生盒子里圆圈和五角星的颜色。该任务要求被试根据指导语判断盒子里面的情况:“请判断该学生是否遵守了游戏规则。如果这个学生遵守规则并按照指导语的内容正确完成操作，请你在绿色盒子上做标记；如果这个学生没有遵守规则并且没有按照指导语的内容正确完成操作，请你在红色盒子上做标记。”在真假评估任务中，实验者告诉被试，教师要求 16 名学生每人负责填充五个盒子。每个学生收到五个盒子中的四个盒子，通过学习这四个盒子中圆圈颜色和五角星颜色之间的关系，判断第五个盒子的填充规则。当看到第五个盒子时，实验者要求被试判断这个学生推理出来的规则的真伪（学生并没看到第五个盒子）。“通过学习盒子里的内容，请你判断该学生发现的规则是否正确，或者，你认为根据盒子里的内容还不能判断规则的真假。绿色的盒子代表‘真’，红色的盒子代表‘假’，蓝色的盒子代表‘不知道’。”在真假评估任务的控制组实验中，指导语做如下改变:“通过学习盒子里的内容，请你判断学生发现的规则是否正确。绿色的盒子代表‘真’，红色的盒子代表‘假’。”这项实验的核心内容是从不熟悉的关系中推理事件存在的可能性，因而并不涉及知识经验的使用。结果发现，六年级的学生，即青春期初期的孩子，能够把单一的解释转化成两种可能的解释。三年级的小学生尚未意识到可能性的存在，他们无法理解“非 p”这种情况，而青春期的孩子能够掌握条件的假设意义，并且能够理解“非 p”条件并非必须与“p”条件相对立。青春期孩子的这种发展性变化为与可能性有关的推理打开了大门，同时，这种变化也恰如其分地回应了皮亚杰认知发展阶段中的形式运算阶段。①

高中生的抽象逻辑思维已具有充分的假设性、预计性及内省性。

从高中阶段开始，学生在思维中运用假设的能力不断增强。抽象逻辑思维就是要求人们撇开具体事物，运用概念和假设进行思维活动，因此，它要求思维者

① Gauffroy, C., & Barrouillet, P.（2011）. The primacy of thinking about possibilities in the development of reasoning. *Developmental Psychology, 47*（4）, 1000-1011.

按照提出问题、明确问题、提出假设、检验假设的途径，经过一系列抽象逻辑的过程，达到解决问题的目的。

思维假设性的发展，又使得高中生的思维更加具有预计性，也就是说，在解决问题之前，他们能事先形成打算、计划、方案以及策略等。

对思维活动的自我调节是思维顺利开展的重要条件。从高中阶段起，学生思维活动的自我意识或监控能力更加明显化，这就使其思维活动具有内省性，具体表现为，他们已经能够意识到自己智力活动的过程，并在一定程度上控制这一过程，使解决问题的思路更加清晰，判断更加明确。

整个青少年期，个体的抽象逻辑思维逐渐发展并进入成熟期。其标志为，从初中二年级到高中二年级的几年内，学生的抽象逻辑思维初步完成从经验型水平向理论型水平的转化。青少年的思维成熟性主要表现在下述三个方面：首先是各种思维成分基本趋于稳定状态，基本上达到了理论型抽象逻辑思维的水平；其次是个体的思维差异，包括在思维品质和思维类型上的差异已基本上趋于定型；最后是从整体来看，思维的可塑性已大大减少，与成年期的思维水平基本保持一致，甚至在某些方面的思维能力还高于成人。

（二）形式逻辑思维的发展特点

形式逻辑思维是个体抽象逻辑思维发展的初级形式。青少年形式逻辑思维的发展主要表现在概念的发展和推理能力的发展两个方面。

1. 概念的发展

进入青少年期之后，个体日益掌握了更多的抽象概念和更复杂的概念系统。关于在校青少年字词概念发展水平的研究表明，初、高中学生理解字词概念的能力存在着明显的年龄特征。①② 大多数初中一年级学生是从功用性的定义或具体的描述水平，向接近本质的定义或具体的解释水平转化。大多数初中二、三年级学生达到接近本质的定义或具体的解释水平，或者是由这两类水平向对概念做本

① 冯瑞琴、申继亮：《青少年“图书馆”概念发展中内涵与外延的关系》，《心理发展与教育》1999 年第 4 期。

② 母小勇：《成人与中学生科学概念形成过程的四个对比实验》，《心理科学》2002 年第 5 期。

质定义的水平转化。这说明，初中二年级是掌握字词概念的转折点。进入高中阶段后，达到接近本质定义和本质定义水平的人次要比初中阶段多，掌握字词概念的数量也比初中多；同时，高中生还能较正确地对社会概念、哲学概念和科学概念做出定义。这说明，在正常的教学条件下，高中生能够对他们所理解的概念做出比较全面的、反映事物本质特征和属性的、合乎逻辑的定义。①

关于儿童和青少年获得几何概念认知操作的发展研究表明：到初中三年级，大部分被试可以运用恰当的语言符号来描述某一几何概念的有关性质；到高中一年级时，大部分被试在上述能力发展的基础上，能够根据某一几何概念的本质属性正确评价相应概念的正例证和负例证，而且许多高中生能够通过分析，比较某一几何概念的正例证和负例证，给出这一概念的本质内涵。②

初、高中生的分类能力可以分为四级水平：一级水平——不能正确分类，也不能说明分类的依据；二级水平——能够正确分类，但不能确切地说清分类的依据；三级水平——能够正确分类，但不能从本质上说明分类的依据，仅能从事物的某些外部特征或功用特点来说明分类的依据；四级水平——能够正确分类，并能从本质上说明分类的依据。研究表明：初中生对有关概念的分类处于从三级水平向四级水平过渡的状态中；高中生对概念的分类达到四级水平的居多，所说明的分类依据能揭露事物的本质，理论性较强。所以，高中生所掌握的概念逐步摆脱了零散、片断的现象，日益成为有系统的、完整的概念体系。

2. 推理能力的发展

从初中一年级开始，青少年就开始具备各种逻辑推理能力。

有研究者结合行为实验与脑成像技术，采用激活外侧前额皮质的关系推理任务探究青少年推理能力的发展状况。该研究采用2（控制，相关）×5（儿童1，儿童2，青少年1，青少年2，成人）的混合设计，刺激材料由六种不同的几何图形组成并配有不同的纹理图案（共六种）。在控制条件下，实验者向被试呈现

① 朱智贤、林崇德著：《思维发展心理学》，北京师范大学出版社2002年版，第488页。

② 陈英和：《关于儿童获得概念能力的培养研究》，《心理发展与教育》1992年第3期。

三个刺激项目，要求被试判断底端的项目是否在某一特定维度（形状或纹理）上与顶端两个项目中的一个相匹配。在相关条件下，实验者向被试呈现四个项目，要求被试推测顶端两个项目间的变化维度（形状或纹理），并判断底端两个项目间的变化维度是否与该维度相同。被试统一使用右手食指和中指进行“是”或“否”的按键反应。结果发现，从青少年中期到成年期，外侧前额皮质及额内侧回的激活随年龄的增长而降低。该研究结果表明，从青少年中期到成年期，个体的认知神经策略不断成熟，推理能力不断发展。①

初中生逻辑推理能力的发展是不平衡的，总体来讲，归纳推理的能力高于演绎推理的能力。在对各种演绎推理的掌握上，也有一个发展顺序，最先掌握的是直言推理，其次是复合推理和选言推理，最后是连锁推理；初中生运用推理水平的发展顺序是，最先掌握的是推理中干扰的排除，其次是改正错误，最后是运用推理去解决问题（朱智贤、林崇德，2002）。逻辑推理能力发展的不平衡性还表现在个体差异方面。国内有研究考察 12~18 岁中学生类比推理的发展特点，结果发现中学生的类比推理能力随年龄及年级的增长而不断提高。男生的类比推理能力在整个初中阶段发展都比较快，女生的类比推理能力只在初一发展较快。此外，理科生的类比推理能力要好于文科生，高二时这种差异接近显著，高三时这种差异达到显著水平。中学生在类比推理、传递推理、演绎推理、归纳推理等方面发展并不均衡。该研究发现，类比推理能力可能是传递推理能力、归纳推理能力、演绎推理能力等其他推理能力的综合表现。值得一提的是，推理能力的好坏受实验材料影响，在该研究中类比推理材料从易到难分别为故事类比、数字类比、结构类比。②

（三）辩证逻辑思维的发展特点

辩证逻辑思维是个体抽象逻辑思维发展的高级形式。辩证逻辑思维是反映客观现实的辩证法，是主体自觉或不自觉地按照辩证法所进行的思维。最早对儿童

① Dumontheil, I., Houlton, R., Christoff, K., & Blakemore, S. J.（2010）. Development of relational reasoning during adolescence. *Developmental Science, 13*（6）, 15–24.

② 贾谊峰:《中学生类比推理发展特点的实验研究》，西南师范大学硕士学位论文，2005 年。

和青少年的辩证逻辑思维发展进行研究的是皮亚杰。从1928年研究儿童“左右”概念发展特点起，他先后研究了儿童“长短”“大小”“兄弟”等概念，并做了辩证逻辑思维发展的解释。这种思维形式在高中阶段迅速发展并开始占优势地位。

处于青年早期的高中生，辩证逻辑思维的发展与其自身的实践活动有密切的关系。学习、生活、活动及人际关系等方面都需要他们有新的思维形式和思想方法，需要他们用对立统一的观点去分析问题，需要他们发展辩证逻辑思维。

在高中生的思维过程中，抽象与具体获得了一定程度的统一。其理论型的抽象逻辑思维迅速发展，这种思维过程既包括从特殊到一般的归纳过程，也包括从一般到特殊的演绎过程，也就是从具体上升到理论，又用理论指导去获得具体知识的过程，这是辩证逻辑思维发展的重要表现。而且，高中生在实践与学习中，逐渐认识到一般和特殊、归纳和演绎、理论和实践的对立统一关系，并逐步发展以全面的、运动变化的、统一的观点去认识问题、分析问题和解决问题的能力，这都是高中生辩证逻辑思维发展的标志。

国内的研究表明，在校青少年辩证逻辑思维发展的趋势是：初中一年级学生已经开始掌握辩证逻辑思维，但水平较低；初中三年级学生的辩证逻辑思维处于迅速发展阶段；高中学生的辩证逻辑思维已趋于占优势的地位。造成这种发展趋势的原因很多，主要有以下两个方面。第一，初中一年级学生所掌握和领会的还是较为简单的知识，缺乏广度和深度，他们缺乏对事物本质的深入了解，因此，他们的辩证逻辑思维水平不高。初中三年级学生所学的知识较为系统、深刻，他们开始知晓学科的基本结构和基本规律，另外，他们的形式逻辑也有较大的发展，并占据主导地位，这就为辩证逻辑思维的发展奠定了坚实的基础，使其辩证逻辑思维得以加速发展。高中学生学习内容更加繁复、深刻，各种课程的教学渗透了辩证唯物主义原理，而且开设的哲学基础课使其逐步形成辩证唯物主义观点，这样使高中学生的辩证逻辑思维也开始占优势地位。第二，初中一年级学生在学习和生活上还具有依赖性，这在一定程度上限制了其思维能力，特别是辩证逻辑思维能力的发展。随着年龄的增长，初中三年级学生逐步克服了依赖性，提高了思维的独立性和批判性，尤其到了高中阶段，高中学生已经开始走上独立的生活道路，未来的理想成为他们新需要的组成因素，整个社会、学校、家庭要求他们自觉从事学习和劳动，学会正确地处理好各种关系及各种问题，这不仅要求他们能够独立进行思维活动，而且还要求他们具有正确的思想方法。以上这些主客观因素使高中生对事物及世界的认识更趋于深刻、完善，不仅能认识事物的本质属性，而且还能揭示事物运动发展变化的原因及其对立统一的关系，因此，他们的辩证逻辑思维必然随之发展，并逐步占据优势。

三、青少年思维监控的发展

随着年龄的增长，青少年会对自己的思维过程不断进行反思，即青少年思维活动中的自我意识和监控能力逐渐明显化。思维监控是指为了保证达到预期的目的，在思维过程中将思维个体作为意识的对象，不断地对其进行积极主动的定向、控制、调节的能力。思维监控的发展是青少年思维发展的一个显著特点，也是其思维发展趋于成熟的一个标志。

思维的自我监控是整个思维结构的统帅和主宰。思维的自我监控有以下六大功能。（1）确定思维的目的。（2）管理和控制非认知因素，有效地保护积极的非认知因素，努力将消极的非认知因素转化成积极的非认知因素。（3）搜索和选择恰当的思维材料。（4）搜索和选择恰当的思维策略。（5）实施并监督思维的过程。（6）评价思维的结果，检查当前的思维结果是否与既定目的一致。如果不一致，对前五种功能做必要的调整和修正。如此循环往复，直到实现既定目的为止。①

有人曾报告说，思维过程的计划和监控实际上属于元认知的范畴。②元认知监控是指主体在进行认知活动的过程中，将自己正在进行的认知活动作为意识对象，不断地对其进行积极而自觉的监视、控制和调节的过程。因此，用元认知监

① 李庆安、吴国宏：《聚焦思维结构的智力理论——林崇德的智力理论述评》，《心理科学》2006年第1期。

② Sinnott, J. D.（1986）. Lifespan relativistic postformal thought: Methodology and data from everyday problem solving studies. In M. L. Commons, J. D. Sinnott, F. A. Richards & C. Armon（Eds.）, *Beyond formal operations Ⅱ: Comparisons and applications of adolescent and adult developmental models.* New York: Praeger.

控思想来解释思维监控是比较恰当的，因为思维是认知的一个核心部分。

一些认知发展研究者认为，随着年龄的增长，人们在不断地反思和自知，也就是说自我意识和自我监控能力在逐渐增强，并且这种能力会影响其他认知能力。研究者通过真实事件材料考察了初中生的元认知能力对其产生事后偏差的影响，以及此影响是否仅存于假设型范式中。结果发现：在两种范式下，元认知能力较高的初中生所表现出的事后偏差均显著低于元认知能力较低者。在不同范式下，起显著预测作用的元认知能力成分有所不同。在回忆型范式中，初中生的元认知技能和元认知体验能力越强，其事后偏差越小；而在假设型范式中，初中生的元认知知识和元认知技能越强，其事后偏差越小。①

在初一至高一期间，青少年自我监控能力的发展速度比小学生快得多，其计划性、准备性、方法性和反馈性得到了很好的发展。青年早期个体与成人在问题解决过程中的即时监控表现差异不显著，他们的思维监控能力已经接近成人水平。②有关青少年自我监控能力发展特点的研究发现，随着年龄的增长，青少年自我监控水平不断提高，表现为：在计划性方面，初步思考时间延长，停顿次数减少；在监视性方面，悔步次数逐渐减少；在有效性方面，认知操作的总时间减少，错误数也逐渐减少；自我监控中的计划性和监视性也影响认知操作的速度和准确性。因此，年龄小的青少年花较少的时间思考，因而操作中的停顿次数和悔步次数增加，说明他们的监控水平较低，表现出无计划性，影响了思维效率；而年长的青少年花较多的时间思考、计划、分析任务、选择策略，操作时的停顿和悔步次数就减少了，表现出较高水平的自我监控。③有关数学学科自我监控能力的研究发现，在正常学校教育条件下，中学生数学学科自我监控能力随学生年龄

① 陈英和、赵渟含、赖颖慧:《元认知能力对初中生事后偏差的影响》,《心理科学》2010年第6期。

② Vukman, K. B. (2005). Developmental differences in metacognition and their connections with cognition development in adulthood. *Journal of Adult Development, 12*(4), 211–221.

③ 沃建中、林崇德:《青少年自我监控能力的发展研究》,《心理科学》2000年第1期。

的增长及数学知识的积累而不断发展，这种发展具有年龄阶段性特征，符合从局部监控到整体监控、从他控到自控、从不自觉到自觉最后到自动化等基本规律，敏感性、迁移性逐渐增强。①

因此，青少年对自己思维的反思和监控是不断发展的。思维监控在整个思维活动中具有举足轻重的地位，青少年能否全面地、有效地发挥思维的自我监控功能，决定着其思维自我监控水平的高低；思维自我监控水平的高低，会影响他们思维过程的效率和思维结果的优劣，进而也影响到个体智力的差异。

四、青少年创造性思维的发展

创造性思维是重新组织已有的知识经验，提出新的方案或程序，并创造出新的思维成果的思维活动。②创造性思维是人类思维的高级形式，是多种思维（如发散思维和辐合思维、直觉思维和分析思维等）的综合表现。

创造性思维过程有五个阶段。（1）定向阶段——创造性思维的开始阶段，对问题进行定义和确定问题中的重要维度。（2）准备阶段——尽可能多地搜集与问题有关的信息。（3）酝酿阶段——在大多数问题的解决过程中出现的无奈期，即所有能想到的方案都无法解决问题，问题解决被移入无意识中进行，看似不再去想，而实际上仍在继续思考。（4）顿悟阶段——思想火花的闪现阶段，顿悟或一系列顿悟的产生标志着酝酿阶段的结束，一下子发现问题解决办法。（5）验证阶段——检验并批判性地评价在顿悟阶段获得的问题解决方案。如果方案是错误的，思考者就返回酝酿阶段。这只是典型的创造性思维阶段，实际的创造性思维要复杂得多。③

青少年的创造力整体呈阶段性发展，在同一阶段内呈连续性，小学六年级到

---

① 章建跃、林崇德：《中学生数学学科自我监控能力的发展》，《中国教育学刊》2000年第4期。

② 彭聃龄主编：《普通心理学》（修订版），北京师范大学出版社2001年版，第245页。

③ [美] D. 库恩著，郑钢等译：《心理学导论——思想与行为的认识之路》，中国轻工业出版社2004年版，第408—409页。

初一为发展的关键期（如图 8-3 所示）。随着年龄的增长，高中生创造性思维的流畅性呈下降趋势，变通性平稳发展，独特性逐渐提高。① 乡镇中学生的创造性思维发展也有相似的特点。② 在性别方面，女生创造力水平明显高于男生。具体而言，小学阶段男生水平略好于女生，进入初中后，女生好于男生且两者间差异增大，高中阶段两者差距减小，但女生水平仍高于男生。③

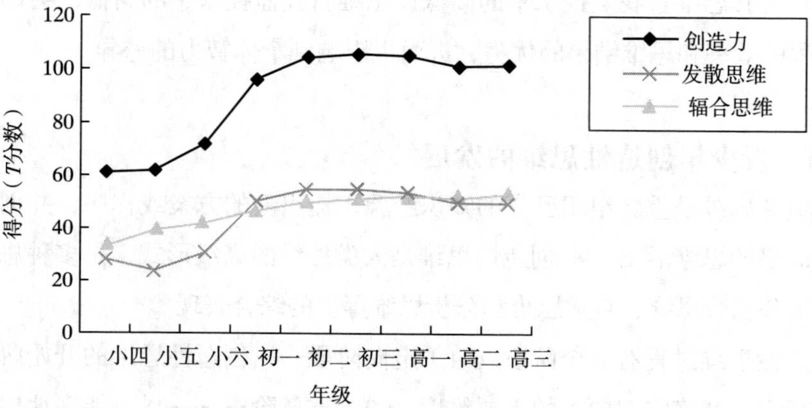

图 8-3 创造力水平发展趋势

初一学生创造性思维水平较低，原因有很多。在生理方面，此时正是个体由儿童向青少年期过渡的年龄；青少年对行为规范具有高度的一致性趋向，思维变得较为稳健、平常；原有的认知结构也已远远不适应于初中。而高中二年级学生创造性思维发展迅速，原因在于：生理上，这一阶段青少年已经发育成熟，并且已经接近成年；基本上完成了知识的学习任务，已经积累了较为完备的创造性思维所要求的有关领域的技能。

有关创造性思维的组成成分有不同的观点，其中，创造性想象和发散思维是

① 童秀英、沃建中:《高中生创造性思维发展特点的研究》,《心理发展与教育》2002 年第 2 期。

② 刘国雄、施建农:《乡镇中小学生创造性思维的发展与教育》,《中国特殊教育》2004 年第 2 期。

③ 沃建中、王烨晖、刘彩梅、林崇德:《青少年创造力的发展研究》,《心理科学》2009 年第 3 期。

两个重要的成分。

发散思维是指人们沿着不同的方向思考，重新组织当前的信息和记忆系统中存储的信息，产生出大量、独特的新思想的思维方式。发散思维的特点是：流畅性、变通性和独创性。① 发散思维是创造性思维的一个重要表现形式，上述创造性思维的研究多以发散思维为重要指标，因此青少年发散思维的发展趋势与上述创造性思维的发展趋势具有一致性。具体而言，青少年的发散思维在小学五年级出现低谷后到初三一直处于上升阶段，初三为其发展的顶峰，其后到高三一直处于下降趋势。②

创造性想象是指在创造活动中，不依据现成的描述，而根据一定的目的、任务，在头脑中独立地创造新形象的过程。在幼儿和儿童期，创造性想象是创造性思维的主要组成部分和表现形式；到了青少年期，则成为创造性思维表现形式的一种。有研究对我国 4 320 名从小学四年级到高三的学生进行创造性想象水平测量。结果发现：我国青少年的创造性想象水平是随着年级升高而不断发展的，从小学四年级到高二一直呈增长状态，高三略有下降。青少年创造性想象在不同的发展阶段，发展速度不同，小学四年级到六年级、初一到初三年级发展的速度较快，高中阶段发展呈稳定状态。小学阶段的创造性想象水平明显低于中学阶段。此外，在不同的年级，青少年对想象的表述方式是不同的，在低年级时更多用图画表达自己的想法，在高年级时更加擅长用语言来表述想象。③

除创造性想象和发散思维外，青少年创造性思维的发展还表现在顿悟、类比迁移及假设检验等方面。青少年期个体的创造性思维处于高度发展阶段，个体创造性思维水平的高低对其创造力的表现有重要影响。

① 彭聃龄主编:《普通心理学》(修订版)，北京师范大学出版社 2001 年版，第 245 页。

② 沃建中、王烨晖、刘彩梅、林崇德:《青少年创造力的发展研究》,《心理科学》2009 年第 3 期。

③ 李秀菊、陈玲、张会亮:《我国青少年创造性想象的发展状况研究》,《上海教育科研》2012 年第 4 期。

第三节 青少年个性和社会性的发展

随着青少年生理和智力所发生的一系列特殊的变化，他们在个性发展上也出现了许多新特点，表现在自我意识、情绪情感、日常心态以及与父母、同伴的关系等诸多方面。总体来讲，青少年的个性特点有二：其一是不平衡性；其二是极端性或偏执性。

一、自我意识的发展

（一）自我意识的基本特点

许多心理学家认为，青春期是自我意识发展的第二个飞跃期。

个体在进入青春期以前，曾出现过一次自我意识发展的飞跃期，年龄在1~3岁，以儿童可以用代词“我”来标志自己为重要特点。在接下来的若干年里，儿童的自我意识虽然还在继续发展着，但发展的速度则是相对平稳的。

进入青春期后，由于身体的迅速发育，青少年很快出现了成人的体貌特征。这种生理上的变化发生得过于突然，使他们在产生一种惶惑感觉的同时，自觉或不自觉地将自己的思想从一直嬉戏于其中的客观世界中抽回了很大一部分，重新指向主观世界，使思想意识再一次进入自我，从而导致自我意识的第二次飞跃。自我意识高涨的突出表现是，青少年的内心世界越发丰富起来，他们在日常生活和学校中，常常将很多心智用于内省。“我到底是个怎么样的人？”“我的特征是什么？”“别人喜欢我还是讨厌我？”等一系列关于“我”的问题开始反复萦绕于他们的心中，这种倾向在其作文及日记中常可以清楚地观察到。例如，同是以“我看到了什么”为内容的作文，小学生是纯粹地描述客观世界的景象，而青少年虽然仍对客观世界进行描述，但他们的描述中带有浓重的个人情绪情感基调，在作文中更突出了个人的喜好、烦恼和憧憬等。

青春期自我意识高涨的另一个主要表现是个体个性上的主观偏执性。一方面，青少年总是认为自己正确，听不进别人的意见；另一方面，他们又感到别人似乎总是用尖刻挑剔的态度对待他们。因此，如果听到别人在低声讲话，便断定是在议论自己；如果看到别人面露微笑，又认为是在嘲笑自己；如果某位教师多看了自己一眼，就会认为是自己做错了什么……。总之，青少年觉得周围人时时刻刻都在评价他们，这种想法使他们感到压抑、孤独而且神经过敏。

到了青年早期，正是一个人必须明确自己个性的主要特征，开始考虑自己的人生道路的时候，所以一切问题既是以“自我”为核心而展开的，又是以解决好“自我”这个问题为目的的。这种主客观上的需求使得青少年的自我意识获得了进一步的发展。

青年早期自我意识的特点体现在许多方面，祝蓓里（1986）将其总结为以下六点。

第一，自我意识中独立意向的发展。青少年已能完全意识到自己是一个独立的个体，因此要求独立的愿望日趋强烈。但是，这种独立性的要求是建立在与成人和睦相处的基础上的，与初中时期的反抗性特点有所区别。多数青少年基本上能与父母或其他成人保持一种肯定的、尊重的关系，反抗性成分逐渐减少。

第二，自我意识成分的分化。青少年在心理上把自我分成了“理想自我”和“现实自我”两个部分。正是这种分化才使他们形成了思维或行为上的主体性，产生了按照自己的想法去判断和控制自己言行的要求和体验，同时也出现了自我矛盾。

第三，强烈地关心自己的个性成长。青少年十分关心自己个性特点方面的优缺点，在对人、对己进行评价时，也将个性是否完善放在首要位置。

第四，自我评价的成熟。青少年能独立地评价自己的内心品质，评价行为的动机与效果的一致性情况等，其自我评价在一定程度上达到了主客观的辩证统一。

第五，有较强的自尊心。青少年在其言行受到肯定和赞赏时，会产生强烈的满足感；反之，易产生强烈的挫折感。

第六，道德意识的高度发展。

总之，到了青少年中晚期，个体在自我观察、自我评价、自我体验、自我监督、自我控制等自我意识的诸成分上都获得了高度的发展，并趋于成熟。

（二）自我概念

个性的形成也包括具有相对稳定的自我概念或自我形象。一个人是否具有一个适当的自我概念对其个性的发展至关重要。

自我概念（或自我形象）主要是指一个人对自身的连续性、同一性的认识，这个认识包括三个相互联系的成分：认识成分，对自己品质和特质的了解和认识；情感成分，对自身品质的评价及与此相关联的自尊体验；品行成分，从上述两个成分派生出的对自己行为的实际态度。

青少年期个体的认知能力有了很大的提高，他们能以更加抽象、复杂和独特的方式来认识自己，因此青少年的自我概念在内容和结构上都与早期个体的自我概念有很大的差异。① 这种差异主要表现在以下几个方面。

一是自我概念更加抽象。皮亚杰的理论认为，个体在 11 或 12 岁的时候，从具体运算思维向形式运算思维转变。进入青春期的个体已经不再用很具体的词语（如“我喜欢食物”）描述他们的特征，而是更经常用概括性的词语来描述（如“我是一个真正的人”）。到了青年早期，个体的自我概念则更抽象，不仅关注人格特点，同时也关注重要的价值观和意识形态及信念（如“我是一个伪自由主义者”）。

二是自我概念正负性的转变。进入儿童中期，由于社会比较信息及外部反馈，儿童的正性自我评价会有所下降。到 11~13 岁期间会出现另一次回落，此后，自我价值整体评价和具体领域自我价值的积极性会在青春期逐渐上升。

三是自我概念更加具有整合性和组织性。②③ 青少年期的个体在进行自我描述时，不仅仅像早期儿童一样列出自我各方面的特点，而且将自我知觉——包括那些看起来是互相矛盾的方面——整合成更具有逻辑性和连贯性的统一体。

---

① Harter, S. (2003). The development of self-representations during childhood and adolescence. In M. R. Leary & J. P. Tangney (Eds.), *Handbook of self and identify* (pp.610−642). New York: Guilford Press.

② Harter, S. (1990). Self and identity development. In S. Feldman & G. Elliott (Eds.), *At the threshold: The developing adolescent* (pp.352−387). Cambridge, MA: Harvard University Press.

③ Harter, B. S., Bresnick, S., Bouchey, H. A., & Whitesell, N. R. (1997). The development of multiple role-related selves during adolescence. *Development and Psychopathology, 9* (4), 835−853.

四是自我概念的结构更加分化。青少年不再像儿童期个体那样概括地使用某些特质描述自己，而是认识到了自我在不同的情境下会有不同的表现。例如，青少年会根据自己的父母、朋友等不同的交往对象来对自我进行不同的描述，而且他们也会根据自己的不同社会角色分化出不同的自我概念（Santrock，2001）。

影响青少年自我概念的因素很多，主要有以下四种：第一种是生理因素，主要是身体外观形态上的特点，这种特点可以影响青少年自我概念的积极程度或消极程度；第二种是认知水平，具有较高认知水平及成熟的形式逻辑和辩证逻辑思维特点的青少年往往具有更适当、更稳定的自我概念；第三种是父母的自我概念倾向，它对青少年自我概念的影响是同方向的；第四种是成功及失败经验的积累，这也是影响青少年自我概念性质的一个因素。

（三）自我评价

自我评价是与个体认识能力发展相关的一种自我意识的表现，是一种包含社会行为准则的知识和主观经验的复杂心理与行为。具体指个体对自身的思想、能力、水平等所做的评价，它是自我调节机制的主要成分。自我评价的能力只有在青年早期才开始成熟。虽然个体在童年时就开始产生了一些简单的自我评价，但那时的自我评价多是由别人的态度和反应折射到自身而产生的，缺少内省性。到了青年早期，由于抽象逻辑思维的进一步发展、知识经验的日益丰富，青少年逐渐学会了较为全面、客观、辩证地看待自己、分析自己，自我评价的能力才变得全面、主动，而且日趋深刻。主要表现在他们不仅能分析自己一时的思想矛盾和心理状态，能认识到自己对某一具体行为起支配作用的个别心理特点，还能经常对自己的整个心理面貌进行估量，能认识到自己较为稳定的个性心理品质。

自我评价能力的增长及对自我分析要求的提高，不仅是青少年个性高度发展的重要标志，而且也是有目的地进行自我教育的前提。青少年进行自我评价不完全是由于外力的推动，而在相当程度上是出自实现理想自我的愿望，或是对失败和挫折的反省。所以，自我评价能力发展的最终结果将导致青少年更好地实现自我监督和调控及自我改造和完善。

青少年在自我评价的发展上表现出个体差异。大部分青少年能够进行适当的自我评价，但相对而言，青少年易出现自我评价偏高的倾向，因而导致他们行为表现上的自负，常常听不进别人的意见。但随着年龄的增长，这种情况会得到改善，自我评价与其实际表现会日趋一致。此外，性别差异的研究结果显示，从儿童中期或晚期开始，女性的整体自我价值水平都低于男性，并且这种差异在青春中期至晚期最为明显。

（四）自我同一性

埃里克森将青少年期定义为一个人形成同一性的关键期，并且认为青少年经历了同一性对角色混乱这一心理冲突。自我同一性是指个体在特定环境中的自我整合与适应之感，是个体寻求内在一致性和连续性的能力，是对"我是谁""我将来的发展方向""我如何适应社会"等问题的主观感受和意识。为了获得自我同一性，青少年必须在某种程度上整合自我知觉的许多不同方面，使其成为一致的自我感。

马西娅（Marcia，1993）根据青少年探索和投入的程度对个体同一性的发展状态进行了评定，分别把个体归入了同一性的四种状态，即个体解决同一性危机的方式：同一性扩散（diffusion）、同一性早闭（foreclosure）、同一性延缓（moratorium）和同一性完成（achievement）。① 同一性扩散是指个体既没有探索（即个体还没有探求有意义的选择），也没有自我投入。同一性早闭是指青少年做出了自我投入，但是没有进行探索。他们的人生选择常常由权威性的父母做出，没有经历自我探索。同一性延缓是指青少年正处于同一性危机之中，但是成人或社会没有给予他们责任或义务，或者对他们的责任只是进行了模糊的定义。同一性完成是指青少年已进行了探索，并且也进行了积极投入。同一性的发展主要表现为扩散状态向早闭或延缓状态转变，早闭状态向延缓状态转变。② 在青少年早期和中期，个体刚刚开始体验急剧的生理、心理和社会知觉的变化，他们开始重

---

① Marcia, J. E.（1993）. The ego identity status approach to ego identity. In J. E. Marcia, A. S. Waterman, D. R. Matteson, S. L. Archer, & J. L. Orlofsky（Eds.）, *Ego identity: A handbook for psychosocial research*（pp.3–21）. New York: Springer-Verlag.

② Waterman, A. S.（1999）. Identity, the identity statuses, and identity status development: A contemporary statement. *Developmental Review, 19*（4）, 591–621.

新考虑童年期的价值观和身份。同时，不断调节和巩固这些变化，并把这些变化整合到不断完善的同一性中（Kroger，2007）。这个时候同一性的发展往往处于扩散和早闭状态。在初、高中阶段，同一性处于扩散或早闭状态的人数大幅度减少，同时，同一性处于延缓或完成状态的人数增多。青少年同一性冲突的解决是在 18~22 岁，尽管整个青少年期都存在对自我的探索，但自我同一性最重要的变化发生在中晚期，特别是 20 岁左右，这是建立同一性的关键时期。

男性和女性的同一性形成过程在很多方面没有区别，但女性在人际关系领域的发展较为突出。女性定义和描述自己的时候更倾向于考虑自己与他人的关系，而男性则更多地依靠竞争和能力给自己定位。

青少年的同一性形成过程至少受四个因素的影响：（1）认知发展水平对青少年同一性的形成具有一定的影响，那些对形式运算思维掌握牢固并且以复杂和抽象的方式思考的青少年比那些认知不那么成熟的青少年更有可能提出和解决同一性问题；（2）与父母关系的远近以及父母的教养方式会影响到青少年同一性的建立；（3）和同伴群体的相处以及友谊的建立对青少年同一性的形成有重要作用；（4）学校、社会以及更广泛的文化背景同样会对同一性的建立以及发展产生影响。

二、情绪特点

青少年的情绪表现充分体现出半成熟半幼稚的矛盾性特点。随着青少年心理能力的发展和生活经验的扩大，其情绪的感受和表现形式不再像以往那么单一了，但还远不如成人的情绪体验那么稳定，表现出明确的两面性。

（一）情绪表现的两极性

1. 强烈、狂暴性和温和、细腻性共存

青少年的情绪表现有时是强烈而狂暴的，有人曾用“疾风暴雨”来形容这时期个体情绪强烈的特点。同样一个刺激，在他们那里所引起的情绪反应强度相对大得多，甚至达到震撼人心的程度。

但青少年的情绪表现也不是一味强烈，有时也表现出温和、细腻的特点。

情绪的温和性是指个体的某些情绪在经过文饰之后，以一种较为缓和的形式表现出来。与幼年和童年期的儿童相比，青少年已经积累了较多的经验，了解了不同的情绪在人际关系中具有不同作用的事实，因此，他们的情绪表达不是很开放和充分，他们能适当控制某些消极情绪，或对某种情绪予以文饰，以相对缓和的形式表现。

情绪的细腻性是指个体情绪体验上的细致的特点。青少年已逐渐克服了儿童时期情绪体验的单一性和粗糙性，情绪表现变得越发丰富和细致，而且，有些情绪感受并非直接由外部刺激引起，而是加入了许多主观因素。例如，许多青少年在阅读了一部文艺作品之后，会长时间地沉浸在某种情绪之中，这种情绪的产生不完全是由于书中的内容，还有相当一部分是由于他们的主观思考和遐想。

2. 情绪的可变性和固执性共存

情绪的可变性是指情绪体验不够稳定，常从一种情绪转为另一种情绪。情绪的这种特点一般是由于情绪体验不够深刻而造成的。青少年尽管在表面上情绪表现的强度很大，但体验的深度并不与此成正比，一种情绪容易被另一种情绪所取代。

情绪的固执性是指情绪体验上的顽固性。青少年在对客观事物的认识上还存在着偏执性的特点，这也带来了他们情绪上的固执性。例如，一些青少年会因为几次挫折便完全陷入一种无助和抑郁的情绪之中，很长时间不能摆脱。

3. 内向性和表现性共存

情绪的内向性是指情绪表现形式上的一种隐蔽性。青少年在情绪表现上已逐渐失去了那种毫无掩饰的单纯和率真，在某些场合，他们可将喜、怒、哀、乐等各种情绪隐藏于心中而不予表现。

情绪的表现性是指在情绪表露过程中，自觉或不自觉地带上了表演的痕迹。青少年在团体中有时为了从众或其他一些想法，会给情绪加上一层表演的色彩，即在情绪的表露上失去了童年时那种自然性，带有造作痕迹。

（二）心境的变化

心理学家认为，人类个体要达到身心和谐，就必须完成心理整合过程。心理整合过程至少包括以下两个环节。

第一，持续性环节。通过这个环节，个体能意识到现在的我是由过去的我发展变化而来的，自己的现在和将来的一切都是在过去的基础上发展起来的。

第二，统一性环节。通过这个环节，个体能意识到自己是一个各方面统一、协调的整体。

一般认为，个体要到 25 岁甚至再晚一些，才能完成这种心理整合任务，达到心态的稳定和平衡。随着生理上发生的巨大变化，青少年在心理整合的持续性环节和统一性环节都出现了暂时的混乱，结果导致他们不能很好地接纳自己，出现一些消极心境。

1. 烦恼突然增多

进入青春期后，许多新的问题接踵而来，使青少年难以在短时间内适应，增添了许多烦恼。

（1）不知道应该以何种姿态出现于公众面前。外观形象的变化，是青少年产生要改变自己在别人心目中形象的迫切需求。但对于如何改变，应以一个什么样的姿态出现才能得到别人的承认和喜爱，他们找不到满意的答案。

（2）与父母的关系出现裂痕。青少年越发感到父母不能理解他们的想法，而且他们的某些愿望及要求还常遭受来自父母的阻止和干涉，因而他们与父母感情疏远。怎样才能得到父母的理解和支持？怎样才能将自己与父母的关系再度恢复到儿童时期那种亲密的程度？与父母关系的不融洽到底是谁的过错？这些问题常常困扰着青少年。

（3）不知如何保持或确立自己在同伴之中应有的地位。在这个问题上通常有两种情况。一种情况是，某些青少年在小学时各方面的表现都很突出，一向是同龄人中的优秀者。进入青春期之后，由于许多原因，他们在同伴中的地位相对降低了，这使他们难以接受，强烈希望能在同伴中维持自己过去曾拥有的优越地位，但很困难。另一种情况是，某些青少年过去在同龄人中未曾有过优越的地位，但在当时，他们对此似乎没有太深的消极感受。进入青春期后，随着自我意识的高涨，青少年增加了获得自尊的需要，他们希望同伴能接受自己、肯定自己、喜爱自己。这种愿望困扰着那些从没有过上述切身体验，而且各方面能力略显不足的学生。

2. 孤独

美国心理学家霍林沃思将青春期到青年早期这一年龄段称为“心理上的断

乳”时期，意指从这时起，个体将在心理上脱离父母的保护及对他们的依恋，逐渐成长为独立的社会成员。

从青春期开始的“心理上的断乳”，给青少年带来了很大的不安，尽管他们在主观上有独立的要求和愿望，但实际上很难在短时间内适应独立生活。青少年的内心冲突及在现实中所遇到的挫折都较多，对许多问题还不能依靠自己的力量和能力去解决，又不愿求助于父母或其他人，担心有损独立人格，因此产生一种孤独的心境。另外，此时青少年产生了对亲密感的需求，但与之相关的社会关系还没有建立起来，因此当陷入孤独状态时，常常难以自拔。

另外，也有研究发现，青少年的孤独感既有情境性，也有一定的稳定性，人格在其中起到重要的作用。① 外向性、宜人性都很低的退缩型个体和情绪性低的情绪型个体要比和谐型个体更容易感到孤独。②

3. 压抑

压抑也是青少年普遍存在的一种心理状态。压抑是当需求、愿望等不能得到满足和实现时，产生的一种心理体验。随着年龄的增长，青少年产生了多方面的需求，既包括生理方面的，也包括心理方面的。但有许多需求不能满足，其原因是多方面的：有时是愿望本身不切实际，有时是社会上的阻力或父母的限制，有时是自身经验不足而导致失败。因而，青少年的自尊心易受到打击，但又有争强好胜的冲动，在这种矛盾的情形下，他们常常处于压抑的心境。

除上述所列出的几种心境外，青少年也具有一些积极的心境，如憧憬就是该阶段很典型的积极的心境。但总体来讲，在这个年龄阶段，心境中的消极成分占有很大的比例。因此，父母及社会其他教育力量要对青少年予以悉心指导和帮助。

青少年情绪和心境的发展呈现出动态的变化趋势。桑标等人（2015）同时采用追踪研究法及时间取样的研究方法，对当前中国青少年情绪状态进行调查。结

① Neto, F., & Barros, J. (2003). Predictors of loneliness among students and nuns in Angola and Portugal. *The Journal of Psychology, 137*(4), 351–362.

② 李彩娜、邹泓：《青少年孤独感的特点及其与人格、家庭功能的关系》，《陕西师范大学学报（哲学社会科学版）》2006年第1期。

果显示，青少年期个体的正性情绪体验频率逐渐减少，情绪调节的发展以减弱调节策略的运用为主导，并逐渐形成非享乐主义的调节模式。时间取样的研究发现，我国中学生日常情绪体验分布遵循正态分布，即日常情况下以中性情绪为多，极端正性与负性情绪相对较少。①

（三）反抗心理

反抗心理是青少年普遍存在的一种个性心理特征。这种特征主要表现为对一切外在力量予以排斥的意识和行为倾向。

1. 反抗心理产生的原因

自我意识的突然高涨是青少年产生反抗心理的第一个原因。随着青少年自我意识的高涨，他们更倾向于维护良好的自我形象，追求独立和自尊，但他们的某些想法及行为不能被现实所接受，屡遭挫折，于是就产生一种过于偏激的想法，认为其行动的障碍来自成人，便产生了反抗心理。

中枢神经系统的兴奋性过强是青少年产生反抗心理的第二个原因。生理学家曾指出，只有当中枢神经系统的功能与身体外周相应部分的活动达到协调时，个体的身心方能处于和谐状态。但在青春期的初期，个体有关性的中枢神经系统的活动性明显增强，个体的中枢神经系统处于过分活跃状态，使青少年对于周围的各种刺激，包括别人对他们的态度等表现得过于敏感，反应过于强烈。

在正常情况下，外界的刺激强度与神经系统的反应之间存在着一定的依存性，两者应是相互协调的。但在青春期，这种依存关系受到了影响，致使青少年对于较弱的刺激也给予很强烈的反应，常因为区区小事而暴跳如雷。

独立意识是青少年产生反抗心理的第三个原因。青少年迫切地要求享有独立的权利，将父母曾给予的生活上的关照及情感上的关爱视为获得独立的障碍，将教师及社会其他成员的指导和教诲也看成是对自身发展的束缚。为了获得心理上独立的感受，他们对任何一种外在力量都有不同程度的排斥倾向。所以，可以说青少年的反抗心理在很大程度上是为了否认自己是儿童，而确认自己已经是成熟

① 桑标、邓欣媚：《中国青少年情绪调节的发展特点》，《心理发展与教育》2015 年第 1 期。

的个体。

2. 反抗心理的表现

在个体发展过程中，大约存在两个反抗期。第一个反抗期出现于2~4岁，几乎与自我意识发展的第一个飞跃期重叠。这时期儿童的反抗主要指向身体方面，即反对父母对他们身体活动的约束。第二个反抗期则出现于青春期。这时的反抗主要针对某些心理内容。例如，希望成人能尊重他们，承认他们具有独立的人格。

青少年一般在下列具体情况下易出现反抗行为。

第一，独立意识受到阻碍。青少年内心的独立要求很强烈，但父母没有这种思想准备或尚未来得及适应这种情况，仍以过去那种十分关怀的态度对待他们，结果导致反抗行为。

第二，自主性被忽视或受到妨碍。例如，父母不听取青少年的意见，将他们一味地置于支配、从属的地位。

第三，个性伸展受到阻碍。这将引起青少年的反感。

第四，成人强迫青少年接受某种观点。在这种情况下，青少年会表现出对抗的倾向。

青少年的反抗方式也是多样化的，有时表现得很强烈，有时则以内隐的方式相对抗，常有以下几种具体表现。

第一，态度强硬、举止粗暴。有相当一部分青春期的少年是以一种“暴风式”的方式对抗某些外在力量的。这种反抗行为发生得十分迅速，常使对方措手不及。当时的任何劝导都无济于事，但事态平息后，这种强烈的反抗情绪也将较快地随之消失。

第二，漠不关心、冷淡相对。青少年的反抗不表现在外显行为上，只存在于内隐的意识中。这种情况常出现在性格内向的青少年身上。他们不直接顶撞反抗的对象，却采取一种漠不关心、冷淡相对的态度，对对方的意见置若罔闻。这种反抗态度和情绪不易随具体情境的变化而转移，具有固执性。

第三，反抗的迁移性。青少年反抗行为的迁移性是指，当某个人某一方面的言行引起了他们的反感时，他们就倾向于将这种反感及排斥迁移到这个人的方方面面，甚至将这个人全盘否定；同样，当某一成人团体中的一个成员不能令他们满意时，他们就倾向于对该团体的所有成员均予以排斥。这种反抗的迁移性常使青少年在是非面前产生困惑。在情绪因素的左右下，他们常常会将一些正确的东西排斥掉，这给他们的成长带来不利影响。

三、道德发展

科尔伯格（Kohlberg，1976）继皮亚杰之后，从认知发展角度提出了道德推理发展的系统理论。① 他采用开放式两难故事法进行研究，将道德发展划分为三个水平，即前习俗水平、习俗水平和后习俗水平，每个水平又划分了两个阶段（参见第六章）。他认为道德发展阶段具有四个基本特征，即结构的差异性、不变的顺序性、结构的整体性和层级的整合性。科尔伯格认为道德判断的发展是与特定的年龄发展阶段相联系的，而且道德发展阶段是交叉的，即在某一年龄阶段通常会并存几个道德推理的发展阶段。特别是当个体开始越来越能够考虑其他人的观点甚于自己的观点时，他的道德推理就从前习俗水平（对个人幸福的自我中心的关注）发展到习俗水平（对其他人，包括父母、朋友、自己个人社交圈中的其他人观点的考虑），直到最后达到后习俗水平（协调多种观点以及根据所有人的观点来决定什么是对的）（Sigelman & Rider，2003）。

不同文化群体的道德判断发展趋势是一致的，10 岁时以前习俗水平为主，到 16 岁时习俗水平占优势，这时道德判断发展主要表现为：处于较低的道德发展阶段的比例随年龄增长而降低，处于较高的道德发展阶段的比例则随年龄增长而上升，道德发展具有固定不变的顺序。

青春期的道德判断主要以第二阶段和第三阶段为主，即天真的利己主义和“好孩子”定向。在道德发展的第二阶段，遵守规则的个体是为了得到奖赏和满足个人的需要。虽然对于他人的观点有一些考虑，但是归根结底这还是受到得到回报愿望的驱使。到了道德发展的第三阶段，所谓的正确就是取悦、帮助，或者

① Kohlberg, L. (1976). Moral stages and moralization: The cognitive-developmental approach. In T. Licknoa (Ed.), *Moral development and behavior*. New York: Holt, Rinehart & Winston.

说得到他人的认同，主要是根据人们的意图来判断其行为的好坏。这时自我物质利益还决定着他们大多数的价值选择，但与10岁儿童相比，他们的前习俗水平的道德判断有所下降，第三阶段道德判断将起主要作用。青少年处理问题时多考虑人际期望、人际关系，缺乏应对关于自己及道德规范的重大问题的能力，容易受外界刺激的影响。到青年早期，第三阶段的道德判断逐渐占据优势。在这一时期，处于第二阶段道德判断的人数迅速下降，同时也出现了第四阶段的道德判断，即“维护权威和秩序的道德观”。在第四阶段的道德判断中，所谓的正确就是遵从合法的权威提供的规则，而遵守规则的原因是为了保持一个值得维持的社会规则和法律的信念。处于第三阶段的个体进行道德推理主要参照社会群体，其思维受到他人支配；到了第四阶段，个体思维就受到内部支配，具有理性思考的能力。到了青年期，处于第四阶段的人数明显增加，对社会责任以及社会秩序的维持等在道德判断中所占的比例也更多。

总而言之，青少年期个体道德推理的发展趋势是从前习俗推理向更为习俗化的推理转变。在这个阶段，大多数个体似乎不断超越对外部奖励与惩罚的考虑，开始对父母与权威人物提供的道德标准表示出一种真正的关注，对确保人类关系和谐与公平的法律做出了认真的思考，同时也成为法律的维持者。一些青少年也开始把道德看作他们身份特征的一个重要部分，他们也希望自己成为一个诚实、公正以及关心他人的人。① 后习俗推理直到成年期才开始表现出来。

由于青少年所面对的社会环境的复杂性，他们要逐渐形成对家庭、同伴和更广泛的社会（如学校系统等）中不同的道德规范和要求的认识。考虑到他们所面对的不同对象和所处的多重环境的影响，青少年道德发展的模式会呈现出一定的个体差异。

---

① Damon, W., & Hart, D.（1992）. Self-understanding and its role in social and moral development. In M. H. Bornstein & M. E. Lamb（Eds.）, *Developmental psychology: An advanced textbook*. Hillsdale, NJ: Erlbaum.

四、人际交往

（一）同伴关系

在和同伴的关系上，青少年和童年期的儿童有明显的不同，主要表现在以下几个方面。

1. 逐渐克服了团伙的交往方式

童年期的儿童在结交朋友方面最明显的特点是团伙现象，表现为六七个儿童经常在一起交往和游戏。在这种交往中，他们感到了身心自由和愉快。因此，就交友的方式来说，小学时代是团伙的时代。到了小学高年级，这种交友的团伙形式就已发展到了顶点，然后就趋于解体，被新的交往形式所取代。

进入青春期后，青少年突出表现出许多心理上的不安和焦躁。他们需要有一个能倾吐烦恼、交流思想并能保守秘密的地方，而交友的团伙形式是不具备这种功能的。因此，青少年交友的范围随年龄增长而逐渐缩小。研究显示，从青春期到成年早期，拥有最好朋友的数量从 4~6 个逐渐减少到 1~2 个。① 他们选择朋友的标准主要包括以下几个方面：志趣相投，与异性交往希望坦诚公开，处理同学关系强调自我。② 青少年的好友一般为相同的性别，这一阶段朋友之间的关系也是十分密切的，所建立的友谊相对稳定和持久。

2. 朋友关系在青少年生活中日益重要

不同年龄阶段的个体，建立人际关系的场所不尽相同，感情所指向的对象也有区别。

幼儿主要与家庭中的各个成员构成一种心理上的交往关系。小学儿童虽已有了自己所喜爱的同龄朋友，但在感情上仍十分依赖父母。进入青春期后，青少年将感情的重心逐渐转向关系密切的朋友。

青少年对交朋友的意义也有了新的认识。他们认为：朋友之间应该能够同甘苦、共患难，能够从对方那里得到支持和帮助。因此，他们对朋友的质量产生了

---

① Hartup, W. W., & Nan, S. (1999). Friendships and adaptation across the life span. *Current Directions in Psychological Science, 8* (3), 76−79.

② 吴宏志:《未成年人的人际交往——中学生的择友标准》,《南方青少年研究》2002 年第 4 期。

特殊的要求，认为朋友应该坦率、通情达理、关心别人、保守秘密。在青少年的日常交往中，好朋友之间往往彼此公开自己认为最重要、最私密的事情。这种交流对青少年的心理发展是有积极意义的，能够使他们通过别人更好地认识自己的内心世界，更好地了解自己。这一过程对其自我概念、观点采择和同一性的形成都有积极的作用（Berk，2004）。

观点和行动上的一致也是青少年朋友之间心理接近的重要条件之一。在某些场合下，好朋友之间经常会有一个一致的行动方针，若违反了方针，就要受到严厉的谴责。他们认为，能否忠于协议、忠于朋友是衡量友谊的十分重要的尺度。

青少年在交友上还有一个多层次的特点。随着志趣和爱好的广泛发展、内心生活的丰富，自己各方面的需求很难在一个朋友身上得到满足。所以，他们可能与某一个朋友的交往只限于某一方面的兴趣，而与另一个朋友的交往又只限于另一方面的兴趣。

青春期早期的青少年朋友之间的友谊比以后各年龄段的朋友之间的友谊更直率，更容易被观察到。男生之间的友情强度较大，而女生之间的友情表现得更温和、更细腻。

青少年的朋友关系对于其心理发展水平和情绪的稳定性是非常重要的，主要表现在以下几个方面：探索自我，确定新的自我概念；寻求理解和支持；获得地位；克服孤独，提供情感上的支持。①

3. 与异性朋友之间的关系

在幼儿期和童年期，儿童的交往一般是不分性别的，经常是男女儿童在一起游戏，即使有时分出性别，也不是性别意识本身造成的，而是由于在兴趣方面存在差异。

进入青春期以后，男女生之间的关系有了新的特点，双方都开始意识到了性别问题，并彼此对对方逐渐发生了兴趣。但是，在最初阶段他们对于异性的兴趣以一种相反的方式予以表达，或者在异性面前表露出一种漠不关心的态度，或者在言行中表现出对异性的轻视，或者以一种不友好的方式攻击对方。总之，从表

① 彭泗清:《对“青春期”同伴交往的几种误解》,《中国青年研究》2000 年第 2 期。

面上看，他们并不相互接近，而是相互排斥。

逐渐地，男女生之间开始融洽相处。而且，一些男生和女生心中会有一个自己所喜爱的异性朋友。调查表明，女生一般对那些举止自然、友好、不粗鲁、有活力的男生更容易产生好感，男生一般对那些仪表好、文雅、活泼的女生易产生好感。但男女生一般都不将这种情感公开出来，在许多情况下这是一个永久的秘密。因为，随着时间的流逝，随着他们各方面的发展与成熟，随着价值观念的不断变化和调整，产生于青春期的这种情感很可能就渐渐地淡化下去了，甚至完全消失。

所以，青春期的男女同学之间的爱慕之情是很稚嫩的，缺乏牢固的基础，很少有保持下来并最终发展为爱情和婚姻的。但是，只要处理得当，控制在相当有限的程度内，这种感情也有一定的意义。当一个青春期的少年喜欢上一个异性的同学时，他自然也希望对方能接受自己，于是就能更加自觉地按照一个好少年的标准尽可能地去完善自己，从而促进各方面的发展。然而，如果这种关系无限度地发展，就会妨碍青少年的正常进步。

（二）与成人的关系

家庭是社会的基本细胞，父母是影响儿童早期成长的重要人物。在童年期之前儿童的眼中，父母的形象至高无上，他们对父母既尊重又信任。进入青春期后，青少年与父母之间的关系发生了微妙的变化。这种变化表现在许多方面。

（1）情感上的脱离。青少年由于在情感上有了其他的依恋对象，与父母的情感便不如以前亲密了。

（2）行为上的脱离。青少年要求独立的愿望十分强烈，在行为上反对父母对他们的干涉和控制。

（3）观点上的脱离。青少年对于任何事件都喜欢自己进行分析和判断，不愿意接受现成的观念和规范。因此，他们对于以前一贯信奉的父母的许多观点都要重新审视，而审视的结果与父母意见常常不一致。

（4）父母的榜样作用削弱。随着青少年生活范围的扩大，会有其他成人形象通过各种途径进入他们的心目中，这些人物又都是些近乎理想水平的形象，相形之下，父母就黯然失色了。另外，随着青少年思维水平和认识能力的提高，他们会逐渐发现存在于父母身上的、过去未曾觉察的某些缺点，这也会削弱父母的榜样作用。

除了与父母的关系产生变化之外，青少年与教师的关系也有了改变。在小学阶段，大部分儿童与教师的关系都是比较友好的，一般来说，小学生们可以接受任何一种类型的教师。青春期的少年不再盲目接受任何一位教师。他们开始品评教师，而且在每个学生的心目中都有一两位最钦佩的教师。青少年所喜爱的教师一般具有以下特点：知识渊博、授课水平高、热情和蔼、关心学生成长、有朝气等。在青少年的心目中，他们所喜爱的教师几乎能达到十全十美的程度，并能在行动上对这些教师做出最好的反应。例如：对于他们所喜爱的教师负责的科目，会努力去学习；对于这位教师所提出的各种要求，会十分认真地去执行；对于这位教师提出的各种意见和看法，会毫不怀疑地去接受和吸取；等等。同样，在青春期少年的心目中，也总有一两位他们最不喜爱的教师。在心理上，他们对于自己所不喜欢的教师的各种意见都持拒绝态度。

第四节 青少年面临的心理社会问题

青少年的心理社会问题（psychosocial problems in adolescence）指的是青少年在发展过程中所表现出来的不符合或违反社会准则与行为规范，或不能良好地适应社会生活，从而给社会、他人或自身造成不良影响甚至危害的问题。① 青少年的心理社会问题分为成瘾行为、内部失调和外部失调等方面。成瘾行为主要涉及吸烟成瘾、游戏成瘾和网络成瘾等；内部失调主要是指向个体内部的问题，具体表现为认知或情绪上的烦恼、压力，如抑郁、焦虑、青春期精神分裂、自杀倾向等；外部失调主要是指向外部的问题，表现在行为方面，如反社会行为、青少年犯罪等。

① 张文新主编：《青少年发展心理学》，山东人民出版社 2002 年版，第 468 页。

一、成瘾行为

进入青春期后，青少年与社会的接触更广泛，也会更容易受到社会不良因素的影响。成瘾的概念最早来源于临床医学中病人对药物的依赖现象。当前，在青少年群体中比较常见的成瘾现象主要有吸烟和饮酒成瘾、游戏成瘾以及网络成瘾等。

（一）吸烟成瘾

《2008年中国控制吸烟报告》指出，我国1.3亿青少年中明确吸烟者达1 500万人，而尝试吸烟者约4 000万人，吸烟行为在青少年中非常普遍。中国健康与营养调查共涉及6 041名12~18岁青少年，其中，明确吸烟者142例，吸烟率达2.35%。男性吸烟者139例，吸烟率为5.18%；女性吸烟者仅3例，吸烟率为0.12%。吸烟者平均年龄为16岁左右，开始吸烟的平均年龄为15岁左右，平均每日吸烟量达到九支半。①

在我国，当前青少年吸烟的状况主要有三个突出特点。

（1）男生吸烟的比例较高。在男生中，初一学生吸烟比例约1/4，高一学生吸烟比例超过1/3，在一些职业技术学校及工读学校这一比例能达到60%甚至更高。

（2）少数女学生也吸烟，而且目前女学生抽烟人数有上升的趋势。

（3）开始吸烟的年龄变小。在吸烟的青少年中，很多人小学期间就已经开始吸烟。

从我国情况来看，影响青少年吸烟行为的主要因素有下列四个方面。

（1）我国社会吸烟的风气很严重，各种公共场合和日常生活中都离不开烟，对青少年吸烟行为起着潜移默化的影响。

（2）家庭中父母及兄弟姐妹的吸烟行为和态度会起到强化和示范作用，家庭中父母的监控不适当和亲子关系不良与吸烟行为有关，家庭的社会生活背景也有一定的影响。

（3）同伴群体在青少年发展中具有成年人无法替代的作用，其所属群体对吸

① 唐雯、李晓松、潘杰:《我国青少年吸烟行为的代际传递研究》,《四川大学学报（医学版）》2014年第2期。

烟的态度和团体的性质等都会影响到青少年吸烟与否及吸烟的多少。

（4）心理上的自我满足。中学生正处于青春期，心理上有较大的变化，容易对吸烟产生好奇心，这种独立意识和成人感的需要，使中学生容易沾上吸烟行为。

（二）游戏成瘾

目前国际上将电子游戏分为单机电脑游戏、游戏机游戏以及电脑网络游戏。电子游戏本身有其积极的一面，它能够训练人的手、眼、脑的配合能力，起到一定的开发大脑、提升智力的作用，有助于激发钻研、创造的欲望和学习的兴趣，可以增强认识自我、完善自我的能力。但是，电子游戏也是一把双刃剑。由于青少年的自制力比较差，社会技能和自我保护意识较弱，他们更容易沉溺于游戏中，而且电子游戏的设计情节、内容、画面等良莠不齐，容易给他们在心理、生理以及社会适应方面造成困扰和伤害。尤其是其中的一些暴力场景，对青少年存在一定的消极影响。青少年本身心理抵御能力就弱，而随着这三类游戏越来越逼真，他们对游戏的依赖性越来越大。而网络游戏又因具有娱乐性、互动性、开放性和虚拟现实性等特点，吸引了大量的青少年沉迷其中。

佐斌和马红宇（2010）对我国十省市的小学生、初中生、高中生（中专生）和大学生进行了大规模的问卷调查和访谈，收集了不同学龄段青少年网络游戏的参与程度、成瘾比例、游戏时间、上网场所及占课余生活比例等多项数据。我国青少年中有 79.3% 的人玩过网络游戏，成瘾比例为 3.2 %。青少年时期的特殊心理、网络游戏本身的吸引力，以及家庭环境、学校教育与管理、社会监管等方面都是青少年网络游戏成瘾的重要影响因素。此外，青少年网络游戏成瘾的主要症状包括：对网络游戏有不可遏制的渴望、对网络游戏的耐受性较强、抱有矛盾及自责心理、戒断网络游戏的反复性，以及生理症状，如肢体疼痛等不适反应，少数成瘾者还可能出现体重下降、酗酒或吸烟等。沉迷于电子游戏的青少年更多地表现出较高的抑郁和焦虑，还会产生一系列的社交问题、行为问题以及家庭矛盾等。①

① 佐斌、马红宇：《青少年网络游戏成瘾的现状研究——基于十省市的调查与分析》，《华中师范大学学报（人文社会科学版）》2010 年第 4 期。

对于暴力游戏与青少年攻击性之间的关系，直到20世纪80年代才逐渐引起人们的注意。研究一致表明，接触暴力电子游戏与攻击行为存在正向联系。① 一项对八、九年级的青少年的研究显示，那些具有低敌意特质却玩暴力游戏的青少年反而比那些具有高敌意特质但不玩暴力游戏的青少年更容易发生身体冲突。② 越来越多的研究也表明，暴力电子游戏启动了攻击性认知。③

（三）网络成瘾

随着互联网的不断发展，网络走进了千家万户，网络成瘾问题也逐渐引起了社会的关注。在我国，青少年在网络活动的人群中占据主要位置，网络成瘾的发病年龄为15~40岁，青少年为高发人群。尽管时间并非判定网络成瘾的直接标准，但大多成瘾者每周的上网时间为40~80小时，单次上网时间最长可达12小时。

网络成瘾（internet addiction disorder，简称IAD），又称为网络性心理障碍或网络依赖等。目前对网络成瘾还没有一致的定义，有人将其定义为无成瘾物质作用下的上网行为冲动失控，表现为过度使用互联网而导致个体明显的社会心理功能损害。网络成瘾的人主要表现为一种不自主的强迫性网络使用行为和在网络使用过程中不能有效控制时间，并且随着网上活动带来的满足感的强化，使用者出现难以自拔的现象。在初期，患者会出现精神依赖，渴望上网，如果不能如愿就会产生极度的不适应感，情绪低落、烦躁不安、焦虑、抑郁等；随后就会发展为躯体的依赖，表现为头昏眼花、双手颤抖、疲乏无力、食欲不振等症状，最终导致学习、生活等方面受到严重影响。由于这种成瘾行为，个体的睡眠习惯被打乱，上网时间不断占据就寝时间。睡眠的剥夺以及生物钟的紊乱导致成瘾者过度疲乏，削弱个体免疫系统对疾病的抵抗能力。此外，长时间僵坐在电脑前使得个

① Uhlmann, E., & Swanson, J.（2004）. Exposure to violent video games increases automatic aggressiveness. *Journal of Adolescence, 27*（1）, 41–52.

② Gentile, D. A., Lynch, P. J., Linder, J. R., & Walsh, D. A.（2004）. The effects of violent video game habits on adolescent hostility, aggressive behaviors, and school performance. *Journal of Adolescence, 27*（1）, 5–22.

③ 李婧洁、张卫、甄霜菊、梁娟、章聪：《暴力电脑游戏对个体攻击性的影响》，《广东培正学院学报》2008年第2期。

体缺乏适当的锻炼，容易引起腕关节综合征、背部扭伤和眼睛疲劳等不良身体反应。与药物成瘾相比，网络成瘾对个体生理的消极影响较为轻微，但在人际关系、学习和工作等各方面，网络成瘾的危害是较大的。①

研究者对于青少年网络成瘾的原因进行分析，发现主要有以下几个方面。

（1）网络本身特征。网络本身具有的匿名性、时间快、范围广、自由度高等特点，可以使人际交流具有很大的吸引性，而同时可以不受现实生活交流方式的限制。

（2）人格特征。那些具有高焦虑、低自尊、抑郁倾向、自我控制能力差等特征的青少年更容易产生网络成瘾。

（3）家庭和学校环境。家庭和学习的压力会导致青少年产生情绪、认知、人际关系等方面的失调，因此他们就会借助网络来舒缓压力，逃避现实中遇到的困难。

二、内部失调

青春期会引起一系列生理和心理上的变化以及对社会生活的不适应，青少年会产生困扰、绝望、悲观等消极的情绪，因此极易产生内部心理问题，如抑郁、焦虑、青春期精神分裂和自杀倾向等。

（一）抑郁和焦虑

抑郁常用来描述一种普遍的悲伤、痛苦或失望的情绪状态，是青少年较为普遍的心理困扰。抑郁一般会表现在情绪、认知和行为上，情绪上的主要症状有压抑、沮丧、对各类活动都不感兴趣，在认知上表现为注意力不集中、记忆衰退、犹豫不决等，还会出现厌食、失眠和精力不旺盛等症状。

青少年由于面对的压力逐渐增大，抑郁症状也普遍增多。彼得森等人（Petersen et al.，1993）报告了青少年抑郁的不同发展范式：青少年在13~15岁抑

① 赵鑫：《青少年网络成瘾的标准设定及网络成瘾对青少年社会性发展的影响》，华东师范大学硕士学位论文，2004年。

郁心境急剧增加，在 17～18 岁达到高峰，随后下降到成人水平。① 研究显示，童年期男生的抑郁水平高于女生，而从 12 岁或 13 岁开始，更多的女生表现出临床抑郁，这种性别差异在青少年中期和末期最为显著。整体来看，从青少年期到整个成年期，男女抑郁症状发生率的比率一直保持在 1∶2 左右。② 这可能是因为，在面对压力时女孩更容易把感觉指向内部，而男孩则会将注意力转向外部。因此，面对同等程度的压力时，女孩更有可能变得抑郁。

造成青少年抑郁的原因有很多，除了遗传和生物学的因素外，主要有两个因素的影响，一个是创伤性应激事件和持续积累的不良体验，另一个就是个人的认知特征。对青少年来说，来自家庭的环境气氛、父母教养方式、亲子关系等以及来自学校的师生关系、同伴关系、学业成绩等，都可能构成威胁青少年的生活应激事件，从而导致青少年抑郁。③ 而个人认知特征能够影响个体对消极事件的解释。实证研究表明，即便发生最严重的压力事件，也并非所有人都会产生抑郁，具有抑郁易感素质的个体由于认知偏差、不成熟应对等可能遭遇更多压力事件，从而导致临床抑郁。④

焦虑比抑郁在青少年中表现得更为普遍。有研究显示，在 1 180 名中学生中，青少年抑郁和焦虑情绪的发生率分别是 73.2% 和 36.7%，两种情绪之间存在显著关联。而学习压力和人际关系是当前中学生焦虑的两大主要来源。⑤

青少年持续的抑郁和持续的焦虑若不加以治疗，则会对成年后的工作、家庭和社会生活产生不良影响。但是，人们通常认为青少年，尤其是青春期的少年正

---

① Peterson, A. C., Compas, B. E., Brooks-Gunn, J., Stemmler, M., Ey, S., & Grant, K. E. (1993). *Depression in adolescence. American Psychologist, 48* (2), 155–168.

② 崔丽霞、史光远、张玉静、于园:《青少年抑郁综合认知模型及其性别差异》,《心理学报》2012 年第 11 期。

③ 徐馨琦、方平、卫海燕:《青少年抑郁研究理论及研究展望》,《首都师范大学学报（社会科学版）》2005 年第 2 期。

④ 陈慧、邓慧华、钟萍、梁宗保、张光珍、陆祖宏:《青少年早期的抑郁与生活事件的交叉滞后分析》,《中国临床心理学杂志》2012 年第 1 期。

⑤ 李玉霞:《青少年抑郁、焦虑情绪与其相关因素》,《中国健康心理学杂志》2013 年第 3 期。

处于情绪暴躁和忧郁并存的时期，许多人认为抑郁只是青少年必须经历的感受，这导致家长和教师很少注意到青少年的抑郁症状，有 70%~80% 患抑郁症的青少年没有得到任何的治疗。

（二）青春期精神分裂症

从 15 岁开始，青春期精神分裂症发病率明显增多，到青年期达到高峰。青春期精神分裂症的症状很明显，主要表现为：思维紊乱，扭曲现实或与现实脱离联系，不能控制情绪以及人格混乱等。在真正患病前，个体常表现出先兆，如社会行为退缩、交往困难、敏感固执、戒心过多以及缺乏幽默感等。青春期精神分裂症主要是遗传因素所致。调查表明，同卵双生子均发此病的比例为 50%，异卵双生子均发此病的比例为 12%，兄弟姐妹同时发病的概率就更低了。但这种遗传因素之所以到青春期方发生效应，还是由青春期个体所具有的特殊身心特点所决定的。这个年龄的个体最易感受到压抑、挫折和焦虑，而消极情绪的长期积累则是导致精神分裂症的重要原因。青春期精神分裂症的另一个重要特征是，患者常有对性的妄想，这与青春期性机能的迅速发展有密切关系。

（三）自杀倾向

自杀的倾向和行为在童年期以前极为少见，从青春期开始直至青年期呈直线上升趋势。美国的统计数字显示，在 15~19 岁青少年死亡的原因中，自杀是排在事故、癌症、其他疾病、被杀之后的第五个原因。研究者经过推算得出，1995—1999 年中国总的自杀率为 23/10 万，自杀死亡人数为 28.7 万。基于此，研究者认为，自杀是中国第五位重要的死因，是 15~34 岁人群首位重要的死因。①

我国青少年自杀率整体较低（如图 8−4 所示），并且一直处于下降态势，从 2002 年的 8.79/10 万，下降为 2009 年的 3.01/10 万。② 导致青少年自杀的因素很多。在家庭环境方面，家庭结构不完整（单亲家庭、再婚家庭、隔代抚养家

---

① 黄立鹏：《中国的自杀现状及未来的工作方向》，《中华流行病学杂志》2004 年第 4 期。

② 黄雄英、邓希泉：《中国青少年自杀现象的宏观态势与辩证分析——基于 2002—2009 年中国青少年自杀统计数据的研究》，《中国青年研究》2011 年第 11 期。

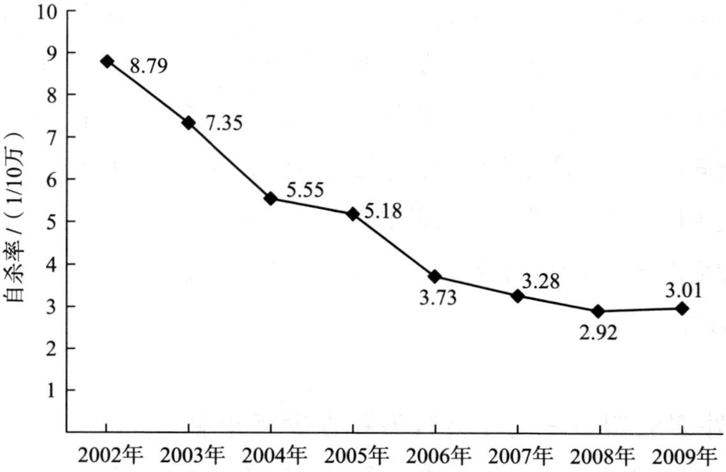

图 8-4　2002—2009 年中国青少年自杀率变化趋势

庭等)、家庭关系欠佳、亲友自杀行为、家庭暴力等可显著增加青少年自杀相关行为的风险。在社会环境方面，与学校教师关系不佳、与同学人际交往出现问题、学业压力过大、社会媒体对于自杀事件的渲染性报道、体重认知偏移、失业及其他负性生活事件（自然灾害、性侵害、早孕等）等均为青少年自杀的危险因素。①

多数西方国家自杀死亡的青少年中男性多于女性，自杀青年男女之比为3∶1。男性自杀人数多的原因是因为男性一旦发生抑郁，所产生的挫折感、失败感和悲观情绪具有非常大的不可逆转和无可挽回的内在体验，同时男性往往不像女性那样去寻求帮助，而是倾向于走极端和采取危险的方式，这样大大限制了干预的机会。而在国内，无论是自杀行为还是自杀意念的发生，女性均明显高于男性。②

在自杀的倾向与方式上，存在着男女差异。女性多采用消极的自杀方式，如吃大剂量的药物或服毒；男性多采用主动的自杀方式，如用手枪自射或自缢等。

① 吕臻:《青少年自杀的社会环境因素研究》，重庆医科大学博士学位论文，2014 年。

② 张翼:《青少年人口的自杀与未致命自杀：性别差异与原因》,《青年研究》2001 年第 11 期。

男性所采用的方式比较彻底，多能完成自杀；女性一般只是表现出有自杀的倾向和举动，但许多时候不能完成。在男女两性青少年中有自杀企图和实际完成自杀行为的比例为100:1。少年自杀的具体原因很多，如怀孕、学业失败、与父母发生冲突、被同伴拒绝、被社会排斥、违法犯罪后的恐惧，也有人是出于浪漫的想法。但不论具体情况如何，有一条根本的原因，就是青少年面对的困难和烦恼突然增多，如果得不到及时解决就会积累起来而导致心理崩溃，最终导致采用自杀的方式来解脱。

三、外部失调——反社会行为和青少年犯罪

心理学家和社会学家对青少年的反社会行为的界定并不统一，但一致的观点是青少年的违法行为要比其他年龄阶段更普遍。最高人民法院有关部门提供的数据显示，从2000年到2005年，我国青少年犯罪案件的数量呈现明显上升趋势，从2000年到2004年，全国各级人民法院判决生效的未成年人犯罪人数平均每年上升14.18%，2005年比上年同期上升了23.96%。在20世纪90年代，青少年罪犯占全国罪犯的比例由1990年的57.35%下降到1999年的36.7%。2000年，青少年罪犯占整体罪犯的比例为34.54%，2001年为33.96%，2002年为31.05%，但是从2003年起发展轨迹出现了细微变化，这一比例回升到31.22%，2004年上升到32.55%。未成年罪犯占罪犯总体的比例自1997年起开始增长，2000年占6.52%，2001年 占6.68%，2002年 占7.13%，2003年 占7.93%，2004年 占9.17%。整体来看，近年来我国青少年犯罪人数逐年增加，未成年人犯罪人数占青少年犯罪总人数比例在扩大，青少年犯罪案件占总的刑事案件的比例也在增大。①

许多调查材料表明，这几年我国的青少年犯罪主要表现出这样一些特点。

（1）青少年罪犯在整个刑事案犯中占的比例越来越大，青少年犯罪年增长率超过5%。

① 邓俊：《近十年来我国青少年犯罪研究综述》，《河南科技大学学报（社会科学版）》2012年第1期。

（2）犯罪年龄呈下降趋势，且团伙性犯罪居多。据有关数据分析，从1998年到2003年，青少年作案平均年龄下降2岁，由17.6周岁降为15.7岁。14~16岁青少年犯罪状况日益突出，14岁以下的犯罪案例也明显增多。

（3）闲散青少年等群体违法犯罪凸显。团中央对2 361名青少年罪犯调查后发现，闲散青少年为1 445人，占61.2%，成为青少年犯罪的主体。

（4）家庭问题和失学、辍学问题对青少年违法犯罪的影响明显。近年来，失和、失教、失德、失才的家庭逐渐增多。中央社会治安综合治理委员会在对全国18个少管所和监狱的调查中发现，有26.6%的青少年罪犯来自破碎家庭，有近一半的青少年罪犯没有完成九年义务教育。①

（5）因非法网吧、毒品等不良因素导致的青少年违法犯罪上升。最新统计，因互联网传播不良信息诱发的未成年人犯罪增加了5倍多。

无论是官方记录还是青少年自我报告的研究都表明，青少年的反社会行为从青少年早期就开始逐级增长，严重的暴力犯罪和财物犯罪在青春期都有所增长，到青少年中、晚期一直保持较高的水平，到了青年早期有所下降，成年早期才有少许下降。在反社会行为和犯罪行为中，男孩的比例要明显大于女孩。男孩比女孩更具有攻击性，更容易卷入到反社会的活动中。

有效防治青少年犯罪必须从控制和消除引发青少年违法犯罪的因素入手。导致青少年犯罪的因素很多，主要有以下几点。

（1）家庭因素。导致孩子不良成长的家庭因素有三方面：一是家庭破裂，最新统计显示，父母离异家庭子女犯罪率是健全家庭的4.2倍；二是父母素质偏低，亲子沟通不足；三是家庭教育观念偏差，教育方式方法不对，犯罪青少年的父母更可能使用体罚的管教方式。

（2）同伴因素。在青少年时期，同伴逐渐取代父母的影响，成为青少年犯罪的重要影响因素。许多青少年的犯罪行为都是在群体压力的情境下产生的。另外，同伴团体等亚文化群体对青少年的交往也有重大影响，有些群体会鼓励攻击行为甚至犯罪行为的发生。他们中较多人会被同龄群体排斥。有调查显示，对于

① 于滨：《青少年犯罪高发高层急谋对策》，《瞭望》2004年第34期。

那些仅仅是学习跟不上的同学，13% 的同学希望他们离开班级；对于那些由于不良行为受到学校处分的同学，将近一半的同学认为他们应该离开班级；而对于有严重不良行为，受到公安机关处理的同学，来自同龄群体的排斥更加强烈，只有 25% 的同学愿意他们留在原来的班级。①

（3）青少年自身因素。青少年时期的个体集众多矛盾于一身，表现为：渴望摆脱束缚，但又受到能力的限制；想得到他人的认同，但自我中心意识太强；想张扬个性，但又比较偏激。再加上这段时期心理发育还不成熟，情绪不稳定，逆反心理强，自尊心强，分辨是非能力较差，自我控制能力和心理承受力都较弱，这些特点很容易激化矛盾，使青少年无所适从。如果得不到正确的引导，青少年就会走上歧途，甚至违法犯罪。

要点小结

青少年期是个体生理发展的加速期，身心发展的不平衡性带来了一系列的心理危机。青少年的思维以符号化为主要形式，从形象思维、抽象思维过渡到了辩证思维，思维趋于成熟。他们能根据假设进行逻辑推演，思维具有充分的预计性；运用概念、推理和逻辑法则的能力不断发展；思维的反省性和监控性也明显提高；辩证思维和创造性思维也处于高度发展阶段。随着青少年生理和智力的发展，其个性发展也表现出新的特点：自我意识高涨，形成了相对稳定的自我概念和自我形象；情绪表现具有两极性，心境变化加剧，并产生了反抗心理；道德发展表现出从前习俗思维向更为习俗化的推理水平转变的趋势；与同伴和成人的关系发生变化。青少年处于发展的特殊时期，种种因素相互作用，使他们面临一系列的心理社会问题，如各种成瘾问题、焦虑、抑郁、青春期精神分裂、自杀倾向以及反社会行为和犯罪等。

① 孙云晓著:《捍卫童年》，江苏教育出版社 2009 年版，第 18 页。

思考与练习

1. 青少年生理发展的一般特点有哪些？身心发展的不平衡引发了青少年哪些心理矛盾？
2. 青少年的思维发展有哪些基本特征？具体体现在哪些思维形式上？
3. 青少年的个性发展具有哪些基本特点？
4. 青少年的自我意识发展主要表现在哪些方面？
5. 青少年面临的心理社会问题有哪些？你认为应该如何避免这些问题的产生？

拓展性阅读导航

1. 林崇德著:《中学生心理学》，中国轻工业出版社 2013 年版。

本书详细介绍了中学生的心理发展特点与现状，通过许多心理学实验和教育实例来帮助读者走进中学生的心理世界。

2. [美] W. 戴蒙、R. M. 勒纳主编，林崇德等译:《儿童心理学手册》，华东师范大学出版社 2015 年版。

本书共四卷，第一卷为“人类发展的理论模型”，第二卷为“认知、知觉和语言”，第三卷为“社会、情绪和人格发展”，第四卷为“应用儿童心理学”。本书旨在对儿童心理学领域目前的知识状态进行全面、准确的描绘。

3. [美] C. K. 西格曼、E. A. 瑞德尔著，陈英和审译:《生命全程发展心理学》，北京师范大学出版社 2009 年版。

本书系统介绍了关于人类生命全程发展的重要理论、关键主题和新近研究的重要发现。在内容的编排上采用主题和年龄相结合的方式，体现了发展的阶段性和连续性。

4. [美] J. W. 桑特洛克著，寇彧等译:《青少年心理学》，人民邮电出版社 2013 年版。

本书共十五章，分别从生理、认知、自我、情感、人格、性别、性、道德、价值观、健康等重要方面系统地介绍了青少年这一群体的发展特点，凸显了青少年发展过程中的优势，指出了影响青少年发展的社会环境因素，以及发展过程中容易出现的问题，并就问题提出了相应的对策。

5. [美] N. J. 科布著，孟莉译:《青春期心理手册》，中国人民大学出版社 2009 年版。

本书共十三章，每章都以一个案例开始，用叙事的方式讲述了青春期个体的生理和心理变化，并针对青春期个体遇到的一系列问题，从学校、社会、家长、学生各自不同的角度提出有效的应对、解决、干预和预防方案。

第九章

成年早期个体的心理发展

内容提要

成年早期在人的一生中起定位作用并决定着个体终生发展的方向。本章介绍成年早期个体心理发展的一般特征及面临的主要发展课题，阐述这一时期个体认知发展的特点和自我形成的一般规律。自我意识的发展及自我同一性的确立，人生观、价值观的形成，恋爱、结婚及婚后适应，选择职业等是成年早期个体的主要发展课题。

学习目标

1. 了解成年早期个体心理发展的一般特征及面临的主要发展课题。
2. 掌握成年早期个体认知发展的一般特点以及自我形成的规律。
3. 解读和理解成年早期个体的心理发展。

关键词

成年早期　发展课题　认知特点　自我形成　恋爱　婚姻　事业

成年早期，约从 18 岁开始，到 35 岁结束，可以分为青年中期（18~25 岁）和青年晚期（25~35 岁）。根据孔子的“吾十有五而志于学，三十而立，四十而不惑，五十而知天命，六十而耳顺，七十而从心所欲，不逾矩”①，可以看出成年早期的个体正处于从“志于学”到“而立”之年。在这一时期，个体要吸收和整合各方面的知识经验，形成自己的人生观和价值观，并成家立业。可以说，成年早期在个体的一生发展中起定位作用，几乎决定了个体终生的发展方向。

在这一时期内，个体的自我意识得到了迅速发展，自我同一性逐步确立，这就促使个体的人生观、价值观趋于稳固，客观地认识自我也成为可能。因此，自我意识的发展和自我同一性的确立，人生观、价值观的形成，避免心理不适应及其他精神障碍，是成年早期个体的主要发展课题。

另外，由青春期开始的对异性的崭新意识，即性的觉醒，到了成年早期已基本趋于稳定，恋爱、结婚及婚后适应，选择职业等也是成年早期个体的重要发展课题。

第一节　成年早期的基本问题

一、成年早期的年龄规定

人生可以分为各个不同的时期（或阶段）。每一时期都存在区别于其他各个时期的显著特征，同时，各个时期之间又有着必然联系，由一个时期到另一个时期的转变是一个循序渐近的、连续的过程。青少年期以前的各个时期的年龄规定，一般是依据人的生理成熟和心理成熟来进行的。而青少年期以后的年龄规定，则应该在依据生理成熟、心理成熟的同时，参照社会成熟来进行。

个体的生理成熟从 11 或 12 岁到 18 或 19 岁，即 20 岁以前，生理达到完全成熟。由此，从生理意义上，个体开始进入成年早期。在这里，我们将生理的成

①《论语·为政》。

熟时间规定为成年早期的开始年龄（成年早期的上限），将社会生活的成熟时间规定为成年早期的结束，也就是成年中期的开始年龄（即成年早期的下限），据此将成年早期的年龄阶段规定为18~35岁。

阿奈特（Arnett，2000，2005）把从高中时期向成年早期的过渡阶段，即18~25岁或者更长的这段时期，称为始成年期（emerging adulthood），即从中学结束到成人地位获得的这段时间。①② 始成年期可被看作成年早期的开始阶段，它以自我同一性的形成、更为成熟的人际关系和亲密关系的建立以及向新的成人角色的过渡为标志。这一时期同时也是一个自我关注的时期，是新角色的形成时期。阿奈特同时指出，始成年期并不是存在于所有的文化之中，而是只存在于允许十几岁到二十几岁的青年有一个较长的、独立的角色探索时期的文化中。

根据我国法律的有关规定，个体年满18岁则意味着步入成年，将依法享受公民的权利，同时依法承担公民的义务。成人仪式（或成人礼）是个人已经成人、进入成人社会的标志，它有着深厚的文化渊源。在古代社会，它就像是跨入成人社会的通行证。中国古代的成人仪式中，男子和女子分别有一个专门的名称——冠礼和笄礼。按照周代的制度，男子在20岁时行冠礼，女子一般是在15岁时行笄礼。《礼记·乐记》曰:“昏（同‘婚’）姻冠笄，所以别男女也。”郑玄注:“男二十而冠，女许嫁而笄，成人之礼也。”在其他国家和地区，也有标志成年的成人仪式，如日本青年在20岁时举行的“成人式”、非洲部分部落实施的“割礼”、埃塞俄比亚一些部落男孩的“越牛”仪式、秘鲁男孩的“跳崖”仪式等，其他民族还有“拔牙”“锯齿”“文身”等加于肉体上的一种永久烙印。

仪式通常被界定为带有象征性、表演性并由文化传统所规定的一整套行为方式，从本质上说，成人仪式具有标志生命周期的过渡功能。有了这一有形与无形的标志物，个体的成人身份便得以辨识。阎光才说:“对于个体而言，成人

① Arnett, J. J.（2000）. Emerging adulthood: A theory of development from the late teens through the twenties. *American psychologist, 55*（5）, 469–480.

② Arnett, J. J.（2005）. The developmental context of substance use in emerging adulthood. *Journal of Drug Issues, 35*（2）, 235–254.

仪式只是一个人一生中一次特定片刻的体验，而对于一个社会而言，它是周而复始、循环往复的集体行为，它的符号化功能早已延伸和贯穿到成年人整个教育生活中去。这种符号化不仅建构了一种集体幻觉和想象，而且以一种成年人的价值介入和意识形态渗透的方式使得教育的日常生活结构化。”①成人仪式与其说是代表一种新的生命周期的开端，不如说它仅仅是具有象征意义的一次身份转换。

经过青年早期和青年中期的各种心理体验之后，到二十四五岁，个体在情绪上趋于稳定，在心理上达到成熟。

但是，心理上的成熟并不意味着社会性的成熟。社会性的成熟，是在青年步入社会，经过多种社会体验和社会实践活动得以最终实现的。孔子所谓“三十而立”，可以理解为，作为一名社会成员，在事业、家庭等社会生活各方面的成熟。

二、成年早期的一般特征

成年早期在人的一生发展中具有重要意义。在这一时期，个体的身心发展趋于稳定成熟，智力发展达到全盛时期，个体建立起家庭并创立事业，开始全面适应社会生活。这一时期的个体有以下几方面的特征。②

（一）从成长期到稳定期的变化

儿童及青少年阶段被称为成长期。青少年时期个体生理发展达到了高峰，心理也趋向初步成熟。进入成年早期后，个体进入稳定期。这种稳定性体现在绝大多数成年早期的个体身上，具体表现为:（1）生理发展趋于稳定;（2）心理发展，尤其是情感过程趋于成熟，性格特点基本定型;（3）生活方式趋于固定化和习惯化;（4）建立了较为稳定的家庭;（5）社会职业稳定，且能忠于职守。

（二）智力发展到达全盛时期

成年早期个体的智力发展进入全盛时期。思维方式由形式逻辑思维为主转

① 阎光才:《成人仪式的象征与教育日常生活》,《教育科学研究》2005 年第 9 期。

② 林崇德著:《发展心理学》，浙江教育出版社 2002 年版，第 420 页。

为以辩证逻辑思维为主，思维更加具有相对性、变通性、灵活性、整合性和实用性。在成年早期的最后阶段，个体的创造性思维发展也达到高峰，开始在不同领域内表现出不同程度的创造力。

（三）恋爱、结婚到为人父母

18~35岁是恋爱、结婚、养儿育女的年龄段。研究者根据第六次人口普查数据进行计算，发现：2010年，我国青年初婚年龄为24.85岁，较1990年累计上升了2.06岁；2010年，我国男女青年初婚年龄分别为25.86岁和23.89岁，城市青年初婚年龄为26岁，农村青年初婚年龄为23.73岁。自20世纪90年代以来，我国青年初婚年龄开始逐步上升。① 一般来说，个体在18岁以后开始考虑婚姻问题，这是因为：（1）大多数青年此时已经就业，获得了一定的劳动技能，初步完成了社会化的重要任务；（2）个体心理发展成熟，特别是价值观和人生观相对稳定；（3）个体生理发育成熟，性意识也趋于成熟，开始理解两性关系，产生精神上的性需要，形成自觉控制性冲动的意志力。虽然结婚后有些家庭选择不要孩子，但生儿育女仍是大部分夫妻婚后的一件大事。所以，为人父母成了成年早期个体最重要的生活角色。

（四）创立事业到紧张工作

根据金兹伯格（Ginzberg, 1972）的职业选择三阶段理论②，成年早期的个体进入了现实阶段。现实阶段始于18岁，这时个体开始选择职业，并在一定领域内实现自己的愿望。个体所选择的职业一般是和兴趣、能力、价值观联系在一起的，于是职业必然成为个体的一个立足点，并成为实现自我价值的重要手段。因此，创业也必然成为这个年龄阶段个体的主要目标。

事业的成功需要有一定的机遇，但更重要的是利用自己的智慧和潜力为实现既定目标去不断奋斗。对个体来说，对成功的追求是一种压力。如果需求适度，个体可以获得工作的乐趣和成功的满足感；如果需求太高，成就一般，或

---

① 陆杰华、王笑非：《20世纪90年代以来我国婚姻状况变化分析》，《北京社会科学》2013年第3期。

② Ginzberg, E. (1972). Toward a theory of occupational choice: A restatement. *Vocational Guidance Quarterly, 20* (3), 2–9.

事业成绩与个人期望相差太大，个体则会感到沮丧或焦虑。这些状态常出现在30~35岁。

（五）困难重重到适应生活

成年早期个体将面临很多从未遇到的困难。儿童、青少年时期有父母的照顾、教师的指导、同学的协助，而到了成年早期，个体结婚成家，养儿育女，追求事业成功，处理各种社会关系，解决经济问题，承担社会责任和义务等，这些都要自行解决。因此，良好的生活适应就成为这个时期的主要发展课题。

三、成年早期的发展课题

人生不同的发展阶段有不同的发展课题。确定个体在每个发展阶段的发展课题的主要依据是：身体上的成熟；心理上的成熟；社会、文化的要求、期待和压力，个人的价值观、抱负等。

张日昇认为，成年早期个体的发展课题应该包括以下十个方面：（1）对身体的发育，特别是对因性成熟所引起的诸多变化的理解和适应；（2）从精神上和经济上脱离父母并走向独立；（3）逐渐完善作为男性或女性的性别角色；（4）对新的人际关系，特别是异性关系的适应；（5）正确认识自己在社会中的角色，通过各种社会活动完善自己；（6）树立作为社会一员所必须具备的人生观和价值观；（7）掌握作为社会一员所必须具备的知识和技能并付诸社会实践；（8）选择职业及工作适应；（9）恋爱、结婚及婚姻适应；（10）成就感的获得与自我实现。①

由上可以看出，成年早期个体的发展课题更强调学习和熟练过程，此时，延缓偿付已不再有效，履行作为社会一员的责任和义务成为个体的重要课题。个体尤其要完成社会角色的变化：从单身到已婚，从为人子女到为人父母，从学生到职业人员，从向往职业到事业的初步成功。② 确立发展课题的理论根据，既来自

① 张日昇著：《青年心理学：中日青年心理的比较研究》，北京师范大学出版社1997年版，第20—21页。

② 林崇德著：《发展心理学》，浙江教育出版社2002年版，第426—429页。

个体自身的发展需要，也来自社会、文化外来的希望和要求。伴随着这些发展课题的解决，青年就开始步入成人社会。

第二节　成年早期的认知特点

一、成年早期智力发展的外在条件和发展任务

皮亚杰认为智力的实质就是适应。林崇德将智力定义为成功地解决某种问题（或完成任务）所表现的良好适应性的个性心理特征。可见，智力的发展是一个适应的过程。影响成年早期智力发展的重要因素之一，是个体所处的新的客观环境及所面临的新的适应任务。

在十八九岁以前，个体的主要任务是获取与社会文化有关的知识系统，以消除与社会之间的矛盾，达到对社会的适应，实现社会化。个体这时所处的客观环境是受成人保护的，不承担任何社会责任。进入成年早期以后，经过进一步的正规或非正规的学习，个体已基本掌握了本民族的文化系统及社会道德系统，对社会的基本要求已能适应，但此时又面临着社会生活的新的挑战，如事业、婚姻、家庭等，需要不断进行恰当的分析、判断、推理，达到对问题的解决。

所以，成年早期的发展任务中，个体在掌握知识方面所面临的目标已不再是对知识的获取和占有，而是如何运用知识、经验、技能及道德规范，以更好地发挥潜能去解决各种实际问题，在工作及人生其他各方面取得成绩，承担和履行各种社会责任和义务，达到对社会的新的适应，获得自身的发展，并对人类做出贡献。同时，成年早期的个体还充当着传递者的角色，即把社会文化传递给他人或下一代，而且在传递和运用社会文化的过程中，个体又在不断地创造新的事物，以使人类知识经验在充分积累的基础上得到创新和发展。

正是由于成年早期的个体面临着新的社会环境及任务，被赋予了新的社会角色，因而他们的思维特点不同于青少年时期所表现出来的形式逻辑思维的特点，辩证的、相对的、实用性的思维形式逐渐成为这个时期个体的重要思维方式。

二、成年早期智力表现的一般特点

皮亚杰曾将儿童智力发展划分为四个连续的阶段，即感知运动阶段、前运算阶段、具体运算阶段和形式运算阶段，并认为，个体在进入形式运算阶段以后相当长的时间内，智力会保持相对稳定。皮亚杰的这种观点有其合理的一面。个体发展至成年早期，智力结构的各个方面均已基本发展成熟，所以，从成年早期智力表现的总体水平来看，的确表现出相对稳定的特点。但与此同时，成年早期个体的智力在性质上仍表现出一些全新的属性。

沙伊（Schaie，1977）总结了有关成人智力发展的研究，提出了成人智力适应理论。① 这一理论模型指出了智力发展的几个阶段，以及每个阶段所对应的不同认知任务。例如，个体在儿童和青少年期处于知识获取阶段（acquisitive stage）。成年早期个体处于实现阶段（achieving stage），个体为了实现长远的目标，必须让自己的认知能力适应复杂的环境（如婚姻和工作）。在此阶段个体减少了知识获取活动，而更多地关注在日常生活中应用所获取的知识。正是由于知识的获得及应用形成了良好的有机结合，因而成年早期个体智力结构中的诸要素在基本保持稳定的同时，仍向高一级水平发展。

例如，在观察力方面，成年早期个体具有主动性、多维性及持久性的特点，既能把握对象或现象的全貌，又能深入细致地观察对象或现象的某一方面，而且在实际观察中，观察的目的性、自觉性、持久性进一步增强，精确性和概括性也明显提高。

在记忆力方面，对于成年早期的个体来说，机械记忆能力有所下降。研究发现，个体在数字、图形和颜色三种材料上的短时记忆广度在16岁时达到高峰，之后（即成年早期）开始衰退。②但成年早期的前一阶段是人生中逻辑记忆能力发展的高峰期，其有意记忆、理解记忆占据主导地位，而且记忆容量也很大。有研究显示，成年早期个体的短时记忆、工作记忆及阅读广度均优于成

① Schaie, K. W.（1978）. Toward a stage theory of adult cognitive development. *International Journal of Aging and Human Development, 8*（2）, 129–138.

② 陈国鹏、王晓丽：《短时记忆及其策略一生发展的横断研究》，《心理科学》2005年第4期。

年晚期个体，在持续性负荷任务中，成年早期个体较成年晚期个体更快，错误率更低。① 国内外研究也发现，个体的工作记忆广度在成年早期达到高峰，然后随着年龄的增长明显下降。②③④

在想象力方面，成年早期个体想象中的合理成分及创造性成分明显增加，克服了前几个发展阶段中所表现的过于虚幻性，使想象更具实际功用。

关于智力的发展问题，一些研究认为，个体到成年早期才进入智力发展的高峰。韦克斯勒（Wechsler，1981）用标准化的智力测验测查了7岁儿童至65岁成人的智力发展状况。结果发现，智力发展的高峰期在22~25岁，然后开始衰退，衰退的速度是随着年龄的增长而逐渐递增的。有关成人不同能力平均发展水平的研究（Miles，1980）表明，除知觉外，成年早期个体在记忆、比较与判断、动作及反应速度这几个方面的发展水平均达到最高值，即人类一般智力在成年早期达到高峰。对美国成人所做的横向比较表明，个体在归纳推理、空间定向和知觉速度三个方面的能力从青年至老年呈不断下降趋势。⑤ 申继亮、陈勃考察了成年期几项基本认知能力（图形归类、减法乘法、数字比较、匹配图形、词汇理解）的发展状况，发现各项能力随年龄的增长而基本呈不断下降的趋势。⑥ 林仲贤等人采用12套不同视觉形状图形，研究了儿童、中青年人和老年人的心理旋转能力，发现在对图形方位匹配判断的准确性和完成任务的速度上，中青年人的成绩均明

① Ros, L., Latorre, J. M., & Serrano, J. P.（2009）. Working memory capacity and overgeneral autobiographical memory in young and older adults. *Aging, Neuropsychology, and Cognition, 17*（1）, 89–107.

② Gilinsky, A. S., & Judd, B. B.（1994）.Working memory and bias in reasoning across the life span. *Psychology and Aging, 9*（3）, 356–371.

③ Swanson, H. L.（1999）. What develops in working memory? A life span perspective. *Developmental Psychology, 35*（4）, 986–1000.

④ 李德明、刘昌、李贵芸:《数字工作记忆广度的毕生发展及其作用因素》,《心理学报》2003年第1期。

⑤ Schaie, K. W.（1994）. The course of adult intellectual development. *American Psychologist, 49*（4）, 304–313.

⑥ 申继亮、陈勃:《成人期基本认知能力的发展状况研究》,《心理学报》2000年第1期。

显优于儿童和老年人的成绩。①

个体智力水平的发展不仅体现在一般认知能力上，还体现在元认知能力上。元认知最早是由弗拉维尔提出的，1981 年他将元认知定义为反映或调节认知活动的任一方面的知识或者认知活动。斯滕伯格（Sternberg，1985）的智力成分理论把元认知作为智力的核心成分之一。成人往往具有更明确的自我概念和自我意识，在认知及问题解决过程中，对主客体特征具有更清晰的认识，他们的元认知水平大多达到了内控和自动化水平，运用元认知策略的水平也更高。因此，成人的元认知发展水平整体上高于青少年。

由此可见，在成年早期，个体的大多数智力成分在质和量的方面均在发展并达到成熟，再加上成年早期个体具有较充分的文化及经验的积累、成熟的社会能力及高度发展的自我意识，使其在思维发展的总体水平上，尤其在运用适当的思维策略解决问题方面，显示出了高于前几个发展阶段的特点。

三、成年早期的思维优势

成年早期的个体具有较稳定的知识结构和思维结构，积累了丰富的经验，掌握了解决某些实际问题的技能。成年早期个体的思维优势集中表现在以下两个方面。

（一）成年早期的思维方式以辩证逻辑思维为主

依据皮亚杰的观点，青少年到 15 岁左右就达到了形式逻辑思维的最高形态。但近年来的许多研究成果证明，15 岁左右并非思维发展的终止时期，形式逻辑思维也并非最高的思维形式。20 世纪 80 年代以后，研究者们用后形式思维（post formal operation）、反省判断（reflective judgement）、辩证思维（dialectical thinking）等不同的概念，来描述个体思维中超出皮亚杰形式逻辑思维的认知图式，统称为思维发展的第五个阶段。

在青少年时期，个体虽然已掌握了某些辩证逻辑思维的方式，但形式逻辑思维仍占据优势地位。形式逻辑思维的特点是，反映事物的相对静止性和不同事

① 林伸贤、张增慧、韩布新：《儿童、中青年及老年人心理旋转能力的比较研究》，《心理科学》2002 年第 3 期。

物之间的确定界限，强调逻辑性、客观性和确定性，而较少注意事物的个别性、差异性和运动性，且可以脱离感知、表象、经验的支持，以命题为依据，从纯粹的假设出发，通过推理得出结论。美国的研究（Elkind，1961；Tomlinson-Keasay，1972）表明，在15~22岁的大学生中，只有67%的大学生达到了形式逻辑思维的高级阶段，其余学生仍处于形式逻辑思维的幼稚阶段。这说明在成年早期的开始阶段，个体的形式逻辑思维仍处于发展状态。另外，在成年早期，辩证逻辑思维逐渐发展成为主要的思维形态。辩证逻辑思维是对客观现实本质联系的对立统一的反映，其主要特点是：既反映事物之间的相互区别，也反映相互联系；既反映事物的相对静止，也反映相对运动；在强调确定性和逻辑性的前提下，承认相对性和矛盾性。研究表明，少年期、青年早期和成年早期的个体能够解决辩证逻辑问题的数量分别为30%、51%和62.5%，呈现依次增长的趋势。① 美国心理学家佩里和布朗（Perry & Brown，1979）认为，进入成年早期以后，个体思维中形式逻辑思维的绝对成分逐渐减少，辩证逻辑思维的成分逐渐增多，并指出这种变化的重要原因之一是由于个体逐渐意识到围绕同一个问题多种观点的存在以及解决问题方法的非单一性的事实。佩里（Perry，1981）对大学生的思维特点进行了较深入的研究，发现上述转变过程至少可以分为以下三个阶段。②

第一阶段：二元论阶段（dualism）。思维水平处于此阶段的大学生常以对和错两种形式来进行推理，对问题及事物的看法是非此即彼、全白或全黑的，没有“灰色区”，易将知识视为固定不变的真理，凡事追求“什么是正确的答案”，而不考虑合理的程度。

第二阶段：相对性阶段（relativism）。此阶段的个体不再毫无区分地把知识当作不变的真理，而是通过权衡，比较不同的观点，审视各种理论，进而找到解释现实的有效理论。在这个阶段，个体思维过程的抽象性及理论性已达到很高水平。

第三阶段：约定性阶段（commitment）。此阶段的个体不仅能进行抽象逻辑

① Riegel, K. F. (1973). The final period of cognitive development. *Human Development, 16* (5), 346–370.

② Perry, W. G., Jr. (1981). Cognitive and ethical growth. In A. Chickering (Ed.), *The modern American college* (pp. 76–116). San Francisco: Josse-Bass.

思维，而且在分析事物时具有自己的立场和观点：对各种现象的解释能持相对的态度；由于能意识到所有事物都具有运动及变化的性质，因此，既能坚持那些约定俗成的立场和思想观点，又能随时对此做出调整。

上述三个阶段的具体内容的确反映了成年早期的个体从以形式逻辑思维为主向以辩证逻辑思维为主过渡的思维形态。

另一位美国著名的成人思维研究专家拉布维-维夫（Labouvie-Vief，1980）认为，成年期思维中的形式逻辑性逐渐减退，而以现实为导向的实用性成分逐渐增多。① 成年期的这种思维变化，在以儿童为中心的发展心理学理论，如传统的皮亚杰理论看来是一种退化，即对现实的不适应，而在成人背景模式（adult contexted model）理论看来则是一种适应性的思维形式。成人背景模式理论认为，形式运算思维是一种依照假设进行的严格的推理形式，当现实情况错综复杂的时候，此种推理会显现出局限性，阻碍个体对现实做出良好的反映。拉布维-维夫认为，成年早期出现的“变通性”思维是思维的一种新的整合，也是一种分析问题和解决问题的新策略。具体表现为，个体能意识到现实生活中的各种条件及限制，能根据问题情境进行具体的和实用的分析和思考，并不严格按照逻辑法则进行推演。这正是思维不断成熟和发展的表现，而不是退化。所以，从成年早期开始，伴随着形式逻辑思维的进一步成熟和完善，个体逐渐表现出一种相对的、实用的并具有背景性的思维形态。这种形态开始出现于大学生阶段，随后便逐渐固定下来，发展成为成年期认知活动的一般形式。成年早期个体思维所发生的这种适应性变化，与其所处的客观环境及生活经验密切相关。

克雷默（Kramer，1989）对有关思维发展第五阶段的文献进行了研究，认为其中的理论具有三个共同的特征：（1）对认识相对性的意识；（2）接受矛盾；（3）在辩证的整体内整合。② 林崇德（2002）认为，思维发展的第五阶段体现了

① Labouvie-Vief, G.（1980）. Beyond formal operations: Uses and limits of pure logic in life-span development. *Human Development, 23*（3）, 141–161.

② Kramer, D. A.（1989）. Development of an awareness of contradiction across the life span and the guestion of postformal operations. In M. L. Commons, J. D. Sinnott, F. A. Richards & C. Armon（Eds.）, *Adult development: Comparisons and applications of developmental models*. New York: Praeger.

成年早期的认知特点。①

（二）成年早期的后期是表现创造性思维的重要时期

创造性思维是指一种具有独创性、新颖性及社会价值的思维形式。这种思维的结果不是简单地继承人类已经积累和总结出来的知识经验，而是去解决人类尚未解决和认识的问题，因此，创造性思维的成果具有首创性、发现性和突破性。

如今，创造性思维普遍被看作一种认知活动，结果是产生新颖、有用的产品。近年来，从组合角度理解创造性思维的观点日渐增多。斯滕伯格认为，创造性思维是以选择性编码、选择性组合、选择性比较三个过程为基础的，其中选择性组合是创造性思维的关键，组合方式有多种，如词形的、词汇的、观念的、物体部件（或图形）的等，找到最适应当前问题的方式是极为重要的。

大量研究发现，创造性思维在成年早期处于上升阶段，30 岁末或 40 岁初达到顶峰，然后逐渐下降，当然这种发展趋势也存在个体差异和领域差异。我国学者王极盛曾以许多科学家、创造发明家为研究对象，系统研究了他们创造力的发展特点，认为创造性思维的最佳年龄是 25~45 岁。美国学者韦恩·丹尼斯（Wayne Dennis）以艺术家、科学家和人文学家为对象，研究了他们全部的创造成果及其产生的时间，结果发现在不同领域内创造性思维达到顶峰的时间不同。以人文科学家为例，他们在 70 岁左右的创造性思维还像在 40 岁左右时一样活跃；而对于艺术家和科学家来说，在 50 岁以后，创造性思维开始呈现下降趋势。丹尼斯的研究同时还表明，无论在科学领域还是艺术、人文科学领域，个体都存在一个共同之处，即相对于以后的各年龄段，20 岁前后尚未进入创造性思维的高峰期。此外，在成年早期，孕育并抚养孩子、离婚或者非支持性配偶等因素会导致女性的创造性被延迟和打断。② 总之，成年早期的最后阶段是创造性思维表现十分突出的一个时期。

潘洁等人（1983）依据吉尔福德的智力结构理论对大学生的创造性思维发

① 林崇德著:《发展心理学》，浙江教育出版社 2002 年版，第 434—438 页。

② Vaillant, G. E., & Vaillant, C. O.（1990）. Determinants and consequences of creativity in a cohort of gifted women. *Psychology of Women Quarterly, 14*（4）, 607–616.

展特点进行了研究。得出的结论是：大学生的发散思维（创造性思维的主要形式）已有一定程度的发展，但表现出的个体差异较大；在发散思维品质的发展水平上也有差异，从总体来看，思维的流畅性发展最好，变通性次之，独特性品质得分相对其他品质而言最低，原因可能是在思维活动中要表现出独特性意味着各思维成分的重新改组，因此，要求个体以全新的、独立的视角去认识事物，难度最大。① 罗晓路（2006）运用问卷法从创造性思维和创造性人格的角度去认识大学生创造力的特点。研究发现：大学生有较强的创造潜能，其创造性人格突出表现为富有挑战性；创造性思维核心品质的新颖性表现突出，创造性思维能力的典型表现中投射未来、评估力和通感特点较为明显；专业类别对大学生创造力的发展有显著影响，艺术类大学生的创造力较为突出，社科类大学生的创造力较差。② 由此可见，在大学生阶段（即成年早期的开始阶段），创造性思维虽有了相当程度的发展，但还尚未达到成熟水平，仍处于为创造性思维的发展积极准备的阶段。

成年早期的前一个阶段是创造性思维充分准备的阶段，成年早期的后一个阶段是创造性思维较为成熟的阶段，因此，成年早期是为人类积累文化财富的黄金时期。

第三节　成年早期自我的形成

一、成年早期自我意识的发展

在儿童期，儿童在与外部世界发生联系的过程中认识自身的存在；到了青年期，青年开始注意到自己的内心世界还存在一个“我”，并开始将注意力集中到发现自我、关心自我的存在上来。到了成年早期，这种对自我的关心日益强烈，

① 潘洁、金炜、赵敏、俞强、徐成芳:《上海地区大学生发散性思维的测试研究》,《心理科学》1983 年第 4 期。

② 罗晓路:《大学生创造力特点的研究》,《心理科学》2006 年第 1 期。

个体开始经常问“我是谁”“人生的意义是什么”“人为什么活着”等问题。

青年将注意力转移到内心世界的原因，大体可归纳为以下三点。第一，身体的急剧成熟。这必然会造成青年对自我的身体、内驱力及内部欲求等的注意和关心。第二，社会人际关系的扩大。这必然导致青年将自己的性格、能力等与他人进行比较，从而引起对自己的素质、天赋等问题的关心。第三，认识能力的发展。这必然引起青年对自己的行为及其产生的原因、可能的结果以及自己的存在价值和人生意义的思考。

但是，对内心世界的关心并不意味着对外部世界的关注变少了。恰恰相反，与儿童期、青年早期相比，进入成年早期的青年对外界的看法更加深刻而广泛，而且这种对外界的注意和关心是建立在以探讨自我为核心内容的基础之上的。成年早期自我意识的发展，无论从量上还是质上都相对于以前表现出显著的差异。

这些内部、外部条件的变化，使成年早期个体的自我意识形成了明显的特点，其内容得到了极大的丰富和分化。具体表现为：自我概念开始具备复杂的多维度、多层次的心理结构；自我评价更加独立，也更加独特，更趋于稳定；自我体验的内容更加丰富，与自我有关的内心体验更加深刻，也更加敏感。①

自我意识的发展促进了成年早期自我的形成。自我的形成，是经过整个青年期的分化、整合过程之后得以最终完成的。影响这一过程的因素有很多，包括从小积累的经验，对社会及他人的态度，来自社会及他人的评价，独立意识，以及自身在社会中的作用、地位和身份等。

青年在生活中所积累的经验直接影响到自我意识的发展，特别是成功和失败的经验对自我的形成及自我意识的发展的影响更大。随着经验的扩大，成功和失败也随之增多，个体通过对这些经验进行再评价来修正自我意识。

来自社会及他人的评价对自我意识的修正、自我的形成也产生作用。自我意识尚未确立的青年，往往对他人的评价非常敏感。成年早期的青年，能够通过他人对自己的态度、评价来认识并确认自我的存在价值。

独立意识的发展使处于成年早期的个体对自我的认识和评价不再完全凭借一

① 林崇德著:《发展心理学》，浙江教育出版社2002年版，第454—455页。

时的成败及别人对自己的态度及评价，而是有了自己独立的内在价值判断标准。这对形成稳定、牢固的自我具有重要的作用。

随着年龄的增长，个体在社会及家庭中的地位及身份等都会发生变化，其社会角色也会发生相应的变化。这些使得成年早期的个体不断地探索自我在社会及家庭中的定位，从而获得对自我更深入和稳定的认识。

自我的形成是自我明显分化的过程，自我矛盾与冲突不断加剧，其结果造成了自我在新的水平和方向上达到协调一致，即自我同一性。但是，这并不意味着自我发展的结束。自我的形成，是以自我同一性的确立而获得安定的心理状态为标志的。

二、成年早期自我同一性的确立

埃里克森认为，青年期的发展课题是自我同一性的确立。埃里克森将人看成是心理的、社会的存在，并将人生历程分为八个时期，每个时期都有其特定的心理、社会的发展课题。发展课题的完成、危机的解决会促进积极品质的产生，反之则会产生消极的品质。

埃里克森认为，个体进入成年早期的发展课题是确立自我同一性，防止同一性的扩散，之后的发展课题是获得亲密感以避免孤独感等。埃里克森认为自我同一性在15~18岁确立，但后来的研究表明，大约要到大学期间，个体才能达到同一性的确立。①

刚步入成年期的青年，虽然他们应该而且有能力承担诸多社会责任和义务，但他们在做出某种决断的时候往往进入一种“暂停”局面，以尽可能地满足避免同一性提前完结的内心需要。在延缓所承担的义务和责任的同时，青年学习并实践种种角色，以掌握各种本领。由于确立自我同一性需要一定的时间，在这段时间内，青年可以一时合法地延缓所必须承担的社会责任和义务，因此，青年期又

① Waterman, A. S. (1982). Identity development from adolescence to adulthood: An extension of theory and a review of research. *Developmental Psychology, 18*(3), 341–358.

被称为心理的延缓偿付期。

有了这种心理的延缓偿付期，青年就可以利用这一时期接触各种人生观、价值观，尝试着从中选择，再检验一下这些内容是否符合自己。经过这种循环往复，就可以决定自己的人生观、价值观及将来的职业等，最终确立自我同一性。

在现代社会，大学时代的青年应该说正处于心理的延缓偿付期。因为读初中、高中时，他们被紧张的学习、考试所追逐着，几乎没有余暇去充分思考自己的问题。进入大学以后，他们能够专心考虑自我、探索自我和确立自我。

大学生在确定自我同一性的过程中，会呈现不同的状态。

郑涌等人（1998）研究发现，多数大学生感到自己处于同一性形成的中间状态，只有少数大学生属于同一性完成型或同一性扩散型。① 王树青等人（2007）的研究得出了大学生在各种同一性状态上的人数比例，依次是：同一性延缓型占 67.5%，同一性扩散型占 13.3%，同一性早闭型占 10.1%，同一性完成型占 9.1%。②

自我同一性的确立遵循怎样的路线呢？自我同一性状态的发展顺序是扩散型（D）—早闭型（F）—延缓型（M）—完成型（A）还是扩散型（D）—延缓型（M）—早闭型（F）—完成型（A）？研究者逐渐发现个体并不总是按先后顺序从一种状态发展到另一种状态，个体有可能出现反常现象，如 A—F、A—M 或 F—D 等。③ 克罗格（Kroger，1996）指出这种反常现象为倒退（regression），并提出了倒退的三种形式：失衡（disequilibrium）、固化（rigidification）、整合失败（disorgination）。④ 他认为有些倒退是适应性的（失衡的倒退），有些为非适应性的（固化和整合失败的倒退）。适应的倒退如 A—M，这样的个体可能是为了进一

① 郑涌、黄希庭：《自我同一性状态对时间透视体验的结构关系研究》，《心理科学》1998 年第 3 期。

② 王树青、张文新、张玲玲：《大学生自我同一性状态与同一性风格、亲子沟通的关系》，《心理发展与教育》2007 年第 1 期。

③ 周红梅、郭永玉：《自我同一性理论与经验研究》，《心理科学进展》2006 年第 1 期。

④ Kroger, J.（1996）. Identity, regression and development. *Journal of Adolescence, 19*（3）, 203–222.

步的发展暂时退行到后一阶段，通过这一阶段的探索达到更好的整合。非适应的倒退如 F—D，个体遇到困难后，自暴自弃，不思进取，不进行探索，也没有做出承诺。所以，很多大学毕业以后的成人仍然会为自我同一性问题困扰，有人会把“我是谁”的问题重新提出。如离婚，就会让家庭主妇重新思考作为女人的意义，并对其他方面的自我认同感提出疑问。

近来，在马西娅的自我同一性理论的基础上，双环模型（如图 9–1 所示）被用来解释自我同一性建立的内在过程。① 它认为自我同一性由彼此独立但又高度相关的五个维度构成：广度探索（exploration in breadth）、深度探索（exploration in depth）、沉浸探索（ruminative exploration）、做出承诺（commitment making）和认同承诺（identification with commitment）。广度探索指根据自身的目标、价值和信念，在做出承诺之前寻找并初步评估不同的选择；深度探索指对于已经做出的选择进行深入的评估，去探知其与个人的内心标准是否吻合；沉浸探索指由于对自身的同一性问题难以给出满意的回答，因此迟迟不能做出选择，由此带来一些适应不良的症状；做出承诺表示对于重要的同一性问题做出选择的程度；认同承诺指对所做出的承诺的确定程度和内化程度。

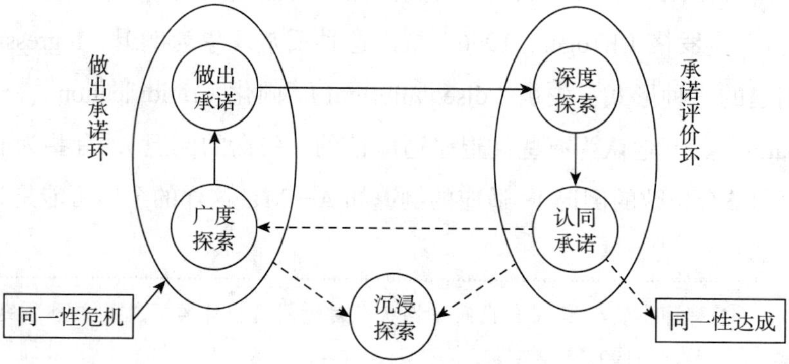

注：图中实线表示实际的影响路径，虚线表示可能的路径。

图 9–1　双环模型

① 徐薇、寇彧：《自我同一性研究的新模型——双环模型》，《心理科学进展》2010 年第 5 期。

不同的自我同一性状态与心理健康有一定的关系，完成型的人心理健康水平最高，扩散型的人心理健康水平最低。郭金山、车文博（2004）利用王登峰编制的中国人人格量表（QZPS），检测了自我同一性状态与人格特征之间的关系。① 结果发现，完成型、延缓型、早闭型、扩散型四种自我同一性状态呈现出不同的人格特征，尤其是成熟、高级的自我同一性与低级的自我同一性之间，人格特征的差异更大。

大学毕业并踏入社会后，心理的延缓偿付期结束，青年开始被看作一个能独立地履行社会责任和义务的实体。与此同时，青年也开始得到了成人的许多权利，也已具备各种能力并自愿准备着去实践相互信任、工作调节、生儿育女和文化交往等社会生活，以期最充分而满意地进入社会。进入成年早期的青年，需要在自我同一性得到巩固的基础上获得共享的同一性。而获得了共享的同一性，就可能导致美满婚姻并获得亲密感。发展亲密感对个体是否能满意地进入社会有重要的作用。

总之，自我意识的发展和自我同一性的确立，决定着个体自我发展的方向和水平。因此，我们可以说，自我意识的发展和自我同一性的确立是成年早期的重要发展任务。

第四节　成年早期人生观、价值观的形成与稳固

一、人生观、价值观的一般论

成年早期的青年正处在人生观、价值观的形成—稳固时期，他们最为迫切、最为认真地关心人生态度、生活方式、生存价值等一系列问题。“人应该怎样去

① 郭金山、车文博：《大学生自我同一性状态与人格特征的相关研究》，《心理发展与教育》2004年第2期。

生活”“什么样的生活才是自己所期待的生活”“人生的价值、意义是什么”等与人生密切相关的问题，始终冲击着青年的心灵。与此同时，他们又表现出对人生的探求和摸索，以及为扩大和深化自我的精神世界并确立人生观所做出的各种努力。

人生观是对人生目的和意义的根本看法和态度，是一定的世界观在人生问题上的看法。人生观的内容很复杂，它并不是一种单一的认识现象，而是以人生目的为核心，包括对人生的态度、评价、情感、意志等内容在内的个体人格的总和。林崇德认为，我国心理学研究者主要将人生观视为个性意识倾向性的一个组成因素。每个人都会对人生有个根本看法，且伴随着相应的态度。人们经常会考虑自身活着的意义、目的及社会地位、道德标准等问题，并要对群己关系和自我修养等问题持一定的观念，这一切都是人生观。人生观的成熟或稳定，主要表现在价值观、道德观和社会观三个方面。总之，大多数学者认为人生观是观念性的，它对人的行为具有导向、定位、调控和动力作用，并且人生观是一个多维度、多层次的系统。①

人生观并非与生俱来。一般来说，青年早期是人生观的萌芽时期。处于这一时期的青年对人生虽能提出各种疑问，但尚不能经常而且主动地反思自己。进入青年中期后，个体对人生问题的考虑虽然更加主动和经常化，但人生观的发展尚不稳定。而到了青年晚期，如前所述的心理条件已充分具备，特别是随着社会需要的发展，人生观日趋稳定和巩固。可见，成年早期是人生观真正形成的时期。

人对于人生的看法和认识，归根结底主要凝聚在一个人的价值观上。心理学家大都认为，价值观是心理学一个独特的研究领域，它是比态度更抽象、更一般的具有评价性、选择性、规范性的深层心理结构，是文化成员合理的信念体系。价值观是指人们对客观事物、现象，以及对自己行为结果的意义、作用、效果和重要性的评定标准或尺度。它是推动并指引人们做出决策和采取行动的核心因

① 姚本先、何元庆:《国内外大学生人生观研究的现状、问题及趋向》,《辽宁师范大学学报（社会科学版）》2007 年第 1 期。

素。[1] 这里，对价值的理解包括：首先，客体必须能够满足主体的需要，我们才能说其有价值；其次，价值必须与客体的性能和属性相对应，它包括对客体的认识和评价。

人是在现实社会生活中认识和理解价值的。客观现实是不以人的意志为转移的实体存在，但是这一实体存在取决于人的主观体验，而且也必然表现出其存在的目的、存在的理由和存在的意义，这是其价值存在的基础。青年在理解这个道理的过程中，自然也会发现自身的存在价值，而且根据自身构成的价值体系决定自己应该形成怎样的人生观、价值观。

人生观、价值观的形成将会规定成年早期的青年价值评价的标准、价值体验的本质及价值判断的根据，从而促进成年早期人格的整合与完善。

二、成年早期价值观的发展及稳定

价值观并不是与生俱来的，是在社会化的过程中形成的。人在社会化的过程中，学习并掌握基本的行为方式和价值准则。而社会化过程中影响个体价值观形成的因素也有很多，罗克奇（Rokeach，1973）强调包括社会文化、学校和家庭在内的各种社会因素对价值观形成所产生的影响。

在对不同文化下价值观的比较研究中，研究者（Shen，1995）基于中国人的价值观根植于儒教，而美国人的价值观根植于犹太教—基督教的前提，采用坎菲尔德（Canfield）的价值观问卷对中国人和美国人的主导价值观进行了比较研究。研究结果表明，在尊敬权威、谦逊、服从、善于克制、勤劳等方面，中国人的得分显著高于美国人，而在信奉宗教、诚实、乐于助人等方面，美国人的得分显著高于中国人。同时，文化变迁对个人价值观有深刻的影响。研究者（Egri & Ralston，2004）调查 774 名中国人和 784 名美国人，总结中国不同时期和美国不同时期人们的价值观取向，并对比中西方的差异。结果发现：社会主义时期中国人的变化性、开放性、自我评价均比其他时期要高；除了自我超越维

① 许燕、王砾瑟:《北京和香港大学生价值观的比较研究》,《心理学探新》2001 年第 4 期。

度，不同时期的美国人在变化性、保守性和自我增强方面都有显著差异。在保守性方面，中国人的得分显著高于美国人；在变化性、自我增强和自我超越方面，美国人的得分显著高于中国人。这证明了文化变迁是一个渐进的过程，伴随着个人和社会层面的价值观变化。①

个体价值观的形成还与自我的发展密切联系、相辅相成。个体进入成年早期，日益深刻与独立的自我评价、渐趋丰富与敏感的自我体验、逐步明确与强烈的自我需求都会促进个体价值观的形成。而价值观一旦形成，就可以促进个体人格的整合，从而保证人的行为的一贯性和连续性，促进个体自我同一性的形成。

我们认为，个体的价值观、人生观是在父母、教师的指导、强化和影响下形成的，在不断地接受父母、教师的影响的同时，随着年龄的增长，朋友的影响也日趋增大。但是，到了青年晚期，青年的自主性和独立性愈来愈强，过去那种由直接强化或外来影响而形成价值观、人生观的情况愈来愈少，而主要依赖于青年自我同一性形成的过程。

最初，自我同一性形成的过程是一种无意识的学习过程。到了青年期，特别是成年早期，无意识的学习可以转变为对榜样有意识的效仿、学习。在青年期的价值观、人生观形成过程中，榜样的力量是巨大的。同时，信仰在建立自我同一性方面也发挥着重要作用。有关宗教与自我同一性的研究发现，有宗教信仰的始成年期个体具有更高的自我同一性状态。②③

① Egri, C. P., & Ralston, D. A. (2004). Generation cohorts and personal values: a comparison of china and the united states. *Organization Science, 15* (2), 210–220.

② Duriez, B., Smits, I., & Goossens, L. (2008). The relation between identity styles and religiosity in adolescence: Evidence from a longitudinal perspective. *Personality and Individual Differences, 44* (4), 1022–1031.

③ Duriez, B., & Soenens, B. (2006). Personality, identity styles, and religiosity: An integrative study among late and middle adolescents. *Journal of Adolescence, 29* (1), 119–135.

总之，我们强调青年的价值观、人生观的形成是一个社会化的过程。同时，我们更强调青年价值观、人生观自我调节机制的形成和健全的重要性，也十分强调榜样的力量和社会条件、文化背景的影响。在社会环境日益复杂、价值观多元化的今天，强调这些显得更为重要。

第五节　成年早期的恋爱、婚姻及事业

一、恋爱

在埃里克森的心理社会发展八阶段理论中，获得亲密感、避免孤独感这一任务是成年早期发展的核心问题。这一阶段，个体逐渐走出原生家庭，并开始组建自己的新家庭。青少年期个体所萌发的对性及异性的好奇，到了成年早期逐渐发展为一种强烈的愿望。并且由此开始，个体将对某一异性的情思发展为爱情，并导向恋爱的轨道。

爱情是指男女间一方对另一方所产生的爱慕恋念的感情。卢家楣（1989）指出，爱情有三种层次和三个主要特征。三种层次为：以性爱为主，以情爱为主，性爱和情爱的和谐统一。层次越高的爱情越牢固，越具有生命力。三个特征为：排他与守一的统一，冲动与韧性的统一，自私与无私的统一。一般来说，个体在童年期没有爱情，到青少年期才情窦初开，人类爱情的鼎盛期在成年早期。

西方关于爱情的心理学研究始于20世纪70年代，产生了三种影响较大的理论模型，分别为成人依恋理论、爱情风格理论和爱情三元理论。

成人依恋理论是由阿藏和谢弗（Hazan & Shaver，1987）提出的。①他们将成人的爱情关系视为一种依恋过程，即与伴侣建立爱情联结的过程，就

① Hazan, C., & Shaver, P.（1987）. Romantic love conceptualized as an attachment process. *Journal of Personality and Social Psychology, 52*（3）, 511–524.

如婴儿在幼年时期与双亲建立依恋情感联结的过程一般。巴塞洛缪和霍罗威茨（Bartholomew & Horowitz，1991）将成人的依恋关系分为四类。①（1）安全型（secure）：认为自己是值得爱的，他人也是值得爱和信任的。（2）专注型（preoccupied）：认为自己是不值得爱的和没有价值的，但他人是可接受的。这种类型的个体总是努力赢得他人的接纳，并以此支持消极的自我表象。（3）恐惧型（fearful）：对自己和他人的态度都是消极的。这种类型的成人可能因害怕他人的拒绝而避免与他人发生联系。（4）冷漠型（dismissing）：对自己的看法相对积极，认为自己是有价值的，但认为他人会拒绝自己。这种类型的成人会以避免与他人发生联系来作为保护自己不受伤害的手段。研究者在依恋类型与成人的婚姻功能、亲密关系质量及理想伴侣形象的关系等方面取得了丰富的成果。②③④

20 世纪 70 年代，李（Lee）采用分类学的观点，提出了爱情风格理论。他认为青年男女的爱情关系不外乎以下六种类型：（1）浪漫式爱情；（2）游戏式爱情；（3）占有式爱情；（4）伴侣式爱情；（5）奉献式爱情；（6）现实式爱情。C. 亨德里克和 S. 亨德里克（Hendrick & Hendrick, 1986）的研究有力地验证了李的爱情六类型理论。⑤

斯滕伯格（Sternberg，1988）在对先前文献进行整理的基础上，提出了爱情

---

① 转引自周春燕、黄希庭：《成人依恋表征与婚恋依恋》，《心理科学进展》2004 年第 2 期。

② Scott, R. L., & Cordova, J. V. (2002). The influence of adult attachment styles on the association between marital adjustment and depressive symptoms. *Journal of Family Psychology, 16* (2), 199–208.

③ Grau, I., & Doll, J. (2003). Effects of attachment styles on the experience of equity in heterosexual couples relationships. *Experimental Psychology, 50* (4), 298–310.

④ Tolmacz, R., Goldzweig, G., & Guttman, R. (2004). Attachment styles and the ideal image of a mate. *European Psychologist, 9* (2), 87–95.

⑤ Hendrick, C., & Hendrick, S. (1986). A theory and method of love. *Journal of Personality and Social Psychology, 50* (2), 392–402.

三元理论。① 斯滕伯格认为人类爱情包括三种成分，即亲密成分（intimacy）、激情成分（passion）、决定或承诺成分（decision/commitment），并将这三种成分形象地比喻为爱情三角形的顶点。亲密成分指在爱情中能促进亲近、归属、结合等体验的情感，换句话说，它能引起温暖体验。激情成分或称情欲成分，指内驱力，这些内驱力能引起浪漫恋爱、体态吸引、性完美，以及爱情关系中的其他有关现象。或者说，该成分就是在爱情关系中能引起激情体验的各种动机性唤醒以及其他形式的唤醒源。决定或承诺成分有两层含义:（1）在短期方面，指一个人做出了爱另一个人的决定;（2）在长期方面，指那些能维持爱情关系的关注、义务感或责任心。该理论也得到后续研究的支持。②

异性间要建立起爱情关系，首先需要双方能够相互吸引。金盛华认为，美貌及个性、兴趣等的相似和互补都可能成为异性间相互吸引的条件。其次，双方有为建立和维持关系做出努力的意愿。研究表明，乐意在恋爱中做奉献的人比回避奉献的人所建立的恋爱关系的质量要好，且有更高的个人幸福感。③ 通过分享任务和活动来保持与对方的接近是维持长久爱情关系的最常使用的策略。④

对待爱情及恋爱的态度是恋爱关系能否建立和维持的先决条件，我国许多研究者对成年早期个体的恋爱及爱情观进行了研究，发现有如下特点。

第一，恋爱动机呈多元化趋势。调查显示，大学生谈恋爱的目的是“寻找未来伴侣”和“体验一次真正的爱情”的分别占 36.4% 和 31.5%，女生“寻找未来伴侣”的比例更突出，将近 40%。选择“内心空虚、摆脱压抑感”的大学生占

① Sternberg, R. J.（1988）. *Triangle of love*. New York: Basic Books.

② Aron, A., & Westbay, L.（1996）. Dimensions of the prototype of love. *Journal of Personality and Social Psychology, 70*（3）, 535–551.

③ Impett, E. A., Gable, S. L., & Peplay, L. A.（2005）. Giving up and giving in: The cost and benefits of daily sacrifice in intimate relationships. *Journal of Personality and Social Psychology, 89*（3）, 327–346.

④ Hass, S. M., & Stafford, L.（1998）. An initial examination of maintenance behaviors in gay and lesbian relationships. *Journal of Social and Personal Relationships, 15*（6）, 846–855.

12.3%，这个数字应该得到学校的重视。此外，选择“其他”的有15%。① 另有研究表明，当代大学生爱情观的总体现状不容乐观，主要存在认知模糊、价值取向功利、能力欠缺、性保护意识淡薄等问题。② 这一结果值得重视。

第二，当代青年择偶更注意个体内在的素质，注重爱情等精神需要。黄希庭等人（1994）曾给出包括性格、人品、健康等27个择偶标准让被调查者进行选择，结果发现，青年最看重的9个标准依次是人品、爱情、性格、责任、未来幸福、健康、才能、兴趣、发展前途，像宗教、门第、社会地位等则属于最不看重的条件。③

第三，当代青年持注重双方忠诚的同时对婚前性行为更为包容的爱情道德观。调查表明，多数大学生主张对待爱情应当严肃负责，认为那种朝三暮四，或同时与几个人恋爱，是极不严肃、极不负责的行为。与过去的研究结果相比较，当代大学生更能够包容婚前性行为。他们更倾向于认为“性”是一种个人化活动，不应以道德和法律来衡量。但是，大学生并不是对所有婚前性行为都持包容态度。调查发现，大学生对“无爱之性”基本上都持否定态度，但是大部分大学生认为只要真心相爱，性行为无须指责。④ 这说明大学生非常看重性行为中的感情因素。另外，该调查还发现，除感情因素外，在性道德问题上，大学生对自愿、责任、忠诚的认同都相当高，他们会根据这些不同的因素决定对特定性行为的态度。可见，虽然我国大学生最初的恋爱动机比较多样，但他们对待爱情的态度是真诚和负责的。这样，亲密感和爱情就会随着关系的发展而逐步增加。两个人从最初的相识发展到拥有相互的承诺后，双方就开始考虑与对方结婚，开始描绘未来的家庭蓝图。

---

① 王曦辉:《郑州六高校调查：近四成大学生在体验爱情》,《大河报》2006年2月14日。

② 邓婷:《当代大学生爱情观研究》，中国地质大学博士学位论文，2015年。

③ 黄希庭、郑涌等著:《当代中国青年价值观研究》，人民教育出版社2005年版，第222页。

④ 刘电芝、莫秀锋、阳泽、胥兴春:《当代大学生性道德价值取向调查研究》,《心理发展与教育》2004年第1期。

二、婚姻与家庭

恋爱的双方把对彼此的感情推向最高潮，恋爱状态以结婚告终，这当然是最理想的。但是，结婚未必就是恋爱的最终结果，因为婚姻还包括除当事者之外的各种因素，包括来自家庭或社会的阻力或压力。克服了这些阻碍，男女双方就会开始为结婚所需的各方面做好积极准备，经过结婚登记、婚礼，在法律上正式结为夫妻，同时也获得社会的认可。

婚后，每个人都希望自己能够建立起一个理想的家庭，但是每个人所想象和期望的理想家庭是不同的。笔者认为，理想的家庭应该具备以下六个条件。

（1）“同一屋檐下”生活。所谓“同一屋檐下”生活，是指家庭成员一定要生活在一起。这不仅是指整个家庭成员应该而且必须生活于“同一屋檐下”这一物理空间，更重要的是指心理层面，即保持亲密的情感联结，维持心灵的沟通。

家庭是一个生理、心理和社会系统的结合体。只有物理上和心理上生活在一起并保持相互依存、相互影响的关系，家庭才可以说是健全和理想的。家庭成员都应为造就这一理想家庭的最基本条件做出努力，这是维持理想家庭的最重要基石。

（2）夫妻“力动均衡”。夫妻“力动均衡”，是指夫妻在力量、动态等各个方面保持均衡。一个良好的婚姻和家庭是由家庭的每位成员所共同营造出的，需要每位成员的积极参与和融入。无论是家务劳动还是教育子女、决定重大事情，都应当由夫妻双方或家庭成员共同商量而达成一致，形成一种力量的制衡机制，而不是一方做决定，另一方完全服从。

家庭是一个动力系统，只有夫妻力量均衡，才能维持整个家庭系统的协调运作和家庭功能的良好发挥。

（3）亲子“一线之隔”。亲子“一线之隔”指的是父母与子女间有清晰的界限，每位家庭成员都保持相对的独立性，亲子都能拥有属于自己的相对自由和空间。父母对孩子既不能不管不问、放任自流甚或放弃养育，也不能过于严格，而是应充分认识到作为监护人的责任，有适度的爱护、关心、引导、倾听、理解和监督，当然还有必要情况下的限制和约束。

“线”即界限，如果界限没有了，孩子可能会卷入夫妻关系之中，或者造成孩子过于依赖父母，不能学会自己解决问题。如果界限过于僵化，虽然孩子的自主性得到了锻炼，但亲子之间也失去了温暖和爱。因而，亲子之间需要的是“一线之隔”，这样，孩子才能在学会独立的同时，也充分享受到父母的爱和关怀，家庭的功能即可发挥得宜。

（4）“自由与受保护”的空间。“自由与受保护”的空间，是在箱庭疗法中所提出的概念，强调治疗者需要与来访者建立“母子一体性”的关系，在箱庭治疗室和以沙箱为中心所创造的“自由与受保护”的空间里，让来访者处于一种入静定心状态，并制作箱庭作品，促使来访者潜在的自我治愈力被唤醒并得以发挥，为来访者的人格走向整合提供可能性。

这一概念同样适用于家庭系统。也就是说，每个人只要能拥有“自由与受保护”的空间，在合适的机会和环境里，人的潜能就可以得到充分发展。家庭成员在家庭这一自然而特殊的组织里，如果能够拥有并体验到自由、安全和受保护，必然就会心情愉悦地过好每一天，度过有意义的一生。

同时，父母要为孩子创造一个“自由与受保护”的空间，尊重和接纳孩子，使孩子能够在自由、安全与受保护的氛围中充分感受到父母对自己的爱护与关注，从而发展与父母之间的信任与依恋关系，产生对父母和家庭的安全感与归属感，使人格走向整合，心理趋于健康发展。

（5）“父性原理”与“母性原理”的协调。家庭成员在家庭中所承担的责任和角色是不同的。日本临床心理学家河合隼雄将家庭中父亲的角色作用命名为“父性原理”，把母亲的角色作用命名为“母性原理”，认为家庭中必须明确父亲和母亲各自分担的角色。

所谓“父性原理”，是指无论多么可爱的孩子，如果做了违背社会准则或家规的事，当父亲的会毫不留情地训斥孩子，或采取绝情、断绝关系等强制、惩罚手段对待孩子；而“母性原理”则恰恰相反，无论自己的孩子怎样，即使是惹是生非、无恶不作，当母亲的都会疼爱、关心，甚至包庇和袒护孩子。因此，父性原理是“切断的机能”，母性原理则是“包容的机能”。家庭里有“唱红脸的”，也有“唱白脸的”，说的也就是这个道理。

（6）相同的志向。家庭成员尤其是夫妻要有一些共同的兴趣爱好、生活方式等，特别是在世界观、人生观、价值观和道德判断等大的人生信念上，更要努力去保持彼此的一致性，拥有积极向上的力量。俗话说“全家老少一条心，砖瓦石块变成金”，就是强调要有共同的积极向上的志向。

当然，理想家庭的建立并非容易的事情，需要生活经历完全不同的两个人面对新婚生活，适应各种新情况。

首先是性生活的适应问题。性生活从本质上讲，需要夫妻双方在结婚后通过自身的摸索和体验去慢慢适应。没有性生活的夫妻关系显然是不健全的。夫妻如果能在人格上相互尊重，又保持经常的性的接触，便会自然地产生一种真挚的亲密感。

其次是新的人际关系，包括夫妻间及同亲属间的关系的适应。夫妻双方如果不能正确处理这些人际关系，就会给家庭带来消极影响。

再次是夫妻间经济收入使用安排的适应。如果夫妻二人在家庭经济问题上的看法相差太大，问题可能就会显露出来。因此，彼此之间应加强沟通和理解，共同勾勒未来的生活蓝图，使婚姻生活向正确的轨道发展。

最后是子女的抚养教育的适应。孩子的出生可能会使夫妻二人感受到一定的压力和负担，以至于婚姻关系变得消极。① 夫妻间往往在对子女的教育上产生诸多分歧和争执。但是，只有夫妻二人一起体验了养儿育女的意义和感受后，夫妻关系就可能变得更加充实和完善。

总之，理想家庭的建立、美满婚姻的维系需要双方真诚地沟通交流，努力地相互理解，勇于承担责任。

哈佛大学著名的“格兰特研究”（The Grant Study）历时 76 年，研究“什么样的人，最可能成为人生赢家”。研究选取 268 名当年正在哈佛大学就读的本科生作为研究对象。经过长期的跟踪调查，接任主持这项研究整整 32 年的心理学者乔治·瓦利恩特（George Vaillant）得出结论：持续终生的良好亲密关系对人的幸福影响深远。但是，并非所有的夫妻通过适应期都能建立良好的婚姻关系。经过很长一段时期双方仍然难以适应的婚姻，甚至不幸的婚姻，是存在的。婚姻关

① Cowan, C. P., & Cowan, P. A.（2000）. *When partners become parents: The big life change for couples.* Mahwah, NJ: Erlbaum.

系和身心健康密切相关。如果关系双方非常难以适应，而且他们也为保持关系做出了许多努力也无果而终，那么离婚为双方提供了一个机会，一个终结痛苦并可以与其他人建立新的婚姻关系并拥有家庭幸福的机会。

有人说离婚比死亡具有更强的创伤作用，这是从不负责任的离婚对夫妻和孩子造成伤害的角度而言的。父母离婚对其子女心理发展的消极影响不仅是多方面的，而且是长期的。很多研究也关注离婚及单亲家庭对孩子的不良影响，但是我们需要看到，给孩子造成伤害的并非离婚本身，而可能是父母在离婚前后多方面的冲突，也有可能是父母未能很好地适应离婚后的生活，因为离婚造成了对孩子教养方式的改变，离婚造成的生活改变也给孩子的适应造成了很大的困难。

研究表明，婚姻冲突与儿童和青少年的行为、适应、情绪、健康、学业成就等问题存在显著相关，它直接或间接地影响着儿童的心理发展。①父母离婚后与一方的联系减少、孤独、搬家等因素也给孩子造成了压力，这些压力增加了消极情绪及行为问题的产生。②另外，婚后父母不能就离婚问题跟孩子坦诚地沟通，给孩子灌输另一方不好、可恨等观念，或者不让孩子接受另一方的关心和爱，把对另一方的恨意转嫁到孩子身上，这些都会给孩子造成心理上的阴影。

婚姻生活如果能够渐趋安定与和谐，个体就会体验到成家立业和生儿育女给人生带来的幸福。

三、事业

成年早期个体经历了从开始选择自己的职业到努力工作，成就自己事业的过程。

职业选择并不是一件容易的事。马森等人曾说，选择职业，至少在选择第一个重要工作时，在很多方面类似于选择配偶。③我们认为，职业选择是一个认

① Kitzmann, K. M. (2000). Effects of marital conflict on subsequent triadic family interactions and parenting. *Developmental Psychology, 36*(1), 3–13.

② Booth, A., & Amato, P. R. (2001). Parental predivorce relations and offspring postdivorce well-being. *Journal of Marriage and Family, 63*(1), 197–212.

③ [美] P. H. 马森等著，孟昭兰等译:《人类心理发展历程》，辽宁人民出版社 1991 年版，第 415—418 页。

识自我和社会的过程，它涉及个人的职业兴趣、职业价值观、职业技能等个体因素，也受社会需求、人才供给、社会文化、家庭因素等社会因素的影响。

职业兴趣是影响职业选择的一个重要因素。霍兰德（Holland，1973）认为兴趣属于广义上的人格，它是人格中对职业影响最大的部分，是匹配人与职业的依据。① 他依据人格的六个类型，把职业兴趣类型分为实用型、研究型、艺术型、社会型、企业型、事务型。大多数人都可以被归为六种类型中的一种，现实中也有六种与之相对应的职业模式。人们会根据自己不同的职业兴趣选择相应的职业模式。

职业兴趣并非职业选择的唯一参照标准，职业价值观也是影响职业选择的因素之一。职业价值观是价值观在职业选择上的体现，是人们对于职业的一种信念和态度，或是人们在职业生活中表现出来的一种价值取向。不同的价值观造成了人们对具体职业评价的差异，也影响着个体的择业标准，从而影响着个体对职业的选择。② 而职业技能也对职业选择起着重要作用。技能即“你能做什么”。不同职业所需要的技能可能是完全不同的。除了一些天赋之外，对特定技能的学习和练习就显得极为重要了，这主要通过教育来达成。

另外，职业选择与社会需求、人才供给等密切相关。例如，我国当前人才市场呈现供大于求的状况，全国就业都面临着比较严峻的形势。社会文化通过影响人的价值观而影响职业选择，社会亚文化——企业文化会在录用人才时由于特定的录用标准而影响人的职业选择。而家庭的社会经济地位、父母的期望、职业兴趣等都会影响个体对职业的选择。③ 阴国恩等人（2000）研究了我国大学生的职业选择，发现无论是从理想的角度还是从现实的角度考虑，高级职员都是大学生的首选职业。在理想职业等级的排序中，公务员排在最后一位，而律师、法官却

① Holland, J. L.（1973）. *The development and current status of an occupational classification*. Meeting Paper.

② Reardon, R. C., Lenz, J. G., Sampson, J. P., & Peterson, G. W.（2000）. *Career development and planning: A comprehensive approach*. Wadsworth: Thomson Learning.

③ 侯志瑾:《家庭对青少年职业发展影响的研究综述》,《心理发展与教育》2004 年第 3 期。

排在第二位（见表 9–1）。这说明大学生已不再热衷于“做官”，他们愿意从事法制工作，这与我国正由“人治”走向“法治”有一定的关系。①

表 9–1 大学生对理想职业和现实职业的排列等级

	职业项目							
	高级职员	律师、法官	工程师	医生	记者	教师	商人	公务员
理想职业	1	2	3	4	5	6	7	8
现实职业	1	6	4	8	7	3	5	2

当代大学生选择职业的标准又是什么呢？该研究发现，大学生选择理想职业的择业标准首先是“充分发挥能力”，其次是“收入”和“自主”等，但选择现实职业的择业标准首先是“收入”，其次才是“充分发挥能力”和“工作的稳定性”等（见表 9–2）。这说明大学生在真正择业时更为现实。虽然有这些差异，但是这两个标准还是相当一致的，这也反映出大学生的职业价值观已基本定型，不因考虑职业的角度不同而不同。

表 9–2 大学生对理想择业标准和现实择业标准的排列等级

	充分发挥能力	收入	自主	创造性	稳定性、将来的保障	地位名声	成长为领导者	帮助他人	同他人合作	冒险
理想择业标准	1	2	3	4	5	6	7	8	9	10
现实择业标准	2	1	4	5	3	6	7	9	8	10

个体依据这些主客观条件选择了某一职业后，职业的适应就成了个体要面临的重要任务。职业的适应跟工作是否能实现主体所希望的角色、职业训练（学历）和职业能力甚至个体的年龄等都有关系。② 我们已处在信息时代，接受在职培训、继续教育是成年早期的个体要面临的重要任务，它可以促进个体的职业适应及长远的生涯规划。

① 阴国恩、戴斌荣、金东贤:《大学生职业选择和职业价值观的调查研究》，《心理发展与教育》2000 年第 4 期。

② 林崇德著:《发展心理学》，浙江教育出版社 2002 年版，第 464—465 页。

一项研究调查表明，职业变动已经成为当今青年的普遍现象。① 多数青年都至少更换过 1 次工作，职业变动次数的均值为 3 次。职业地位和工作年限对于职业稳定性具有重要的显著影响：从事高端职业者，其职业稳定性更强；职业稳定性随工作年限呈现 U 形非线性变化，职业稳定性的拐点恰恰发生在青年时期，总体上 20~34 岁的青年正处于从职业不稳定向职业稳定过渡阶段。这一趋势说明相较上一代人，当代青年的择业心态更加灵活开放，并不再固守“一个工作干到老”的观点，而是能够不断根据环境和自身调整职业。

成年早期的个体还要能够较好地处理事业与家庭的关系。有研究发现，如何看待工作与家庭的重要性存在个体差异。② 有的人不太重视工作的价值，更重视家庭生活、休闲和娱乐，而有的人则相反。因此，如何平衡家庭和工作角色也成为个体面临的重要任务。

总之，在进入成年早期之后，事业的成功与挫折、家庭的幸福与不幸、生活的充实与空虚等都反映了一个人作为社会人的应有价值。在社会变得日益复杂的今天，各种人际关系面临着种种严酷的挑战，就业、生存压力也在日益增大。在这样的形势下，如何适应婚后的生活，如何调节家庭生活，并在享受天伦之乐的基础上追求事业的成功和生活的充实，是成年早期个体必须解决的重要课题。

要点小结

成年早期在人的一生发展中具有重要意义。在这一时期，个体的身心发展趋于稳定成熟，智力发展达到高峰，开始成家立业并全面履行作为社会成员的责任和义务。

但是，成年早期的个体不可避免地面临着诸多冲突和困难，特别是要完成社会角色的变化：由非公民到公民，从单身到配偶，从为人子女到为人父母，从学

① 宋健、白之羽:《城市青年的职业稳定性及其影响因素——基于职业生涯发展阶段理论的实证研究》,《人口研究》2012 年第 6 期。

② Nevill, D., & Super, D. E. (1986). *Salience Inventory*. Palo Alto, CA: Consulting Psychologists Press.

生到职业人员，从向往职业到事业的初步成功。因此，社会角色转化是否圆满完成，社会适应和生活应对是否良好，决定着成年早期个体的社会性发展。

思考与练习

1. 成年早期个体心理发展的一般特征及主要发展课题有哪些？
2. 成年早期个体的认知特点有哪些？
3. 你认为应该如何树立作为社会一员所必须具备的人生观和价值观？
4. 依据自我的形成及恋爱、婚姻和事业的发展规律，谈谈如何处理好家庭与事业之间的关系。
5. 运用发展心理学和咨询心理学的知识，谈谈如何解读成年早期个体的心理信号并达到对他们的共感理解。

拓展性阅读导航

1. 林崇德著:《发展心理学》，浙江教育出版社 2002 年版。

本书共十章：前两章阐述发展原理，并评价诸多心理学派关于心理发展规律的理论；后八章系统地论述个体在各个发展时期的心理特征。本书是学习发展心理学的必备书。

2. 张日昇著:《咨询心理学》，人民教育出版社 2009 年版。

本书共十一章，内容包括心理咨询的技法学习与训练、心理咨询的过程与技法问题、各发展阶段心理咨询的构成等。咨询心理学的理念为理解人的心理发展，特别是成年早期心理发展提供了可能。

第十章

成年中期个体的心理发展

内容提要

成年中期是指35~60岁，是人生发展最为鼎盛的时期，也是人最富有生产力的时期。在这一时期，个体生理、心理均处于比较稳定的状态，而多重的社会角色决定了这一时期个体有别于其他年龄段的心理特点。本章从成年中期的发展任务出发，对成年中期的智力特点、个性特点以及生活进行介绍。

学习目标

1. 了解成年中期智力发展的特点，认识有别于智力的智慧概念。
2. 了解成年中期个性发展的特点，掌握控制理论。
3. 了解个体在成年中期的发展任务及有别于其他年龄段的生活角色特点。

关键词

成年中期　发展任务　智力　自我意识　生活

第一节 成年中期的发展任务

成年中期，即中年期，一般指35~60岁这段时期。成年中期的年龄范围是相对的，不是一成不变的。这是因为随着生活和医疗条件的改善，人的平均寿命在不断延长，划分青年、中年、老年的年龄界限也随之变动；此外，在具体研究过程中，研究对象之间由于生活的自然条件、地理环境、生活方式、生活水平、个人修养等方面的不同，即使是年龄相同，其健康状态和衰老程度也可能相差很大。

作为人生历程中的一个阶段，成年中期的个体无论是在生理上还是在心理上都发生了一系列变化。由于成年中期个体面临家庭、社会中的多种任务，担任多种角色，其发展受到多种变量的共同影响，因此有关成年中期心理特点的研究难以得出统一的结论。成年中期也是目前发展心理学研究中涉及最少的年龄段。

与其他发展阶段相比，成年中期个体发展的最大特点是稳定与过渡并存。一方面，成年中期个体在智力、人格等多方面都处于相对稳定的状态；另一方面，成年中期个体处于人生的中段，需要瞻前顾后，要知道自己人生的前半段都发生了什么事情，更要清晰地确定人生的后半段有些什么目标，需要如何去做。因此，与其他发展阶段相比，该阶段的发展任务是独特的。所谓发展任务，简单来讲就是要解决的主要矛盾，或要解决的主要问题。在发展心理学中，有关发展任务的比较有代表性的观点有如下几种。

一、埃里克森的观点

埃里克森认为，人的一生可以分为既是连续的又是不同的八个阶段。每一阶段都有其特定的发展任务。发展任务完成得成功或不成功，会有两个极端，靠近成功的一端就形成积极的品质，靠近不成功的一端就形成消极的品质。根据埃里克森的观点，成年中期处于第七阶段，发展的主要任务是获得繁衍感，避免停滞感，体验关怀的实现。

“繁衍感”（generativity）是一个含义很广泛的概念，任何一种行为，只要能帮助其他个体发展或者有益于未来几代人生活，都可以被称为是具有繁衍感的行为，如生儿育女、履行父母的职责、积极参与竞争、为社会做出贡献等。埃里克森在比较成年期的几个发展阶段时，认为青少年时期的发展任务是“找到你想要做什么以及你想要成为什么样人”（自我同一性），成年早期的发展任务是“了解在工作环境中和个人生活中你想和谁在一起”（亲密感），成年中期的发展任务则是“知道你可以关心谁以及关心什么”（繁衍感）。① 成年中期的发展任务的核心不是生养子女，而是拓展自我，为下一代创造更好的环境和条件，体验关怀的实现。

当人进入中年以后，他们的事业成果逐年积累，家庭成员增多，他们往往奋力兼程，不惜代价地工作。然而，长期持续拼搏的中年人往往因工作超时而负担过重，他们之中的一些人一旦感到自己不能一如既往地竞争与创造时，就逐渐进入停滞状态。处于停滞状态的人往往感到精力枯竭、生活无趣，常常过分关注自己。

根据埃里克森的观点，在成年中期，每个人或多或少都会有些停滞感。因此，使个体获得繁衍感，避免停滞感是成年中期的主要任务。个体如果能成功地完成这一任务，就能发展出与繁衍感相关的优良品质，即关怀的品质（virtue of care）。所谓“关怀”，既可以是关心下一代，也可以是对社会的关注，甚至是对种系的关注。具有这一品质的人，能关心自己所从事的工作等，而且他们做到这一切完全是自觉自愿的。成年人将从这种关怀的体验中获得自我的满足和成长。

麦克亚当斯（D. McAdams）和圣奥宾（E. St. Aubin）从文化需求、内在意愿、繁衍关注、种族信念、繁衍承诺、繁衍行为、个人叙事七个方面来描述繁衍感的特征，并编制了一套测量繁衍感的工具。②③④ 这套工具包括洛约拉繁衍

① Erikson, E. H. (1974). *Dimensions of a new identity.* New York: Norton.

② McAdams, D., & St. Aubin, E. (1992). A theory of generativity and its assessment through self-report, behavioral acts, and narrative themes in autobiography. *Journal of Personality and Social Psychology, 62*(6), 1003–1015.

③ McAdams, D., & St. Aubin, E. (1998). *Generativity and adult development: How and why we care for the next generation*. Washington, DC: American Psychological Association.

④ McAdams, D., & Guo, J. (2015). Narrating the generative life. *Psychological Science, 26*(4), 475–483.

感量表（Loyola Generativity Scale，简称 LGS）、繁衍行为核查表（Generativity Behavior Checklist，简称 GBC）、生活故事访谈表（Life Story Interview），从个体是否具备繁衍动机和行为来具体测量繁衍感的水平。研究者们发现，具有较高繁衍感的个体往往有较高的心理幸福感和生活满意度。① 繁衍感的获得也与成年晚期能否实现积极老化（active aging）有关。

二、莱文森的观点

莱文森（D. Levinson）认为，成人发展是由一系列交替出现的稳定期和转折期构成的。稳定期和转折期的区别在于生活结构是否发生了变化。所谓生活结构是指个人的社会角色与职业角色的综合体。莱文森提出了主要描述成年早期和中期的六个阶段，这是基于他对 40 位男性的访谈。② 受访者的职业包括四类：蓝领工人、白领职员、经商人士和学者。后来莱文森和同事调查了女性对成年人发展变化的态度，发现了同样的发展阶段。③

由图 10–1④ 可见，根据莱文森的观点，成年期的发展涵盖了稳定和转折的交替。在比较稳定的时期，我们建立自己的价值观、信念和优势；在转折时期，我们会改变过去建立起来的东西，重新建立新的系统。每个人都会经历转折，但转折期并不意味着一定发生明显的混乱。莱文森非常强调成年中期转折。他认为这样的转折会发生在 40 岁出头的时候。在这一时期，个体要面临四个重要的问题：依恋、分离、渴望亲密关系以及需要时间内省和认识自己。他们努力解决个人的问题，他们意识到自己有能力打破过去，并创造崭新的生活。如果个体能较好地调整自己的目标，处理好现实与可能之间的矛盾，那么就可以顺利进入下一个阶段。在这一阶段，智慧、有见识、同情心、视野开阔等品质将会出现。美国一

---

① Schoklitsch, A., & Baumann, U. (2012). Generativity and aging: A promising future research topic? *Journal of Aging Studies, 26*(3), 262–272.

② Levinson, D. J. (1978). *The seasons of a man's life*. New York: Knopf.

③ Levinson, D. J. (1996). *The seasons of a woman's life*. New York: Knopf.

④ Levinson, D. J. (1986). A conception of adult development. *American Psychologist, 41*(1), 3–13.

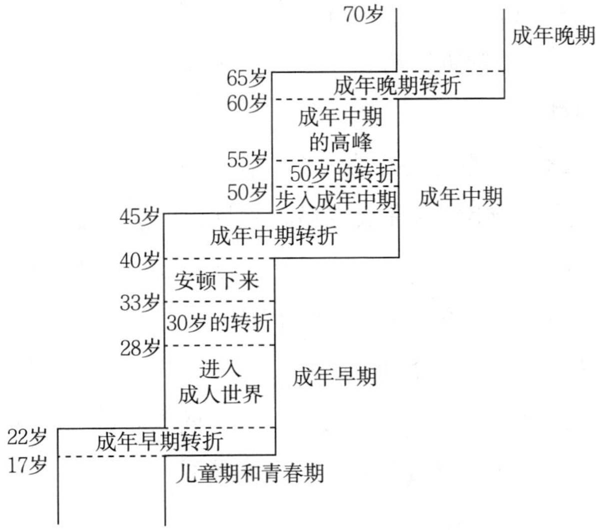

图 10-1　成年期的各个阶段

项针对成年中期生活的十年追踪研究显示，无论是生理健康、认知功能还是幸福感，成年中期都体现出多方向性、变化性和可塑性的特点。成年中期是人生中至关重要的阶段，在这一阶段，人们平衡成长与衰退，建立前半生和后半生生活的联系，成为青年一代和老年一代的桥梁。①

三、古尔德的观点

古尔德（R. Gould）基于临床的观察提出了另一种阶段理论。② 他研究了 524 名 16~60 岁的被试，他们来自美国白人中产阶级，男性和女性都有。古尔德认为成年人的发展，就是将自我从童年的种种限制（主要来自父母）中脱离出来，建立自己的同一性。成年期可以分为五个阶段，在每个阶段个体都需要克服一个有关父母和童年角色的错误假定，以形成独特的自我。

① Lachman, M. E., Teshale, S., & Agrigoroaei, S.（2015）. Midlife as a pivotal period in the life course: Balancing growth and decline at the crossroads of youth and old age. *International Journal of Behavioral Development, 39*（1）, 20–31.

② Gould, R. L.（1978）. *Transformations: Growth and change in adult life*. New York: Simon and Schuster.

阶段一，16~22 岁，个体要克服的错误假定是“我属于父母，并且认同他们的世界”。这是自主性（希望远离父母）与依赖性（仍然希望得到他们的保护与指导）相矛盾的时期。

阶段二，22~28 岁，个体要克服的错误假定是“要像父母那样行事，坚毅忍耐就一定能达到目标”。年轻人需要发展独立性，学会控制自己的生活，面对现实，认识到理性未必总会成功，没有人总能为自己提供帮助，必须依靠自己。

阶段三，28~34 岁，个体要克服的错误假定是“生活是简单和可控制的，我内心没有冲突和矛盾”。这一阶段的年轻人也许会认为世界非黑即白，他们认为自己知道“我是谁”而且已经成为自己想要成为的人。这一时期，他们开始逐渐意识到生活并非那么简单，理性和情感会存在矛盾，他们开始关注自身深层的感受和复杂的自我。

阶段四，34~45 岁，个体要克服的错误假定是“邪恶和死亡是不存在的”。此阶段正是中年期，大多数人身体健康，朋友和亲戚都健在。因此，虽然死亡是人类不可避免的结局，但现实中的死亡还未进入个体的生活。中年人会逐渐感受到死亡这个主题，同时也会意识到无人能真正保护自己，每个人都可能有其阴暗的一面。

阶段五，45 岁以后，经历中年之后，个体要克服的错误假定是“个人内在的自我指导占据优势，我赢得了我自己”。在现阶段，个体需要赋予生活意义，容忍错误和矛盾，接受生活现状，也接受死亡。

古尔德的观点与埃里克森的观点类似，都关注自我的发展，每个阶段要克服的错误假定类似于埃里克森所说的发展任务。不过古尔德的观点更加强调个体如何打破童年角色，从和父母的联系中脱离出来，从而形成独立自我的过程。

四、哈维格斯特的观点

哈维格斯特（R. J. Havighurst）曾于 1972 年提出了关于中年发展任务的观点。①他认为，发展任务主要源于个人内在的变化、社会的压力，以及个人的价值观、

① Havighurst, R. J.（1972）. *Developmental tasks and education*. New York: David McKay.

性别、态度倾向等方面。成年中期是人一生中的一个特殊时期，它不仅是个体对社会影响最大的时期，也是社会向个体提出最多、最大要求的时期。在家里，中年人必须精心培养孩子，使孩子成为有责任心的人和幸福的人，同时必须维持好与配偶的和谐关系。在工作中，面对工作的压力，他们必须达到和保持职业活动的满意水平；与此同时，他们还必须接受和履行社会赋予他们的责任与义务。根据哈维格斯特的观点，中年人还必须寻找消磨时间的新方式，新的方式往往能够反映出身体、兴趣、价值观、经济地位、家庭结构等方面的变化。哈维格斯特把成年中期的发展任务具体地归纳为七点：（1）履行成年人的公民责任与社会责任；（2）建立与维持生活的经济标准；（3）开展成年期业余活动；（4）帮助未成年的孩子成为有责任心的、幸福的成年人；（5）同配偶保持和谐的关系；（6）承受并适应中年人生理上的变化；（7）与老年父母相适应。

有关个体发展任务的理论很好地反映了个体成长与发展过程中的一些基本事实，同时告诉我们个体的一生是不断发展的过程。从对成年中期发展任务的阐述中，我们可以看到成年中期是一个充满挑战的阶段。一方面，个体需要不断完善自我，以求实现个体的人生目标；另一方面，个体承担着教育子女、赡养父母、照顾伴侣、完成工作等多方面的责任。不少研究者，包括莱文森和古尔德都认为存在中年危机现象，即成年中期个体会经历身心疲惫，主观感受痛苦的阶段。

但实证研究表明，只有部分人在成年中期出现或感觉到危机。韦辛顿（E. Wethington）通过对 724 名 28~78 岁的美国成年人的调查，发现有 26% 左右的成年人经历过中年危机，而在 50 岁左右的成年人中，这个比例在 35% 左右。①英国的一项研究表明，英国成年人感受到危机的人数比例虽然较高，为 40%~60%，但中年人中有危机感的人数比例并不比其他年龄的人高。②

① Wethington, E.（2000）. Expecting stress: Americans and the “midlife crisis”. *Motivation and Emotion, 24*（2）, 85−103.

② Robinson, O. C., & Wright, G. R. T.（2013）. The prevalence, types and perceived outcomes of crisis episodes in early adulthood and midlife: A structured retrospective-autobiographical study. *International Journal of Behavioral Development, 37*（5）, 407−416.

在现实生活中，我们可以观察到，就算是相同年龄的成人，他们也会有不同的心理、生理、社会状态，发展的结果也是千差万别的，因而很难用一个发展任务模式描述所有的人。也就是说，并不是所有的中年人都会面临相同的发展任务。事实上有研究已经表明，尚未有强有力的证据支持成人发展模式是普遍的、单一方向的。

同时，不同的研究者提出的成年中期发展任务不尽相同，这主要是由于取样难度较大，要照顾到年龄跨度、职业、文化等诸多因素的作用，很难获得充足的代表性样本。正因如此，研究者的理论往往都是基于来自不同样本的研究提出的，所以，把有关发展任务的理论统合起来是有难度的。但是，不论从哪个角度来描述成年中期的发展任务，其目的都是一致的，都是致力于分析成年中期个体心理特征产生与形成的基础。

第二节　成年中期的智力发展

在成人智力发展研究中，研究者经常对老年人和青年人进行比较，并且假设中年人的智力水平处于两者之间。实际上，从成年早期到成年晚期，智力各领域发生着不同的变化，与儿童和青少年相比，中年人的智力发展显得更为复杂。在智力发展的某些领域中，中年人表现得像青年人，而在另一些领域中却更接近老年人。下面我们将从智力发展模式以及智力活动性质的变化来说明中年人智力发展的特点。

一、智力发展模式

所谓智力发展模式，是指智力水平随年龄变化的轨迹。任何一种智力发展模式必须回答：智力发展是单向的还是多向的，是单维的还是多维的。关于儿童和青少年的智力发展，不管是哪种智力理论，还是使用哪种智力测量工具，所得到的结论都比较一致，那就是随着年龄的增长，智力水平呈单调上升趋势，要么是高一阶段的智力取代低一阶段的智力，如皮亚杰提出的四阶段理论，要么是智力测量分数随年龄的增长而增长。成年期的智力是如何变化的呢？众多的成人智力发展研究表明，中年人的智力发展模式是：晶体智力继续上升，流体智力缓慢下降；机械型智力在成年早期达到顶峰后出现下降，实用型智力则不断增长。

（一）晶体智力和流体智力

20 世纪早期的一些理论家都确信，随着年龄的增长、生理功能的衰退，中老年人的智力水平会不可避免地下降。然而，这种单调下降的智力理论随着研究的深入而被质疑。智力是由不同成分构成的，各种成分的发展变化轨迹是互不相同的。为了精确描述各种智力成分发展的特点，R. B. 卡特尔依据智力发展与生理和文化教育的关系，把智力区分为两大类，即晶体智力和流体智力。

所谓晶体智力是指通过掌握社会文化经验而获得的能力，如在词汇、言语理解、常识等方面以储存信息为基础的能力；流体智力是以神经生理为基础，随神经系统的成熟而提高，相对地不受教育与文化影响的能力，如知觉速度和机械记忆、识别图形关系的能力。R. B. 卡特尔与霍恩（J. L. Horn）一起收集了大量数据来揭示这两种智力各自的发展轨迹。他们发现，青少年期以前，两种智力都随年龄增长而不断提高，青少年期以后，在成年阶段，流体智力缓慢下降，而晶体智力则保持相对稳定，甚至会因知识经验的日益丰富而有所上升（如图 10-2 所示）。

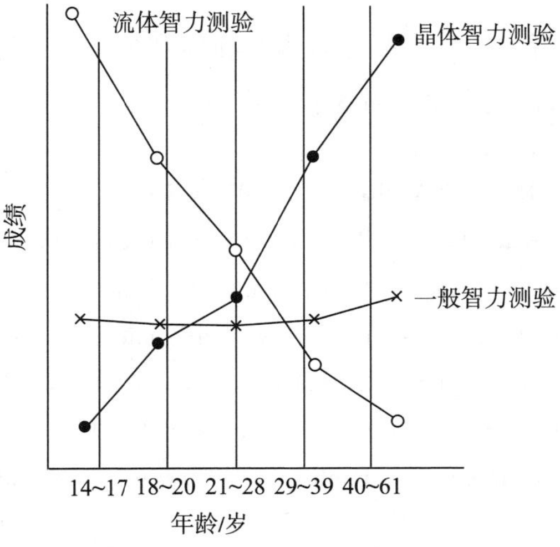

图 10-2　流体智力、晶体智力及一般智力的测量结果

流体智力和晶体智力在成年期发展的不同模式在追踪研究中也得到验证。沙伊（W. Schaie）在自1956年开始，每隔7年重测一次的美国西雅图追踪研究中，对个体的基本心理能力发展进行了长达几十年的追踪。基本心理能力以瑟斯顿（L. L. Thurstone）的理论为基础，沙伊在研究中选用了五种基本心理能力作为测量的因素，即数字能力、词汇理解能力、词语流畅性、归纳推理能力和空间能力。其中，归纳推理能力和空间能力属于流体智力，词汇理解能力、词语流畅性和数字能力属于晶体智力。沙伊的追踪研究在1956年进行第一次测试时是以1889—1938年出生的成人为被试，之后每隔7年对其中的部分被试进行重测，且每次补充一些年龄范围相当的新被试，从而在结果分析时能将横向与纵向的数据有机地结合在一起。研究表明，综观整个成年期，不同的智力成分具有不同的发展轨迹，空间能力和归纳推理能力随年龄增长呈下降趋势，而词语流畅性、词汇理解能力和数字能力则保持稳定或稍有提高。①②③ 申继亮等人也曾对中国成人基本心理能力的发展从横向和纵向两个角度进行了考察。结果表明，知觉速度、归纳推理能力、数字能力和语词能力等基本心理能力在20~75岁总体上呈不断下降趋势，但下降的显著程度在不同年龄段有不同的表现，最明显的下降主要出现于60岁之后，语词能力比其他能力保持得更为稳定，下降的趋势与幅度均更小。④

R. B. 卡特尔把智力区分为晶体智力和流体智力，分别考察两种智力的发展轨迹，这一工作具有极大意义。首先，它有较高的生态学意义，可以解释生活与

① Schaie, K. W., & Willis, S. L.（2010）. The Seattle Longitudinal Study of adult cognitive development. *Issbd Bulletin, 57*（1）, 24–29.

② Gerstorf, D., Ram, N., Hoppmann, C. A., Willis, S. L., & Schaie, K. W.（2011）. Cohort differences in cognitive aging and terminal decline in the Seattle Longitudinal Study. *Developmental Psychology, 47*（4）, 1026–1041.

③ Schaie, K. W., Willis, S. L., & Pennak, S.（2005）. An historical framework for cohort differences in intelligence. *Research in Human Development, 2*（1）, 43–67.

④ 申继亮、陈勃、王大华:《成人期基本认知能力的发展状况研究》,《心理学报》2000年第1期。

工作中观察到的一些现象。例如，年轻人的流体智力比老年人保持得更好，因此在学习新知识和加工新信息时表现更好，而老年人相比于年轻人经验更加丰富，因此解释问题的能力更强，显得更有智慧。其次，这有助于我们进一步深刻而全面地认识成年人的智力特点，而不是将成人智力单纯地理解为随年龄增长单方向上升或下降。最后，这为丰富智力发展理论开辟了新的研究思路，促进了后来的研究者（如新机能主义者）对成人智力的进一步深入研究。卡特尔的观点尽管被多数人接受，但仍然有不足之处：其一，割裂了流体智力和晶体智力二者之间的联系；其二，在实际智力测验中很难设计出纯粹的晶体智力测验或流体智力测验，如词语流畅性的测验，一方面需要有大量的词汇知识，另一方面也需要迅速地做出反应。这些既是这一智力发展理论尚未解决的问题，也是未来研究者应致力突破的问题。

（二）机械型智力和实用型智力

在强调智力发展的多维性与多向性的前提下，以巴尔特斯等为代表的新机能主义者部分借鉴了 R. B. 卡特尔和霍恩对流体智力和晶体智力发展特点的论述，逐步确立了一整套成人智力发展的理论。①

新机能主义者承袭了早期机能主义者的主导思想，把心理或意识看成是个体适应其所处环境的有用的机能活动，强调研究心理活动的环境适应机能或人在适应环境的过程中表现出的心理活动。在新机能主义者看来，智力就是活生生的个体在现实环境中谋求生存与发展的工具。他们注重智力对人类适应和日常生活的作用，并认为智力是由多种成分构成的，不同的智力成分在生命全程的不同发展阶段具有不同的变化轨迹与适应价值。

巴尔特斯及其同事提出的双重过程模型（dual-process model）（如图 10−3 所示）是新机能主义者对智力发展的基本假设。

① Baltes, P. B, Dittmann-Kohli, F., & Dixon, R. A.（1984）. New perspectives on the development of intelligence in adulthood: Toward a dual process conception and a model of selective optimization with compensation. In P. B. Baltes & O. G. Brim（Eds.）, *Life span development and behavior*（Vol. 6, pp. 33−76）. New York: Academic Press.

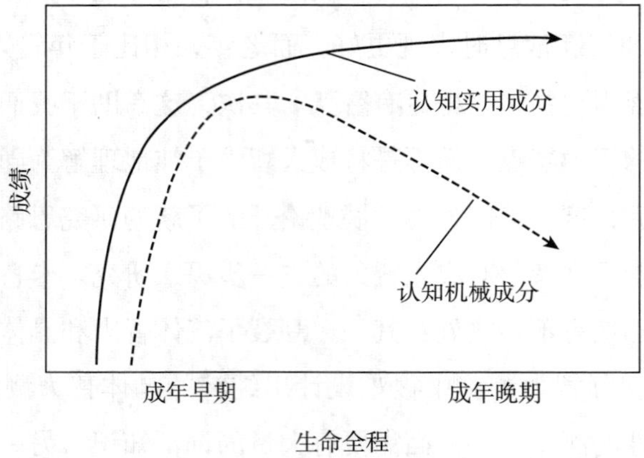

图 10-3 智力发展的双重过程模型
（Baltes et al.，1984）

在双重过程模型中，智力被认为主要由两种成分构成，即认知机械成分（cognitive mechanics）和认知实用成分（cognitive pragmatics），这两种成分在人的一生中呈现出非常不同的变化轨迹。认知机械成分可看成流体智力概念的引申，反映的是神经生理结构的认知操作水平，相当于计算机的硬件，负责基本的信息加工活动，如信息输入、视听觉与动作记忆、工作记忆，以及对知觉信息的比较、分析与归类。由于该智力成分与个体的神经生理状况紧密关联，而人的神经生理功能从出生到青年时期不断增强，随后便渐次减弱，因此，认知机械成分的毕生发展轨迹呈先上升后下降的倒 U 字形，成年早期为从升至降的转折点。认知实用成分可看成晶体智力概念的引申，反映的是文化的作用，相当于计算机的软件，为个体在后天环境中积累的知识、信息或经验。由于受文化知识水平所决定，认知实用成分的毕生发展将随着知识经验的愈益丰富而不断增长。

虽然不少实证研究的结果大体上与双重过程模型相吻合，但巴尔特斯及其同事也清楚地认识到，在现实生活中其实很难找到纯粹的认知机械成分或认知实用成分。这两种智力成分在个体的发展过程中也会相互作用、相互影响。认知机械能力的降低会制约知识经验的获得与应用，如中老年人的认知机械能力降低之后，获取知识经验的速度和能力也有所下降；实用型智力的提高能够促进机械型智力的运用，如青年人经验知识不断积累，能够促进其更迅速地加工信息。巴尔特斯等人把智慧看作成年期知识增长的原型，智慧是认知实用成分的一种体现。①但智慧水平并不一定随年龄的增长而线性增长。② 巴尔特斯等人进行的一项实证研究也表明，以知识经验为主体的智慧水平在 70 岁左右便到了增长的极限。③ 到了年龄很大的老年期，由于流体智力的急剧下降，个体的智慧表现会越来越差。因为知觉速度、归纳推理能力等流体智力降低到一定程度，将会限制个体智慧的发挥。

（三）有关成年中期智力发展模式的问题

在对成年中期智力发展水平进行研究时，有两个问题需要特别重视，一是同辈效应，二是个体差异。

成人智力发展水平受遗传、教育、健康状况、职业等多方面的影响，由于出生年代的差异，相应的生活条件、教育水平，以及日后的职业生涯都会有明显的不同，这些因素直接影响了中年人的智力水平。当采用横断设计，对分别来自成年早期、成年中期和成年晚期三个群体的平均水平进行比较，以期获得成年期某种智力发展轨迹时，我们必须充分考虑这三者完全不同的生活经历和成长背景。当社会稳定发展（如科技进步、重视教育）时，中年可能是成人智力发展的顶峰，而在社会发展不稳定（如经历战争、流行病）时，中年有可能是成人智力发展的低谷，或者出现其他的发展模式。沙伊在西雅图追踪研究中选取了三个同辈群体（1896 年前后出生，1924 年前后出生，1952 年前后出生），比较他们在成年期的智力发展水平。结果发现，随着年代增长，流体智力和晶体智力均表现出

---

① Scheibe, S., Kunzmann, U., & Baltes, P. B.（2012）. Wisdom, life longings, and optimal development. In J. A. Blackburn & C. N. Dulmus（Eds.）, *Handbook of gerontology: Evidence-based approaches to theory, practice, and policy*. New York: John Wiley & Sons.

② Pasupathi, M., Staudinger, U. M., & Baltes, P. B.（2001）. Seeds of wisdom: Adolescents' knowledge and judgment about difficult life problems. *Developmental Psychology, 37*（3）, 351–361.

③ Baltes, M. M., Kühl, K. P., Gutzmann, H., & Sowarka, D.（1995）. Potential of cognitive plasticity as a diagnostic instrument: A cross-validation and extension. *Psychology and Aging, 10*（2）, 167–172.

了增长效应，且 1924 年前后出生的那一代人比 1896 年前后出生的那一代人的智力增长得最多。沙伊认为这体现了重大社会历史事件对智力发展的影响，不能简单认为是由于年龄引起的智力差异（两个同辈群体处于相同年龄时智力表现仍旧存在差异）。如美国在 1900—1920 年各州相继通过了禁止使用童工的法案，推行义务教育，这极大地影响了当时儿童入学的比例和受教育程度，进而影响了他们在中年期的智力表现。① 同样，在国内进行中年人智力水平的研究也需要考虑这些问题。例如，出生在改革开放初期，目前处于成年中期的中年人所获得的教育机会和生活条件会比出生在 20 世纪 60 年代初，目前处于成年中期的中年人所获得的教育机会和生活条件好。20 世纪 60 年代初出生的中年人，可能在儿童期经历了营养不足，在青少年期又经历了“文革”，工作中又遇到社会转型等一系列生活重大事件，因此他们的智力表现可能会比改革开放初期出生的中年人差。

以往的智力研究都是针对某一年龄阶段群体的智力发展特点或发展水平，关注的是群体的平均水平，而忽略了个体差异。个体差异包括个体间差异（inter-individual difference）和个体内差异（intra-individual difference）。个体间差异主要关注同一特质 / 能力在不同个体之间的差异，如个体 A 和个体 B 在数字比较能力上的差异。个体内差异主要关注同一个体在不同特质 / 能力表现上的差异，如个体 A 在数字比较能力和加工速度能力上的差异。另外，个体内变化（intra-individual change），主要关注同一个体的同一特质 / 能力跨时间的变化，如个体 A 的数字比较能力随年龄增长是如何变化的。

近年来有大量研究结果表明，个体间差异实际上是一种人与人之间行为水平的系统性差异，这主要表现为某一项智力测验上的个体间差异与其他智力测验上的个体间差异是相关联的（如个体 A 和个体 B 在数字比较能力上的差异，与他们在加工速度能力上的差异具有一定的相关性，这是系统差异而非偶然差异）。有

① Schaie, K. W., Willis, S. L., & Pennak, S.（2005）. An historical framework for cohort differences in intelligence. *Research in Human Development, 2*（1）, 43-67.

研究发现，中年期的个体间差异可能是老年期个体间智力水平差异的有效预测指标。① 同时，同一个体在不同智力维度上的发展轨迹的差异也是很重要的问题。沙伊就曾经提出，这种个体内的发展轨迹的差异可能比研究设计（横断或纵向）、实验间隔时间等操作所造成的差异更为突出。此外，个体间智力水平的差异（个体间差异）与个体随年龄增长而发生的智力变化（个体内变化）是不一样的。塔克-德罗布（E. M. Tucker-Drob）等人发现有着较高水平的词汇知识、受教育程度的被试能表现出较高水平的认知功能，这是成年人智力的个体间差异。同时他们还发现，词汇知识、受教育水平都和随年龄增长的认知衰退无关，也就是说无论这个人的词汇知识丰富与否、受教育程度高或低，其认知能力都会随着年龄增长而逐渐下降，这是成年人智力的年龄变化规律（体现的是个体内变化）。横断研究和追踪研究结果 ② 的差异预示着个体间和个体内发展轨迹的差异，这将成为研究者日后研究的方向。同时，研究者可以探讨受教育水平、职业特点、健康水平等对个体间差异和个体内发展的影响，以及对日后认知老化表现的影响。

二、智力活动性质的变化

智力发展模式更多地强调智力水平的变化。换言之，它关心的是各种智力成分（如逻辑思维能力、记忆力、言语能力等）如何随年龄而变化，考察的是智力水平与年龄之间的函数关系。然而，智力发展不仅有量变，也有质变，关于中年人智力活动的性质是心理学家近年来非常关注的问题。在大量的实验研究的理论分析中，较为一致的观点是，中年人的智力活动性质不同于其他年龄段个体的智力活动性质。具体表现在以下几个方面。

① MacDonald, S. W., Hultsch, D. F., & Dixon, R. A.（2003）. Performance variability is related to change in cognition: Evidence from the Victoria Longitudinal Study. *Psychology and Aging, 18*（3）, 510–523.

② Tucker-Drob, E. M., Johnson, K. E., & Jones, R. N.（2009）. The cognitive reserve hypothesis: A longitudinal examination of age-associated declines in reasoning and processing speed. *Developmental Psychology, 45*（2）, 431–446.

（一）智力活动的性质

1. 智力是一种心理机能，具有适应意义

正像皮亚杰所指出的，智力的本质是适应。越来越多的心理学家认识到，个体进入成年期后，其智力变化仍具有适应意义。这就是说，中年人的智力特点是与其对环境的适应分不开的。环境对个体有什么要求，个体相应的智力功能就得到发展。

沙伊根据智力适应理论，把人一生的智力发展划分为不同阶段（如图 10-4 所示）。

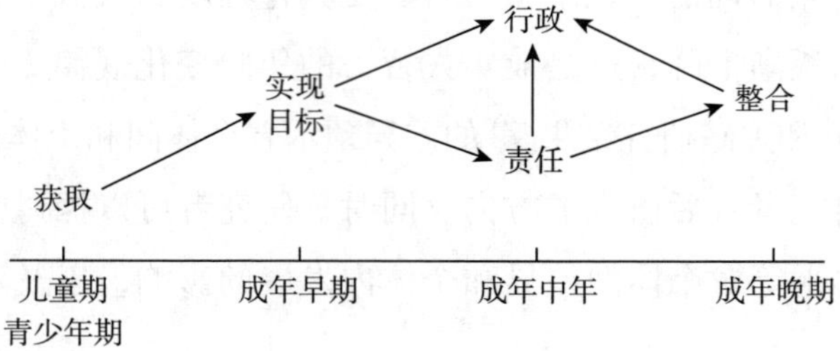

图 10-4　人类智力发展阶段

沙伊认为，儿童期、青少年期智力发展的根本特征是获取信息和解决问题的技能。皮亚杰及其他一些儿童心理学家提出的认知发展理论已对这一发展过程做出了很好的解释。然而这种智力发展观只适合于儿童期和青少年期的个体，我们应从新的角度来认识成年期个体智力的性质与特征。沙伊认为，在成年早期，青年人开始从事工作，建立家庭。此时的主要任务就是为实现自己的理想和奋斗目标而努力工作。这也就意味着他们必须将所获得的知识和技能应用到实际中。这一过程不仅涉及抽象的认知技能，而且涉及社会认知技能；不仅涉及标准化智力测验能测量的能力，而且涉及标准化智力测验不能测量的能力。同时在这一过程中，青年人的自我意识得到进一步发展，他们能够对自己的活动进行监控，评判当前的活动与设定的目标之间的距离。

在上述各项能力发展的基础上，青年人的独立性有了较大的发展，紧接着进入下一个发展阶段——责任阶段。从年龄上看，这一阶段正是成年中期。中年人是社会的中坚力量，与其他年龄阶段的人相比，他们的社会责任最为重大。他们不仅要承担家庭责任，如抚育子女，而且更主要的是承担社会责任，因为大部分中年人都是各行各业的专家或技术骨干，他们的工作质量如何在一定程度上影响到整个社会各项事业的发展。此外，还有一部分中年人从事行政领导工作。由承担一般社会责任到承担行政领导责任，取决于多种因素，如个人的才能、成就，甚至机会。

60 岁以后，个体就进入了老年期。这一时期，人们获取知识的需要减弱了，未来对老年人来说是短暂的。由于退休，老年人需要承担的社会责任逐渐减少。因此，老年人智力活动的主要任务转向了自己的内心世界，重新融合自己一生的经验，如一些老年人写自传、回忆录等。

在不同的发展时期，个体智力活动的任务不同。简而言之，个体在儿童时期智力活动的任务是“我应该知道些什么”，在青年和中年时期智力活动的任务是“我应该怎样运用我所知道的东西”，在老年期智力活动的任务是“我为什么要知道”。

2. 智力的主要成分

根据智力适应理论，各年龄段有各自的智力活动任务。对应于不同的智力活动任务，智力的构成成分也不相同。对于智力的成分，心理学家进行了大量的探索，归结起来，主要有两种思路：一种是心理测量理论，研究者根据自己对智力结构的认识，选取、编制测量智力成分的材料，通过外在的测量材料来考察各成分的关系及发展；另一种是信息加工理论，把智力活动过程视为信息加工过程，并把该过程划分为不同的阶段进行研究，根据刺激—反应来推断智力活动的内在过程。不论是心理测量理论还是信息加工理论，它们都是基于某研究者的智力观，通过外在刺激材料进行测量评定的。所以，它们又统称为智力的外显理论。从发展心理学的角度看，智力的外显理论对智力发展的研究更多是侧重于智力的量变，考察某种智力成分水平的变化，未能够从生活实际和社会的角度去分析各年龄段智力活动性质的变化。因此，与智力的外显理论相对应，以斯滕伯格为首的几位美国心理学家提出了智力的内隐理论（implicity theory）。智力的内隐理论是指人们（包括心理学家和普通人）在日常生活和工作背景下所形成的且以某种形式保留于个体头脑中的关于人类智力结构及其发展的看法。1985 年，斯滕伯格等人对成人的智力内隐理论进行了系列研究。① 首先要求152名17~83岁的被试列出30岁、50岁、70岁人中聪明者和愚笨者的行为特征；然后对被试所列的行为特征进行整理，要求22名24~84岁的被试对上述行为特征在确定30岁、50岁、70岁人中聪明者和愚笨者的重要性进行评定；最后请69名26~85岁的被试对上述行为特征在区分30岁、50岁、70岁人中聪明者和普通人的作用进行评定。该项研究发现，对50岁、70岁人而言，被试更强调他们的日常智力（或生活智力）的重要性，而对30岁的人则不然。30岁、50岁、70岁高智力者的主要特征如下。②

30岁高智力者的主要特征包括三个方面。（1）解决问题的新颖性：对获取知识与了解新事物很感兴趣，表现出好奇心，敢于对公众媒介呈现给人们的内容提出疑问，能够用各种各样的新概念进行学习和推理，能够以新的和独特的方式分析新问题。（2）晶体智力：是自己所在领域的行家里手，能胜任工作，能从给出的信息中得出结论，言语清晰，讲话富于智慧。（3）日常生活能力：有良好的大众意识，能够根据生活情景调整自己，能够适应有挫折的生活情景，对自己的家庭及家庭生活很感兴趣，能很好地适应环境。

50岁高智力者的主要特征包括三个方面。（1）解决问题的新颖性：能够以新的和独特的方式分析新问题，能够知觉与储存新信息，能够用各种各样的新概念进行学习和推理，敢于对大众媒介呈现给人们的内容提出疑问，表现出好奇心。（2）日常生活能力：能够根据生活情景调整自己，对人与事富于觉察力，能够适应有挫折的生活情景，能很好地适应环境，知道自己专门知识领域以外的事件。（3）社会能力：举止得体，有高尚的价值观念，对自己的家庭及家庭生活很感兴趣，有良好的大众意识，是自己所在领域的行家里手。

70岁高智力者的主要特征包括三个方面。（1）流体智力和晶体智力的混合物：词汇丰富，阅读内容广泛，能够理解反馈（信息）并做出相应的反应，能从无关信息中筛选出有效的信息，能从给定的信息中得出结论。（2）日常生活能力：思

① Sternberg, R. J.（1985）. *Beyond IQ: Toward a triarchic theory of intelligence*. New York: Cambridge University Press.

② 白学军著：《智力心理学的研究进展》，浙江人民出版社1996年版，第16页。

想与行动中都充满智慧，对人与事富于觉察力，能三思而后行，能够适应有挫折的生活情景，知道自己周围正在发生的事情。（3）认知投入：表现出好奇心，能胜任工作，能正确评价青年人与老年人，对自己的家庭及家庭生活感兴趣。

上述内容表明，中年人的智力表现不同于其他年龄的人，不仅有与学术有关的能力，而且还有与生活、社会有关的能力，这与中年人智力活动的主要任务是一致的。

3. 智力操作方式

上述智力活动的任务和智力的主要成分探讨的主要是中年人智力活动的外部特征，而中年人智力活动的内部特征，即智力操作方式，或者说认知加工方式，涉及智力活动的内在过程，具体来说就是个体如何加工信息。

皮亚杰正是主张以智力发展过程中认知操作上的模式差异进行定性的阶段性描述的典型代表。他结合以儿童、青少年为主要对象的实证研究，创立了著名的智力发展阶段论。他认为，个体的智力发展经过感知运动、前运算、具体运算和形式运算四个阶段，形式运算一般在 12 岁之后出现，是个体智力发展的最高阶段。形式运算也是达到成人思维水平所具有的特征，体现为个体能够设定和检验假设，能够假借抽象概念进行系统的、有步骤的思考。然而，这种形式运算的观点能否恰当地描绘与解释成人的智力发展状况颇受争议。

不少研究者认为，形式运算是严格按照形式逻辑规则进行推演的认知活动，具有去除自我、追求纯客观的理性化色彩，适合于在单一的系统内解决有明确答案的问题，而对于解决在成人现实生活中大量存在的条件和答案均不明确的模糊问题或结构不良问题（ill-structured problem）则表现出较大的局限性。因此，研究者们构建了各种超越皮亚杰形式运算阶段的成人智力发展观。

里格尔（K. Riegel）提出，认知发展的高级阶段或成熟的思维形式是辩证运算。个体可以从皮亚杰划分的四种水平（感知运动、前运算、具体运算和形式运算）中的任一水平直接发展为与之相对应的辩证运算模式（感知辩证运算、前运算辩证运算、具体辩证运算和形式辩证运算），达到思维的成熟阶段。① 他强调

① Riegel, K. F.（1973）. Dialectic operations: The final period of cognitive development. *Human Development, 16*（5）, 346–370.

发展心理学家应在具体的生活情景中分析个体的具体行为，认为皮亚杰的智力理论不能充分解释成人的认知变化。在皮亚杰看来，儿童、青少年的发展任务是为了消除概念上的矛盾，达到一种平衡（equilibrium）状态；里格尔则主张矛盾及非平衡状态是个体持续发展的推动力，更高水平的成人思维应表现为能用新的眼光去看待矛盾和有效地利用矛盾，而不是将矛盾视作必须清除的障碍。

辛诺特（J. Sinnott）提出相对后形式运算（relativistic postformal operation），认为它是成人智力发展的最高形式。相对后形式运算的主要特点是:（1）自我参照（self-reference）;（2）形式运算的规则。自我参照的意思是，人的认知系统是有一定局限的，不可能完全自由。事实上所有知识都有一定的主观成分，是不完整的。人运用任何逻辑都离不开以自我为参照，即所有的认识包含着一个不确定的范围。这种自我参照的认知是成熟的个体在解决复杂的日常问题的过程中发展起来的，是后形式的，并且是对问题解决能力的有力补偿。一个高水平的问题解决者总是能合理和有意识地利用自我参照的认知。当然，成人在解决问题时同样要考虑到形式运算的规则，但是由于其知识的有限性，一般不能完全依靠纯粹的逻辑法则去进行解答，从而难以避免地要参照自我的主观经验做出选择。①

拉布维-维夫从多种角度考察了成人智力的发展特性。她认为，成熟的问题解决者的思维形式已超越了抽象的、去情境化的（de-contextualized）形式运算，而更多地转为对具体情境、观念以及情绪等主观维度的反省认知（reflective cognition）。成人的认知或问题解决能力是在适应各个具体情境的特定需求中发展起来的。成功的问题解决需要整合认知、情绪和身体特征等方面的因素。

克雷默（D. Kramer）对有关后形式运算的文献进行分析后认为，这些不同的理论模型有三个共同特征:（1）对知识相对性的意识;（2）接受矛盾;（3）在辩证的整体内整合矛盾。她还指出：个体的世界观会影响其智力活动的模式，越是成熟的个体在世界观上越辩证，在评价问题情境时能做出更为全面的归因。

① Sinnott, J.（1984）. Postformal reasoning: The relativistic stage. In M. Commons, F. Richards & C. Armon（Eds.）, *Beyond formal operations*（pp. 298–325）. New York: Praeger.

从上述理论观点中可以看出，超越形式运算阶段的智力特性具有辩证性、相对性、主观性、反省性、整合性以及接受不确定性等内涵。这些也是衡量成人成熟性（maturity）的重要维度。① 然而，这并不意味着个体进入成年期后，随着年龄的增加，其认知的成熟性会线性增长。成人不一定成熟，如克雷默等人的研究表明，辩证思维模式并不是成年期的所有个体或大部分个体能够达到的；即使是同一个体，在不同的问题情境中运用辩证思维的程度也会有差异。拉布维-维夫也指出，一部分成人的智力确实是在不断地向最成熟的水平发展，但相当多成人的智力与成熟的发展水平仍然存在差距。

（二）智慧与专长

随着年龄增长，个体在智力测验中的成绩有所变化，但变化幅度不大，且对中年人生活的影响较小。成年人智力发展的重心更多地落在与日常生活问题解决有关的智慧的增长以及与职业发展密切联系的专长的获得上。

1. 智慧

人们常容易形成这样的印象，即年纪越大的人往往越有智慧，这与一些智力测验（尤其是流体智力测验）的结果反映出成年期随年龄增长而智力下降的趋势正好相反。研究证实，那些追求智慧的发展和那些愿意且能够从生活经验中学习的中老年人的智慧会随其年龄的增长而提升。② 在现实生活中，也确实常常出现年老者在应对某些问题时比年轻人更周到、更妥当的情况。因此，部分心理学家对成人认知发展中的智慧（wisdom）给予了较大的关注，并认为，智慧的内涵比智力更能概括成年个体功能的实质与全貌。

一部分实证研究者通过调查普通人对智慧的看法，建立起智慧的内隐理论。这类调查一般要求被试根据日常生活中的理解回答这样一些问题：什么是智慧？智慧与其他形式的智力有何不同？在什么情况下人们需要智慧？有智慧的

① Labouvie-Vief, G.（1992）. A neo-Piagetian perspective on adult cognitive development. In R. Sternberg & C. Berg（Eds.）, *Intellectual development*（pp.197–228）. Cambridge: Cambridge University Press.

② Ardelt, M.（2010）. Are older adults wiser than college students? A comparison of two age cohorts. *Journal of Adult Development, 17*（4）, 193–207.

人拥有什么特征？采用因素分析等手段对调查数据进行处理后，研究者提出智慧的维度与内容。例如，克莱顿（V. Clayton）调查后，发现有智慧者的典型特征体现在三个维度上：（1）情感特质，诸如有同情心和体谅他人；（2）反省过程（reflective processes），诸如直觉和内省；（3）认知品质，诸如经验知识与智力。斯滕伯格调查后，发现智慧被描述为六个维度：（1）推理能力，包括良好的问题解决能力与逻辑意识；（2）通情，包括关心他人与考虑他人的意见；（3）对观点与环境的领悟力，包括有洞察力和能从错误中学习；（4）判断力，包括有理智和行动合理；（5）有效利用信息，包括经验丰富和探求信息；（6）反应敏锐，包括直觉和提供恰当的解决办法。①

另一部分实证研究者关注的是如何借助外在表现对智慧的行为表现进行测评，从而建立起智慧的外显理论。这一方面的研究大体可归为三类：（1）具有皮亚杰主义取向，将智慧看成是后形式运算的表现，根据个体达到后形式运算水平的程度评估其智慧水平；（2）将智慧作为一种人格特征进行评估；（3）根据个体解释与处理生活难题的具体表现评估其智慧水平。

巴尔特斯等人以若干实证研究为基础，初步建立了一个关于智慧发展的模型（如图 10-5 所示）。②

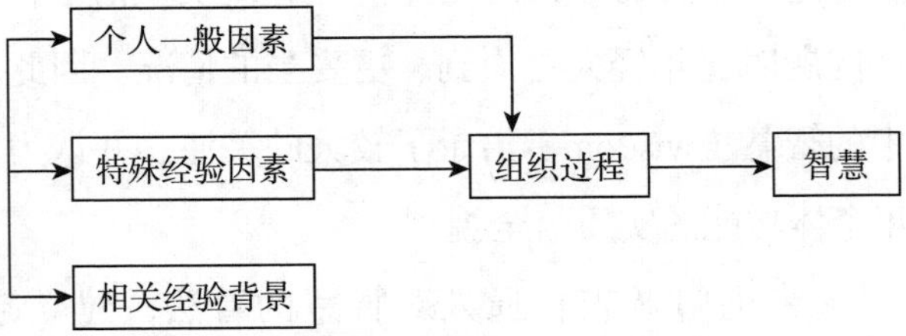

图 10-5 智慧发展的影响因素及中介过程

① Sternberg, R. J., & Wagner, R. K. (Eds.). (1986). *Practical intelligence: Nature and origins of competence in the everyday world*. New York: Cambridge University Press.

② Staudinger, U., & Baltes, P. B. (1994). Psychology of wisdom. In R. Sternberg (Ed.), *Encyclopedia of human intelligence* (pp. 1143–1152). New York: Macmillan.

图 10-5 显示，智慧的发展首先要以一定的经验因素为前提；其次，这些因素必须经过认知与情绪等心理过程的组织或调节，才能使个体获得与保持属于智慧范畴的知识和能力。个人一般因素指的是个体具有的最基本的心理特点，包括认知机械成分（流体智力）、心理健康程度、社会能力及开放性人格特质。特殊经验因素指的是个体通过接受专门的训练、指导或练习而积累的特殊领域的知识与技能。相关经验背景是相对来说更为宏观的影响因素，它一般不是直接通过组织过程，而是通过间接地影响个人一般因素和特殊经验因素来对智慧发展产生作用。相关经验背景包括年龄、受教育程度、职业及经历等成分。图中的组织过程主要指的是对个人生活进行计划、调控与反省等。

个体的智慧主要体现在个体解释与处理生活难题时的表现上。以巴尔特斯为首的研究群体对此进行了大量研究。这类研究综合了关于智慧的多种观点，将智慧看作关于现实生活的一套专家知识系统，这套系统使个体能够在复杂和不确定的情境中表现出独到的洞察力、判断力，或提出建设性的意见。为了反映与测评个体具有的与智慧相关的知识及能力，研究者一般给被试呈现一些生活中的两难困境，例如："设想你的一个好友给你打电话，告诉你她再也不能忍耐下去了，并决定自杀了事。你此时会怎样想？你会如何处理这件事？"要求被试采用出声思维（think aloud）的方法把自己的想法及处理办法表述出来。研究者根据评分与编码细则，对被试的解答进行定量与定性分析，从而推断出个体的智慧水平。

总之，智慧是成年期智力发展的重要内容，也是成年人应对压力、处理问题、发展自我的重要资源。智慧与年龄没有必然关系，个体是否能发展出智慧更多地受个体自身特点的影响。

2. 专长

专长（expertise）与智慧一样，被巴尔特斯等人看作认知实用成分的具体表现，即主要受个体后天知识经验影响的人类智能成分。一般而言，专长可理解为胜任某一领域的活动任务所必须具备的心理特征。

一些认知心理学家将专长看作一套知识系统。在他们看来，构成专长的知识系统大体为两类：陈述性知识（declarative knowledge）和程序性知识（procedural knowledge）。前者是关于"是什么"的知识，后者是关于"怎么做"的知识。也就是说，我们不仅要知道有关事实方面的信息，还要知道如何运用与操作这些信息。例如，要在象棋领域表现出专长，个体不仅要知道一盘象棋由哪些棋子构成以及每种棋子按什么规则行进等陈述性知识，还要知道如何获胜的步骤与策略等程序性知识。①

比较专家和新手之间的异同是心理学家在研究专长时的常用方法。例如，有研究发现，组块的结构特征以及组块的内容特征可以显著地将专家和新手加以区分。和新手相比，专家回忆的组块数量多，容量大，组块内含有的语义关系更多，棋子回忆顺序更为灵活。② 专家不仅对棋盘的记忆更好，而且可以利用存储的组块和长期练习经验选择性加工棋盘的结构信息，利用眼睛的副中央凹提取信息，具有更大的知觉广度。③ 另外，研究者在对新手和专家进行比较时还发现，专家基于多年在相关领域内的经验，已经获得了大量的知识及模式的提取机制。尽管新手已经具备解题的必要知识，但他们必须从问题出发，一步步地推导公式，而专家却很容易地提出解决问题的方案，他们在问题表征之初就已经自然形成了一套解决方案。

斯滕伯格也曾对专长的形成过程进行了阐述，认为个体由新手成长为专家必须取决于三个方面的发展。（1）知识。专家和新手之间最基本的差异在于专家将更多的知识应用于专业范围内的问题解决。（2）效率。专家和新手相比，能在较短的时间内或只需要较少的努力完成更多的工作。这主要与两种能力有关：一是专家将熟练技能自动化的能力；二是专家在元认知或认知执行控制方面的能力。（3）洞察力。这表现在专家能从不相关的信息中过滤出有效的信息，能将有效的信息结合在一起，并能将在其他背景中获得的信息运用到当前的活动中来。

专长的发展与职业生涯是密切相关的，通常要历经以下几个阶段。（1）新

---

① Anderson, J. R. (1982). Acquisition of cognitive skill. *Psychological Review, 89*(4), 369–406.

② 公彦霏：《关于组块机制及其与国际象棋技能之间关系的拓展研究》，华东师范大学博士学位论文，2015 年。

③ 王福兴、侯秀娟、段朝辉、刘华山、李卉：《中国象棋经验棋手与新手的知觉差异：来自眼动的证据》，《心理学报》2016 年第 5 期。

手或生手。新手对工作的程序及相关活动还不熟悉，需要获取职业知识与技能。（2）入门者。入门者初步了解工作的基本要点，并能将所学知识与实践经验逐步联系起来。（3）称职者。称职者基本能独立负责且合理地完成工作任务，但不能达到迅速、流畅与灵活的境界。（4）熟手或能手。熟手或能手能够熟练、自如地驾驭工作活动，具有完成工作任务的直觉与诀窍，可以准确地预测事件的发展，但在做决策时，仍然有分析性和随意性。（5）专家。专家对情境的变化高度敏感，能以非分析性、非随意性的方式迅速且理智地做出恰当的反应；在策略与操作方式上有很大的自由度，有许多现成的经验可信手拈来、自由组合，与任务要求浑然一体；行为表现流畅、灵活，且一般不需要意志努力。

成为专家是专长发展的最高水平，也是很多人职业生活的最高理想，但是有研究者指出，在技能的正态分布中，只有极少部分人才可定义为专家，他们的技能表现要高出平均数 2~3 个标准差。专家技能的形成是一个涉及多种因素的复杂过程，其中包括原有的能力、知识和经验（长时记忆系统），大量的职业练习与实践，长期反复进行的工作反思，每次职业劳动过程中的操作知觉（工作记忆系统）和信息加工活动，以及从业动机的激活、调控与管理的动力作用（如图 10-6 所示）。① 而大量的练习是获得专长的最重要途径。有关专长的一项早期研究认为，若想在某领域中成为专家，至少需要 10 年有意识的训练与积累。②

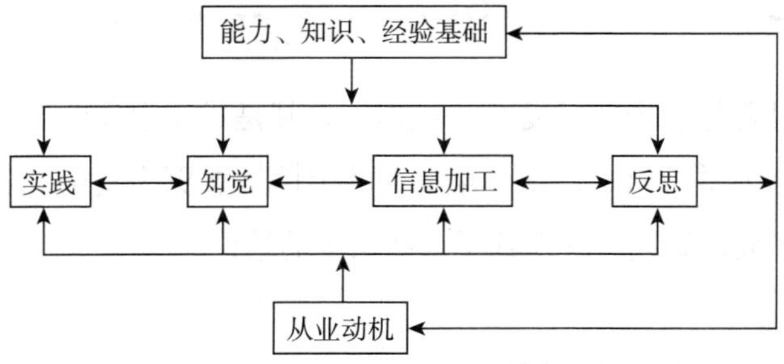

图 10-6　专家技能的形成过程

① 刘德恩等著：《职业教育心理学》，华东师范大学出版社 2001 年版，第 237 页。

② 郝宁、吴庆麟：《专长研究视野下的智能观》，《宁波大学学报（教育科学版）》2005 年第 1 期。

由于职业专长的形成与发展受多种因素的影响，因而年龄与专长水平之间一般不存在明确的线性关系。按工作年限计算的工龄长短虽对个体的专长水平有一定影响，如工龄越长，工作的熟练程度越高，但是当工龄达到某一界限（如5年或10年，视工作性质而定）时，工龄的长短则不会对专长水平产生多大影响，也即出现了所谓的职业生涯高原期（career plateau）。

在探讨专长发展的规律时，研究者总是将专长的发展状况与认知老化的发展趋势放在一起加以比较与分析。研究表明，中老年人在身心健康与环境支持的条件下，在某些领域（尤其是职业活动领域）中的能力可以保持甚或提升到相当高的水平，这与其流体智力功能的老化形成了鲜明的对照。对中年人基本心理能力的追踪研究发现，加工速度、工作记忆等智力技能在中年期开始下降，但中年人在职业领域中的工作技能丝毫不逊色于年轻人，甚至优于年轻人。五十多岁的打字员在反应速度、敲键速度上都不如年轻人，但是他们能通过提前阅读文本的方法来抵消运动速度的下降，从而保证打字速度与年轻人相当。① 所有这些都是专长对认知老化的补偿作用。

第三节　成年中期的个性发展

个性发展进程是一个非常复杂的过程，尤其是成年中期的个性发展，由于家庭、职业、人际关系的影响，比成年早期的个性发展更为复杂。发展心理学家对个性问题进行了大量研究，并得到了一些初步的结论。

一、自我调节与控制理论

个性结构是所有心理结构中最为复杂的一部分，不同的理论从不同角度对个

① Salthouse, T. A.（1984）. Effects of age and skill in typing. *Journal of Experimental Psychology: General, 113*（3）, 345–371.

性进行解构。因此，我们可以从多种角度探讨成年中期个性的发展。在此，我们不讨论有关的个性理论，重点介绍成年中期自我意识和控制方式的发展。

（一）自我意识

自我是个性的重要组成部分。自我的发展实际上是个性发展的基础。理解自我的发展对于把握个性发展的内在动因有重要作用。自弗洛伊德创建心理动力学理论以来，尽管他本人并不很重视自我的力量，但是后来者非常关注自我的发展，并形成了自我心理学这一引人瞩目的研究领域。

最早提出自我发展的心理学家是荣格，此后埃里克森的理论对自我发展做了更全面和系统的探讨。而洛文杰（J. Loevinger）认为，埃里克森的学说无论在理论上还是在实践上都需要扩充。她认为，自我是个性的核心，了解自我的发展也就等于认识了个性的发展。自我是第一“组织者”，对我们的道德、价值、目的和思想过程进行整合。由自我负责进行的整合活动是非常复杂的，受个人经验的影响。自我的发展是个人与环境交互作用的结果，因此，不同年龄阶段的自我会表现出较大的差异。按照洛文杰的观点，自我发展既不是单纯的过程，也不是单纯的类型，而是二者的综合。为此，她提出了发展类型说：自我的发展既是一个过程，又是一个结果。洛文杰采用句子完成测验来测量自我发展水平，认为自我水平较低的个体，通常会对若干问题有相似的答案，而自我水平较高的个体则会关注更多的主题。句子完成测验就是给出不同主题句子的前半部分，让应答者完善句子的后半部分，根据应答者完成句子的情况来判断其自我发展所处的阶段。

洛文杰把自我发展过程划分为八个阶段，每个阶段对应自我发展的一种水平。尽管洛文杰认为自我发展水平与年龄变化可以是不一致的，但近些年关于发展的横断研究和追踪研究都表明，自我发展与年龄有密切关系。成年期自我发展主要经历如下四种水平。

（1）遵奉者水平，即按规则行事。有少数成年人处于这个水平。在这一水平，个体的行为完全服从于社会规则，如果违反了社会规则，就会感到羞耻、有罪。个体之所以绝对遵奉社会规则，就是因为这些规则是群体（团体）采纳的。因此处于这一水平的个体还表现出强烈的归属需要。遵奉者的思维方式也是比较简单的，对人、事、物的评价标准是具体可见的，他们常根据是否违反了行为规则而做出“对”或“错”的判断。

（2）公正水平，也叫良心水平。处于这一水平的个体遵守（或服从）规则，并不是为了逃避惩罚，也不是因为群体支持和采纳这些规则，而是为了自己。也就是说，社会的、外在的规则已经内化为个体自己的规则，个体有了自己确立的理想和自己设立的目标，形成了自我评价标准。因此，自我反省思维发展起来了。尽管这一水平的自我变得比较复杂，个体开始认识到世界的复杂性，但他们的思想认识仍具有两极性，倾向于把非常复杂的东西区分为对立的两极，如独立性与依赖性等。

（3）自主水平。自我评价标准与社会规则、个人的需要与他人的需要并不总是一致的、和谐的，有时也是矛盾的、有冲突的。在上一水平，个体不能容忍这些矛盾与冲突的存在，通过两极化的思想方法来排除矛盾。而这一水平的突出特点就是个体能承认、接受这些矛盾与冲突，对这些矛盾与冲突表现出高度的容忍性。因此，在人际关系方面，个体不但充分尊重个人的独立性，同时也能理解人与人之间的相互依赖，能够容忍自己和他人需求不一致的矛盾性。有自主性的人有勇气面对矛盾和环境的挑战，把现实看成是复杂和多方面的，而不是相互对立的集合体。

（4）整合水平。这是自我发展的最高水平，只有极少数人能达到这一水平。在这一阶段，个体不仅能正视自身的矛盾与冲突，而且还会积极地调节和解决这些矛盾与冲突。人们会致力于所要达到的目标，有所为而有所不为，放弃那些不可能实现的目标。有人认为，整合概念与马斯洛的自我实现概念是一致的，个体已实现了自我的最大潜力，情感上非常充实和满足，生活上有了新的体验，整体生活质量大大提高。

虽然洛文杰从理论上提出了自我发展的八个阶段，但实际生活中大多数人不能经历所有阶段，尤其是最后的整合阶段只有少数人能达到。研究表明，这些阶段与年龄之间有一定的关联，但并没显著的年龄特征。① 元分析发现，同一性状态和自我发展之间存在着中等程度的正相关，同一性完成的个体比同一性扩散和

① Loevinger, J., & Knoll, E.（2003）. Personality: Stages, traits, and the self. *Annual Review of Psychology, 34*（1）, 195–222.

早闭的个体在自我发展阶段上处于更高的位置。① 智力发展和自我发展之间的相关系数是0.20~0.34，而控制了智力之后，自我发展阶段和其他关键变量（如攻击行为）的相关大部分都是显著的，从而表明自我发展与智力发展在概念上和功能上都是完全不同的。② 同时，有研究者认为自我发展的许多方面不仅体现为种类（阶段）的不同，也体现为发展水平的不同。个体不断解释自己和心理社会世界，最终达到平衡。③

（二）控制理论

个性是个体对外部世界的态度及独特的行为方式系统，个体与外部环境间的交互作用是个性的重要组成部分。自我关注的是主体的调节功能，而控制理论则系统地论述个体与外部环境交互作用的模式。

控制理论认为控制是人类发展的中心主题。其基本假设是人类总是努力想做好一些事情，使得自己在世界上留下生存的印迹，为了达到这个目的，个体就会对其所生存的环境进行控制，这种控制不是短期的、暂时的，而是贯穿于一生当中。也就是说，个体会被激活去控制自身以及所生存的环境，并试图解释人与环境之间的适应性。④ 控制理论认为人的行为控制系统包括两个方面，即初级控制（primary control）和次级控制（secondary control）。初级控制指的是改变环境的企图，这是人的根本愿望；次级控制指的是适应环境并改变自己以顺应环境的企

① Jespersen, K., Kroger, J., & Martinussen, M.（2013）. Identity status and ego development: A meta-analysis. *Identity, 13*（3）, 228–241.

② Cohn, L. D., Westenberg, P. M., & Cohn, L. D.（2004）. Intelligence and maturity: meta-analytic evidence for the incremental and discriminant validity of loevinger's measure of ego development. *Journal of Personality and Social Psychology, 86*（5）, 760–772.

③ Bauer, J. J.（2008）. How the ego quiets as it grows: Ego development, growth stories, and eudaimonic personality development. In H. A. Wayment & J. J. Bauer（Eds.）, *Transcending self-interest: Psychological explorations of the quiet ego*（pp. 199–210）. Washington, DC: American Psychological Association.

④ Overton, W. F., & Lerner, R. M.（Eds.）.（2010）. *The handbook of life-span development, cognition, biology and methods*. Hoboken, New Jersey: John Wiley & Sons.

图。初级控制和次级控制常常交织在一起，根据个体所面临的困境和挑战，二者会发生相互转换。研究者对初级控制进行了两维度区分，对次级控制进行了三维度区分。

表 10-1 初级控制策略的两维模式

类别	功能良好的（functional）	功能不良的（dysfunctional）
真实的	加强短期与长期控制的有效行为	短期内有效却削弱长期控制能力的行为
虚幻的	基于不真实信念的有效行为	基于不真实信念的无效行为

表 10-1① 是初级控制策略两维模式，从真实性（veridicality）和功能性（functionality）两个维度确定了不同类型的初级控制策略。真实的且功能良好的初级控制既能加强短期控制，又能加强长期控制。这种类型的初级控制是最理想的，因为这意味着当前外在目标的成功实现以及长期控制能力得到提高。例如，个体劳逸结合地开展工作，不仅完成了当前的工作任务，而且身体健康状况良好，有利于完成长期的工作目标。比较而言，真实的但功能不良的初级控制虽然能达到短期目标，却破坏了长期控制能力。例如，工作狂的行为即属此类，虽然个体能在短期内达到工作目标，但持续的超强度工作将耗尽个体长期的控制资源，不利于长期目标的达成。虚幻的且功能不良的控制是所有初级控制策略中最有害的，因为它既不能达到当前的目标，又削弱了长期控制能力。迷信活动就是典型的一例，如个体患了重病之后，不去医院诊治，而是选择迷信方式试图祛除疾病，结果不仅耽误了当前的救治，而且还会使人固着于（甚至加强）这种迷信活动，破坏了将来的有效行为。最后是虚幻的但功能良好的行为。其特征是尽管做对了，却是出于对原因的不正确认识。例如，有些身受重病折磨的患者虚幻地认为，人能控制疾病。虽然这是不太科学的认识，但的确有助于健康状况的好转，而且在生活其他方面（如社会关系）也会产生积极作用。

对个体发展和适应而言，初级控制的功能相当强大。因为初级控制是指向外

① 王大华、申继亮、陈勃:《控制理论：诠释毕生发展的新视点》,《心理科学进展》2002 年第 2 期。

部的，它能使个体改变环境，从而满足自己的某些特殊需要并优化地发展潜能。没有指向外部的活动，个体就不能实现自身的发展。因此，与次级控制相比，个体更愿意进行初级控制。初级控制能对个体产生更大的适应价值。然而，人类固有的局限使得人们对外部世界的控制并不总能成功，此时，次级控制的功能就体现出来了。个体可以通过对行为的目标、预期及归因进行调整，对事件进行认知重构，从而改变对事件的认识，恢复自信，整装待发，准备应对下一次挑战。从真实性（真实的、虚幻的）、功效（功能良好的、功能不良的）以及起作用时间（行为发生前，体现在对目标的预期；行为发生的过程中，体现在调整目标的价值；行为发生后，体现在对结果的归因）三个维度出发，次级控制可以分为十二种策略（见表 10–2①）。

表 10–2　次级控制策略的三维模式

类型	功能良好的	功能不良的
真实的		
预期	与同龄人的社会比较 （我能做得和周围人一样好）	自我伤害 （我不可能做得像别人那么好）
价值	放弃达不到的目标 （这个目标太难了，换个方向试试吧）	执着于达不到的目标 （绝不放弃，我绝对能做到！）
归因	做出准确的归因 （是我不够努力）	做出悲观的归因 （我太笨了，所以肯定做不好）
虚幻的		
预期	对行为—结果评价的积极偏差 （只要我想做，我就能做）	极其夸大对行为—结果的评价 （我能得到任何我想要的东西）
价值	贬低达不到的目标的价值 （酸葡萄效应）	提高不可及目标的价值 （别人碗里的肉最香）
归因	自我中心归因偏差 （我做得不错了，是他们没做好）	对不可控事件的自责 （都怪我没做好，都是我的错）

① 王大华、申继亮、陈勃:《控制理论：诠释毕生发展的新视点》,《心理科学进展》2002 年第 2 期。

次级控制一般发生在初级控制受阻之后。不同个体采用的次级控制策略会有所不同，这种不同直接影响个体是否能对初级控制的失败产生有效的缓冲作用。功能良好的次级控制策略能够保持并重新激活个体日后维持与提高初级控制的动机资源，或通过选择过程提高个体的初级控制能力，同时在个体面临失败或感受到失败的危险时起到补偿作用。而功能不良的次级控制策略，非但不能起到缓冲或补偿作用，反而会降低对个体对自我的评价，影响自信心、自我效能感，进而对日后的初级控制产生负面作用。

有关控制的研究表明，成年期次级控制策略的范围是十分广泛的，其中包括自我保护性归因（如酸葡萄效应、甜柠檬效应）、目标和激励水平的调整、积极再评价以及向下的社会比较等。总体而言，成年期的初级控制能力基本保持稳定，而次级控制能力的发展则贯穿于整个成年期。①

二、成年中期个性特点的稳定性与变化

（一）个性特点的稳定性

个性特点的稳定性包括两层基本含义，一是个性结构的成分不变，二是各成分的平均水平不变。把成年中期个性结构特点与其他发展阶段相比，成年中期个性结构保持相对稳定。例如，R. B. 卡特尔的 16 种人格因素问卷不仅适用于青少年，也适用于成年人。这说明 16 种根源性特质对不同年龄段的人来讲都是存在的，不因年龄改变而有增减变化。麦克雷（R. R. McCrae）等人认为，成年期的人格特质是基于生物学的“气质”，不容易受到环境的影响，因此不会随着时间发生改变。② 他依据自己建立的大五人格特质模型，对 20~90 岁 114 名男被试进行了长达 12 年的追踪研究。结果发现，大部分特质在 12 年之内保持相对稳定，

① Heckhausen, J., Wrosch, C., & Schulz, R.,（2010）. A motivational theory of life-span development. *Psychological Review, 117*（1）, 32–60.

② McCrae, R. R., Costa, P. T., Ostendorf, F., Angleitner, A., Hrebickova, M., Avia, M. D., et al.（2000）. Nature over nurture: Temperament, personality, and the life span development. *Journal of Personality and Social Psychology, 78*（1）, 173–186.

相关系数为 0.68~0.85。①

（二）个性特点的变化

虽然有关个性特质的纵向研究表明，成年中期个性具有相当的稳定性，但与此同时也有研究发现成年中期个性特点的变化。

在大五人格中，中年人的宜人性和谨慎性比年轻人更高，而外向性、神经质（neuroticism）和开放性比年轻人更低。从群体角度看，随着年龄的增长，人们变得更加自信、温暖、自我控制及情绪稳定，这种变化不仅发生在成年早期，而且发生在成年中期和晚期。② 还有研究者认为 50~60 岁是个性发展的转折期，过了这一时期，个体比以往表现得更为内倾和善于反思。在成年早期，个性的性别差异随着父母角色确立的过程而日益明显，但随着年龄的增长，这种差异又会慢慢缩小。

如前所述，自我在成年中期有重要作用，是应对生理变化和社会压力的资源，没有人能躲开成年中期的千头万绪，控制感强的个体可以迎接挑战，用有效的策略应对和减少压力。陈勃等人根据控制理论，考察了成人在解决人际性问题时的策略取向。研究表明，总体上 25~75 岁的中国成人，不同年龄组在不同策略取向上的人数分布模式基本一致，都表现出次级控制人数比例最大，初级控制和混合控制的人数比例均较小。不过，成年中期、晚期（35~75 岁）与成年早期（25~34 岁）群体存在一些差别。虽然在成年期都是次级控制人数占多数，但相比其他年龄段，成年早期初级控制人数与次级控制人数最为接近。此外，情境因素对成人的策略取向有较大影响，并且这种影响对不同年龄段成人所产生的效应存在明显差异。例如，在与领导发生人际冲突的情境中，成年早期的多数个体采取初级控制，选择与领导抗争的解决方式，而不像大多数成年中期、晚期个体那样选择委曲求全的次级控制。但在与家人发生冲突的情境中，成年早期被试与成

---

① Costa, P., & McCrae, R. R.（1988）. Personality in adulthood: A six-year longitudinal study of self-reports and spouse ratings on the NEO Personality Inventory. *Journal of Personality Social Psychology, 54*（5）, 853–863.

② Roberts, B. W., & Mroczek, D. K.（2008）. Personality trait change in adulthood. *Current Directions in Psychological Science, 17*（1）, 31–35.

年中期、晚期被试均以次级控制为主要的策略取向。①

不管个体在成年中期是否真的比在其他的年龄阶段遇到更多的挑战和压力，纵观生命发展的全程，在应对各种问题时，中年人最擅长在多种策略和方法间取得平衡。他们有足够的体力和智力对环境进行初级控制，又有充分的经验对自我进行次级控制的调节。

第四节 成年中期的生活

中年人是社会的中坚、家庭的核心，是物质财富和精神财富的主要创造者。因此，与其他年龄阶段的人相比，中年人的家庭生活与职业活动显得更为重要。

一、家庭

在个体生命全程的发展中，家庭是一个贯穿始终的重要因素。个体受到这个小环境的影响，同时也对这个小环境产生影响。

（一）家庭生命周期

家庭与个体生命一样，也有一个产生、发展与消亡的过程，并呈现出一定的周期性特点。所谓家庭生命周期（family life cycle），通常指的是从男女双方结为夫妻组成家庭开始，至夫妻双方死亡导致家庭解体而告终的家庭发展过程。根据家庭成员构成状况及发展任务的变化，家庭生命周期一般被划分为若干阶段。每一阶段都有相应的发展课题需要家庭成员去面对或解决。如何面对或解决这些发展课题，关系到家庭成员的心理发展进程与生活适应水平。

最著名也最常用的家庭生命周期模式是由格里克（P. C. Grcic）提出来的。研究者将家庭生命周期分成八个阶段，具体如下。

① 陈勃、申继亮、王大华：《成人期人际性问题解决的策略取向研究》，《心理学探新》2001 年第 2 期。

阶段一：初始期。该阶段主要任务是维持与父母、兄妹和同伴的关系，接受教育，发展家庭生活的基础。

阶段二：离家期。该阶段主要任务是发展亲密关系，培养工作认同感和经济独立性。

阶段三：婚前期。该阶段主要任务是选择伴侣，发展关系，并确定与谁共组家庭。

阶段四：生育前期。该阶段主要任务是与配偶形成共同生活的模式，调节与原生家庭的关系。

阶段五：家有儿童期。该阶段主要任务是为儿童留出空间，初为父母者适应父母角色，帮助儿童发展同伴关系。

阶段六：家有青少年期。该阶段主要任务是调整亲子关系并培养青少年的自主性，调节家庭关系并关注中年生活和事业问题，承担原生家庭的家庭责任。

阶段七：子女离家期。该阶段主要任务是解决中年问题，与子女协商成年发展问题，回归二人家庭，将（外）孙子孙女纳入家庭圈，解决原生家庭父母的身体失能和死亡问题。

阶段八：家庭后期。该阶段主要任务是应对自身和周围人的身体功能衰退问题，将培养下一代作为维持家庭的中心，重视老人智慧和经验，为即将到来的死亡做准备。

总之，具体到某一个家庭，其家庭生命周期以及各阶段所面对的问题和事件未必完全按照上述模式表现出来。上述模式主要反映的是占主流的核心家庭演变的进程。随着社会政治、经济、文化的变化，家庭生命周期也会产生不同的表现形式。比如，20 世纪 70 年代以后，中国的改革开放，尤其是计划生育政策的实行，对家庭生命周期的走向带来了深远的影响。对独生子女家庭而言，孩子离巢即为空巢，离巢期和空巢期合二为一，夫妻二人相处且无子女在身边的时间大为延长，怎样协调代际关系，对老年人进行生活照料、经济赡养或精神慰藉的问题将更为突出。

（二）成年中期的家庭关系

1. 夫妻关系

丈夫与妻子之间互动的方式及成效对婚姻家庭的创建、维持和发展起着决定性作用。是否“亲密”“和谐”“平等”，是人们对夫妻关系最常使用的评语，也是研究者们对夫妻关系进行学术考察所关心的主要维度。

从日常生活的角度考察夫妻关系亲密、和谐的程度是许多心理学家或社会学家十分关注的课题。现代家庭的组建与维持愈益强调以男女间的爱情为重要基础。不少研究者认为，夫妻关系亲密、和谐的程度反映的主要是双方的爱情关系。

在实际生活领域，绝大多数夫妻关系并不是恒定不变的。随着婚后生活时间的延长或男女双方年龄的增长，夫妻关系往往会发生这样或那样的变化。两人之间的情绪表达方式对其身体健康状况有预测作用。一项对156对夫妻进行了20年的追踪研究，让夫妻进行时长为15分钟的对话并对其互动模式进行编码，主要关注愤怒行为、拖延行为、恐惧行为和悲伤行为，并使用康奈尔医学指数（Cornell medical index，简称CMI）评估其心血管功能、肌肉骨骼系统。交叉滞后分析结果发现，情绪行为可预测未来20年后的身体健康状况。① 对于大多数夫妻关系的发展变化倾向，有两种常见的看法：一种看法认为，夫妻关系多半会由亲密、和谐、热烈朝着较为冷静、现实的方向变化；另一种看法认为，夫妻关系的变化发展呈U字形，即婚后初始阶段双方感情十分热烈，相互间极为亲密、和谐，在孩子出生后则开始降温，经历一个较长时期的感情低潮与失和后，老年夫妻的关系又会回到初婚时的状态。一项对比中年夫妻和老年夫妻冲突和快乐来源的研究印证了这两种看法。利文森（R. W. Levenson）等人发现：中年夫妻更多将冲突归因于孩子、金钱和交际，而把快乐归因于过去的欢乐时光、他人和孩子；而老年夫妻更少将冲突归因于孩子、金钱和交际，更多将快乐归因于孩子、过去的欢乐时光和度假。总的结果表明，老年夫妻比中年夫妻有更低水平的冲突和更高水平的快乐。② 国内研究发现，老年夫妻冲突的主要内容集中在家务分

① Haase, C. M., Holley, S. R., Bloch, L., Verstaen, A., & Levenson, R. W.（2016）. Interpersonal emotional behaviors and physical health: A 20-year longitudinal study of long-term married couples. *Emotion, 16*（7）, 965–977.

② Levenson, R. W., Carstensen, L. L., & Gottman, J. M.（1993）. Long-term marriage: Age, gender, and satisfaction. *Psychology and Aging, 8*（2）, 301–313.

配、生活习惯、对待子孙的教育和婚姻问题及娱乐方式上。但老年夫妻避免冲突升级的原因有多种，其中珍惜多年情义和相互之间懂得宽容理解是最主要的两个原因。①

随着夫妻关系的延续，以情欲为基础的爱情将愈益衰微，而以亲密感和承诺为基础的爱情则日趋强盛。里迪（M. N. Reedy）等人曾考察了102对婚姻幸福的夫妻对六项感情因素在夫妻关系中的重要性所做的评价。这六项因素为感情牢靠、尊重、交流、帮助与游玩、性关系融洽和忠心耿耿。结果发现，对不同年龄的夫妻来说，不同因素对婚姻幸福的重要性存在着差异（如图10-7所示）。②这一研究对后续研究者进一步探讨夫妻关系的发展规律具有一定的参考价值。

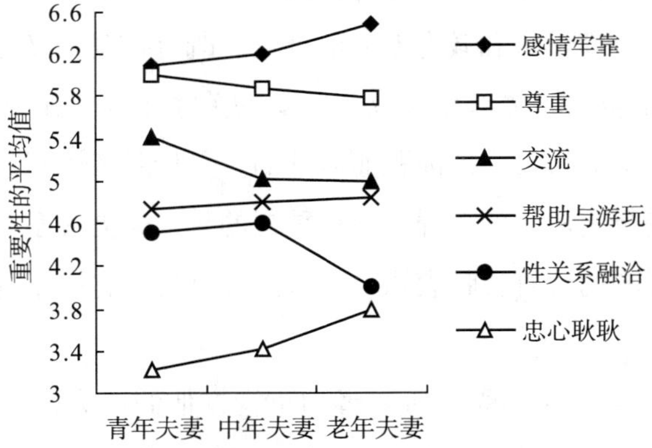

图10-7 不同感情因素对夫妻关系重要性的年龄差异

2. 与未成年子女的关系

根据埃里克森的心理社会发展阶段论，成年中期的主要任务是获得繁衍感，避免停滞感。亲子关系的建立是获得繁衍感的重要组成。亲子关系指的是家庭中父母与子女之间的互动关系。成年中期的个体往往既要扮演父母的角色，又要扮

① 王倩蓉、王大华、陈翠玲：《老年人夫妻冲突一般特点及其与依恋的关系》，《心理发展与教育》2012年第2期。

② Reedy, M. N., Birren, J. E., & Schaie, K. W. (1981). Age and sex differences in satisfying love relationships across the adult life span. *Human Development, 24*(1), 52–66.

演子女的角色，因此亲子关系包括中年人与未成年子女间的关系，以及中年人与老年父母之间的关系。这两类亲子关系发生作用的方式和内容存在很大差异，但均对个体心理发展及家庭生活质量产生巨大影响。

父母与未成年子女的关系通常是一种不对等的双向互动关系。父母在这种亲子关系中占支配地位，虽然孩子的反应也会对父母的心理与行为发生一定的作用，但是整个互动关系的运作方向则主要由父母控制着。有研究者将这种互动关系大致分成三类。（1）有权威的控制：父母在孩子心目中有一定的权威性，他们提出的正确要求一般都能为孩子所接受。（2）专制式的控制：父母对孩子管教甚严，要求孩子绝对服从，不愿意孩子提出与自己不同的见解，压服胜过疼爱。（3）听其自然的放任：父母对子女没有什么明确要求，放纵溺爱，奖惩不严。第一类关系受到多数心理学家和教育专家的推崇，既有控制，又有民主和自由，有利于家庭成员的社会化。父母与未成年子女的关系主要是围绕着孩子的身心发展、学业进步、人格成长及未来前程而展开的。父母对孩子来说，往往既是信息来源的老师，又是行为示范的榜样。值得重视的是，夫妻关系与亲子关系也总是彼此联系、相互影响的。有文献表明，亲密的夫妻关系有助于建构良好的亲子关系，反之亦然。

母亲与子女的关系尤其受到研究者的重视，他们认为母亲与子女的互动模式对孩子的发展更重要。随着社会高知女性增多，有研究者关注具有较高受教育水平的母亲的幸福感与子女的发展阶段是否有关系。① 这项长达五年的基于互联网的横断研究发现，母亲苦恼和不适程度（maternal distress）随子女发展阶段呈“倒 V”模式，相应的，母亲的幸福感呈“正 V”模式。其中，当子女处于中学时期，母亲面临的挑战和出现的不适应感受最多。主要原因有：首先，尽管生活富裕，但高知女性面临来自多个方面的压力，更易出现心理应激；其次，较高社会阶层要求母亲更多地参与子女教育，母亲的角色使其面临生理、心理的多重负担；最后，该阶层的母亲更容易对子女的情绪和幸福感的波动等反应过度，且从

① Luthar, S. S., & Ciciolla, L.（2016）. What it feels like to be a mother: Variations by children's developmental stages. *Developmental Psychology, 52*（1）, 143–154.

生理指标上可看出，母亲相比父亲承担更多来自子女的压力。

子女不断长大成熟，其与父母之间时常容易发生矛盾与冲突，两代人之间似乎存在着不可逾越的鸿沟。应该承认，年轻一代与年长一代在很多地方存在差异，甚至隔阂。（1）价值观念。年轻人喜欢幻想，敢想敢干，希望能创造性地工作，视野开阔，表现出发散性、开放性的思维特征，而年长者喜欢稳妥地、按部就班地生活，思维上常表现出封闭性、保守性和经验性的特征。（2）生活态度。年轻人追求享受，千方百计地丰富自己的生活，而年长者比较注重实际，生活过得去就行，很少刻意追求享受。（3）行为方式。年轻人敢作敢为，具有强烈的开拓意识，常常不多加思考地从事冒险的活动，轻易地接受新生事物，而年长者倾向于谨慎从事，三思而后行，不贸然接受新生事物。可见，建立良好的亲子关系尚需两代人经常交流，相互学习，取长补短，以增进彼此的理解、体谅与信任。

3. 与父母的关系

成年子女与父母的关系近年来成为发展心理学和社会学十分关注的研究领域。这一领域有两个问题受到特别的重视：第一，成年子女是否会为了自身或其小家庭（配偶和子女）而忽视自己年老的父母？第二，成年子女如何去面对体弱甚或多病的老年父母？

子女成年后是离开父母独立生活还是继续与父母住在一起，直接关系到两代人之间的互动频率和互动方式。边馥琴和罗根的调查研究表明，在中国，成年子女与父母住在一起的比例与子女的年龄、性别及婚姻状况关系紧密（见表10−3）。① 将中美两国调查的数据进行比较，可看出中国成年子女与父母同住的比例均大大高于美国。另外，边馥琴和罗根的研究还显示，在中国，不和父母同住的成年子女与父母间的互访是较平常的事。成年子女每周至少看望父母一次的占 66%，此数字明显高于美国的 45%；中国成年子女与父母很少或几乎没来往的只占 9%，美国却占 39%。

① 边馥琴、约翰·罗根:《中美家庭代际关系比较研究》,《社会学研究》2001年第 2 期。

表 10-3 中国成年子女与家长同住的百分比

年龄	孩子性别与婚姻状况				
	未婚子	未婚女	已婚子	已婚女	总计
30 岁以下	89%（35）	96%（22）	31%（36）	13%（71）	44%（164）
31~40 岁	79%（24）	65%（17）	27%（293）	5%（321）	19%（655）
41 岁以上	67%（15）	23%（13）	22%（316）	7%（310）	16%（654）
所有年龄	81%（74）	67%（52）	25%（645）	7%（702）	21%（1 473）

注：括号中的数字为各分类单元中被调查的人数。

然而，成年子女与父母互动频次越高未必意味着二者在这种亲子关系中体验到更多的亲密感。譬如，与成年子女同住的父母不一定比不与成年子女同住者拥有更多的亲情满意度。在相当多的情形下，成年子女与父母同住的主要原因并不是出于情感上的自愿，而是实际需要。这些实际需要具体表现在经济支持、家务分担及身体照料等方面。两代人之间在观念、经历、生活习惯以及处世风格等方面的差异，使得父母与成年子女之间的矛盾与冲突在很多家庭中时有发生，尤其是当父母还要与儿媳或女婿住在一起时，亲子间的情感关系更容易朝消极的方向发展。因此，大多数已婚子女倾向于选择与父母分开住，而且不少经济上相对独立且生活自理能力仍很强的老年人也宁愿不和子女住在一起。并且，有研究发现，老年人从子女身上获得的经济和服务支持越多，他们的心理满意度就会越低①，抑郁水平也越高②，可能是因为如果从子女身上获得太多的帮助，这些老年人会认为自己成了子女的负担。对不少老年人来说，与子女交流信息、互通情感或获得其他心理支持比单纯从子女那儿得到物质生活上的支持更为重要。可是，子女对老年父母给予心理支持的热情与精力远较父母所期望的要低，只不过相比而言，女儿比儿子给予老年父母心理支持的可能性更

① de Jong Gierveld, J., Dykstra, P. A., & Schenk, N. (2012). Living arrangements, intergenerational support types and older adult loneliness in Eastern and Western Europe. *Demographic Research, 27*(3), 167–200.

② 彭华茂、尹述飞:《城乡空巢老人的亲子支持及其与抑郁的关系》,《心理发展与教育》2010 年第 6 期。

大一点儿。

面对体弱、多病或自理能力显著下降的老年父母，成年子女往往容易陷入进退两难的境地。一方面，大多数子女都能认识到自己有孝敬父母、照顾父母的责任与义务；另一方面，对父母的生活照料常常给他们带来非常大的压力。这类压力不仅表现为经济、时间和精力的支出，而且表现为心理上的负担。有研究表明，即使是奉献意识很强的子女，也会不时地在照料年老父母的过程中产生压抑、怨恨、烦躁和内疚等消极情绪，照料父母者所报告的抑郁和愤懑是不照料父母者的三四倍。有意思的是，子女照料父母的压力大小与子女对父母积存的感情有关，即子女过去从父母身上体验到的爱与温暖越多，则现在对照料父母感到的压力越轻。① 另外，子女照料父母的行为还和父母对成年子女的孝顺期待有关。王大华等人（2003）就目前我国老年人对孝顺的期待与亲子间社会支持的关系进行了探讨，发现当老年人对子女的孝顺产生期待时，他们可能会通过各种方式和途径向子女表达这种期待。子女在获得父母发出的信息后，会以各种方式来向父母提供支持和帮助，以满足父母在物质和精神上的需要。因此，老年人对子女孝顺期待的水平越高，子女所给予老年人的支持和帮助就越多。②

总的来说，成年中期个体的一项重要任务是处理好父母、子女和自身的关系。鲍恩（Bowen）提出了代际（世代与世代之间）模式的家庭系统理论（family systems theory），强调原生家庭生命经验的传承与影响。③ 一项在美国和日本两种文化背景下的追踪研究，基于家庭系统理论，探讨了成年中期、晚期的幸福感及成人—儿童—老年父母的关系问题。结果表明，成年中期、晚期的幸福感、对家

① Belsky, J.（1999）. Modem evolutionary theory and patterns of attachment. In J. Cassidy & P. R. Shaver（Eds.）, *Handbook of attachment: Theory, research, and clinical applications*. New York: Guilford Press.

② 王大华、申继亮、佟雁、费广洪:《老年人孝顺期待与亲子间的社会支持》,《心理科学》2003 年第 3 期。

③ Bowen, M.（1976）. Theory in the practice of psychotherapy. In P. J. Guerin（Ed.）, *Family therapy: Theory and practice*（pp. 42–90）. New York: Gamer Press.

庭的满意度和家庭成员的关系会受到个体青春期时家庭关系的影响。① 由此可见，即使成年离开原生家庭后，家庭对于已长大的孩子仍有不可磨灭的影响。

二、职业

职业发展是成年中期的主要内容，因此了解个体的职业发展非常必要。

（一）职业生涯发展理论

根据个体职业生涯（occupational career）的不同时期在发展任务、心理与行为或社会关系等方面所表现出的阶段性特征，一些研究者建构起各自的职业发展阶段理论。在此，我们着重介绍休珀（D. E. Super）的职业发展理论。

休珀认为，职业发展的本质就是个体发展与贯彻其职业自我概念的过程。② 职业自我概念是个体在同社会的接触中所形成的关于职业与自身关系的认识及观念。按照个体自我概念的变化以及对职业角色的适应特征，休珀从终生发展的视角出发，将人一生的职业生涯分为五个阶段。

1. 成长阶段（0~14 岁）

在该阶段，儿童开始发展自我概念，渐渐会以不同的方式表达自己的需要，同时通过对生活中重要他人的观察逐步建立起关于职业角色的意识，并将这种意识与自我概念联系在一起。此阶段发展的主要任务是：发展自我形象与对工作的态度，了解工作的意义，并积累与未来工作相关的能力。

2. 探索阶段（15~24 岁）

在该阶段，个体通过打零工或参加学校和社会的活动，更多地认识自我，并尝试做出职业决策。同时，在尝试的过程中，个体通过经验积累，不断地改变自己的职业期望。此阶段发展的主要任务是：使职业偏好逐渐具体化、特定化，并将职业期望变为事实。

---

① Bell, L. G.（2015）. Adolescent family affects adult well-being in Japan and the United States. *Archives of Scientific Psychology, 3*（1）, 138–149.

② Super, D. E.（1990）. A life-span, life-space, approach to career development. In D. Brown & L. Brooks（Eds.）, *Career choice and development*. San Francisco: Jossey-Bass Press.

3. 建立阶段（25~44 岁）

个体已经进入特定的工作领域，努力掌握此领域中职业发展的信息，力图开辟自己在职业中的发展道路，把基本上适应的职业确定为自己的终生职业。该阶段有一定的稳定性，个体容易获得成就和提升，并且其职业与自我概念变得更为一致。此阶段的发展任务是：统整各种信息，保持稳定并追求上进。这一阶段包括两个时期。（1）适应期（25~30 岁）。这一时期因人而异，有些人较长，有些人较短。个体以适应现有职业为主要任务，若一直不能适应，就有可能转换职业。如果一个人要转换职业，其职业发展又可能从探索阶段重新开始。（2）稳定期（31~44 岁）。个体已经适应了整个职业环境，致力于工作上的稳定。个体明确自己在岗位上的责任和权利，能够成功、顺利地解决职业中的种种问题，由于资深和富于创意，往往业绩优良，进而可以体会到满意感和成就感。

4. 维持阶段（45~59 岁）

该阶段的个体已经在工作领域取得了一定的地位，一般不寻求新的职业领域，而是朝着既定的目标前进。由于技术进步、产业结构调整等原因，个体容易进入职业发展高原期，出现技术落后、发展停滞等现象，同时会面对新进人员的挑战。这一阶段发展的任务是：维持既有成就与地位。

5. 衰退与脱离阶段（60 岁以上）

由于生理与心理机能日渐衰退，个体不得不面对现实，从积极参与到隐退。同时，个体一般已到了退休年龄，开始淡化职业角色，脱离工作岗位，考虑退休后的生活安排。这一脱离工作的过程进行的难易程度主要取决于个体对已有职业的认同感。个体越是认同已有的职业，脱离过程就越困难。这一阶段发展的任务是：适应退休生活，发展新的角色或探寻合适的活动来补充退休后的空闲，同时维持自身的能力水平。

对于上述五个职业生涯发展阶段，休珀特别强调各个时期年龄划分有相当大的弹性，应依据个体的不同情况而定。

休珀还指出，虽然在总体上对以上五个阶段的特点分别以成长、探索、建立、维持和衰退来表示，但是仔细考虑人一生的职业生涯可发现，每个阶段同样都要面对成长、探索、建立、维持和衰退的问题，从而形成了成长—探索—建立—维持—衰退的循环（见表 10–4）。①

表 10–4 循环式发展任务

阶段	年龄			
	青少年（14~25 岁）	成年早期（25~44 岁）	成年中期（45~59 岁）	老年 60 岁以上
衰退	减少用于嗜好的时间	减少运动时间	集中于主要活动	减少工作时间
维持	验证当前的职业选择	设法保持工作的安定	巩固自己的实力以面对竞争	坚持做自己仍有兴趣的事
建立	开始创业	安于现职	学习新的技能	从事向往已久的事
探索	获得更多的工作机会	寻找机会，做自己喜欢的事	辨识新问题并设法解决	寻找合适的退休后的活动场所
成长	发展适宜的自我概念	学习处理与他人的关系	接纳个人的局限	发展非职业性的角色

（二）成年中期职业发展的具体问题

1. 职业成熟度

职业成熟度（vocational maturity or career maturity）是职业发展理论中非常重要的概念。休珀是最早提出职业成熟度概念的研究者，他认为人的职业发展是持续终生的、阶段性的过程，人在不同职业发展阶段面临的发展目标和任务不同。职业成熟度即个体完成与其职业发展阶段相应的发展任务的程度。② 通过对青年人的职业成熟度进行分析，他认为职业成熟度是由四个维度构成的：职业规划、职业探索、职业信息、职业决策。

---

① Super, D. E.（1990）. A life-span, life-space, approach to career development. In D. Brown & L. Brooks（Eds.）, *Career choice and development*. San Francisco: Jossey-Bass Press.

② Savickas, M. L.（1994）. Donald Edwin Super: The career of a planful explorer. *The Career Development Quarterly, 43*（1）, 4–24.

克赖茨（J. Crites）认为，职业成熟度是理解职业行为、评估个体职业发展水平的核心。所谓职业成熟度，是指与个体年龄相适应的职业行为的发展程度和水准，即个体在整个职业生涯中达到社会期望的水准，可用各发展阶段的发展任务为标准进行衡量。如果个体的职业行为越符合其年龄阶段发展任务的要求，则其职业成熟度越高。判断个体职业成熟度的发展水平一般涉及两个维度：（1）个人从探索到衰退的职业生涯发展过程中所达到的发展进度，即职业成熟的绝对度（absolute degree）；（2）个人实际达到的发展阶段和他应该达到的发展阶段的相距程度，即职业成熟的相对度（relative degree）。对于未确定具体职业的人来说，职业成熟度代表个体进行职业选择的准备状态；对于已确定具体职业的人来说，职业成熟度代表个体完成职业活动与执行职业任务的水平。①

有研究表明，对处于职业探索阶段的青少年而言，随着年龄的增长，个体的职业成熟度不断提高。然而，在20岁以上的个体中，职业成熟度与年龄并无明显的线性关系，个人的个性特征、现实条件、工作性质、知识经验以及社会情景等因素对职业成熟度会产生复杂的影响。例如，当一个人，不管年龄有多大，被提升到新的岗位或调换到新的工种时，其职业成熟水平往往又要经历一个从不成熟到成熟的过程。②此外，还有研究发现，生涯辅导会显著提高中学生的职业成熟度。③职业生涯发展任务上的探索、建立、维持和衰退与职业满意度、生涯满意度和生涯建立具有一定关联。

2. 工作满意感

工作满意感（job satisfaction）是工作者在对其工作及工作相关因素评估基础上所产生的情感性反应。它一方面受多种因素的影响，如个人特征（需求、兴

---

① Crites, J. (1976). A comprehensive model of career development in early adulthood. *Journal of Vocational Behavior, 9*(1), 105–118.

② Patton, W., & Creed, P. (2001). Developmental issues in career maturity and career decision status. *The Career Development Quarterly, 49*(4), 336–351.

③ Atli, A. (2016). The effects of trait-factor theory based career counseling eessions on the levels of career maturity and indecision of high school students. *Universal Journal of Educational Research, 4*(8), 1837–1847.

趣、个性特质、价值观)、工作情境、工作性质、工作条件、工作报酬、晋升机会、领导行为及同事关系等，另一方面又对许多变量产生作用，如工作士气、离职率、流动率、意外事故及工作绩效等。

国外一些研究表明，在成年期，随着年龄的增长，个体的工作满意感有一定程度的提高。国内的一项研究也显示，35岁以上职工的工作满意感明显高于35岁以下的职工。① 不过，这种年龄与工作满意感的相关性并非简单的关系，而是受到许多复杂因素的制约。

首先，工作满意感随年龄的增长而提高的情况只表现在某些领域，而非所有领域。例如，有研究表明，年老者比年轻者对工作活动的内在属性（如工作过程）有更多的满意感，但对工作活动的外在属性（如报酬）则未必如此（Cavanaugh，1990）。而另有研究（邢占军等，2001）却认为，年长者的收入较年轻人高是其工作满意感较高的重要因素。

其次，工作满意感随年龄的增长而提高的情况并不是单纯由年龄因素本身产生的效应，而往往是其他的协变因素导致的。比如，有研究（White et al.，1987）显示，伴随年龄的增长、工龄的延长，工作者的个人特征与工作活动的磨合或吻合的程度一般也越来越好，其工作满意感自然也会越来越高。也有研究认为，年老者比年轻者有着更加积极的工作态度，工作投入度更高，从而影响其工作满意度。②

最后，一些研究（如Howard，1984）提示，工作满意感随年龄的增长而提高的原因在于：工作时间越久的个体越有工作的稳定感，更可能在职业中取得成就，更可能从被支配的角色变成支配的角色，也更可能体验到工作的独立性和自由性。

当然，工作满意感与年龄的正相关也不是恒定的，二者的关系很容易因个体职业变动或社会变迁等的影响而发生波动。例如，中途被迫变换职业或受到下岗

---

① 邢占军、张友谊、唐正风:《国有大中型企业职工满意感研究》,《心理科学》2001年第2期。

② Ng, T. W., & Feldman, D. C. (2010). The relationships of age with job attitudes: A meta-analysis. *Personnel Psychology, 63* (3), 677–718.

威胁的个体，其工作满意感会产生相当大的动荡。

3. 职业倦怠

职业倦怠（job burnout）最早是在1974年由临床心理学家弗罗伊登伯格（H. Freudenberger）提出来的，专指服务于助人行业的个体在面对工作的过度要求时所表现出来的身体和情绪的极度耗竭状态。后来又有不少研究者从各自的研究角度提出职业倦怠的概念，而且涉及的行业也不仅限于助人行业。总的来说，职业倦怠包括三个维度：衰竭、工作怠慢和专业自我效能降低。其中衰竭被定义为心理资源的损耗，工作怠慢被定义为对自己的工作不关心并有距离感，专业自我效能降低表现为对自己的职业成就做出消极评价。①

德莫鲁第（E. Demerouti）等人在2001年提出了职业倦怠的工作要求—资源模型（job demand-resource model），认为所有工作的特征均可归纳为工作负荷和工作资源。工作负荷涉及特定工作情境下对员工生理、心理、组织、社会方面的诉求；工作资源包括物质、心理、组织和社会等方面，有助于减轻工作负荷影响、激励个人成长并促进工作目标实现。过高的工作负荷会持续消耗个体的身心资源，而工作资源匮乏则会增加完成工作的难度，两者共同作用引发消耗。总之，高工作资源和高工作卷入度（engagement）与低职业倦怠具有正向关系，高工作负荷与高职业倦怠具有正向关系。并非所有工作负荷都会降低员工卷入度：若工作负荷带来他人评价，则可增加卷入度，提高员工的敬业水平；若工作负荷带来阻碍，则降低卷入度，带来负面影响。②

职业倦怠的产生与多种因素有关，包括外部因素和内部因素。

外部因素包括职业特点、组织因素等。在工作中，职业角色与定位不清的个体容易出现职业倦怠。当从业者要同时服务于顾客和组织，处于“跨界”状态时，更容易感受到压力。工作负荷过大也会增加个体的倦怠感。工作超负荷包括

---

① Maslach, C., & Jackson, S. (1981). The measurement of experienced burnout. *Journal of Organizational Behavior, 2*(2), 99–113.

② Crawford, E. R., Lepine, J. A., & Rich, B. L. (2010). Linking job demands and resources to employee engagement and burnout: A theoretical extension and meta-analytic test. *Journal of Applied Psychology, 95*(5), 834–848.

数量和质量两方面：数量方面指工作任务过多，以至个体难以完成；质量方面是指工作任务要求过高，以至个体无法胜任。从组织因素看，组织的奖惩措施设置不当以及对员工缺乏支持，会导致个体对工作产生倦怠感。

职业倦怠的产生，存在相当大的个体差异，作为内部因素的个人因素和人口学变量在其中起重要作用。研究发现，自尊水平与职业倦怠相关很高。个体在职业领域的自尊受挫，则很容易引发职业倦怠；成就动机高的个体容易体验到情绪衰竭和成就感降低；个体内部动机的减弱，容易导致职业倦怠。个体对压力的应对方式也影响着倦怠感的产生，外控者更易表现出职业倦怠。在年龄方面，年轻人较容易产生职业倦怠；在婚姻状况方面，离异者最易产生职业倦怠，单身者次之，已婚者情况最好。

职业倦怠对个体职业发展有严重影响，一方面阻碍职业水平的提高，另一方面有损个体的身心健康。对职业倦怠进行干预，需从个体内部和外在环境两方面入手。个体应努力改变对职业的认识，清晰界定职业角色和任务，学习正确的归因方式和有效的压力应对策略。组织则应该加大对员工的支持，制定公平、公开、公正的管理制度和奖励机制。

成年中期的个体成为“三明治一代”（sandwich generation），面临工作、家庭的多重压力，且越来越多的家庭变成了双职工家庭，职业倦怠与配偶倦怠（couple burnout）都会影响中年人的心理状态。研究表明，总体来说，中年人感受到的职业倦怠比配偶倦怠更多，妻子的倦怠感比丈夫的更多，来自婚姻的压力源可预测配偶倦怠。①

研究者在大型追踪项目“美国中年人生活调查”二期的数据中发现（样本量为2 091人），情绪的积极重评功能（positive reappraisals function，如：总能在面临困境时找到希望）可以作为保护缓冲器来缓解职业倦怠，而仅仅降低个人的期望值（如：为防止失望不会设立较高目标）则不具备这样的作用。因此，在工作

① Pines, A. M., Neal, M. B., Hammer, L. B., & Icekson, T.（2011）. Job burnout and couple burnout in dual-earner couples in the sandwiched generation. *Social Psychology Quarterly, 74*（4）, 361–386.

环境中为个体提供更多的社会支持，个人次级控制策略的使用，都会对工作、家庭关系有积极作用。①

在信息与通信技术飞速发展的当下，工作和家庭之间的边界渗透性越来越强，如何平衡工作与生活的关系？在工业与组织心理学方面，有关工作—家庭溢出（work-family spillover）（个体在某一领域中的情感和行为会传递到另一领域②）研究的视角发生了转变：从较多关注负向溢出，转变为关注正向溢出。个体在多个角色中的投入有利于其身心和人际关系的健康发展，实现积极的工作—家庭溢出，即工作—家庭增益。

要点小结

成年中期是成年期的中间阶段，起着重要的承上启下作用。在成年中期，个体智力发展的表现不在于对世界认识的进一步深入，而是对知识、环境等多方面的运用，体现为智慧与专长的增长。个体的个性特点在成年中期表现为在稳定中有所变化。个体在成年中期承担的社会角色也是生命全程中最为丰富的阶段，为人子女，为人夫妻，为人父母，为人师徒……。社会角色的丰富对成年中期的生活产生重要大影响，同时也给中年人带来巨大的压力与挑战。但是，由于个体拥有丰富的心理与社会资源，“中年危机”并不是大多数中年人所要面对的。成年中期是一个充满挑战的时期，同时也是一个充实自我、实现自我的黄金时期。

思考与练习

1. 根据埃里克森的观点，成年中期的发展任务是什么？
2. 成年中期智力变化主要表现在哪些方面？请谈谈智慧与智力的区别。
3. 请简述控制理论的内容，并说明成年中期控制策略的特点。

① Versey, H. S.（2015）. Managing work and family: Do control strategies help? *Developmental Psychology, 51*（11）, 1672–1681.

② 红宇、谢菊兰、唐汉瑛、申传刚、张晓翔:《工作性通信工具使用与双职工夫妻的幸福感：基于溢出–交叉效应的分析》,《心理学报》2016 年第 1 期。

4. 请谈谈你对“中年危机”的看法。

拓展性阅读导航

1. 许淑莲、申继亮著:《成人发展心理学》，人民教育出版社2006年版。

本书介绍了成年人心理发展的特点，清晰地描绘了成年早期、成年中期、成年晚期个体心理发展的轨迹。

2. Hoyer, W. J., & Roodin, P. A. (2009). *Adult development and aging*. New York: McGraw-Hill.

本书详细介绍了成年期个体在生理、认知、人格、家庭、职业等各方面的年龄特征。

3. Lachman, M. E., Teshale, S., & Agrigoroaei, S. (2015). Midlife as a pivotal period in the life course: Balancing growth and decline at the crossroads of youth and old age. *International Journal of Behavioral Development, 39* (1), 20–31.

本文是基于美国大型追踪项目“美国中年人生活调查”的结果进行的综述，从生理发展、认知功能、幸福感等方面全面阐述了中年人的心理特点，并对成年中期在个体毕生发展中的作用进行了重点阐述。

第十一章

成年晚期个体的心理发展

内容提要

本章首先概括叙述老龄、老化及其理论以及两种不同的老年心理发展观，继而分别阐述成年晚期的认知、情绪情感、个性和社会性的发展变化，最后讨论了成年晚期面临的挑战、发展任务、心理卫生问题以及长寿心理特点、面临死亡的情绪反应。

学习目标

1. 了解老龄、老化及其理论以及两种不同的老年心理发展观。
2. 掌握成年晚期认知、情绪情感、个性和社会性发展变化的一般趋势或特点。
3. 了解成年晚期面临的挑战、发展任务、主要的心理卫生问题及长寿者的一般心理特点。
4. 了解人类对死亡态度的历史演变、个体对死亡的认知发展以及濒临死亡的情绪反应。

关键词

成年晚期　老龄　老化　死亡心理

第一节 老龄、老化与发展

成年晚期亦称老年期，一般指 60 岁以上的时期。成年晚期个体身心变化的基本特点是：尽管个别差异很大，但其总的趋势是逐渐表现出退行性变化。就生理而言，神经、循环、呼吸、消化、泌尿、生殖、内分泌以及骨骼等系统，均趋于衰退，功能减弱。生理上的退行性变化、年龄的增长以及退休后社会生活条件的改变和非规范事件的发生，导致心理上的种种变化：认知活动有所减退，但并非全部减退；易生消极的情绪情感，但生活满意度一般较高；个性有所变化，但持续稳定多于变化……。可见，成年晚期是一个在退行性变化的总趋势下仍保持诸多优势的时期，是衰退与获得性发展并行的时期。"天意怜幽草，人间重晚晴"①，研究成年晚期个体的心理发展，是为了更好地关爱老年人，为国家老龄事业决策提供理论依据。

一、老龄与老化

（一）老龄与人口老龄化

老龄指进入老年期的年龄。生理学家、心理学家和社会学家都从各自的角度研究老龄问题，所使用的年龄分别有"生理年龄""心理年龄""社会年龄"等。其含义并不完全相同。历龄（历法年龄）即按出生年月计算的年龄，是各学科一致通用的。发展心理学所说的心理随年龄增长而变化，这里的年龄指历龄。人到多大年龄算是老年呢？各个国家和地区所采用的划分标准不一。英、美、加拿大等国都以 65 岁作为老年期的起点，日本、俄罗斯等以 60 岁分界。1982 年联合国在维也纳召开老龄问题世界大会，规定 60 岁或 65 岁为老年期的起点，一个国家和地区 60 岁以上人口占总人口的 10% 或者 65 岁以上人口占总人口的 7%，就称为老龄型国家和地区。从此，老年期就有了一个统一的年龄界线。我国 1982 年第三次人口普查也将 60 岁作为统一划分老年人口的界线。60 岁以上的老年人因

① 李商隐：《晚晴》。

年龄不同可分为年轻老年人（75 岁以下）、老龄老年人（75~85 岁）和高龄老年人（85 岁以上）。

随着社会经济、科学技术的发展和医药卫生、生活条件的改善，人类的寿命普遍延长，越来越多的国家和地区跨入老龄化社会。老龄化是指人口年龄结构的变化，具体指老年人口在总人口中比重提高的过程。据全国第六次人口普查公报，截至 2010 年 11 月 1 日，全国总人口约为 13.7 亿，其中普查登记的大陆 31 个省份和现役军人的人口约为 13.4 亿。在大陆 31 个省份和现役军人的人口中，60 岁及以上人口约为 1.78 亿，占总人口的 13.26%，比 2000 年第五次人口普查提高了 2.93 个百分点；65 岁及以上老年人约为 1.19 亿，占总人口的 8.87%，比 2000 年第五次全国人口普查提高了 1.91 个百分点。我国人口老龄化的主要特征是增速快、规模大、未富先老。人口老龄化是 21 世纪全球的主要趋势。据联合国公布的最新预测资料显示，2050 年 60 岁及以上人口占世界总人口的 22% 以上，到 2049 年，中国 60 岁及以上的人口将占总人口的 31%。这预示从现在开始到未来的二三十年间我国仍将是世界人口老龄化速度最快的国家之一。① 人口老龄化不仅是家庭问题，更是国计民生的社会问题。对此我国党和政府高度重视，并采取各种措施，“努力满足老年人日益增长的物质文化需求，推动老龄事业全面协调可持续发展” ②。

（二）老化及其理论

老化（aging），是指个体在成熟期后的生命过程中所表现出来的一系列形态学以及生理、心理功能方面的退行性变化。衰老（senility），则是指老化过程的最后阶段或结果，如心智钝化、记忆减退、体能失调等。可见，“老化”和“衰老”是既有联系又有区别的两个概念，但在汉语中，人们时常将二者作为同义词使用。研究表明，随着年龄的增长，个体身心功能退行性变化主要表现在以下几个方面：对环境的适应能力减退；对致病因素的感受能力升高；对受伤的修复能力

---

① 陈可冀、张亚群、洪国栋、桂世勋、杜鹏、陶立群等:《积极应对我国老龄问题的建议》,《中国老年学杂志》2012 年第 9 期。

② 习近平:《推动老龄事业全面协调可持续发展》，新华社，2016 年 5 月 28 日。http://news.xinhuanet.com/politics/2016-05/28/c_1118948763.htm。

降低；体内环境的稳定性降低；细胞内物质代谢分解过程大于合成过程；抵抗能力降低；感知觉衰退，记忆减退，言语出现障碍，心智钝化，消极情绪增多。一般来说，人在成熟期后开始老化，速度较缓慢，50岁后老化进程加快。老化开始的时间和速度，个体差异很大；即便同一个体，其不同组织、器官老化的时间和速度也有差异。

人为什么会老化？如何延缓或适应老化？不同的理论有不同的回答。有关老化的理论繁多，可概括为两类：一类解释老化的原因，企图解开衰老之谜；另一类探讨怎样延缓或适应老化，以提高老年期的生活质量。

1. 老化原因的理论

自古以来，人类就在不断地探究老化的原因。有关老化原因的理论大致可归为两类：一类是遗传预设理论，认为身体是按照基因决定的正常发展时间表而衰老的。这类理论主要有预设衰老说、内分泌说、免疫说和进化说等。另一类是可变速率理论，认为老化是因人而异的随机过程。主要有磨损说、自由基说、生活速率说以及自体免疫说等。其中大多数理论认为老化是生物系统偶然的错误或环境对生物系统的损坏造成的，另一些理论则强调新陈代谢的内部过程可能对老化的速率有直接而持续的影响。新近理论吸取了遗传程序和生命过程变异理论的观点，认为自然选择的结果使得能量资源只能维持到繁殖，繁殖以后，身体中的剩余能量不足以继续维持身体细胞和系统在分子水平上的完整。随着年龄的增长，这种随机发生的恶化超越了身体的修复能力，从而使个体在疾病和死亡面前变得脆弱不堪。

上述理论都只是从某一个侧面或角度解释老化的原因，其实老化的原因是极其复杂的，要得到全面的、科学的诠释，需要多种相关学科不断深入地进行研究。

2. 延缓或适应老化的理论

有关延缓或适应老化的理论主要有如下四种：(1）积极活动理论。认为社会活动是个体生活的基础，人到老年期同样需要活动，适应老化的最基本原则是积极与社会保持接触，继续以往的各种活动，在活动中获得积极的自我形象以及充实感与幸福感。(2）减少参与理论或脱离理论。与前一种理论相反，该种理论认为衰老是不可阻挡的自发过程，人到老年期应当减少职业活动和交往活动，留出属于自己的时间，安享自由、恬静的晚年。这是适应老年期身心特点的一种策略或生活模式。（3）连续性理论。认为人到老年期并没有进入全新的生活方式，而是延续以前的活动模式，即应该继续保持良好的习惯和爱好。只有这样，老年人才会感到快乐和幸福。（4）社会构造理论。认为所有年龄阶段的人包括老年人，都是以他们为自己构造的社会意义为基础参与每天生活的，没有适合所有人的固定不变的生活模式。该理论关注的主要不是哪种适应模式，而是老年人对怎样生活才是有意义的、更适合其自身状况的解释或理解。显然这是一种较新的、更适合老年人实际的延缓或适应老化的理论，因为它强调老年人的个体差异以及由此而选择不同的适应方式。

二、两种不同的老年心理发展观

（一）传统发展观

直到20世纪上半叶，发展心理学实际上只局限于儿童发展阶段的研究。这段时期关于发展的主流观点认为：人自出生到机体成熟进入青春期，其心理活动的变化属于“发展期”；青春期过后进入稳定的成年期，然后便开始衰退；老年期各种心理机能处于衰退阶段，不再发展，年龄越老，心理活动的衰退越明显，这种变化只能称作“老化”而不能叫作“发展”。传统的发展观把老年期看作“丧失期”——身体健康的丧失、动人容貌的丧失、家庭和社会地位的丧失、智能的丧失等，把老年期心理活动的变化描写成只有衰退而没有发展。这是一种消极的、悲观的发展观。这种传统的发展观的主要理论根据有三点：其一，把人主要看作一个生物有机体，其心理活动随着机体的发展而发展，随着机体的衰老而衰退；其二，认为心理的发展是单向前进的、不可逆转的；其三，认为年龄（时间）是心理发展或衰退的根据，而且是普遍适用的。

（二）毕生发展观

随着社会的进步和研究的发展，到20世纪40年代后期，关于中老年人的研究逐渐多起来，人们对“心理发展”概念内涵的认识逐渐加深，出现了与上述传统发展观相反的毕生发展观。这是20世纪70年代以来欧美国家出现的新的发展心理学的观点。以德国的巴尔特斯为代表的心理学家提出了毕生发展的基本观点。

（1）个体发展是贯穿一生的，发展中的心理与行为变化可以在人生中的任何一个时候发生，亦即从胚胎形成到衰亡的整个一生都在发展，发展不仅仅限于儿童和青少年，中年、老年也在发展。

（2）发展的形式具有多样性，发展的方向因心理与行为的种类不同而有差异。有的心理能力发展较早，衰退也较早；有的心理能力发展较晚，衰退也较晚。有的心理能力有较长时间的稳定期，而有的则很快衰退，有的却很少变化。在同一个年龄阶段内，不同的心理能力可以处于不同的发展方向。

（3）任何一种心理或行为的发展过程都是复杂的，发展不是简单地朝着功能增长的方向运动，而是由获得（成长）和丧失（衰退）组成的。

（4）个体的心理发展有很大的可塑性。由于个体生活条件和经验的变化，发展可有多种形式。

（5）心理发展是由多重影响系统共同决定的，个体发展的任何一个过程是年龄阶段、历史阶段、非规范事件相互作用的产物。年龄只是影响心理变化的重要因素之一，不是唯一的影响因素。发展心理学研究业已揭示的事实表明，人到老年，虽然某些心理功能（如感觉等）有所减退，但另一些复杂的功能（如抽象逻辑思维等）非但不减退，甚至还继续增强。

毕生发展观是一种积极的、乐观的老年心理变化观，认为衰老在一定程度上是可以延缓的，人们可以采取某些干预策略或措施来改善成年晚期的心理状态或延缓心理衰退。

我们认为，上述两种老年心理发展观各有其理论和实际的根据，但也有各自的某种偏颇之处。传统发展观认为人的心理随年龄的增长而发展、衰退，就个体心理变化的总的趋势来说，这无疑是正确的。大量观察和研究材料表明，个体从出生到机体成熟，心理变化的总趋势是发展，而到成年期尤其是成年晚期，尽管某些心理机能没有衰退甚至还有所发展，但心理变化的总趋势是减退或下降。这是客观存在的事实或规律，我们应当承认并给予应有的重视。正视这一点无论对于发展心理研究还是对老年工作实践都有重要的意义。但是，这种观点把人主要看作生物有机体，过于看重生物机体的变化和年龄对心理变化的影响，把心理发展看作单向的、不可逆转的，以个体生物机体的成熟期作为心理发展或衰退的临界点，从而否定心理发展的连续性。这是不符合事实的，因而也是不可取的。毕生发展观提出了一系列心理发展的基本观点，强调人到成年期以后，心理仍然继续发展。这已为众多的研究材料所证实，无疑是正确的、乐观的，应予以充分的肯定。但同时也应当指出，这种理论在强调心理发展贯穿于个体整个一生，即强调心理发展的连续性的同时，对人到成年期尤其是成年晚期，其心理变化的总趋势是衰退或下降的这一事实，未能予以足够的重视。我们应当吸取两种观点的合理“内核”，科学地、正确地看待成年晚期的心理变化与发展。

第二节　成年晚期的认知

与前几个年龄阶段相比，成年晚期认知活动的显著特点有三个。一是退行性变化，即总的趋势是减退或老化而不是增长或发展。二是持续性，即增长或发展并没有终止，而是在持续进行，如晶体智力等。三是差异性，表现在两个方面：其一，不同心理机能老化的早晚和速率不同，如感知觉衰退得较早较快，而思维等老化得较晚较慢；其二，不同个体之间存在差异，如有些老年人甚至高龄老人担任政府高官或大中型企事业的主管或决策者，表现出不同寻常的洞察力和相当高的智慧，但也有些老年人记忆显著衰退，心智显著钝化，思维严重迟滞。可见，成年晚期的认知比较复杂，不能简单地以衰退或发展单一维度来评述，而应具体分析。

一、感知觉显著减退

在成年晚期个体的各种认知活动中，感知觉的变化最明显。人们对七八十岁老年人外表形象的典型描述往往是“耳聋眼花”“反应迟钝”。其实感知觉的变化从成年早期就开始了，随着年龄的增长，这些变化的趋势越来越明显（见表

11–1①)。到了成年晚期，个体要产生和以前同样的主观感受就需要越来越强的刺激（Kline & Scialfa，1997）。据科索（Corso，1977）的研究，成年晚期几种主要感觉衰退的一般模式是：最早开始衰退的是听觉，许多人不到60岁听觉衰退就非常明显；其次是视觉，直到55岁仍然十分稳定，以后便出现相当急剧的衰退；味觉的衰退和视觉相似，在60岁之前的几年还相当稳定，但随后对咸、甜、苦和酸等物质的感受性便陡然下降。

表 11–1 20岁以后感觉系统的某些变化情况

年龄组	视觉	听觉	味觉与嗅觉
20~35岁	由于20岁时晶状体开始硬化，因此眼睛的适应性调节能力不断下降	分辨高频音调之音高的能力开始下降	以往研究文献中无此方面情况的记载
35~65岁	40岁以后，视敏度明显下降，明适应、暗适应的时间明显延长	至50岁之前，音高分辨能力一直在逐渐下降	味蕾开始减少
65岁以上	对强光敏感，处理日常视觉任务时产生越来越多的问题，会引发部分或完全失明的眼疾日益增多	70岁以后，音高分辨能力显著下降，声音强度必须增大才能听到	对酸、咸和苦的感觉阈限增高，在识别气味时常产生错误

(一)视觉减退

1. 视力下降

视力是指视觉系统分辨最小物体或物体细节的能力。视力从成年早期或中期开始减退，到成年晚期衰退更为显著。②由于眼睛晶状体硬化，睫状肌减弱，眼睛不能根据视物远近有效地调节距离，因而老年人时常看不清近物，出现人们常

① [美] B. M. 纽曼等著，白学军等译：《发展心理学》，陕西师范大学出版社2005年版，第543页。

② Polat, U., Schor, C., Tong, J.-L., Zomet, A., Lev, M., Yehezkel, O., et al. (2012). Training the brain to overcome the effect of aging on the human eye. *Science Reports, 2*, 278.

说的“老花眼”。所以，老年人读书看报时常常把书报拿得远远的或佩戴老花镜。

2. 明适应、暗适应时间延长

在老年期由于一些视觉感受细胞凋亡，不管是明适应还是暗适应，随着年龄的增长，个体适应光线强度改变所需要的时间都会越来越长（Kline & Schieber, 1999）。一项对成人视觉的大范围研究指出，75 岁以上特别是 85 岁以上的老年人视觉最显著的衰退主要表现在对强光的反应：在强光照射后眼发花，年轻人只需要十秒钟即可恢复视觉，而 50% 的 90 岁以上的老年人则需要一分半钟以上的时间。① 鉴于此，老年人在日常生活中应注意：尽量避免从一个明亮的地方突然进入一个很暗的地方，中间最好有一个中等明亮的空间作为过渡；日常生活用品最好不要放在光线很强的地方，以免不易看清所需要找到的东西；夜间行走或开车时对迎面而来的车灯灯光需要很长的时间才能适应，容易发生事故，需要高度警觉！

3. 对颜色的辨别力下降

由于晶状体变黄和视网膜老化，对光感受性降低，老年人好像戴着太阳镜看周围世界，从而影响对颜色的正确辨别。研究发现，60~70 岁以及 80~90 岁老年人对颜色的辨别能力分别是青年人的 76% 和 56%，接近 90 岁时对颜色的正确辨认不到 50%。老年人对黄、红色的辨别力降低较少，而对蓝、绿色的辨认最为困难，对颜色相近的物体（如墨绿色和黑色的袜子）分辨困难。此外，老年人对物体的形状、大小、深度以及运动物体的视知觉均不如年轻人，视觉的注意能力也有一定程度的降低，这些影响了他们上下楼梯或过人行道（Bian & Anderson, 2008）。但老年人一般都行为谨慎，具有长期的视觉经验，可以弥补视觉能力下降的不足。只要老年人充分利用多种感官获取信息，同时人们创设条件使老年人的感觉信息简单明确（例如，对老年人经常使用的药瓶加上明显不同的色彩标志或使之具有可触摸到的不同的表面纹理等），便能在较大程度上方便老年人的生

---

① Brabyn, J. A., Schneck, M. E., Haegerstrom-Portnoy, G., & Lott, L. (2001). The Smith-Keuttewell Institute (SKI) longitudinal study of vision function and its impact among the elderly: An overview. *Ophthalmology and Vision Science, 78* (5), 2464–2469.

活，使他们尽快适应视觉的退行性变化。

（二）听觉减退

1. 听力下降

据研究，美国大约有 1 000 万名以上的老年人存在不同程度的听力损伤。同视觉一样，年龄是影响听力减退的重要因素。①年龄越大，有微弱听力损失的人口百分数越高：65~74 岁组老年人，大约有 30% 存在某种程度的听力损失，而 75 岁以上年龄组老年人的相应比例就超过了 50%（Chisolm，Willott，& Lister，2003）。据 2005 年我国第六次“爱耳日”活动报告，老年性听力障碍的患病率约为 40%，以全国老年人口 1.43 亿推算，老年性听力障碍患者至少有 4 000 万人。基于 2007 年我国第二次全国残疾人抽样调查数据的流行病学分析表明：60 岁以上老年人患听力残疾的比例高达 11.04%；致残原因，老年性耳聋占 66.87%，原因不明性耳聋占 8.91%，中耳炎占 8.62%。听觉器官和听神经系统的退行性变化，导致老年人听觉多种功能的减退。

人的听力随年龄增长而变化，既有年龄差别，又有性别差异。听力的最佳年龄是 20 岁，30 岁以后听觉阈限就随年龄增长而逐步提高。而一般超过 50 岁，人的听力就显著下降。55 岁以后，男女之间听力障碍差别较大，男性出现听力障碍的比率比女性高（程学超、王洪美，1986）。老年人中男性的听力衰退比女性更明显。

2. 对声音的辨别力下降

老年人听觉减退的显著表现是：对高频率声音和低强度声音的敏感性降低，高音听力的减退比低音听力的减退更明显；对复杂音调的辨别更加困难。近年的调查显示，约有 63% 的 70 岁及以上的老年人虽有功能正常的耳朵，但无法听见频率高于 75 分贝的声音（Lin & Ochers，2011），有 40% 的中度听力损失的人使用了助听器。因此，我们发现现实生活中许多老年人喜欢听低沉、舒缓、悦耳动听的音乐，能欣赏旋律优美的音乐，而对高音调的音乐旋律和音调的急促变化无

① Pacala, J. T., & Yeuh, B.（2012）. Hearing defects in the older patient: “I didn’t notice anything”. *Jama, 307*（11）, 1185−1194.

法辨别，认为好像都是一个样子的单调声音。

3. 对言语的理解力下降

很多耳聋耳背的老年人常常听不清或听不懂别人说的话，说明老年人对言语的理解力也在下降。一些研究指出，人在 20~50 岁时对言语理解相对稳定，70 多岁时听清对方说话所需要最低声音强度比青年人要高 6~7 倍，到 80 岁时言语理解力下降 25% 或更多。70 岁以后听清对话内容、辨别谈话的情绪表达特征的能力下降，在嘈杂的环境中困难更大（Schneider et al.，2000）。我国学者孙云章、边春燕（1987）采用汉语语言测听法进行研究并指出，50~59 岁可视为中国人听力老化的转折期。语言听觉理解力随年龄增长而逐渐下降，70~79 岁开始明显下降，80~89 岁及 90 岁以上下降尤为明显。因此，对老年人讲话，关键部分要慢些，多重复几遍；同时，不要突然转换话题，要平视谈话对象，这样，老年人就可以通过观察说话者的嘴唇活动判断话语（读唇）。

（三）味觉、嗅觉和皮肤觉迟钝

由于味觉的感受器味蕾随着年龄增长而减少，因而味觉的敏感性也随着年龄增长而下降。斯皮策（Spitzer，1988）研究发现，酸、咸、苦三种味道的刺激阈限值随着年龄增长而提高，而甜的阈限几乎没有什么变化。其他许多类似的研究也支持斯皮策的结论。另有研究（Schiffman，1996）指出，人的味觉一般在 50 岁前看不出有多大变化，而一过 50 岁，咸、甜、苦、酸四种味觉阈限都上升了，人大约在 60 岁开始丧失某些味觉（Hawkes，2006）。味觉的多样性也随年龄增长而减退，青年人能同时品尝出食品中的多种味道，而老年人往往只能感觉到其中的几种，他们对咸味比对其他味道敏感。

许多研究指出，人类辨别各种气味的能力随年龄增长而衰退，老年人嗅觉丧失比味觉丧失要明显（Schiffman，1996，2007）。1984 年在美国迈阿密进行了一项著名的研究：对 1 955 名 5~99 岁的被试测试了樱桃、烟草、机油等 40 多种气味。结果发现：人类嗅觉的最佳时期是 20~40 岁，50 岁以后出现轻微的衰退，70 岁以后显著衰退；在 65~80 岁，大约有 60% 的人嗅觉严重衰退，约有 25% 的人完全丧失嗅觉能力。由于味觉、嗅觉的显著下降，很多老年人时常埋怨现在的食品不如过去的香、好吃，导致食欲减退，长此以往，易造成营养不良。由于嗅觉严重衰退，某些老年人闻不到煤气、烟火或烧煳的食物的气味，这是很危险的，必须特别注意。

由于皮肤感受点和感觉神经纤维数量减少，老年人尤其是高龄老年人触觉的敏感性急剧下降，定位能力减退。研究发现，随着年龄增长，老年人不大使用或活动较少的下肢（脚踝、膝盖）比经常使用的上肢（手指、手腕、肩膀等）更早变得迟钝（Corso，1977）。老年盲人的触觉能力仍保持在较高水平，这很可能与他们在日常生活中较多使用触觉有很大关系（Legge et al.，2008）。

温度觉根据生理零度分为温觉和冷觉。老年人由于上皮细胞角化、皮肤增厚，温度觉迟钝，容易烫伤或冻伤。由于对室温的感觉很迟钝，很低的室温他们也往往觉不出冷，患病率和死亡率就明显提高。老年人应对高温和低温的能力随年龄增长而下降。当外界温度发生骤变时，老年人容易发生意外伤害，甚至热死或冻死。例如，在美国，老年人的死亡率随季节交替、温度骤变而改变。因此，我们对老年人要格外细心呵护、照料，老年人自己更要根据季节、气候的变化加强自我保护。

痛觉是有机体遭到损伤或破坏时产生的一种不愉快的情感体验。它不仅是一种皮肤感觉，还受到认知、动机、人格和文化环境的影响，研究时很难进行操作。研究发现，尽管痛觉阈限的年龄差异不大，但是老年人不能像年轻人一样报告较弱的痛觉刺激，而且比青年人更多地经受慢性的痛苦。据统计，60%~85%的老年人曾表示经历过持续性疼痛（Molton & Terrill，2014），最经常出现的疼痛有背痛（40%）、周围神经痛（35%）和慢性关节痛（15%~25%）（Denard et al.，2010）。与年轻人相比，老年人痛觉迟钝，不能及时躲开伤害性刺激，容易遭受外伤。例如：有些老年人不小心被开水烫伤或皮肤破损但并无痛感，因而没能及时治疗，引起感染；而有些老年人对高血压、冠心病等引起的疼痛、胸闷也不敏感，常常延误了诊断和治疗的最佳时机。这是儿女和老年服务工作人员必须高度重视的问题。

二、记忆既有减退，又仍有优势

在现实生活中，人们时常可以听到一些老年人抱怨：“我老了，记性坏了，经常丢三落四的。”人到老年期，记忆有什么显著的特点？记忆真的减退了吗？记忆减退的原因是什么？记忆有没有优势？下面根据国内外心理学工作者的有关研究，做出概括说明。

（一）记忆老化的特点

许淑莲等人（2001）的实验表明，50 岁后记忆开始减退，50~60 岁无明显差异，70 岁以后又有更显著的减退。吴振云等人（2001）的研究也证实，75 岁以后记忆减退比 60 多岁时明显，60~74 岁的老年人比 75~89 岁的老年人记忆要好些。这说明成人的记忆有随年龄增长而逐渐减退的趋势，表现出明显的年龄差异。但是研究也同时表明，老年人的记忆并非全面减退，这与记忆的性质和内容有关，表现出记忆老化过程中的选择性。许淑莲等人（2001）对 20~90 岁成人记忆的系统研究以及国内外其他有关研究的表明，记忆老化有如下特点。

1. 再认成绩好于回忆成绩

许淑莲等人（2001）在采用自编的临床记忆量表（内容包括指向记忆、联想学习、图像自由回忆、无意义图形再认和人像特点联系回忆这五项分测验）对 20~90 岁成人进行测查时发现，老年人对无意义图形的再认虽然也有随年龄增长而下降的趋势，但这种下降幅度较小，发生较晚，直到 70~80 岁才明显减退。在智力匹配的条件下，未见到明显的年龄差异。而回忆成绩年龄差异明显，减退亦较早。例如，人像特点联系回忆从 50 岁已明显减退，指向记忆和图像自由回忆情况相似。研究者（Bahrick et al.，1975）将高中毕业 15 年和近 50 年同班同学的照片同陌生人的照片混在一起，要求被试辨认出昔日同班同学的照片。结果发现：对于毕业 15 年的同班同学的照片，被试能再认出 90%；对于毕业近 50 年的同班同学的照片，被试仍能正确再认 75%。老年人的视觉记忆持续保持了近半个世纪，这再次佐证了老年人再认的优势。

2. 内容有关联的和有意义的记忆成绩好于无意义的机械记忆成绩

在上述许淑莲等人研究的联想学习中，有关联的联想学习（如上去—下来、白天—晚上）成绩减退较晚，直到 60 岁以后才明显减退，且年龄差异较小，80 岁组的成绩仍相当于 20 岁组的 75%。而无关联的联想学习（如西瓜—衣服、光明—服从）成绩减退较早，30 岁已开始减退，50~60 岁减退明显，且年龄差异明显，80 岁组的成绩只相当于 20 岁组的 30%。

3. 初级记忆成绩好于次级记忆成绩

初级记忆是对当前意识中的信息进行的保持，具有暂时的性质。在这方面，老年人表现较好，年龄差异小。次级记忆是对当前意识以外的过去经验的存储，具有长期保持的性质。在这方面，老年人表现较差，年龄差异大。例如，许淑莲等人对 20~89 岁成年人的短时记忆进行研究，其中“数字广度”一项分测验的结果表明：顺背数字（包含初级记忆成分较多，保持较好，年龄差异小）成绩减退较晚，60~89 岁年龄差异不大；倒背数字（包含次级记忆成分较多）成绩衰退较早，30~40 岁已开始下降，60~70 岁下降明显，年龄差异较大。

4. 日常生活记忆成绩好于实验室记忆成绩

日常生活记忆直接关系到老年人的生活质量。吴振云、孙长华（1998）将北京 25 个著名地名的系列回忆作为日常生活记忆，将无意义图形再认作为实验室记忆，分别对青年组、中年组、年轻老年组和年老老年组进行测查。结果表明，在记忆老化过程中，日常生活记忆减退缓慢，成绩好于实验室记忆，年龄差异较小。老年人利用已有的知识经验可在一定程度上补偿记忆的某些减退。

5. 内隐记忆的年龄差异小于外显记忆

研究发现，老化与外显记忆的改变有关（Hoyer & Roodin，2009）。与外显记忆相比，内隐记忆受衰老的不利影响较小（Howard et al.，2008）。在测量外显记忆的任务中，老年人的作业成绩通常没有年轻人好，但是他们在内隐记忆测验上的成绩能够跟年轻人一样好或差不多一样好（Mitchell & Bruss，2003）。有研究指出，在内隐记忆测验中，未见到年龄差异（Nilsson，2003）。在日常生活中，我们时常发现：老年人有可能忘记他们到菜市场本想买的菜，但他们不会忘记如何炒菜；他们有可能忘记向电脑里录入哪份文字材料，但他们不会忘记如何敲击电脑键盘打字……。这就是老年人内隐记忆的优势。

6. 语义记忆的年龄差异小于情景记忆

和青年人相比，尽管老年人比青年人需要花费更多的时间提取语义信息，但他们最后总能把信息提取出来（Luo & Craik，2008）。在多数情况下，老年人的情景记忆比语义记忆下降更多（Yoon，Cole，& Lee，2009）。年轻的成人比年老的成人有更好的情景记忆（Cansino，2009）。老年人对以往事件的记忆好于对新近事件的记忆，但众多的研究都一致地发现，往事发生的时间越久，老年人的记忆越不准确。

（二）记忆的个体差异大

国内外心理学工作者在研究中发现，不同年龄组内记忆成绩的个体差异很大，并且有随年龄增长而增加的趋势。老年人记忆的个体差异比其他年龄组要大，表现为记忆减退出现的时间有早有晚，减退的速度有快有慢，减退的程度有轻有重，有的甚至向相反的方向发展，显示了记忆老化过程的变异性。

（三）记忆减退的原因

研究表明，记忆随年龄增长而减退的原因非常复杂，概括起来主要有以下四个方面：一是个体因素，包括个体的一般情况（如性别、职业、受教育年限、人际交往的情况等）、健康状况（如有无心脑血管疾病、糖尿病和神经精神系统疾病等）、非认知因素（即某些不直接参与认知过程但对认知功能有影响的心理因素，主要包括个性、情绪、态度、动机、自我效能、自我概念和自信心等）。二是特定环境因素。例如，老年人经常服用的某些处方药有可能妨碍记忆，老年人在记忆任务上成绩较差可能与服用这些药物有关，而非与年龄相关。另外老人退休后不再面临工作上的挑战，一般也较少使用记忆。三是生物因素。记忆的改变是由大脑和生理衰退所致。四是加工速度减慢和工作记忆容量变小（林崇德，2009）。

三、思维的变化

一些心理学家关于思维的年龄差异的研究表明，人到老年期，概念学习、解决问题等思维过程的效能呈现出逐渐衰退的趋势。但由于思维是高级复杂的认识活动，这方面的研究进展缓慢，许多问题仍存在着不同的甚至矛盾的观点。从现实生活来看，各国政府官员和大中型企业中的决策者主要是那些五六十岁甚至七十岁以上的老年人，这表明他们仍具有较高的思维能力。可是，实验室的研究结果表明，老年人解决问题的能力显示出普遍下降的趋势。老年人有强于青年人的概括能力、判断推理能力、综合分析能力，且这些能力不随年龄增长而减退，但在创造性思维和逻辑推理方面较青年人有所减退。

（一）概念学习、解决问题效能减退

关于概念学习的实验研究表明，老年人概念学习的作业效能减退。一项关于成年人形成概念的实验研究（1965）指出，形成概念需要的时间和出现的错误数都随年龄增长而增加，即年龄越大所需时间越长，出现错误越多。一项概念形成课题的无关属性越多，对于老年人来说，难度也就越大。这说明老年人形成概念时比较容易因无关属性而分心，因而影响概念形成课题作业的成绩。在一项与概念形成有关的分类课题实验中，实验者要求不同年龄的被试对画有叉子、茶杯、书、烟斗等物品的50张卡片进行分类。结果表明，60岁、70岁和80岁三个高龄组，年龄越大，所分的类别越少，剩下来没归类的东西越多。这说明人到高龄时对类属概念的把握能力降低。从分类的性质看，年龄越大，按意义联系分类的比率越高，而按种属关系分类的比率越低。关于解决问题的实验研究表明，老年人主要受记忆能力尤其是受工作记忆容量的限制，因而提出解决问题策略的能力降低，表现出解决问题的效能减退。国内有学者研究发现，老年人日常问题解决能力从70岁开始呈现明显下降的趋势，不同活动领域的日常问题解决能力存在不同的发展轨迹。① 国外学者对已有文献进行梳理，得出结论：从成年早期到成年晚期，个体的日常问题解决能力比较稳定，直到生命晚期才开始下降。但有关日常问题解决能力的研究都是横断研究，研究者无法对其随年龄变化的趋势下定论。老年人解决问题的能力也受一些经验因素，如受教育水平、养老方式等的影响。和年轻的已婚夫妇相比，老年已婚夫妇会更多地合作解决问题，补偿认知困难。

（二）完成皮亚杰任务的特点

研究者在老年人完成皮亚杰分类、守恒及形式运算问题的研究中发现如下特点。（1）老年人的总体成绩不如其他年龄的成人，但有关守恒成绩的结论不一：一些研究发现老年被试的容积守恒成绩不如青年被试，其他成绩非常好；另一些

① 陈勃、甘霖、堵翌洁、唐日新：《基于实物操作的老年人日常问题解决能力发展特点及相关因素研究》，《心理学探新》2015年第2期。

研究指出，老年人和青年人没有显著差别（Selzer & Denner，1980）。（2）在分类和问题解决任务中，老年人表现出了比青年人更自我中心、更具特异性的反应方式。（3）学业背景而非年龄因素与形式运算问题解决成绩之间的关系更为密切。例如，受过大学教育、年龄在63~75岁的老年男女被试的形式运算思维测验成绩与在校男女大学生一样好，在大学时主修自然科学的人比主修人文社会科学的人成绩要好。

（三）更多地运用后形式运算思维

传统的皮亚杰任务受纯粹的逻辑作用的支配，与实际情况相脱节，对于老年被试来说缺乏适当性和熟悉度。尽管大多数形式运算问题的解决都要求处理多个变量，但一般只有一种正确的解决方法，而在成人包括老年人的现实生活中，大多数问题涉及多种变化的维度或难以定义的变量，而且有不止一种解决方法。在现实生活中，当一个问题有明确的参数且只需要单一的解决方法时，个体采用具体运算或形式运算思维就够用了。但是，当一个问题意义重大、模棱两可或涉及许多复杂的人际关系时，人们就开始启用后形式运算思维了。现实生活和研究表明，成人包括老年人，常常更多地运用后形式运算思维。

某些实验研究说明，人到老年期，在概念学习、解决问题等方面的思维能力有所衰退，但在思维的广阔性、深刻性等方面往往比儿童、青少年时期强。因此，我们不能仅仅根据某些实验研究材料便武断地认为老年人的思维衰退了。即便思维能力衰退，究竟是认知结构的变化抑或是操作能力的变化，目前心理学界尚意见不一。生活现实和研究表明，老年人的思维存在着明显的个体差异：有的老年人思维显著衰退，而有的老年人却仍能表现出较高的思维水平。一个人的思维到老年期是否衰退以及衰退的程度，固然有其生理上的原因，但与一个人的生活方式和生活态度有十分密切的关系。只要老年人不把自己封闭起来，而是坚持参加力所能及的、有益于身心健康的活动，经常关心、思考某些问题，便仍能保持较高的思维水平。

四、智力有所减退，但并非全部减退

智力与年龄之间的关系非常复杂，目前尚有许多问题仍处于“黑箱”状态。

比如，人到老年智力是否减退，就是一个至今仍有争论的问题。这一问题的答案往往依赖于所测智力的内容以及测量方式。根据国内外有关研究资料以及老年人的生活实践，我们认为，一方面应当承认老年人智力有所减退，另一方面又必须看到老年人智力并非全部减退。

（一）智力有所减退

早期的研究者琼斯和康拉德（Jones & Conrad，1933）、韦克斯勒（Wechsler，1944，1955）以及迈尔斯夫妇（Miles & Miles，1932）采用测验法对人的智力进行了大量的横断研究，发现一个大致相同的倾向：人的智力在 20 岁以前是迅速发展的，以后便逐渐减退（如图 11-1 所示）。

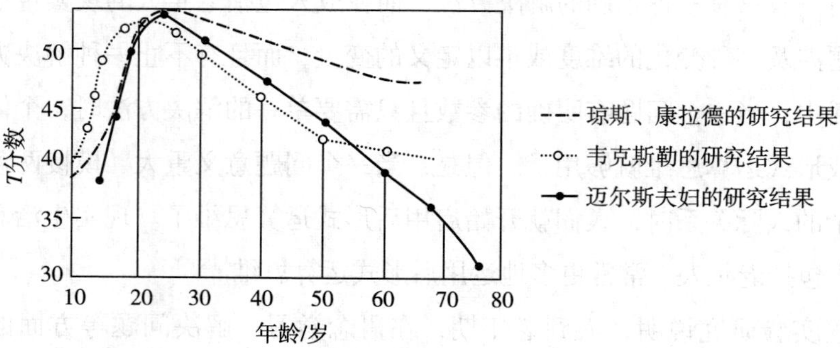

图 11-1　智力的年龄变化曲线

老年性智力减退，除表现为记忆障碍、思维固执、注意力难以集中以外，较为严重的是老年痴呆。患者表现的主要症状是：记忆受损、言语障碍、视觉和定向障碍。这些症状在普通的老年人身上并不多见。从上面的介绍中可见，人的智力到了老年期呈减退趋势是一个不可否认的客观事实，我们应该接受和正视它。

（二）智力并非全部减退

近四十多年来，国外一些心理学家如格林（Green，1969）、巴尔特斯和沙伊（Baltes & Schaie，1974）根据测验所得结果指出，人的智力一直可以增长到 40 岁，60 岁以前都是很稳定的，其后即使减退，幅度也不大。他们强调老年人的智力也有可塑性，不认为老年人的智力有严重的衰退（林崇德，2009）。

智力是综合的心理特征，由很多因素构成。研究（Blum & Jarvik，1972）指出，老年人的智力减退并不意味着构成智力的各因素以同一速度减退。很多研究者采用韦氏成人智力量表测查成人的智力，发现言语测验的成绩在老年期仍然很好，直到70岁后才开始有较明显的减退，而与心理运动速度、知觉整合能力等有关的测验成绩在25岁后就逐步减退。言语量表中的常识、理解两项测验成绩，正常的老年人到75岁还可以保持相当高的水平；如果两项测验成绩明显减退，则往往是老年器质性神经精神疾病所致，并非正常老年人所固有的心理特征。我国“修订韦氏成人智力量表全国协作组”在有关韦氏成人智力量表的修订研究中指出：我国大部分被试在35岁以内智力比较恒定，但在这个年龄以后开始下降，随着年龄的增长，下降的速度越来越快（如图11-2所示）。这是一般趋势。如果仔细分析，言语测验成绩和操作测验成绩又有区别。年长的被试一般是言语测验成绩比操作测验成绩保持得好一些，而且在常识和词汇等方面的言语测验成绩保持得更好；操作测验成绩下降较明显，在数字符号上的操作测验成绩下降更明显。

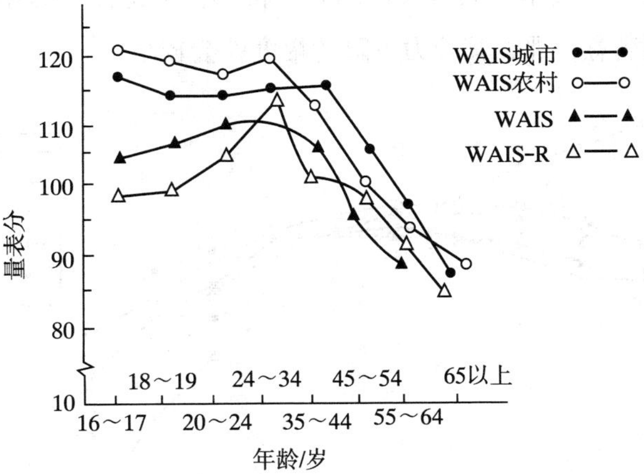

各组量表分是根据各组粗分均数计算出来的，所以不能用量表分来比较组间差别（要比较时应比较粗分），但可说明同组内不同年龄阶段成绩的高低。

图11-2　各年龄组的平均量表分

美国著名成人认知研究专家沙伊（Schaie，1956，1994）鉴于在成人智力发展的早期研究中存在横断研究与纵向研究各自的缺点及所得结果的分歧，采用聚合交叉设计对 5 000 多名 25~88 岁成年被试的认知能力进行了长达 35 年的追踪研究，获得了许多重要的结论（林崇德，2009）。

综合沙伊和其他人（Craik & Salthouse，1999；Salthouse，2006）关于老年人智力的研究结果，我们可以得出如下主要结论：（1）在以 25 岁为起点的整个成年期，个体的某些能力逐渐下降而另一些能力则相对稳定。成年期智力的各种成分随年龄增长的变化模式并不相同（如图 11–3 所示），流体智力逐渐下降，晶体智力则保持稳定，甚至会上升。（2）在 67 岁以前，个体的某些认知能力会下降，但下降的幅度很小，80 岁以后才会很明显下降，而且只有不到一半的人比 7 年前的测验成绩有所下降。（3）智力变化的个体差异非常明显，一些人从 30 多岁开始就出现智力下降，而另一些人直到 70 多岁才出现下降。事实上，70 多岁的老人中，大约有 1/3 的人智力测验分数高于年轻成人的平均水平。（4）环境及文化因素对智力下降的程度存在影响。如果个体未患慢性病，社会经济地位较高，置身于能激发智力的环境中，具有灵活的人格特点，保持良好的知觉加工速度，对过去的成就感到满意，那么其智力下降的幅度就会较小。

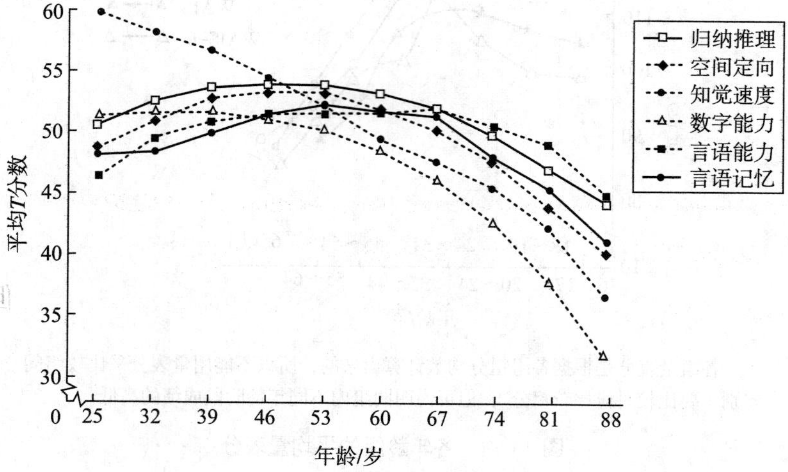

图 11–3　六种能力构想平均分数的纵向估计值

第三节　成年晚期的情绪情感

成年晚期情绪情感的特点及影响因素既是发展心理学家关注的课题，也是关系到老年人身心健康和生活质量的现实问题。

一、成年晚期情绪情感的一般特点

关于这个问题，多数文献均用相当多的篇幅陈述老年人的消极情绪，比如失落感、疑虑感、孤独感、忧郁感、老朽感以及对死亡的情绪反应等（程学超、王洪美，1986）。应当指出，这些在一定程度上确实反映了老年人情绪的一般特点，但并不是老年人情感世界的全部，也不是当代老年人情绪生活的基调。根据当代我国老年人的现状以及有关研究资料，我们认为老年人情绪情感有如下一般特点。

（一）比较容易产生消极的情绪情感

人到老年期，由于生理、心理的退行性变化以及退休后角色地位、社会交往的变化，比较容易产生抑郁感、孤独感、衰老感和自卑感等消极情绪情感。国内的某些调查资料说明了这一特点。上海的一项对 164 名退休老人的调查表明，有时有抑郁感（包括焦虑不安）的约占 40%，有时有孤独感的占 21.3%，经常有孤独感的占 13.1%。北京的一项对 53 名离退休干部的调查指出：完全没有抑郁感的占 42%，稍有和一般有抑郁感的分别占 22% 和 34%，抑郁感较重的占 2%；完全没有孤独感的占 47%，稍有和一般有孤独感的各占 23%；完全没有衰老感的占 15%，稍有和一般有衰老感的分别占 51%、30%，衰老感较重的占 4%。我们虽然不能仅根据这些初步调查对我国老年人目前的情绪情感做出结论，但这些调查结果起码给我们留下了这样的印象：我国老年人有各种消极情绪情感的占相当数量。

国外有心理学家（卡温、荒井保男）指出，老年期是一个充满危机的紧张焦虑的时期。我国学者采用斯皮尔伯格（C. D. Spielberger）编制的状态—特质焦虑量表（State-Trait Anxiety Inventory，简称 STAI）和自编的老年人焦虑影响因素问卷，对上海市302名（男135名，女167名）50岁以上的被试进行测查，得到以下结果。（1）女性老年人的状态—特质焦虑水平高于男性老年人，存在着显著的性别差异。（2）不同年龄、不同文化水平的老年人，其状态—特质焦虑水平不存在显著差异。（3）“社会福利”和“个人健康”两大类因素对老年人状态—特质焦虑水平具有显著影响，并且对特质焦虑影响更大。对老年人焦虑水平具有显著影响的“社会福利”因素包括：生活水平下降；老年用品难买；退休后，人走茶凉；年纪大了，没人管；找不到好医生，用不到好药；担心年纪大了，被人瞧不起；担心治不好病；物价上涨；医院预约难、挂号难；缺少娱乐场所。显著影响老年人焦虑水平的“个人健康”因素包括：担心患高血压；腿脚不灵，走路不便；担心患脑血栓和经常神经痛。① 一项对社区老年人焦虑水平及其影响因素的研究表明：（1）7.4%的老年人有罹患焦虑症的风险，女性焦虑得分高于男性，低龄老年人的焦虑水平高于高龄老年人，仅与配偶同住的老年人的焦虑水平显著低于与子女同住及独居的老年人；（2）年龄、受教育水平、生活自理能力及朋友交往都是老年人焦虑的预测因素。②

（二）情感体验深刻而持久

老年人的情感体验比较深刻，这主要表现在他们的道德感、美感方面。中国科学院促进发展中心和中国社会调查所联合对全国42个城市4 483名对象进行了关于改革与发展的社会心理系列调查（从1986年12月到1987年1月）。调查问卷中有一题要求对象对“你认为什么是最重要的基本道德”进行选择，结果选择“热爱祖国”一项的百分率如下：18~30岁的占27.9%；31~45岁的占38.3%；46~60岁的占45.5%；60岁以上的占52.1%。老年人把“热爱祖国”看成是最重要的基本道德的人数比例是各年龄组中最高的。这说明我国大多数老年人对祖国、社会仍充满着政治热情，有高度的责任感。老年人情感的深刻性还表现在美感上。老年人十分重视美的内容。他们热爱、赞赏那些对社会、对人类有益的事

① 邱扶东：《上海老年人焦虑及其影响因素研究》，《心理科学》2001年第5期。

② 唐丹、王大华：《社区老年人焦虑水平及影响因素》，《心理与行为研究》2014年第1期。

物，在他们看来，凡不符合社会公德的东西，即使表面上看起来很美，也是毫无价值的。他们用理智的头脑去审视美。他们一般能够了解自己生理的变化，并不为年轻貌美的“丧失”而悲叹。在外在美和内在美的天平上，老年人和中年人一样，更倾向于追求内在而深沉的美，如心灵美等。就情绪体验持续的时间来说，由于老年人中枢神经系统内发生的生理变化以及内稳态的调整能力降低，老年人的情绪一旦被激发就需要花费较长时间才能恢复平静。也就是说，老年人情绪体验持续的时间比较长，无论是心境、热情还是激情、应激都是如此。同时由于老年人形成了比较稳固的价值观以及较强的自我控制能力，他们的情绪情感一般不会轻易因外界因素的影响而发生起伏波动。国外研究表明，相对于年轻人，老年人的情感生活更稳定，少有高低起伏。①

（三）情绪表达方式较为含蓄

老年人对于自己的情绪表现和情感流露更倾向于控制。老年人在日常生活中常常会掩饰自己的真实情感，如遇喜事，他们不再欢呼雀跃，如遇悲事，也不轻易痛哭流涕。国外研究者通过样本多样性研究（被试包括挪威人、天主教修女、非裔美国人、华裔美国人和欧裔美国人），发现老年人比年轻人更善于控制情绪，也有着更少的负面情绪。② 随着年龄的增长，老年人在性格方面往往有一个由外向到内向变化的倾向，因此在情绪表达方式上较为含蓄，这与老年人长期的生活经验有关。老年人遇事，往往要考虑到事情的前因后果，照顾到方方面面，这在一定程度上缓冲了老年人活动的倾向性和表达方式。久而久之，老年人逐渐形成了内向的性格，情绪表达日趋含蓄。

（四）各种“丧失”是情绪体验的最重要的激发事件

影响老年人情绪体验的事件（或因素）是非常复杂的，在这些事件中，什么是最重要的激发事件呢？西方研究指出，由于相同的事件在不同的时间对同一个

---

① Samanez-Larkin, G. R., & Carstensen, L. L.（2011）. Socioemotional functioning and the aging brain. In J. Decety & J. T. Cacioppo（Eds.）, *Handbook of social neuroscience*. New York: Oxford University Press.

② Scheibe, S., & Carstensen, L. L.（2010）. Emotional aging: Recent findings and future trends. *Journal of Gerontology: Psychological Sciences, 65B*（2）, 135–144.

人可以引起不同的情绪反应，由于老年人的适应能力、期望水平在不断地变化，因此，激发情绪体验的事件类别在不同的年龄阶段是不尽相同的。研究表明，在影响老年期情绪体验的各种事件中，各种“丧失”（loss），包括社会政治、经济地位、专业、健康、容貌、配偶等的丧失是最重要的激发事件。把握这一科学道理，对于老年人的自我心理调节，对于老龄工作人员及时了解影响老年人情绪的各种激发因素及其中最重要的激发事件，科学地调适老年人的身心健康是大有裨益的。

（五）我国老年人生活满意度较高

生活满意度是以个体生活愿望和需要为中介的、对生活持积极与肯定态度的内心体验。研究指出，由于人的情绪情感与社会制度、文化背景有极为密切的关系，生活在具有尊老爱幼传统的社会主义制度下的我国老年人，情绪情感的“基调”或基本特征是生活满意度较高。

骆为祥等人根据2002年、2005年、2008年中国高龄老人健康长寿调查数据，考察了年龄对老年人生活满意度的影响。研究发现，年龄因素影响老年人的生活满意度自评。老人的年龄越大，生活满意度评价越积极。① 有学者对我国2 081名城市空巢老人进行调查，通过让老人对自身生活现状进行评价，调查其生活满意度。结果显示：对自身生活现状评价为“好”和“不好”的百分比分别是65.67%和34.33%。② 对山东省农村1 261名空巢老人的类似研究指出，农村空巢老人对生活感到满意、一般、不如意的分别有976人、241人、44人，分别占77.4%、19.1%和3.5%。七成以上老人对生活感到满意。可见，从总体上看，我国大多数老人对生活是比较满意的，不满意的为数极少。

二、我国老年人主观幸福感及其影响因素

主观幸福感（subjective well-being）是指个体依据自己设定的标准对其生活

① 骆为祥、李建新:《老年人生活满意度年龄差异研究》,《人口研究》2011年第6期。

② 李建新、李嘉羽:《城市空巢老人生活质量研究》,《人口学刊》2012年第3期。

质量所做的整体性评价，是衡量个人生活质量的重要综合性心理指标。马克·麦吉利夫雷（Mark McGillivray）和马修·克拉克（Matthew Clark）指出：主观幸福感涉及对生活的多维度的评价，包括对生活满意度的认知判断以及对感情和情绪的情感评价。① 主观幸福感是成年晚期重要的情绪情感，直接关系到老年人的生活质量，是老年期心理卫生的重要课题。国内外研究表明：老年人的主观幸福感高于中年人和青年人 ②；城市老年人主观幸福感显著高于农村老年人；老年人学历越高，主观幸福感也越高 ③。近年来，我国心理学工作者在该领域开展了一系列研究，得到了一些有价值的成果。

（一）老年人主观幸福感的影响因素

邹君等人采用问卷法对北京市 217 名 60 岁以上老人的主观幸福感以及相关因素进行问卷测查，结果发现：（1）觉知的社会支持、一般智力效能感通过提高正性情感、降低负性情感来提高主观幸福感；（2）受教育年限通过降低正性情感来降低主观幸福感；（3）家庭月收入通过降低负性情感来提高主观幸福感。④ 另外，任杰等人采用元分析技术对 21 篇与老年人主观幸福感的影响因素有关的文献进行分析，主要探讨了人口统计学变量、社会支持、应对方式、心理健康以及人格等对老年人主观幸福感的影响。结果发现：（1）性别、婚姻、年龄、职业对主观幸福感的预测力较弱，文化程度与收入在低文化水平和收入稳定群体中有中等预测力；（2）社会支持对老年人主观幸福感有较好的预测力；（3）解决问题与求助、自责与退避分别有中等的正向和负向异质预测力；（4）抑郁、焦虑和敌对

---

① 佩德罗·孔塞桑、罗米娜·班德罗、卢艳华：《主观幸福感研究文献综述》，《国外理论动态》2013 年第 7 期。

② 王红：《中国老年人主观幸福感研究：缘起、现状与方向》，《西北人口》2015 年第 1 期。

③ George, L. K.（2010）. Still happy after all these years: Research frontiers on subjective well-being in later life. *Journal of Gerontology: Social Sciences, 65B*（3）, 331–339.

④ 邹君、唐丹、王大华、彭华茂、申继亮：《老年人积极情感和消极情感及相关因素研究》，《中国临床心理学杂志》2006 年第 2 期。

因子对老年人的主观幸福感有异质负向预测力；（5）艾森克人格问卷中的内外倾与神经质对老年人的主观幸福感分别有正向和负向高预测力。①

（二）老年人的日常环境控制感特点及其与主观幸福感的关系

我国学者（王大华、申继亮，2005）采用自编的老年人日常环境控制感问卷、主观幸福感问卷和一般自我效能感问卷对217名60岁以上老年人施测。探索性因素分析表明，老年人日常生活环境控制感包括三个维度：物理环境控制、人际环境控制和假想环境控制。相关及回归分析表明：老年人物理环境控制感与主观幸福感中的正性情绪存在密切关系，可以明显预测主观幸福感中的正性情绪；老年女性的日常环境控制感高于老年男性。国外有研究表明，对居住环境有控制感，哪怕只是有对日常事务进行选择的权利，都可以让人拥有更好的心理状态和健康状况。如果老年人能对生活中的重要事务保持掌控力，在面对责任时，他们就会保持其自我同一性的重要方面，正确地看待过去和未来，情绪也会更乐观。②

（三）亲子支持、兄弟姐妹关系对老年人主观幸福感的影响

王大华等人采用自编的老年人亲子支持问卷、老年人恩情感问卷，以及现有的纽芬兰纪念大学幸福感量表（Memorial University of Newfoundland Scale of Happiness，简称MUNSH）、UCLA孤独量表（UCLA Loneliness Scale）、自尊量表（Self-Esteem Scale，简称SES），对我国北京等四省市的288名（男159名，女129名）53~87岁被试进行测查。结果表明：亲子支持通过影响老年人的自尊感、孤独感和恩情感进而影响其主观幸福感。其中，接受支持对自尊感、孤独感、恩情感产生积极的影响效应，给予支持对老年人的自尊感产生积极的影响效应。老年人接受子女的支持对主观幸福感的作用大于老年人给予子女的社会支

① 任杰、金志成、杨秋娟：《老年人主观幸福感影响因素的元分析》，《中国临床心理学杂志》2010年第1期。

② Kunzmann, U., Little, T., & Smith, J. (2002). Perceiving control: A double-edged sword in old age. *Journal of Gerontology: Psychological Sciences, 57B*, 6, 484–491.

持。[1] 姐妹之间的关系对维持主观幸福感尤其关键。姐妹之间关系好的老年人比起没有姐妹的或者姐妹之间关系不好的老年人，对生活感觉更好，担忧更少。

第四节　成年晚期的个性和社会性

一、成年晚期的个性及其适应性类型

（一）个性的变化

人到成年晚期，个性有没有变化呢？国内外心理学家对此进行了一系列研究。由于个性本身的复杂性，由于研究对象、研究方法以及研究的具体问题不同，关于这个问题直到目前为止，还没有统一的结论。从理论上看，个性发展阶段论认为包括老年期在内的整个成年期是不断变化的时期，个体的总体发展是积极的，而个性发展特质论似乎更强调成人个性的稳定性。大量实证研究旨在探明成年晚期个性究竟在多大程度上或在哪些方面是稳定的或可变的。根据国内外的研究材料，我们概括介绍如下几个方面。

1. 个性有所变化

国内外心理学家的研究尤其是横断研究表明，进入老年后，人的个性发生了一系列变化。日本心理学家金子（1956）根据研究指出，老年期的个性有如下十大变化或特点：自我中心性；内向性；保守性；容易胡乱猜疑；嫉妒心强；办事刻板，灵活性差；适应能力下降；不耐烦，爱发牢骚；好管闲事；依赖性。另一些日本学者荒井、桐原等人用气质测验、重量判断实验等方法对老年人进行研究，发现老年人判断的速度缓慢，学习迁移量比年轻人少，想象力贫乏，刻板性增强。

许淑莲等人对 60 岁以上的 100 多名老年人的调查发现，有 2/3 的老年人自

---

① 王大华、佟雁、周丽清、申继亮：《亲子支持对老年人主观幸福感的影响机制》，《心理学报》2004 年第 1 期。

认为自己的个性发生了变化。其中有 50% 的人认为自己变得比过去急躁了，而另 50% 的人则认为自己不像过去那样爱发火了。研究者认为，前者可能是自我控制能力减弱所致，后者可能是人到老年精力减退、经历沧桑、阅历较深的缘故。时蓉华（1985）对 164 名 60 岁以上的老年人进行的调查指出，老年人的急躁、抑郁、自卑、多疑、孤独等个性特征均随年龄的增长而增长。三个年龄组分别有 61%、58%、57% 的人自认为很急躁。不少老年人逐渐变得多疑，怀疑自己生病，对自己的生理功能过分敏感的老年人在三个年龄组中均在半数以上，分别为 58%、61%、66%。具有既怀疑自己生病又怀疑别人对自己不怀好意这两种多疑性格特征的老年人，在 80 岁以上年龄组中的人数明显多于在其他两个年龄组中的人数。上述研究材料说明，人到成年晚期，个性发生了某些变化乃是客观事实。

在人的个性的诸多变化中，人们通常认为人到老年会变得小心、谨慎、固执、刻板，甚至认为这是老年人特有的个性特点。国外心理学家曾对此进行研究，尽管结论并不完全一致，但持上述看法的很普遍。在日常生活中，人们时常可以看到，老年人做事时往往重视准确性，比较仔细，不太重视速度。比如扫地，年轻人很快就扫完了，老年人看不惯，嫌年轻人毛手毛脚甚至重扫一遍。这就是老年人谨慎的具体表现。在一项要求老年人和年轻人对不同颜色的灯光分别做不同的按键反应（如红灯亮按键 1，绿灯亮按键 2）的实验中，老年人按键的速度比年轻人慢，但错误率低。这一方面可能受他们知觉速度的限制，另一方面也反映出他们那种宁愿牺牲速度也要少犯错误的谨慎性格。在一项要求成年被试解释词汇的实验中，解释对了予以奖励，但奖金额的多少与词汇的难度相适应（如难度小的奖 10 元，难度较大的奖 20 元，难度最大的奖 50 元）。结果发现，老年人宁愿少得奖金，也选择成功把握较大的题目作答。在他们看来，选择较难的题目并不比选择较易的题目作答更合算，因为答对难题虽然奖金多，但成功的机会少。研究者进一步改进实验，将答对难题的奖金大大提高，拉开了难易题之间奖金额的差距。结果发现，老年人选题就不那么保守了，他们和年轻人选择题目的区别就不那么明显了。这表明，一般来说，老年人是小心谨慎的，但这只是相对的、有条件的，在特定的条件下老年人和年轻人同样敢于冒险。

关于人到老年是否变得固执、刻板的问题，德国的一项研究指出，65~75 岁老年人的刻板性没有明显的变化，但 79~87 岁老年人的刻板性显著增强。这说明年龄较老的老年人具有刻板性这一特点。另一项试图客观测量刻板性的研究，从运动—认知刻板性（能否有效地适应不熟悉的新环境）和运动—心理刻板性（对某种熟悉的认知的反应速度）两个维度，对 25~81 岁共九个年龄组的被试进行测量。结果指出，自 53 岁以后人的刻板性逐渐增强，不同年龄组均有显著差异。观察和研究材料说明，从总体上来说，与年轻人相比，老年人比较刻板。但这是相对的，刻板性的个体差异和群体差异不容忽视，我们不能笼统地断言每个老年人都具有刻板性。

从上述材料来看，人到成年晚期个性的消极变化似乎多于积极的变化。老年期真的是个性僵化、人气低落的时期吗？许多研究对这种老年成见提出了质疑。研究者对一些 60 多岁的老人进行开放式访谈，然后在他们 80 多岁和 90 多岁时再分别做一次访谈。结果发现，第二次访谈时，1/3 的老年人在反映随和性，如“慷慨大方”“服从”“脾气好”等形容词上的得分远高于第一次访谈时的得分。这些老年人在人格测验中，随和性的得分也有所提高。另外，研究者发现成年晚期人格的五因素（经验的开放性、尽责性、外向性、宜人性和神经质）会持续产生变化。① 老年人比中年人和青年人更加有责任心，也更随和。② 进入老年期后，人在控制冲动、可靠性和因循性等方面都有提高。

2. 个性持续稳定多于变化

在看到老年期个性发生某些变化的同时，我们也应该看到老年期个性持续稳定的一面。这同样已为国内外心理学家的研究特别是纵向研究和连续研究的结果

---

① Noftle, E. E., & Fleeson, W. (2010). Age differences in big five behavior averages and variabilities across the adult life span: Moving beyond retrospective, global summary accounts of personality. *Psychology and Aging, 25* (1), 95–107.

② Allemand, M., Zimprich, D., & Hendriks, A. A. (2008). Age differences in five personality domains across the life span. *Developmental Psychology, 44* (3), 758–770.

所证实。

美国心理学家纽加顿（Neugarten，1964）等人曾对40~80岁的大量被试进行历时十年的研究。结果指出，老年人的个性既有稳定性的一面，又有变化的一面：老年人的个性结构和所属的个性类型（整合型、防御型、被动依赖型和不整合型等）基本上是稳定不变的，但是，随着年龄的增长，老年人在对待周围环境的态度和方式上，则逐渐表现出由主动向被动、由朝向外部世界转而朝向内心世界的明显趋势。几十年前德国的一些学者对两组分别为约65岁（1900—1905年出生）和约75岁（1890—1895年出生）的220名男女老年人，采用包括刻板性、态度和焦虑三方面内容的量表进行连续测验，前后历经十多年的测验和观察。结果指出：年纪较轻的一组（65~77岁）的刻板性没有变化，而较年老的一组的刻板性的分数有所增加，尤其在79~87岁期间增加较明显；个性的其他方面（如对现实的态度等）均未发现明显的变化。美国一项对平均年龄80岁的老人做的纵向研究表明，老年人的神经质、外向性、开放性在六年内保持了中等程度的稳定，这些个性的稳定受到了生活环境消极变化的影响：社会支持的减少和需求的增加会导致老年人神经质增强；外向性的减弱和疾病与更多的心理需要有关；开放性是非常稳定的，很少受到生活事件的影响。①

其他的有关研究也表明，老年人的个性的基本类型并没有改变，改变的只是生活方式等次要方面。可见年龄不是影响个性变化的决定因素，智力、教育、社会地位、健康以及环境的重大变化，或者说因出生年代不同而造成的群体差异以及在不同时间所经历的社会文化等都对个性有重要影响。前述许淑莲等人对100多名60岁以上老年人所进行的调查表明，虽有2/3的老年人自述自己的个性发生了变化，但所调查的老年人的个性均没有出现根本性的变化。

由上述国内外研究可见，人到成年晚期，个性虽发生了某些变化，但个性的基本方面是持续稳定的，而且稳定多于变化。

① Maiden, R. J., Peterson, S. A., & Caya, M.（2003）. Personality changes in the old-old: A longitudinal study. *Journal of Adult Development, 10*（1）, 31–39.

（二）个性的适应性类型

关于个性的适应性类型，不同的学者有不同的划分方式。西方心理学家赖卡德（Reichard，1962）根据老年人对环境尤其是退休后的社会生活环境或条件的适应状况和适应水平，将个性（性格）划分为五种类型：（1）成熟型（承认并接受老化和退休的现实，积极参与工作和有关社会活动）；（2）安乐型（承认和接受现在的自我，满足于现状，过着逍遥自在、自得其乐的生活）；（3）防御型（对老化带来的不安和苦恼采取强有力的防卫态度，不停息地活动着，企图借此抑制或摆脱由于身心机能老化而带来的不安）；（4）愤慨型（不愿承认或接受自己的老化，因自己未能达到人生目标而怨恨、绝望，并把自己的挫折和失败归因于他人，非难他人）；（5）自责型（不承认或接受老化，同样因自己的人生目标未达到而怨恨、绝望，但不把怨恨的矛头指向别人，而是指向自己，自己责备自己，认为死亡并不是一种威胁，而是对自己悲惨生活的一种“解脱”）。研究表明，上述五种类型中前三种均可以顺利地适应老年期生活，只是适应的方式各不相同。至于后两种则属于不良的个性类型，难以适应老年期生活甚至酿成种种不幸，我们应予以格外的关心（程学超、王洪美，1986）。

美国心理学家纽曼等人（Newman & Newman，1980）在对老年人生活满意度的调查中发现，社会参与程度高的老年人比社会参与程度低的老年人享有更大的生活满意度的结论并不具有普遍性，从而确信个性是老年期适应的关键或决定因素。研究者以活动理论和脱离理论为基础，划分了如下八种老年人适应社会生活的个性调整模式或类型。（1）重建型。这种类型的老年人强调以新的活动代替旧的活动。（2）聚焦型。这种类型的老年人精心选择想参加的活动，放弃某些活动，对新的活动非常挑剔。（3）脱离型。这种类型的老年人心甘情愿地放弃以前的角色和职责。属于以上三种类型的老年人都有较高的生活满意度。（4）坚持型。这种类型的老年人通过坚持中年期模式（坚持策略）来回避他们对衰老的忧虑。（5）退缩型。这种类型的老年人通过逐渐与世隔离（退缩模式）来回避对衰老的忧虑。（6）寻求援助型。这种类型的老年人需要或期待被照看和护理，当他们发现某个可以依赖的人时，就感到对生活很满意。（7）冷淡型。这种类型的老年人一生中的大部分时间都相当闲散，他们很早就放弃了对生活目标的追求，并且拒绝改变长期形成的自我失败信念，认为自己没有能力应对生活环境。（8）紊乱型。这种类型的老年人活动层次低，心理功能差。属于最后这三种类型的老年人对生活的满意度普遍较低。①

二、成年晚期自我概念的变化

自我概念是个性和社会性发展的重要方面，是一个多维度、多层次的心理结构。就内容而言，一般包括身体自我、心理自我和社会自我；从时间维度看，可分为过去的我、现在的我和理想的我。我国学者许淑莲（1997）通过编制自我概念问卷进行调查，结果发现我国成人的自我概念可归结为自我意识、自觉精神状态、自制与自尊、自我力量和自觉能力五个方面。人到老年期，自我概念是积极的抑或是消极的呢？巴尔特斯等人认为，在所有的生命阶段，尤其是老年阶段，人们需要调整预期的标准。这在很大程度上有赖于老年人如何看待老化问题。视年龄增长可以增加知识和智慧的人，通常会有较为健康、积极的自我概念，而认为老化是身体衰败、控制丧失的人，将会形成较为消极的自我概念。有关德国老年人（70~84 岁）和更高龄者（85~103 岁）回答“我是谁”的研究发现，两个年龄组老人的积极自我评价都多于消极自我评价，其中高龄组老人的消极评价略多些。而在四年后的随访中，多数人删除了一些消极的自我，代之以新的与个人特征、社会关系和健康有关的内容。

关于老年期自我概念是否稳定的问题，一些研究文献显示自我概念呈下降趋势；而另有研究指出，虽然身体和认知都在衰退，个人目标也在修正，但是多数老年人始终保持着前后一致的自我感。他们认为现在的自己和一直以来的自己非常相同。另一些对自我概念的不同方面的研究指出，一般来说，自我概念是能够长期保持稳定的，但是有些方面或维度也确实发生了变化。西方的一项对几百名分别处于不同年龄阶段（高中毕业后离家、有了第一个孩子、最年幼的孩子离开家庭和从工作中退休）的成年人的自我概念进行的调查表明，自

① 梅陈玉婵等著:《老年学理论与实践》，社会科学文献出版社 2004 年版，第 252—253 页。

我概念的各个维度的结构及其相互之间的关系在五年中都保持稳定，长时间保持稳定的方面包括个人安全、友善和自信等概念，但某些维度的自我评价水平，如社会姿态、自我控制和敌意等方面出现了显著的变化（Pierce & Chiriboga，1979）。其他的研究也得出了类似的结论。如有的研究指出，个体的自我概念在成年初期的 14 年中显示出相当的稳定性，但这并不意味着自我概念的某些维度没有发生变化。

许淑莲（1997）编制自我概念问卷，对初中以上文化程度的 20~94 岁成年人进行年龄差异研究。结果发现：自制与自尊随年龄增长显著增强，即老年人自制力较强；在自我力量方面，中年组明显高于青年组；在自我意识方面，中年组明显高于老年组，这表明在我国现阶段成人中，中年人尤其是男性中年人似乎是最强有力的群体。但自觉精神状态并没有显著的年龄差异，说明我国老年人能觉察并面对自我能力有所降低的现实。在性别差异方面，除自我意识外，均是男性明显高于女性；文化程度与自我意识、自我力量、自觉能力有关，即文化程度较高者，自我评定较好。此外，成年晚期个体的身体自我、理想自我和自我效能感都有所变化（林崇德，2009）。

三、成年晚期的人际关系与社会支持

（一）成年晚期的人际关系

人到老年期后，由于生理心理和社会角色的变化，人际关系也发生了变化，主要表现为三个转变：以工作单位为中心向以家庭为中心转变，由工作驱动型向享乐型转变，由对象的多变型向对象的稳定型转变。当代我国老年人人际关系的概况是怎样的呢？我们从我国心理学工作者陈传锋等人的一项调查中可以窥见一斑。① 研究者对 272 名城市老年人的家庭关系、朋友关系和邻居关系进行的问卷调查，结果表明：（1）当身体不好时，大多数老年人都能得到家人非常好或较好的照顾（占 59.7%），但也有部分老年人被家人冷落或忽视（占 2.6%）；大

① 陈传锋、严建雯、Eleanor O'Leary、贺豪振：《老年人社会支持与期望的调查研究》，《心理科学》2006 年第 1 期。

多数老年人的意见和看法受到家人的尊重（占 90.1%），但也有部分老年人不太或不受重视（占 4.6%），甚至精神或身体受到虐待（占 8.2%）。（2）大多数老年人拥有美满的婚姻，已婚并与配偶同住的占 78.2%，其中夫妻非常和睦和比较和睦的分别占 38.4%、46.0%，不太和睦和很不和睦的占 2.5%；寡居（17.3%）、离婚（1.9%）、与配偶分居（0.4%）、未婚（1.9%）四项共占 21.5%，是一个不可小觑的比例。统计检验结果表明：性别、年龄和职业因素对老年人家庭关系及婚姻生活没有显著影响，但受教育年限对婚姻状况及配偶关系有显著影响。这也就是说，受教育年限越长的老年人与其配偶生活在一起且夫妻关系和睦的越多，受教育年限越短的老年人与其配偶一起生活且夫妻关系融洽的较少。（3）绝大多数老年人都有 1~2 个“关系密切，可以与之谈私事和求助”的亲戚、朋友，分别占 82.9%、82.0%，没有亲密的亲戚和朋友的分别占 8.0%、8.8%。（4）邻居之间互相关心的占 86.6%，从不关心的占 13.4%。

（二）老年人的社会支持

社会支持，有多种定义，一般是指来自家庭、亲友和社会其他方面（团体、社区等）对个体精神和物质上的慰藉、关怀、尊重和帮助。根据国内外有关老年人社会支持的多项研究，我们可以得到如下几点结论。①（1）老年人所获得的社会支持与其幸福感、生活质量呈显著性正相关，这也就是说，老年人获得的社会支持越多，其幸福感、生活质量越高。（2）社会支持对老年人的影响取决于社会支持的维度和来源。国外研究表明，代际感情是激励女儿向老年父母提供支持的主要因素，而孝顺义务、合法继承财产和接触频率是激励儿子向老年父母提供支持的重要因素；子女的住所及其与父母住所的物理距离是影响子女向父母提供支持的关键因素。（3）我国老年人社会支持的系统尚不平衡：大多数老年人都有一个较大的社会支持网络且能得到他们所需要的社会支持，当遇到困境时会向他人倾诉或求助；有相当一部分老年人的社会支持网络并不好且很难得到他们所需要的社会支持，家庭关系较差。（4）人口统计学因素对我国老年人的社会支持具有

① 陈传锋、严建雯、Eleanor O’Leary、贺豪振：《老年人社会支持与期望的调查研究》，《心理科学》2006 年第 1 期。

不同影响。受教育水平对老年人的社会支持具有最显著的影响：既影响老年人的婚姻状况和夫妻关系，也影响老年人经济支持的来源和助人以及求助行为。性别对老年人社会支持没有显著影响。社会支持能减少老年人进养老院和遭遇抑郁的概率。①

孝道或孝顺是我国传统文化之重要组成部分。儒家认为“孝弟也者，其为仁之本与”，一部不足两千字的《孝经》则视孝为“天之经也，地之义也”，受到历代人们之推崇。子女对老年人的孝顺是老年人社会支持的重要方面。王大华等人通过对 288 名北京等四省市老年人的调查，探讨了老年人孝顺期待的相关因素以及孝顺期待与老年人亲子间社会支持的关系。结果表明：（1）当前我国老年人孝顺期待与居住地区之间有显著的关系，城镇老年人孝顺期待水平显著高于农村老年人；（2）当前老年人孝顺期待与老年人接受子女社会支持的各个维度（物质、服务、情感）普遍存在显著的正相关关系。回归分析表明，孝顺期待能够显著地预测老年人接受子女的社会支持。②

第五节　成年晚期的心理卫生和长寿心理

一、成年晚期面临的挑战与适应

法国人把 60 岁以后的年头叫作 troisième age，意为生命的第三个阶段。生命的第一个 30 年（0~30 岁）是学习和构建知识的时期（学习和积累知识、技能，准备承担成人角色），第二个 30 年（30~60 岁）是角色扮演时期（角色同一性的形

① Cacioppo, J. T., Hughes, M. E., Waite, L. J., Hawkley, L. C., & Thisted, R. A.（2006）. Loneliness as a specific risk factor for depressive symptoms: Cross-sectional and longitudinal analyses. *Psychology and Aging, 21*（1）, 140–151.

② 王大华、申继亮、佟雁、费广洪：《老年人孝顺期待与亲子间的社会支持》，《心理科学》2003 年第 3 期。

成，确立自己的承诺，努力扮演好工作、家庭和社区的各种角色），第三个30年（60岁以后）乃是重新创造的时期。进入成年晚期后，个体如何面对身心机能的变化和退休后社会角色地位的改变，需要重新探索，重新构建新生活的意义和结构。

（一）成年晚期面临的挑战与发展任务

根据埃里克森的人生发展八阶段理论，成年晚期的发展任务是进行自我整合，以获得完善感、避免失望或厌恶感。这也就是说，当老年人回顾一生时，不论成功与否，都应接受自己走过的历程以及与众不同的、有价值的生活。如果消极地看待过去，否定自己的一生，便会陷入失望或绝望之中。埃里克森认为，老年人必须努力地在寻找完善的自我与绝望感的冲突之间保持平衡，而这二者冲突的解决则可能导致智慧或贤明品质的产生，因此，人类的优点往往与老年联系在一起。

佩克（Peck，1968）拓展了埃里克森关于成年期心理社会危机的概念，强调超越与老龄化有关的角色丧失和身体障碍方面的自我能力，以及自我在新的活动、新的乐趣和自己对他人生活贡献的新感觉中找到满意感的能力。他指出，老年人专注于丧失和缺陷是危险的，因为它有碍于生活满意度，不利于身心健康（见表11-2①）。

表 11-2 佩克关于老年期心理社会性危机的观点

自我分化对全神贯注于工作角色	通过发展一系列有价值的活动和心理特性，帮助自己从原来的员工角色或父母角色分离出来的能力
身体的超越感对全神贯注于身体	侧重于在社会的交互作用和智力活动（不会被老龄化和疾病所妨碍的）中找到乐趣和满意感
自我超越对自我专注	个体在为他人做出贡献的过程中找到满意感的能力，这样的人不会感到自己的死亡有多么重要，自己的死亡并非个人影响力的终结

近期有证据显示，身体超越（对心理能力的专注）和自我超越（对更长远未来的定向）的现象在年纪非常大的人中间确实增多了。在一项对老年女性

① ［美］B. M. 纽曼等著，白学军等译：《发展心理学》，陕西师范大学出版社2005年版，第498页。

的研究中，一些80多岁甚至90多岁的老人说，她们比60多岁时更安心，她们“接受老年带来的变化”，“已经超越了对死亡的恐惧”，“有一种明确的生活意义感”，“有了要去寻找的新的精神礼物”（Brown & Lowis，2003）。埃里克森的夫人琼·埃里克森认为，这些成就其实是在达到自我完整感（对自己一生的满足感）之后的进一步发展，并达到一个新的心理阶段，她称之为老年卓越（gerotranscendence），一种超越自我、指向前方、指向外界的宇宙观和卓越观。成功地达到老年卓越的人，表现出一种强大的内心平静和镇定状态，他们把很多时间用在安静的反思上。

概括而言，西方心理学家认为成年晚期个体面临三大挑战和四项发展任务。三大挑战是:（1）适应生理上的变化;（2）重新认识过去、现在和未来;（3）形成新的生活结构。四项发展任务是:（1）接受自己（退休后）的生活;（2）促进智力发展;（3）将精力投入到新的角色和活动中;（4）形成科学的死亡观。

（二）成年晚期的适应模型

面对诸多心理社会危机、挑战和发展任务，心理学家认为通向老年社会化和生存的道路有三条：一是追求更完全的自我实现和超越境界，追求最美好的年华；二是满足现状，一如既往地生活下去；三是使往日失败之火复燃，沉浸在昔日的回忆之中，导致更大的不满和绝望。理论研究和现实生活表明，第三条道路不足取。最佳的选择是寻找到一种适合自己的、有利于健康长寿的适应方式。对此，心理学家、老年学家进行过长期的探索，提出诸如本章第一节谈到的延缓或适应老化的理论：积极活动理论、减少参与理论、连续性理论和社会构造理论。但研究指出，适应老龄化既不存在普遍模式，也不存在不可逆转的模式，一切依老年个体实际情况而定。SOC模型（The model of selective optimization with compensation）便是这一观点的代表。

在个体生命全程发展中，人们在不同年龄阶段总会遇到需要将各种不同的机会和此消彼长的资源进行平衡与匹配的挑战。在人生发展的不同时期，个体可以利用的资源，如时间、体力、智力乃至于金钱等总是有限的，不可能同时拥有展示自己能力或才华的所有机会。以成年晚期而言，有的老年人退休后有继续工作的机会，但由于疾病缠身（健康资源缺失），难以胜任工作。鉴于此，巴尔特斯等人（2003）提出的SOC模型是成功解决成年晚期个体适应老化的理论模型。根据该理论模型，适应要整合以下三种过程：（1）选择（selection），确认最有价值或最重要的机遇或活动领域；（2）最优化（optimization），有效地分配和提炼资源，以便在所选择的领域中发挥更大的作用；（3）补偿（compensation），在资源减少的情况下，确定一些可以弥补损失和将其对功能的消极影响减少到最小的策略。人到老年，不可避免地要面对资源的变化：时间可能比较多，但身体健康不佳，也可能缺少经济来源等。因此，老年人要想对生活感到满意，必须根据自身的实际情况，选择某个具体目标（放弃某些不切实际的目标）作为发挥作用的重要领域，然后有效地投入内部资源（精力、想法、计划等），同时充分利用外部资源（聘请技术顾问等），以便发挥最大的作用。SOC模型给老年人最重要的提示是，性别、年龄、民族以至于经济收入并不能预测老年人的生活质量或生活满意度，幸福与否依赖于这样一种能力：通过对有限资源的管理，个体设法减轻生活应激事件所带来的消极影响，以便继续承担有价值的角色和从事有价值的活动。① 我国学者陆芳等人针对浙江省某市老年人的研究发现，SOC策略对老年人的主观幸福感有显著影响，尤其是补偿策略。因此，老年人必须在有限范围内选择一定数量的目标（S），集中资源或手段在选定的领域里实现目标（O），而当实现目标的手段出现了不可避免的丧失或者下降时，为了维持某种功能水平，个体就必须采用相应的策略（C）。②

二、成年晚期主要的心理卫生问题

世界卫生组织于1990年9月在哥本哈根召开的会议上向全世界提出了“健康老龄化”的战略目标。正像世界卫生组织所指出的，健康乃是一种身体上、心理上和社会上的完满状态，而不只是没有疾病和虚弱现象。研究表明，人的某些疾病不是由病毒或细菌感染引起的，而是身体不能应付环境刺激尤其是心理紧张

① ［美］B. M. 纽曼等著，白学军等译：《发展心理学》，陕西师范大学出版社2005年版，第500–501页。

② 陆芳、王叶梅、陈国鹏：《资源、SOC策略对老年人主观幸福感的影响》，《心理科学》2010年第3期。

刺激的结果。老年人要预防和减少疾病，保持身心健康，就必须正确对待和处理如下心理紧张刺激或心理卫生问题。

（一）退休对老年人心理的影响

目前我国每年都有大批老年人从工作岗位退下来，由原来整日为工作操劳奔波转而过清净安闲的退休生活。如何正确认识退休并尽快适应这一重大变化，是每个老年人所面临的一个新的、需要认真对待的问题。

阿奇利（Atchley，2000）在大量研究结果的基础上提出退休六阶段理论。他认为个体在适应退休的过程中，会做出一系列的调适，经历不同的变化过程。由于退休事件存在很大的个体差异，因此，并不是每个人都必然经历以下这六个阶段。

（1）前退休期。这是真正退休前的一段时期，个体脱离实际的具体工作场所，为退休做精细的计划和准备。

（2）退休期。此时个体已经不再参与付酬的工作，可能会选择以下三种方式中的一种度过此阶段。方式一是“蜜月期”。个体的行为和感受类似于度蜜月，觉得自己在享受无限制的休假，男性和女性都忙于他们之前无暇顾及的休闲活动，特别是旅游。方式二是“有计划的即刻退休”。除了工作之外有积极且充分时间规划的个体更可能选择这种方式。他们在退休之后，很容易就安排轻松且繁忙的活动日程。方式三是“休息和放松”。曾经工作非常繁忙，几乎没有私人时间的个体很可能选择这种方式。退休之后的前几年，他们的活动非常少，几乎不做什么，尽情休息和放松。退休几年后，他们的活动又会多起来。

（3）幻灭期。这是一段并不轻松的时期。个体休息、放松一段时间后，有人会感到失望、迷茫、痛苦和沮丧。成就感的缺失、丧偶、被迫迁移等创伤性事件都可能引发这些消极情绪。

（4）重新定向期。这一阶段的目标是为个体设计一个满意的、愉快的退休生活。此阶段个体开始审视之前的退休经历和体验，提出改善退休生活的新构想。个体往往积极参与社区活动，形成新的爱好，搬到适合自己消费水平的居住地等。

（5）常规的退休生活期。这个时期是形成退休生活的最终目标的时期，即形成舒适且具有激励性的常规退休生活方式。这种方式一旦形成，就会持续多年。常规退休生活期实现的时间存在个体差异，有些人退休后不久就能完成，有些人则需要很长的时间才能完成。

（6）退休终结期。此时，退休的角色和个体的生活变得没有太大关系。老年人由于疾病和瘫痪等因素而无法独立生活时，无法独立生活的角色成为其主要关注点，退休事件对个体不再造成困扰。

我国心理学工作者张向葵采用问卷法，以退休人员社会角色丧失为压力源，考察了298名（男158名，女140名）退休人员的应付方式对其心理健康的调节作用。结果指出：退休人员的应付方式受文化程度影响，高文化程度比中、低文化程度的退休人员更多采用面对与探索的应付方式，更少采用幻想与退避的应付方式；退休人员原有社会角色丧失后，应付方式对其心理健康的调节作用是，社会联系减少对退休人员的心理健康有直接影响，而社会联系减少、职务地位丧失、经济收入降低共同通过退避、幻想和淡化三种应付方式间接影响心理健康。①

（二）疾病对老年人心理的影响

由于机体老化，抵抗病菌感染能力降低等原因，人到老年期各种疾病增多。美国65岁以上老年人影响生活最大的慢性病及其患病率分别是：心脏病，52%；糖尿病，34%；哮喘，27%；关节炎，27%。据人民网2012年10月10日报道，我国60岁及以上老年人口慢性病的患病率为43.8%。老年人主要慢性病患病率从高到低依次是高血压、脑血管病、慢性阻塞性肺部疾病、类风湿关节炎和缺血性心脏病。最常见的精神疾病是抑郁症和老年期痴呆。

根据老年人患病时间长短和病情轻重，一般可将老年人分为早年型（60岁以前就患病）、晚年型（60岁以后开始患病）、轻型（如患早期慢性支气管炎等轻度疾病）、重型（如患冠心病、糖尿病、癌症等危及生命的疾病）和卧床型（患有截瘫、偏瘫等疾病）五种类型。不同类型患病老人的心理特点往往不同。一般来说，早年型老年病人由于患病的长期折磨，情绪比较抑郁、消沉，有的甚至产生悲观厌世情绪。我国对住院治疗的内科病人的调查指出，在50岁以上的病人中约有33%的人有程度不同的厌世情绪，而中青年病人有厌世情绪的则仅占4%。

① 张向葵、郭娟、李建伟：《退休人员的应付方式对其心理健康的调节作用研究》，《心理科学》2002年第4期。

晚年型老年病人由于得病较晚，缺乏长期患慢性疾病的思想准备或亲身体验，因而其中有的对疾病盲目乐观，觉得生点儿病没什么，不重视调治，而有的则惊慌失措、忧虑，小病大养。但随着患病时间的延长，多数都能对老年性疾病有所了解，比较冷静地对待疾病。轻型老年病人由于疾病较轻，自我感觉和正常人没多大差别，因而多半表现出“无所谓”“不在乎”，不把疾病放在心上。与此相反，重型老年病人，尤其是当他们得知自己的疾病难以治愈或目前医疗水平无能为力时，多数人容易消极悲观，缺乏战胜疾病的信心和勇气。他们有的沉默寡言，心情沉重，不愿与任何人接触；有的“破罐破摔”，不和医护人员合作，不遵医嘱服药；有的甚至轻生。卧床型老年病人长期卧床不起，获取外界信息很少，因而其心理老化加速；尤其是那些长期卧床、生活不能自理、靠他人照料的老年人，时日一久，便日益觉得自己成为家人或亲友的累赘或负担，痛苦、焦虑、抑郁、内疚等多种复杂的情感往往交织在一起，因而病情更加恶化。调查材料表明，长期因瘫痪而卧床不起的老年人往往失去生存愿望，容易产生厌世情绪。

（三）社会生活紧张事件对老年人心理的影响

老年人在日常生活和工作中时常会遇到社会生活紧张事件，处于生活应激状态，如何科学地调整适应，是保持身心健康的重要问题。现代心身医学研究指出，社会上的各种事件或因素（如社会制度、风尚习惯、居住环境、经济收入等）都程度不同地影响到人的身心健康。那些引起人们产生威胁感、损失感和不安全感的社会生活紧张事件最容易使人得病。有调查发现：生活历程中，在遭遇过剧烈变动的每五个人中，就有四个人在经受剧烈变动的两年内得了较严重的病；在没有这种遭遇的每三个人中只有一人得病。另有调查指出，丧失最亲近的人的老年人的死亡率要比年龄相仿的对照组高七倍。

1. 配偶死亡

根据 2010 年全国第六次人口普查数据，我国 60 岁以上的老年人中丧偶的老人达到 4 747.92 万人，占老年人口总数的 26.89%。基于普查数据的分析发现，女性从 60 岁迈向 70 岁的过程中面临丧偶风险最大，男性 65 岁以上面临的丧偶风险最大。婚姻质量决定丧偶对老年人心理健康的影响程度。对伴侣高度依赖的人在丧偶半年后会表现出强烈的焦虑以及对伴侣的思念。丧偶后独居的压力也会影响个体的身体健康。芬兰的一项研究发现，丧偶后的男性老年人相比伴侣健在的同龄人在死亡率上高出了21%，而女性群体中这个比例为10%。此外，性别、年龄、社会支持和人格等也会影响个人对丧偶的适应。女性，尤其是在婚姻关系之外承担着有意义的社会角色的女性，往往比男性生活得更好。维持社交关系的努力、外向的人格特征、高自尊以及处理日常事务的自我效能感有助于丧偶适应。

2. 离婚

根据2010年全国第六次人口普查数据，我国60岁以上的老年人中离婚的老人有138.08万人，占老年人口总数的0.78%。离婚给老年人造成的压力大于较年轻的成人。长期的夫妻生活会导致老年人离婚后很难把自己的同一性与前配偶分开。总的来说，老年期离婚给女性带来的困难比男性更大，因为离婚可能给女性带来较大的经济困难和较小的再婚可能性。

3. 子女迁移

据统计，我国目前农村留守老人达4 000万人，占农村老年人口的37%，其中65岁以上农村留守老人达2 000万人，留守老人已成为许多农村常住居民的主体。基于安徽巢湖12年纵向调查数据，考察中国农村地区成年子女迁移对老年人心理福利影响的研究发现，子女迁移对农村老年人心理福利有消极影响，而有子女在本地会起到保护作用。尤其是在高龄老人中，有子女迁移，特别是全部子女迁移的老年人比无子女迁移的老年人心理福利下降更快。①

三、人类的自然寿命与长寿心理

（一）人类的自然寿命

科学发展至今天，人们根据对哺乳动物的寿命的观察、研究并进行推论，已经知道三种测算自然寿命或最高寿限的方法。一是性成熟期测算法。有研究指出，哺乳动物的寿命一般是其性成熟期的8~10倍，人的性成熟期是14~15年，据此推算，人的自然寿命应是110~150岁。二是生长期测算法。法国生理学家布丰

① 宋璐、李亮、李树茁:《子女迁移对农村老年人心理福利的影响——基于安徽省的纵贯调查》,《中国人口科学》2015年第2期。

（Buffon）提出“寿命系数”。布丰通过研究指出，哺乳动物的自然寿命相当于它生长期的5~7倍。比如猫的生长期是1.5年，它的寿命是8~10岁。人的生长期是20~25岁，据此推算，人的最高寿限应是100~175岁。三是细胞分裂次数和分裂周期测算法。有关研究指出，人的自然寿命是细胞平均分裂次数（50次）和平均分裂周期（2.4年）相乘的乘积。据此测算，人的自然寿命应是120岁。以上三种测算方法中，最后一种是建立在实验研究基础上的，并非依据推理所得，因而比较准确、合理。但无论采用哪种方法测算，人的自然寿命都在100岁以上。可是由于环境污染、不良生活方式（脂肪、盐、糖等摄入过多，烟酒嗜好，不良饮食习惯）以及消极情绪的长期困扰等种种因素及其之间的错综复杂关系对健康长寿的影响，因而人类的平均寿命远远低于人类的自然寿命。当今社会的普遍现象是“三提前”，即提前得病、提前残废和提前死亡。许多人是病于愚昧，死于无知，很多老年人都是因生病死亡而不是因机体内部各种器官功能的衰竭谢世的。因此，我们要用各种方式向不同年龄的人宣传《维多利亚宣言》中概括的科学生活方式（健康四大基石）“16字诀”：合理膳食，适量运动，戒烟限酒，心理平衡。

（二）长寿老人的经验与特点

随着医疗条件和生活质量的提高，目前长寿老人越来越多。相比于中国第五次人口普查，中国第六次人口普查数据显示，十年来，中国的长寿人口增长很快，百岁老人有3.6万人，增长了111.8%，90岁以上的老人有184.6万人，增长了90.1%。长寿老人的增多，是一个国家政治、经济、文化、科技进步的综合反映。① 我国学者对62位90岁以上的健康老人进行访谈，发现健康长寿老人具有以下特点：（1）身体五脏六腑健康；（2）有较强的自身抵抗力；（3）顺其自然的心态；（4）友好的人际关系；（5）素食为主，少量荤菜；（6）早睡早起；（7）生活在植被丰富、饮用水质优良、年降水量丰富、气候暖和的山区自然地理环境。②

在影响健康长寿的诸因素中，心理因素无疑是非常重要的。古今中外关于

① 樊新民：《中国第六次人口普查长寿人口研究》，《人口学刊》2013年第4期。

② 樊新民：《高龄老人健康长寿因素研究》，《人口学刊》2007年第6期。

长寿秘诀的探索早就肯定了这一点。我国古代南朝陶弘景在《养性延命录》中指出："养性之道，莫久行、久坐、久卧、久听，莫强食饮，莫大醉，莫大愁忧，莫大哀思，此所谓能中和。能中和者，必久寿也。"这里提到养性"五莫"中有"两莫"属心理因素。国外有人概括长寿的十条"秘诀"中，有五条与心理因素密切相关：（1）退休后应继续做点儿工作；（2）建立起各种业余爱好；（3）不要谈论衰老，避开那些为衰老而忧愁的人；（4）避免各种令人烦恼的事，至少应懂得如何对待、处理这些事；（5）不要为孩子们担忧。近现代心理学研究和对长寿老人的观察、分析表明，大多数长寿老人一般都具有如下主要心理特点。

1. 热爱生活

长寿者一个显著的心理特点是：热爱生活，热爱劳动，热爱事业。热爱生活，朝气蓬勃，可以常葆心理上的青春；热爱劳动，能从劳动中得到乐趣；热爱事业，可从事业的执着追求中获得成功的喜悦。凡此种种，都有益于健康长寿。相反，厌倦生活、自暴自弃、忧心忡忡则降低人体功能，削弱人体的抵抗力，容易患病、早衰。现实生活一再证明：热爱生活者多长寿，生活空虚的人多早逝。

2. 心情愉快

巴甫洛夫揭示了愉快、乐观情绪与健康长寿之间的内在联系。他说："愉快可以使你生命的每一跳动，对生活的每一印象易于接受，不管精神和躯体上的愉快都是如此，可以使身体发展，身体强健。"① 一个心情舒畅、时常乐观的人，由于生理功能处于稳定和谐的状态，能增强人体抵抗力，不易被内外致病因素所冲击，有益于健康长寿。相反，"一切顽固沉重的忧悒和焦虑，足以给各种疾病大开方便之门"②（巴甫洛夫语）。正如长寿学者胡夫兰德在《人生延寿法》中所说："在一切对人不利的影响中，最能使人短命的就算是不好的情绪和恶劣的心境，如忧愁、颓丧、惧怕、贪求、怯懦……"③ 现实生活一再表明，"轩双眉，无忧愁"，"知足常乐"，是所有长寿老人的共同秘诀。

①②③ 转引自程学超、王洪美编著：《老年心理学》，山东教育出版社1986年版，第388—389页。

3. 性格开朗

性格和健康长寿的关系也十分密切。不良的性格对健康的危害极大。《新体育》（1979 年第 9 期）介绍湖北宜昌市一位 116 岁老中医在精神修养方面的长寿之道有三条：宽心、忍性、乐观。这三条中有两条是直接与性格有关的。宽心，就是心胸坦荡，遇事想得开。他常说“天下无不可了之事”，认为任何问题只要认真对待，最终都会得到解决，并以此为座右铭，遇事“不钻牛角尖”，不庸人自扰。忍性，就是自觉磨炼性格，遇事沉着，不慌不怒，从容不迫，泰然处之。

我国学者对健康长寿老人进行开放式提问的研究发现：当问及自己的性格特点以及自己平时的心态时，回答心态平和、开朗、温顺、随和、乐观的占 75.2%，回答性格倔、脾气不太好、心事多的只占 3.2%；当问及自己待人处世的态度时，回答心善、心宽、不吵架、以礼为重、待人和气、热情、真诚的占 87.8%。① 由此可见，心胸坦荡、性格开朗是长寿老人共同的心理特点。

四、生命的最后阶段

古人说得好：“神龟虽寿，犹有竟时。”② 长生不老只是梦想，人固有一死，是不可抗拒的自然法则。如何面对死亡，临终老人有什么样的心理反应等问题，是老年学和发展心理学研究者关注的课题。

（一）人类对死亡态度的历史演变

人类对死亡的认识或态度随社会历史的发展而演变。国外学者（菲利普·艾里斯，1974）根据从中世纪到 20 世纪有关文献的研究，概括出西方社会人们对死亡态度的三次历史性转变及相应的三种主要的历史性观点：（1）中世纪初期（5—12 世纪），认为生者与死者是一种共存或统一的关系；（2）中世纪晚期至近代（12—19 世纪），认为生者与死者是一种逐渐分离的过程；（3）当代（20 世纪），把生者与死者分离开来（见表 11–3③）。

---

① 樊新民：《高龄老人健康长寿因素研究》，《人口学刊》2007 年第 6 期。

② 曹操：《龟虽寿》。

③［美］J. O. 卢格著，陈德民等译：《人生发展心理学》，学林出版社 1996 年版，第 893 页。

表 11-3 历史上西方的死亡观

中世纪初期 （5—12 世纪）	中世纪晚期至近代 （12—19 世纪）	当代（20 世纪）
第一阶段： 生者与死者的统一	第二阶段： 生者与死者的逐渐分离	第三阶段： 生者与死者的分离
1. 一个人临死前对死亡的时间有很明确的意识，一个常见的说法是“感觉到自己末日的来临”。	1. 由于新的信仰，即上帝的最后审判要到死了以后才会来临，原来对临死时刻的重要性的认识削弱了。	1. 直到 1930 年以前，临死者仍作为哀悼仪式的中心角色；越来越多的人开始把医院作为死亡场所而不再在亲爱者的怀中死去。
2. 死亡是一种公开的仪式，子女、亲戚、朋友、邻居都出席。	2. 临死仍是一个很严肃的仪式，因为临死者得做好准备去见上帝；这类仪式逐渐趋向于以家庭为中心。	2. 一种新的现象，尤其是在美国开始盛行起来：让临死者免却对死亡这一事实的了解，让生存者免受死亡过程的痛苦。
3. 临死者是仪式中的中心角色，出席者没有强烈的情绪表现。	3. 到 17 世纪，教堂明令禁止在墓地舞蹈；到 18 世纪，竖有死者个人墓碑的坟墓已很常见。	3. 死亡时那种引人注目的场面为科学医学报告所取代；“接受死亡”为理想的死亡方式，因为在医院和公共场合需要避免强烈的感情流露；孤独的哀悼成了唯一的告别仪式。
4. 死者遗体交给教堂，埋葬在公墓里，对墓葬的地点在何处并不重视；死者的灵魂在教堂，不在墓地，墓地时常被用作公共集会场所。	4. 到 19 世纪，公开的、规模较大的哀悼仪式已很常见；人们痛哭，昏厥晕倒，极度悲伤，戒食致哀。	4. 对死亡的意识保持在最低限度；对死亡的讨论成为禁忌的话题；在英国，火化成为主要的埋葬方式。
	5. 随着个人主义的盛起，他人的死亡变得使人恐惧；通过防腐保存让死者象征性地活下去，开始建造地方公墓让人们凭吊死者。	5. 在过去十年里，对死亡的禁忌开始被打破；现在人们对人生最后的历程有了相当的兴趣。

（二）个体对死亡的认知发展

个体对死亡的认知或死亡观的形成是一个连续发展的过程，始于儿童期，但直到成年晚期仍未能完全解决。

1. 个体在童年期和青少年期对死亡的认识

对死亡的最早关心始于学步儿童，他们很可能认为一个人也许在某一时刻死亡，但会在另一时刻“活过来”。根据早期新皮亚杰学派的研究，5~7 岁的儿童开始认识到死亡的不可逆性，即死去的人或动物是不能复活的。在差不多同一阶段，儿童也意识到了有关死亡的另外两个重要观念：死亡的普遍性（所有的生物都会死亡）以及随之而来的不可避免性；死去的人是去功能化的，即在死去后所有的生命功能都会终结。

表 11–4① 总结了不同年龄阶段的儿童提出的有关死亡的典型问题及帮助儿童应对死亡的策略。

表 11–4　不同年龄阶段的儿童对死亡的不同表述及帮助儿童应对死亡的策略

某年龄阶段关于死亡的典型问题和表述	指导行为的观念	对死亡的发展性理解	对死亡问题或表述的应答和策略
1~3 岁 “妈妈，如果我死了，要多久我才会重新活过来？” “爸爸，如果我死了，你还会挠我痒痒吗？”	对过去与将来的偶然事件、对生与死之间差别的有限认识。	死亡通常被视为生命的延续。生与死通常被看成相互交换的状态，如同睡与醒、来与去一样。	尽可能让其感到舒适，提供其喜欢的玩具，让熟悉的人来陪伴。保持一致。用简单的身体接触和交流来满足孩子对于自我价值和爱的需要。 “我会永远爱你。” “你是我最好的孩子，我会找到办法挠你痒痒的。”

① Hurwitz, C. A., Duncan, J., & Wolfe, J. (2004). Caring for the child with cancer at the close of life. *Journal of the American Medical Association, 292* (17), 2141–2149.

续表

某年龄阶段关于死亡的典型问题和表述	指导行为的观念	对死亡的发展性理解	对死亡问题或表述的应答和策略
3~5岁 “肯定是因为我是个坏孩子，所以我必须去死。” “我希望天堂的食物合我的胃口。”	对死亡概念有天然理解，知道其不可逆转。这时的儿童可能无法分清现实和想象的区别。知觉决定了判断。	这阶段的儿童把死亡看成是永远的、不可逆转的且并非普遍发生的（只有老人才会死）。由于思维上的自我中心，他们经常会认为是自己用某种方式引起了死亡或者把死亡看成对自己的一种惩罚。死亡像是一种能够俘获别人、能够人格化的外在力量（像鬼怪一样）。	纠正儿童把疾病当作惩罚的观念。父母尽量多陪伴儿童。这个年龄的儿童会想：家中没有了自己会如何运转。帮助父母接受并理解这样的观念，并和他们一起进行讨论。用诚恳而准确的语言消除儿童的疑虑，帮助其父母减轻对孩子离开的内疚。 “在你死去以后，我们会永远记着你，我们知道你永远会陪伴着我们，并且在一个安全又美好的地方生活着。”
5~10岁 “我会怎样死去？会疼吗？死亡很可怕吗？”	儿童开始出现系统的、逻辑性的思维，不再自我中心。儿童开始关注具体的问题解决、因果逻辑以及系统连贯的思维。然而，抽象思维尚未形成。	儿童开始理解死亡的真实性和永久性。死亡意味着心跳停止、血液不再流动、呼吸停止。这可能被看成是一种暴力的后果。儿童可能无法接受死亡会发生在自己或自己认识的人身上；不过会意识到，他认识的人在某一天会死去。	诚实地向儿童提供其所希望了解的细节。支持其对控制感的需要。允许并促进儿童参与做出决定。 “我们一起来帮助你，让你舒服一些。有一点很重要，就是你要告诉我们你的感受和你的需要。我们会一直陪伴着你，所以你不用害怕。”

续表

某年龄阶段关于死亡的典型问题和表述	指导行为的观念	对死亡的发展性理解	对死亡问题或表述的应答和策略
青少年 10~13岁 “我害怕，如果我死了，妈妈会受不了。我害怕，如果我死了，我会想念我的家或者忘记什么事情。”	思维变得更加抽象，更接近一般的逻辑规则。产生抽象逻辑命题的能力、提出多种假设的能力、考虑问题多种结果的能力显得越来越突出。	儿童开始懂得死亡是真实的、终结性的以及普遍性的。死亡可以发生在自己和家人身上。儿童对疾病和死亡的生理细节、对葬礼的安排会感兴趣。他们会把死亡看成是对不当行为的惩罚，他们会担心如果父母死去谁来照顾他们。他们需要确定自己会一直被爱与被照顾。	帮助青少年加强其自尊和价值感。尊重其对隐私的需要，但同时要维持他和同伴朋友之间的接触。对其表达的强烈情绪感受予以宽容。支持其对独立的需求，允许并促进其参与做出决定。 “虽然我会失去你，可是你会一直伴随在我身边，给予我力量。”
14~18岁 “这不公平！我无法相信，癌症，让我变得这么难看！” “我只想一个人待着！” “我不信我会死去……我做错了什么？”	思维变得更加抽象化。青少年很容易产生一些危险行为，借以对自己的死亡予以否认。在这个阶段，青少年需要有人作为其情绪传递的媒介。	对死亡的认知更加成熟，更接近成人的理解。死亡被看成可以对抗的敌人。因此，死亡可能被青少年看成是一种失败、一种放弃。	“我能想象你的感受。你需要知道，无论如何，你对这些事情的处理非常难以置信。我想听听，你还需要些什么或者还担心什么。”

2. 个体在成年期对死亡的认识

在成年早期，由于个体刚跨入人生的门槛，幸福生活刚刚开始，很多人根本不去想与死亡有关的事。但如果一旦面临死亡，他们会非常愤怒，觉得世界太不公平，并把怒火朝向照料者及所爱的人；他们对面临死亡感到特别沮丧和失望，大多数人表达的愿望是使自己的生命活动尽可能长久地持续下去。在成年中期，人们认识到自己已经活了大半辈子，随着父母和其他老年亲属的相继去世，死亡的主题变得越来越具体。中年人对社会、工作、配偶、孩子、朋友等具有义务、承诺和责任，死亡意味着与这一切联系的突然的、完全的断开，死亡使中年人惧怕。但是，中年人日益增强的自我效能感和仍然旺盛的生命力降低了死亡的威胁。中年人所获得的创造性成就通常使他们认为其影响力即便在自己死后仍会继续被人感觉到。到了成年晚期，许多人继续享受着生活的乐趣，还没有做好准备去迎接死亡，且不认为死亡已近在眼前了。随着年龄的增长，老年人对自己经历的一生的反省、回顾日益频繁，对自我的探索仍在继续之中，对死亡的自我关注反而减少了。由于老年人见多识广，目睹大量生生死死的事实，认识到生和死都是整个人生的自然组成部分，死亡不再对个人的价值、成就的可能性以及影响他人生活的愿望构成威胁，因而不会因为自己生命的终结而感到沮丧。但这并不表明老年人有想死的愿望，而只是表示他们对死亡这一事实的认可或接纳。事实表明，老年人需要很大的勇气来面对死亡，同时还要充满乐观和热情来度过生命中的每一天，尽情地颐养天年。①

（三）死亡心理

所谓死亡心理，泛指人类面对死亡时的各种心理反应，包括死亡态度、死亡意识、死亡反应等各种心理活动。外部防御和内在成长是个体面对死亡时的两种心理反应类型。外部防御是在死亡焦虑的条件下引起的对死亡的恐惧、抗拒和自我防御的过程。内在成长是在死亡反省的条件下引起的对死亡持接受态度，在人生反省的基础上更加追求内在价值，更愿意帮助别人和为他人、社会做贡献的反应。那么，在面对死亡时，究竟是产生外部防御还是内在成长呢？研究发现，对死亡的不同认知和体验产生不同的死亡意识，抽象的认知产生死亡焦虑，具体的

① ［美］J. O. 卢格著，陈德民等译：《人生发展心理学》，学林出版社 1996 年版，第 897—903 页。

认知产生死亡反省。① 不同的死亡意识产生不同的死亡心理应对反应。表 11–5②总结了两类死亡心理的差异。

表 11–5　两类死亡心理反应特征的比较

反应类型	内涵	死亡认知	认知内容	时间因素	死亡意识
外部防御	死亡恐惧 自我保护防御 追求外在价值	抽象的	无生命回顾 无他人视角	即时反应 短期反应	死亡焦虑
内在成长	死亡接受 亲社会动机和行为 追求内在价值	具体的	生命回顾 他人视角	延时反应 长期反应	死亡反省

虽然表面上看来，面对死亡的内在成长比外部防御要好，但是我们仍需将外部防御看作适应死亡的机制。一方面，外部防御很多时候是内在成长发生之前必经的一个阶段，不仅每个人可能在某个阶段（遭受创伤）会经历从死亡焦虑到死亡反省的转变过程，而且不同年龄段的人生阅历和发展任务不同，也可能会导致个体产生不同的死亡心理反应。另一方面，对死亡的外部防御，尤其是对文化世界观和自尊的保护具有一定的积极意义，它使个体通过归属于群体和文化以及实现自我的价值来获得意义感和永恒感。③

（四）对死亡的情绪反应

老年人在意识到死亡必将降临或面临死亡时，一般会产生什么样的情绪反应呢？我国古人早就指出："鸟之将死，其鸣也哀；人之将死，其言也善。"意思是说：鸟在即将死亡的时候，常常哀鸣；人在面临死亡之际，则语词和善，对一生的某些失意或过失时常表现出一种忏悔的心情。西方心理学家、社会学家对死亡的情绪反应进行过一系列研究，屈布勒–罗斯（E. Kübler-Ross）的研究最有代表

① Cozzolino, P. J.（2006）. Death contemplation, growth, and defense: Converging evidence of dual-existential systems. *Psychological Inquiry, 17*（4）, 278–287.

②③ 韦庆旺、周雪梅、俞国良:《死亡心理：外部防御还是内在成长？》,《心理科学进展》2015 年第 2 期。

性。自1964年开始，她和她的同事在芝加哥大学的医院进行临床观察，研究了五百多名临死病人案例，发现患晚期慢性病的老年人临终期长，意识一般比较清楚。他们在临终时的心理或精神状态一般要经过如下五个阶段，虽然这些阶段也可能互相交叉或重叠。（1）否认。患者或者认为有关死亡的消息是不真实的，或者认为死亡不可能发生在自己身上。患者家属与亲友必须充分理解患者的这种心情，同时给予尽可能多的同情和体谅。（2）愤怒。患者开始承认死亡，但充满怒气而难以控制，时常愤怒地质问："为什么我现在必须死呢？""为什么死亡偏偏降临到我的头上？"这种愤怒如不加以控制，可能会加速患者死亡的到来。患者及其家属都必须尽快过度到平静、宽容的状态。（3）交易，也可译为"讨价还价"。患者往往表现得特别随和，通常与医生甚至命运、死神进行交易，取得同情、谅解和帮助，以延长寿命，多活些时日。亲属和周围的人要尽可能给患者以帮助。（4）抑郁。患者面对即将与亲人永诀，即将抛弃财产及自己所拥有的一切，因而表现出悲观、沮丧等抑郁情绪。对此，患者亲属一般给予劝慰，试图使患者尽快恢复内心的平静，但如用语不当，反而会激怒患者，使他处于更加愤怒、焦虑、抑郁的状态之中。（5）承受。患者听从或承受命运的摆布，不得不接受死亡的严峻现实，死亡即将来临。

屈布勒-罗斯的阶段理论受到了人们的一些质疑和批评：五个阶段没有被她本人和其他人的研究所证实，而且也并不是所有的濒死者都按照这个顺序经历每个阶段；每个人的死亡应对方式受各种因素的影响，她的论述忽略了病人的个体情形，比如社会支持、不同疾病所产生的效应及个体受访的环境的不同等。但是，瑕不掩瑜，屈布勒-罗斯关于死亡过程的五阶段描述迄今仍然是最具代表性的理论，她的理论对于我们关于死亡的看法产生了巨大的影响，对于唤起人们关注患有危及生命的疾病的老年人起到了重要的作用，在鼓励人们关注临终老人和他们的家人的生活质量方面做出了很大的贡献（Renz et al., 2013）。

要点小结

成年晚期是人生全程发展中的最后阶段。成年晚期个体心身变化的基本特点是：尽管个别差异很大，但总的趋势是逐渐表现出退行性变化，是在退行性变化的总趋势下仍保持诸多优势的时期，是衰退与获得性发展并行的时期。

生理上的退行性变化、年龄的增长以及退休后社会生活条件的改变和非规范事件的发生，导致成年晚期个体心理上的种种变化：认知活动（或智力）有所减退，但并非全部减退；情绪体验深刻而持久，虽易生消极的情绪情感，但我国老年人生活满意度较高；个性（包括自我概念）有所变化，但持续稳定多于变化；老年人所获得的社会支持与其幸福感、生活质量呈显著性正相关，社会支持对老年人的影响取决于社会支持的维度和来源。

成年晚期个体面临着三大挑战（适应生理上的变化，重新认识过去、现在和未来，形成新的生活结构）和四项发展任务（接受退休后的生活，促进智力发展，将精力投入到新的角色和活动中，形成科学的死亡观），面临着退休、疾病、生活紧张事件及死亡等诸多心理卫生问题。SOC 模型是老年人成功适应老化和延年益寿的理论模型。

思考与练习

1. 什么是老龄与老化？简述老化理论、两种不同的老年心理发展观及其对我们的启迪。
2. 举例说明成年晚期认知的变化。
3. 联系实际说明成年晚期情绪情感的一般特点。
4. 联系实际说明成年晚期个性和社会性发展变化的一般趋势或特点。
5. 成年晚期面临的三大挑战、四项任务及主要心理卫生问题是什么？结合老年期生活实际，谈谈你对 SOC 模型的解读或评价。
6. 简述人类对死亡态度的历史演变及个体对死亡的认知发展。

拓展性阅读导航

1. 许淑莲、申继亮著：《成人发展心理学》，人民教育出版社 2006 年版。

本书系统介绍了成人的生理变化，感知觉、记忆、智力、个性、情绪的发展，以及老年期的心理健康和生命的终结。资料翔实，概括了国内外研究的阶段性成果，是了解包括老年期在内的成年期个体心理发展的经典著作。

2.［美］R. S. 费尔德曼著，苏彦捷等译:《发展心理学——人的毕生发展》，世界图书出版公司2013年版。

本书计十九章，从毕生发展的视角阐述了从产前期到成年期的心理发展。最后三章论述了成年晚期的生理和认知发展、社会性和人格发展以及临终和死亡，既介绍经典研究，又吸纳了最新研究成果。

主要参考文献

1. [美] L. E. 贝克著，吴颖等译:《儿童发展》，江苏教育出版社 2002 年版。
2. 陈勃、申继亮、王大华:《成人期人际性问题解决的策略取向研究》,《心理学探新》2001 年第 2 期。
3. 陈帼眉著:《学前心理学》，人民教育出版社 2003 年版。
4. 陈会昌著:《道德发展心理学》，安徽教育出版社 2004 年版。
5. 陈英和著:《认知发展心理学》，浙江人民出版社 1996 年版。
6. 陈昭燃、张蔚婷、韩济生:《经颅磁刺激：生理、心理、脑成像及其临床应用》,《生理科学进展》2004 年第 2 期。
7. 程学超、王洪美著《老年心理学》，山东教育出版社 1988 年版。
8. [美] 达利、格鲁兹堡、金吉拉著，杨语芸译:《心理学概论》，桂冠图书股份有限公司 1995 年版。
9. 戴淑凤主编:《成功胎教》，第二军医大学出版社 2005 年版。
10. 董奇著:《心理与教育研究方法》，北京师范大学出版社 2004 年版。
11. 董奇、林崇德主编:《当代中国儿童青少年心理发育特征——中国儿童青少年心理发育特征调查项目总报告》，科学出版社 2011 年版。
12. 董奇、陶沙主编:《动作与心理发展》，北京师范大学出版社 2002 年版。
13. 方富熹、方格著:《儿童发展心理学》，人民教育出版社 2005 年版。
14. [美] R. S. 费尔德曼著，苏彦捷等译:《发展心理学——人的毕生发展》，世界图书出版公司 2013 年版。
15. [美] J. H. 弗拉维尔等著，邓赐平、刘明译:《认知发展》，华东师范大学出版社 2002 年版。
16. [美] H. 葛莱曼著，洪兰译:《心理学》，远流出版事业股份有限公司 1997 年版。
17. [美] R. J. 格里格、P. G. 津巴多著，王垒、王甦等译:《心理学与生活》，人民邮电出版社2003年版。
18. 江钟立编著:《人体发育学》,华夏出版社2004年版。
19. 李丹主编:《儿童发展心理学》,华东师范大学出版社1987年版。
20. 李天然、高荣光、钱根年、郑春雨、李铭山、王楷堂:《PET/CT在神经系统中的应用》,《福州总医院学报》2004年第3期。
21. 林崇德著:《品德发展心理学》,上海教育出版社1989年版。
22. 林崇德著:《发展心理学》,浙江教育出版社2002年版。
23. 林崇德、辛涛著:《智力的培养》,浙江人民出版社1996年版。
24. 刘风云、尹迎春、黄延友:《环境污染对优生的影响》,《医学理论与实践》2003年第9期。
25. 刘焱著:《儿童游戏通论》,北京师范大学出版社2004年版。
26. 孟昭兰著:《婴儿心理学》,北京大学出版社2001年版。
27. [美]P. H. 墨森(即马森)等著,缪小春等译:《儿童发展和个性》,上海教育出版社1990年版。
28. [美]B. M. 纽曼等著,白学军等译:《发展心理学》,陕西师范大学出版社2005年版。
29. [美]K. W. 沙伊等著,乐国安等译:《成人发展与老龄化》,华东师范大学出版社2003年版。
30. [英]P. K. 史密斯等著,寇彧等译:《理解孩子的成长》,人民邮电出版社2006年版。
31. [美]R. J. 斯滕伯格著,李锐等译:《心理学:探索人类的心灵》,江苏教育出版社2005年版。
32. 王华、沈朝斌:《噪音对胎儿及新生儿的影响》,《国外医学:儿科学分册》1999年第1期。
33. 王晓旭编著:《胎教知识》,河北科学技术出版社2005年版。
34. 王重鸣著:《心理学研究方法》,人民教育出版社2001年版。
35. 文秋芳:《微变化研究法与二语习得研究》,《现代外语》2003年第3期。
36. [美]C. K. 西格曼、E. A. 瑞得尔著,陈英和审译:《生命全程发展心理学》,

北京师范大学出版社 2009 年版。

37. [美] D. R. 谢弗著，邹泓等译:《发展心理学：儿童与青少年》，中国轻工业出版社 2016 年版。

38. 许淑莲编著:《老年心理学》，科学出版社 1987 年版。

39. 许淑莲、申继亮著:《成人发展心理学》，人民教育出版社 2006 年版。

40. 颜耀华、李力:《遗传与环境因素在胎儿生长受限发病中的作用》，《国外医学：妇幼保健分册》2004 年第 3 期。

41. [美] M. H. 约翰逊著，徐芬等译:《发展认知神经科学》，北京师范大学出版社 2007 年版。

42. 张日昇著:《青年心理学：中日青年心理的比较研究》，北京师范大学出版社 1997 年版。

43. 中国心理学会编:《当代中国心理学》，人民教育出版社 2001 年版。

44. 周念丽编著:《学前儿童发展心理学》，华东师范大学出版社 2006 年版。

45. 祝蓓里编著:《青年期心理学》，上海人民出版社 1986 年版。

46. 朱智贤主编:《中国儿童青少年心理发展与教育》，中国卓越出版公司 1990 年版。

47. 朱智贤著:《儿童心理学》，人民教育出版社 2009 年版。

48. 朱智贤等著:《发展心理学研究方法》，北京师范大学出版社 1991 年版。

49. 朱智贤、林崇德著:《思维发展心理学》，北京师范大学出版社 2002 年版。

50. 邹小兵、静进主编:《发育行为儿科学》，人民卫生出版社 2005 年版。

51. Baltes, P. B., Dittmann-Kohli, F., & Dixon, R. A. (1984). New perspectives on the development of intelligence in adulthood: Toward a dual-process conception and a model of selective optimization with compensation. In P. B. Baltes & O. G. Brim (Eds.), *Life-span development and behavior* (Vol. 6). New York: Academic Press.

52. Bates, J. E. (1987). Temperament in infancy. In J. D. Osofsky (Ed.), *Handbook of infant development* (2nd ed.). New York: John Wiley & Sons.

53. Berge, A., Tzur, G., & Posner, M. I. (2006). Infant brains detect arithmetic errors. *Proceedings of the National Academy of Sciences, 103* (33), 12649−12653.

54. Berk, L. E., & Meyer, A. D. (2015). *Infant, children, and adolescents* (8th ed.).

Boston, MA: Pearson Education.

55. Berk, L. E. (2017). *Development through the lifespan* (7th ed.). Boston, MA: Pearson Education.
56. Birren, J. E., & Schroots, J. J. F. (2001). The history of geropsychology. In J. E. Birren & K. W. Schaie (Eds.), *Handbook of the psychology of aging*. San Diego, CA: Academic Press.
57. Cabeza, R., Nyberg, L., & Park, D. (Eds.). (2005). *Cognitive neuroscience of aging: Linking cognitive and cerebral aging*. New York: Oxford University Press.
58. Campos, J. J., Barrett, K., Lamb, M. E., Goldsmith, H., & Stenberg, C. R. (1983). Socioemotional development. In M. M. Haith & J. J. Campos (Eds.), *Handbook of child psychology: Vol. 2, Infancy and developmental psychobiology*. New York: John Wiley & Sons.
59. Cole, M., & Cole, S. R. (1989). *The development of children*. New York: W. H. Freeman and Company.
60. Cowan, C. P., & Cowan, P. A. (2000). *When partners become parents: The big life change for couples*. Mahwah, NJ: Erlbaum.
61. Diehe, M., Hastings, C. T., & Stanton, J. M. (2001). Self-concept differentiation across the adult life span. *Psychology and Aging, 16* (4), 643–654.
62. Feldman, R. S. (2009). *Child development* (8th ed.). Harlow: Pearson Education.
63. Feldman, R. S. (2016). *Development across the life span* (8th ed.). Harlow: Pearson Education.
64. Haith, M. M., & Campos, J. J. (Eds.). (1983). *Handbook of child psychology: Vol. 2, Infancy and developmental psychobiology*. New York: John Wiley & Sons.
65. Harter, S. (2003). The development of self-representations during childhood and adolescence. In M. R. Leary & J. P. Tangney (Eds.), *Handbook of self and identity*. New York: Guilford Press.
66. Hoeft, F., Ueno, T., Reiss, A., Meyler, A., Whitfield-Gabrieli, S., Glover, G., et al. (2007). Prediction of children's reading skills using behavioral, functional, and

structural neuroimaging measures. *Behavioral Neuroscience, 121* (3), 602–613.

67. Kroger, J. (2007). *Identity development: Adolescence through adulthood.* Thousand Oaks, CA: Sage.

68. Labouvie-Vief, G. (1984). Logic and self-regulation from youth to maturity: A model. In M. Commons, F. Richards, & C. Armon (Eds.), *Beyond formal operations*. New York: Praeger.

69. Lachman, M. E. (2004). Development in mid-life. *Annual Review of Psychology, 55*, 305–331.

70. Levinson, D. J. (1978). *The seasons ofa man's life*. New York: Knopf.

71. Lamb, M. E., & Campos, J. J. (1982). *Development in infancy*. New York: Random House, Inc.

72. Lewin, M. (1979). *Understanding psychological research methods*. New York: John Wiley & Sons.

73. Loevinger, J. (1976). *Ego development: Conceptions and theories*. San Francisco: Jossey-Bass.

74. Heckhausen, J., & Schulz, R. (1995). A life-span theory of control. *Psychological Review, 102* (2), 284–304.

75. Miller, S. A. (2013). *Developmental research methods* (4th ed.). London: Sage Publications, Inc.

76. Newman, B. M., & Newman, P. R. (2014). *Development through life: A psychosocial approach* (8th ed.). Stamford, CT: Cengage Learning.

77. Nichols, M. P., & Schwartz, R. C. (2001). *Family therapy: Concepts and methods* (5th ed.). Boston: Allyn and Bacon.

78. Osofsky, J. Q. (Ed.). (1987). *Handbook of infant development* (2nd ed.). New York: John Wiley & Sons.

79. Papalia, D. E., Olds, S. W., & Feldman, R. D. (2004). *Human development* (9th ed.). New York: McGraw-Hill.

80. Park, D. C., Lautenschlager, G., Hedden, T., Davidson, N. S., Smith, A. D., & Smith,

P. K. (2002). Models of visuospatial and verbal memory across the adult life span. *Psychology and Aging, 17* (2), 299–320.

81. Perani, D., Abutalebi, J., Paulesu, E., Brambati, S., Scifo, P., Cappa, S. F., et al. (2003). The role of age of acquisition and language usage in early, high-proficient bilinguals: An fMRI study during verbal fluency. *Human Brain Mapping, 19* (3), 170–182.
82. Raz, N. (2000). Aging of the brain and its impact on cognitive performance: Integration of structure and functional Finding. In F. I. M. Craik & T. A. Salthouse (Eds.), *The handbook of aging and cognition*. Mahwah, NJ: Erlbaum.
83. Salvatore, N., & Sastre, M. T. M. (2001). Appraisal of life: "Area" versus "dimension" conceptualizations. *Social Indicators Research, 53* (3), 229–255.
84. Santrock, J. W. (2001). *Adolescence* (8th ed.). New York: McGraw-Hill.
85. Santrock, J. W. (2016). *Life-Span Development* (16th ed.). New York: McGraw-Hill.
86. Schulsinger, F., Mednick, S. A., & Knop, J. (Eds.). (1981). *Longitudinal research: Methods and uses in behavioral science*. Boston: Martinus Nijhoff Publishing.
87. Shaffer, D. R. (2001). *Developmental psychology: Childhood and adolescence* (6th ed.). Belmont, CA: Wadsworth/Thomson Learning.
88. Shaffer, D. R. (2005). *Social and personality development* (5th ed.). Belmont, CA: Wadsworth publishing.
89. Shaffer, D. R., & Kipp, K. (2007). *Developmental psychology: Childhood and adolescence* (7th ed.). Belmont, CA: Wadsworth/Thomson Learning.
90. Sigelman, C. K., & Rider, E. A. (2003). *Life-span human development* (4th ed.). Belmont, CA: Wadsworth Publishing.
91. Siegler, R., DeLoache, J., & Eisenberg, N. (2002). *How children develop*. New York: Worth Publishers.
92. Temple, E., & Posner, M. I. (1998). Brain mechanisms of quantity are similar in 5-year-old children and adults. *Proceedings of the National Academy of Sciences, 95* (13), 7836–7841.

93. Teti, D. M. (Ed.). (2005). *Handbook of research methods in developmental science*. Malden: Blackwell Publishing.

94. Vandell, D. L., & Mueller, E. C. (1980). Peer play and friendships during the first two years. In H. C. Foot, A. J. Chapman, & J. R. Smith (Eds.), *Friendship and social relations in children*. New York: John Wiley & Sons.

95. Vasta, R. (1982). *Strategies and techniques of child study*. New York: Academic Press.

96. Willis, S. L., & Schaie, K. W. (2005). Cognitive trajectories in midlife and cognitive functioning in old age. In S. L. Willis & M. Martin (Eds.), *Middle adulthood: A lifespan perspective*. Thousand Oaks, CA: Sage.